Flüssigkeitsgetriebe bei Werkzeugmaschinen

Flüssigkeitsgetriebe bei Werkzeugmaschinen

Von

Dr.-Ing. Hans Krug

Offenbach/M.

Zweite neubearbeitete und erweiterte Auflage

Mit 214 Abbildungen

Springer-Verlag

Berlin/Göttingen/Heidelberg

1959

ISBN 978-3-642-49070-5 ISBN 978-3-642-94761-2 (eBook)
DOI 10.1007/978-3-642-94761-2

Softcover reprint of the hardcover 1st edition 1959

Vorwort zur zweiten Auflage

Als dieses Buch erstmalig erschien, hatte es bald seinen Leserkreis unter den Studierenden, Betriebsleuten, Konstrukteuren und Wissenschaftlern gefunden, die es mit Anerkennung und Kritik aufnahmen. Es gab ihnen Anregungen und Verbesserungsgedanken. Aber auch der Inhalt eines Fachbuches ist dem stetigen Wandel unserer Technik unterworfen; zwar bleiben die mathematischen und physikalischen Grundlagen, im großen gesehen, unverändert, sie werden nur mit der Zeit verfeinert und ausgebaut. Der konstruktive Aufbau unserer Maschinen jedoch ändert sich mit der fortschreitenden und reifer werdenden Entwicklung beispielsweise der Werkstofftechnik, der Meßtechnik und der Fertigungstechnik.

Der Abschnitt „Steuerung und Regelung" mußte überarbeitet und in Einklang gebracht werden mit den heutigen Begriffen einer echten Regelung, denn man soll den Ausdruck „Regelung" nur dann gebrauchen, wenn es sich tatsächlich um einen geschlossenen Regelkreis handelt. Ein solcher Regelkreis kann auch bei hydraulischen Werkzeugmaschinen vorkommen, und es werden in dieser Neuauflage einige charakteristische Beispiele hierfür gebracht.

Bei der Beschreibung der hydraulischen Einzelglieder muß man künftig das Wort „Steuerung" bevorzugt verwenden, um damit auszudrücken, daß eine Beeinflussung in einer bestimmten Übertragungsrichtung stattfindet. Der Wortstamm „Regel-" wurde in den meisten Fällen, wo es sich nicht um eine echte Regelung handelt, ausgemerzt und durch das Wort „Verstell-" oder „Stell-" ersetzt. Wir sprechen also nicht mehr von einer „Regel-Pumpe", sondern von einer „Verstell-Pumpe" und nicht von einem „Regel-Widerstand", sondern von einem „Stell-Widerstand". Die Geschwindigkeit einer Schnitt- oder Vorschubbewegung wird nicht mehr „geregelt", sondern „eingestellt" oder „verstellt".

Bei den Erläuterungen über den Druckabfall im Leitungssystem und dem hydraulischen Widerstand von Einzelgliedern erschien es wünschenswert, genauere Angaben über die Widerstandszahl ζ zu machen, soweit diese aus vorliegenden Untersuchungen größenmäßig festgelegt werden konnten.

Die Erwärmung des Triebmittels spielt bei unseren heutigen Werkzeugmaschinen mit ihren hohen Anforderungen an Bearbeitungsgenauigkeit und -güte eine große Rolle. Sie wurde daher, soweit möglich, zahlenmäßig errechnet, und es wurden Anleitungen für die Gestaltung von ausreichenden Kühleinrichtungen gegeben.

Bei den Förderpumpen wurde als neueres Erzeugnis die Schraubenpumpe hinzugenommen. Außerdem wurden Beispiele von Hydraulikspeichern eingefügt, die sich in letzter Zeit insbesondere bei automatischen Werkzeugmaschinen bewährt haben, und die als Sicherheitselement für Spanneinrichtungen dienen, aber auch in der Pressenhydraulik einen unumgänglichen Bestandteil darstellen.

Schließlich wurden die Ausführungsbeispiele von Kolbenschiebern als Steuerungsglieder erweitert und hierbei die Frage der Überdeckung zwischen der Schieberbüchse und dem Schieber mit mehrteiligen Druckkammern rechnerisch ausgewertet.

Zu den Beispielen von spangebenden Werkzeugmaschinen kamen die Nachformmaschinen und die Kopiereinrichtungen in ihrem Zusammenhang mit der Regeltechnik neu hinzu.

Ferner wurden aufgenommen die hydraulischen Maschinen der Umformtechnik, das sind also Tiefziehpressen, Biege- und Abkantmaschinen, Schneidepressen sowie allgemeine Maschinen der Blechbearbeitung.

Herrn Professor Dr.-Ing. O. KIENZLE, Hannover, habe ich zu danken für seine wertvollen Ratschläge und Anregungen bei der Neubearbeitung dieses Buches; außerdem möchte ich an dieser Stelle Herrn Oberingenieur W. BRÜSSOW für seine eifrige Mitarbeit meinen aufrichtigen Dank sagen.

Offenbach a. M., August 1959

Hans Krug

Vorwort zur ersten Auflage

Das Rohmaterial jedes wissenschaftlichen Werkes ist eine zunächst wirre Anhäufung von Gedanken, Vorstellungen, Beobachtungs- und Erfahrungswerten. Will man daraus ein Ganzes formen — wie man etwa aus einer Unzahl von Steinblöcken ein Bauwerk entstehen läßt —, so müssen die Einzelstücke gesammelt und gesichtet werden. Gleichartige Teile werden zusammengefaßt und in Gruppen eingeteilt. So bildet sich eine Systematik und eine Ordnung.

Das Geordnete erst gibt Überblick, läßt Eigentümlichkeiten und Grundregeln erkennen.

Schon beim Sammeln wird klar, daß jedes Wissensfach seine eigene Geschichte hat, und es kann nur dann wirklich verstanden werden, wenn man recht sorgfältig seinen Werdegang verfolgt.

Beim Sichten des gesammelten Materials enthüllen sich Gedanken, die längst vergessen waren, und die, nunmehr wieder freigelegt, mannigfache Anregungen bieten.

Und so wird aus der reinen Wiedergabe von Vorhandenem über das Systematisieren und Ordnen ein schöpferisches Unternehmen.

In diesem Sinne wurde das vorliegende Buch gestaltet.

Nach jahrelangem Sammeln konnte ich der Anregung des verstorbenen Baurates Dipl.-Ing. Ernst Preger folgen und das vorhandene Wissensgut in geschlossener, und wie ich hoffen möchte, erschöpfender Form der Fachwelt vorlegen.

Selbstverständlich mußte unter dem verfügbaren Bild- und Textmaterial eine Auswahl getroffen und charakteristische Beispiele ausgesucht werden. Mit dieser Auswahl ist aber kein Werturteil über die übrigen, nicht veröffentlichten Erzeugnisse gefällt.

Das Buch sollte sich nicht nur auf den Deutschen Werkzeugmaschinenbau beschränken, sondern auch die Arbeiten des Auslandes würdigen. In den vergangenen zehn Jahren war jedoch der Zugang zu dem ausländischen Schrifttum nahezu vollkommen versperrt. Es ist zu hoffen, daß mit der Zeit sich die Wege zu den anderen Industrieländern wieder für uns öffnen und ein allseitig befruchtender Gedanken- und Erfahrungsaustausch möglich wird. Dann sollen auch die etwa noch vorhandenen Lücken in der vorliegenden Darstellung ausgefüllt werden.

Frankfurt a. M., Ende 1950

Hans Krug

Inhaltsverzeichnis

Kurzzeichen für hydraulische Schaltpläne

P	Pumpe
EP	Eilgangpumpe
HP	Hochdruckpumpe
MP	Meßpumpe
NP	Niederdruckpumpe
RP	Verstellpumpe
VP	Vorschubpumpe
ZP	Zahnradpumpe
M	Flüssigkeitsmotor (Schubkolbengetriebe oder Zellengetriebe
SM	Servomotor
B	Behälter
AV	An- und Abstellventil
DAV	Druckausgleichventil
DV	Differenzdruckventil
DRV	Verstellventil
D	Drosselventil
EV	Eilgangventil
GV	Gleichgangventil
RV	Rückschlagventil
SV	Sicherheitsventil
SchV	Schnüffelventil
StV	Steuerventil
VV	Vorsteuerventil, Vorspannventil
ÜV	Überdruckventil
UV	Umsteuerventil
USchV	Umschaltventil
Sch	Schieber
SpSch	Spannschieber
USch	Haupt- oder Umsteuerschieber
VSch	Vorsteuerschieber
DSch	Druckschalter
MSch	Magnetschieber
WSch	Wahlschieber
MV	Maximaldruckventil
DSp	Druckspeicher

Formelzeichen

a	Weglänge	mm
h	Hublänge	mm
l	Länge	mm, m
b, B	Breite	mm
r	Halbmesser	mm
d, D	Durchmesser	mm
e	Verstellweg (Exzentrizität)	mm
F	Fläche (Querschnitt, Oberfläche)	mm^2, m^2
V	Rauminhalt, Flüssigkeitsvolumen	mm^3, m^3
y	Durchbiegung	mm
z, i	Zahl	
G	Gewicht	kg
m	Masse	$kg\,s^2\,m^{-1}$
γ	Wichte	$kg\,m^{-3}$
ϱ	Dichte $= \gamma/g$,	$kg\,s^2\,m^{-4}$
δ	Spaltbreite	mm, cm
J	Trägheitsmoment	mm^4
n	Drehzahl	U/min
v	Geschwindigkeit	$mm\,s^{-1}$, $m\,s^{-1}$
b	Beschleunigung	$m\,s^{-2}$
g	Fallbeschleunigung $=$	$9{,}81\ m\,s^{-2}$
v_{krit}	kritische Strömungsgeschwindigkeit	$m\,s^{-1}$
ω	Kreisfrequenz	s^{-1}
f_0	Eigenfrequenz	s^{-1}
P	Vorschubkraft, Schnittkraft	kg
K	Trägheitskraft	kg
M	Drehmoment	kgm
N	Leistung	kW, PS
A	Arbeit	kgm
p	Druck	kg/cm^2
Q	Flüssigkeitsmenge	l/min
η	Zähigkeitszahl (absolute Zähigkeit)	$kg\,s\,m^{-2}$
ν	kinematische Zähigkeit	$m^2\,s^{-1}$
ζ	Widerstandsbeiwert (Widerstandszahl eines einzelnen Hindernisses)	
μ	mechanische Reibungszahl	
f	Hebelarm der rollenden Reibung	
Re	REYNOLDSsche Zahl	
E	Elastizitätszahl	$kg\,mm^{-2}$
c	Federsteife	$kg\,mm^{-1}$
c_w	spezifische Wärme	kcal/kg und °C
t	Temperatur	°C
Q_w	Wärmemenge	kcal
β	Preßziffer	$cm^2\,kg^{-1}$
η_{vol}	volumetrischer Liefergrad	
η	Wirkungsgrad, mechanischer	
Δ	Unterschied, Abfall, z. B.	
	Δp – Druckunterschied, Druckabfall	kg/cm^2
	Δt – Temperaturunterschied	°C
	ΔV – Volumenverminderung	mm^3, m^3
	Δl – Längenunterschied	mm
U	elektr. Spannung	Volt
J	Stromstärke	Ampere
R	elektr. Widerstand	Ohm
ϱ	spez. Leitungswiderstand	
q	Leitungsquerschnitt	mm^2

1. Grundlagen

1.1 Der Flüssigkeitsstromkreis

1.11 Allgemeines

In den Sprachgebrauch des Maschineningenieurs sind Begriffe wie: hydraulischer Antrieb, hydromatische Steuerung, hydraulischer Arbeitskreislauf, hydraulische Vorschub- und Zustellbewegungen und ähnliche schon seit Jahrzehnten eingegangen und werden alltäglich in dem technischen Schrifttum angewandt. Und dennoch ist das Wissen von den einfachsten hydraulischen Vorgängen oft recht oberflächlich und steht in keinem Verhältnis zu der Bedeutung, die die „Hydraulik" als Antriebselement gewonnen hat, findet man sie doch heute neben den altbewährten Zahnradgetrieben oder Kurbelgetrieben der Stereomechanik sowie den Antriebsarten der Elektrotechnik und den Kraftübertragungselementen der Pneumatik in fast allen Gebieten unserer Technik, sei es in der Luftfahrt, im Fahrzeugbau, bei Hebe- und Förderanlagen und in der Landwirtschaft, vornehmlich aber bei spanenden Werkzeugmaschinen und Maschinen der Umformtechnik.

Die „Hydraulik" in ihrer üblichen Auslegung befaßt sich gemeinhin mit den Strömungsvorgängen in Rohren und Kanälen; das fließende Medium ist dabei Wasser, also eine nahezu ideale Flüssigkeit von geringer innerer Reibung und Zusammendrückbarkeit. Die Bezeichnung „Hydraulik" wurde aber auch für die neue Getriebetechnik übernommen und auf zähe Flüssigkeiten mit starker Reibung, wie sie beispielsweise Mineralöle darstellen, übertragen. Man spricht heute von der Ölhydraulik und meint dabei den Flüssigkeitsantrieb und die Flüssigkeitssteuerung von Maschinen, insbesondere von Werkzeugmaschinen [*5*, *6*, *17*, *19*, *20*, *30*, *74*, *114*].

In den Lehrbüchern der Elektrotechnik findet man, um das Verständnis zu erleichtern und die Darstellung sinnfälliger zu machen, bisweilen den Vergleich mit den in der Strömungslehre auftretenden Erscheinungen. Die Ähnlichkeit der Bewegungsvorgänge und Gesetze, nach denen jene ablaufen, lassen natürlich auch die umgekehrte Betrachtungsweise zu, nämlich: die Hydraulik mit den Vorstellungen und Begriffen der Elektrizitätslehre zu erklären [*10*].

1.12 Zusammenhang zwischen Druck, Durchflußmenge und Widerstand

Das Fließen einer Flüssigkeit und das Fließen des elektrischen Stromes sind einander entsprechende, gleichartige Vorgänge. Der Strom, der in beiden Fällen während einer bestimmten Zeit ein Leitungsnetz durchfließt, wird in der Hydraulik als Durchfluß- oder Flüssigkeitsmenge bezeichnet — die Elektrizitätslehre dagegen spricht von Elektrizitätsmenge. Flüssigkeitsmenge und Elektrizitätsmenge können groß oder klein sein; für einen starken Strom benötigt man große Leitungsquerschnitte, für einen schwachen Strom genügen enge Leitungen. Der elektrische und der Flüssigkeitsstrom können nur dann fließen, wenn ein ausreichendes Gefälle vorhanden ist. In der Hydraulik wird das Gefälle durch einen Höhenunterschied bzw. einen Druckunterschied in der Leitung bedingt, bei einer elektrischen Stromquelle kann man sich das Gefälle ähnlich als einen „elektrischen Druckunterschied" vorstellen; die Fachsprache nennt diesen kurzerhand Spannung. In einem Leitungsnetz fließt um so mehr Strom, je größer der Druckunterschied bzw. die Spannung ist. Das Fließen geht aber bei keiner der beiden Stromarten verlustfrei vor sich, denn sowohl bei dem elektrischen Strom wie auch bei dem Flüssigkeitsstrom treten der Bewegung Widerstände entgegen. Der Widerstand wächst mit der Länge der Leitung und nimmt mit größer werdendem Leitungsquerschnitt ab; dieses gilt in gleicher Weise für Flüssigkeiten und für den elektrischen Strom. Außerdem ist der Widerstand von der spezifischen Widerstandszahl des elektrischen Leiters abhängig, bei den Flüssigkeiten von deren Zähigkeiten, von der Wandreibung und den Richtungsänderungen.

Das Abhängigkeitsverhältnis, in dem die drei Größen: Stromstärke, Spannung und Widerstand voneinander stehen, wird in der Elektrotechnik durch das Ohmsche Gesetz ausgedrückt:

Spannung = Stromstärke × Widerstand

oder

$$U = J \cdot R \tag{1}$$

Die elektrische Leistung, die sich bei Gleichstrom aus der Formel

$$N = U J$$

ergibt, ist veränderlich, indem man bei gleichgehaltener Spannung U die Stromstärke J durch den Widerstand R vergrößert oder vermindert. Dies kann geschehen durch ein Widerstandsgerät, etwa durch einen Schiebewiderstand, mit dem sich auf einfache Weise die Stromstärke und damit auch die Leistung verändern läßt. Der Widerstand R wechselt entsprechend der Gleichung:

$$R = \varrho \frac{l}{q} \quad (\Omega) \tag{2}$$

(ϱ = spezifischer Leitungswiderstand, l = Leitungslänge in m, q = Leitungsquerschnitt im mm²)

je nachdem, ob ein mehr oder weniger großer Teil des spulenförmig aufgezogenen Drahtes in den Stromkreis eingeschaltet ist.

Der Strom, d. h. also hier die Durchflußmenge je Zeiteinheit, ist das Produkt aus Strömungsgeschwindigkeit und Leitungsquerschnitt:

$$Q = v F \quad \text{(l/min)}$$

oder

$$Q = v r^2 \pi \tag{3}$$

Für das Gefälle und den Widerstand gilt folgende Betrachtung: Am Anfang einer endlichen Leitungsstrecke von der Länge l herrsche der Druck p_1 und an ihrem Ende der Druck p_2. Das Fließen wird durch das Gefälle oder den Druckunterschied Δp bewirkt. In einem stationären, laminaren, also wirbelfreien Strom, der sich mit der Geschwindigkeit v bewegt, ist dann nach dem POISEUILLEschen Gesetz der Druckabfall

$$\Delta p = \frac{32 \eta l v}{d^2} \quad \text{kg/cm}^2 \tag{4}$$

Man setzt nun in diese Gleichung den Wert $v = \frac{Q}{r^2 \pi}$ ein und erhält:

$$\Delta p = \frac{8 \eta l Q}{r^4 \pi} \quad \text{kg/cm}^2 \tag{4a}$$

Bezeichnet man den Ausdruck $\frac{8 \eta l}{r^4 \pi}$ als den in der Leitung auftretenden Strömungswiderstand W, so tritt die Ähnlichkeit mit dem elektrischen Widerstand R klar hervor. Beide Größen R und W wachsen verhältnisgleich mit der Leitungslänge l und mit dem spezifischen Widerstand bzw. der Zähigkeit des Mittels; während R im umgekehrten Verhältnis zu dem Quadrat des Leitungshalbmessers steht, ist W von der vierten Potenz von r abhängig.

Gl. (4a) kann in die vereinfachte Form gebracht werden:

$$p = Q W \tag{4b}$$

in Worten ausgedrückt heißt dies, daß der *Druck das Produkt aus Durchflußmenge und Widerstand* ist. Ein Vergleich mit dem Ohmschen Gesetz zeigt die Gleichartigkeit im Aufbau der beiden Gesetze; darüber hinaus bestätigt sich hierin die enge Verwandtschaft zwischen den elektrischen und hydraulischen Vorgängen.

Der Gesamtdruck in einem geschlossenen Rohr, bei dem also keine freie Oberfläche vorliegt, setzt sich nach der BERNOULLIschen Grundgleichung aus dem dynamischen und dem statischen Druck zusammen:

$$p_{\text{ges}} = p_{\text{dyn}} + p_{\text{stat}}$$

$$p_{\text{ges}} = \frac{v^2}{2g} + \frac{p}{\gamma} \quad \text{(in m Flüssigkeitssäule)} \tag{5}$$

Wie das folgende Zahlenbeispiel zeigt, tritt der dynamische Druck gegenüber dem statischen in seiner Größenordnung so stark zurück, daß er praktisch bedeutungslos ist. In dem Leitungsnetz eines Flüssigkeitsgetriebes sei die größte Strömungsgeschwindigkeit $v = 2$ m/s und der Betriebsdruck $p = 15 \cdot 10^4$ kg/m². Bei einem $\gamma = 900$ kg/m³ des

Triebmittels ist dann nach Gl. (5)

$$p_{\text{ges}} = \frac{4}{2 \cdot 9{,}81} + \frac{15 \cdot 10^4}{9 \cdot 10^2} \qquad \underline{p_{\text{ges}} = 0{,}2 + 167} \quad (\text{m})$$

Selbst wenn die Strömungsgeschwindigkeit des Triebmittels in den engeren Kanälen der Steuer- und Regelelemente auf $v = 20$ m/s anwachsen würde, wäre der dynamische Druck mit $p_{\text{dyn}} = 20{,}4$ nur $^1/_8$ des statischen Druckes.

Die Leistung eines Flüssigkeitsgetriebes[1] kann nach dem oben Gesagten verändert werden, indem man den Druck, die Menge oder beide Größen gemeinsam vergrößert oder vermindert, vgl. S. 27. Im all-

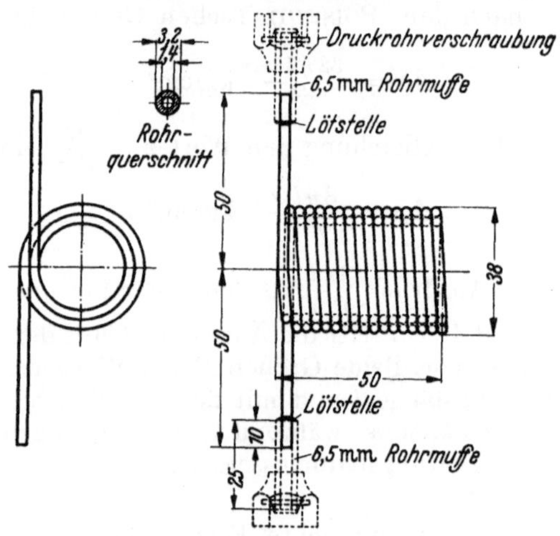

Abb. 1. Beispiel für eine hydraulische Widerstandsspule

gemeinen ist es üblich, den Druck gleichzuhalten und die Menge durch das Einschalten eines Widerstandes zu verändern. Da nach Gl. (4a) der Widerstand W im umgekehrten Verhältnis zu der vierten Potenz des Leitungshalbmessers ansteigt, liegt hier ein einfaches und wirksames Mittel vor, durch Querschnittsverminderung die Durchflußmenge und damit die Leitung zu drosseln. Als Drosselorgan werden zumeist Kolbenventile oder Hähne (vgl. S. 159) verwendet. In Amerika hat man sogar als Widerstandsgerät Drosselspulen in den Flüssigkeitsstromkreis eingebaut, und zwar in Anlehnung an die in der Elektrotechnik gebräuchliche Ohmsche Widerstandsspule. Wie eine derartige Drosselspule [*33*] aussieht, zeigt Abb. 1; mit ihr soll, je nach Länge und Innendurchmesser, in dem Leitungsnetz ein Spannungsabfall erzeugt werden. Es wird also nicht, wie dies bei Drosselventilen oder Hähnen geschieht, die Durchflußmenge verändert, sondern der Druck eingestellt.

[1] Flüssigkeitsgetriebe sind Antriebsorgane, bei denen die Leistung durch die Druckenergie einer Flüssigkeit übertragen wird, und die die Möglichkeit bieten zum stufenlosen Geschwindigkeitswechsel (während des Stillstandes und auch unter Last) sowie zur Umkehr der Bewegungsrichtung (vgl. AWF-Getriebeblätter 619—621 „Flüssigkeitswechselgetriebe") [*4*].

1.13 Schaltungen

Bei dem Flüssigkeitsgetriebe ist die Förderpumpe mit dem Flüssigkeitsmotor nach einem festgelegten Schema in der Regel durch ein Leitungsnetz verbunden. Genau wie in der Elektrotechnik spricht man auch hier von Schaltungen und meint damit eine hydraulische Verbindung zwischen Kraftquelle und Verbraucherstelle, die so beschaffen ist, daß eine Zu- und Ableitung des Triebmittels in bestimmten Richtungen möglich ist. Die Schaltungen können auf verschiedene Arten hergestellt sein [*87* u. *94*]; im Grundsätzlichen werden sie wie folgt eingeteilt:

Offener Stromkreis, Abb. 2a und 2b,

geschlossener Stromkreis, Abb. 2c,

offener und geschlossener Stromkreis vereinigt, Abb. 2d.

Bei dem offenen Stromkreis befindet sich stets eine große Flüssigkeitsmenge im Getriebe, von der der größere Teil im Behälter, der kleinere jeweils im Umlauf ist. Die Erwärmung kann in mäßigen Grenzen gehalten werden, da eine fortgesetzte Abkühlung bei großer Abstrahlungsfläche des Sammelbehälters möglich ist. Die im offenen Kreislauf strömende Flüssigkeit ist nie ganz frei von Luft, so daß geeignete Entlüftungseinrichtungen notwendig sind.

Im Gegensatz zu dem offenen Kreislauf wird bei dem geschlossenen Stromkreis eine wesentlich geringere Triebmittelmenge bewegt. Daraus ergibt sich eine stärkere Erwärmung und eine schlechte Abkühlung. Solange das Triebmittel im Umlauf ist und alle Leitungen unter Druck stehen, ist die Gefahr des Eindringens von Luft gering. Anders ist es, wenn die Flüssigkeit nach dem Stillsetzen des Getriebes erkaltet, sie verliert dann an Volumen und saugt dabei unter Umständen durch die Dichtungen, z. B. die Stopfbüchsen, Luft an. Bei der nächsten Inbetriebnahme erwärmt sich die Flüssigkeit wieder und die nun enthaltenen Luftbläschen oder Luftpolster können die gleichförmige Bewegung stark beeinträchtigen. Aus diesem Grund verwendet man bei dem geschlossenen Kreislauf entweder eine kleine Zusatzpumpe, die zugleich auch die Aufgabe hat, die unvermeidlichen Leckverluste zu ergänzen, oder man schaltet ein Schnüffelventil, also eine Art Rückschlagventil mit geringem Widerstand ein, welches beim Erkalten durch Unterdruck den freien Raum selbsttätig wieder aus einem Ausgleichsbehälter voll Flüssigkeit saugt.

Sollen in einer Werkzeugmaschine mehrere Schlitten durch Schubkolbengetriebe (Zylinder und Druckkolben) hydraulisch bewegt werden, und zwar in der Reihenfolge, daß ein Schlitten erst seine Bewegung beendet haben muß, ehe der nächste seinen Weg beginnt, so können diese in verschiedenen Schaltungen miteinander verkoppelt sein. Diese Kopplung der Schlitten geschieht genau wie in der Elektrotechnik entweder in Reihen- oder in Parallelschaltung (Abb. 2e und 2f).

Das hydraulische Zellengetriebe (Förderpumpe und Flüssigkeitsmotor) kommt nur für Einzelantrieb in Frage und wird im geschlossenen sowie offenen Stromkreis geschaltet (Abb. 2g).

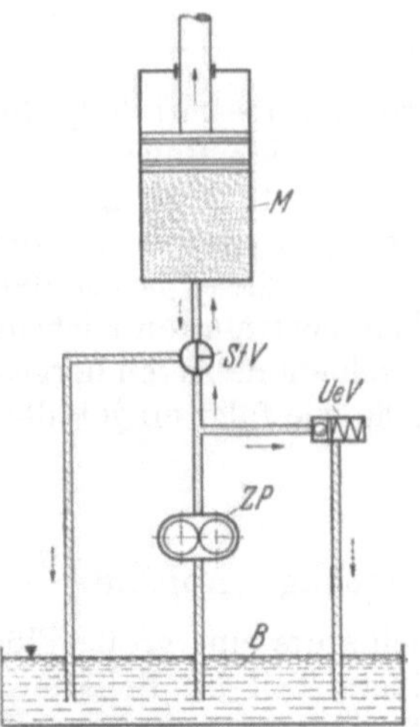

Abb. 2a. *Offener Stromkreis* mit einseitig wirkendem Kolben und Drosselverstellung (Drosselventil ist der Vereinfachung wegen in Abb. 2a nicht eingezeichnet). Druckflüssigkeit bewegt Kolben nach oben, Rücklauf geschieht unter Wirkung des Eigengewichtes. Umkehr der Bewegungsrichtung durch Steuerventil *StV* ermöglicht

B Behälter; *ZP* Zahnradpumpe; *UeV* Überdruckventil; *StV* Steuerventil (Dreiwegehahn); *M* Motor (Schubkolbentrieb)

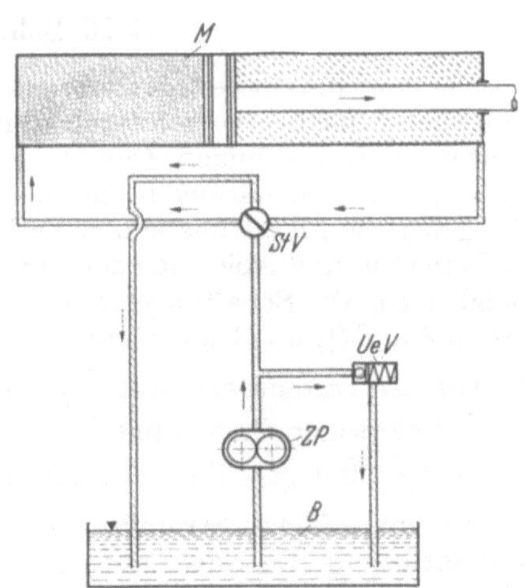

Abb. 2b. *Offener Stromkreis* mit doppelseitig wirkendem Differentialkolben. Unterschiedliche Vor- und Rücklaufgeschwindigkeiten entsprechend den verschiedenen Kolbenflächen. Richtungswechsel geschieht durch Umsteuerventil *StV*. Geschwindigkeitsverstellung bei Zahnradpumpe durch Drosselventil oder durch Verstellpumpe

B Behälter; *ZP* Pumpe; *UeV* Überdruckventil; *StV* Steuerventil (Vierwegehahn); *M* Motor (Schubkolbentrieb)

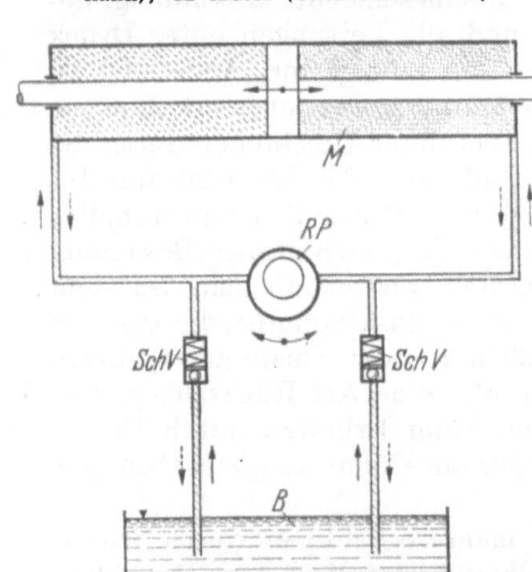

Abb. 2c. *Geschlossener Stromkreis* mit Verstellpumpe und Ausgleichsbehälter. Flüssigkeitsmenge ist einem ununterbrochenen Kreislauf unterworfen. Vom Kolben verdrängte Flüssigkeit wird von Pumpe angesaugt und wieder in Umlauf gesetzt. Ausgleichsbehälter dient zum Auffüllen von Leckverlusten durch Schnüffelventile *SchV*. Bewegungsumkehr geschieht durch Umsteuern der Verstellpumpe

B Behälter; *RP* Verstellpumpe; *SchV* Schnüffelventil; *M* Motor (Schubkolbentrieb)

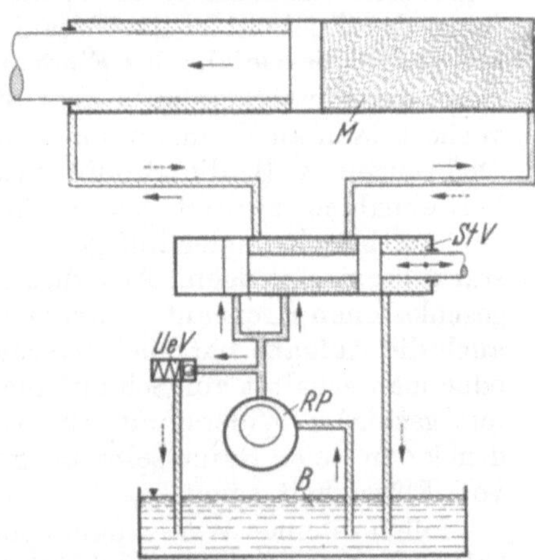

Abb. 2d. *Offener und geschlossener Stromkreis vereinigt*. Das aus der einen Zylinderseite verdrängte Triebmittel wird durch Steuerventil *StV* unmittelbar zur Gegenseite geleitet (Arbeitsgang), Zusatzmenge für den rechten, größeren Zylinderraum liefert Verstellpumpe. Bei Rücklauf (Leergang) genügt die Förderung der Pumpe, verdrängte Flüssigkeit fließt über Ventil *StV* frei in den Behälter zurück

B Behälter; *RP* Verstellpumpe; *UeV* Überdruckventil; *StV* Steuerventil (Kolbenschieber); *M* Motor (Schubkolbentrieb)

Abb. 2a—d. *Schaltung eines Schubkolbentriebes*

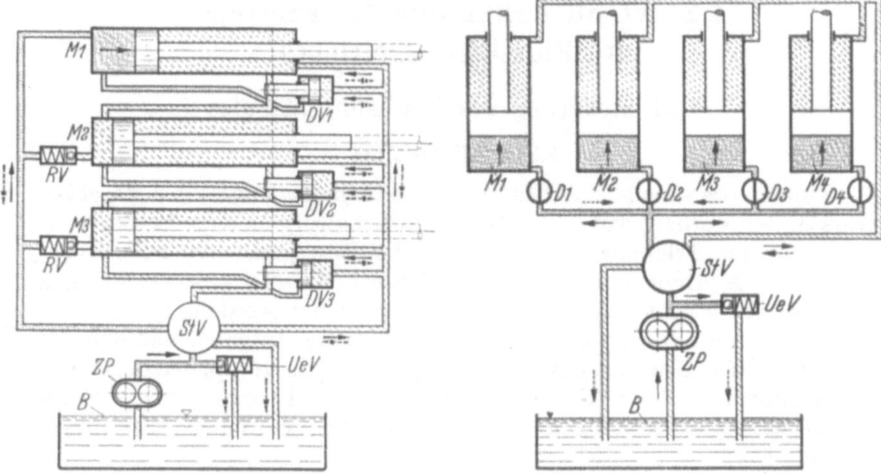

Abb. 2e u. f. *Schaltung mehrerer Schubkolbentriebe*

Abb. 2e. *Reihenschaltung von drei Schubkolbengetrieben.* Bewegung jedes Kolbens setzt erst dann ein, wenn der ihm vorgeschaltete Kolben bereits in seiner Endstellung angelangt ist; lediglich der Rücklauf der drei Kolben geschieht zu gleicher Zeit. Bewegt sich zum Beispiel der Kolben des Motors M_1 nach rechts, so wird das Triebmittel dem Differenzventil DV_1 zugeführt und verschiebt es in seine rechte Endlage. Ist der Kolben von M_1 in äußerster rechter Lage angelangt, so kann Druckmittel der Hauptleitung über Ventil DV_1 in den Motor M_2 gelangen. Zwischen dem Motor M_2 und M_3 spielt sich dann derselbe Vorgang ab. Differenzventil DV_3 öffnet bei Vorlauf des Kolbens von M_3 nach rechts die Ableitung zum Steuerventil *StV* und damit zum Behälter *B*. Nach Umsteuern auf Eilrücklauf wirkt der volle Flüssigkeitsdruck auf die größeren Kolbenflächen von DV_1, DV_2 und DV_3, so daß die Ventilkolben nach links verschoben werden und die Nebenleitungen zu den rechten Zylinderseiten von M_1, M_2 und M_3 abschließen. Dem aus der Hauptleitung in die drei Zylinder fließenden Druckmittel ist der Zugang zur linken Seite der Differenz-Ventile versperrt, die Kolben von M_1, M_2 und M_3 bewegen sich im Eilgang nach links. Die auf der linken Zylinderseite verdrängte Flüssigkeit fließt in einer Sammelleitung über das Steuerventil *StV* dem Behälter zu

B Behälter; *ZP* Pumpe; *StV* Steuerventil; *UeV* Überdruckventil; *M* Motor (Schubkolbentrieb); *DV* Differenz-Ventil; ← Arbeitsgang; ←···· Rücklauf

Abb. 2f. *Parallelschaltung von mehreren Schubkolbengetrieben.* Die Motore M_1, M_2, M_3 und M_4 sind parallel geschaltet derart, daß sie entweder gleichzeitig oder nacheinander durch das Triebmittel der Hauptleitung betätigt werden. In den vier Nebenleitungen liegen die Drosselventile D_1, D_2, D_3 und D_4, mit denen die Geschwindigkeit der einzelnen Motore wahlweise und unabhängig voneinander eingestellt werden können. Das verdrängte Triebmittel wird durch eine Sammelleitung über das Steuerventil *StV*, das zugleich auch die Bewegungsumkehr bewirkt, abgeleitet. Beim Eilrücklauf der vier Kolben sind die Drosselventile D_1, D_2, D_3 und D_4 völlig geöffnet

B Behälter; *P* Pumpe; *StV* Steuerventil; *UeV* Überdruckventil; *D* Drosselventil; *M* Motor (Schubkolbentrieb); ← Arbeitsgang; ←···· Rücklauf

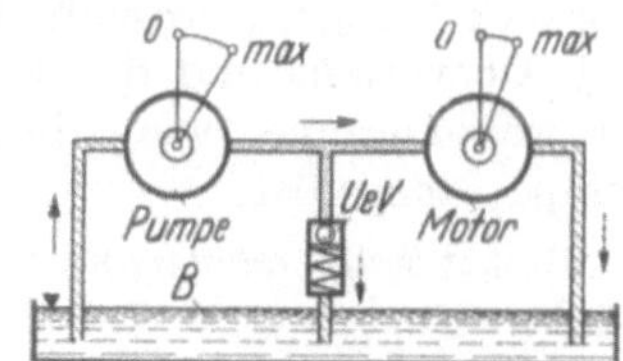

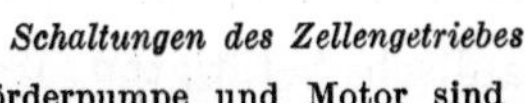

Schaltungen des Zellengetriebes

Abb. 2g. Förderpumpe und Motor sind entweder in offenem oder in geschlossenem Stromkreis geschaltet. Die Verbindung geschieht entweder durch Rohrleitungen oder es sind beide Teile in der starren Verbindung eines gemeinsamen Maschinenrahmens zu einer Getriebeeinheit vereinigt. Beim geschlossenen Kreislauf ist die Drehrichtung des Motors umsteuerbar. Leck- und Schlupfverluste werden durch Schnüffelventile ergänzt

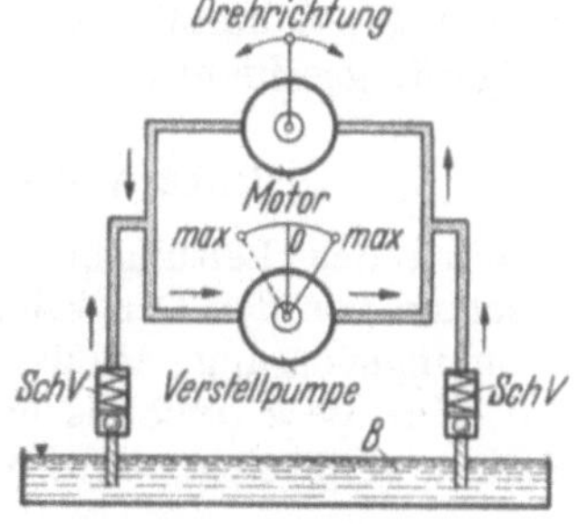

1.2 Die Steuerung und das Einstellen des Flüssigkeitsgetriebes

1.21 Steuerung des Bewegungsablaufes

1.211 Allgemeines

Unter „Steuerung" soll das Leiten des Arbeitsablaufes der Maschine verstanden werden, wobei mit Hilfe von Schaltorganen die Strömungsrichtung des Triebmittels festgelegt, die Bewegung hydraulisch bewegter Teile ermöglicht und, wenn erforderlich, in bestimmter Reihenfolge einem geschlossenen Kreislauf eingeordnet werden.

Die Steuerung hat zunächst eine zweifache Aufgabe, nämlich die innerhalb des Bearbeitungsprozesses gewünschte Haupt- und Nebenbewegung auszulösen (Schaltaufgabe) und den Energiestrom von der Kraftquelle zur jeweiligen Verbraucherstelle zu lenken (Lenkungsaufgabe).

Auch in der Elektrotechnik wird der Begriff „Steuern" gebraucht, wenn man beispielsweise angibt, daß die elektrischen Antriebe mit Drucktasten und Schützen gesteuert werden. Bei neuzeitlichen Werkzeugmaschinen „steuern" Elektronenröhren die Arbeitsvorgänge in den erforderlichen Richtungen und den notwendigen Bewegungsgrößen.

Das Steuern der Werkzeugmaschine kann geschehen:

a) *von Hand* durch den Bedienungsmann, der von außen her die Schaltorgane nach einem bestimmten Plan oder willkürlich betätigt,

b) *selbsttätig in Programm- oder Zeitplansteuerung* mit Kurven und Nocken, mit Fortschaltwerken, mit Zeitschaltwerken, mit Lochkarten, mit Magnetophonband.

In einer im voraus bestimmten Folge werden hierbei die Bewegungen des Werkzeugträgers — alle Vor- und Rücklaufstufen sowie Schwenken einschließlich Verriegeln und Lösen — oder diejenigen des Werkstückträgers einschließlich der Zufuhreinleitung, des Spannens und Auswerfens und das Schalten der elektrischen Antriebsteile und der Nebenorgane, wie Abrichtwerkzeuge, Kühl- und Schmiermittelpumpe, ausgelöst,

c) *mit Fühlersteuerung* zum Kopieren mit Schablone oder Meisterstück,

d) *mit Meßsteuerung* (für Einzelbearbeitung) derart, daß bei Erreichen des Sollmaßes am Werkstück die *End*ausschaltung durch ein Meßgerät geschieht.

1.212 Steuerung der Vorschubbewegung

Wird das Leitungsnetz einer hydraulisch betätigten Werkzeugmaschine von der Druckflüssigkeit durchflutet, so spielen sich hierbei Strömungsvorgänge ab, die nicht restlos durch Maß und Zahl erfaßbar sind. Um diese dynamischen Vorgänge jedoch planmäßig steuern zu können, genügt es, wenn man den Zusammenhang zwischen den Geschwindigkeiten und Kräften kennt. Dazu ist ein genaues Zerlegen des Bewegungsablaufes, dem beispielsweise ein Maschinentisch oder -schlitten unterworfen ist, notwendig. Bei der *hin- und hergehenden Bewegung* (Vorschubbewegung) eines Maschinenteiles unterscheidet man im einzelnen vier Abschnitte, die sich zeitlich aneinanderreihen:

1. Anlauf, d. h. Beschleunigen aus der Ruhelage bis zu einem vorbestimmten Höchstwert,
2. Arbeitsgang mit gleichbleibender Geschwindigkeit,
3. Auslauf, d. h. Verzögern bis zur Geschwindigkeit Null,
4. Stillstandszeit bei Umkehr in der Endlage.

1.212.1 Anlaufperiode. Beim *Anlaufen* muß der Maschinentisch oder -schlitten einschließlich des aufgespannten Werkstückes bzw. Werkzeuges von dem Zustand der Ruhe in die Bewegung übergeführt werden[1]. Dabei sind nicht nur die Massen zu beschleunigen, ihnen also eine lebendige Kraft zuzuführen, vielmehr müssen auch die Reibungswiderstände, die an den Trag- und Führungsflächen sowie an dem Kolben und der Kolbenstange auftreten, überwunden werden. Die Trägheitskräfte wachsen zunächst stark an, entsprechend der Gleichung:

$$K = m\,b = m\,\frac{dv}{dt} \quad \text{(kg)} \tag{6}$$

da der Tisch oder Schlitten innerhalb einer unter Umständen eng begrenzten Wegstrecke, damit also auch in kürzester Zeit, auf Vorschubgeschwindigkeit zu bringen ist. Um eine Vorstellung von der Größe der Kraft K zu geben, möge dies an einem praktischen Beispiel errechnet werden. Der Tisch einer mittelgroßen Schleifmaschine, der ein Gewicht von $G = 2200$ kg besitzt, wird in einer Anlaufzeit $t = 0{,}5$ s auf die Höchstgeschwindigkeit

$$v = 10{,}8 \text{ m/min} = 180 \text{ mm/s*}$$

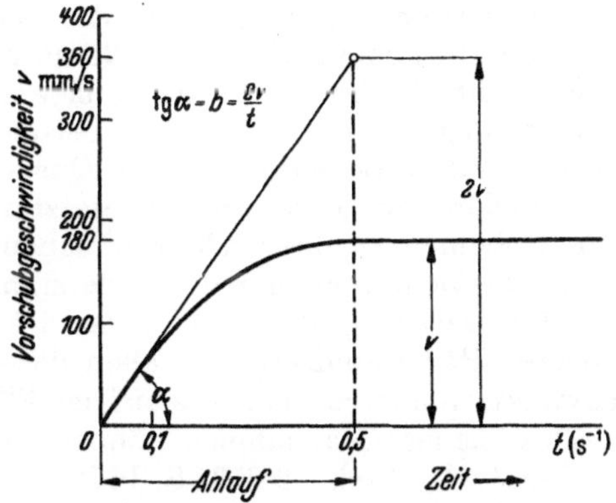

Abb. 3. Beschleunigung bei der Vorschubbewegung eines Maschinenteiles

[1] Die Flüssigkeitsmasse gehört zu der zu bewegenden Gesamtmasse, sie ist jedoch für praktische Rechnungen im Verhältnis zum Tisch- oder Werkstückgewicht meist vernachlässigbar klein.

* Will man sich über die Größe einer Vorschubgeschwindigkeit eine unmittelbare Vorstellung machen, so ist es ratsam, auf möglichst kleine Einheiten von Wegstrecke und Zeit zurückzugehen. Ohne Meßinstrumente läßt sich der Wert der Geschwindigkeit leicht beurteilen, wenn man bekannte Erfahrungszahlen des Alltags zu Hilfe nimmt. Als Beispiel denke man sich die Vorschubgeschwindigkeit eines Schleifmaschinentisches von 200 mm/s. Jedem, der sich mit Photographieren beschäftigt, ist die Dauer einer Sekunde vertraut. Die Spanne der menschlichen Hand beträgt gewöhnlich 200 mm. Mit diesen beiden Angaben kann man sich auf einfache Weise die Tischgeschwindigkeit veranschaulichen.

beschleunigt. Die Kraft K, die zu der Beschleunigung erforderlich ist, ergibt sich aus der Gl. (6)

$$K = m\,b$$

darin ist

$$m = \frac{G}{g}\left(\frac{\mathrm{kg\,s^2}}{\mathrm{m}}\right) \quad \text{und} \quad b = \frac{2\,v}{t}\left(\frac{\mathrm{m}}{\mathrm{s^2}}\right)$$

wobei ein parabelförmiges Anwachsen der Geschwindigkeit während der Anlaufzeit (Abb. 3) vorausgesetzt wird.

Setzt man die gegebenen Werte von G, g, v und t ein, so ist

$$K = \frac{2200}{9{,}81} \cdot \frac{2 \cdot 10{,}8}{0{,}5 \cdot 60} = 162 \text{ kg}$$

Bei der Berechnung der Antriebsleistung ist also neben den Reibungskräften am Tisch und der Reibung an Kolben und Kolbenstange dieser Trägheitswiderstand $K = 162$ kg zu berücksichtigen (vgl. auch Abschnitt 2.222, Berechnung eines Schubkolbentriebes).

1.212.2 Arbeitsgang. Während des eigentlichen Arbeitsganges wird eine gleichförmige Geschwindigkeit angestrebt. Zwischen den Antriebs- und Widerstandskräften herrscht annähernd Gleichgewicht, d. h. die Antriebs-Widerstandskräfte pendeln um einen Gleichgewichtszustand entsprechend den Schwankungen der Schnittkraft und der nachfolgenden Einregelung des Vorschubdruckes. Die Summe der Gegenkräfte bestimmt die von der Druckflüssigkeit aufzubringende hydraulische Kraft. Neben den Reibungskräften, die bei höheren Geschwindigkeiten kleiner und bei verminderter Geschwindigkeit größer sind, muß bei dem Arbeitsvorgang vor allem der Schnittwiderstand überwunden werden. Dieser setzt ein, sobald das Schneidwerkzeug am Werkstück zum Eingriff kommt. Seiner Größe nach ist dieser Bearbeitungswiderstand nicht gleichbleibend, da er bisweilen mehr oder minder großen Schwankungen unterworfen ist, so beispielsweise beim Sägen von Werkstücken mit stark veränderlicher Querschnittsfläche, beim Fräsen — insbesondere von Teilen mit abgesetzten Bearbeitungsflächen — oder beim Hobeln von mehreren hintereinander aufgespannten Werkstücken; auch beim Bohren können die Widerstände sich plötzlich ändern, wenn das Bohrwerkzeug aus dem Werkstück austritt oder in ein Gefüge größerer Härte eindringt. In allen diesen Fällen ist mit Belastungsschwankungen zu rechnen, die auf das Flüssigkeitsgetriebe rückwirken; durch geeignete Maßnahmen können sie ausgeglichen oder gemildert werden (vgl. Abschn. 2.613, S. 165).

Würde man die Energiezufuhr bei einem im Vorlauf befindlichen Maschinentisch oder -schlitten durch Absperren der Zuleitung plötzlich unterbrechen und könnte das Triebmittel auf der Abflußseite drucklos und ungedrosselt entweichen, so käme das bewegte Maschinenteil nicht sofort zur Ruhe, wenn es auf diese Weise sich selbst überlassen bliebe; es besitzt nämlich infolge seiner Eigengeschwindigkeit noch so viel Arbeitsvermögen, daß die Reibungskräfte, die nun mit abnehmender Geschwindigkeit anwachsen, längs einer bestimmten Wegstrecke noch überwunden werden können. Dieses Arbeitsvermögen ist bei der geradlinigen Bewegung bekanntlich von der Masse aller bewegten Teile und dem Quadrat ihrer Geschwindigkeit abhängig:

$$A = \frac{m\,v^2}{2} = \frac{G\,v^2}{g\,2} \quad \text{(kgm)} \tag{7}$$

Für den zuvor erwähnten Tisch einer *Schleifmaschine* mit $G = 2200$ kg und einer Vorschubgeschwindigkeit von $v = 180$ mm/s, ist nach Gl. (7) das Arbeitsvermögen oder die „Bremsarbeit":

$$A = \frac{2200 \cdot 0{,}180^2}{9{,}81 \cdot 2} = 3{,}64 \text{ kgm}$$

Bei einer schweren *Hobelmaschine*, deren Tisch 6000 kg wiegt und der sich im Rücklauf mit einer Geschwindigkeit von $v_R = 1$ m/s bewegt, ist die Bremsarbeit:

$$A = 306 \text{ kgm}$$

1.212.3 Auslaufperiode. Soll die bewegte Masse des Maschinenteiles am Hubende zum Stillstand kommen, so muß das Arbeitsvermögen A während des *Auslaufens* gänzlich vernichtet werden. Die einfachste und zugleich auch sanfteste Art, den Auslauf abzubremsen, besteht darin, daß man die Reibungswiderstände so lange wirken läßt, bis das Arbeitsvermögen völlig aufgezehrt und die Bremsarbeit A verrichtet ist. Man gibt also dem Maschinentisch oder -schlitten einen „freien" Auslauf. Die Wegstrecke, an deren Ende das Maschinenteil zum Stillstand kommt, kann nach folgender Gleichung bestimmt werden:

$$\frac{1}{2}\,m\,v^2 = \mu\,G\,a \tag{8}$$

oder

$$\frac{G}{g}\,\frac{v^2}{2} = \mu\,G\,a \tag{8a}$$

somit ist der „freie" Auslauf:

$$a = \frac{v^2}{2\mu\,g} \text{ mm} \tag{8b}$$

hierin bedeutet μ die Reibungsziffer und v die Vorschubgeschwindigkeit in m/s. Die Größe μ gilt strenggenommen nur für die Führungsflächen an dem Maschinentisch oder -schlitten. Getrennt hiervon wären anzugeben die Widerstände in der gesamten hydraulischen Anlage, die Reibung zwischen Kolben und Zylinder oder zwischen Kolbenstangen und Dichtungsmitteln, die Reibung in Ventilen u. dgl. Diese Widerstandswerte liegen jedoch zum Vergleich nicht vor, zumal sie für jede Anlage eine andere Größe annehmen können. Für die praktische Vorausberechnung dürfte jedoch die Annahme der Reibungszahl μ für die Führung genügen unter Vernachlässigung der übrigen Reibungswiderstände.

Für $v = 60$ m/min $= 1000$ mm/s und $\mu = 0{,}15$ als Reibungszahl für die Bewegung von Stahl auf Gußeisen bei flüssiger Reibung in den Tischführungen und für die Reibung von Kolben und Stopfbüchse ist demnach

$$a = \frac{1{,}0^2}{2 \cdot 0{,}15 \cdot 9{,}81} = 340 \text{ mm}$$

Nach der Energiegleichung (8) ist der „freie" Auslauf abhängig von der jeweiligen Vorschubgeschwindigkeit und den Reibungsverhältnissen, dagegen unabhängig von dem Gewicht der bewegten Teile.

In der Tat wird man von der Möglichkeit des „freien" Auslaufes ohne Bremsung kaum Gebrauch machen, sondern viel eher auf das Einhalten eines abgebremsten und genau begrenzten Hubweges bedacht sein. So muß beispielsweise beim Rundschleifen einer Welle, bei der gegen Bund geschliffen wird, der Auslauf mit einer Genauigkeit von einigen hundertstel Millimetern begrenzt sein. Das ist nur zu erreichen, wenn das Arbeitsvermögen des vorlaufenden Maschinenteiles durch einen in entgegengesetzter Richtung wirkenden Widerstand zerstört wird. Man hat es in der Hand, entweder einen großen Widerstand auf kurzem Wege oder einen kleinen Widerstand auf langem Wege wirken zu lassen, damit also auch die Abbremszeit nach Belieben zu verändern. Es ist zu beachten, daß bei der Zerstörung des Arbeitsvermögens auf kurzem Wege oder in kurzer Zeit Trägheitskräfte auftreten, die aus der Eigenmasse des bewegten Maschinenteiles herrühren. Erreichen sie einen bestimmten Wert, so treten sie nach außen hin als „Stöße" in Erscheinung (vgl. S. 14).

1.212.4 Umsteuerung. Anschließend an den Stillstand des Maschinentisches oder -schlittens am Hubende beginnt der Bewegungsablauf wieder von neuem mit dem Beschleunigen in der entgegengesetzten Richtung. Den Vorgang des Abbremsens bis zur Endlage, die Bewegungsumkehr und das Wiederbeschleunigen bezeichnet man

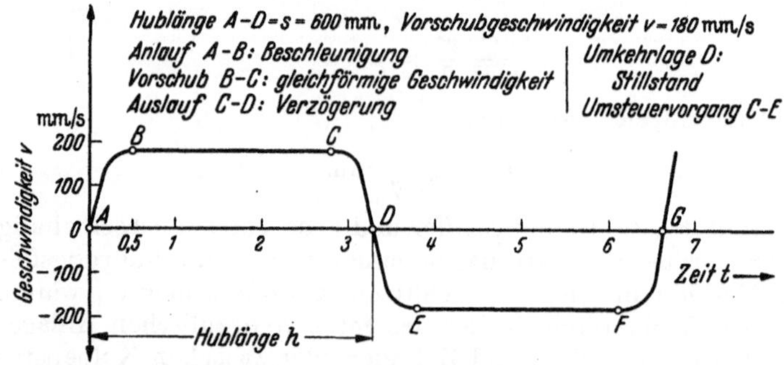

Abb. 4a. Geschwindigkeits-Zeit-Bild eines Schubkolbengetriebes

als den „*Umsteuervorgang*". In Abb. 4a ist er als Geschwindigkeits-Zeit-Schaubild für eine Flachschleifmaschine kleinerer Bauart mit einer Hublänge $h = 600$ mm und einer Vorschubgeschwindigkeit $v = 180$ mm/s dargestellt. Der Maschinentisch wird aus seiner Ausgangsstellung A beschleunigt, bis er nach einem Zeitablauf von 0,5 Sekunden in B die vorbestimmte Höchstgeschwindigkeit $v = 180$ mm/s erreicht. Von B aus bewegt er sich mit gleichförmiger Geschwindigkeit bis zum Punkt C, dort beginnt die Umsteuerung, und zwar der Auslauf bzw. die Verzögerung bis Punkt D. Der Punkt D wird — vom Beginn aus gerechnet

— nach 3,3 Sekunden erreicht. Von D aus setzt sich der Tisch unter Wechsel seiner Richtung wieder in Bewegung, er wird so lange beschleunigt, bis im Punkt E die ursprünglich einstellte Geschwindigkeit erreicht ist. Damit ist der Umsteuerungsvorgang beendet. Es schließt sich der Rücklauf bis Punkt F an. In Punkt F beginnt dasselbe Spiel von neuem; der Maschinentisch wird verzögert, geht bei G durch die Ruhelage und wird von hier aus in entgegengesetzter Richtung wieder beschleunigt. Dem zeitlichen Ablauf nach sind die einzelnen Bewegungsvorgänge unabhängig und unterschiedlich zueinander. Die Gesamtdauer des Umsteuerungsvorganges kann auf eine äußerst kurze Zeit, z. B. auf einige Zehntel einer Sekunde zusammengedrängt werden. Dies bedeutet ein wesentliches Verkürzen der Leerlaufzeit während des Umsteuerns, wie es bei Hobelmaschinen, Kurzhoblern, Fräsmaschinen, Schleifmaschinen u. a. erwünscht ist. Die eigentliche Stillstandsdauer in der Umkehrlage wird in diesem Falle auf hundertstel Sekunden beschränkt, ist also praktisch gleich Null.

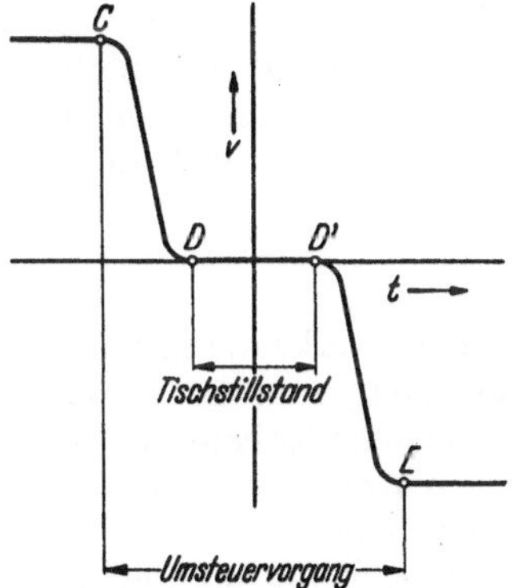

Abb. 4b. Umsteuervorgang mit einstellbarer Bewegungspause

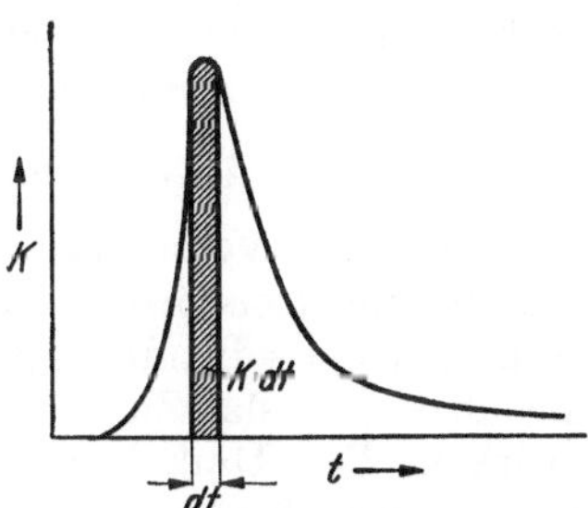

Abb. 5. Kraftstoß oder Impuls

Bei einer Reihe von Werkzeugmaschinen ist es notwendig, an beiden Hubenden den Maschinentisch während einer mehr oder minder großen Zeitspanne stillstehen zu lassen, um vor der Tischumkehr die Zustellbewegung ausführen zu können. Auch bei Rundschleifmaschinen ist es erforderlich, daß der Maschinentisch oder -schlitten an beiden Hubenden für eine bestimmte und einstellbare Dauer stillsteht, damit das Werkstück an seinem vollen Umfange geschliffen werden kann. Man schaltet dann zwischen den Auslauf, also die Verzögerungsperiode und den Wiederanlauf, d. h. die Beschleunigungsperiode, eine *veränderliche Bewegungspause*. Die Geschwindigkeitskurve der Abb. 4a wird also nicht geradlinig durch den Nullpunkt D verlaufen, vielmehr die in Abb. 4b gezeigte Gestalt annehmen. Die Entfernung von D bis D' kennzeichnet somit die Tischstillstandsdauer.

Während des Umsteuerns tritt eine Trägheitskraft K auf, die sich zeitlich entsprechend der zugelassenen Beschleunigung b ändert:

$$K = m\,b = m\,\frac{dv}{dt}$$

Formt man diese Gleichung um in:

$$m\,dv = K\,dt \tag{9}$$

so offenbart sich der Zusammenhang zwischen dem Impuls $m\,dv$ — dem Produkt aus Masse m und der Geschwindigkeitsänderung dv — und dem Kraftstoß $K\,dt$. Den zeitlichen Verlauf der Widerstandskraft veranschaulicht Abb. 5, eine Darstellung, die in der Physik zur Erläuterung des Impulses üblich ist [75]. Die von der Kurve umschlossene Fläche ist die Zeitsumme der Kraft K. Man bezeichnet sie als Kraftstoß oder kurz als „Stoß". Unter dem Stoß ist also eine, innerhalb einer sehr kurzen Zeit erfolgende, sehr starke Kraftsteigerung zu verstehen. Je kürzer demnach im vorliegenden Falle der Umsteuerung die Umsteuerzeit ist, um so stärker wachsen die Widerstandskräfte im System an. Der Kraftstoß kann sich außerordentlich ungünstig auf das Flüssigkeitsgetriebe auswirken, indem er durch das ruckartige Arbeiten zu übermäßiger Belastung der Anlage führt und darüber hinaus die Bearbeitungsgüte beim Zerspanen wie Hobeln, Fräsen oder Schleifen beeinträchtigt. Welche Maßnahmen ergriffen werden können, um den Stoß unschädlich zu machen oder gar zu beseitigen, wird in Abschnitt 2.622, S. 172, erläutert.

1.213 Umsteuervorgang

Die Schnitt- und Vorschubbewegungen einer Werkzeugmaschine, gleichgültig ob sie kreisförmig oder geradlinig sind, müssen in ihrer Richtung umkehrbar sein; dies gilt auch für sämtliche Nebenbewegungen, die beispielsweise das Zu- oder Beistellen von Werkzeug und Werkstück bewirken. Das Umkehren des Drehsinnes bzw. der Vorschubbewegung wird als „Umsteuerung" bezeichnet; sie kann auf folgende Weise erzielt werden:

Verschieben des Pumpengehäuses bei Kapsel- und Kolbenpumpen von der einen Endstellung über Null hinaus (Stillstand) in die entgegengesetzte Endstellung (Enor-Getriebe, Boehringer-Sturm-Getriebe) oder Schwenken des Gehäuses von einem positiven Neigungswinkel über Null bis zu einer negativen Neigung (Hydromatik-Pumpen).

In beiden Fällen werden die Saug- und Druckleitungen vertauscht, so daß das Triebmittel in der entgegengesetzten Richtung gefördert wird.

Verschieben des Motorgehäuses über die Mittellage (Nullstellung) nach der entgegengesetzten Seite. Diese Steuerung ist nur bei abgestellter Förderpumpe zulässig, sie wird daher praktisch nicht verwendet.

Umsteuern des Flüssigkeitsstromes durch Hähne, Ventile oder Schieber. Da dieses die einfachsten und meistverwendeten Mittel zur Umkehr der Bewegungsrichtung sind, vor allem bei den Schubkolbentrieben, soll auf diese Umsteuermöglichkeit näher eingegangen werden.

Abb. 6 zeigt in vereinfachter, schematischer Darstellung einen Schubkolbentrieb mit der dazugehörigen Umsteuereinrichtung (Kolbenschieber). Der Kolbenschieber hat die Aufgabe, das Druckmittel abwechselnd auf die beiden Seiten des Vorschubkolbens zu leiten und die drucklose Flüssigkeitsmenge wieder frei in den Sammelbehälter abfließen zu lassen. Nimmt der Schieber eine Mittelstellung ein, so werden die zu dem Zylinder führenden Leitungen oder Kanäle von den Kolbenflächen überdeckt und damit verschlossen; das Triebmittel kann nun in keinen der beiden Zylinderräume gelangen, der Vorschubkolben bleibt also stehen. Öffnet der Schieber auch nur einen schmalen Spalt an dem Zuleitungsquerschnitt, so fließt ein dünner Flüssigkeitsfaden in den Zylinderraum, füllt diesen allmählich mit Triebmittel an, der Vorschubkolben beginnt sich langsam zu bewegen. *Man sieht, daß der Kolbenschieber in gewissem Sinne auch als Drosselventil verwendet werden kann, derart, daß die Bewegung des Kolbens durch Erweitern oder Verengen des Drosselquerschnittes einstellbar ist.*

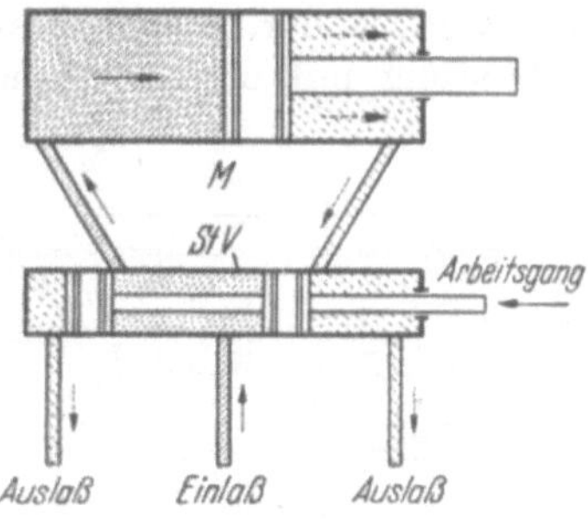

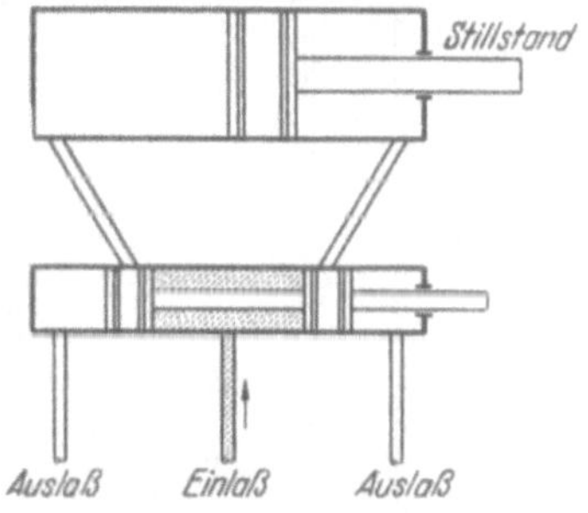

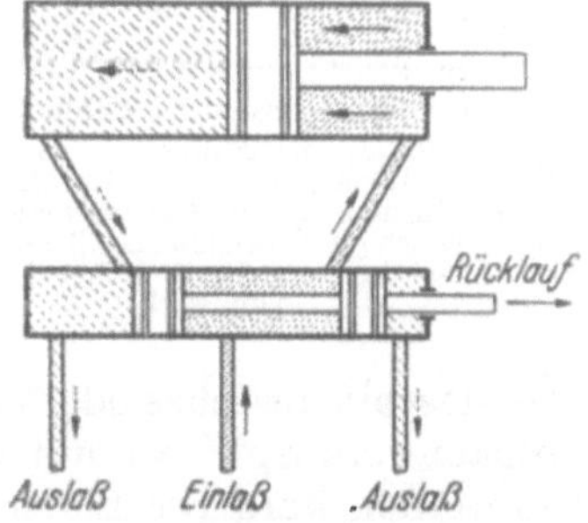

Abb. 6. Einfache Umsteuereinrichtung eines Schubkolbengetriebes
M Motor-Schubkolbentrieb; *StV* Steuerventil (Kolbenschieber)

Im Laufe der Entwicklung des Flüssigkeitsgetriebes haben sich drei grundsätzliche Umsteuerungsarten bei Schubkolbengetrieben herausgebildet:

1.213.1 Unmittelbare Umsteuerung ohne Vorsteuerorgan. Die einfachste Art, den Bewegungssinn umzukehren, stellt die *unmittelbare Umsteuerung* ohne Vorsteuerorgan dar. Hierbei wird der Umsteuerschieber am Ende jedes Hubes durch mechanische Mittel, d. h. durch Anschläge am Maschinentisch oder -schlitten in beiden Richtungen verschoben (Abb. 7) und somit der Bewegungsablauf planmäßig gesteuert. Der durch die verstellbaren Anschläge K_1 und K_2 betätigte Umsteuerhebel *H* greift unmittelbar an dem Kolbenschieber *StV* an. Sobald einer der beiden Anschläge den mit dem Kolbenschieber verbundenen Hebel aus seiner augenblicklichen Endlage herausbewegt, beginnt gleichzeitig der Kolben des Schiebers den Flüssigkeitsstrom zu und von dem Schubkolbentrieb zu drosseln, da die Kolbenflächen die Leitungs- oder Kanalquerschnitte in zunehmendem Maße überdecken. Diese Drosselung endet mit dem völligen Abschluß der Triebmittelzufuhr und daher auch mit dem Stillstand des Tisches oder Schlittens.

Der Kolbenschieber hat drei bemerkenswerte Stellungen: Die in Abb. 7 wiedergegebene Endstellung rechts, bei der die Druckflüssigkeit in den rechten Zylinderraum des Schubkolbentriebes geleitet wird, die linke Endstellung, die das Triebmittel in den linken Zylinderraum einströmen läßt, dazwischen befindet sich eine Mittelstellung, die sog. „Totlage", in der, wie oben erwähnt, die beiden Zylinderräume keine Verbindung mit der Kraftquelle haben, und in der das hydraulisch bewegte Maschinenteil zum Stillstand kommt. Mit dessen Stillstand endet aber auch die Bewegung des Umsteuerhebels *H* samt dem Kolbenschieber *StV*. Der Steuerschieber ist in seiner Totlage angelangt, die Umsteuerung wird nicht vollendet, es sei denn, die lebendige Kraft der bewegten Massen wäre noch so groß, um die gleichsam „stromlos" gewordene Strecke zu überbrücken. Bei der *unmittelbaren Umsteuerung* des Kolbenschiebers bedarf es daher *zusätzlicher Mittel*, die dem Schieber über seine Totlage hinweghelfen und die rückläufige Bewegung des Vorschubkolbens und damit des Maschinenteiles einleiten. In der Anordnung nach Abb. 7 gelingt das dadurch, daß die vor dem völligen Abschluß der Druckflüssigkeit noch vorhandene Bewegungsenergie des Maschinentisches oder -schlittens zur Energiespeicherung in dem Kippspannwerk *SpW* benutzt wird. Diese und ähnliche federbelastete Mittel werden kurz vor Erreichen der Totlage des Umsteuerschiebers selbsttätig, d. h. auch wieder durch den letzten Rest der kinetischen Energie des Maschinentisches entspannt, wobei der Hebel *H* und der Kolbenschieber nunmehr in die gewünschte Stellung verschoben werden. Das wesentliche Merkmal der soeben beschriebenen *unmittelbaren Umsteuerung* — ohne Vorsteuerorgan — ist im folgenden zu sehen:

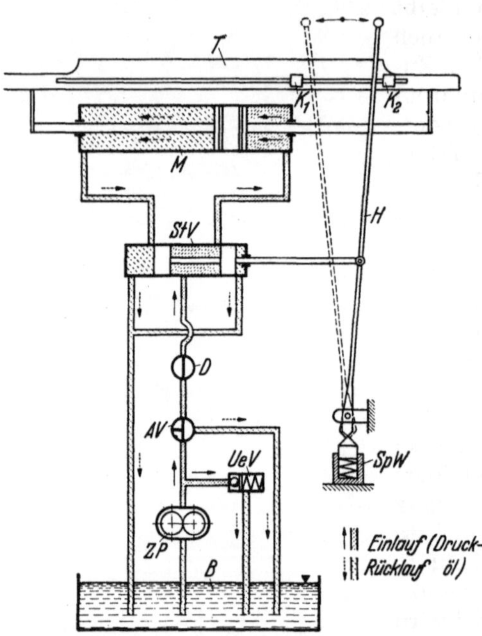

Abb. 7. Unmittelbare Umsteuerung ohne Vorsteuerorgan
B Sammelbehälter; *ZP* Zahnradpumpe; *UeV* Überdruckventil; *AV* An- und Abstellventil; *D* Drosselventil; *StV* Umsteuerventil (Kolbenschieber); *M* Motor; *T* Maschinentisch oder Maschinenschlitten; K_1, K_2 verstellbare Anschläge; *H* Umsteuerhebel; *SpW* Kippspannwerk

Der Bewegungsablauf des Umsteuerventils *StV* ist stets durch die Bewegung des Maschinentisches bzw. des mit ihm verbundenen Schubkolbens vorgeschrieben und mit dieser Bewegung zwangsläufig gekuppelt; Vorschubkolben und Kolbenschieber bewegen sich daher immer synchron. Der Umsteuerhebel *H* bewirkt zwar durch das Hebelverhältnis eine Übersetzung der Hublänge vom Vorschubkolben zum Umsteuerkolben, die Geschwindigkeiten des letzteren sind jedoch stets von denen des Maschinentisches abhängig. Ist die Vorschubgeschwindigkeit des Tisches klein, so geht auch der Umsteuervorgang langsam vor sich und umgekehrt. Der Weg des Maschinentisches vom Beginn des Drosselns der Triebmittelzufuhr bis zu dessen völligem Abschluß ist praktisch immer gleich groß, unabhängig davon, wie groß die Vorschubgeschwindigkeit des Schubkolbens bzw. des Tisches ist. Für eine bestimmte, eingestellte Hublänge setzt der Beginn des Drosselns und der Abschluß des Triebmittels bei jedem Arbeitsgang und jedem Rücklauf stets an genau gleichen Wegpunkten ein. Nach dem Bewegungsgesetz ergibt sich dann, daß bei gleichbleibender Weglänge die für den Umsteuervorgang verfügbare Zeit um so kleiner wird, je größer die Vorschubgeschwindigkeit ist und umgekehrt. Hieraus geht hervor, daß bei gesteigerten Geschwindigkeiten und schwer zu bewegenden Massen am Hubende leichte Stöße auftreten können (vgl. Abschn. 1.212.4) und eine stoßfreie Umkehr nur bei niederen Geschwindigkeiten erzielbar ist. Andererseits ermöglicht die unmittelbare Umsteuerung das *genaue* Einhalten einmal festgelegter Umkehrpunkte, da, wie gezeigt, die Bewegung des Umsteuerkolbens eine Funktion des Tischhubes darstellt.

1.213.2 Mittelbare Umsteuerung mit Vorsteuerorgan. Bei einer Reihe von Werkzeugmaschinen, insbesondere bei Schleifmaschinen, besteht die zwingende Forderung, daß die hydraulisch bewegten Teile wie Tisch oder Schlitten eine vollkommen stoßfreie Bewegungsumkehr aufweisen, und zwar bei beliebig einstellbaren kleinen oder großen Hublängen sowie bei großer Hubwechselzahl. Wie dieses zu erreichen ist, veranschaulicht die Abb. 8 eines Flüssigkeitsgetriebes mit *mittelbarer Umsteuerung und Vorsteuerorgan*. Der von den beiden Anschlägen K_1 und K_2 des Maschinentisches oder -schlittens T bewegte Hebel H greift nicht unmittelbar an dem Kolbenschieber StV an, sondern betätigt ein ebenfalls als Kolbenschieber ausgebildetes Vorsteuerventil VV. Das Ventil VV soll kurz als Vorsteuerung, der Umsteuerschieber StV als Hauptsteuerung bezeichnet werden. Zu dem Begriff „*Vorsteuerung*" ist zu sagen:

Eine Vorsteuerung liegt dann vor, wenn das Umsteuerventil durch einen Servomotor[1] verstellbar ist und wenn es an keiner Stelle während des Bewegungsablaufes unmittelbar vom Antriebskolben oder von mit ihm zwangsläufig verbundenen Teilen (Tisch) betätigt wird. Wie aus Abb. 8 hervorgeht, ist die Vorsteuerung dem Kolbenschieber StV so vorgeschaltet, daß ein und derselbe Flüssigkeitsstrom gleichzeitig (oder wenn erforderlich nacheinander) in die Vorsteuerung und in die Hauptsteuerung gelangt. Die Druckflüssigkeit wird zum Teil durch die Vorsteuerung VV dem Antriebskolben oder Servomotor SM der Hauptsteuerung StV zugeführt. Beim Hubwechsel des Maschinentisches T

[1] Unter Servomotor versteht man allgemein „jeden zusätzlichen Hilfstrieb, der dem zu steuernden System eine Steuerenergie in mechanischer, hydraulischer, pneumatischer oder elektrischer Form zuführt und damit die Steuerorgane beeinflußt".

verstellt der Hebel *H* die Vorsteuerung derart, daß das Triebmittel den Servomotorkolben *SM* in der einen oder anderen Richtung verschieben und damit die Hauptsteuerung *StV* betätigen kann. Diese leitet dann die von der Pumpe *ZP* unmittelbar zugeführte Druckflüssigkeit wechselweise in den linken oder rechten Zylinderraum des Schubkolbentriebes. Kennzeichnend für diese Umsteuerart ist, daß der Bewegungsablauf des

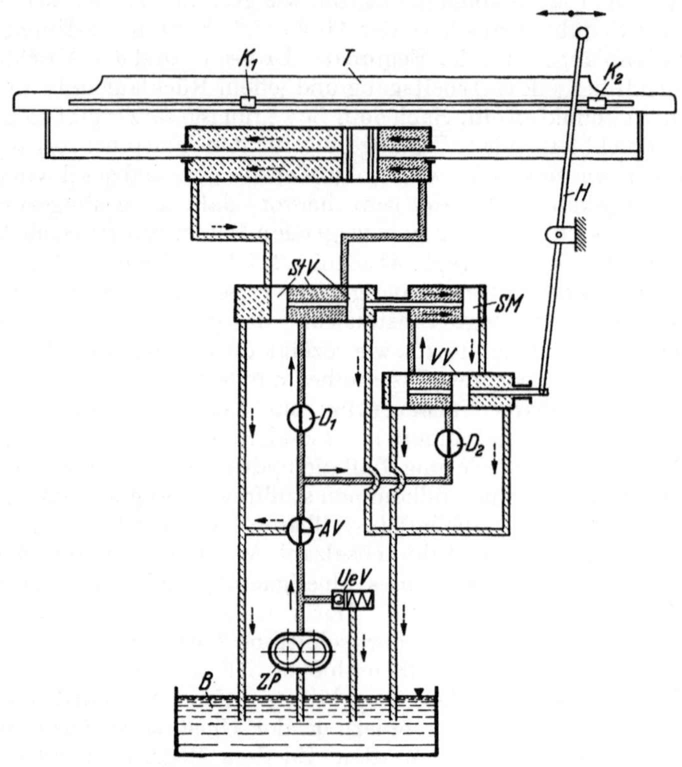

Abb. 8. Mittelbare Umsteuerung mit Vorsteuerorgan (und einstellbarer Umsteuergeschwindigkeit) *B* Sammelbehälter; *ZP* Zahnradpumpe; *UeV* Überdruckventil; *AV* An- und Abstellventil; *D* Drosselventil; *StV* Umsteuerventil (Kolbenschieber); *M* Motor; *T* Maschinentisch oder Maschinenschlitten; K_1, K_2 verstellbare Anschläge; *H* Umsteuerhebel; *VV* Vorsteuerventil; *SM* Servomotor

Servomotorkolbens und damit auch die Hauptsteuerung bis zu einem gewissen Grade losgelöst ist von der Bewegung des Maschinentisches und nun mehr von dem Flüssigkeitsstrom abhängt, der von der Vorsteuerung auf den Servomotorkolben geleitet wird, d. h. also von Druck und Menge des in den Servomotor strömenden Triebmittels. Denkt man sich nämlich das in der Schaltung, Abb. 8, eingezeichnete Drosselventil D_2 fort und die Drossel D_1 in die Hauptleitung *vor* die Abzweigung verlegt, so wird die Bewegung des Servomotorkolbens und folglich auch der eigentliche Umsteuervorgang bestimmt durch den Druck und die Menge des Triebmittels, also von dessen Energiezustand, wie er von der

Pumpe geliefert bzw. mit der Drossel D_1 eingestellt, in die Vorsteuerung und von dort in den Servomotor gelangt.

Ändert sich der Energiezustand des Triebmittels nicht, so bleibt der Antrieb auf die Hauptsteuerung, d. h. die Kraftübertragung von dem Servomotorkolben auf den Umsteuerkolben auch die gleiche, sofern die wirksame Querschnittsfläche des Servomotorkolbens unveränderlich ist.

Solange jedoch der Energiezustand des der Vorsteuerung zugeführten Flüssigkeitsstromes derselbe bleibt wie derjenige des die Hauptsteuerung und damit den Vorschubkolben betätigenden Triebmittels, ist keine vollkommene Ablösung der Vorsteuerung von dem Bewegungsablauf des Maschinentisches möglich. Mit anderen Worten ausgedrückt besagt dies: Der Umsteuervorgang ist nicht für sich getrennt beliebig langsam oder schnell verstellbar und unabhängig von der nach den jeweils vorliegenden Arbeitsbedingungen eingestellten Vorschubgeschwindigkeit; es bleibt immerhin bei dieser Umsteuerart noch eine Kopplung, wenn auch keine starre, zwischen dem Bewegungsablauf der Vorsteuerung und der Tischbewegung.

1.213.3 Mittelbare Umsteuerung mit Vorsteuerorgan und einstellbarer Umsteuergeschwindigkeit. Um die Umsteuergeschwindigkeit völlig unabhängig von der Vorschubgeschwindigkeit und der Bewegungsenergie des Maschinentisches oder -schlittens einstellen zu können, muß man noch einen Schritt weitergehen. Bei der zuvor beschriebenen Umsteuerart war angenommen worden, daß ein *einziges* Drosselventil D_1 in der Hauptleitung liegt, welches gleichzeitig die Geschwindigkeit des Vorschubkolbens und die Umsteuergeschwindigkeit bestimmt. Wird also die Vorschubgeschwindigkeit gedrosselt, so daß der Maschinentisch sich langsamer bewegt, so wird in demselben Maße der Flüssigkeitsstrom zur Vorsteuerung und zum Servomotor gedrosselt, die Umsteuerung wird folglich ebenfalls langsamer ablaufen; hierin liegt die oben erwähnte Abhängigkeit begründet.

Legt man dagegen die Hauptsteuerung und die Vorsteuerung in zwei parallel zueinander geschaltete Stromkreise und ordnet in jeder Zweigleitung je ein Drosselventil D_1 und D_2, Abb. 8, an, *so hat man die Möglichkeit, die Vorschubgeschwindigkeit und die Umsteuergeschwindigkeit am Hubende vollkommen unabhängig voneinander zu verstellen.* Der Energiezustand des Triebmittels kann daher in den beiden Teilströmen gänzlich verschieden sein. Die Einstellbarkeit der Umsteuergeschwindigkeit durch ein gesondertes Drosselventil in der Vorsteuerung gewährleistet eine wirklich stoßfreie Bewegungsumkehr und läßt darüber hinaus ein zuverlässiges Einstellen der Stillstandsdauer des Maschinentisches oder -schlittens an den Hubenden zu.

Die Steuerung des Flüssigkeitsstromkreises wurde im vorausgegangenen Schritt für Schritt behandelt, um klar zu zeigen, wie — besonders in der Frage der Umsteuerung — ein Lösungsverfahren auf dem anderen aufbaut und heute nach einer abgeschlossenen Entwicklung nachstehende Forderungen nahezu vollkommen erfüllt sind:

Stoßfreies Umsteuern des Flüssigkeitsstromes bei jedem Hubwechsel des hydraulisch angetriebenen Maschinenteiles, selbst bei sehr schnellen Vorschubbewegungen (Eilgang).

Unabhängiges Einstellen der Umsteuergeschwindigkeit von der Vorschubgeschwindigkeit.

Gleichmäßige Umsteuerung bei selbsttätigem Überwinden der Totlage des Umsteuerorgans.

Beliebiges Einstellen der Stillstandsdauer des Maschinentisches oder -schlittens an den Hubenden (Ausschleifzeit bzw. Zeit für Schaltbewegungen).

1.22 Einstellen des Flüssigkeitsgetriebes

1.221 Allgemeines

Von der Werkzeugmaschine wird verlangt, daß sie in vorbestimmter Zeit die Werkstücke formgerecht, unbedingt maßhaltig und mit hoher Oberflächengüte bearbeitet; dabei ist zu unterscheiden, ob große Stückzahlen bei geringer Zerspanung geliefert werden sollen oder ob von der Maschine höchste Zerspanungsarbeit an einzelnen Stücken zu leisten ist. Um den verschiedensten Anforderungen gerecht zu werden, muß die Werkzeugmaschine den Fertigungsvorgängen daher in weitem Maße angepaßt werden. Dies gilt für ihren Hauptantrieb in gleicher Weise wie für die Nebengetriebe. Die Schnittbewegung, sei sie kreisförmig oder gradlinig, richtet sich nach dem Werkstoff des Werkstückes und des Werkzeuges, nach der Bearbeitungsart (Bohren, Drehen, Fräsen, Hobeln, Schleifen usw.), ferner nach der Spanungsaufgabe (Schruppen oder Schlichten), d. h. nach Größe und Form des Spanungsquerschnittes. Die Größe der Zustell- und Vorschubbewegung ist in erster Linie von dem Bearbeitungsverfahren, der verlangten Oberflächengüte und der Widerstandsfähigkeit des Werkstoffes abhängig.

Die Getriebe der Werkzeugmaschinen müssen nach dem Gesagten auf bestimmte Werte der Bewegungsgrößen (Schnittbewegung, Vorschubbewegung, Anstellbewegung, Zustellbewegung) „einstellbar" sein. Bei neuzeitlichen Maschinen erstrecken sich diese Werte über eine weit auseinander gezogene Skala, die vom kleinsten bis zum größten Wert den Stellbereich der Maschine darstellt.

In diesem Zusammenhang soll kurz auf den Ausdruck „Regelung" oder „Regeln" eingegangen werden; dies ist notwendig, denn in dem Schrifttum werden häufig die beiden Begriffe „Regelung" und „Steuerung" verwechselt und die Bezeichnung Regelung dort angewendet, wo es sich dem Sinne nach eindeutig um einen Steuervorgang handelt und umgekehrt.

Zu den im Abschn. 1.21 auf S. 8 erläuterten beiden Steuerungsaufgaben, nämlich das Schalten und Lenken des hydraulischen Energiestromes vorzunehmen, kommt noch eine weitere Aufgabe hinzu: Das Anpassen der Flüssigkeitsmenge an die vom Getriebe jeweils verlangte Leistung durch Zumessen (Dosieren) der Flüssigkeitsmenge oder des

Flüssigkeitsdruckes. Das geschieht bei den meisten hydraulischen Werkzeugmaschinen unmittelbar von Hand in einem offenen Wirkungsablauf. Wenn man z. B. die Flüssigkeitsmenge durch ein Drosselorgan einstellt, dann ist dies nach unseren heutigen Vorstellungen ein eindeutiger Steuervorgang.

Nur in Sonderfällen kommt bei einer Werkzeugmaschine eine Regelaufgabe vor; hierbei läuft der Regelvorgang ohne menschliches Zutun ab, und zwar mit Hilfe von Reglern, wie sie das Ausgleichsventil von Heller (S. 169) oder das Cincinnati-Differenzdruckventil (S. 167) darstellen. Mit diesen Reglern will man gewisse vorbestimmte Betriebswerte (Druck, Menge) selbsttätig auf einer annähernd gleichen Größe halten.

Nach der Begriffsbestimmung des Normblattes DIN 19226 liegt eine Regelung dann vor, wenn der Wert einer Regelgröße (Drehzahl, Druck, Menge, Temperatur) auf Grund der Messung der zu beeinflussenden Größe konstant gehalten wird und wenn sich die Regelung in einem geschlossenen Wirkungsablauf vollzieht[1].

Es gibt neuzeitliche Fertigungsverfahren, bei denen die Werkstücke in einer fortlaufenden, ununterbrochenen Folge auf einer Maschine bearbeitet werden und bei denen im Gegensatz zu der Meßsteuerung bei Einzelbearbeitung *keine* Endausschaltung durch ein Meßgerät stattfindet, auch wenn das Werkstück-Sollmaß erreicht ist. Hierzu gehören z. B. *Schleifautomaten* für spitzenloses Rundschleifen oder *Flachschleifmaschinen* mit Rundtisch, bei denen die Werkstücke in einem stetigen Durchlauf zugeführt, bearbeitet und wieder abgeführt werden. Mit den gleichen Bauelementen, wie sie bei einer Meßsteuerung für Einzelbearbeitung verwendet werden, wird hier ein *Regelvorgang* bewirkt. Das Sollmaß ist in diesem Falle die Regelgröße, die konstant gehalten wird. Als Störgrößen sind die Schleifscheibenabnützung und die Längendehnungen der Schleifwellen infolge Wärmeeinwirkung zu betrachten sowie bei Schleifmaschinen mit Rundtisch die Veränderung der Magnetspanntisch-Ebene infolge Eigenerwärmung durch den Magnetstrom. Die Regelabweichung ist kleiner als die Werkstücktoleranz; auch liegt eine Zweipunktregelung vor, bei der die Meßeinrichtung das Stellglied für die hydraulische Zustellung ein- oder ausschaltet. Der Wirkungsablauf vollzieht sich in einem geschlossenen Kreis für das fortlaufend erzeugte Sollmaß.

Abb. 9 zeigt eine Flachschleifmaschine mit Rundtisch, bei der die Werkstücke in einem einzigen Durchlauf unter dem auf Fertigmaß eingestellten Schleifrad maßhaltig geschliffen und selbsttätig von der Bearbeitungsstelle abgeführt werden. Die kontinuierliche Arbeitsweise der Maschine geschieht in Verbindung mit einer elektronischen Meßeinrichtung, die alle aus dem Schleifbereich herauskommenden Werkstücke abtastet und selbsttätig den Ausgleich der Schleifscheiben-

---

[1] Während wir in dem deutschen Schrifttum eine klare Abgrenzung zwischen den Begriffen „Steuerung" und „Regelung" bzw. „Steuern" und „Regeln" haben, benützt die englische und amerikanische Fachsprache für beide Begriffe das Wort *control*.

abnützung herstellt, so daß das Fertigmaß der Werkstücke laufend in der geforderten Maßtoleranz gehalten wird.

Die Meßautomatik an dieser Maschine ist als geschlossener Regelkreis aufgebaut. Sie hat, wie schon erwähnt, die Aufgabe, ein durch Einstellen der Schleifscheibe *g* am Werkstück *i* erzeugtes Dickenmaß (Regelgröße *X*) fortlaufend aufrechtzuerhalten, und zwar durch Eingriff auf Grund von Messungen dieses Maßes.

Dieser Vorgang vollzieht sich ohne menschliches Zutun in folgender Weise:

Ein Meßtaster *a* tastet die unter ihm durchgleitenden Werkstücke *i* mit einem widiabestückten Fühler ab und stellt hierbei Abweichungen

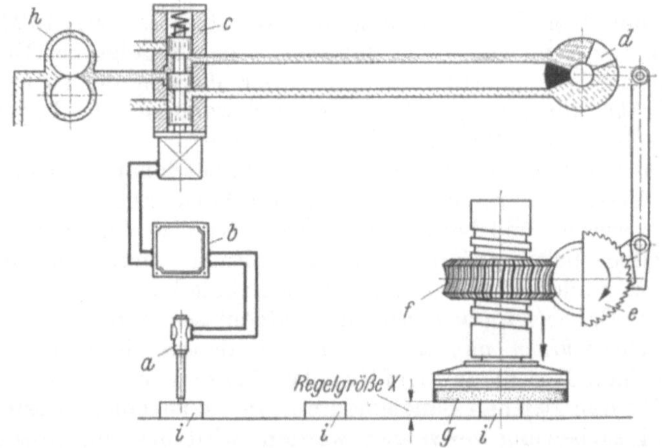

Abb. 9. Meßautomatik an einer Flachschleifmaschine als geschlossener Regelkreis

vom ursprünglich an der Schleifscheibe eingestellten Dickenmaß fest (Regelabweichung x_w). Erreicht die Abweichung eine unzulässige Größe, so tritt ein Kontaktsystem in Tätigkeit, und es wird über den Verstärker *b* ein Impuls zu dem Stoßmagneten des Steuerschiebers *c* weitergeleitet. Hierdurch wird der Steuerkolben vorgeschoben, und das von der Pumpe *h* geförderte Druckmittel gelangt in die vorher nicht beaufschlagte Kammer des Flügelkolbentriebes *d*. Über ein Gestänge wird ein Schrittschaltgetriebe *e* betätigt, dieses wiederum greift in ein Schraubenradgetriebe *f* ein, mit dem die Schleifscheibe *g* zugestellt und somit eine Annäherung des Istwertes an den Sollwert des Werkstückdickenmaßes (Regelgröße *X*) vorgenommen wird.

Abweichungen vom Sollwert der Regelgröße *X* können durch die bereits aufgeführten Einflüsse, nämlich Verschleiß der Schleifscheibe, Längenänderung an Maschinenteilen durch Wärmeeinwirkung (Störgrößen *Z*) hervorgerufen werden.

1.222 Stellbereich

1.222.1 Stellbereich bei kreisförmiger Bewegung. Die kreisförmige Schnittbewegung findet man bei Bohrmaschinen, Drehmaschinen,

Revolverbänken, Automaten, Fräsmaschinen, Kaltkreissägen sowie Schleif- und Läppmaschinen. Bei diesen Maschinen ist der Stellbereich

$$B = \frac{n_g}{n_k} \quad (n_g = \text{größte Drehzahl},\ n_k = \text{kleinste Drehzahl})$$

zum Teil sehr weit bemessen. So weisen die neuzeitlichen Bohrmaschinen, Drehmaschinen oder Fräsmaschinen — um nur einige Beispiele herauszugreifen — einen Stellbereich von 50:1 auf, in Sonderfällen wird bereits das Doppelte, also ein Bereich von 100:1 und sogar darüber verlangt.

1.222.2 Stellbereich bei geradliniger Bewegung. Während bei kreisförmiger Bewegung der Stellbereich sich nach den zu bearbeitenden Durchmessern und den erforderlichen Schnittgeschwindigkeiten richtet, hängt dieser bei *geradliniger Schnittbewegung* lediglich von den Schnittgeschwindigkeiten ab, die für die jeweilige Bearbeitungsaufgabe verfügbar sein müssen. Der geforderte Stellbereich für Maschinen mit hin- und hergehender Schnittbewegung (Hobelmaschinen, Kurz- und Schnellhobler, Räum- und Stoßmaschinen sowie Bügelsägen) geht im allgemeinen bis 10:1, in Sonderfällen auch darüber hinaus.

Der Stellbereich für die *Vorschubbewegung*[1], der durch das Verhältnis vom größten zum kleinsten Vorschub ausgedrückt ist, also $B = \frac{v_g}{v_k}$, ist genau wie der Stellbereich der Schnittgeschwindigkeiten an den neuzeitlichen Werkzeugmaschinen recht weit gespannt. Bei Drehmaschinen [*44.2*] erstreckt sich der Bereich der Längsvorschübe von 10:1 bis 40:1, im Fräsmaschinenbau arbeitet man mit einem B von 25:1, 32:1, ja bis 50:1, Langhobelmaschinen weisen heute bereits einen Vorschubbereich von 60:1 und größer auf, bei Schleifmaschinen ist ein Verhältnis 100:1 und darüber keine Seltenheit. Den weitesten Vorschubbereich findet man bei den mechanisch angetriebenen Bohr- und Fräswerken mit $B = 200:1$, 250:1 oder gar 550:1.

Um bei den sehr verschiedenen Spanungsaufgaben das Haupt- oder Nebengetriebe den jeweiligen Formen, Werkstoffeigenschaften und Spanungsquerschnitten möglichst genau anpassen zu können, schafft man, wie die vorangegangenen Beispiele zeigten, einen weiten Stellbereich, indem man die Zahl der verfügbaren Schnitt- oder Vorschubgeschwindigkeiten möglichst groß, die Stufensprünge dagegen so klein wie möglich macht. Das Streben nach einer äußerst feinfühligen Anpassungsfähigkeit führte zwangsläufig zu dem stufenlosen Wechselgetriebe, bei dem in der Tat jede, also auch stets die günstigste Geschwindigkeit eingestellt werden kann. Die stufenlosen Einstellgetriebe sind in drei Gruppen einzuteilen:

Mechanische Getriebe

FLENDER-Variator-Getriebe, PIV-Getriebe, PRYM-Trieb
Stellbereiche: 5:1 bis 10:1

[1] Vorschubbewegung ist diejenige Bewegung zwischen Werkstück und Werkzeugschneide, die zusammen mit der Schnittbewegung eine mehrmalige oder stetige Spanabnahme während mehrerer Umdrehungen oder Hübe ermöglicht. Sie kann stetig oder schrittweise vor sich gehen.

Elektrische Getriebe

Gleichstrom-Nebenschlußmotor, Drehstrom-Nebenschluß-Kollektormotor
Stellbereiche: 3:1 bis 6:1

LEONARD-Antrieb
Stellbereiche: 30:1, normal
36:1, in Sonderfällen

Elektronische Motorsteuerung
Stellbereiche: 50:1 bis 100:1
für Leistungen zwischen 0,1 und 0,7 kW

Flüssigkeitsgetriebe

Bezeichnung	Hersteller	Regelbereich
Enor-Flüssigkeitsgetriebe	Oswald Forst GmbH., Solingen	10:1
Boehringer-Sturm-Getriebe	Gebr. Boehringer GmbH., Göppingen	5:1 und 30:1
Jahns-Thoma-Flüssigkeitsgetriebe	Jahns Regulatoren Ges., Offenbach/Main	40:1
Pittler-Thoma-Flüssigkeitsgetriebe	Hanauer Pumpen- und Getriebebau G.m.b.H., Hanau/Main	25:1 bis 40:1
Heller-Getriebe	Gebr. Heller, Nürtingen/Württb.	50:1

Bei sämtlichen Getrieben lassen sich die Schnitt- oder Vorschubgeschwindigkeiten von nahezu Null bis Unendlich, wenigstens theoretisch gesehen, einstellen. In der Praxis wird man sowohl bei den Schubkolbentrieben wie auch bei den Zellengetrieben im allgemeinen mit einem Stellbereich 100:1 auskommen.

Betrachtet man zunächst das Flüssigkeitsgetriebe, bestehend aus Pumpe und Zellengetriebe, so findet man hier folgende Arten für das Ändern des Übersetzungsverhältnisses:

1.223 Pumpenverstellung

Bei der Pumpenverstellung wird die Fördermenge der Pumpe verändert. Dies geschieht entweder durch Ändern des Kolbenhubes, durch Ändern der wirksamen Flügellänge, der Flügelbreite oder schließlich durch das Zusammenschalten mehrerer Pumpen, von denen jede für sich eingestellt werden kann.

Die Fördermenge einer Flüssigkeitspumpe je Zeiteinheit ist bestimmt durch die Antriebsdrehzahl und die Anzahl, Größe und Form der Förderzellen sowie durch den volumetrischen Wirkungsgrad, auch kurz Liefergrad der Pumpe genannt.

Für *Flügelzellenpumpen* gilt die Beziehung:

$$Q = F\, b\, z\, n\, \eta_{vol}\, 10^{-6} \quad \text{(l/min)} \tag{10}$$

hierin ist Q die Fördermenge in l/min; F ist die Fläche einer Förderzelle in einem zur Achse senkrechten Schnitt (vgl. Abb. 43) in mm², b die Zellenbreite in mm, z die Zahl der Förderzellen, n die Antriebsdrehzahl in U/min und η_{vol} der Liefergrad der Pumpe.

Bei *Kolbenzellenpumpen* ergibt sich die Fördermenge aus der Formel

$$Q = F\, h\, z\, n\, \eta_{vol}\, 10^{-6} \quad \text{(l/min)} \tag{11}$$

Q ist die Fördermenge in l/min, F die wirksame Fläche des Verdrängerkolbens in mm^2, h der Kolbenhub in mm, z die Kolbenzahl, n die Antriebsdrehzahl in U/min und η_{vol} der Liefergrad der Pumpe. Indem man nun die Fördermengen der einzelnen Zellen vergrößert oder vermindert, beispielsweise durch Verändern der wirksamen Fläche bei Flügelpumpen oder durch Ändern des Hubes bei Kolbenpumpen, ändert man die Fördermenge der Pumpe in ihrer Gesamtheit.

1.224 Motorverstellung

Eine weitere Art, das Übersetzungsverhältnis eines Flüssigkeitsgetriebes zu wechseln, ist die Motorreglung, bei der die Aufnahme- oder Schluckfähigkeit des Flüssigkeitsmotors verändert wird. Es gelten hier dieselben Beziehungen wie unter (10) und (11). Während bei der Flüssigkeitspumpe die Drehzahl gleichbleibt und Q durch Ändern des Förderzelleninhaltes verstellt wird, bleibt bei dem Flüssigkeitsmotor die Größe Q gleich, und durch Vergrößern oder Vermindern des einzelnen Zellenraumes verändert sich die Antriebsdrehzahl n.

1.225 Verbund- (Pumpen- und Motor-) Verstellung

Vereinigt man die beiden zuvor beschriebenen Einstellarten miteinander, so erhält man die Verbundverstellung, bei der Pumpe und Motor, jeder für sich, zwangsläufig nacheinander oder gleichzeitig einstellbar sind. Man hat hierbei einen großen Stellbereich zur Verfügung, den man am zweckmäßigsten so unterteilt, daß die niederen Geschwindigkeiten durch Pumpenverstellung, die höheren dagegen durch Motorverstellung erwirkt werden.

Im Zusammenhang hiermit muß an dieser Stelle kurz auf die Abgabeleistung eines Umlaufgetriebes, also eines Flüssigkeitsmotors, eingegangen werden. Für das Getriebe gilt die Beziehung:

$$M = 716{,}2 \frac{N}{n} \text{ kgm} \tag{12a}$$

Im Falle einer *Pumpenverstellung* ist das abgegebene Drehmoment des Motors $M = 716{,}2 \frac{N}{n} = 1{,}591 \frac{Q_m\, p\, \eta_m}{n}$ = konstant, solange der Flüssigkeitsdruck unverändert bleibt, desgleichen seine Schluckfähigkeit, während die Abtriebsleistung N mit abnehmender Drehzahl n_m sinkt und umgekehrt (vgl. Abb. 58). Das Verstellen der Übersetzung ist bis auf Null möglich.

Bei der Motorverstellung bleiben Fördermenge und Drehzahl der Pumpe unverändert. Geändert wird dagegen die Aufnahmefähigkeit des Motors. Das Motordrehmoment sinkt mit zunehmender Motordrehzahl, die Abgabeleistung des Motors bleibt nahezu gleich. Es ist somit:

$$N = \frac{M\, n_m}{716{,}2} = \text{konst.} \quad [\text{kg/m}] \tag{12b}$$

M ändert sich also im umgekehrten Verhältnis mit n_m; nimmt die Drehzahl n_m abtriebsseitig geradlinig zu, so verläuft die M-Kurve hyperbelförmig und umgekehrt. Ein Verstellen bis auf Null ist nicht möglich. Will man innerhalb eines möglichst großen Stellbereiches an der Abtriebsseite eine gleichbleibende Leistung haben, so benützt man — wie erwähnt — die *Verbundverstellung*, bei der Pumpe und Motor eingestellt werden. Wird die Fördermenge Q_p der Pumpe geändert, so tritt an der Abtriebsseite bei steigender Drehzahl n_m ein gleichbleibendes Drehmoment M, aber eine zunehmende Leistung N auf. Wechselt man anschließend die Schluckfähigkeit Q_m des Flüssigkeitsmotors, so erhält man bei weiter steigender Drehzahl n_m und abnehmendem Drehmoment M eine gleichbleibende Leistung.

Zu beachten ist aber, daß die bei dem größten Flüssigkeitsdruck zu übertragende Leistung im gleichen Verhältnis mit der Fördermenge der Pumpe abfällt, so daß bei der Übertragung von gleichbleibenden Leistungen über diese durch die Pumpenfördermenge festgelegte Verstellgrenze nicht hinausgegangen werden kann. Je größer der Gesamtstellbereich sein soll, desto weiter muß man bei der Übertragung von gleichbleibenden Leistungen von der Höchstleistung des Getriebes entfernt bleiben. Sollen in einem Zellengetriebe fast gleichbleibende Drehmomente übertragen werden, so kann die Drehzahl des Motors durch Hinzunahme der Pumpenverstellung bis auf Null verändert werden.

1.226 Meßpumpenverstellung

Es bleiben nun noch die beiden Verstellarten zu erläutern, die man vorzugsweise bei Flüssigkeitsgetrieben mit *nicht einstellbarer* Förderpumpe und Kolbengetriebe verwendet. Hier ist zunächst die Geschwindigkeitsänderung durch eine „Meßpumpe", die in der Regel aus einer kleinen, verstellbaren Kolbenpumpe besteht, zu nennen. Sie saugt das Triebmittel aus dem jeweils eingeschalteten Zylinderraum ab, so daß in diesem Raum Unterdruck entsteht und der auf der Gegenseite mit dem vollen Flüssigkeitsdruck beaufschlagte Kolben sich vorbewegt. Die Vorschubgeschwindigkeit richtet sich nach der Absaugleistung, d. h. der Schluckfähigkeit der „Meßpumpe"; sie läßt sich sehr feinfühlig einstellen. Die Schluckmenge der Kolbenpumpe ergibt sich aus der Gleichung

$$Q_p = \frac{d^2 \pi}{4} h\, z\, n\, \eta_{\mathrm{vol}}\, 10^{-6} \quad (\mathrm{l/min}) \tag{13}$$

(Es bedeutet Q die Schluckmenge in l/min, d der Durchmesser des einzelnen Kolbens in mm, h der jeweils eingestellte Kolbenhub in mm, z die Kolbenzahl, n die Antriebsdrehzahl in U/min und schließlich η_{vol} der volumetrische Liefergrad.)

Durch Verstellen des Kolbenhubes h kann jede gewünschte Menge Q_p eingestellt und somit auch jede Vorschubgeschwindigkeit erzielt werden.

Das Einschalten einer „Meßpumpe" in die Rückleitung des Triebmittelstromes hat außerdem den Vorteil, daß die Durchflußmenge von dem Druckunterschied vor und hinter der Pumpe unabhängig ist, sowie von der jeweiligen Temperatur des Triebmittels und damit auch von dessen Zähigkeit. Durch diese Anordnung wird auch bei stark verminderter Vorschubgeschwindigkeit noch eine völlig gleichförmige und schwingungsfreie hydraulische Bewegung erzielt.

1.227 Drosselverstellung

In dem Abschn. 1.12 wurde im einzelnen erläutert, welcher Zusammenhang zwischen dem Druck, der Durchflußmenge und dem Widerstand in einem hydraulischen Leitungsnetz besteht, und wie mit wachsendem oder absinkendem Widerstand in einem Leitungsnetz auch die Durchflußmenge geändert wird. Hierauf beruht das Wesen der Drosselung, bei der durch ein in die Leitung geschaltetes Stellorgan (Drosselhahn, Drosselventil) der Querschnitt, damit also der Widerstand und dementsprechend die Durchflußmenge, nach Belieben eingestellt werden können. Da die Drosselverstellung bei einer Vielzahl von hydraulischen Werkzeugmaschinen — wohlgemerkt, nicht bei allen! — mit Vorteil zu verwenden ist, so sei diese Verstellart, insbesondere der sich hierbei abspielende Drosselvorgang näher geschildert.

Die Vorschubgeschwindigkeit eines hydraulisch bewegten Maschinenteiles kann — wie gesagt — beeinflußt werden durch Verändern der im Triebmittel herangeführten Energie. Der Energiezustand, oder besser die Leistung des Triebmittels, wird aber bestimmt durch das Produkt aus Flüssigkeitsdruck mal der in der Zeiteinheit in einem Querschnitt fließenden Menge. Indem man die Grenzen des Druckes — etwa am Überdruckventil —, die Menge oder auch beide Größen verändert, hat man es in der Hand, die obere Grenze der Leistung und die Geschwindigkeit feinstufig einzustellen. Es ist üblich, den einmal eingestellten Flüssigkeitsdruck gleichbleibend zu halten und damit auf eine unmittelbare Druckveränderung zu verzichten. Man wählt lieber den Umweg über die Mengenveränderung, um den Druck zu beeinflussen, da der Druck eine Funktion der Menge ist und umgekehrt, und erweitert oder verengt planmäßig den Querschnitt des Leitungsnetzes an einer bestimmten Stelle mit Hilfe eines geeigneten Ventils. Schaltet man einen derartigen Widerstand in die Leitung ein, so wird ein Teil der Strömungsenergie infolge der hierbei eintretenden Einschnürung und Verwirbelung des Triebmittelstrahles durch Reibung aufgezehrt bzw. in Wärme umgewandelt. Die Drosselung ist nur möglich, wenn in der Leitung eine stationäre Strömung vorhanden ist, die bei einer mehr oder weniger starken Verengung des Durchflußquerschnittes mit anschließender plötzlicher Erweiterung an Energie verliert.

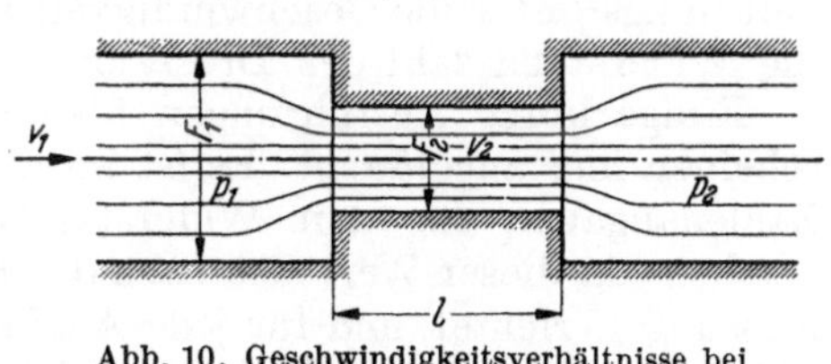

Abb. 10. Geschwindigkeitsverhältnisse bei Drosselverstellung

Durch das kreisrunde, waagerechte Rohr, Abb. 10, strömt stationär nach rechts die Flüssigkeit. Jeder Rohrquerschnitt wird in der Zeiteinheit von derselben Flüssigkeitsmenge durchflossen. Wenn für die

Menge Q die Beziehung gilt (Gl. 3):

$$Q = F\,v \text{ in } m^3/s$$

(F = Rohrquerschnitt in m^2, v = Strömungsgeschwindigkeit in m/s),

dann lautet die *Stetigkeitsgleichung*:

$$F_1 v_1 = F_2 v_2 \tag{14}$$

F_1 und v_1 bedeuten Querschnitt und Geschwindigkeit *vor* der Drosselstelle, F_2 und v_2 Querschnitt und Geschwindigkeit an der engsten Stelle.

Die Gl. (14) lehrt, daß die Strömungsgeschwindigkeit dort am größten ist, wo die Leitung den engsten Querschnitt besitzt und umgekehrt, daß die Flüssigkeit im größten Querschnitt am langsamsten fließt. Die Geschwindigkeit der Flüssigkeitsteilchen wird demnach auf dem Weg von Querschnitt F_1 nach F_2 mehr oder weniger stetig anwachsen, je nachdem, ob die Querschnittsverengung plötzlich oder allmählich einsetzt. Mit anderen Worten: Die Flüssigkeitsteilchen werden an der Drosselstelle beschleunigt; dies ist aber nur möglich, wenn auf sie Druckkräfte einwirken. Im Querschnitt F_1 tritt unmittelbar an der Drosselstelle eine Stauung und damit auch eine Druckzunahme auf, während hinter der Drossel der Druck vermindert wird. Die Druckkräfte, die vor der Drossel wirken, sind also auch größer als diejenigen hinter der Drossel, d. h. der Druck nimmt im Bewegungssinne ab. Dieser Druckunterschied oder das Druckgefälle ist die Ursache für das Beschleunigen der Flüssigkeit von links nach rechts in Abb. 10.

Der Druckabfall in einem Drosselorgan kann nach folgender Formel errechnet werden:

$$\Delta p = \zeta \frac{\gamma\, v^2}{g\, 2} \tag{15}$$

Hierbei ist Δp der Druckabfall in kg/cm², $\frac{\gamma}{g} = \varrho$ die Dichte der Flüssigkeit in kgs^2/m^4, v die Geschwindigkeit an der Drosselstelle in m/s und ζ die Widerstandszahl des Drosselorganes.

Einige kurze Ausführungen über die dimensionslose Größe ζ erscheinen hier angebracht. Es ist im allgemeinen recht schwer, genaue Zahlenangaben für den Widerstandsbeiwert der Drosselorgane zu machen, da dieser Wert sich nach der Bauart und den Querschnittsabmessungen richtet und für jede Ausführungsform sehr verschieden ist [*23* u. *86*]. Die in dem Schrifttum [*42.1* u. *90*] aufgeführten Werte gelten für Absperrventile bei Wasser- und Dampfleitungen und können nicht ohne weiteres auf die bei der Ölhydraulik verwendeten Drosselventile übertragen werden.

Um für die Praxis brauchbare Werte der Widerstandszahl ζ zu erhalten, wurden von Schaller Untersuchungen an Bohrungen (Düsen), Rechteck- und Ringspalten durchgeführt [*83*].

Die Ergebnisse sind auszugsweise in den Abb. 11 bis 15 dargestellt. In Abb. 16 und 17 ist aus den gleichen Meßreihen der Wert ζ_g über der Reynoldsschen Zahl *Re* für einen erweiterten Bereich aufgetragen.

Druck vor der Düse	Druck nach der Düse	Druckunterschied	REYNOLDSsche Zahl	ges. Widerstandszahl
p_1 kg/cm²	p_2 kg/cm²	Δp kg/cm²	Re	ζ_g
8	2	6	645	0,280
10	2	8	794	0,247
12	2	10	932	0,223
14	2	12	1051	0,211
20	2	18	1334	0,196
32	2	30	1748	0,190

Düsendurchmesser .... d = 1,743 mm
Düsenlänge .... l = 20,0 mm
Ölsorte .... Voltol-Gleitöl II
Versuchstemperatur .... T = 40° C
Spezifisches Gewicht .... γ = 0,8997 kg/dm³
Kinematische Zähigkeit .... ν = 54,5 cSt (≈7,2° E)

Abb. 11

Druck vor der Düse	Druck nach der Düse	Druckunterschied	REYNOLDSsche Zahl	ges. Widerstandszahl
p_1 kg/cm²	p_2 kg/cm²	Δp kg/cm²	Re	ζ_g
8	2	6	1176	0,216
10	2	8	1402	0,202
12	2	10	1598	0,194
14	2	12	1774	0,189
20	2	18	2190	0,186
32	2	30	2784	0,191

Düsendurchmesser .... d = 1,743 mm
Düsenlänge .... l = 20,0 mm
Ölsorte .... Voltol-Gleitöl II
Versuchstemperatur .... T = 50° C
Spezifisches Gewicht .... γ = 0,8927 kg/dm³
Kinematische Zähigkeit .... ν = 34,3 cSt (≈4,6° E)

Abb. 12

Druck vor dem Spalt	Druck nach dem Spalt	Druckunterschied	REYNOLDSsche Zahl	ges. Widerstandszahl
p_1 kg/cm²	p_2 kg/cm²	Δp kg/cm²	Re	ζ_g
9	1	8	248,2	0,475
15	1	14	393,3	0,332
27	1	26	643	0,230

Spaltbreite .... b = 29,7 mm
Spalthöhe .... h = 0,4 mm
Spaltlänge .... l = 10 mm
Ölsorte .... Voltol-Gleitöl II
Versuchstemperatur .... T = 40° C
Spezifisches Gewicht .... γ = 0,8997 kg/dm³
Kinematische Zähigkeit .... ν = 54,7 cSt (≈7,2° E)

Abb. 13

Druck vor dem Spalt	Druck nach dem Spalt	Druckunterschied	REYNOLDSsche Zahl	ges. Widerstandszahl
p_1 kg cm²	p_2 kg/cm²	Δp kg/cm²	Re	ζg
9	1	8	491,5	0,309
15	1	14	724	0,247
26,5	1,5	25	1071	0,204

Spaltbreite .... $b = 29{,}7$ mm
Spalthöhe .... $h = 0{,}4$ mm
Spaltlänge .... $l = 10$ mm
Ölsorte .... Voltol-Gleitöl II
Versuchstemperatur .... $T = 50°$ C
Spezifisches Gewicht .... $\gamma = 0{,}8927$ kg/dm³
Kinematische Zähigkeit .... $\nu = 34{,}3$ cSt ($\approx 4{,}6°$ E)

Abb. 14

Druck vor dem Spalt	Druck nach dem Spalt	Druckunterschied	REYNOLDSsche Zahl	ges. Widerstandszahl
p_1 kg/cm²	p_2 kg/cm²	Δp kg/cm²	Re	ζ_g
9	1	8	1334	0,197
16	1	15	1844	0,193
26	1	25	2416	0,188

Spaltbreite .... $b = 29{,}7$ mm
Spalthöhe .... $h = 0{,}4$ mm
Spaltlänge .... $l = 10$ mm
Ölsorte .... Voltol-Gleitöl II
Versuchstemperatur .... $T = 70°$ C
Spezifisches Gewicht .... $\gamma = 0{,}8786$ kg/dm³
Kinematische Zähigkeit .... $\nu = 16$ cSt ($\approx 2{,}4°$ E)

Abb. 15

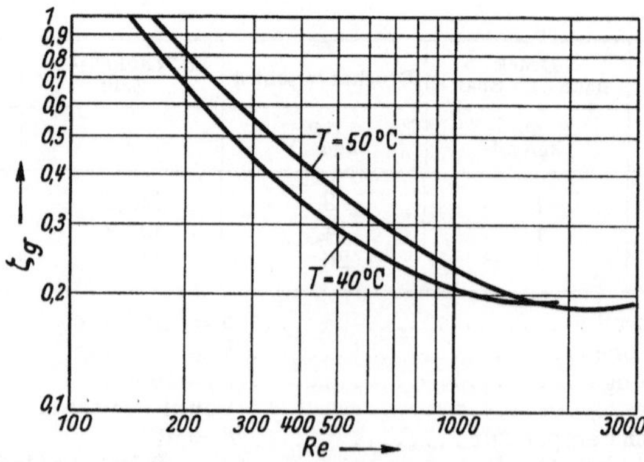

Abb. 16. Zusammenhang zwischen Gesamtwiderstandszahl ζ_g und REYNOLDSscher Zahl Re für Düse (Siehe auch Abb. 11—12)

Bei den Versuchen wurde der Druckunterschied Δp sowie die sekundliche Durchflußmenge Q_s gemessen. Aus Q_s und F läßt sich dann die mittlere Strömungsgeschwindigkeit v errechnen.

Mit den gefundenen Werten ergibt sich die Gesamt-Widerstandszahl:

$$\zeta_g = \frac{2d\,\Delta p}{l\,\varrho\,v^2}$$

Bei kurzen *zylindrischen Bohrungen* wird die Widerstandszahl noch beeinflußt von dem Verhältnis $l:d$ und $d:D$. Dabei ist:

d Bohrungsdurchmesser,
l Länge der Bohrung,
D Durchmesser des Zu- und Abflußquerschnittes.

Berücksichtigt man diese Tatsachen, so kann die Bohrungswiderstandszahl für ein Durchmesser-Verhältnis von $d:D \leqq 0{,}5$ mit guter Annäherung wie folgt berechnet werden:

$$\zeta_g = \frac{64}{Re} + \left(1{,}4 + \frac{64}{Re}\right)\frac{d}{l} \tag{16}$$

Bei *Rechteckspalten* kann für die Errechnung der Widerstandszahlen folgende Annäherungsgleichung angewendet werden:

$$\zeta_g = \frac{96}{Re} + 1{,}5\,\frac{d_h}{l} \tag{17}$$

Die Gültigkeit dieser Gleichung wurde für einen Bereich von $\frac{d_h}{D_h} < 0{,}1$ durch Versuche bestätigt; dabei ist $\frac{d_h}{D_h}$ das Verhältnis der hydraulischen Durchmesser von Spalt- und Zuflußquerschnitt.

Die versuchsmäßig ermittelten Werte stimmten mit den errechneten Werten gut überein.

Durch weitere Kontrollmessungen wurde bestätigt, daß die letztgenannte Formel für Rechteckspalte auch für *Ringspalte* angewendet werden kann; jedoch unter Berücksichtigung der für diese geltenden REYNOLDSschen Zahlen und des hydraulischen Durchmessers.

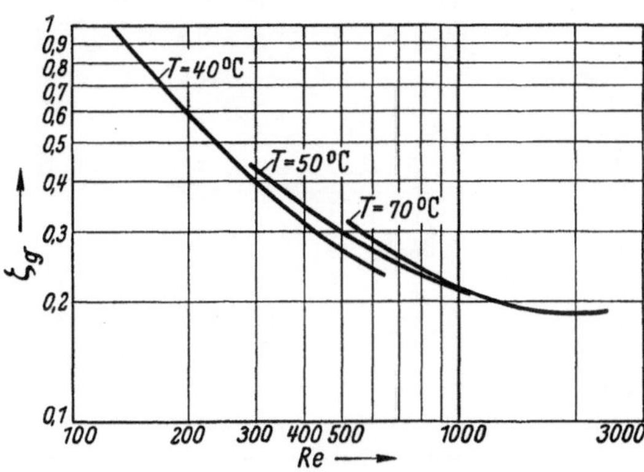

Abb. 17. Zusammenhang zwischen Gesamtwiderstandszahl ζ_g und REYNOLDSscher Zahl Re für Spalt (Siehe auch Abb. 13, 14 und 15)

Die REYNOLDSschen Zahlen wurden für die einzelnen Fälle wie folgt bestimmt:

Für den *Kreisquerschnitt*:

$$Re = \frac{v\,d}{\nu}$$

Bei sehr *engen Spalten* mit $b \gg h$, wie den untersuchten, wird angenähert:

$$Re = \frac{v\,2h}{\nu}$$

Für *Ringspalte* mit dem Bohrungsdurchmesser d_a und dem Kolbendurchmesser d_i gilt:

$$Re = \frac{v\,(d_a - d_i)}{\nu} = \frac{v\,2s}{\nu}$$

wobei $s = \frac{d_a - d_i}{2}$ die Spaltbreite darstellt.

Um ferner einen Einblick zu gewinnen, in welcher Größenordnung der Gesamtwiderstand eines Drosselorgans auftritt, hat der Verfasser die Widerstandszahl ζ_g an einer Flachschleifmaschine mittlerer Größe, bei der die Vorschubgeschwindigkeit des Maschinentisches durch einen Drosselhahn eingestellt wird, untersucht. Es sei vorweg betont, daß diese Untersuchungen, Betriebsversuche und keine physikalischen Messungen mit besonders feinen Meßmitteln darstellen, und die lediglich das Ziel hatten, die Widerstandszahl ζ_g in *erster Annäherung* festzulegen.

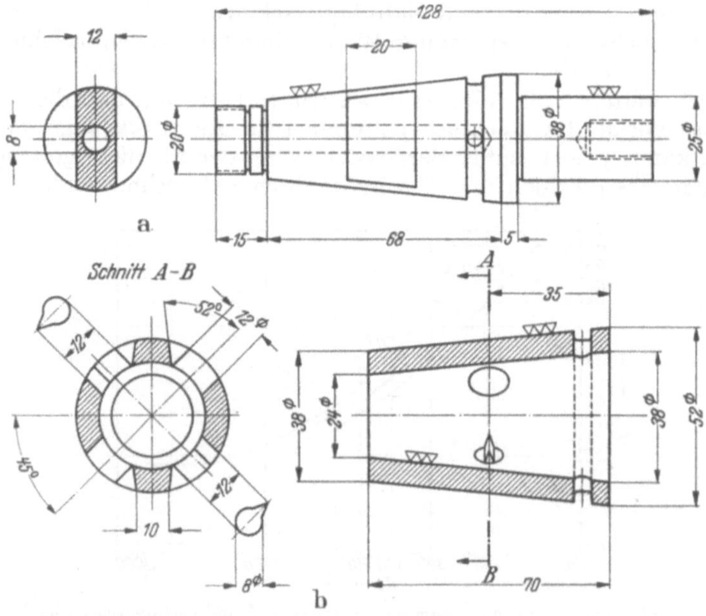

Abb. 18. Versuchs-Drosselhahn zur Ermittlung der Widerstandszahl

Die Versuchsanlage war so gestaltet, daß der Flüssigkeitsdruck vor und hinter der Drossel an handelsüblichen Manometern abgelesen werden konnte. Der Betriebsdruck wurde an einem Überdruckventil eingestellt und auf 8 kg/cm² während des ganzen Versuches gleichgehalten, die Vorschubgeschwindigkeit bei fortschreitender Drosselung gemessen. Die Drossel war von außen durch einen Zeiger derart einstellbar, daß ihr dreieckig ausgebildeter Durchflußquerschnitt jeweils um einen bestimmten Betrag zu verringern war. Aus dem abgelesenen Druckunterschied Δp, dem bekannten spezifischen Gewicht des Triebmittels $\gamma = 900$ kg/m³ und der Strömungsgeschwindigkeit v in m/s konnte nach der Beziehung (15) die Widerstandszahl ζ_g errechnet werden. Die Größe ζ_g wurde auf den Drosselquerschnitt bezogen unter Berücksichtigung einer Kontraktionszahl $\mu = 0{,}6$.

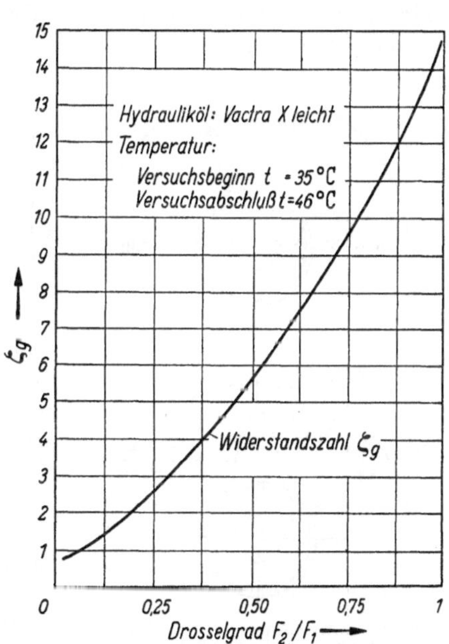

Abb. 19. Abhängigkeit der Widerstandszahl ζ_g von dem Drosselgrad

Für die untersuchte Drossel (Abb. 18), die einen einfachen Hahnen, bestehend aus einem Küken mit dem Kegel 1:5 und einer Kükenhülse, darstellt, wurde bei ganz geöffnetem Querschnitt eine Widerstandszahl $\zeta_g = 14{,}65$ ermittelt [*78*]. Bei einem Drosselgrade von 0,1, bei dem also der Durchflußquerschnitt F_2 nur noch $^1/_{10}$ des Zuleitungsquerschnittes F_1 im Anschlußstutzen betrug, wurde die Widerstandszahl zu $\zeta_g = 1{,}45$ errechnet, der Druck fiel innerhalb der Meßstrecke von 8 kg/cm² vor der Drossel auf 4,0 kg/cm² hinter der Drossel ab. Man sieht, daß die Widerstandszahl ζ_g mit fortschreitender Drosselung sehr stark abfällt. Das Abfallen der Zahl ζ_g geht jedoch nicht stetig und verhältnisgleich mit abnehmendem Drosselgrade von 1 nach 0,1 vor sich, sondern nimmt einen hyperbelähnlichen Verlauf an [*21*], Abb. 19.

Das gleiche gilt nach Gl. (15) auch für den Druckabfall Δp, der im Gebiete kleiner Durchflußquerschnitte F_2, d. h. großer Drosselung, unverhältnismäßig stark anwächst, ist er doch bei dem Drosselgrad $F_2/F_1 = 0{,}1$ auf nahezu 50 v. H. des Anfangsdruckes von 8 kg/cm² gestiegen.

Hieraus erklärt sich eine sehr unangenehme Eigenschaft aller hydraulischen Kolbengetriebe, welche mit Drosselung der Fördermenge arbeiten, nämlich, daß sie bei *geringen* Vorschubgeschwindigkeiten zum unruhigen und ruckweisen Arbeiten neigen. Durch die hohe Drosselung wird der Druck rasch aufgezehrt. Jedenfalls braucht er eine, wenn auch geringe Zeit, bis er sich so weit aufgebaut hat, um den ihm entgegenstehenden Widerstand zu überwinden. Hinzu kommt, daß bei dem bewegten Maschinenteil die Reibungsziffer um die Ruhelage herum sich ebenfalls sehr rasch ändert. Der wieder aufgebaute Druck beschleunigt den Maschinentisch oder Maschinenschlitten aus der Ruhelage, so daß dieser bei schnell absinkendem Reibungswiderstand ein Stück vorschnellt; der Druck fällt ab und kann infolge der starken Drosselung nicht augenblicklich wieder aufgebaut werden. Die Bewegung des vorgeschnellten Maschinenteiles wird verzögert und das Spiel beginnt von neuem. Das Getriebe arbeitet stoßweise und die Vorschubbewegung verläuft nicht gleichförmig und schwingungsfrei. Dieser Übelstand wird noch vergrößert, wenn Luft in dem Triebmittel eingeschlossen ist und nicht entweichen kann. Bei dem plötzlichen Druckabfall wird sowohl die Triebflüssigkeit wie auch die in ihm enthaltene Luft entspannt, und vor der wirksamen Kolbenfläche bildet sich im Vorschubzylinder ein Luftpolster, welches wie eine zwischengelagerte weiche Feder wirkt. Dieses verleiht der Anlage eine bestimmte Nachgiebigkeit, die zum Teil erwünscht ist, zum anderen Teil als nachteilig gewertet wird.

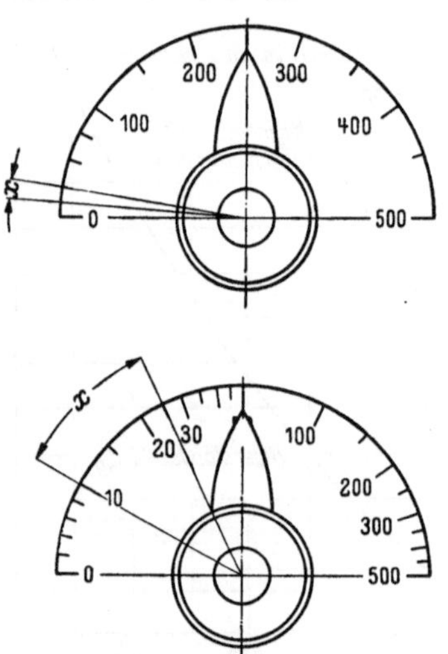

Abb. 20. Einstellung der Vorschubgeschwindigkeit [*29.2*]

Die vorgenannten Messungen der Widerstandszahl ζ_g ergaben ferner noch folgendes: Die Vorschubgeschwindigkeiten des hydraulisch bewegten Maschinentisches nahmen zunächst mit fortschreitender Drosselung nur langsam ab; es entsprach demnach einer großen Veränderung des Verhältnisses von Drosselquerschnitt F_2 zu Zuleitungsquerschnitt F_1 nur eine geringe Abnahme der Geschwindigkeit v. Von dem Drosselgrad 0,3 ab verminderten sich die Vorschubgeschwindigkeiten wesentlich schneller. Eine geringe Verengung des Querschnittes bewirkte eine starke Abnahme der Geschwindigkeit. Dies besagt, daß in dem Gebiete unterhalb 0,3 die Drosselregelung sehr feinfühlig wird, eine Feststellung, die jedem Praktiker bekannt ist.

Aus diesem Grunde ist man auch schon dazu übergegangen, für die Drosselanzeige an Stelle der arithmetischen eine logarithmische Teilung vorzusehen; diese läßt selbst im unteren Vorstellbereich eine genaue Einstellung zu, da der Verstellweg x größer ist und die unwirksamen Stufen schneller überbrückt (Abb. 20).

Die Drosselverstellung ist mit einfachen, billigen Mitteln auszuführen, die zuverlässig und betriebssicher arbeiten. Es ist an und für sich gleichgültig, ob das Verstellorgan in die Zu- oder Ableitung des Schubkolbentriebes geschaltet wird, denn dieses bedeutet nur ein

Verlegen des Druckgefälles vor oder hinter den Kolben. Bei Werkzeugmaschinen, die einen Gegendruck verlangen, das bedeutet, bei denen die Vorschubkraft ständig einen Gegendruck überwinden muß, soll ihre Bewegung möglichst gleichförmig verlaufen, schaltet man das Stellglied mit Vorteil in die Ableitung des Kolbengetriebes.

1.3 Die Schwingungen im Leitungssystem

Das Flüssigkeitsgetriebe stellt ein schwingungsfähiges System dar, in dem die einzelnen Teile auf verschiedene Weise angeregt werden können, sei es in Fremderregung durch benachbarte Antriebselemente, wie Elektromotoren oder Förderpumpen, oder sei es, daß ihre Eigenfrequenzen in Resonanz mit den Schwingungszahlen anderer Getriebeteile liegen. Weitere Störgrößen stellen die vom Werkzeug angeregten, selbsterregten Schwingungen dar, sowie Eigenschwingungen, die sich z. B. beim raschen Schließen eines Umsteuerventils ausbilden. Als Impulse der Schwingungserreger sind in der Hauptsache zu nennen:

Verzahnungs- oder Rundlauffehler in der Förderpumpe,
Fluchtungsfehler in den Wellen,
Lagerfehler und Verklemmungen im Gehäuse,
Unwucht in den umlaufenden Getriebeteilen,
Feld- und Isolationsfehler bei Elektromotoren (z. B. Antriebsmotor für die Förderpumpe).

Weisen die Räder einer Zahnradpumpe Teilungs- oder Verzahnungsfehler auf, so entstehen aperiodisch-rhythmische Schwingungsimpulse, die nicht nur zu starken Erschütterungen, sondern auch zu beträchtlichen Förderschwankungen führen können. Die Frequenz ist dabei abhängig von der Drehzahl und der Zahl der Zähne. Es empfiehlt sich, die Zahnräder im Abwälzverfahren und mit Modulfräsern herzustellen, da nach den Betriebserfahrungen die so hergestellten Zahnräder die geringsten Störungen ergeben und geräuscharm laufen.

Eine weitere Störquelle kann die „Quetschflüssigkeit" zwischen den Zähnen sein, denn wird diese nicht durch geeignete Vorkehrungen abgeleitet, so werden die Räder, Wellen und Lagerungen einseitig überbelastet und die Laufruhe beeinträchtigt.

Bei Kolbenpumpen, deren Fördermenge durch Schwenken des Pumpenrahmens oder einer Taumel- bzw. Schwenkscheibe verstellt wird, können besonders bei höheren Drehzahlen und bei stärkerer Neigung des Verstellgliedes unerwünschte „Kreiselschwingungen" auftreten, die noch begünstigt werden durch die unsymmetrische Anordnung der Kolben bei ungerader Kolbenzahl.

Durch Fluchtungsfehler, die sich besonders gern einstellen, wenn der Pumpenmotor von der Pumpe getrennt gehalten und mit ihr über eine Kupplung verbunden ist, entstehen „Biegeschwingungen"; auch verspannte Wälzlager können störende Schwingungserreger sein.

Die Unwucht umlaufender Massen erzeugt eine harmonische Schwingung, die bei jeder Drehzahl auftreten kann.

Sind in dem Elektromotor der Förderpumpe die Spaltabstände zwischen Ständer und Läufer ungleich, so treten „Rüttelschwingungen" auf, die sich ebenfalls außerordentlich störend bemerkbar machen. Bei elektrischen Fehlern ist die Störfrequenz ein Vielfaches der Wellendrehzahl, entsprechend der Polzahl der Maschine.

Es ist nicht nur wichtig, die Arten der erregenden Kräfte zu kennen, sondern vor allem die Grundschwingungszahlen der einzelnen Bauelemente, die als Schwingungsgeber in Frage kommen können. Die Eigenfrequenz der Förderpumpen ist abhängig von der Antriebsdrehzahl und der Zähnezahl bei Zahnradpumpen bzw. der Kolbenzahl bei Kolbenpumpen. Es gilt hierfür die Beziehung

$$f_0 = \frac{n\,z}{60} \quad \left[\frac{1}{\mathrm{s}}\right] \tag{18}$$

Es bedeutet hierin n = Antriebsdrehzahl; z = Zahl der Zähne oder Kolben.

Bei einer Zahnradpumpe mit $z = 15$ und einer Drehzahl $n = 1450$ U je min ist

$$f_0 = \frac{1450 \cdot 15}{60} = 362 \quad \left[\frac{1}{\mathrm{s}}\right]$$

Die Frequenz f_0 liegt bei den heute gebräuchlichen *Zahnradpumpen* zwischen 250 und 500 $\left[\frac{1}{\mathrm{s}}\right]$.

Bei einer *Kolbenpumpe* mit 9 Kolben und einer Antriebsdrehzahl von $n = 1250$ U/min ist:

$$f_0 = \frac{1250 \cdot 9}{60} = 187{,}5 \quad \left[\frac{1}{\mathrm{s}}\right]$$

In den *Rohrleitungen* des Flüssigkeitsgetriebes können ebenfalls Resonanzschwingungen entstehen, sobald ihre Eigenfrequenz mit der Frequenz eines Schwingungsgebers, z. B. der Pumpe, übereinstimmt. Zur Berechnung der Eigenfrequenz muß man sich über die Beanspruchung klarwerden, der ein beiderseits eingespanntes Rohr ausgesetzt ist. Im schwingenden Rohr ist eine wechselnde Trägheitskraft wirksam, die ihm eine bestimmte Bewegungsenergie (BE) erteilt. Zusätzlich hierzu wird das Rohr durch eine statische Belastung — Eigengewicht und Gewicht der eingeschlossenen Flüssigkeitssäule — auf Biegung beansprucht (von axialen Kräften, die etwa durch Wärmeausdehnung entstehen, sei hier abgesehen). Bei der statischen Auslenkung wird eine elastische Energie (EE) aufgespeichert. Die größte elastische Energie wird an der Stelle der größten Durchbiegung erreicht, wobei dann die Geschwindigkeit des schwingenden Rohres gleich Null ist; die größte Bewegungsenergie hingegen tritt dann auf, wenn keine statische Auslenkung stattfindet, also die zusätzliche elastische Energie verschwunden ist.

Es gilt

$$(BE)_{\max} = \frac{1}{2}\,\frac{q}{g}\,\omega_0^2 \int_0^l y^2\,dx \tag{19}$$

Hierin ist G Gewicht des mit Flüssigkeit gefüllten Rohres (kg),
$q = G/l$ = Summe des Rohrgewichtes und Flüssigkeitssäule je m (kg),
g Fallbeschleunigung (m/s²),
y Durchbiegung im Abstand x (mm),
l Rohrlänge (m),
ω_0 Kreisfrequenz der Eigenschwingung $= 2\pi f_0 \left[\frac{1}{s}\right]$.

$$(EE)_{max} = \frac{EJ}{2} \int_0^l y''^2 \, dx \tag{20}$$

wobei

E Elastizitätszahl (kg/mm²),
J Trägheitsmoment (mm⁴).

Werden die elastische und die Bewegungsenergie einander gleichgesetzt, so ergibt sich für die Kreisfrequenz der Eigenschwingungen folgende Formel:

$$\omega_0^2 = \frac{EJ \int_0^l y''^2 \, dx}{\frac{q}{g} \int_0^l y^2 \, dx} \tag{21a}$$

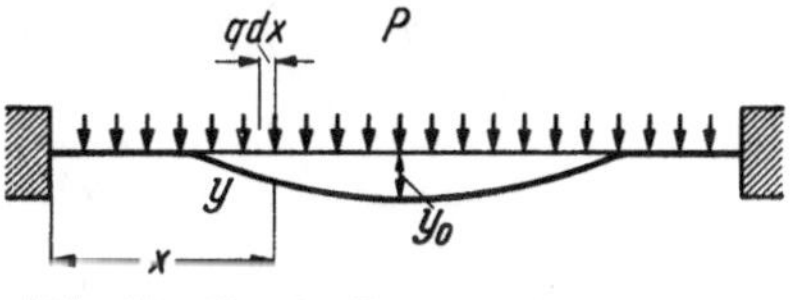

Abb. 21. Durch Eigen- und Flüssigkeitsgewicht P auf Biegung beanspruchte Rohrleitung

Die hierin auftretenden Werte von y für die Durchbiegung des Rohres können aus der elastischen Eigenkurve ermittelt werden, indem man die Durchbiegung y im Abstand x (vgl. Abb. 21) in Ansatz bringt.

$$y = \tfrac{1}{2} y_0 [1 - \cos(\alpha x)] \tag{22a}$$

Hierin bedeutet α den Biegewinkel der elastischen Linie:

$$\alpha = \frac{\pi}{x_0}; \quad x_0 = \frac{l}{2}$$

somit:

$$\alpha = \frac{2\pi}{l}$$

Mit $\alpha = \frac{2\pi}{l}$ wird die Gl. (22a) zu:

$$y = \frac{1}{2} y_0 \left[1 - \cos \frac{2\pi}{l} x\right] \tag{22b}$$

Durch zweimalige Differentiation von y wird:

$$y'' = \frac{2\pi^2}{l^2} y_0 \cos \frac{2\pi}{l} x$$

$$y''^2 = \frac{4\pi^4}{l^4} y_0^2 \cos^2 \frac{2\pi}{l} x$$

$$\int_0^l y''^2 \, dx = \frac{4\pi^4}{l^4} y_0^2 \int_0^l \cos^2 \frac{2\pi}{l} x \, dx$$

Mit $z = \frac{2\pi}{l} x$ und $dx = \frac{l}{2\pi} dz$ wird dann:

$$\int_0^l y''^2 \, dx = \frac{2\pi^3}{l^3} y_0^2 \int_0^{2\pi} \cos^2 z \, dz$$

$$\int_0^l y''^2 \, dx = \frac{2\pi^3}{l^3} y_0^2 \left[\frac{1}{2} (\cos z \sin z + z)\right]_0^{2\pi}$$

$$\int_0^l y''^2 \, dx = \frac{2\pi^4}{l^3} y_0^2 \tag{23}$$

Aus Gl. (22b) ergibt sich:

$$y^2 = \frac{1}{4} y_0^2 \left[1 - 2\cos\frac{2\pi}{l} x + \cos^2\frac{2\pi}{l} x\right]$$

$$\int_0^l y^2 \, dx = \frac{3}{8} y_0^2 l \tag{22c}$$

Die Gl. (22c) und (23) werden in (21a) eingesetzt und man erhält dann:

$$\alpha_0^2 = \frac{E J g \, 2\pi^4 y_0^2 \, 8}{q \, l^3 \, 3 y_0^2 \, l}$$

$$\omega_0^2 = \frac{16 \pi^4 g E J}{3 l^3 G} \tag{21b}$$

Somit erhält man die Eigenfrequenz f_0 des mit Masse gleichmäßig belasteten Rohres, dessen Enden beiderseits fest eingespannt sind, aus folgender Gleichung:

$$f_0 = 2\pi \sqrt{\frac{E J g}{G \, 3 l^3}} \quad \left[\frac{1}{s}\right] \tag{24}$$

Zahlenbeispiel:

Äußerer Rohrdurchmesser $d_a = 33$.mm,
innerer Rohrdurchmesser $d_i = 25$ mm.

$E = 2{,}1 \cdot 10^4$ kg/mm^2; $l = 1000$ mm; $g = 9810$ mm/s^2,

$J = \frac{\pi}{64} (d_a^4 - d_i^4) = 3{,}91 \cdot 10^4$ mm^4.

Gewicht der Ölsäule von $l = 1$ m $= 0{,}45$ kg,
Gewicht des Rohres von $l = 1$ m $= 2{,}85$ kg,

$$f_0 = 2\pi \sqrt{\frac{2{,}1 \cdot 10^4 \cdot 3{,}91 \cdot 10^4 \cdot 9810}{3{,}3 \cdot 10^9 \cdot 3}}$$

$$f_0 = 180 \quad \left[\frac{1}{s}\right]$$

Wie man sieht, liegt unter Umständen die Eigenschwingung der Rohrleitung in unmittelbarer Nähe der Eigenfrequenz der Förderpumpe, o daß Resonanzschwingungen auftreten können. Man kommt aus dem

Resonanzgebiet nur heraus, indem man f_0 entweder hoch oder aber tief legt. Da der Rohrquerschnitt durch die verlangte Förderleistung der Pumpe und die zulässige Strömungsgeschwindigkeit von vornherein festliegt, so bleibt nur die Möglichkeit, die Eigenfrequenz durch die Rohrlänge l zu beeinflussen. Nach Gl. (24) wird die Eigenschwingungszahl um so höher, je kürzer die Freilänge der Rohrleitung ist. Daraus ergibt sich also die Folgerung, daß die Pumpe möglichst nahe an die Steuer- und Verstellorgane zu verlegen ist. Die beste Lösung dürfte immerhin die sein, daß man Pumpe, Steuer- und Verstelleinrichtungen in einem Getriebeblock vereinigt und sie durch Kanäle bzw. Bohrungen miteinander verbindet. Von dieser konstruktiven Lösung machte die Firma Gebr. Heller, Nürtingen, bei ihren Flüssigkeitsgetrieben weitgehend Gebrauch.

Wo diese Ausführung aus baulichen Gründen nicht zu verwirklichen ist, sollte man von der starren Rohrverbindung abgehen und biegsame Rohrleitungen wählen, auch wenn diese eine geringere Lebensdauer besitzen als Flußstahlrohre.

In federbelasteten *Ventilen*, wie Sicherheits- und Überdruck-, Einstell- oder Gleichgangventilen treten häufig störende Geräusche (Pfeifen, Heulen oder Prasseln) auf, die auf Eigenschwingungen (freie Längsschwingungen) der zylindrischen Schraubenfeder zurückzuführen sind. Da die Dämpfung dieser Federart gering ist im Vergleich zu den ausgesprochenen Dämpfungsfedern, wie sie beispielsweise Ringfedern darstellen, so bleibt in der nun folgenden Betrachtung die Dämpfung außer Ansatz. Für die Berechnung der Eigenschwingungszahl der Ventilfeder kann man in erster Annäherung den Fall der einseitig eingespannten Feder, an deren freien Ende eine Masse m angreift, annehmen. Die Eigenfrequenz ist aus der Beziehung zu berechnen:

$$f_0 = \frac{1}{2\pi}\sqrt{\frac{c}{m}} \quad \left[\frac{1}{\mathrm{s}}\right] \tag{25a}$$

Für eine Stahlfeder mit Kreisquerschnitt ist bei einem Drahtdurchmesser $d = 4$ mm, einem mittleren Windungshalbmesser $r = 8$ mm, einer Windungszahl $i = 9$ und einem Gleitmaß $G = 8300\ \mathrm{kg/mm^2}$ die Federsteife:

$$c = \frac{d^4\, G}{64\, i\, r^3} \quad [\mathrm{kg/mm}] \tag{26}$$

$$\underline{\underline{c = 7{,}2\ \mathrm{kg/mm}}}$$

Die Masse sei mit $10^{-5}\,\frac{\mathrm{kg/s^2}}{\mathrm{mm}}$ angenommen. Die Werte von c und m in Gl. (25) eingesetzt, ergeben dann eine Eigenschwingungszahl der Feder:

$$\underline{\underline{f_0 = 135}} \quad \left[\frac{1}{\mathrm{s}}\right]$$

Wenn nicht die Feder mit ihrer Grundschwingungszahl f_0 in Resonanz geht, so ist es jedoch durchaus möglich, daß sie bei einer Schwingung höherer Ordnung anspricht.

Wie die Erfahrung lehrt, ist es ratsam, dem Ventilkörper eine möglichst lange Führung zu geben, entweder am Ventilsitz oder aber im Oberteil des Ventilgehäuses. Führt man nämlich den Ventiltellerbolzen in einer Büchse, deren Bohrung eine enge Toleranz hat, so kann man durch die Reibung des Bolzens in der Büchse die Längsschwingungen der Ventilfeder auf einfache Weise wirksam abdämpfen.

Die Längsschwingungen sowie die mit ihnen gekoppelten Querschwingungen *der Flüssigkeit* in den Rohrleitungen wirken sich vielfach ungünstig auf die Leistungsfähigkeit und die Lebensdauer des Getriebes aus [*80*]. Hinzu kommt, daß die Flüssigkeitsschwingungen Anlaß zu lästigen Geräuschausstrahlungen geben. Eine wirksame Beseitigung ist durch einen in die Rohrleitung, und zwar in die Nähe der Erregerstelle, d. h. also der Förderpumpe eingebauten Dämpfer zu erreichen. Ein derartiger Dämpfer kann aus einem senkrecht zur Stromrichtung in die Rohrleitung eingebauten Sieb bestehen.

Beim Durchfließen des als Gitter wirkenden Siebes werden die Kraftimpulse abgebremst, die Schwingungen also gedämpft und der Flüssigkeitsstrom in eine Vielzahl nunmehr gleichförmig fließender, paralleler Teilströme gespalten.

Durch das Einschalten eines Hydraulik-Speichers in die Druckleitung der Förderpumpe kann das harte, stoßweise Arbeiten gemildert werden, da das Luftpolster des Speichers die Pulsationen einebnet.

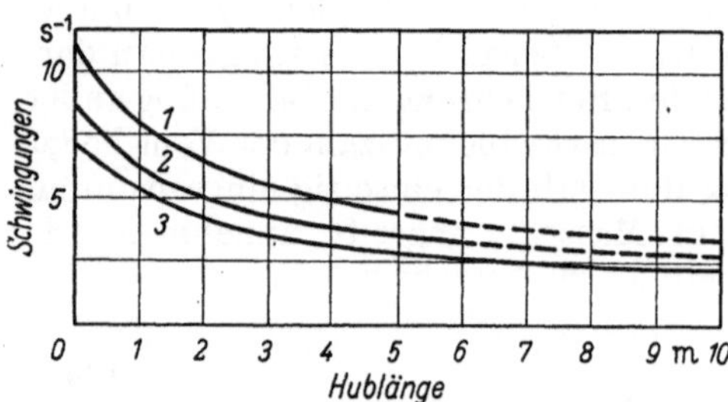

Abb. 22. Eigenschwingungszahlen verschiedener Hobelmaschinen

1. Hobelmaschine 800 × 800, Tisch plus Werkstück = 4200 kg
2. Hobelmaschine 1250 × 1250, Tisch plus Werkstück = 12000 kg
3. Hobelmaschine 2000 × 2000, Tisch plus Werkstück = 27000 kg

Nach E. Dornhöfer [*28.1*] ist es nicht angängig, die Zusammendrückbarkeit der Flüssigkeitssäule in dem Zylinder als Ursache für periodische Veränderungen, z. B. für Längsschwingungen, anzusehen. Dornhöfer hat nämlich an schweren Hobelmaschinen bis zu 10 m Hobellänge bei Gewichten für Maschinentisch und Werkstück zwischen 4,2 und 2,7 t eingehende Versuche unternommen und dabei die Eigenfrequenz des bewegten Systems nach folgender Gleichung für die ungedämpfte Schwingung berechnet:

$$f_0 \approx 5 \sqrt{\frac{F}{60 \cdot 10^{-6} \cdot l \cdot G}} \quad \left[\frac{1}{\mathrm{s}}\right] \tag{25b}$$

(Hierin ist F in cm² die Fläche der Flüssigkeitssäule, $60 \cdot 10^{-6}$ in cm²/kg die Preßziffer, l in cm die Länge der Flüssigkeitssäule und G in kg das Gewicht der hin- und hergehenden Massen.)

Die in Abb. 22 wiedergegebenen Versuchsergebnisse beweisen, daß die Eigenfrequenzen selbst bei langen Maschinen so niedrig liegen, daß gar keine Resonanzschwingungen auftreten können. Hinzu kommt ferner, daß der Einfluß der Dämpfung infolge Reibung an den Tischführungen, an Kolben und Kolbenstangen und im Triebmittel so erheblich ist, daß etwaige Schwingungsausschläge stark vermindert werden und lediglich „Kriechschwingungen" mit geringer Frequenz zwischen 3 bis 5 Hz entstehen können, bei denen nur ein Zusammendrücken und ein Zurückgehen in die Ausgangslage festzustellen ist. Diese „Kriechschwingungen" können aber niemals als Störquelle etwa für die Bearbeitungsgüte der Maschine angesehen werden.

Versuche, die kürzlich an der Technischen Hochschule Hannover, Lehrstuhl Professor Dr.-Ing. O. Kienzle, an Metallschläuchen für die Werkzeugmaschinenhydraulik unter hohen Innendrücken und Druckstößen durchgeführt wurden, haben gezeigt, daß in diesen Leitungen nur in wenigen Fällen ein ausgesprochenes Schwingungsverhalten festzustellen war, hingegen bei der Mehrzahl der Untersuchungen ein langsamer oder ruckartiger Übergang von dem Anfangs- in den Endzustand ohne ausgeprägte Schwingung erfolgte.

1.4 Das Triebmittel

Der Entwurf wie auch die Arbeitsweise eines Flüssigkeitsgetriebes stützen sich in weitem Maße auf die genauen Kenntnisse der Triebmitteleigenschaften. Das Triebmittel dient nicht nur zur Kraftübertragung, sondern wirkt auch als Dichtungs- und Schmiermittel bei allen beweglichen Teilen. Die üblichen Angaben der Stoffeigenschaften, wie spez. Gewicht, Flammpunkt, Stockpunkt, Neutralisationszahl usw. reichen zur Beurteilung eines Triebmittels nicht aus [*47*]. Das Verhalten im lang dauernden Betrieb unter den ungünstigsten Verhältnissen wird erst charakterisiert durch folgende Faktoren:

Erwärmbarkeit,
Zähigkeit (Viskosität),
Alterungsbeständigkeit,
Entmischbarkeit.

1.41 Erwärmbarkeit

Solange das Triebmittel das Leitungsnetz durchfließt, wird Reibungsarbeit (innere Reibung der Flüssigkeitsteilchen und äußere Reibung an den Rohrwandungen, Kanälen usw.) geleistet, die einen Teil der Flüssigkeitsenergie verzehrt bzw. die mechanische Energie in Wärme umwandelt. Die Größe der Energie, die hierbei verlorengeht, wird durch die Zähigkeit des Triebmittels bestimmt; sie ist um so geringer, je dünnflüssiger das Triebmittel ist und umgekehrt. Die Zähigkeit ist wiederum im wesentlichen von dem Wärmezustand der Flüssigkeit abhängig. Sinkt die Temperatur, so nimmt die Zähigkeit zu; steigt sie dagegen an, so wird die Flüssigkeit dünner, also weniger zäh. Maßgebend für die Temperaturzunahme ist die mittlere spezifische Wärme des Stoffes; Wasser hat mit 0,999 kcal/kg und °C bei 20° C von allen flüssigen Stoffen die größte spezifische Wärme [*60.2*]; Mineralöle haben dagegen eine nur halb so große spezifische Wärme, nämlich 0,50 kcal/kg und °C bei 10° C. Für die durch Reibungsarbeit in dem Triebmittel erzeugte sekundliche Wärmemenge gilt die Beziehung:

$$Q_w = G\, c_w\, (t_2 - t_1) \quad \text{(kcal)} \tag{27}$$

wobei Q_w die Wärmemenge in kcal bedeutet, G das Gewicht der Flüssigkeitsmenge in kg, c_w die mittlere spezifische Wärme in kcal/kg und °C und $t_2 - t_1$ der Temperaturunterschied in °C. Aus dieser Formel ist ersichtlich, daß ein Stoff mit großer spezifischer Wärme eine geringe Temperaturzunahme $\Delta t = t_2 - t_1$ erfährt und umgekehrt sich Triebmittel mit kleinem c_w stark erwärmen. Zieht man also die geringe Zähigkeit des Wassers sowie seine hohe spezifische Wärme und die entsprechend geringe Erwärmbarkeit in Erwägung, so liegt der Gedanke nahe, das Wasser als Energieträger für das Flüssigkeitsgetriebe von Werkzeugmaschinen zu verwenden. Diesen Vorzügen stehen aber ausschlaggebende Nachteile gegenüber: Wasser ist dünnflüssig, infolgedessen nehmen die Schlupf- und Leckverluste in der Anlage ganz erhebliche Werte an, damit wird aber auch der Wirkungsgrad des Getriebes stark herabgesetzt. Hinzu kommt, daß eine Flüssigkeit von geringer Zähe durch eine niedere kritische Geschwindigkeit ausgezeichnet ist. Steigt die Strömungsgeschwindigkeit im Leitungsnetz bis zu diesem kritischen Wert an oder wird er durch Erwärmen der Flüssigkeit und damit Verkleinern der Viskosität erreicht, so schlägt die schleichende (laminare) Strömung in eine wirbelnde (turbulente) um, was ein Erhöhen des Strömungswiderstandes zur Folge hat. Schließlich ist zu berücksichtigen, daß bei Wasser ein Anrosten der blanken Maschinenteile unvermeidlich ist und zudem bei seiner geringen Schmierfähigkeit ein schneller Verschleiß aller hochbeanspruchten Teile in der Pumpe, den Steuerorganen und dem Flüssigkeitsmotor eintritt.

Zahlentafel 1. *Mineralöle für Flüssigkeitsgetriebe*

Mineralölsorten	Spezifisches Gewicht oder Wichte kg/m³ bei 20° C	Flammpunkt °C	Stockpunkt °C	Zähigkeit (Viskosität) in Englergraden bei °C					
				20	40	50	60	80	100
Voltol-Gleitöl II ...	900	180	−20	17,5		4			1,5[illegible]
Derop RS extra ...	885	165	−40	5	2,56	1,95	1,65	1,39	1,2[illegible]
Derop bis 10 at: HTU extra	887	185	−35	12,5	5,6	3	2,65	1,81	1,4
Derop von 10–30 at: HTX extra	890	200	−30	22		4,5			1,5[illegible]
Derop über 30 at: HTY extra	895	215	−25	38		6,5			1,7[illegible]
Gargoyle Vactra Öl X leicht	900	190	−6 bis −10	12,5		2,9			1,3[illegible]
Gasolin DKS	910	180	−15	3,5		1,7			1,2[illegible]
Vactra-Öl mittelschwer	915	200	−6, −8, −10	24		4,5			1,5
DTE-Öl leicht	881	204	−15	12,5		2,85			1,3[illegible]
DTE-Öl mittel	908	199—200	−10, −15	21		4,0			1,5
Pintsch-Öl „H 12" .	880	150—160	−20	2,84		1,54		1,26	1,1[illegible]

Das bewährteste Triebmittel bei den Flüssigkeitsgetrieben der Werkzeugmaschinen ist das Mineralöl [*68*]. In der Zahlentafel 1 sind einige bekannte Mineralölsorten zusammengestellt. Die mitaufgeführten physikalischen Eigenschaften bestimmen den Anwendungsbereich.

Um eine unzulässige Erwärmung des Triebmittels zu vermeiden, werden verschiedene konstruktive Maßnahmen angewendet [*103*]. Bei der Konstruktion der Sammelbehälter ist es zweckmäßig, möglichst große Abstrahlflächen vorzusehen. Dies läßt sich zum Beispiel durch die Anordnung eines doppelten Bodens erreichen, so daß also die Bodenfläche mit zur Kühlung herangezogen wird.

Oft läßt es sich jedoch nicht vermeiden, die im Hydrauliksystem entstehende Wärme mit wasserdurchflossenen Kühlern abzuführen.

Bei der Bemessung des Behälters hat sich in der Praxis das Füllungsverhältnis 1:4 gut bewährt. Sind also z. B. 25 l Triebmittel im Umlauf, dann sollen 100 l im Behälter vorhanden sein.

Es wurden eingehende Untersuchungen [*18*] angestellt, um Berechnungsunterlagen für die Bemessung der Hydraulikölbehälter zu erhalten, dabei wurden Pumpen mit gleichbleibender Fördermenge verwendet. Man ging von der Tatsache aus, daß sich die in das Triebmittel gelangende Wärmemenge aus dem Unterschied von Antriebs- und Nutzleistung der Pumpen ergibt:

$$\Delta N = N_A - N_{\text{eff}}, \tag{28}$$

unter der Annahme, daß die ganze, von der Pumpe geförderte Flüssigkeitsmenge in den Schubkolbenzylinder gelangt.

In Zahlentafel 2 sind die praktisch ermittelten Werte der Antriebs- und Nutzleistungen von Pumpen für verschiedene Drücke und Fördermengen angegeben.

Zahlentafel 2

Spalte 1: Antriebsleistung, Spalte 2: Nutzleistung (*alle Angaben in kW*)

	Q l/min	Druck in kg/cm²					
		10		20		50	
		1	2	1	2	1	2
Pumpe 1	12	0,53	0,25	0,90	0,47	1,60	1,05
	25	0,86	0,47	1,40	0,92	2,90	2,13
Pumpe 2	50	1,75	0,93	*2,80*	*1,82*	5,90	4,18
	70	2,10	1,25	3,40	2,47	7,50	5,90
	100	2,70	1,77	4,50	3,50	10,0	8,40

Wird der Zufluß zum Zylinder abgesperrt und fließt die gesamte Flüssigkeitsmenge über ein Überdruckventil in den Behälter zurück, so bestimmt die Antriebsleistung der Pumpe die in das Triebmittel übergehende Wärmemenge:

$$N_A = \frac{Q\,p}{612\,\eta_g} \tag{29}$$

wobei

Q in l/min; p in kg/cm²

Es wird angenommen, daß die Förderpumpe in das Triebmittel eintaucht, so daß also auch die Reibungsverluste in Form von Wärme in die Flüssigkeit übergehen.

(Im übrigen ist die Betrachtungsweise so vereinfacht, um zu unkomplizierten, für die Praxis brauchbaren Näherungsformeln zu kommen.)

Der Berechnung der erforderlichen Flüssigkeitsmenge im Sammelbehälter liegt folgende Formel zugrunde:

$$V = \sqrt{\left(\frac{Q_w}{T - T_0}\right)^3} \quad \text{(kW)} \tag{30}$$

Hierin ist

Q_w stündlich im Hydrauliksystem entwickelte Wärmemenge in kcal,
T Beharrungstemperatur des Triebmittels im Dauerbetrieb in °C,
T_0 Raumtemperatur in °C,
V Flüssigkeitsvolumen in l.

(Der Zusammenhang zwischen V in l und Q in kcal/h aus Formel (30) ist in Abb. 23 dargestellt. Dabei ist eine Temperaturdifferenz $\Delta T = 30°$ C angenommen, d. h. z. B. Raumtemperatur $T_0 = 25°$ C und Beharrungstemperatur $T = 55°$ C.)

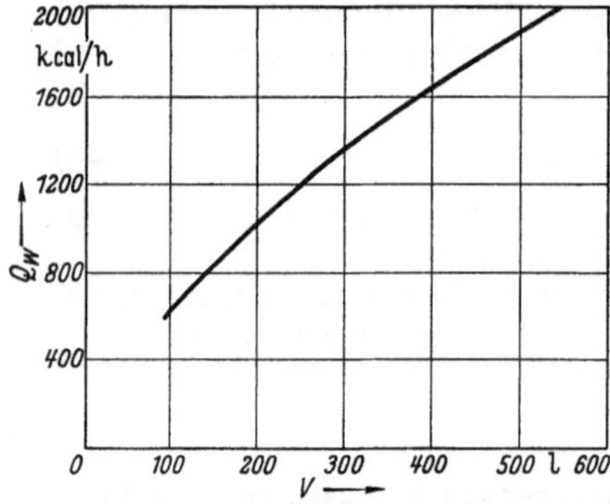

Abb. 23. Zusammenhang zwischen Kühlflüssigkeitsmenge V und im Hydrauliksystem entwickelter Wärmemenge Q_w

Beispiel: Fördermenge der Pumpe 50 l/min, Betriebsdruck 20 kg/cm². Aus Zahlentafel 2 ist zu entnehmen:

Antriebsleistung	$N_A = 2{,}80$ kW,
Nutzleistung	$N_{eff} = 1{,}82$ kW,
dann ist	$\Delta N = 0{,}98$ kW.

Die der Flüssigkeit stündlich zugeführte Wärmemenge ergibt sich zu:

$$Q_w = 0{,}98 \cdot 860 = \underline{842 \text{ kcal/h}}$$

$$(1 \text{ kW} = 860 \text{ kcal/h})$$

Das erforderliche Flüssigkeitsvolumen ist nach Gl. (30), wenn die Beharrungstemperatur bei $T = 60°$ C liegen soll:

$$V = \sqrt{\left(\frac{Q_w}{T - T_0}\right)^3} = \sqrt{\left(\frac{842}{60 - 25}\right)^3} = \underline{\text{rd. } 120 \text{ l}}$$

Bei einem Volumen von 120 l wird sich also eine Beharrungstemperatur von etwa 60° C einstellen, wobei vorausgesetzt ist, daß die gesamte geförderte Triebmittelmenge zum Zylinder gelangt und nicht über ein Überdruckventil zum Behälter zurückfließt, da dies eine zusätzliche Erwärmung bringen würde.

Tritt nun der Fall ein, daß die Pumpe zwar eine gleichbleibende Menge fördert, aber das Triebmittel nur während der Hälfte der Laufzeit zum Zylinder gelangt und in der restlichen Zeit über ein Überdruckventil in den Sammelbehälter zurückfließt, so gehen in der Zeit, in der das Triebmittel in den Zylinder fließt, auch nur 50% der zuvor errechneten Wärmemenge in die Flüssigkeit über:

$$Q_{w_1} = 842 \cdot 0{,}5 = 421 \text{ kcal/h}$$

Das restliche Triebmittel geht zwar ohne Arbeit zu leisten in der halben Laufzeit der Pumpe durch das Überdruckventil in den Behälter zurück, ihm wird aber die *gesamte*, in Wärme umgesetzte Antriebsleistung erteilt:

$$Q_{w_2} = N_A \cdot 0{,}5 = 2{,}80 \cdot 860 \cdot 0{,}5 = 1200 \text{ kcal/h}$$

Somit ist die *gesamte* stündlich zugeführte Wärmemenge:

$$Q_{w_1} + Q_{w_2} = Q_w$$

$$Q_w = 421 + 1200 = 1621 \text{ kcal/h}$$

Das erforderliche Flüssigkeitsvolumen ist dann für eine Beharrungstemperatur von $T = 60°$ C:

$$V = \sqrt{\left(\frac{1621}{60-25}\right)^3} = \underline{315 \text{ l}}$$

Demnach muß man bei hydraulischen Antrieben, die zeitweise das Triebmittel ungenützt abfließen lassen, und dieser Fall kommt in der Praxis häufig vor, einen größeren Sammelbehälter wählen. Wird das außer acht gelassen, so kommt man zu überraschend hohen und unerwünschten Flüssigkeitstemperaturen.

Aus den gefundenen Beziehungen läßt sich auch eine Näherungsformel für die *Berechnung der Beharrungstemperatur* bei gegebenem Triebmittelvolumen ableiten:

$$T = T_0 + \frac{Q_w}{\sqrt[3]{V^2}} \quad (°\text{C}) \tag{31}$$

Beispiel: Stündlich zugeführte Wärmemenge $Q_w = 1200$ kcal/h, Triebmittelvolumen $V = 200$ l, Raumtemperatur $T_0 = 25°$ C.

$$T = 25 + \frac{1200}{\sqrt[3]{200^2}} = \underline{60° \text{ C}}$$

Bei den angegebenen Formeln ist angenommen worden, daß das Seitenverhältnis des Behälters im Bereich von 1:1:1 bis 1:2:3 liegt und das Triebmittel bis zu einer Höhe von 0,8 der Behälterhöhe steht.

Stellt man nun fest, daß bei gegebenem Flüssigkeitsvolumen die Beharrungstemperatur zu hoch liegt, und aus konstruktiven Gründen der Behälter nicht vergrößert werden kann, so muß ein Teil der Wärmemenge durch eine zusätzliche *Kühleinrichtung* abgeführt werden.

Die Ausführungsarten der Kühleinrichtungen sind sehr vielfältig. Sie reichen von dem einfachen Wasserrohrkühler bis zu dem mit Kältemitteln (z. B. Freon) arbeitenden Aggregat, das durch einen im Ölbehälter eingebauten Temperaturmeßfühler gesteuert wird und es ermöglicht, die Triebmitteltemperatur innerhalb eines Bereiches von wenigen Graden unveränderlich zu halten.

Im Betrieb wird wegen seines einfachen Aufbaues und des geringen Aufwandes vorzugsweise ein Wärmeaustauscher angewendet, der aus wasserdurchflossenen Kühlrohren besteht.

Da es über den Rahmen des vorliegenden Buches hinausgeht, auf die verschiedenen Kühleinrichtungen näher einzugehen, wird nachfolgend ein Beispiel zur Berechnung eines Wasserrohrkühlers gegeben. Es handelt sich hierbei um eine Näherungsrechnung, die für die überwiegende Mehrzahl der praktischen Fälle ausreichend genau ist.

Die Rechnung geht dabei von der stündlich abzuführenden Wärmemenge aus, diese kann bestimmt werden durch: 1. Vorausberechnung, 2. Errechnung aus praktisch vorliegenden Verhältnissen.

Zu 1.

Beispiel: Gegeben sei ein Flüssigkeitsbehälter mit einem Inhalt von $V = 200$ l, in dem eine Pumpe untergebracht ist, die eine gleichbleibende Menge $Q = 70$ l/min fördert, bei einem Betriebsdruck von 50 kg/cm². Aus Zahlentafel 2 ergibt sich:

$$\begin{array}{lrl} \text{Antriebsleistung} & N_A &= 7{,}50\ \text{kW} \\ \text{effektive Leistung} & N_{\text{eff}} &= 5{,}90\ \text{kW} \\ \hline & \Delta N &= 1{,}60\ \text{kW} \end{array}$$

Im vorliegenden Falle soll während 85% der Pumpenlaufzeit das Triebmittel in den Schubkolben gelangen und während der restlichen 15% soll es über ein Überdruckventil in den Behälter zurückfließen.

Die Wärmemenge, die in das Triebmittel gelangt, während der Schubkolbentrieb arbeitet, sei mit Q_{w_1} bezeichnet und Q_{w_2} sei die Wärmemenge, die während der Zeitdauer des Abflusses über das Überdruckventil zugeführt wird; es ist dann:

$$Q_{w_1} = \Delta N \cdot 860 \cdot 0{,}85$$

$$Q_{w_1} = \underline{\underline{1168\ \text{kcal/h}}}$$

und

$$Q_{w_2} = N_A \cdot 860 \cdot 0{,}15$$

$$Q_{w_2} = \underline{\underline{967\ \text{kcal/h}}}$$

Die gesamte stündlich in das Triebmittel übergehende Wärmemenge ist:

$$Q_{w\,\text{ges}} = Q_{w_1} + Q_{w_2} = 1168 + 967$$

$$\underline{\underline{Q_{w\,\text{ges}} = 2135\ \text{kcal/h}}}$$

Aus dieser Wärmemenge läßt sich nun mit der Gl. (31) die sich einstellende Beharrungstemperatur errechnen:

$$T = T_0 + \frac{Q_{w\,\text{ges}}}{\sqrt[3]{V^2}} \quad (^\circ\text{C})$$

$$T = 25 + \frac{2135}{\sqrt[3]{200^2}} = 87{,}5^\circ\,\text{C}$$

Da diese Beharrungstemperatur von 87,5° C als unzulässig hoch betrachtet wird, ist festzustellen, welche Wärmemenge abgeführt werden muß, um auf die gewünschte Temperatur von 55° C zu kommen.

Nach Gl. (31) erhält man:

$$Q_w = (T - T_0)\sqrt[3]{V^2} \quad \text{(kcal/h)}$$

Hieraus läßt sich die Wärmemenge bestimmen, die das Triebmittel aufnehmen kann, ohne die gewünschte Beharrungstemperatur von 55 °C zu überschreiten.

Wenn $T_0 = 25\,°\,\text{C}$, $T = 55\,°\,\text{C}$ und $V = 200\,\text{l}$, dann ist:

$$Q_{w\,T\,55°} = (55 - 25)\sqrt[3]{200^2} = 1025\ \text{kcal/h}$$

Setzt man diesen Betrag von der gesamten Wärmemenge ab, so erhält man die durch eine Kühleinrichtung stündlich abzuführende Wärmemenge:

$$Q_w = 2135 - 1025 = \underline{1110\ \text{kcal/h}}$$

Zu 2.

Beispiel: Eine hydraulisch angetriebene Werkzeugmaschine besitzt einen Sammelbehälter mit einem Fassungsvermögen von $V = 200$ l. Nach einstündiger Laufzeit der Maschine ist zwar die gewünschte Beharrungstemperatur von $T = 55°$ C im Triebmittel erreicht, die Erwärmung nimmt jedoch weiter zu, und nach weiteren $2^1/_2$ Stunden Laufzeit wird ein Wert von $T_1 = 85°$ C gemessen. Aus diesen gemessenen Werten läßt sich die Wämemenge errechnen, die abgeführt werden muß, um die ursprünglich angestrebte Beharrungstemperatur $T = 55°$ C zu halten.

$Q_w = G\,c_w\,(T_1 - T)$ (kcal)

$V = 200$ l

$\gamma = 0{,}9$ kg/dm³

$c_w = 0{,}5$ kcal/kg° für Mineralöl

$Q_w = 200 \cdot 0{,}9 \cdot 0{,}5\,(85 - 55) = 2700$ kcal

$\underline{Q_w = 2700\ \text{kcal}}$

Während $2^1/_2$ Stunden muß also eine Wärmemenge von 2700 kcal abgeführt werden oder in der Stunde:

$$\underline{Q_w = 1080\ \text{kcal/h}}$$

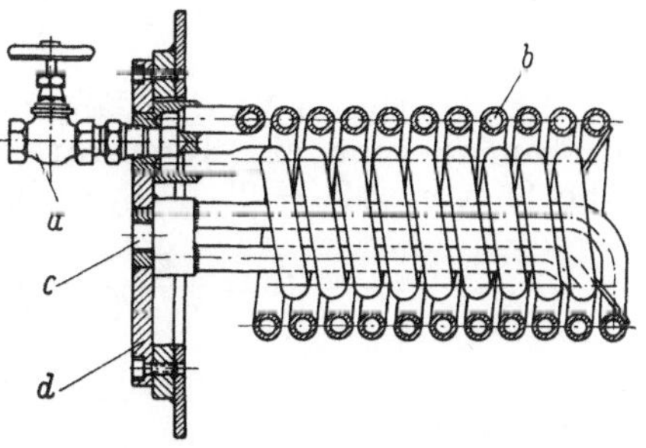

Abb. 24. Wärmeaustauscher für Ölbehälter
a Absperrventil für Kühlwasser
b Kühlrohrschlange
c Kühlwasseraustritt
d Befestigungsflansch

Nach diesen Werten kann nun der Wärmeaustauscher festgelegt werden, sein konstruktiver Aufbau ist aus Abb. 24 zu ersehen.

Es steht Kühlwasser mit einer Temperatur von $T_1 = 20\,°\,\text{C}$ zur Verfügung. Die Öltemperatur soll gleichbleibend $T = 55\,°\,\text{C}$ betragen. Die Austrittstemperatur des Wassers wird mit $T_2 = 30\,°\,\text{C}$ angenommen.

Der Wärmedurchgang vom Öl zum Wasser geschieht nach Gleichung

$$Q_w = k\,F\,\Delta_m \quad \text{(kcal/h)} \tag{32}$$

Im vorliegenden Falle ist die abzuführende Wärmemenge bekannt, und es soll die Wärmeaustauscherfläche berechnet werden:

$$F = \frac{Q_w}{k\,\Delta_m} \quad (\text{m}^2)$$

(Es ist: $k = 90$ kcal/m² h °C = Wärmedurchgangszahl Öl-Wasser im Wärmeaustauscher,
Δ_m = mittleres logarithmisches Temperaturgefälle,
$Q_w = 1100$ kcal/h = abzuführende Wärmemenge.)

Nach „HÜTTE“ [*422*] ist:

$$\Delta_m = \frac{\Delta_1 - \Delta_2}{\ln \frac{\Delta_1}{\Delta_2}} = n \cdot \Delta_1$$

Mit $\frac{\Delta_2}{\Delta_1} = \frac{25}{35} = 0{,}715$ wird $n = 0{,}85$ (aus „HÜTTE“, Tafel 17)

Damit ist: $\Delta_m = \Delta_1 n = 35 \cdot 0{,}85 = 29{,}75°$ C.

Erforderliche Fläche des Wärmeaustauschers:

$$F = \frac{Q_w}{k \Delta_m} = \frac{1100}{90 \cdot 29{,}75} = \underline{0{,}411 \text{ m}^2}$$

Verwendet man ein dünnwandiges Stahlrohr mit: $d_i = 20$ mm, $d_a = 22$ mm, so ergibt sich eine erforderliche Rohrlänge von

$$l = \frac{F}{d_m \pi} = \frac{0{,}411}{0{,}021 \pi} = \underline{6{,}23 \text{ m}}$$

dabei ist

$$d_m = \frac{d_i + d_a}{2} = 0{,}021 \text{ m} = 21 \text{ mm}$$

Mit den obigen Werten läßt sich der stündliche Wasserverbrauch errechnen, wenn ein Temperaturunterschied des Kühlwassers nach Abb. 25 von $\Delta T = T_2 - T_1 = 10°$ C angenommen wird.

$$G = \frac{Q_w}{c_w \Delta T} = \frac{1100}{0{,}999 \cdot 10} = 110 \text{ kg}$$

$$\underline{Q = 110 \text{ l/h}}$$

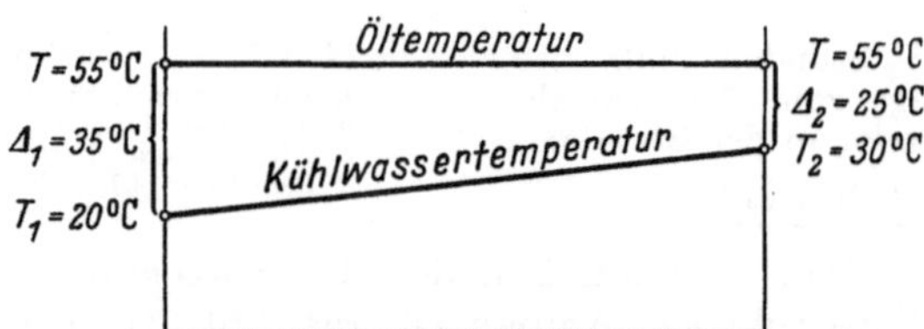

Abb. 25. Kühlwasser- und Öltemperatur

Um einen hohen Wasserverbrauch bei unmittelbarer Entnahme aus der Leitung zu vermeiden, kann man einen Behälter mit einer Pumpe anordnen, die das Kühlwasser ständig durch die Kühlrohre pumpt. Der Behälter muß so groß gewählt werden, daß sich das Kühlwasser durch Wärmeabstrahlung von $T_2 = 30°$ C auf $T_1 = 20°$ C abkühlt.

Es ist weiterhin möglich, in den Kühlwasserzufluß zum Wärmeaustauscher ein Magnetventil einzubauen und dieses durch einen im Ölbehälter angeordneten Temperaturmeßfühler zu steuern. Hierdurch kann die Temperatur des Triebmittels in einem bestimmten Temperaturbereich gleichgehalten werden, wobei noch der Kühlwasserverbrauch auf das unbedingt notwendige Maß herabgesetzt wird.

1.42 Zähigkeit (Viskosität)

Zweifelsohne ist die Viskosität die wichtigste Eigenschaft, da sie einen direkten Einfluß hat auf die hydro-dynamischen Verluste (Reibungs- und Druckverluste), die Schmier- und Dichtungsfähigkeit sowie das geräuscharme Arbeiten von Pumpe, Ventilen und Flüssigkeitsmotor.

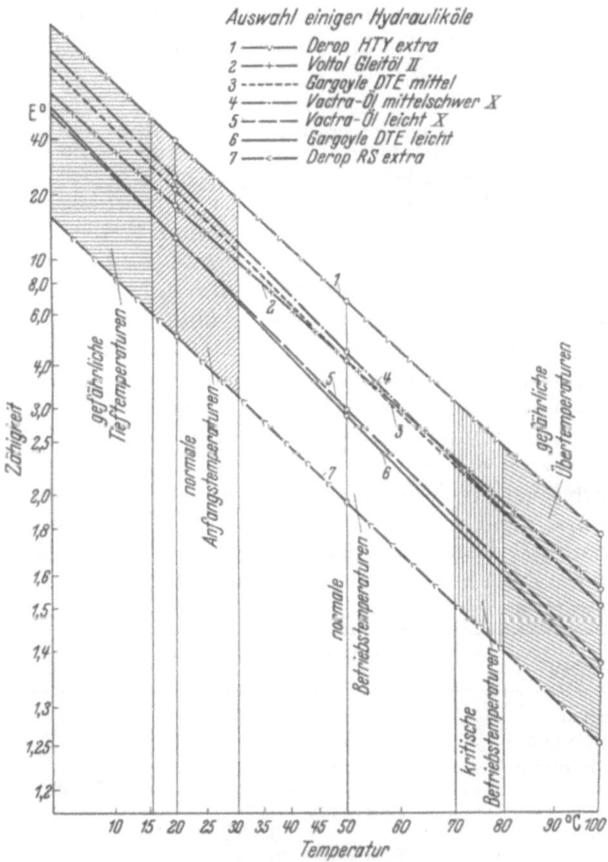

Abb. 26. Zähigkeits-Temperatur-Gefälle

Die Zähigkeit eines Hydrauliköles muß so beschaffen sein, daß es bei der Inbetriebnahme des Getriebes nicht zu zähflüssig ist und wiederum bei lang anhaltendem Betrieb und mithin zunehmender Erwärmung nicht zu dünnflüssig wird.

Das Zähigkeitstemperaturgefälle ist für die in Zahlentafel 1 aufgeführten Ölsorten nach der logarithmischen Darstellung von Prof. Ubbelohde [*105*] in Abb. 26 wiedergegeben. Die Kennlinien der eingetragenen Ölsorten weichen in ihrer Neigung nur wenig voneinander ab. Die Praxis hat gezeigt, daß ein Mineralöl für den Flüssigkeitsantrieb um so geeigneter ist, je flacher seine Zähigkeitstemperaturlinie verläuft, d. h. wenn auch bei starker Erwärmung sich seine Zähigkeit nur langsam verändert. Um Öle mit flacher Kennlinie herzustellen, verwendet man in der Hauptsache das Voltolisierungsverfahren, welches darin besteht, daß die Öle unter vermindertem Druck (etwa 65 mm Hg) und in einer Wasserstoffatmosphäre den Einwirkungen elektrischer Glimmentladungen ausgesetzt werden.

Die Erfahrungen lehren, daß es fünf verschiedene Temperaturgebiete gibt, die bei der Auswahl des Triebmittels zu beachten sind [*2, Vol. 91* (*1947*) *Nr. 24, 25*] (Abb. 26).

Gefährliche Tieftemperaturen	0 ··· 16° C
Normale Anfangstemperaturen	16 ··· 30°
Normale Betriebstemperaturen	30 ··· 70°
Kritische Betriebstemperaturen.......	70 ··· 80°
Gefährliche Übertemperaturen	80 ··· 120°

Im Gebiet der gefährlichen Tieftemperaturen treten, bedingt durch die große Viskosität des Triebmittels, starke Reibungsverluste und zusätzliche hydraulische Widerstände in der Anlage auf. Bei ungenügender Füllung der Pumpe besteht die erhöhte Gefahr des Anfressens und vorzeitigen Verschleißes beweglicher Teile aus Mangel an Schmiermittel. Die Pumpe neigt außerdem zum Rattern und geräuschvollem Lauf. Die normalen Anfangstemperaturen fallen in den Bereich zwischen 16 und 30° (Raumtemperaturen). Das Gebiet der gebräuchlichen Betriebstemperaturen erstreckt sich von 30 bis 70°. Innerhalb dieses Bereiches erreichen die Flüssigkeitsgetriebe ihren höchsten Wirkungsgrad. In Deutschland empfehlen die Hersteller von Pumpen (und Flüssigkeitsmotoren) folgende Betriebstemperaturen und Viskositätsgrade bei 40° C; diese Zahlen decken sich vollkommen mit den amerikanischen Erfahrungswerten.

Pumpenart	Normale Betriebstemperatur in °C	Viskosität bei 40 °C in °Engler
Zahnradpumpen	50—80	4,5 — 9
Flügelzellenpumpen	30—70	2,5 — 6,5
Kolbenzellenpumpen		
axial	30—70 Bestwert: 50	6 —18,5
radial.................	30—80 Bestwert: 30—40	8,75—32

Besondere Beachtung ist der Viskositätsänderung in dem Bereich der kritischen Temperaturen zwischen 70 und 80° C zu schenken, da viele Getriebe nach längerer Laufzeit in diese Temperaturzone kommen. Die erhöhten Temperaturen wirken sich besonders ungünstig aus auf die Zähflüssigkeit des Hydrauliköles und auf den volumetrischen Wirkungsgrad der Pumpen sowie auf die Oxydationsbeständigkeit des Öles. Die Temperaturen über 80° sind gefährlich, da sie den Wirkungsgrad und die Lebensdauer der Anlage stark beeinträchtigen. Die Güte und Oxydationsbeständigkeit des Triebmittels wird schnell vermindert, die Einstellung und Steuerung läßt sich schlecht kontrollieren, die Maschine neigt zum Rattern und zu Schwingungen.

1.43 Oxydations- bzw. Alterungsbeständigkeit

Als Oxydationsbeständigkeit bezeichnet man bei Hydraulikölen seine Fähigkeit, der Polymerisation und thermischen Zersetzung in Gegenwart von Luft, Wasser, Hitze und ungleichartigen Metallen zu widerstehen. Öle, die wenig oxydationsbeständig sind, neigen bei lang andauerndem Betrieb und Temperaturen über 70° zur Polymerisation (Verdickung), zur Zersetzung und zum Niederschlag von teer- und harzartigen Stoffen. Alle Metalle wirken als Alterungsbeschleuniger. Dies gilt besonders für Kupfer, alle Kupferlegierungen und in geringem Maße auch Eisen. Die Reaktion dieser Stoffe wird durch steigende Öltemperaturen unverhältnismäßig beschleunigt. Eine sorgfältige Auswahl der metallischen Werkstoffe für das Leitungssystem, Ventile, Pumpen und Motore ist notwendig, um eine vorzeitige Alterung des Triebmittels durch katalytische und elektrolytische Einwirkungen zu vermeiden [*106*].

Bei Schlammbildung und Schlammausfällung, etwa durch Verschmutzung von außen her und durch den Metallabrieb bei den bewegten Teilen oder durch das Ausscheiden unlöslicher Rückstände, legt man Ölsiebe oder Filter in den Flüssigkeitsstromkreis (vgl. S. 146/51).

1.44 Entmischungsfähigkeit bei Emulsionsbildung

Der Feuchtigkeitsniederschlag in einem hydraulischen Kreislauf wird in erster Linie verursacht durch Temperaturunterschiede zwischen dem Sammelbehälter und der über diesem befindlichen feuchten Atmosphäre und durch das ständige Eindringen von Luft in den Kreislauf. Die Anwesenheit von Wasser oder Feuchtigkeit ist ferner zurückzuführen auf das Lecken der Kühleinrichtungen für das Werkzeug oder auf die Vernebelung des Kühlwassers beim Arbeiten der Maschine, dies trifft besonders bei Schleifmaschinen zu. Die möglichen Auswirkungen einer Wasser-Öl-Emulsion auf die Lebensdauer und Betriebsweise des Flüssigkeitsgetriebes sind:

Zerstörung der Schmierfähigkeit des Öles und damit verbunden erhöhte Reibungsverluste, vorzeitige Abnützung von Pumpe, Ventilen und Motor,

Zerstörung der Dichtungseigenschaften und folglich erhöhte Schlupfverluste.

Daher muß das Triebmittel die Fähigkeit haben, einer stabilen Emulsion zu widerstehen. Die Eigenschaft einer schnellen und vollständigen Entmischbarkeit ist im wesentlichen von der Güte des Öles abhängig.

1.45 Luft im Triebmittel

Neben den festen und flüssigen Verunreinigungen sind es vor allem gasförmige Bestandteile, also Luft und Dämpfe, die ein gleichförmiges und stoßfreies Arbeiten des Flüssigkeitsgetriebes stören. Das Vorhandensein von Luft — in Form von Bläschen oder in aufgelöstem Zustand — das sich nie ganz vermeiden läßt, zeigt sich äußerlich durch

Schaumbildung in dem Sammelbehälter an. Fließt die Flüssigkeit durch die Rückleitung von dem Schubkolben oder dem Zellengetriebe in den Behälter zurück, so steigen die Luftbläschen an die Oberfläche, das Triebmittel wird zum Teil entlüftet. Die mitgeführte Luft verändert die Eigenschaften des Triebmittels durch Oxydation, stört den gleichmäßigen Bewegungsablauf, da sie die Zusammendrückbarkeit erhöht, und begünstigt die Korrosion besonders an den Getriebeteilen [*107*]. Die Nachteile, die die Beimengungen von Luft und Dämpfen oder Gasen mit sich bringen, können vermieden werden, wenn das zurückfließende Triebmittel bis unter den Flüssigkeitsspiegel geleitet wird. Es darf keinesfalls im freien Fall in den Sammelbehälter hineingeführt werden, sondern ist in Rohrleitungen zu fassen, da sonst erhebliche Luftmengen tief in die Füllung hineingerissen werden und sich nicht abscheiden können, bevor das Triebmittel wieder von der Pumpe angesaugt wird. Es ist ferner dafür zu sorgen, daß keine wirbelnde (turbulente) Strömung im Behälter auftritt. Dies läßt sich wirksam vermeiden, wenn die Abflußleitungen am Ende trichterartig erweitert werden und der Ausfluß in genügender Entfernung vom Boden des Behälters gehalten wird.

Sofern es die baulichen Verhältnisse zulassen, verlege man auch die Pumpe *unter* den Flüssigkeitsspiegel, jedoch so, daß die Kupplungsteile zu dem Antriebsmotor die Flüssigkeit nicht verwirbeln können. Der Sammelbehälter soll möglichst groß gewählt werden, damit das Triebmittel Zeit hat sich zu beruhigen, ehe es wieder dem Kreislauf unterworfen wird. Je größer außerdem die Abstrahlfläche ist, um so schneller wird das zurückfließende Triebmittel gekühlt.

1.46 Zusammendrückbarkeit des Triebmittels

Bei Flüssigkeitsgetrieben darf das Triebmittel nicht als ideale, also durch Reibungslosigkeit und Volumenbeständigkeit gekennzeichnete Flüssigkeit betrachtet werden. Insbesondere ist es nicht angängig, die Zusammendrückbarkeit zu vernachlässigen, wie dies vielfach geschieht. Das bisherige Außerachtlassen der elastischen Zusammendrückbarkeit ist die Ursache dafür gewesen, daß sich der hydraulische Antrieb bei einer Reihe von Werkzeugmaschinen nicht durchsetzen konnte, weil er unruhig und nicht stoßfrei arbeitete. Man muß sich vorstellen, daß die in dem Leitungsnetz enthaltene Flüssigkeitsmenge, vor allem aber die bei einem Schubkolbentrieb von dem Zylinder umschlossene Flüssigkeitssäule, als Feder wirkt. Sie wird bei Belastung zusammengedrückt, um sich bei anschließender Entlastung wieder zu strecken. Dieses elastische Federungsvermögen der Flüssigkeitssäule hat eine plötzliche Beschleunigung des hydraulisch bewegten Maschinenteiles zur Folge, sobald die Gegenkraft, etwa der Bearbeitungswiderstand, nachläßt. Durch das augenblickliche Vorschnellen des Werkstückes oder Werkzeuges wird das Schneidwerkzeug stoßweise beansprucht, es geht zu Bruch oder unterliegt zumindest einem vorzeitigen Verschleiß.

Seither wurde vorausgesetzt, daß das Triebmittel nur um einen geringen Bruchteil seines ursprünglichen Volumens zusammendrückbar ist. Mit welcher Nachgiebigkeit in der Tat zu rechnen ist, soll folgendes Rechenbeispiel veranschaulichen. Für die Zusammendrückbarkeit gilt die Beziehung [*52* u. *60.1*]:

$$\beta = \frac{V_1 - V_2}{V_1 (p_2 - p_1)} \text{ in cm}^2/\text{kg} \qquad (33\,\text{a})$$

Hierin ist β die Preßziffer in cm²/kg, V_1 der Anfangsinhalt einer Flüssigkeitssäule in m³, V_2 der gepreßte Inhalt dieser Flüssigkeitssäule in m³, p_1 der Anfangsdruck in kg/cm² und p_2 der Enddruck in kg/cm².

Die Volumenverminderung $\Delta V = V_1 - V_2$ ergibt sich somit aus:

$$\Delta V = \beta\, V_1\, p \quad (\text{m}^3) \qquad (33\,\text{b})$$

Ist die Flüssigkeitssäule von einem Zylinder der Länge $l = 6{,}0$ m und dem Durchmesser $d = 0{,}15$ m umschlossen, so hat sie einen Rauminhalt $V_1 = 0{,}106$ m³. Bei einer Druckzunahme von $p_2 - p_1 = \Delta p = 50$ kg/cm² und einer Preßziffer $\beta = 60 \cdot 10^{-6}$ cm²/kg bei 20° C als Mittelwert für Mineralöl ist die Volumenverminderung:

$$\Delta V = 60 \cdot 10^{-6} \cdot 0{,}106 \cdot 50$$

$$\underline{\underline{\Delta V = 0{,}0003 \text{ m}^3}}$$

das sind 0,28% des ursprünglichen Volumens. Nach englischen Versuchen (vgl. Machinery, London 1931, S. 753) beträgt die Zusammendrückbarkeit des Öles 0,33% für $p = 70$ kg/cm² und einer Betriebstemperatur von 40° C. Die lineare Zusammendrückung ist dann:

$$\Delta l = \frac{\Delta V}{F} = 11{,}25 \text{ mm} \qquad (34)$$

Setzt man in die Gl. (33b) folgende Beziehung ein:

$$V_1 = F\, l$$

hierin ist V der Rauminhalt des Druckzylinders, F seine Querschnittsfläche und l seine Länge und

$$P = F\, p$$

wobei P die Durchzugs- oder Vorschubkraft bedeutet, F die wirksame Kolbenfläche, p den Flüssigkeitsdruck, so erhält man für die Volumenverminderung ΔV die Gleichung:

$$\Delta V = \beta\, l\, p \quad (\text{m}^3 \text{ oder mm}^3) \qquad (33\,\text{c})$$

Hierbei ist die Preßziffer β durch die Wahl des Triebmittels festgelegt und die Kraft P durch die Summe der Widerstände bestimmt, die zu Beginn der Bewegung zu überwinden sind. Es kann also die Zusammendrückung lediglich durch die Länge l verändert werden. Man erhält demnach einen Mindestwert für die Zusammendrückung ΔV, wenn die Länge l der gepreßten Flüssigkeitssäule auf ein Geringstmaß beschränkt wird. Da sich jedoch die Länge des Druckzylinders bei dem hydraulischen Schubkolbentrieb nach dem verlangten Vorschubweg richtet, so sind hier dem Flüssigkeitsgetriebe Grenzen gesetzt. Von einer bestimmten Baulänge ab, die etwa bei 6 bis 7 m liegen dürfte, ist aus den soeben erläuterten Gründen keine gleichförmige Bewegung des hydraulisch angetriebenen Maschinenteiles zu erzielen. Bei großen Maschinen wird man zweckmäßiger an Stelle des Kolbentriebes ein Zellengetriebe mit mechanischem Endantrieb über Zahnräder, Ritzel und Zahnstange wählen (vgl. Abschn. 3.6, S. 260).

Im Hinblick auf einen ruhigen, stoßfreien Bewegungsablauf ist die Zusammendrückbarkeit sicherlich als ein Nachteil zu werten. Auf der anderen Seite stellt sie aber zweifelsohne einen Vorzug dar, verleiht sie doch dem hydraulischen Antrieb zusammen mit der Schlupfwirkung (vgl. S. 59) beim Auftreten plötzlicher Drucksteigerung ein bestimmtes Federungsvermögen. Empfindliche Werkzeuge werden dank der Stoßabfederung der Flüssigkeitssäule da noch standhalten, wo sie bei starrer Kraftübertragung schon längst zu Bruch gegangen wären.

1.5 Die Leistungsverluste und der Wirkungsgrad

Bei jedem Flüssigkeitsgetriebe ist die Energieübertragung von der Antriebsseite (Pumpe) zu der Abtriebsseite (Motor) mit Leistungsverlusten verbunden. Demnach ist die an dem Motor abgenommene Nutzleistung kleiner als die der Pumpe zugeführte Leistung. Der Fehlbetrag wird durch folgende Verluste verursacht: Leerlaufverluste, mechanische Reibungsverluste und Schlupfverluste. Die Größe des Wirkungsgrades ist bedingt durch die obengenannten Verluste; sind diese in ihrer Gesamtheit groß, so wird der Wirkungsgrad zahlenmäßig klein, d. h. also schlecht. Umgekehrt erzielt man bei geringen Verlusten einen guten Wirkungsgrad. Es soll im folgenden erläutert werden, welchen Anteil die einzelnen Verlustarten haben.

1.51 Leerlaufverluste (Strömungsverluste)

Die Leerlaufverluste des hydraulischen Getriebes stellen die Leistung dar, die nötig ist, um an seiner Abtriebsseite im unbelasteten Zustand eine bestimmte Umfangs- oder Vorschubgeschwindigkeit zu erzielen. Sie sind vergleichbar mit den durch Eisenverluste hervorgerufenen Leerlaufverlusten bei Elektromotoren, Transformatoren und bei dem Leonard-Antrieb; sie rühren bei dem hydraulischen Getriebe von der Flüssigkeitsreibung an bewegten Teilen und den Strömungswiderständen im Leitungsnetz her. Um ihre Größe und ihren Einfluß auf den Wirkungsgrad zu bestimmen, hat man Bremsversuche an Thoma-Getrieben [*108* u. *112*] (Kapselwerk mit Kolbenzellen) unternommen und dabei festgestellt, daß die Leerlaufverluste rund 10 v. H. betragen. Während die Flüssigkeits- oder Ölreibung der umlaufenden und gleitenden Teile vernachlässigbar ist und demnach keinen nennenswerten Einfluß auf die Leerlaufverluste nimmt, sind die Strömungsverluste infolge des Bewegungswiderstandes des strömenden Mittels durchaus in

Rechnung zu ziehen. Bewegt sich eine Flüssigkeit in einer Rohrleitung von unveränderlichem Querschnitt, so erfährt sie durch die Reibung der Flüssigkeitsteilchen aneinander und an der Leitungswand Widerstände, die einen Verlust an Energie, d. h. also einen Druckabfall bewirken. Bei kreisförmigem Rohrquerschnitt gilt für den Druckabfall Δp:

$$\Delta p = \frac{\zeta l \gamma v^2 100}{d 2 g} \quad (\text{kg/cm}^2) \tag{35}$$

(Die Leitungsstrecke l in m, der Rohrdurchmesser d in mm, die Strömungsgeschwindigkeit v in m/s, das spezifische Gewicht des strömenden Mittels γ in kg/m³, die Fallbeschleunigung g in m/s², die Widerstandszahl ζ ist dimensionslos.)

Maßgebend für die Widerstandszahl ζ und damit für den Druckabfall Δp ist die Art der Strömung. Man unterscheidet bekanntlich zwei Strömungsarten: die Laminar- oder Schichtenströmung und die turbulente oder wirbelige Strömung.

1.511 Schichten- oder Laminarströmung

Die Schichtenströmung, die bei niederen Geschwindigkeiten und in engen, glatten Rohren auftritt, ist gekennzeichnet durch die geordnete, geradlinige Bewegung der parallel zueinander fließenden Schichten. Die der Leitungswand unmittelbar anliegenden Flüssigkeitsteilchen haften an dieser; die Strömungsgeschwindigkeit v besitzt dort den Wert Null. Der Grad der Haftung nimmt jedoch stetig mit dem Abstande von der Wand ab, so daß die Geschwindigkeit im selben Maße anwächst, bis sie in der Rohrmitte einen Höchstwert erreicht.

1.512 Turbulente oder Wirbelströmung

Übersteigt die Strömungsgeschwindigkeit einen gewissen Grenzwert, so geht die geordnete Bewegung in eine wirbelige und unregelmäßige, in die sog. turbulente Strömung über. Diese bewirkt, daß die Geschwindigkeit des strömenden Mittels sich viel gleichmäßiger über den Querschnitt verteilt, als dies bei der Schichtenströmung der Fall ist. Die Höchstgeschwindigkeit ist bei der wirbeligen Strömung nur etwa 16 bis 23 v. H. größer als die mittlere Geschwindigkeit, während sie bei der Schichtenströmung doppelt so groß ist.

Wie wirkt sich nun die Strömungsart — schichtartig oder wirbelig — auf den Druckabfall aus? Bei der Schichtenströmung ist der Druckabfall verhältnisgleich zu der mittleren Geschwindigkeit, er wächst in gleichem Maße mit zunehmender Geschwindigkeit, denn der Bewegungswiderstand ist durch die reine Reibung der geordnet fließenden Schichten hervorgerufen; im Gegensatz hierzu tritt bei der turbulenten Strömung ein Wirbelwiderstand auf, der naturgemäß den Druckabfall stärker beeinflussen muß. In der Tat ist der Druckabfall bei der wirbeligen Strömung von annähernd dem Quadrat der mittleren Geschwindigkeit abhängig (genau wächst er mit $^7/_4$ Potenz von v) [*71*].

Die Widerstandszahl ζ ist nicht nur an die Strömungsform gebunden, sondern sie ist auch eine Funktion der REYNOLDSschen Zahl Re; in dieser ist wiederum der Einfluß des Leitungsdurchmessers, der Strömungsgeschwindigkeit, der Zähigkeit des Mittels und seines spezifischen Gewichtes zusammengefaßt.

Es gilt:

$$Re = \frac{v\,d}{\nu} = \frac{v\,d\,\gamma}{\eta\,g} \tag{36}$$

Hierin ist die Geschwindigkeit v in m/s zu setzen, der Durchmesser d in m, das spezifische Gewicht γ in kg/m³, die kinematische Zähigkeit ν in m²/s oder die absolute Zähigkeit (Zähigkeitszahl) η in kgs/m² und schließlich die Fallbeschleunigung $g = 9{,}81$ in m/s².

Bei *schichtartiger* Strömung ist die Widerstandszahl

$$\zeta = \frac{64}{Re} \tag{37}$$

Für den Fall der *wirbeligen* Strömung kann bei glatten Rohren die Formel von Blasius [*12*]

$$\zeta = 0{,}3164\; Re^{-0.25}$$

angesetzt werden.

Diese Beziehung gilt strenggenommen für Wasser und Luft als fließendes Mittel, sie kann aber auch bei zähen Flüssigkeiten für eine *überschlägige* Berechnung von ζ angesetzt werden.

Der Übergang von einer Strömungsart in die andere tritt bei einer Grenzzahl, die als die kritische Reynoldssche Zahl Re_{krit} bezeichnet wird, ein. Sie wird allgemein auch für Ölleitungen angegeben mit:

$$Re_{\text{krit}} = 2320$$

Unterhalb dieser Zahl herrscht laminare Strömung, oberhalb liegt Turbulenz vor.

1.513 Kritische Geschwindigkeit

Aus dem Wert $Re_{\text{krit}} = 2320$ und der Gl. (36) ergibt sich die kritische Strömungsgeschwindigkeit:

$$v_{\text{krit}} = \frac{2320\,\eta\,g}{d\gamma} \text{ in m/s} \tag{38}$$

Die Gl. (38) besagt, daß die kritische Geschwindigkeit verhältnisgleich ist mit der Zähigkeit des Mittels und im umgekehrten Verhältnis zu dem Leitungsdurchmesser steht. Enge Rohrdurchmesser und zähe Flüssigkeiten bewirken demnach ein Heraufsetzen der kritischen Geschwindigkeit.

An Hand eines Beispieles soll die kritische Geschwindigkeit in dem Leitungsnetz eines Flüssigkeitsgetriebes bei Verwendung von Mineralöl mit $\gamma = 900$ kg/m³ errechnet werden. Der Rohrleitungsdurchmesser sei $d = 20$ mm $= 0{,}020$ m, das Triebmittel habe bei einer Betriebstemperatur von 50° C eine Zähigkeit von 4° Engler.

Die Umrechnung dieser Englergrade auf die absolute Zähigkeit η geschieht nach der Formel:

$$10^6\,\eta = \gamma\left[0{,}746\,\mathrm{E}^\circ - \frac{0{,}643}{\mathrm{E}^\circ}\right] \text{ in kg s/m}^2 \tag{39}$$

Für $\gamma = 900$ kg/m³ und E° = 4 ist dann:

$$\underline{\eta = 0{,}002\,54 \text{ kg s/m}^2}$$

somit wird:

$$v_{\text{krit}} = \frac{2320 \cdot 0{,}00254 \cdot 9{,}81}{0{,}020 \cdot 900} \text{ in m/s}$$

$$\underline{v_{\text{krit}} = 3{,}22 \text{ m/s}}$$

Die Erfahrungen der Praxis lassen es ratsam erscheinen, mit der Strömungsgeschwindigkeit in den Rohrleitungen der Flüssigkeitsgetriebe nicht über 1,5 m/s und nur im Höchstfalle bis 2,0 m/s zu gehen. In kurzen Kanälen, Spalten und Bohrungen, wie sie beispielsweise an den Steuer- oder Stellorganen vorliegen, können die Strömungsgeschwindigkeiten Werte annehmen, die ein Vielfaches der sonst in Rohrleitungen zulässigen Strömungsgeschwindigkeiten betragen.

Sie sollten nach Möglichkeit nicht über folgende Werte hinausgehen:

$v = 5 \cdots 6$ m/s für Betriebsdrücke bis 50 kg/cm²,
$v = 6 \cdots 7$ m/s für Betriebsdrücke bis 100 kg/cm²,
$v = 7 \cdots 8$ m/s für Betriebsdrücke bis 160 kg/cm².

Legt man bei dem obigen Beispiel eine Strömungsgeschwindigkeit $v = 1{,}5$ m/s zugrunde, so kann man rückwärts rechnend die REYNOLDSsche Zahl für die gegebenen Verhältnisse ermitteln.

Nach Gl. (37) ist:

$$Re = \frac{1{,}5 \cdot 0{,}020 \cdot 900}{0{,}002\,54 \cdot 9{,}81}$$

$$\underline{Re = 1082}$$

Die Strömung ist demnach laminar, wie dies im übrigen in den meisten Fällen für die Flüssigkeitsgetriebe zutrifft.

Es ist anzunehmen, daß bei Strömungen mit einer Kennzahl unter dem Grenzwert $Re_{\text{krit}} = 2320$, die Schichtströmung, sollte sie durch irgendwelche Umstände gestört werden, sie nach einer hinreichend langen Beruhigungsstrecke wieder stabilisiert. Für den Wert $Re = 1082$ ist nach Gl. (37) die Widerstandszahl

$$\zeta = \frac{64}{Re} = \frac{64}{1082} = 0{,}06$$

Der Druckabfall infolge Strömungsverluste wird dann innerhalb des geraden Leitungsnetzes, wenn seine Gesamtlänge $l = 10$ m beträgt, entsprechend Gl. (35)

$$\Delta p = \frac{0{,}06 \cdot 10 \cdot 900 \cdot 1{,}5^2}{0{,}020 \cdot 19{,}6} \quad (\text{kg/cm}^2)$$

$$\underline{\Delta p = 0{,}31 \quad (\text{kg/cm}^2)}$$

Das sind bei einem angenommenen Betriebsdruck von $p = 10$ kg/cm² rund 3 v. H.

Zu den Verlusten, die in der geraden, kreisförmigen Leitungsstrecke entstehen, kommen noch zusätzliche Verluste durch Querschnitts- und Richtungsänderungen hinzu, vor allem in den Rohrabzweigungen und

Krümmern sowie in den Einstell- und Steuerventilen. Der Einzelwiderstand bzw. der hieraus entstehende Druckabfall in jedem dieser Teile kann berechnet werden nach:

$$\Delta p = \frac{\zeta \gamma v^2}{2g} \quad (\mathrm{kg/cm^2}) \tag{40}$$

Die Widerstandszahl ζ richtet sich nach der Bauart und den Abmessungen des betreffenden Teiles. In dem Schrifttum sind nur wenige Angaben über die Größe von ζ bei Rohrbogen, Formstücken, Ventilen usw. (Abb. 27a bis c) enthalten, da der Einzelwiderstand auch im

Art	*d* mm	10	20	30	40	50
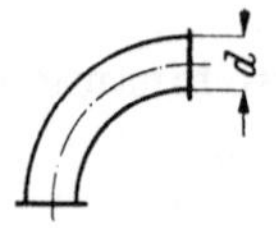	ζ	0,73	0,5	0,3	0,140	0,1350
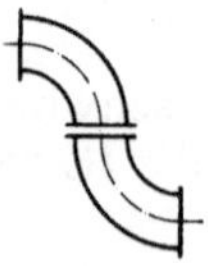	ζ	1,45	1,0	0,6	0,280	0,270
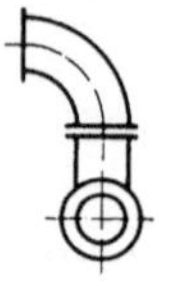	ζ	1,00	0,75	0,45	0,210	0,203

Abb. 27 a. Einzelwiderstände für Krümmer

			ζ
T-Stück für Flüssigkeitstrennung	Durchgang		1,0
	Abzweig		1,5
	Zusammen	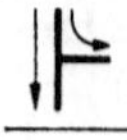	2,5
T-Stück für Flüssigkeitszusammenlauf	Durchgang		3,0
	Abzweig		1,5
	Zusammen	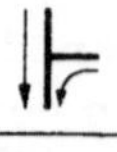	4,5

Abb. 27 b. Einzelwiderstände für Rohrabzweigungen

Art	r/d $\delta = 90°$	1	2	4	6	10
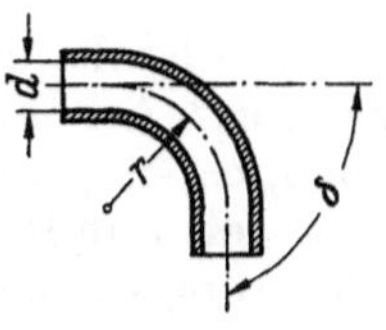	ζ Rohr glatt	0,21	0,14	0,11	0,09	0,11
	ζ Rohr rauh	0,51	0,30	0,23	0,18	0,20

Abb. 27c. Widerstandszahl ζ für kreisförmig gebogene Rohrstücke, glatt und rauh

Strömungsversuch nur schwer zu erfassen ist, vor allem ohne die störenden Einflüsse anderer Teile. Bei gebogenen Rohrstücken wird die Widerstandszahl ζ beeinflußt vom Krümmungsradius bzw. von dem Verhältnis r/d. Wie die Abb. 27c wiedergibt, wurden für $r/d = 6$ die geringsten Werte mit $\zeta = 0{,}09$ für glatte Rohrstücke und $\zeta = 0{,}18$ für rauhe Bogen festgestellt. Bei einer Umlenkung $\delta < 90°$ sind die Widerstandswerte entsprechend geringer. Die Kenntnis der Einzelwiderstände und der durch sie hervorgerufenen Druckverluste ist auch unwesentlich, denn für die Beurteilung der Strömungsverluste kommt es allein auf den Druckabfall in dem gesamten Leitungsnetz von der Pumpe bis zum Motor an. *Die Strömungsverluste können mit 5 bis 10 v. H. angesetzt werden*, so daß bei Außerachtlassen der Ölreibung die Leerlaufverluste auch innerhalb dieser Grenzen schwanken dürften.

1.52 Mechanische Reibungsverluste

Eine weitere Quelle unerwünschter Leistungsverluste stellt die mechanische Reibung beweglicher Elemente dar. Hierzu gehört beispielsweise die gleitende Reibung zwischen Kolben bzw. Kolbenringen oder anderen Dichtungsmitteln und der Zylinderbohrung, zwischen Kolbenstange und Stopfbüchsendichtungen. Zapfenreibung tritt an den in Büchsen oder in einfacher Gehäusebohrung gelagerten Tragzapfen bei Flüssigkeitspumpen oder Motoren auf. Die rollende Reibung findet sich in allen Wälzlagern, also in den Rollen-, Kugel- und Nadellagern.

1.53 Schlupfverluste

In der Elektrotechnik bezeichnet man als „Schlupf“ oder „Schlüpfung“ den Unterschied zwischen der synchronen Drehzahl des Drehfeldes und der Umlaufzahl des Ankers eines Drehstrommotors und gibt die Abweichung dieser beiden Geschwindigkeiten voneinander in Hundertteilen der synchronen Drehzahl an. Das Nacheilen des Ankers gegenüber der Geschwindigkeit des Drehfeldes beträgt bei Leerlauf etwa 1 bis 2 v. H., während der Schlupf bei Vollast bis zu 5 v. H. anwächst. Der Schlupf stellt einen Verlust dar, der den Wirkungsgrad des Antriebes mehr oder minder beeinträchtigt.

Bei dem Übertragen von Kraft und Bewegung durch ein Zahnradwechselgetriebe, durch Schraubenspindel und Mutter, durch Schnecke und Schneckenzahnstange oder durch Ritzel und Zahnstange tritt dagegen ein Schlupf nicht auf.

Bei den Flüssigkeitsgetrieben setzt sich der Schlupf aus Spalt- und Füllungsverlusten zusammen. Diese können zwar nach der Art ihrer Entstehung und in ihren Auswirkungen erklärt werden, es ist jedoch nicht möglich, sie zahlenmäßig getrennt zu erfassen. Sie geben in ihrer Gesamtheit einen Schlupfverlust bestimmter Größe, der wenigstens bei Zellengetrieben — im Versuch ermittelt werden kann.

1.531 Spaltverluste

Die Spaltverluste sind die Folge von Undichtheiten und entstehen in der Hauptsache durch das Überströmen der Flüssigkeit von einem Raum höheren Druckes in einen Raum niederen Druckes. Da eine Bewegung nur möglich ist, wenn zwischen den Teilen Spiel vorhanden ist, so werden Spaltverluste immer dort auftreten, wo Teile sich gegeneinander bewegen. Das Triebmittel wird demnach zu entweichen versuchen: zwischen dem Druckkolben und der Zylinderwand, der Kolbenstange und den Dichtungsstellen, an den Paßstellen von Kolbenschiebern, Ventilen und Hähnen. Undichtheiten können ferner auftreten bei den Zahnradpumpen zwischen der Umfangs- und den Seitenflächen der Zahnräder und dem Gehäuse, bei Kapselpumpen zwischen den Flügeln (seitlich und am äußeren Umfang) und der Gehäusewandung oder bei den Kolbenzellenpumpen zwischen Zylinderwand und Kolben. Schließlich ist ein Lecken der Triebflüssigkeit überall dort möglich, wo sich im Leitungsnetz undichte Stellen an Rohranschlüssen und Abzweigstücken befinden.

Die Flüssigkeitsmenge, die durch einen Spalt verlorengeht, ist bei laminaren Strömungsverhältnissen durch die Beziehung bestimmt:

$$Q_L = \frac{\pi\, d\, \Delta p\, \delta^3}{12\, l\, \eta} \quad (\mathrm{cm^3/s}) \tag{41}$$

(Q_L = Leckölverlust in $\mathrm{cm^3/s}$; d = Kolbendurchmesser in cm; δ = Spaltbreite in cm; Δp = Druckdifferenz der Dichtstelle in $\mathrm{kg/cm^2}$; l = Dichtspaltlänge in cm; η = abolute Zähigkeit des Triebmittels in $\mathrm{kg\,s/cm^2}$.)

Die Verlustmenge kann klein gehalten werden durch die Wahl eines zähen Triebmittels (Wasser-Öl-Emulsionen werden daher stets größere Spaltverluste ergeben, vgl. S. 51) und durch Vergrößern der Länge l der Dichtungsfläche, dieser Maßnahme sind jedoch aus baulichen Gründen Grenzen gesetzt. Man wird aber beispielsweise bei einem Schubkolbentrieb den Preß- oder Druckkolben so lang gestalten, wie dies die baulichen Verhältnisse gestatten (Kolbenlänge l = 1,25 bis 1,50 D), da die Flüssigkeit bei langen Spalten nur tropfenartig und langsam durchsickern kann.

Die Spaltbreite δ, die sich sehr stark auswirkt, kommt sie doch in Gl. (41) in der dritten Potenz vor, muß auf jeden Fall auf das äußerste beschränkt werden. Das ist durch genaues Bearbeiten (Feinschleifen,

Honen, Läppen) der Paßflächen zu erreichen. Für Zylinder und Kolben wählt man die ISA-Passung H 7/e 8 (leichter Laufsitz). Für einen Kolbendurchmesser $d = 80$ mm ergibt sich dann ein Größtspiel von 0,136 mm und ein Kleinstspiel von 0,060 mm; hingegen für einen Kolbendurchmesser $d = 200$ mm ist das Größtspiel 0,218 mm und das Kleinstspiel 0,100 mm. Einfluß auf die Verlustmenge haben ferner: der Flüssigkeitsdruck, die Temperaturverhältnisse und die Umlauf- oder Vorschubgeschwindigkeit in Pumpe und Motor. Mit steigendem Betriebsdruck wächst der Spaltverlust fast verhältnisgleich, was ohne weiteres einzusehen ist. Hohe Temperaturen in dem Getriebe verursachen eine starke Dünnflüssigkeit des Triebmittels und begünstigen dadurch die Spaltverluste; das gleiche gilt für die vergrößerte Undichtheit infolge der verschiedenen Wärmeausdehnungen der bewegten Teile. Günstig dagegen wirken sich hohe Umlaufzahlen und Vorschubgeschwindigkeiten aus, sie setzen die Spaltverluste herab, da das Triebmittel zum Entweichen durch den Spalt weniger Zeit hat.

Um die Spaltverluste auf ein Mindestmaß zurückzuführen, können zusammenfassend folgende Regeln gegeben werden:

Kein zu dünnflüssiges Triebmittel wählen,

die bewegten Teile mit geringen Toleranzen einpassen,

die Dichtflächen möglichst lang machen,

starke Erwärmung im Getriebe vermeiden und für genügende Abkühlung des Triebmittels sorgen.

1.532 Füllungsverluste

Die Füllungsverluste entstehen durch unvollständige Versorgung des Getriebes mit Druckflüssigkeit infolge zu hoher Geschwindigkeiten und Beschleunigungen im Leitungsnetz; auch hierbei geht eine bestimmte Energiemenge verloren. Untersucht man die Frage, unter welchen Bedingungen und an welchen Stellen des Flüssigkeitsgetriebes eine unvollständige Füllung eintritt, so stellt man zunächst fest, daß diese Verluste hauptsächlich an der Pumpenseite vorkommen. Wird die Antriebsdrehzahl der Pumpe zu sehr gesteigert, so verbleibt keine Zeit, das Triebmittel rasch genug aus dem Behälter anzusaugen, es mit Druck zu beladen und weiter zu fördern. Die Füllungsverluste sind demnach abhängig von der Zeit, die zur Füllung vorhanden ist, und sind durch die Größe der Antriebsdrehzahl bestimmt, in dem Sinne, daß mit steigender Drehzahl die Füllungsverluste wachsen.

Die Füllungsverluste können auf der Motorseite, wenn sie tatsächlich vorhanden sind, nur sehr gering sein, verglichen mit denen, die in der Pumpe auftreten. Beim Motor — gleichgültig, ob Zellengetriebe oder Schubkolbentrieb — wird die Füllung zwangsläufig immer vollständig sein, da ihm das Triebmittel unter Druck zufließt. Es gibt zwei Möglichkeiten, die Füllungsverluste klein zu halten, nämlich erstens durch niedere Antriebsdrehzahlen an der Pumpe und niedere Strömungsgeschwindigkeit in der Saugleitung und zweitens durch das Eintauchen der Pumpe unter den Flüssigkeitsspiegel des Behälters oder gar durch das Zuführen der Flüssigkeit zu der Pumpe unter Druck, wie dies bei der amerikanischen Oilgear-Pumpe geschieht; hier erzeugt eine kleine Niederdruck-Zahnradpumpe einen gleichbleibenden geringen Überdruck in der Zuleitung zu der eigentlichen verstellbaren Kolbenpumpe, damit keine Luft mit angesaugt und die Pumpe stets vollständig gefüllt wird.

Die Schlupfverluste schwanken je nach Drehzahl und Belastung; allgemein ist ein Schlupfverlust von 4 bis 5 v. H. zulässig. Für sorgfältig ausgeführte Getriebe größerer Leistung, also über 3 kW, kann man mit einem Schlupf von 4 bis 12 v. H., ansteigend mit dem Druck, rechnen.

1.54 Wirkungsgrad bekannter Flüssigkeitsgetriebe

Im Vorausgegangenen wurden die einzelnen Leistungsverluste, nämlich Leerlaufverlust, Verlust durch mechanische Reibung und Schlupf nach der Art ihres Zustandekommens und ihrer Größe erläutert. Zusammengefaßt ergeben sie den Wirkungsgrad des Flüssigkeitsgetriebes. Hierunter ist der Gesamtwirkungsgrad zu verstehen, der sich aus dem Wirkungsgrad der Pumpe, des Motors und einer Schlupfziffer zusammensetzt. In der Regel ist der Wirkungsgrad der Pumpe größer als der des Motors. Setzt man beispielsweise ein für $\eta_{\text{Pumpe}} = 0{,}96$, $\eta_{\text{Motor}} = 0{,}9$ und die Schlupfziffer $s = 0{,}95$, entsprechend einem Schlupfverlust von 5 v. H., dann wird der Gesamtwirkungsgrad des Getriebes

$$\begin{aligned} \eta_{\text{ges}} &= \eta_{\text{Pumpe}}\, \eta_{\text{Motor}}\, s \\ &= 0{,}96 \cdot 0{,}9 \cdot 0{,}95 \\ \underline{\eta_{\text{ges}}} &\underline{= 0{,}82} \end{aligned}$$

In dem einschlägigen Schrifttum finden sich folgende Angaben für den Gesamtwirkungsgrad der zur Zeit gebräuchlichsten Flüssigkeitsgetriebe:

Getriebeart	Wirkungsgrad	
Thoma-Getriebe	0,91	(für 4,5 kW u. 80 kg/cm²)
	0,85—0,87	(für 25,0 kW u. 50 kg/cm²)
Boehringer-Sturm-Getriebe	0,85	
Enor-Forst-Getriebe	0,70—0,85	
Jahns-Thoma-Getriebe	0,75	
Kracht-Getriebe (Zahnradpumpe und Zahnradmotor)	0,50	

Für die Schubkolbengetriebe mit Zahnradpumpe und hin- und hergehendem Flüssigkeitsmotor kann ganz allgemein mit einem Gesamtwirkungsgrad von

$$\underline{\eta_{\text{ges}} = 0{,}70}$$

gerechnet werden, wobei der Wirkungsgrad der Zahnradpumpe in der Regel

$$\eta_{\text{Pumpe}} = 0{,}80 \text{ bis } 0{,}85$$

ist.

Der Wirkungsgrad des Kolbentriebes kann zu $\eta_{Motor} = 0{,}9$ und die Schlupfziffer mit $s = 0{,}95$ angenommen werden. Der günstigere Wirkungsgrad des Zellengetriebes gegenüber dem Schubkolbengetriebe mit Zahnradpumpe ist in erster Linie auf den niederen Wirkungsgrad der Zahnradpumpe zurückzuführen. Eine Verstellpumpe verbessert zwar den Gesamtwirkungsgrad, erhöht aber gleichzeitig auch die Anschaffungskosten.

2. Elemente des Flüssigkeitsgetriebes

2.1 Die Förderpumpe

2.11 Allgemeines

Das in dem Flüssigkeitsgetriebe enthaltene Triebmittel vermag nur dann Verschiebungs- oder Beschleunigungsarbeiten zu leisten, wenn es zuvor mit einem bestimmten Maße innerer Energie geladen wird und in ihm dabei ein Vorrat an Arbeitsfähigkeit aufgespeichert wird; diese Arbeitsfähigkeit ist bestimmt durch die beiden Zustandsgrößen *Menge* und *Druck*, deren Größenordnungen wiederum von der Art und der Wirkungsweise der Kraftquelle abhängig sind.

Unter Kraftquelle soll beim Flüssigkeitsgetriebe die *Pumpe* verstanden werden; sie hat die Aufgabe, einen ununterbrochenen Flüssigkeitsstrom zu erzeugen und ihm die zur Fortbewegung der Flüssigkeit notwendigen Kräfte zu erteilen. Dies geschieht derart, daß die Pumpe die Flüssigkeit auf der einen Seite aus einem Behälter ansaugt und sie auf der anderen Seite, nun mit Druck behaftet, in vorgeschriebener Menge wieder in das Leitungsnetz abgibt bzw. die Flüssigkeit aus einem Raum niederer in einen Raum höherer Spannung befördert. Man verwendet hierfür eine besondere Gattung umlaufender und nach dem Verdrängerprinzip arbeitender Pumpen, die wie folgt unterteilt werden:

Pumpen mit gleichbleibender Fördermenge, die also stets das gleichbleibende Volumen einer Flüssigkeit bei unveränderlicher Antriebsdrehzahl liefern und die keine Verstellbarkeit aufweisen.

Pumpen mit veränderlicher Fördermenge, die bei gleichbleibender Antriebsdrehzahl innerhalb bestimmter Grenzen verstellbar sind.

Die Wahl der Pumpe richtet sich nach dem hydraulischen Triebwerk der Maschine, nach der Art der Steuerung und Einstellung sowie nach dem notwendigen Flüssigkeitsdruck.

Im Gebiete niederer bis mittlerer Drücke, d. h. bei 2 bis 50 kg/cm^2, verwendet man entweder die *Zahnradpumpe*, wobei die Menge durch geeignete Drosselorgane verändert wird, oder die verstellbare *Flügelzellenpumpe*. Für hohe und höchste Drücke, das sind 60 bis 150 kg/cm^2, wählt man vorzugsweise *Kolbenzellenpumpen*.

2.12 Zahnradpumpen

Die Zahnradpumpe bildet ein verhältnismäßig einfaches und daher billiges, unempfindliches und betriebssicheres Mittel zur Förderung von Triebflüssigkeit. Sie kann in einem Flüssigkeitsgetriebe mit Vorteil verwendet werden, wenn es sich nicht um allzu hohe Drücke handelt, wenn ein häufiger Geschwindigkeitswechsel, der sich in bestimmten Zeitabständen wiederholt (Programmsteuerung), nicht erforderlich ist und schließlich, wenn keine starken Schwankungen des Bearbeitungswiderstandes auftreten.

Man wählt im allgemeinen die Zahnradpumpe für
Vorschubbewegungen,
Leervorschübe im Eilgang, vor- und rückwärts,
Erzeugung des Flüssigkeitsdruckes,
Vorsteuerung und Umsteuermechanismus.

Einen Nachteil bildet der unnötige Energieverbrauch bei starker Drosselung der Fördermenge und die hiermit verbundene Wärmeentwicklung, die zu starken Schlupfverlusten und Absinken des volumetrischen Liefergrades führt [*40*].

2.121 Aufbau

Die Zahnradpumpe besteht im wesentlichen aus einem Gehäuse mit Anschlußstutzen für die Saug- und Druckleitung sowie einem Bodenstück und Deckel bzw. zwei Deckeln, die das Gehäuse dicht nach außen abschließen. Als Werkstoff verwendet man für das Gehäuse und die Deckel hochwertigen, dichten Grauguß (z. B. Meehanite-Guß) oder Schmiedeeisen. Im Inneren der Pumpe bewegen sich zwei, in Sonderfällen auch mehrere, ineinandergreifende Zahnräder; eines dieser Räder ist von außen angetrieben, und zwar in der Regel derart, daß es über einen Wellenzapfen und eine möglichst elastische Kupplung mit dem Antriebsmotor verbunden ist. Andere Ausführungsarten der Zahnradpumpe sehen einen Antrieb mit Flachriemen oder Keilriemen vor; eine dritte Möglichkeit ist die, den Motor unmittelbar mit der Pumpe zu kuppeln, wobei eines seiner Lagerschilder als Pumpenkopf ausgebildet ist und auf der Welle des Elektromotors das treibende Zahnrad befestigt wird.

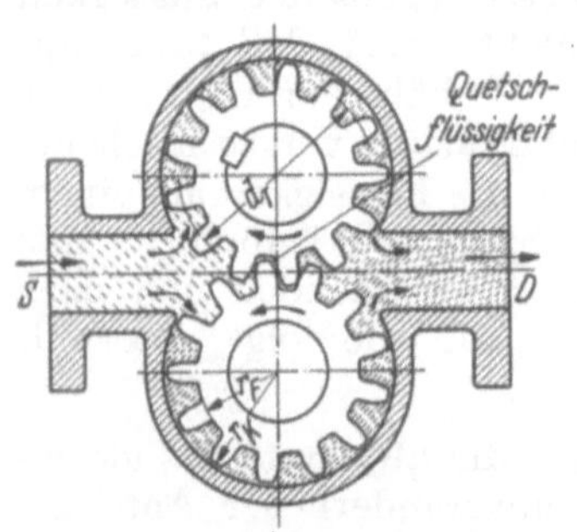

Abb. 28. Zahnradpumpe in schematischer Darstellung
d_T Teilkreisdurchmesser;
r_F Radius des Fußkreises;
r_K Radius des Kopfkreises

Nach dem Inbetriebsetzen des Motors drehen sich die Zahnräder in dem durch Pfeile kenntlich gemachten Bewegungssinn (Abb. 28), saugen die Flüssigkeit in den Saugraum *S* des Pumpengehäuses und fördern sie dann in den durch die einzelnen Zahnlücken und der Gehäusewandung gebildeten Zellen in den Druckraum *D*. Hier wird die Flüssigkeit durch die Zähne des Gegenrades aus den Zahnlücken verdrängt und in die Druckleitung abgeführt. Jeder Zahn des treibenden Rades verdrängt aus der Zahnlücke des getriebenen Rades so viel Flüssigkeit, wie der aus dem Kopfkreis der Räder, den Zahnflanken und der Zahnradbreite gebildete Raum aufzunehmen vermag. Die Berührung der Zahnräder an der Eingriffsstelle bildet einen Abschluß zwischen Saug- und Druckraum. Da jedoch die Räder nie ganz spielfrei ineinanderkämmen und ein Zahn die Lücke des Gegenrades nicht völlig ausfüllt, so bildet sich in dem freien Raum zwischen den Zähnen eine geringe Menge sog. „Quetschflüssigkeit“ von sehr hohem Druck, die der Pumpe einen harten und stoßweisen Gang gibt, vgl. S. 35. Um dies zu vermeiden, muß in der Nähe der Eingriffsstelle eine Ab- bzw. Zuflußmöglichkeit der „Quetschflüssigkeit“ geschaffen werden. Man erreicht das, indem man absichtlich ein etwas größeres Spiel zwischen Rädern zuläßt oder Aussparungen in den nicht tragenden Zahnflanken sowie Abflußbohrungen im Zahngrund vorsieht, Abb. 29. Um den durch die „Quetschflüssigkeit“ hervorgerufenen einseitigen Druck auf die Lager der Zahnradwellen aufzuheben, kann man einen seitlichen Entlastungskanal vorsehen, der, als Nute in Pumpengehäuse und Deckel eingefräst, die Eingriffsstelle nacheinander mit dem Druck- und Saugraum verbindet und auf diese Weise bei jeder Umdrehung des Räderpaares die zwischen den im Eingriff stehenden Zähnen eingeschlossene Flüssigkeit wieder entlastet.

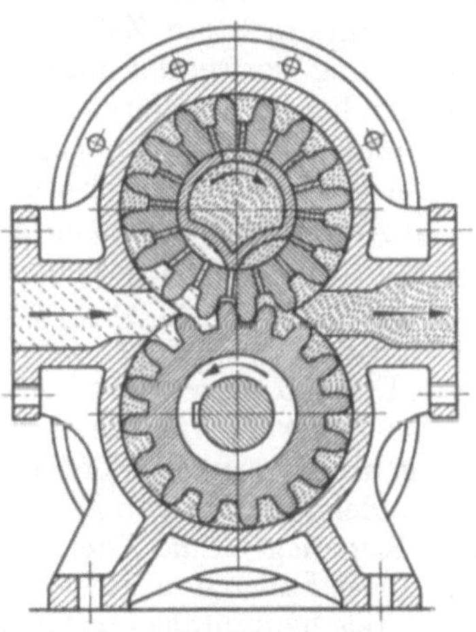

Abb. 29. Abflußbohrung im Zahngrund für Quetschflüssigkeit

A. Vrolix, Paris, erzielt bei seinen Zahnradpumpen einen wirksamen Belastungsausgleich und zugleich eine Selbstschmierung der Wellenlagerung, indem er durch Bohrungen zwischen allen Zähnen der beiden Räder einen konstanten Druck an zwei entgegengesetzten Punkten der Zahnradwelle schafft, da durch diese inneren Kanäle die beiden Punkte miteinander in Verbindung stehen.

In den Zahnradpumpen werden häufig einfache Räder mit gerader Verzahnung, gehärtet und geschliffen, verwendet [*69*]. Wenn auch diese Ausführung ohne besondere Schwierigkeiten und vor allem billig herzustellen ist, so hat die gerade Verzahnung immerhin den Nachteil, daß das Zahnradpaar plötzlich belastet bzw. entlastet wird und selbst bei nur geringen Teilungs- oder Zahnformfehlern hart ineinanderkämmt, was zu einer zusätzlichen Beanspruchung, schnellem Verschleiß und darüber hinaus zu einem störenden Geräusch bei jedem Umlauf der Räder führt. Verwendet man dagegen die Schrägverzahnung, so werden diese Nachteile beseitigt, da hierbei die Zähne allmählich eingreifen und stets mehrere Zähne gleichzeitig im Eingriff stehen; sie werden daher auch nur allmählich belastet und entlastet. Die Schrägverzahnung bietet neben dem ruhigeren Gang gegenüber den geradverzahnten Rädern als weiteren Vorteil eine größere Unempfindlichkeit gegen Verzahnungsfehler. Die Zahnschräge wird sehr verschieden ausgeführt, so wechselt der Neigungswinkel gegen die Achse etwa zwischen 10 und 20°. Es bleibt jedoch zu berücksichtigen, daß schräge Zähne einen Druck in axialer Richtung hervorrufen, der besondere Vorkehrungen gegen das Verschieben der Räder oder der sie tragenden Wellen verlangt. Der Axialdruck wächst mit zunehmender Zahnschräge; andererseits ist bei größerer Neigung das Arbeiten der Pumpe ruhiger, da, wie gesagt, mehrere Zähne gleichzeitig kämmen. Neben der Schrägverzahnung verwendet man auch die Pfeilverzahnung; bei dieser ist das Axiallager überflüssig, denn die in beiden Richtungen wirkenden Schubkräfte heben sich gegenseitig auf.

Der Werkstoff der Zahnräder wird nach der Förderleistung und den verlangten Betriebsdrücken ausgewählt; bei einfachen und gering beanspruchten Niederdruckpumpen fertigt man die Räder aus Maschinenbaustahl St 42, St 50 oder St 60. Bei höheren Drücken und Drehzahlen ist Einsatz- und Vergütungsstahl C 15, C 35, C 45 oder sogar ECN 25 bzw. ECN 35 zu verwenden.

Als Lagerung für die Zahnräder tragenden Wellen kann man bei Pumpen mit geringer Förderleistung und niederen Drücken Gleitlager verwenden, alle übrigen Zahnradpumpen weisen Wälzlager, d. h. Rollen- oder Kugellager auf. Auch die Verwendung von Nadellagern ist möglich. Diese haben den Vorteil, daß sie raumsparend sind, und außerdem können sie heutzutage mit einer Toleranz für Rundheit und Durchmesser von nur 2 μ hergestellt werden. Je sorgfältiger die Bohrungen und Lagerstellen des Pumpenkörpers hinsichtlich ihrer Lage und Achsrichtung ausgeführt sind, um so geringer ist die Gefahr der einseitigen Überbelastung der Antriebselemente sowie das Auftreten von Leckverlusten.

Das Seitenspiel der Zahnräder kann am besten durch Einlegen dünner Dichtungen aus Öl- oder Saugpapier zwischen Deckel und Gehäuse eingestellt werden. Bei Zahnradpumpen für hohe Drücke ist ein äußerst geringes seitliches Spiel der Räder im Gehäuse und Sonderpackungen an den Stopfbüchsen erforderlich, hängt doch von der Güte und Dauerhaftigkeit der Abdichtung im wesentlichen der volumetrische Wirkungsgrad der Pumpe ab.

Die Saugleitung soll möglichst kurz und von der Pumpe stets abfallend verlegt sein, damit sich keine Luftsäcke bilden können. Dagegen darf die Druckleitung von der Pumpe niemals unmittelbar nach unten führen, da die Pumpe in diesem Falle auf der höchsten Stelle des Fördernetzes stehen und sich in ihr Luft oder Gase ansammeln würden, die die ruhige und stoßfreie Pumpwirkung unter Umständen beeinträchtigen.

2.122 Berechnung

Die Berechnung der Hauptgrößen einer Zahnradpumpe [*96*] mögen an Hand eines Beispieles erläutert werden: Die Pumpe soll in der Minute eine Liefermenge für den Antrieb des Flüssigkeitsmotors abgeben von:

$$Q_{\text{tat}} = 45 \text{ l/min}$$

Berücksichtigt man die Spalt- und Flüssigkeitsverluste durch Einführen eines volumetrischen Wirkungsgrades oder Lieferungsgrades η_{vol}, der je nach Ausführungsart und Größe der Pumpe, nach Flüssigkeitsdruck, Drehzahl, Erwärmung und Zähigkeit des geförderten Mittels zwischen 0,7 und 0,95 schwankt und der mit einem Durchschnittswert von

$$\eta_{\text{vol}} = 0{,}8$$

angenommen werden kann, ist die theoretische Fördermenge der Pumpe

$$\underline{Q_{\text{th}}} = 45 \cdot \frac{1}{0{,}8} = \underline{56{,}2 \text{ l/min}}$$

Die Drehzahl der Zahnradpumpe richtet sich meistens nach der Nenndrehzahl (z. B. 720, 930, 1420 U/min usw.) des mit ihr gekuppelten oder unmittelbar angeflanschten Elektromotors. Zu geringe Drehzahlen verschlechtern den Lieferungsgrad, während sehr hohe Drehzahlen einen geräuschvollen Lauf der Räder und stärkere Erwärmung des Triebmittels verursachen. Üblich ist für eine Zahnradpumpe mit $Q = 56{,}2$ l/min und Antrieb durch einen Drehstrommotor eine Drehzahl von

$$n = 720 \text{ U/min}$$

Gewählt sei ferner die Zähnezahl je Rad $z = 24$, der Modul $m = 3{,}5$ mm und die Zahnbreite $b = 42$ mm. Die theoretische Liefermenge Q_{th} der Pumpe ist dann nach folgender Formel zu errechnen:

$$Q_{\text{th}} = s\, h\, b\, z\, n\, 10^{-6} \quad (\text{l/min}) \tag{42}$$

Hierin ist:

die Zahndicke: $s = \frac{t}{2}$

die Teilung: $t = m\,\pi = 3{,}5\pi = 11$ mm

somit wird

$$s = \frac{11}{2} = 5{,}5 \text{ mm}$$

die Zahnhöhe: $h = 2\,(m + 0{,}2) = 7{,}4$ mm

(Um die Ausdehnung des Zahnes beim Erwärmen zu berücksichtigen gibt man jedem Zahn 0,2 mm Kopfspiel.)

Die Flüssigkeitsmenge, die eine Zahnlücke ausfüllt, ist dann annähernd:

$$J = \text{Zahndicke } s \times \text{gemeinsame Zahnhöhe } (h + 0{,}4) \times \text{Zahnbreite } b$$

$$\underline{J = 1710 \text{ mm}^3}$$

In der Minute werden bei zwei fördernden Zahnrädern mit je 24 Zähnen und $n = 720$ Umdrehungen geliefert

$$Q_{\text{th}} = 1710 \cdot 2 \cdot 24 \cdot 720 \cdot 10^{-6} \text{ l/min}$$

$$Q_{\text{th}} = 59 \text{ l/min (verlangt waren } Q_{\text{th}} = 56{,}2 \text{ l/min)}$$

Die theoretische Fördermenge kann auch auf eine andere Weise bestimmt werden, nämlich aus der gewählten Drehzahl $n = 720$ U/min, der angenommenen Zahnbreite $b = 42$ mm, dem Modul $m = 3{,}5$ und dem aus diesen Angaben zu errechnenden Teilkreisdurchmesser d_t; dann ist

$$Q_{th} = \pi\, d_t\, 2m\, b\, n\, 10^{-6} \text{ (l/min)}$$

der Teilkreisdurchmesser ergibt sich aus

$$d_t = m\, z = 3{,}5 \cdot 24 = 84 \text{ mm}$$

somit wird: $$Q_{th} = \pi \cdot 84 \cdot 2 \cdot 3{,}5 \cdot 42 \cdot 720 \cdot 10^{-6} \text{ l/min}$$

$$\underline{Q_{th} = 56{,}0 \text{ l/min}}$$

Die Antriebsleistung für die Zahnradpumpe ergibt sich aus der Beziehung

$$N = \frac{Q_{th}\, p}{612\, \eta} \text{ kW} \tag{43}$$

In dem vorliegenden Beispiel sei der Flüssigkeitsdruck mit $p = 10$ kg/cm² angenommen. Der Wirkungsgrad η einer Zahnradpumpe kann nur durch Versuche bestimmt werden.

Bei sorgfältig ausgeführten Pumpen wird man ohne weiteres einen mittleren Wert $\eta = 0{,}85$ annehmen dürfen.

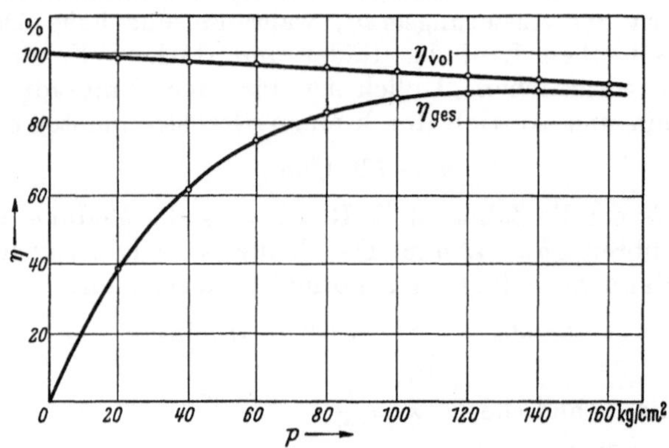

Abb. 30. η_{Vol} und η_{ges} bei Zahnradpumpen bis 160 kg/cm²

Abb. 30 zeigt den Verlauf des volumetrischen Wirkungsgrades sowie des Gesamtwirkungsgrades bei Zahnradpumpen für den Niederdruck-, Mitteldruck- und Hochdruckbereich.

Setzt man die Größen $Q_{th} = 59$ l/min, $p = 10$ kg/cm² und $\eta = 0{,}85$ in die Gl. (43) ein, so wird die Wellenleistung der Pumpe:

$$\underline{N = \text{rd. } 1{,}15 \text{ kW}}$$

2.123 Ausführungsbeispiele

Aus der Vielzahl der heute auf dem Markt befindlichen Zahnradpumpen in- und ausländischer Herkunft sind nur einige Beispiele ausgewählt und in Abb. 31a bis i dargestellt. Einfache Zahnradpumpen für Niederdruck (bis 40 kg/cm²), Mitteldruck (40 bis 80 kg/cm²) und Hochdruck (160 kg/cm²) zeigen die Abb. 31a bis c. Eine besondere Art der

Verzahnung weist die amerikanische Pumpe in Abb. 31c auf. Bei den Pumpen in Abb. 31d bis i liegt eine abgestufte Förderleistung vor, die durch entsprechende Schaltungen vergrößert oder verkleinert werden kann. Man hat wiederholt versucht, verstellbare Zahnradpumpen zu entwickeln, deren Fördermenge *stufenlos* von der Höchstleistung bis auf Null zu verringern ist, und zwar durch Verändern der Zahnradbreite und damit der von jeder Zahnlücke verdrängten Flüssigkeitsmenge oder aber, wie in Abb. 31i veranschaulicht, durch ein in die Pumpe eingebautes Stellventil. Bei dieser Ausführung wird der nicht gebrauchte Teilstrom der Triebflüssigkeit zwar drucklos, nicht aber verlustfrei, abgeleitet. Beim Rückführen durch das der Pumpe unmittelbar eingebaute Stellorgan wird ein Teil des Druckmittels *entspannt*, das heißt aber nichts anderes, als daß hier eine echte Drosselung vorliegt. Dieselbe Wirkung wird erzielt, wenn man die eingebaute Stelleinrichtung, welche die Pumpe nur verteuert, wegläßt und sie durch ein gewöhnliches Drosselventil ersetzt.

Bei sämtlichen bisher entwickelten *stufenlos veränderbaren* Zahnradpumpen stellten sich so erhebliche Nachteile heraus — u. a. ein starker Abfall der Förderleistung bei Drücken über 10 kg/cm² — daß diese Pumpenart bei hydraulischen Werkzeugmaschinen unbrauchbar war. Im Gegensatz hierzu bewähren sich die Zahnradpumpen mit abgestufter Förderung, bei denen es sich, wie gesagt, um das Zu- und Abschalten von mehreren Teilströmen handelt, durchaus.

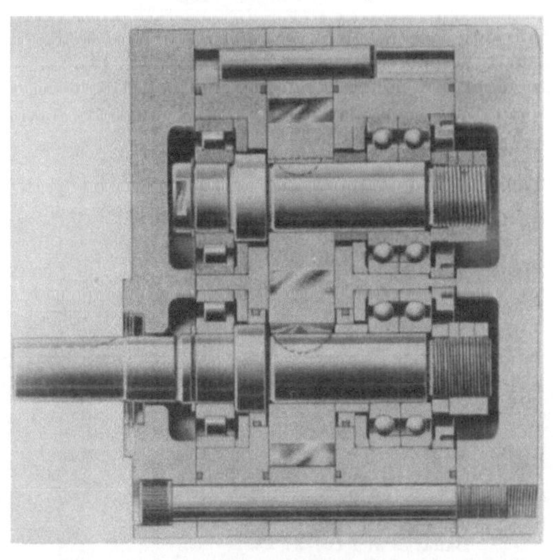

Abb. 31 a. Zahnradpumpe in Flansch- und Fußausführung Bauart: Keelavite Rotary Pumps & Motors Ltd., Allesley-Coventry/England
$p = 35 \cdots 140$ kg/cm²; $Q = 17 \cdots 1230$ l/min bei $n = 1500, 2500, 3000$ U/min

Die Grundausführung der Keelavite-Zahnradpumpe nach Abb. 31a kann zu Ein- oder Mehrfacheinheiten für gleichbleibende Fördermenge mit nur einem Antriebszapfen oder Wellenstumpf zusammengesetzt und einzeln oder zusammen geschaltet werden (für große Förderleistung oder für mehrere, unabhängig zu betätigende Arbeitsvorgänge mit kleiner Einzelfördermenge).

Wellen sind gehärtet und geschliffen, aus hochlegiertem Stahl; die flankengeschliffenen und geläppten Zahnräder sind aus Chrom-Nickel-Stahl und axial entlastet; die Radialbelastungen werden durch stark ausgelegte Kugellager aufgenommen.

Niederdruckpumpen Bauart G. Düsterloh werden mit Gleitlagern, Hochdruckpumpen mit Nadellagern ausgerüstet. Bei der Ausführung mit Nadellagern (Abb. 31b) wird je nach dem Betriebsdruck das Lager

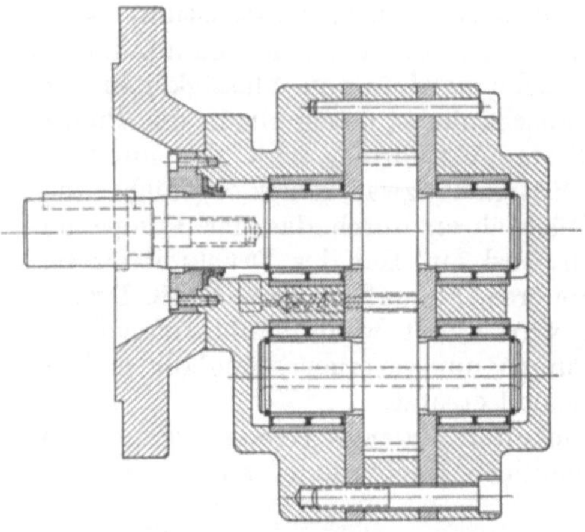

Abb. 31b. Zahnradpumpe für Hoch- und Niederdruck Bauart: G. Düsterloh G. m. b. H. Sprockhövel i. W. $Q = 150$ l/min bei $n = 1500$ U/min, $p = 100$ kg/cm², $\eta_{vol} = 0{,}92$, $\eta_{ges} = 0{,}84$

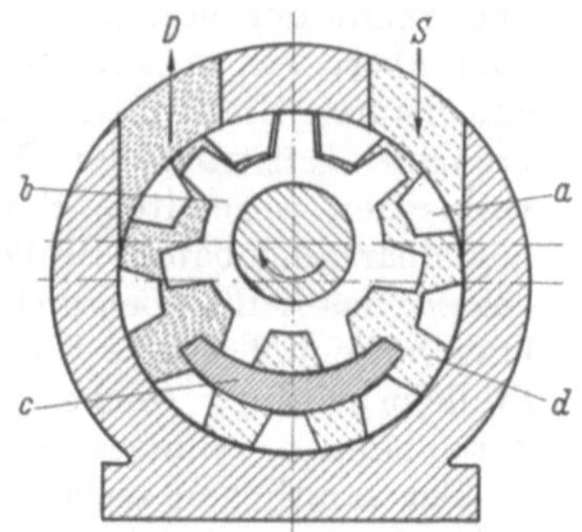

Abb. 31c. Zahnradpumpe mit Innen- und Außenverzahnung für Förderleistungen von 0,15 bis 100 l/min und Betriebsdrücke bis 50 kg/cm² mit einem Gesamtwirkungsgrad $\eta_{ges} = 0{,}9$ Bauart: SAFAG A. G., Biel/Schweiz

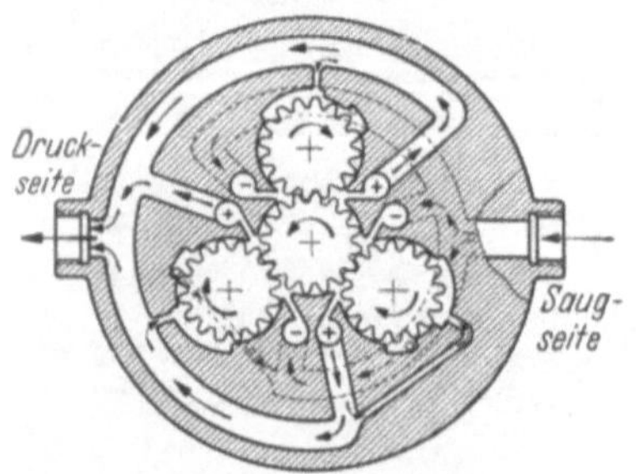

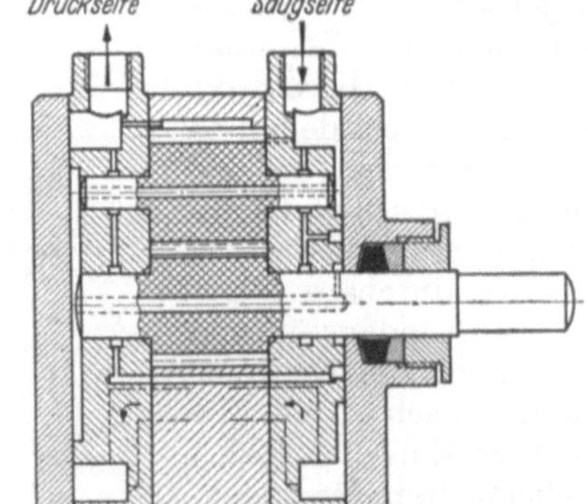

Abb. 31d. *Mehrfach-Zahnradpumpe* für verschiedene Fördermengen. Bauart: A. Vrolix, Paris

Kräfteausgleich für das treibende Rad (in der Mitte) durch 3 Förderräder. Die Saugräume (Minus-Zeichen) und die Druckräume (Plus-Zeichen) sind untereinander durch Ringkanäle verbunden. Gleitlager der Zahnradwellen aus „Caro"-Bronze. Wellenzapfen und Räder aus Spezialstahl, Zapfen und Zähne geschliffen. In jedem Zahngrunde ist ein Abflußkanal für die Quetschflüssigkeit vorgesehen (in Abb. 31d nicht dargestellt). Pumpe ist so gestaltet, daß mehrere Zellen zu einer Einheit zusammenzuschließen sind. Dadurch Abstufung der Förderleistung möglich, je nachdem, ob alle Pumpen gleichzeitig oder einzeln wirken. In den meisten Fällen genügen zwei Zellen, um drei Hauptleistungen zu erhalten

mit oder ohne Zwischenring ausgeführt, d. h. bei Lagerung ohne Zwischenring rollt die Nadel unmittelbar auf der Antriebswelle bzw. auf der Welle ab. Alle Wellen und Räder sind im Einsatz gehärtet, die Wellen fein bearbeitet und die Zahnräder geschliffen.

Die Abdichtung des Wellenzapfens geschieht durch Hutmanschette oder Simmerring. Ein kleines Absaugventil, eingestellt auf etwa 1 kg/cm², ermöglicht die Schmierung der Hutmanschette oder des Simmerringes.

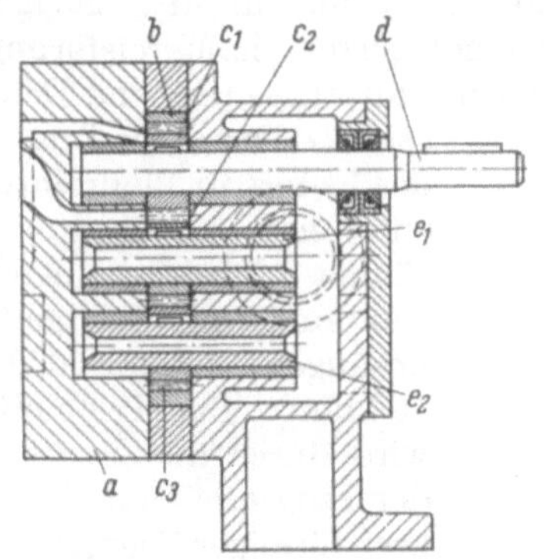

Abb. 31e. *Mehrfach-Zahnradpumpe* für Werkzeugmaschinen und hydraulische Pressen
Bauart: Werdohler Pumpenfabrik R. Rickmeier G. m. b. H., Werdohl/Westf.
Fördermenge: $Q = 15$ l/min bei $p = 70$ kg/cm², $n = 1400$ U/min, $Q = 200$ l/min bei $p = 10$ kg/cm², $\eta > 0{,}90$

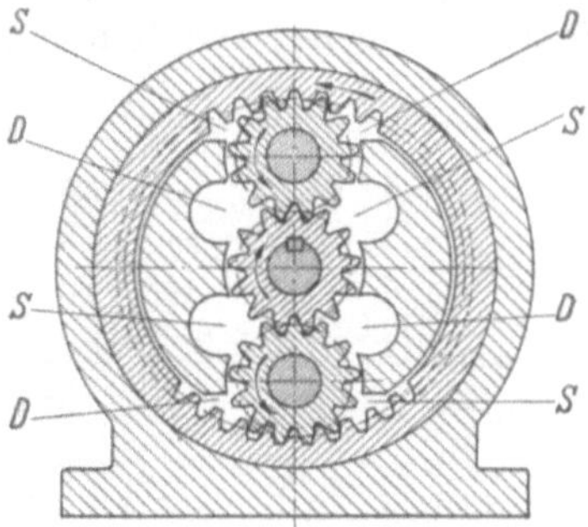

Abb. 31f. Lagerentlastete *Mehrfach-Zahnradpumpe*
Bauart: Werdohler Pumpenfabrik R. Rickmeier G. m. b. H., Werdohl/Westf.

Die sonstigen Leckölverluste werden durch eine Bohrung im Abschlußdeckel zur Saugseite der Pumpe zurückgeführt.

Die Pumpe ist axial vollkommen entlastet, da sich stirnseitig auf die Wellenenden kein hydraulischer Druck aufbauen kann. Die Seiten-

Abb. 31g. Pumpeneinheit mit 8 Druckölströmen für *Vielspindel-Feinbohrwerk*
Bauart: Werdohler Pumpenfabrik R. Rickmeier G. m. b. H., Werdohl/Westf.

scheiben, eingebaut zwischen Räderplatte und Flanschkörper bzw. Schlußdeckel, sind aus einer Alu-Legierung und geben den Zahnrädern eine seitliche Lagerung. Gleichzeitig werden die Nadellager mit abgeschirmt und somit die Überdeckung vom Zahnfuß bis zur Welle vergrößert.

Die Zahnradpumpe nach Abb. 31c mit gleichbleibender Fördermenge arbeitet nach demselben Prinzip wie die amerikanischen Pumpen der Firma Tuthill Pump Co., Chicago und Sundstrand Machine Tool Co., Rockford, Ill.

Der Rotor a (Nitrierstahl oder gehärteter Stahl) ist mit der Antriebswelle fest verbunden. Wird er gedreht, so nehmen seine Zähne (ungerade Zähnezahl: 7 oder 9) das innere Zahnrad b mit; dieses ist exzentrisch zum Rotor auf einem Zapfen lose und drehbar gelagert. Ein zwischen Rotor und Zahnrad festgelagertes, halbkreisförmiges Segment c trennt und dichtet gleichzeitig die Ansaugseite S und Druckseite D. Durch die Drehung des Rotors in Pfeilrichtung entstehen kleine Förderräume d, welche zunächst leer sind und Triebmittel ansaugen (Vakuum: 650 bis 700 mm). Das Triebmittel wird durch die Zähne von der Saugseite an dem halbkreisförmigen Segment vorbei auf die Gegenseite gefördert, wo nun die Zähne wieder ineinandergreifen und es nach der Auslaßseite D drücken. Gute Abdichtung zwischen Ansaug- und Druckseite, da die Zähne bei Flankenwinkel von 90° eine hohe Flächendichte aufweisen. Alle Flächen, also auch die äußeren und inneren Dichtflächen des Zahnsegmentes c sind geschliffen und feinbearbeitet. Das Pumpengehäuse besteht aus Meehanite-Guß.

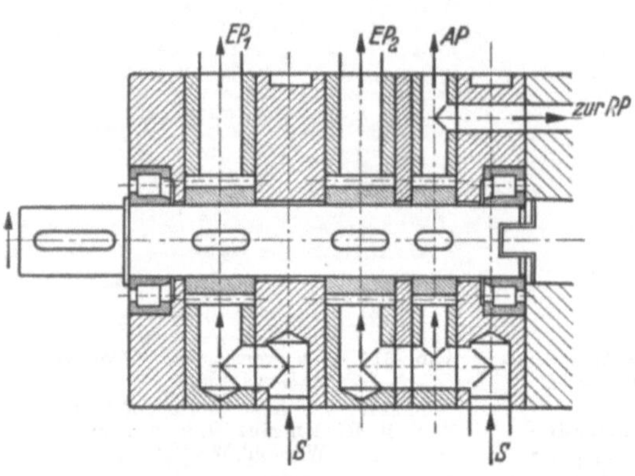

Abb. 31 h. ***Mehrfach-Zahnradpumpe*** **für verschiedene Flüssigkeitsstromkreise**

Bauart: Gebr. Heller, Nürtingen

Die Pumpe liefert mit den beiden ersten Zahnradpaaren große Fördermengen bei niederen Drücken, wie sie für Eilbewegungen notwendig sind; das dritte Zahnradpaar fördert eine verhältnismäßig geringe Menge unter hohem Druck für die Vorschub- d. h. Arbeitsbewegung und zugleich das Druckmittel für die „hydromatische Verstellpumpe" EP_1, EP_2 Eilgangpumpen; AP Arbeitspumpe; RP Verstellpumpe; S Saugleitungen

Zu Abb. 31 e. *Aufbau der Rickmeier-Pumpe:* In dem Pumpengehäuse a aus dichtem Grauguß ist ein umlaufender, innen verzahnter Ring b gelagert, in den jeweils zwei von den drei übereinander liegenden Zahnrädern (c_1, c_2 und c_3) einkämmen. Diese Stirnräder aus Nitrierstahl werden in den Flanken geschliffen. Die Antriebswelle d und die beiden anderen Zapfen e_1 und e_2 sind in Gleitlagern gehalten, bei einer Pumpenausführung für Drücke über 70 kg/cm² und bis zu 100 kg/cm² werden Nadellager verwendet. Es können wahlweise das obere Zahnrad c_1, das mittlere c_2 oder das untere Rad c_3 angetrieben werden.

Zu Abb. 31 f. *Wirkungsweise:* Durch die besondere Anordnung der 3 Zahnräder und des innen verzahnten Ringes entstehen 4 Saugseiten, 4 Druckseiten und damit vier parallele Triebmittelströme (Abb. 31 f), die zusammen geschaltet werden können oder, getrennt, mehrere Verbraucherstellen gleichzeitig versorgen.

Es sind dabei folgende Schaltungen möglich:

a) 1 Druckölstrom	....	mit 4/4 Fördermenge,
b) 4 Teilströme im Verteilerverhältnis 1:1:1:1	......	mit je 1/4 Fördermenge,
c) 2 Teilströme und 1 Teilstrom	im Verteilerverhältnis 1:1:2..	mit je 1/4 Fördermenge, und 1/2 Fördermenge,
d) 1 Teilstrom und 1 Teilstrom	im Verhältnis 1:3	mit 1/4 Fördermenge, und 3/4 Fördermenge,
e) 2 Teilströme im Verhältnis 2:2	....	mit je 1/2 Fördermenge,

Damit ist die Pumpe so feinstufig unterteilt, daß sie in ihrer Fördercharakteristik einer stufenlosen Verstellpumpe sehr nahe kommt. Werden zwei Vierfach-Zahnradpumpen nebeneinander angeordnet, so ergibt sich eine Doppelpumpe für acht verschiedene Druckölströme. Abb. 31g zeigt eine derartige Pumpeneinheit mit 8 Druckölanschlüssen und einer zusätzlichen kleinen zweirädrigen Zahnradpumpe für das Steueröl zu dem hydraulischen Antrieb eines Vielspindel-Feinbohrwerkes.

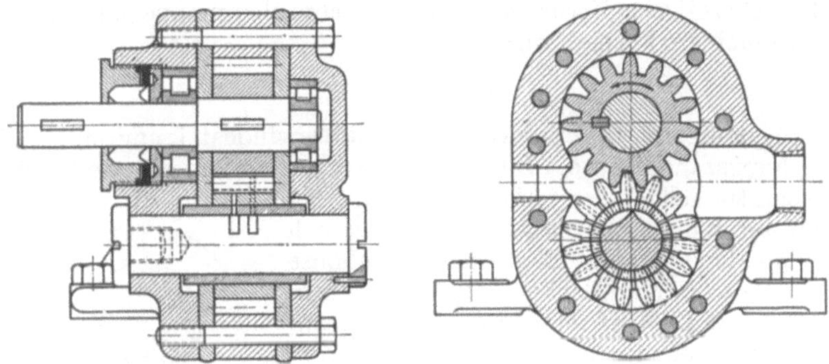

Abb. 31i. *Zahnradpumpe* mit durch Einstellventil veränderlicher Fördermenge
Bauart: John S. Barnes Corp., Rockford USA

Fördermenge wird durch ein Ventil eingestellt, das in einem der beiden Zahnräder untergebracht ist. Radiale Bohrungen in dem zweiten, lose umlaufenden Rad verbinden das Ventil (Drossel) mit dem Saug- und Druckraum. Je nach dessen Stellung wird die gesamte angesaugte Menge mit Druck beladen oder aber es fließt eine Teilmenge durch die unmittelbare Verbindung der beiden Pumpenseiten drucklos in den Behälter zurück

2.13 Schraubenpumpen [*55.1*]

2.131 Aufbau

Die Grundelemente der Schraubenpumpe sind zwei, drei oder mehrere umlaufende Schrauben mit Rechts- bzw. Linksgewinde, deren Gewindeflächen man so geformt hat, daß sie sowohl gegenseitig wie auch gegen ein sie umschließendes Gehäuse dicht bleiben. Die Schrauben sind lang gestreckt und — verglichen mit den Rädern einer Zahnradpumpe — von geringem Durchmesser. Bei der Drehung der Schraube bewegt sich die von den Gewinden gebildete Abdichtung in Achsrichtung und wirkt dabei wie ein Verdrängerkolben, der sich stetig in derselben Richtung fortbewegt. Die Ein- und Austrittsöffnung und damit also der Saug- und Druckraum für das Triebmittel ist an den jeweiligen Enden der Schrauben angeordnet. Die Schraubenpumpe saugt dadurch an, daß sich die Abdichtungsstelle zwischen den Gewindekammflanken bei der gegenläufigen Umdrehung der Schrauben im Sinne ihrer Steigung nach dem Druckraum zu bewegen und damit um die zunehmende Länge der Gewindenuten das Volumen des Eintrittsraumes vergrößert. Nach einer vollen Steigung greift das nächste Flankenpaar ineinander und schiebt nunmehr die gefaßte Flüssigkeitsmenge in den Druckraum. Die Flüssigkeit wird also nicht, wie bei der

Zahnradpumpe, in Drehung versetzt, sondern wandert ohne jegliche Pulsation, d. h. vollkommen gleichförmig in linearer Richtung. Eine Verwirbelung des Triebmittels tritt nicht auf, ebenso auch keine Quetschkräfte, da die Gewinde so ausgestaltet sind, daß die eingeschlossene Flüssigkeitsmenge beim Drehen der Schraube in jeder Lage konstant ist.

2.132 Berechnung

Die theoretische Fördermenge einer Schraubenpumpe läßt sich in der allgemeinen Formel angeben:

$$Q_{\text{th}} = F\,h\,n \tag{44}$$

Hierin bedeutet F die Förderfläche, h die Gewindesteigung und n die Umdrehungszahl/Minute. Die Förderfläche F wird als senkrechte Querschnittsfläche der Gewindenuten bestimmt durch den lichten Querschnitt der sich überschneidenden Schraubenkanäle im Gehäuse abzüglich der Kernflächen der Schrauben. Außerdem ist die Überschneidung der Schrauben zu berücksichtigen. Wenn D_a der Außendurchmesser der Schraube, d_i deren Kerndurchmesser und α der Überschneidungswinkel ist

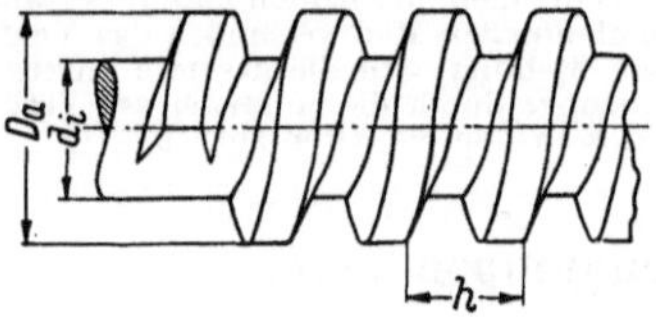

Abb. 32a. Förderschraube

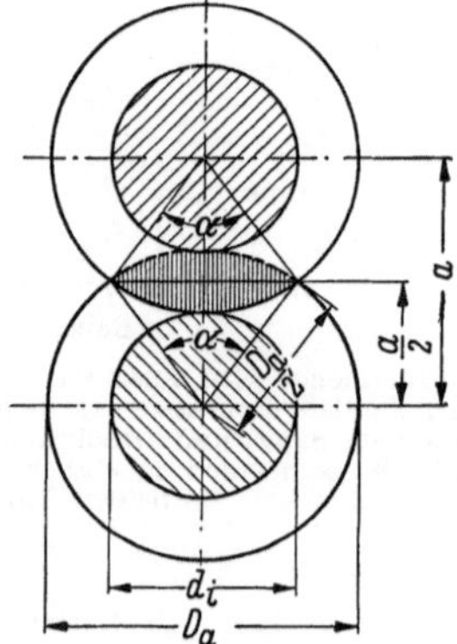

Abb. 32b. Überschneidung von zwei Schrauben

(Abb. 32a und b), dann kann man für eine zweispindlige Schraubenpumpe mit ausreichender Genauigkeit ansetzen:

$$F = \frac{2(D_a^2 - d_i^2)\,\pi/4}{2} - \left(\frac{D_a^2}{4}\,\frac{\alpha^\circ\,\pi}{180^\circ} - \sin\alpha\right) \tag{45}$$

Der Überschneidungswinkel α errechnet sich entsprechend Abb. 32b aus:

$$\cos\frac{\alpha}{2} = \frac{a/2}{D_a/2} = \frac{a}{D_a} \tag{46}$$

Hierin bedeutet a den Achsabstand zweier Schrauben, es ist:

$$a = \frac{D_a + d_i}{2}$$

Beispielsweise ergibt sich für eine Pumpe mit $D_a = 45$ mm, $d_i = 33$ mm, $h = 48$ mm und $n = 1450$ U/min:

der Achsabstand $a = \frac{45 + 33}{2} = 39$ mm,

der Überschneidungswinkel α nach Gl. (46)

$$\cos\frac{\alpha}{2} = \frac{a}{D_a} = \frac{39}{49} = 0{,}866$$

damit ist
$$\alpha = 60^\circ$$

und die Förderfläche $F = \frac{(45^2 - 33^2)\,\pi}{4} - \frac{45^2}{4}\left(\frac{60\,\pi}{180^\circ} - \sin 60^\circ\right)$

$$F = 644\ \text{mm}^2$$

Die theoretische Fördermenge der Schraube ist entsprechend Gl. (44) dann:

$$Q_{\text{th}} = 644 \cdot 48 \cdot 1450 \cdot 10^{-6} \quad (\text{l/min})$$

$$Q_{\text{th}} = \text{rd. } 45\ \text{l/min}$$

Setzt man den auf Grund von Betriebsmessungen bis zu Drücken von 40 bis 60 kg/cm² ermittelten volumetrischen Wirkungsgrad mit

$$\eta_{\text{vol}} = 0{,}90$$

ein, so erhält man eine tatsächliche Fördermenge von

$$Q_e = 40{,}5\ \text{l/min}$$

Die Antriebsleistung für die Schraubenpumpe ergibt sich aus der Beziehung:

$$N_e = \frac{Q_{\text{th}}\, p}{612\,\eta}\ \text{kW}$$

In dem vorliegenden Zahlenbeispiel sei der Flüssigkeitsdruck mit $p = 10$ kg/cm² und der Gesamtwirkungsgrad für E-Motor und Pumpe mit $\eta = 0{,}8$ angenommen. Nach Gl. (43) ist daher:

$$N_e = \frac{45 \cdot 10}{612 \cdot 0{,}8}\ \text{kW}$$

$$N_e = 0{,}92\ \text{kW} \ \ (1{,}25\ \text{PS})$$

2.133 Ausführungsbeispiele

Abb. 33 zeigt die IMO-Pumpe der Aktiebolaget IMO Industri, Stockholm. Bei dieser schwedischen Konstruktion werden drei zusammenwirkende Schrauben verwendet, und zwar eine angetriebene „Kraftschraube“ *a* und zwei symmetrisch zu dieser angeordnete „Läuferschrauben“ *b* und *c*. Diese drehen sich in entgegengesetzter Richtung zu der Kraftschraube, leisten keine Arbeit, sondern dienen lediglich als abdichtende Schieber, zumal sie ein von der Kraftschraube unterschiedliches Gewindeprofil besitzen. Die Kraftschraube ist an beiden Enden in Gleitlagern gehalten. An ihrer Antriebsseite ist außerdem ein Radiaxlager vorgesehen. Der Axialschub wird bei allen 3 Schrauben hydraulisch mit Hilfe kleiner, vom Drucköl beaufschlagter Kolben *n*, *o*, *p* ausgeglichen. Sämtliche Lagerflächen der umlaufenden Teile, d. h. die zylindrischen Flächen der Läuferschrauben und die Gleit- und Radiaxlager der Kraftschraube werden von der gepumpten Flüssigkeit geschmiert. Neben dem Axialschub tritt auch noch eine Querbelastung auf; man muß sich nämlich vorstellen, daß die Schrauben entsprechend dem Lauf ihrer Schraubenkämme schräg gegenüber dem Pumpengehäuse abdichten und dabei die Flüssigkeit nicht mit einer senkrecht zur Achse stehenden Fläche in der Art eines Verdrängerkolbens axial verschieben, sondern mit einer Schraubenfläche, die fortlaufend schräg zur Achse steht. Die Querkraft ist damit, außer vom Querschnitt und

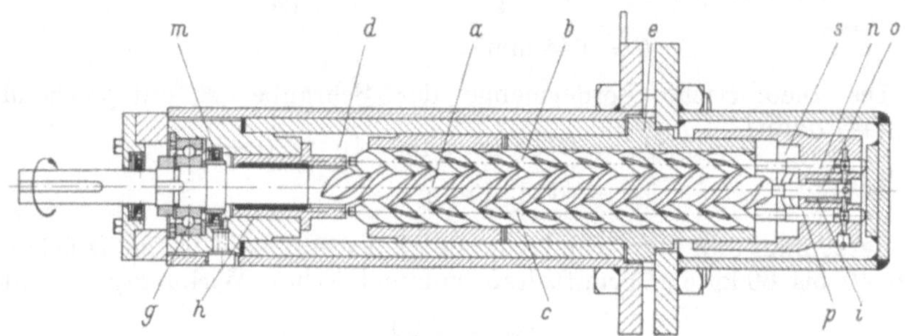

Abb. 33. IMO-Schraubenpumpe (Aktiebolaget IMO-Industri, Stockholm)
a Kraftschraube; *b* Läuferschrauben; *c* Saugraum; *d* Druckraum; *e* Schraubenbüchse; *g* Kugellager; *h i* Lagerbüchse; *m* Dichtung; *n, o, p* Druckausgleichkolben

Baumuster	Druck kg/cm²	Drehzahl U/min	Fördermenge l/min
15—3		2850	7
20—3		2850	17
25—3		2850	33
32—3	15	2850	73
38—3		2850	126
45—3		2850	215
52—3		2850	335
60—3	20	1450	260
70—3		1459	410

der Druckdifferenz, von der Steigung der Schrauben abhängig, d. h. sie wächst linear mit diesen Größen, wie aus der nachstehenden Näherungsformel hervorgeht:

$$P = \frac{d_t h}{2} p \quad \text{(kg)} \tag{47}$$

wobei P die Querkraft, d_t den Teilkreisdurchmesser der Schrauben und p den Flüssigkeitsdruck bedeutet. Legt man die auf S. 74 gebrachten Abmessungen zugrunde, so ist für

$$Da = 45 \text{ mm}, \quad d_i = 33 \text{ mm}, \quad d_t = \frac{D_a + d_i}{2} = 39 \text{ mm}, \quad h = 48 \text{ mm}$$

und $p = 10$ kg/cm²:

$$P = \frac{3{,}9 \cdot 4{,}8}{2} \cdot 10$$

$$P = \text{rd. } 95 \text{ kg}$$

Diese Querbelastung erweist sich als wesentlich geringer, als man sie bei Zahnradpumpen unter ähnlichen Verhältnissen zu erwarten hat.

Rein größenmäßig verhält sich die Querkraft in Schraubenpumpen gegenüber der Zahnradpumpe etwa 1:2 bis 1:3, da bei ersterer nur ein Steigungsdreieck vom Öldruck beaufschlagt wird, dagegen bei der Zahnradpumpe der Druck praktisch auf der ganzen Radprojektion herrscht. Durch besondere konstruktive Maßnahmen ist es bei Schraubenpumpen möglich, die Lager auch von der Querkraft weitgehend zu entlasten.

Die Pumpe der Maschinenfabrik P. Leistritz, Nürnberg (Abb. 34), hat zwei, drei oder mehr Schrauben (aus Nitrierstahl, gehärtet und geschliffen) je nach Verwendungszweck und zu fördernder Flüssigkeitsmenge. Die Lagerzapfen der Schrauben laufen in Gleitlagern aus Gußbronze (GBz 10). Es sind keinerlei Axiallager vorgesehen, denn die Zapfen hat man so stark bemessen, daß sie als Ausgleichskolben für den Axialschub wirken, sobald sie vom Drucköl beaufschlagt werden. Die durch die Lager zirkulierende Flüssigkeit wird durch zentrale Bohrungen der Schrauben in den Saugraum zurückgeführt; damit ist die Dichtung am Antriebszapfen vom Drucköl entlastet. Eine ähnliche Vorkehrung sollen auch die bereits beschriebenen IMO-Pumpen bei ihren größeren Baumustern für höhere Betriebsdrücke aufweisen. Die Leistritz-Pumpen arbeiten bis zu Drücken von 100 kg/cm², sie sind üblicherweise für eine Drehrichtung (rechtsdrehend von der Antriebsseite aus gesehen), können jedoch auch für beide Drehrichtungen ausgeführt werden.

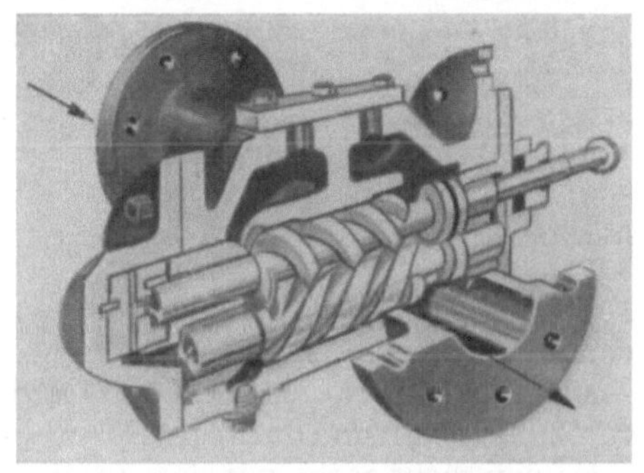

Abb. 34. Schnitt durch die Leistritz-Schraubenpumpe mit Axialschub-Ausgleich für Förderdrücke bis zu 100 kg/cm²

Bereits angedeutet wurde, daß die Schraubenpumpe bei gleichbleibender Drehzahl in jeder Lage eine konstante Flüssigkeitsmenge liefert, nahezu unabhängig vom Druck. Wie Gl. (44) besagt, kann andererseits die Flüssigkeitsmenge bei gleichgehaltener Förderfläche und Drehzahl durch die Steigung verändert werden; mit zunehmender Steigung h wird die Fördermenge Q vergrößert und umgekehrt. Diese beiden Gegebenheiten wurden der Konstruktion der Schraubenpumpen von A. Hirth A. G., Stuttgart-Zuffenhausen, zugrunde gelegt (Abb. 35). Bei dieser Pumpe ist die Schraube kein geschlossener Drehkörper mit gleichförmig verlaufendem Flankenprofil, sie ist vielmehr in mehrere, einzeln radial geschnittene Zahnscheiben aufgeteilt (Abb. 35 und 36). Dadurch, daß man den Verdrehungswinkel der einzelnen Scheiben gegeneinander vergrößert, erhält man eine verminderte, durch Verkleinerung des Winkels eine größere Steigung h und damit eine entsprechend kleinere oder größere Fördermenge Q. Durch Aufreihen auf einer vielfach verzahnten Kerbwelle können die ebenfalls mit der entsprechenden Innenzahnung versehenen Zahnscheiben vom kleinsten (etwa 10°) bis zum größten Verdrehungswinkel (170°) gegeneinander verdreht und dadurch die Fördermenge in einem recht weiten Bereich abgestuft werden.

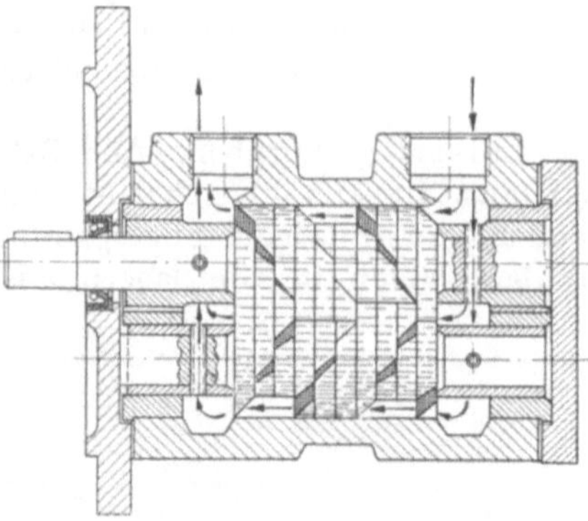

Abb. 35
Schnittzeichnung der Hirth-Schraubenpumpe

Bei allen Förderdrücken erfahren die beiden Schrauben in axialer Richtung vom Flüssigkeitsdruck eine Entlastung. Im Pumpengehäuse sind nämlich Rücklaufbohrungen angeordnet, damit die entsprechend bemessenen Lagerzapfen von der Druckflüssigkeit beaufschlagt werden können. Die Pumpenabdichtung ist ebenfalls druckentlastet. Das durch die Lagerstellen in den Dichtungsraum durchtretende Lecköl wird in den Saugraum zurückgeführt. Die umlaufenden Teile sind in sich vollständig ausgewuchtet, und die Förderung ist frei von jeglicher störenden Schwankung, daher weist die Schraubenpumpe einen nahezu geräuschlosen Lauf auf, selbst bei höheren Drehzahlen von 3000 U/min und darüber. Bei den Zahnradpumpen geht man im allgemeinen nicht gerne mit den Antriebsdrehzahlen über $n = 2500$ U/min

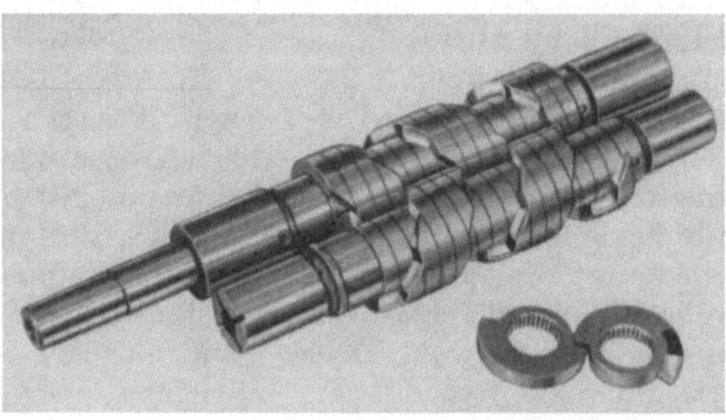

Abb. 36. Schrauben der Hirth-Pumpe mit zusammengesetzten Profilzahnscheiben

hinaus wegen den damit verbundenen Zahnradgeräuschen. Schnelllaufende Antriebsmotore für die Pumpen sind aber baulich kleiner und billiger.

Die Hirth-Pumpe ergibt im Dauerbetrieb bei $p = 10\,\text{kg/cm}^2$ eine Erwärmung des Triebmittels von 40 bis 45° C, wobei ein Hydrauliköl mit 4 bis 5° E/50° C (z. B. Voltol Gleitöl II oder ESSO Esstic 45 bzw. 50) zu empfehlen ist. Der volumetrische Wirkungsgrad beträgt für Drücke bis zu $60\,\text{kg/cm}^2$ nahezu 90%.

Die Profilzahnscheiben, die aus Nitrierstahl hergestellt sind, werden allseitig genau durch Fräsen, Räumen und Schleifen gefertigt. Bei hohen Anforderungen, die man vor allem mit Rücksicht auf einen günstigen volumetrischen Wirkungsgrad stellt, sind die Bearbeitungstoleranzen eng gehalten, und zwar in den Flanken und Durchmessern der Zahnscheiben bis zu 10 μ (= 0,01 mm), im Rundlauf bis zu 5 μ und in der Scheibendicke etwa 3 μ.

2.14 Flügelzellenpumpen

2.141 Aufbau

In Abschnitt 2.12 wurde erläutert, wie durch eine Vielzahl von Verdrängerzellen, die bei den Zahnradpumpen aus der Gehäusewandung und den einzelnen Zähnen eines Zahnradpaares gebildet werden und die sich periodisch gegeneinander bewegen, ein ununterbrochener Flüssigkeitsstrom entsteht. Eine andere Art von Verdrängerzellen liegt bei der Flügelpumpe vor, hier wird die Pumpwirkung von Flügeln erzeugt, welche, ähnlich den Schaufeln einer Wasserturbine, die Flüssigkeit von der Saugnach der Druckseite fördern (Abb. 37). In dem Pumpengehäuse bewegt sich exzentrisch eine kreisrunde Scheibe, an deren Umfang mehrere Flügel radial angeordnet sind. Diese Flügel können sich in Schlitzen oder Nuten bei dem Umlauf der Scheibe frei verschieben und sich unter dem Einfluß der Fliehkraft dicht an die Gehäusewandung der Pumpe anlegen. Die angesaugte Flüssigkeit füllt den Raum zwischen 2 Flügeln und der Gehäusewand aus. Die Flügelpumpen sind entweder für eine gleichbleibende Förderung ausgebildet, oder sie sind verstellbar. Eine weitere Unterscheidung liegt in der Art der Beaufschlagung ihrer Flügel; es gibt außen beaufschlagte und innen beaufschlagte Pumpen.

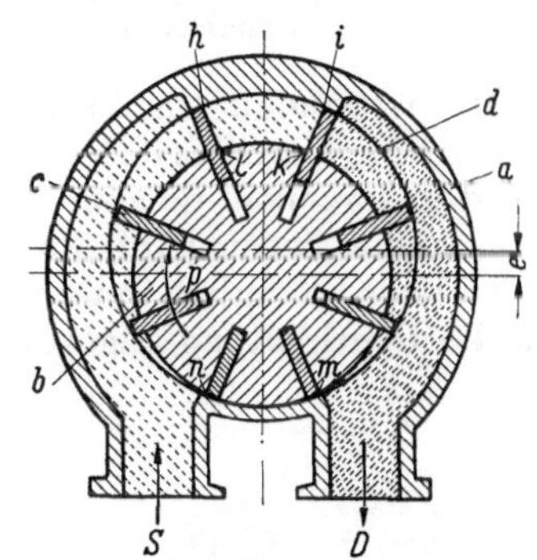

Abb. 37. Arbeitsweise einer außen beaufschlagten Flügelpumpe

Die Arbeitsweise einer *außen beaufschlagten* Flügelpumpe erläutert Abb. 37. In dem Gehäuse *a* dreht sich das Flügelrad *b*, das eine Anzahl von Flügeln *c* trägt, die sternförmig angeordnet sind und sich in Schlitzen radial bewegen. Die Flügel *c* werden an der kreisförmigen Laufbahn der Gehäusewand *d* geführt. Diese Leitkurve ist um das Maß *e* exzentrisch gegenüber dem Flügelrad angeordnet. Beim Umlauf des Flügelrades *b* in Pfeilrichtung strömt das Triebmittel in den Saugraum *S*, beaufschlagt die Flügel und wird durch die von jeweils 2 Flügeln gebildeten Zellen in den Druckraum gefördert.

Den grundsätzlichen Aufbau einer Flügelpumpe mit *innerer Beaufschlagung* zeigt Abb. 38. Das Triebmittel gelangt bei dieser Pumpenart durch eine Hohlwelle in das Pumpeninnere. Eine Zwischenwand unterteilt die Welle in einen Saugraum S und einen Druckraum D. Die hohle Achse trägt das Flügelrad b mit den in Schlitzen radial gleitenden Flügeln c. Das Verändern der Förderung geschieht durch Verstellen der Trommel gegenüber dem Gehäuse um das Maß $+ e$.

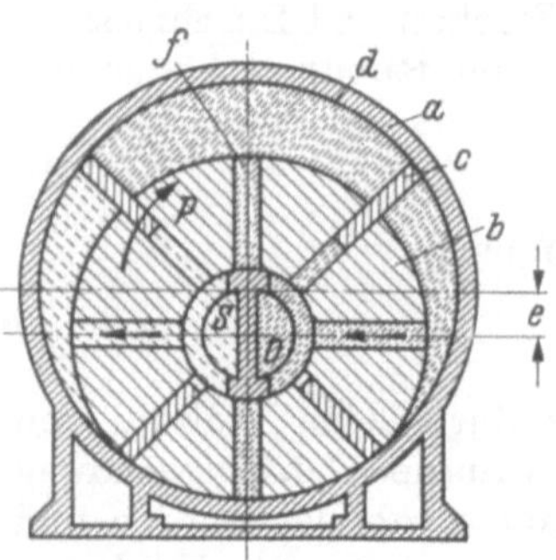

Abb. 38. Arbeitsweise einer innen beaufschlagten Flügelpumpe

Die Führung der Flügel ist dieselbe wie bei der außen beaufschlagten Pumpe. Die Pumpwirkung geschieht derart, daß das Triebmittel bei der Drehung in Pfeilrichtung durch Kanäle f des Flügelrades vom Saugraum S in die Förderzellen strömt und dann, unter Druck gesetzt, wiederum durch Kanäle in den Druckraum gelangt.

Da die Pumpen mit gleichbleibender Drehzahl angetrieben werden, so müssen sie, soll ihre Fördermenge einstellbar sein, eine entsprechende Verstelleinrichtung enthalten. Indem man die Lage der die Flügel tragenden Scheibe oder Trommel gegenüber der Gehäusebohrung verändert, vergrößert oder verringert man den Rauminhalt der einzelnen Verdrängerzellen. Solange Trommel und Gehäusebohrung konzentrisch zueinander liegen (Abb. 39b), findet keine Förderung statt, das Triebmittel wird lediglich innerhalb der Pumpe im Kreise bewegt und nicht in die Druckleitung abgegeben. Ist dagegen die Trommelmitte um ein

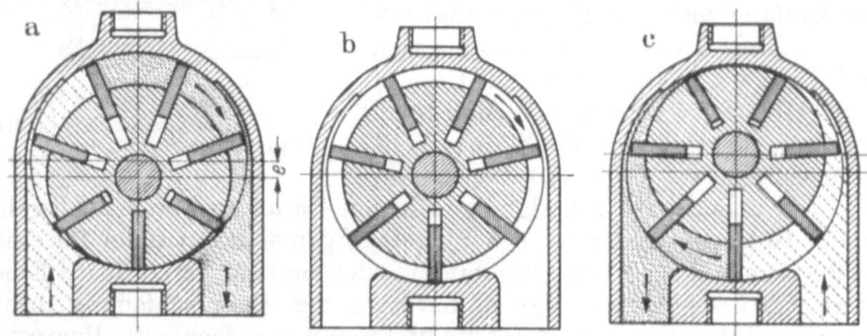

Abb. 39 a—c
Verändern der Fördermenge und Umkehrung des Flüssigkeitsstromes bei einer Flügelpumpe

bestimmtes Maß e gegen die Gehäusemitte verschoben (Abb. 39a), so vergrößert sich (bei der angenommenen Rechtsdrehung der Pumpe) zunächst der Förderraum einer jeden Flügelzelle nach oben, um in der Mittellage seinen Größtwert zu erreichen und anschließend bei der Abwärtsbewegung sich in der gleichen Weise zu verengen. Die Flüssigkeit wird dabei aus dem Saugraum S angesaugt, mit Druck beladen und dann in den Druckraum D gepreßt. Saug- und Druckraum werden durch die jeweils dicht an der Gehäusewandung anliegenden Flügel voneinander getrennt. Verschiebt man die Trommel aus der in Abb. 39a gezeigten Lage über die Gehäusemitte hinaus in die entgegengesetzte Endstellung (Abb. 39c), also um das Maß $2e$, so fließt bei gleichem Drehsinn der Pumpe der Flüssigkeitsstrom in umgekehrter Richtung. Demnach ist es bei den Flügelpumpen möglich, durch Verändern der Lage von Fördertrommel zu Gehäusebohrung um einen beliebigen Wert der Exzentrizität e die insgesamt von der Saugseite auf die Druckseite geförderte Flüssigkeitsmenge *stufenlos* von einem Größtwert bis Null einzustellen und nach Abb. 39c sogar in umgekehrter Richtung zu leiten, mit anderen Worten, den *Flüssigkeitsstrom in einfachster Weise umzusteuern*. Meistens wird jedoch nicht die Trommel verschoben, sondern wie dies in Abb. 39a, b, c gezeichnet und auch bei den später gezeigten Ausführungsbeispielen der Fall ist, das ganze Pumpengehäuse gegenüber der Trommel von $+e$ über Null nach $-e$ verschiebbar eingerichtet.

Es ist leicht, einzusehen, daß die Flügel außen und seitlich gut dichten müssen, um Spaltverluste zwischen Flügel und Gehäusewand zu vermeiden.

Die Art des Abdichtens ist bei der außen beaufschlagten Flügelpumpe grundsätzlich verschieden von jener der innen beaufschlagten Pumpe. Die außen beaufschlagte Pumpe, Abb. 37, braucht nämlich nur an den Stellen h bis i sowie m bis n dicht zu halten. Bei größerer Zellenzahl stehen die Flügel längs dieser Strecken fast genau in der Richtung des Halbmessers der Gehäusebohrung, so daß man auf besondere Dichtungsmaßnahmen verzichten kann und damit eine einfachere und billigere Bauart gewinnt. Die Flügel der Pumpen mit innerer Beaufschlagung, Abb. 38, müssen dagegen am ganzen Umfange der Gehäusebohrung nahezu spaltlos anliegen. Sie stehen nicht genau in der Richtung des Gehäusehalbmessers (Abb. 40). Bei höheren Drücken sind besondere Maßnahmen zum sicheren Abdichten erforderlich (vgl. S. 94). Die durch die Reibungsarbeit der Flügel an der Gehäusewand erzeugte Wärme ist während einer Umdrehung bei den innen beaufschlagten Pumpen größer, weil der berührte Umfang volle 360° gegenüber den Teilstrecken h bis i und m bis n bei den außen beaufschlagten Pumpen beträgt. Durch geschickte Ausbildung der Flügel ist es gelungen, die Reibungsarbeit auf einen Mindestbetrag herunterzudrücken. In dem Schrifttum wird immer wieder darauf hingewiesen, daß es bei Flügelzellen- und Kolbenzellenpumpen ratsam ist, eine ungerade Zahl von Flügeln oder Zylindern (5, 7, 9 und 11) zu wählen, da nur eine ungerade Zahl von Förderelementen eine ruhige und stetige Flüssigkeitsströmung ermöglicht.

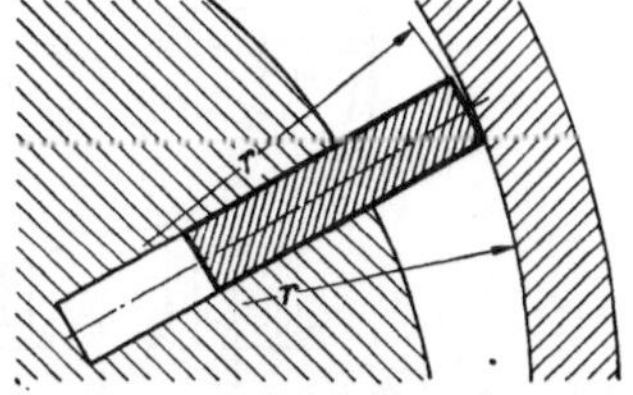

Abb. 40. Am äußeren Ende nach dem Halbmesser r der Gehäusebohrung gerundeter Flügel liegt nur mit einer Kante an der Wand an, ausgenommen in der Nähe des Durchmessers (genaugenommen nur im Durchmesser), der durch die Mitten von Flügelrad und Gehäusebohrung geht

Die seitherigen Veröffentlichungen lassen jedoch eine genauere Begründung, warum Fördermengenschwankungen auftreten, und in welchem Zusammenhang diese zu der Pumpenausführung stehen, vermissen; dies soll daher im folgenden an dem Beispiel einer handelsüblichen Flügelzellenpumpe nachgeholt werden.

a) *Pumpen mit geraden Flügelzahlen.* Die von der Pumpe in die Druckleitung geförderte Flüssigkeitsmenge ist die Differenz aus der von der Saugseite zur Druckseite geförderten Menge und der von der Druckseite wieder zur Saugseite zurückgeförderten kleineren Menge (aus Abb. 41a und b ersichtlich). In der Abb. 41c sind die auf die Druckseite geförderte sowie die zurückgeförderte Mengen über der Zeit t aufgetragen.

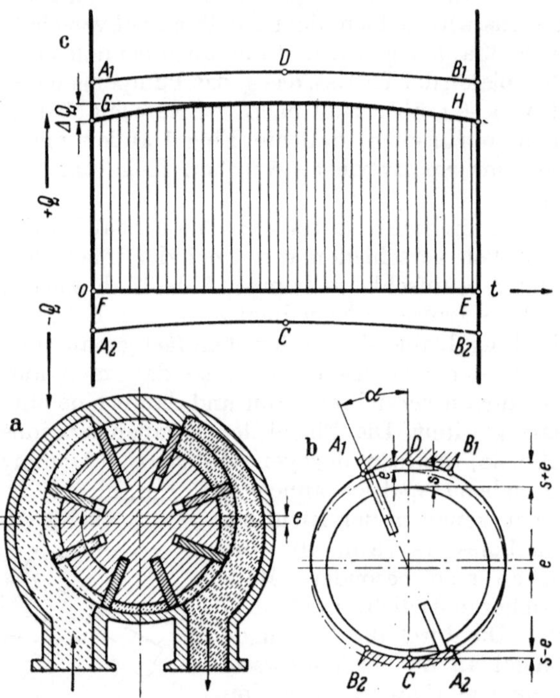

Abb. 41a—c. Fördermengenschwankungen bei Pumpen mit geraden Flügelzahlen

getragen. Es ist zu erkennen, daß die von einem Flügel überstrichene Querschnittsfläche auf seinem Wege von Punkt A_1 zu B_1 nicht gleich ist. Die Querschnittsfläche erreicht im Punkt D ihren Größtwert, da hier der Abstand zwischen der verstellbaren Trommel und der Gehäusewand $s + e$ beträgt, während sie in den Punkten A_1 und B_1 den Kleinstwert annimmt (hierbei ist s die Spaltgröße bei eingestellter Exzentrizität $e = 0$).

Trägt man die in diesem Bereich geförderte Flüssigkeitsmenge über der Zeit auf, so erhält man die Fläche A_1, D, B_1, E, F. Die Linie A_1, D, B_1 ist eine nach einer Sinus-Funktion verlaufende Linie entsprechend der Förderquerschnittsänderung zwischen den beiden Punkten A_1 und B_1. Die zurückgeförderte Menge im Bereich zwischen Punkt A_2 und B_2 ist in Abb. 41c unterhalb der Null-Linie als negativer Wert eingezeichnet. Auch in diesem Bereich liegt eine Förderquerschnittsveränderung vor, so daß die Begrenzungslinie A_2, C, B_2 in Abb. 41c ebenfalls eine nach einer Sinus-Funktion gekrümmte Linie ergibt.

Zieht man die zurückgeförderte Menge $-Q$ von der in den Druckraum geförderten Menge $+Q$ ab, so verbleibt die schraffierte Restfläche F, G, H, E. Der Unterschied zwischen dem Ausgangspunkt G und dem Scheitelwert des Linienzuges $G - H$ stellt die Schwankung der Fördermenge $= \Delta Q$ dar.

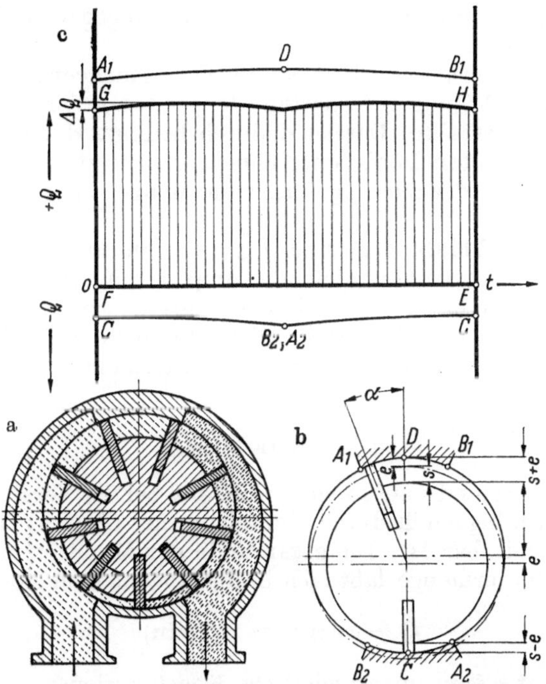

Abb. 42a—c. Fördermengenschwankungen bei Pumpen mit ungeraden Flügelzahlen

b) *Pumpen mit ungeraden Flügelzahlen.* Bei diesen Pumpen gilt für die Veränderung des Förderquerschnittes das gleiche wie unter Punkt a) beschrieben. Bedingt durch die ungerade Flügelzahl liegen jedoch die Flügel nicht 180° zueinander versetzt. In der Abb. 42c wird die auf die Druckseite geförderte Menge ebenfalls durch die Fläche A_1, D, B_1, E, F dargestellt.

Entsprechend der ungeraden Flügelzahl ist der Stellung eines Flügels bei A_1 die Lage des entsprechenden Flügels im Bereich A_2, B_2 bei C zugeordnet, während bei gerader Flügelzahl dem Flügel bei A_1 ein Flügel bei A_2 zugeordnet war (vgl. Abb. 42a und b). Es ergibt sich hierdurch eine zeitliche Verschiebung der Änderung der Förderquerschnitte zueinander. Dies ist deutlich ersichtlich, wenn man die zurückgeförderte Menge $-Q$ in Abb. 42c aufträgt. Während der Förderquerschnitt am Flügel in Stellung A_1 seinen kleinsten Wert besitzt, hat gleichzeitig der Förderquerschnitt an dem zurückfördernden Flügel in Stellung C ebenfalls seinen kleinsten Wert. Gelangt der hinfördernde Flügel in Stellung D (größter Förderquerschnitt) an, so ist der rückfördernde Flügel nach B_2 weitergelaufen (ebenfalls größter Förderquerschnitt). Die zurückgeförderte Menge wird in Abb. 42c durch die Fläche F, E, C, A_2, B_2, C dargestellt.

Zieht man nun wiederum die zurückgeförderte Menge von der in den Druckraum geförderten Menge ab, so verbleibt die schraffierte Restfläche F, G, H, E, die die in die Druckleitung abgegebene Flüssigkeitsmenge darstellt.

Wie Abb. 42c erkennen läßt, ist die Fördermengenschwankung ΔQ der in die Druckleitung geförderten Menge wesentlich kleiner als die in Abb. 41c dargestellte. Das ist dadurch bedingt, daß dem Punkt D, also bei dem größten Förderquerschnitt, gleichzeitig der größte Förderquerschnitt bei der zurückgeförderten Menge im Punkt B_2 gegenüberliegt.

Die beiden Abbildungen sind für zwei in ihren geometrischen Abmessungen vollkommen gleiche Pumpen aufgezeichnet, die sich lediglich dadurch unterscheiden, daß die eine eine gerade und die andere eine ungerade Flügelzahl besitzt. Allein durch diese Maßnahme wird eine beträchtliche Verminderung der Fördermengenschwankung erreicht.

2.142 Berechnung

Es wurde bereits darauf hingewiesen, daß bei der Verstellpumpe die Größe der Verdrängerzelle durch Verstellen eines Gliedes, Trommel oder Gehäuse veränderbar ist. Die gesamte, in der Minute von der Pumpe abgegebene Fördermenge läßt sich in der allgemeinen Form angeben:

$$Q = c\, e\, n\, 10^{-6} \quad \text{(l/min)} \tag{48}$$

hierin bedeutet c eine unveränderliche Konstruktionsziffer, in der die Abmessungen des fördernden Gliedes, hier also eines Flügels, enthalten sind, e den Verstellweg des beweglichen Gliedes und n die Umdrehungszahl je Minute.

Um diese Formel für die Drehflügelpumpen entwickeln zu können, bedient man sich der GULDINschen Regel. Diese besagt: Der Inhalt eines Umdrehungskörpers ist gleich dem Produkt aus dem Inhalt des erzeugenden Flächenstückes und dem vom Schwerpunkt dieser Fläche bei der Drehung zurückgelegten Wege. Bei der Flügelzelle ist hiernach die minutliche Fördermenge gleich der Verdrängfläche mal dem minutlichen Schwerpunktsweg (Abb. 43). Als Verdrängerfläche F gilt die Projektion der Trommel mit den Flügeln und den 4 Gleitsteinführungen; der Schwerpunktabstand liegt durch die jeweilig eingestellte Exzentrizität e fest.

Die Verdrängerfläche F setzt sich zusammen aus dem Gehäusedurchmesser D, der Gehäusebreite B sowie den Abmessungen b und d

der Gleitsteinführungen. Man erhält somit die Menge:

$$Q = F\,2\pi e n$$
$$Q = (BD + 4\,b d)\,2\pi e n$$
$$Q = \pi e n (2BD + 8\,bd)\,10^{-6}\ \text{(l/min)} \tag{49a}$$

Bevor die Abmessungen der Pumpe endgültig festgelegt werden, sind die Verluste an Triebmittel, die durch den Schlupf an Pumpe und Motor sowie durch Undichtigkeiten im Leitungsnetz entstehen, zu bestimmen. Die Pumpe muß so bemessen werden, daß sie außer der für den Flüssigkeitsmotor notwendigen Menge Q_m noch die Verlustmenge Q_v für Pumpe, Motor und Leistung abgibt. Damit wird ihre Fördermenge:

$$Q = Q_m + Q_v\ \text{(l/min)}$$

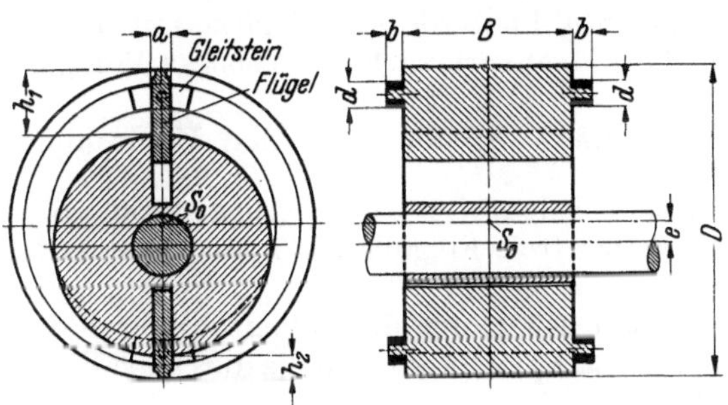

Abb. 43. Verdrängerfläche bei einer Drehflügelpumpe

Für die Bestimmung der Verlustmenge benützt W. KÜHN [57] eine Schlupfzahl s, die von der Größe, Ausführung und Zustand des Getriebes abhängig ist. Danach ist:

$$Q_v = s(p + 0{,}5)\ \text{(l/min)}$$

(s = Schlupfzahl, p = Flüssigkeitsdruck). Die Größe s läßt sich nur durch Versuche bestimmen; in dem Schrifttum wird für das Enor-Getriebe je nach Baugröße eine Schlupfzahl $s = 21$ bis $s = 60$ angegeben.

Um den Flügeln eine lange Führung in radialer Richtung geben zu können, bemißt man den Durchmesser der Flügeltrommel so groß wie möglich. Der Trommeldurchmesser ergibt sich aus dem Maß der Gehäusebohrung, vermindert um die doppelte Exzentrizität und das radiale Spiel an der Trommel und dem Gehäuse.

Die Antriebsleistung der Pumpe ergibt sich aus der Gl. (29):

$$N = \frac{Q_p\, p}{612\,\eta_p}\ \text{(kW)}$$

Bei der Ableitung der Gl. (49a) wurde die Flügelanzahl und Flügelstärke nicht berücksichtigt. Die Gleichung gilt daher nur für solche Getriebe, bei denen zum Ausgleich für den durch die Flügel verringerten Förderraum die *unter* den Flügeln befindliche Flüssigkeitsmenge nutzbar gemacht wird. Bei der Enor-Pumpe stehen die Räume unter den Flügeln (vgl. Abb. 44c) über Bohrungen in den Laufringen abwechselnd mit dem Saug- bzw. Druckraum in Verbindung. Es wird so verhindert, daß an den Flügelführungen Leckflüssigkeit durchsickern kann. Im Gegensatz zu der Enor-Pumpe sind bei der Pumpe des Boehringer-Sturm-Getriebes (Abb. 44k) die Räume unter den Flügeln mit dem *äußeren* Förderraum in Verbindung. Es könnten daher an diesen Stellen Leckverluste auftreten.

Sind die Räume unter den Flügeln mit dem Saug- bzw. Druckraum verbunden, so kann bei dem Auf- und Abgleiten der Flügel in ihren Führungen durch eine hierbei auftretende zusätzliche Pumpwirkung die Gesamtfördermenge, die an und für sich durch den Raum, den die Flügel einnehmen, verringert wird, ausgeglichen werden. Dies gilt jedoch nur für die Enor-Pumpe, bei der Berechnung der Sturm-Pumpe muß dagegen die Flügelanzahl und die Flügelstärke mit berücksichtigt werden. Der durch die Flügel verursachte Verlust an Pumpen-Liefermenge beträgt:

$$a\,B(h_1 - h_2)\ \text{mm}^3/\text{Zelle und Umdrehung}$$

In dieser Formel bedeutet a = die Flügelstärke, B = die Flügelbreite, h_1 = die größte freie Flügellänge, h_2 = die kleinste freie Flügellänge.

Setzt man in diese Gleichung die Zellenzahl gleich der Flügelzahl z ein und außerdem $h_1 - h_2 = 2e$, so wird die durch die Flügel verursachte Verlustmenge:

$$Q_f = a\,B\,2e\,z\,n\,10^{-6}\ \text{l/min}$$

Für die Fördermenge der Drehflügelpumpe, Bauart Boehringer-Sturm, gilt dann die abgewandelte Gl. (49b):

$$\underline{Q = \pi\,e\,n(2BD + 8b\,d) - 2e\,n\,z\,a\,B\,10^{-6}\quad (\text{l/min})}$$

2.143 Ausführungsbeispiele

In Abb. 44a bis k sind die heute gebräuchlichsten Flügelpumpen zusammengestellt. Die Pumpe in Abb. 44a weist eine sehr gute konstruktive Durchbildung auf. Sie soll einen hohen mechanischen und volumetrischen Wirkungsgrad erreichen sowie ein völlig stoßfreies Arbeiten. Für höhere Betriebsdrücke dürfte sie daher besser geeignet sein als eine Zahnradpumpe. Sie wird für folgende Werkzeugmaschinen empfohlen: Feinbohrwerke, Räummaschinen, Kaltkreissägen und Trennmaschinen.

Die Flügeltrommel der Drehflügelpumpe, Bauart Racine Tool and Machine Co, Abb. 44d, S. 89 hat 15 nicht radial zur Mitte verlaufende, sondern schräg angeordnete Schlitze für die Flügel; damit ist eine längere und dichtere Führung der Flügel gewährleistet.

Trommel, aus legiertem Stahl, gehärtet und geschliffen, sitzt mit Kerbverzahnung auf der Antriebswelle. Da Pumpe hydraulisch nicht ausgeglichen, ist kräftige und stark bemessene Wellenlagerung vorgesehen. Ein exzentrisch zur Welle angeordneter und verschiebbarer

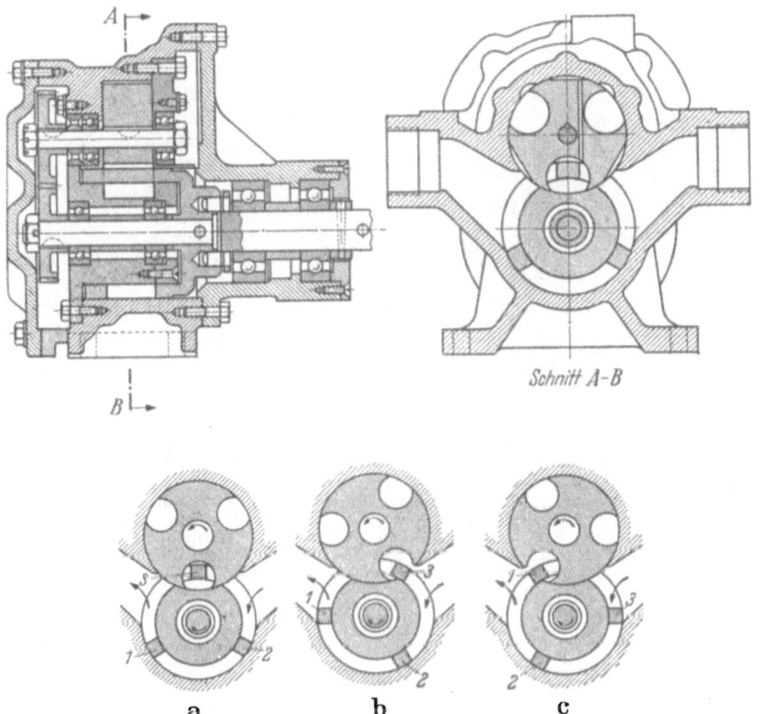

Abb. 44 a—k. Ausführungsbeispiele von Flügelpumpen mit äußerer und innerer Beaufschlagung

Abb. 44 a. *Flügelpumpe mit gleichbleibender Fördermenge*
Bauart: Keelavite Rotary Pumps & Motors Ltd. Allesley-Coventry, England
Q = 1,35 bis 910 l/min bei n = 1000 U/min

Pumpe besteht aus einem Gehäuse, einer Trommel mit den 3 Förderflügeln, dem drehbaren Widerlager für die Fördertrommel, den Verschluß- und Dichtungsteilen. Die Trommel ist an dem getriebenen Ende voll ausgeführt und an dem entgegengesetzten Ende durch einen Ring geschlossen. Dieser läuft auf Kugellagern und hat die Aufgabe, das an den Flügeln auftretende Biegemoment aufzunehmen und mit seiner Stirnwand das hydraulische Gleichgewicht innerhalb des Förderorgans herzustellen. Die Trommel ist auf einer Welle befestigt, die auf Kugellagern in einer mit dem Gehäuse verschraubten und feststehenden Muffe läuft. Die Antriebswelle der Pumpe ist getrennt gelagert, um die Übertragung von Längs- und Querbelastungen auf die Trommelwelle zu vermeiden. Der Abschluß zwischen der Ansaugöffnung und der Austrittsöffnung für die Druckflüssigkeit wird einerseits durch den Flächenschluß der Flügel mit der inneren Gehäusewandung und mit der feststehenden Muffe gebildet und andererseits durch das obere, umlaufende Widerlager bewirkt. Das Widerlager ist auf einer kugelgelagerten Welle befestigt, hat am Umfang kreisförmige Nuten und läuft durch kreisförmige Ausnehmungen der feststehenden Muffe. Das Widerlager wird durch Zahnräder in entgegengesetzter Drehrichtung bewegt; seine steuernden Kanten verhindern das Rückströmen des Druckmittels, zumal die Ausnehmungen in der Muffe länger bemessen sind als die Nuten des Widerlagers

Zu Abb. 44a. *Wirkungsweise der Pumpe.* Stellung a: Flügel *1* und *2* bilden Förderkammer für Druckmittel von Saug- zur Druckseite. Flügel *3* befindet sich innerhalb Ausnehmung von Widerlager und ermöglicht Abschluß nach beiden Seiten. Stellung b: Flügel *1* hat seine Pumpwirkung ausgeführt. Flügel *2* wird gerade wirksam; Abschluß von Saug- zu Druckseite durch linke Seite des Widerlagers, Flügel *3* verläßt die obere Ausnehmung. Stellung c: Flügel *1* tritt in die nächstfolgende Ausnehmung des Widerlagers ein, Flügel *2* fördert noch Triebmittel zur Druckseite, Flügel *3* überdeckt die Eintrittsöffnung und bildet mit Flügel *2* zusammen eine neue Förderkammer.

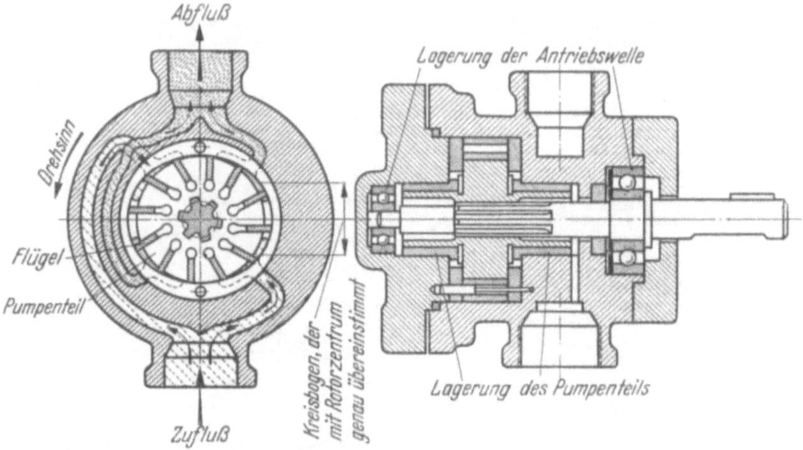

Abb. 44b. *Flügelpumpe mit gleichbleibender Fördermenge.* Bauart: Vickers Inc. Detroit USA Umlaufende Teile weitgehend druckentlastet, weil zwei Saug- und Druckseiten vorgesehen, die sich jeweils gegenüberliegen. Infolge der äußeren Flügelführung werden die Flügel während des Druckwechsels einer Förderkammer, d. h. beim Übergang von der Saug- zur Druckseite und umgekehrt *nicht* in ihren Schlitzen verschoben. Daher kein Verschleiß an den Flügelenden Antriebswellenstumpf und der umlaufende Pumpenteil sind voneinander getrennt gehalten Wirkungsgrad bei 40 bis 100%iger Belastung: $\eta = 0{,}90$. Füllungsverluste: 5%

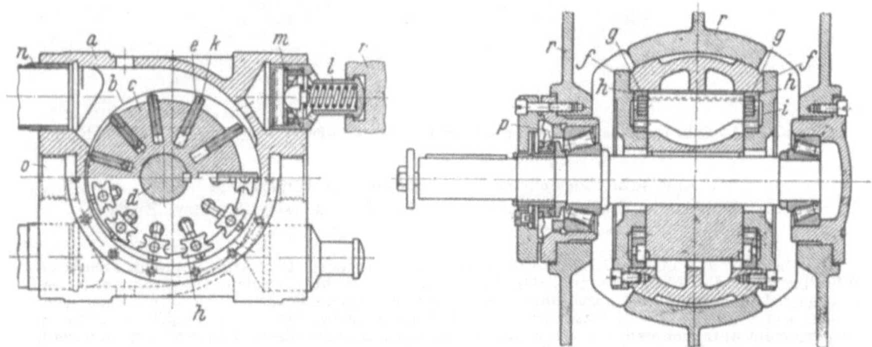

Abb. 44c. „*Enor*"-*Pumpe* — verstellbare, außen beaufschlagte Drehflügelpumpe Schnitt durch die „Enor"-Pumpe

a Zylinder; *b* Zylinderbohrung; *c* Flügeltrommel; *d* Antriebswelle; *e* Flügel; *f* Zylinderdeckel; *g* Laufringe; *h* Gleitsteine; *i* Ausgleichsbohrung; *k* Dichtungsbänder; *l* Entlastungskolben mit eingebautem Sicherheits- und Saugventil; *m* Saugplatte in „Druckstellung" gezeichnet (gestrichelte Lage „Saugstellung"); *n* Anschlußstutzen; *o* Gewindebohrung zur Befestigung des Stellzeuges; *p* Wellendichtung (Metallaufringe); *r* Gehäuse

In der Zylinderbohrung *b* des Zylinders *a* bewegt sich mit gleichbleibender Drehzahl und Drehrichtung die Flügeltrommel *c*. Trommel ist mit radialen Schlitzen versehen, in denen die Flügel *e* gleiten. (Ungerade Flügelzahl ergibt gleichförmigen Flüssigkeitsstrom.) An den Enden jedes Flügels befinden sich angedrehte Zapfen, auf denen Gleitsteine *h* sitzen zur Führung des Flügels in den Laufringen *g*. Ringe *g* sind in dem Laufansatz der seitlichen Deckel leicht drehbar, dadurch wird die Flügelreibung stark herabgesetzt. Raum unter den Flügeln steht abwechselnd mit dem Saug- und Druckraum durch die Ausgleichsbohrung *i* in Verbindung; es wird so verhindert, daß durch die Flügelführungen Leckflüssigkeit durchsickern kann. Entlastungskolben *l* mit eingebautem Sicherheits- und Saugventil bewirken leichtes Verstellen der Pumpe. Kolben *l* sind mit dem Pumpengehäuse fest verbunden und können den Verschiebungen des Zylinders *a* beim Verstellen der Exzentrizität nicht folgen. Veränderung der Pumpenleistung durch Gewindespindel, Exzenter, Kurvenscheiben usw., die bei der Gewindebohrung *o* an den Zylinder angeschlossen werden, oder durch hydraulisch betätigte Steuereinrichtungen Betriebsdruck $p = 15$ bis 25 kg/cm²

Ring bildet mit den Flügeln die einzelnen Förderkammern; er ist zwischen Widerlagern gehalten, die sich ihrerseits auf Rollenlagern abstützen, so daß das Verstellen des Exzenterringes auch bei hohem Betriebsdruck vorgenommen werden kann.

Die Pumpe hat ein selbsttätig wirkendes Ventil für die Fördermengeneinstellung. Eine kleine Feder, im Unterteil der Pumpe sichtbar, versucht den Exzenterring ständig in der Mittenstellung, d. h. also Leerlaufstellung zu halten. Ihr entgegen wirkt eine größere, kräftige Doppelfeder, die gegen einen Differenz-Tauchkolben drückt. Der Flüssigkeitsdruck wird von der Auslaßseite der Pumpe unter den Kolben geleitet und versucht dort den Federdruck aufzuheben. Wenn der Triebmitteldruck in der Pumpe den Wert erreicht hat, der der Einstellung der Feder entspricht, hebt sich der Kolben etwas an, und der Exzenterring nimmt eine Stellung zur Flügeltrommel ein, die eine Fördermenge ermöglicht, die gerade die Leckverluste ausgleicht.

Die plattenförmigen Flügel der Teves-Drehflügelpumpe, Abb. 44e stellen sich bei Verschleiß selbst nach, so daß sie spielfrei an ihrer Laufbahn anliegen. Wenn Fremdkörper (Metallabrieb, Späne) zwischen Flügel und Leitbahn der Hubscheibe gelangen, können Flügel nachgeben. Radiale Anpressung entspricht Druck des geförderten Triebmittels. Die Antriebswelle läuft in reichlich

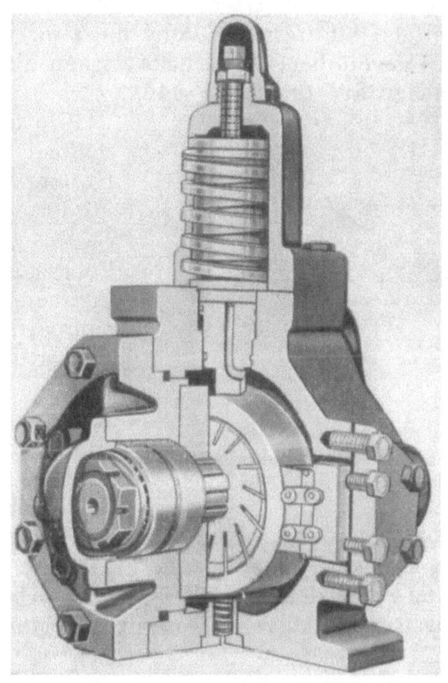

Abb. 44d. Drehflügelpumpe — außen beaufschlagt und mit veränderlicher Fördermenge

Bauart: Racine Tool and Machine Co., Racine, Wisc.

Q = 45,76 und 110 l/min, bei n = 1200 U/min, p_{max} = 70 kg/cm²

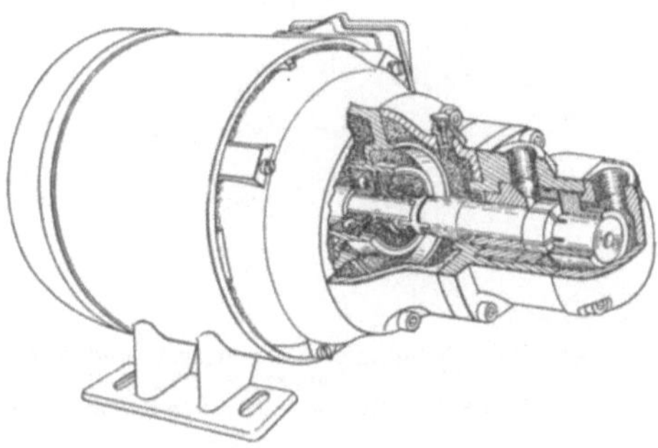

Abb. 44e. Außen beaufschlagte Drehflügelpumpe mit angeflanschtem Elektromotor für Werkzeugmaschinen und hydraulische Pressen

Bauart: Alfred Teves, Maschinen- und Armaturenfabrik K. G., Frankfurt/Main

Q = 1,8 l/min (kleinste Ausführung) bei n = 910 U/min, Q = 24 l/min (größte Ausführung) bei n = 2880 U/min, Dauerhöchstdruck p = 60 kg/cm², kurzzeitig zulässiger Höchstdruck p = 150 kg/cm² bemessenen Gleitlagern; sie ist von einseitig wirkenden Druckkräften weitgehend entlastet, denn die zwei vorhandenen Druckräume liegen sich gegenüber; die Drücke wirken also gegeneinander und heben sich nahezu auf (vgl. Abb. 44f).

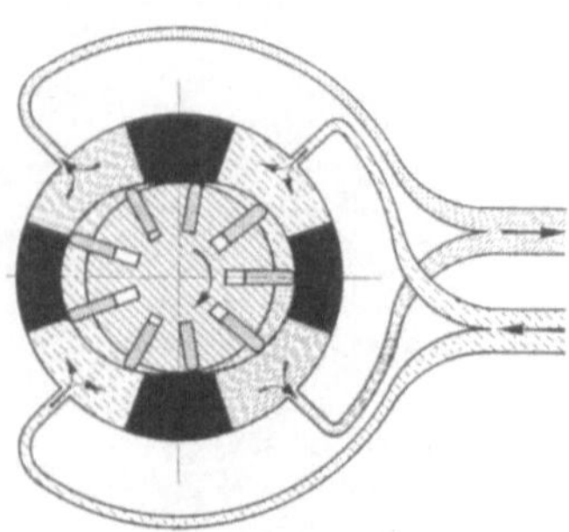

Abb. 44f. Druckentlastete Teves-Drehflügelpumpe

Die ungerade Zahl (9) der Flügel zusammen mit besonderer Ausbildung der Hubkurve ergeben stoßfreie und ruhige Förderung.

Das gemeinsame Gehäuse der Schön-Pumpe, Abb. 44g, nimmt zwei verschiedene Pumpenarten auf: eine Niederdruckpumpe, die als Flügelpumpe *a* ausgebildet ist, und eine Hochdruckpumpe als Kolbenzellenpumpe mit sternförmig angeordneten Kolben *b*. Beide Pumpen werden von einer gemeinsamen Welle angetrieben.

Die *Niederdruckpumpe* mit einer großen Fördermenge Q 10 bis 150 l/min dient dazu, den Kolben einer Presse mit großer Geschwindigkeit im Leerlauf zu bewegen. Sie saugt das Triebmittel durch die Leitung *c* aus dem Behälter an und drückt es durch die Leitung *d* über das Rückschlagventil *e* in die Hauptleitung *f*, die zum Pressenzylinder

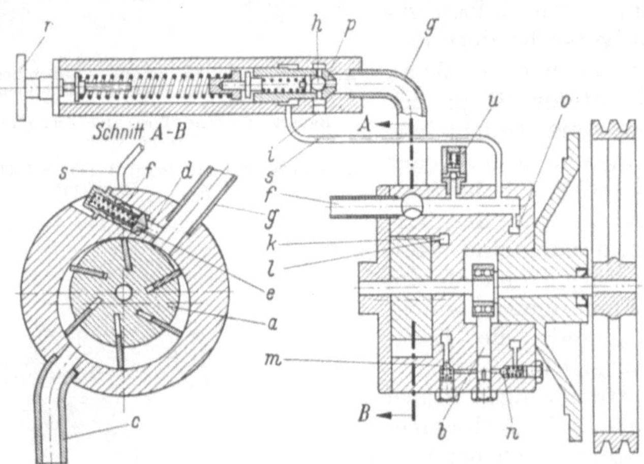

Abb. 44g. Kombinierte Drehflügel- und Kolbenzellenpumpe für Hochdruckpressen
Bauart: Schön & Cie., Pirmasens/Rheinpfalz
Niederdruckteil $p = 10 \cdots 15$ kg/cm², Hochdruckteil $p = 100 \cdots 300$ kg/cm²

führt. Sobald der Preßkolben aufsitzt und in der Niederdruckleitung *g* ein Druck von etwa 10 kg/cm² erreicht ist, öffnet sich das Kugelventil *h* im Inneren des Einstellventils, und das von der Niederdruckpumpe weiterhin geförderte Triebmittel fließt durch die Auslaßöffnung *i* drucklos ab.

Die *Hochdruckpumpe* mit einer geringen Fördermenge $Q = 0{,}3$ bis 21 l/min dient zur Ausübung des Preßdruckes, nachdem die Niederdruckpumpe die Leerbewegung des Preßkolbens bewirkt hat. Die Kolbenzellenpumpe ist mit der Flügelpumpe über die Bohrung *k* verbunden. Ein Teil des von der Flügelpumpe geförderten Triebmittels fließt durch diese Bohrung *k* in den Ringkanal *l* und speist die Kolbenzellenpumpe. Das unter 10 kg/cm² Druck stehende Triebmittel tritt bei dem Saugventil *m* ein und drückt die Kolben in radialer Richtung gegen die auf der Pumpenwelle sitzende Exzenterscheibe. Bei der Druckbewegung der Kolben schließt sich Ventil *m*, und das Triebmittel wird durch das Druckventil *n* in den Ringkanal *o* gepreßt. Dieser Ringkanal ist durch eine Bohrung mit der Hauptleitung *f* verbunden.

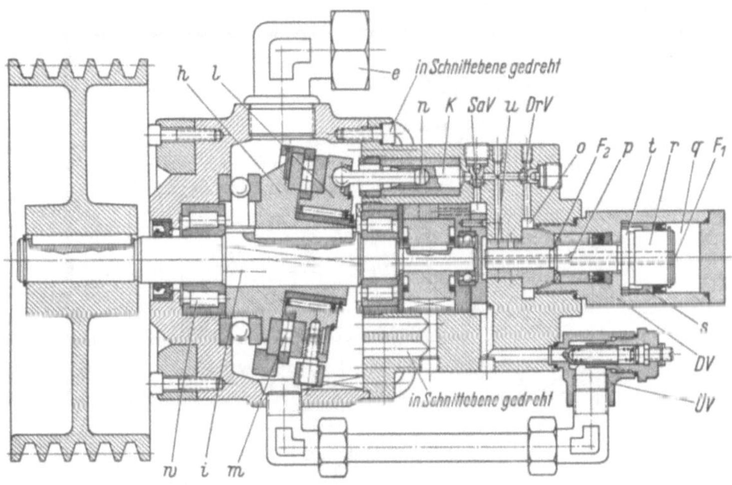

Abb. 44h. ***Hochdruckpumpen-Satz***, bestehend aus einer Flügelzellenpumpe und einer Kolbenzellenpumpe in Trommelbauart

Bauart: W. Bussmann K.G., München

Baugröße: HD 15 mit mehreren Druckstufen, Druckstufe 1 $p = 100$ kg/cm², $Q = 40$ l/min, Druckstufe 2 $p = 160$ kg/cm², $Q = 27{,}5$ l/min, Druckstufe 3 $p = 320$ kg/cm², $Q = 14$ l/min, Antriebsleistung: 11 kW bei $n = 900$ U/min

Antrieb der gemeinsamen Welle *i* über Riemenscheibe; Welle ist in Rollenlagern *w* gelagert. Die Flügelzellenpumpe *a* besitzt eine zylindrische Trommel *x* mit radialen Schlitzen, im Pumpengehäuse mit größerem Durchmesser exzentrisch angeordnet. In den Schlitzen werden Flügel geführt, die den Raum zwischen Gehäuse und Trommelkörper in Förderzellen teilen. Saugventile *SaV* und Druckventile *DrV* sind federbelastete Kugelventile. Taumelscheibe *h* ist auf der gemeinsamen Welle *i* aufgekeilt und entsprechend gelagert, um drehende Bewegung in eine Längsbewegung auf den Taumelring *l* zu übertragen. Die Stößel *n* der Kolben *K* sind in dem Taumelring gelagert und übertragen dessen Längsbewegung auf die einzelnen Kolben. Einstellventil *DV* ist ein Kolbenventil, dessen Verstellkolben entsprechend dem eingestellten Betriebsdruck durch den auf die Kolbenfläche wirkenden Flüssigkeitsdruck belastet ist. Überdruckventil *ÜV* ist ein von außen einstellbares, federbelastetes Kegelventil

Eine *selbsttätige Leerlaufschaltung* bei zeitlich längeren Preßvorgängen wird durch das aus einem Kegelventil *p* und einem Kugelventil *h* (für $p = 10$ kg/cm²) bestehende Einstellventil ermöglicht (Abb. 44g). Ist der am Handrad *r* eingestellte Hochdruck (von 100 bis 300 kg/cm²) erreicht, so hebt das durch die Leitung *s* fließende Triebmittel das Kegelventil *p* an, und sämtliches von der Flügelpumpe geförderte Triebmittel kehrt ungenützt in den Behälter zurück. Infolgedessen wird auch die

Kolbenzellenpumpe nicht mehr über Bohrung *k* und Ringkanal *l* gespeist, beide Pumpen sind demnach auf Leerlauf geschaltet.

Beim geringsten Absinken des Betriebsdruckes in der Hauptleitung *f* schließt sich das Kegelventil *p*, die Kolbenzellenpumpe wird wieder gespeist und kann den Druckverlust in der Hauptleitung wieder ausgleichen. Dieses Spiel wiederholt sich, solange die Presse unter Druck steht.

Das Sicherheitsventil *u*, das auf etwas über 300 kg/cm² eingestellt wird, schützt vor dem Überlasten der Pumpenanlage.

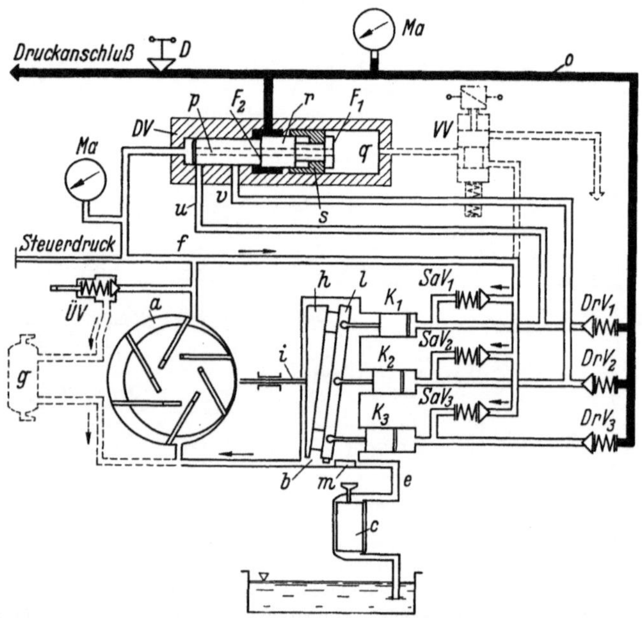

Abb. 44i. Schaltschema der Bussmann-Hochdruckpumpe nach Abb. 44h

Zu Abb. 44i. *Wirkungsweise* der Bussmann-Hochdruckpumpe: Der Pumpensatz besteht aus einer Flügelzellenpumpe *a*, einer Kolbenzellenpumpe *b*, einem Stellventil *DV*, Drosselventil *D* und Überdruckventil *ÜV*. Die Flügelzellenpumpe *a* saugt über Kolbenzellenpumpe *b* das Triebmittel vom Filter *c* durch die Leitung *e* an und leitet es über die Bohrung *f* den einzelnen Förderzellen der Kolbenzellenpumpe *b* zu. Das nicht zum Füllen der Förderzellen oder für sonstige (von der Pumpe getrennte) Steuervorgänge benötigte Triebmittel fließt über das Überdruckventil *ÜV* und, wenn nötig, auch über einen Kühler *g* in die Pumpe *b* zurück. Das über die Leitung *f* den Förderzellen zugeführte Triebmittel besitzt einen Druck von 15 bis 20 kg/cm², der an dem Überdruckventil eingestellt wird. Ist das Triebmittel über die Saugventile SaV_1 bis SaV_3 in die Kolbenzellenpumpe gelangt, wird ihm dort ein hoher Flüssigkeitsdruck erteilt.

Die Kolbenzellenpumpe hat eine ungerade Anzahl von axial geführten Kolben K_1, K_2, K_3, die in drei symmetrisch versetzte Gruppen eingeteilt sind. Die Kolbenbewegung geschieht über die Taumelscheibe *h*, die mit der Flügelpumpe auf der gemeinsamen Welle *i* gelagert ist. Die radiale Bewegung der Taumelscheibe wird über ein Rollenlager auf den Taumelring *2* in eine axiale verwandelt. Die Gleitführung *m* verhindert ein Mitdrehen des Taumelringes.

Im Taumelring sind die Kolbenstößel n gelagert, die ihrerseits gegen die in den Förderzellen befindlichen Kolben drücken. Die Kolben verdrängen die über die Saugventile zuströmende Flüssigkeit beim Förderhub durch die Druckventile $Dr V_1$, $Dr V_2$, $Dr V_3$ in die Hauptdruckleitung o. In dieser Druckleitung sitzt ein Stellventil DV.

Dieses Stellventil hat folgende Aufgabe:

Über die Längsbohrung p gelangt Triebmittel in den Ventilraum q und wirkt ständig gegen die Fläche F_1 des Differenzkolbens r und der Führungshülse s. Steigt der Druck gegen die Ringfläche F_2 des Kolbens r auf den Wert an, der notwendig ist, den durch das Triebmittel auf die Fläche F_1 des Kolbens ausgeübten Druck zu überwinden, verschiebt sich der Kolben nach rechts, bis der Anschlagring t an der Hülse s anschlägt.

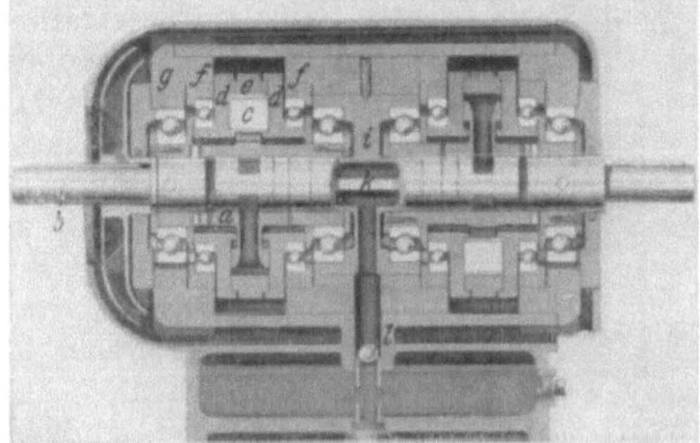

Abb. 44k. Innen beaufschlagte Drehflügelpumpe des *Boehringer-Sturm-Ölgetriebes*

a Flügeltrommel mit Antriebswelle *b* starr verbunden; *c* Flügel in den radialen Schlitzen von *a* gleitend, stützen sich nach außen gegen die zylindrische Bohrung des mitumlaufenden Gehäuses ab; *d* Deckel, *e* Ring; bilden zusammen das mitumlaufende Gehäuse, das in zwei Tragringen *f* gelagert ist; *f* Träger, werden an beiden Enden in dem Außengehäuse der Pumpe geführt, sind durch Traversen miteinander verbunden

Teil *f* und damit auch das Umlaufgehäuse können über die Gewindespindel *h* in einer Geradführung verstellt werden, wodurch der Förderraum der Pumpe verändert wird. Förderraum wird gebildet aus dem Raum zwischen dem exzentrisch zur Flügeltrommel stehenden Umlaufgehäuse und der Trommel selbst; er ist sichelförmig, wird durch die Flügel in mehrere Zellen unterteilt und richtet sich in seinem Inhalt nach der jeweils eingestellten exzentrischen Lage der beiden genannten Teile zueinander. In und aus diesem Förderraum wird das Triebmittel von innen durch die beiden Kanäle der Leitachse *i* und entsprechende Bohrungen in der Flügeltrommel zu- bzw. abgeführt. Die feststehende, unbewegliche Leitachse trägt an beiden Enden Kugellager, in denen die Flügeltrommel *a* läuft. Trennsteg *k* teilt den gesamten, sichelförmigen Förderraum in zwei Hälften: in einen Saug- und einen Druckraum. Bei der Drehung der Flügeltrommel wird durch einen der Leitachsenkanäle in die sich erweiternden Zellen Flüssigkeit angesaugt und mit Druck beladen, anschließend in der sich wieder verengenden Hälfte in den anderen Leitachsenkanal gepreßt; von dort gelangt das Triebmittel in das Leitungsnetz bzw. im vorliegenden Falle in den Flüssigkeitsmotor des Getriebes. Saugventil *l* ist als Rückschlagventil ausgebildet und dient zum Ausgleich von Leckverlusten. Da Saug- und Druckseite bei jeder Umsteuerung der Pumpe wechseln, ist an jedem der beiden Leitachsenkanäle ein derartiges Saug- oder Schnüffelventil angeschlossen

Der Kolben gibt die Kurzschlußbohrung u der Kolbengruppe K_1 frei. Damit wird eine unmittelbare Verbindung zwischen den Förderzellen der Kolbengruppe K_1 und der Druckleitung f hergestellt. Die Förderung der Kolbengruppe K_1 unterbleibt, da die Druckventile $Dr V_1$ dieser Gruppe schließen und bei weiterem Druckanstieg in der Hauptdruckleitung o als Rückschlagventile wirken.

Bei weiter ansteigendem Druck in der Leitung o wird die gesamte Fläche F_1 des Kolbens r und der Hülse s gegen den Flüssigkeitsdruck im Zylinderraum q verdrängt. Dadurch werden die im Stellventil DV weiter zurückliegenden Kurzschlußkanäle v freigegeben.

Die Kolbengruppe K_2 wird abgeschaltet, die Kolbengruppe K_3 arbeitet bis zu dem zulässigen Höchstwert (normal 320 kg/cm²) weiter.

Die Verminderung der Pumpenliefermenge kann auch unabhängig von der Druckhöhe erreicht werden, indem das Triebmittel zu dem Stellventil *DV* erst über ein vorgeschaltetes Steuerventil *VV* geschieht.

Die Längsbohrung *p* wird in diesem Falle geschlossen.

Auf S. 81 wurde bereits erwähnt, daß die Flügelpumpen besondere Maßnahmen zum sicheren Abdichten ihrer Flügel erfordern. Die Flügel der Enor-Pumpe, Abb. 45, haben oben eine schmale Dichtungsfläche, mit der sie allerdings die Zylinderbohrung nicht berühren, da sie einige Zehntelmillimeter von der Bohrung entfernt bleiben; die eigentliche Abdichtung wird vielmehr durch die eingelegten, dünnen Dichtungsbänder *k* bewirkt. Diese werden durch die Fliehkraft an die Zylinderwandung gedrückt, berühren den Zylinder jedoch infolge ihrer geringen Masse nur leicht und verursachen mithin nur eine schwache Reibung an der Wandung. Die Flügel sind in der Mitte höher als an den Enden, entsprechend sind auch die Schlitze in der Trommel zur besseren Führung tiefer eingelassen, ohne daß die Trommel hierdurch wesentlich geschwächt wird.

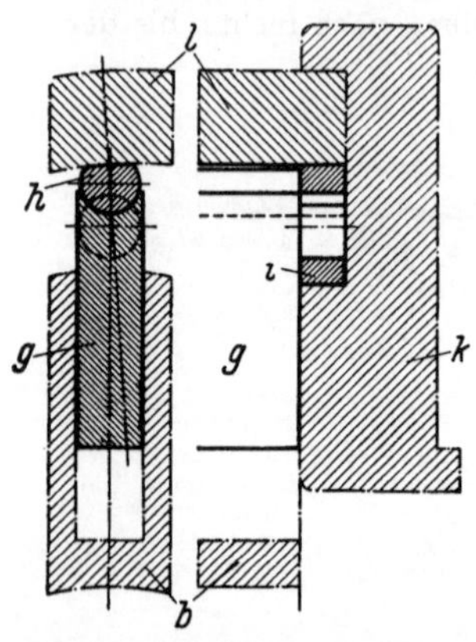

Abb. 45. Abdichtung der Flügel der „*Sturm*"-*Pumpe*
b Flügeltrommel; *g* Flügel; *h* abgeflachter Bolzen; *i* gehärtete Laufbüchsen auf Flügelzapfen; *k* seitlicher Deckel; *l* Gehäusewand

Bei der Verstellpumpe des Boehringer-Sturm-Ölgetriebes, Abb. 44k, hat das Umlaufen des aus den beiden Deckeln *d* und dem Ring *e* gebildeten Gehäuses den Zweck, die Reibung zwischen den Flügeln *c* und dem Gehäuse auf einen Mindestwert herabzudrücken, da zwischen Flügel und Gehäuse nur noch eine geringe Relativgeschwindigkeit bestehenbleibt. Die seitlichen Dichtungsflächen können deshalb mit einem stark verminderten Spiel ausgeführt werden.

2.15 Kolbenzellenpumpen

2.151 Aufbau

Bei der Kolbenzellenpumpe oder kurz Kolbenpumpe wird die Verdrängerwirkung durch einen oder mehrere Kolben, die sich in einem geschlossenen Zylinder hin- und herbewegen, erzielt. Durch Ändern des Kolbenhubes kann die Förderung stufenlos eingestellt werden. Man unterscheidet Pumpen mit radialer Anordnung der Kolben um die Antriebswelle (Sternbauart) und solche mit axialer Anordnung der Kolben (Trommelbauart). Die Kolbenpumpen in Sternbauart können außen oder innen beaufschlagt werden. Die allgemein verwendete zylindrische Kolbenform gestattet durch Feinbearbeitung wie Feinschleifen, Ziehschleifen (Honen) und Läppen eine nahezu vollkommene Passung und Dichtung zwischen Kolben und Zylinder. Die Betriebsdrücke und Umlaufgeschwindigkeiten können daher höher gewählt werden als bei den übrigen Verstellpumpen. Bei gleichen Leistungen werden die Kolbenpumpen gegenüber den Flügelpumpen in ihrer Bauform kleiner und gedrungener. Die durch die höheren Flüssigkeitsdrücke verursachten hohen Kolbenbeanspruchungen bedingen besondere Maßnahmen, um die Reibungsverluste in ertragbaren Grenzen halten zu können.

Die Arbeitsweise einer Kolbenpumpe in Sternbauart und innerer Beaufschlagung erläutert Abb. 46. In dem zylindrischen Gehäuse *c* dreht sich eine Trommel *a*, die mit einer Anzahl radialer Bohrungen versehen ist, in denen sich die Kolben *b* bewegen. Diese stützen sich mit ihrem aus der Bohrung herausragenden Ende an der Innenfläche des Gehäuses *c* ab und werden auf diese Art geführt. Das Gehäuse selbst ist exzentrisch gegenüber der die Kolben sternförmig tragenden Trommel *a*

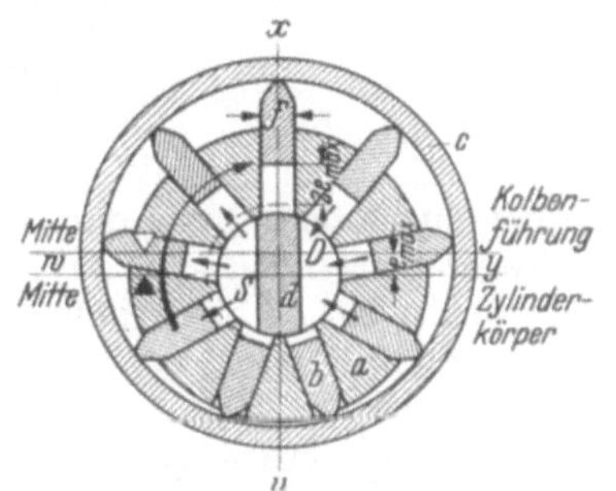

Abb. 46. Kolbenzellenpumpe in Sternbauart und innerer Beaufschlagung

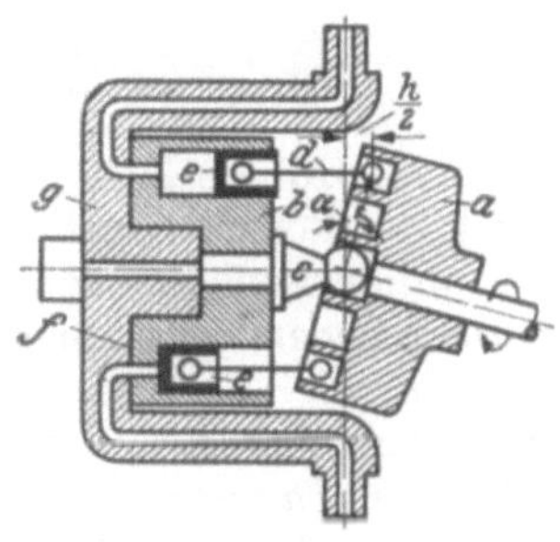

Abb. 47 Kolbenzellenpumpe in Trommelbauart

Zu Abb. 47: *a* Triebflansch; *b* Zylinderkörper; *c* Kreuzgelenkwelle mit Kreuzgelenk; *d* kugelig an *a* und *e* angeschlossene Kolbenstangen; *e* Verdrängerkolben; *f* ringförmige Schieberplatte; *g* Schwenkrahmen mit je einem Kanal für die Triebmittelzu- und -abfuhr sowie hohlen Schwenkzapfen

angeordnet. Das Maß der Exzentrizität *e* kann von außen verändert werden; damit läßt sich die Fördermenge der Pumpe stufenlos einstellen. Beim Umlaufen (im Uhrzeigersinn) bewegen sich die Kolben auf dem Wege *v*—*w*—*x* um den Betrag 2*e* nach außen und saugen aus dem Saugraum *S* Flüssigkeit an. Während der Drehung *x*—*y*—*v* bewegen sich die Kolben wieder nach innen und pressen das Triebmittel in den Druckraum *D*. Der Verdrängerraum jeder Kolbenzelle ist bestimmt durch die Größe des Kolbenhubes, der wiederum von dem Verstellweg *e* abhängt. Saug- und Druckraum befinden sich in dem feststehenden Laufzapfen, der an den radialen Zylinderbohrungen derartig ausgearbeitet ist, daß zwei durch eine Scheidewand *d* getrennte Räume entstehen.

Abb. 47 zeigt eine Kolbenpumpe mit axialer Anordnung der Verdrängerkolben zu der Antriebswelle. Die Kolben *e* werden durch Kolbenstangen bewegt, die mit Kugelgelenken an einem Triebflansch *a* angeschlossen sind. Die Zylinder und der Triebflansch drehen sich in einer Richtung. Sie können beide gemeinsam unmittelbar von der Antriebswelle bewegt werden, oder es kann der umlaufende Zylinderkörper *b* durch eine kurze Kreuzgelenkwelle an die Antriebswelle angeschlossen sein. Im allgemeinen wählt man eine ungerade Zahl von Zylindern (5, 7,

9 und 11), die eine große Leistung und eine ruhige Flüssigkeitsströmung ergeben. In einer Schieberplatte f sind die Ein- und Auslaßschlitze für die Saug- oder Druckflüssigkeit. Bei der Drehung des Triebflansches werden die Kolben auf dem Wege von der untersten nach der obersten Lage in dem Zylinderkörper nach dem Triebflansch zu gezogen und saugen so die Flüssigkeit an. Hingegen werden die Kolben auf dem Wege von der obersten in die unterste Lage in ihre Zylinder hineingedrückt und die angesaugte Flüssigkeit in die Druckleitung gefördert.

2.152 Berechnung

Die Fördermenge einer Kolbenzellenpumpe läßt sich nach Gl. (46) berechnen:

$$\underline{Q = F\,h\,z\,n\,10^{-6}} \qquad (50)$$

hierin ist F die Kolbenfläche und h der Kolbenhub; das Produkt aus F und h stellt die Fördermenge jeder Zelle bei einer Umdrehung dar. Je nachdem, ob die Kolbenzellenpumpe in Sternbauart mit radial zu der Antriebswelle liegenden Kolben ausgeführt wird, oder ob die Trommelbauart mit axialer Anordnung der Kolben gewählt wird, erhält die Bestimmungsgleichung für Q eine andere Form.

Bei der *Sternbauart* ersetzt man den Hub h des Verdrängerkolbens durch den Verstellweg, d. h. also die Exzentrizität e, und drückt die Verdrängerfläche F durch den Durchmesser d des kreisrunden Kolbens aus; es ist dann $h = 2e$ und $F = \frac{\pi\,d^2}{4}$.

Somit wird

$$Q = \frac{\pi}{2}\,d^2\,e\,z\,n\,10^{-6} \quad \text{(l/min)} \qquad (51\,\text{a})$$

In dieser Gleichung sind d, n und z feststehende Größen, so daß Q allein, und zwar in geradlinigem Verhältnis, durch das Ändern der Exzentrizität e eingestellt wird.

Die Antriebsleistung der Pumpe N_p ergibt sich aus Gl. (29)

$$N_p = \frac{Q_p\,p}{612\,\eta_p} \quad \text{(kW)}$$

Zahlenbeispiel:

Zellenzahl	$z = 9$
Durchmesser des Verdrängerkolbens ..	$d = 20$ mm
Antriebszahl der Pumpe	$n = 1250$ U/min
Größte Exzentrität	$e = 9$ mm

Dann ist:

$$Q = \frac{\pi}{2} \cdot 20^2 \cdot 9 \cdot 9 \cdot 1250 \cdot 10^{-6}$$

$$\underline{Q = 63{,}5\ \text{l/min}}$$

Aus dieser größtmöglichen Pumpenliefermenge ergibt sich dann die Antriebsleistung, wenn man einen Flüssigkeitsdruck im Dauerbetrieb mit $p = 75\ \text{kg/cm}^2$ und einen mechanischen Wirkungsgrad $\eta = 0{,}9$ annimmt, zu

$$N = \frac{63{,}5 \cdot 75}{612 \cdot 0{,}9}\ \text{kW}$$

$$\underline{N = 8{,}65\ \text{kW}}$$

Bei der *Trommelbauart* ist der Hub des Verdrängerkolbens durch den Verstellwinkel α des Gehäuses bestimmt (Abb. 47). Die Größe h ergibt sich demnach aus dem Verstellwinkel und dem Abstand r des Kugelgelenkes einer jeden Kolbenstange zur Mittelachse der Antriebswelle; es ist $h = 2r \sin\alpha$. Hiermit wird

$$Q = \frac{\pi}{2} d^2 r \sin\alpha\, z\, n\, 10^{-6} \quad (\text{l/min}) \tag{51 b}$$

Der Verstellweg $e = r \sin\alpha$.

Zahlenbeispiel:

Zellenzahl	$z = 5$
Durchmesser des Verdrängerkolbens ...	$d = 22$ mm
Kugelgelenkabstand	$r = 30$ mm
Größter Schwenkwinkel	$\alpha = 20°$
Antriebszahl der Pumpe	$n = 1500$ U/min
Verstellweg	$e = 30 \sin 20° = 10{,}2$ mm

Dann ist:

$$Q = \frac{\pi}{2} \cdot 22^2 \cdot 30 \cdot 0{,}34 \cdot 5 \cdot 1500$$

$$\underline{Q = 58\ \text{l/min}}$$

Die Antriebsleistung der Pumpe ist dann bei einem Flüssigkeitsdruck $p = 60\ \text{kg/cm}^2$ und einem Wirkungsgrad $\eta = 0{,}9$:

$$N_p = \frac{58 \cdot 60}{612 \cdot 0{,}9}\ \text{kW}$$

$$\underline{N_p = 6{,}3\ \text{kW}}$$

2.153 Ausführungsbeispiele

Die bekanntesten und bei hydraulisch angetriebenen Werkzeugmaschinen mit Erfolg verwendeten Kolbenzellenpumpen sind in der Zusammenstellung Abb. 48a bis g aufgeführt.

Die außen beaufschlagte Stoz-Getriebepumpe, Abb. 48a, ist einfach und gedrängt gebaut; so hat z. B. die Bautype für eine Fördermenge von 20 l/min bei $n = 1500$ U/min und einem Betriebsdruck von $p = 25\ \text{kg/cm}^2$ nur eine Baulänge von 300 mm und einen größten Außendurchmesser von etwa 130 mm. Vorübergehend kann der Betriebsdruck auch bis 40 kg/cm² gesteigert werden. Die Stoz-Pumpe kann nur mit einem Schubkolbentrieb zusammenarbeiten und wird für Schleifmaschinen, Fräsmaschinen, Bohrmaschinen und Stoßmaschinen verwendet. Sie stellt eine ausgezeichnete konstruktive Lösung dar, erfordert aber eine sehr hohe Bearbeitungsgenauigkeit, um jegliche Undichtheiten auszuschalten.

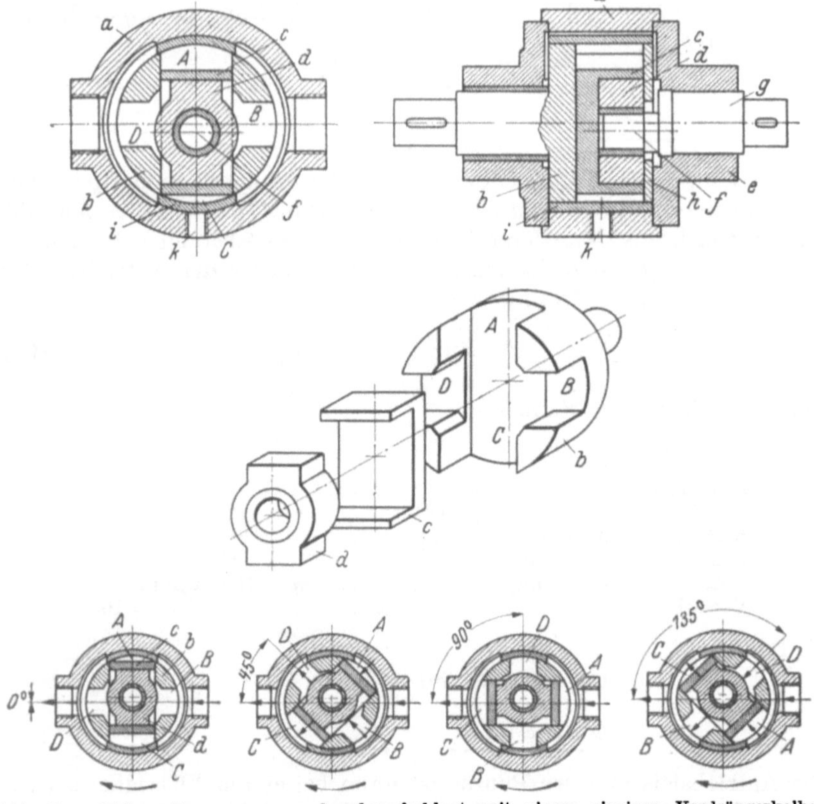

Abb. 48 a. *Kolbenzellenpumpe* — außen beaufschlagt mit einem einzigen Verdrängerkolben Bauart: F. Stoz, Weingarten/Württbg.

a Gehäuse, feststehend; *b* zweimal quer geschlitzte Trommel unmittelbar mit dem Antriebsmotor gekuppelt, läuft stets mit gleicher Drehzahl und Drehrichtung um; *A—C* Führung für Schieber *c*, gleichzeitig doppelt wirkender Zylinder; *B—D* Schlitze für Zugang zu Kolben *d*; *c* in Schlitz *A—C* laufender, rechteckiger Kolben, gleichzeitig doppelt wirkender Zylinder; *d* in *c* quer laufender Kolben mit ausgebüchster Bohrung, drehbar auf Stellzapfen *f* sitzend; *e* äußerer Gehäusedeckel; *f* exzentrischer Stellzapfen, in flachem Kreisbogen auf und ab verstellbar, in tiefster Stellung gezeichnet; *g* Stellwelle mit Zapfen *f*, aus einem Stück am äußeren Ende, Steuerhebel aufkeilbar; *h* innerer Deckel mit *b* verschraubt, verhindert axiales Verschieben von Schieber *c* und Kolben *d*; *i* Laufbüchse für *b*, beiderseits mit großen Fenstern, oben und unten dicht gegen *b* schließend; *k* Leckölabführung zum Sammelbehälter

Wirkungsweise der Pumpe: Dreht sich die Trommel *b*, so werden die von dem Schieber *c* und dem Kolben *d* in den Ausnehmungen *A—C* und *B—D* frei gelassenen Räume vergrößert bzw. verkleinert, wobei die Pumpwirkung entsteht. Bei der Nullstellung befindet sich der Schieber *c* in der oberen Endlage in Richtung *A*, während der Kolben *d* die Mittellage in Richtung *D* einnimmt; das Triebmittel wird von rechts in den Raum *B* angesaugt und aus Raum *D* unter Druck abgegeben. Haben sich die drei Teile *b*, *c* und *d* in Pfeilrichtung um 45° gedreht, dann hat sich Teil *c* in der entgegengesetzten Richtung *C* verschoben und der Kolben *d* nach *D* hin weiterbewegt; die Flüssigkeit wird in die Räume *A* und *B* gesaugt und auf der anderen Seite aus *C* und *D* gepreßt. Bei einer Drehung um 90° nimmt der Schieber *c* eine Mittelstellung in Richtung *C* ein, der Kolben *d* befindet sich in der Endlage in Richtung *D*; auf der Saugseite gelangt das Triebmittel in Raum *A*, während Raum *C* die Druckflüssigkeit abgibt. In der vierten Stellung (135°) hat sich Teil *c* in Richtung *C* weiterbewegt, Kolben *d* ist in Richtung *B* gewandert; die Flüssigkeit wird in die Räume A und D gesaugt und von B und C unter Druck abgegeben. Bei einer weiteren Drehung um 45° auf 180° wird wieder die erste Stellung der Pumpe erreicht. Befindet sich der Stellzapfen f und damit auch der Kolben d in Mittelstellung, so ist die Exzentrizität Null und die Pumpe fördert nicht. Je nachdem der Zapfen durch einen Steuerhebel in der einen oder anderen Richtung um einen bestimmten Steuerwinkel aus der Mittellage entfernt wird, fördert die Pumpe bei gleichbleibender Antriebsdrehzahl in der einen oder der anderen Richtung; dabei hängt die Fördermenge von dem Schwenkwinkel bzw. der Größe der Exzentrizität ab.

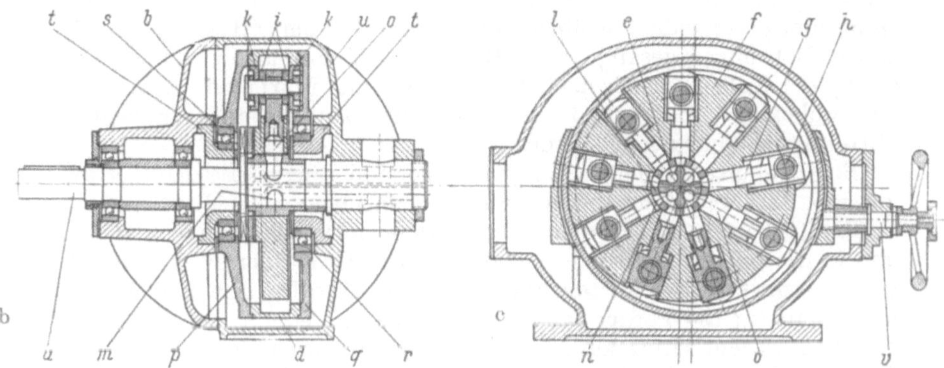

Abb. 48 b u. c. Kolbenzellenpumpe in Sternbauart
System: „Pittler". Hanauer Pumpen- und Getriebebau G. m. b. H., Hanau/Main

Die *Pittler-Pumpen*, Abb. 48 b und c, können für Flüssigkeitsdrücke bis zu 100 bzw. 140 kg/cm² — Bauart SG, sowie bis 200 bzw. 250 kg/cm² — Bauart SHG, ausgenützt werden. Die Fördermengen dieser Pumpen sind entweder mit einem Handrad stufenlos einzustellen, und zwar in einem Stellbereich von 25:1 bzw. 30:1, oder aber die Pumpen werden mit einer sog. selbsttätigen Nullhubverstellung ausgerüstet.

Um einen feststehenden, mit vier axial verlaufenden Bohrungen versehenen Mittelzapfen e wird von der Antriebswelle a der Zylinderstern f gedreht. Dieser besteht aus einer kreisförmigen Platte, in der radiale Bohrungen symmetrisch (sternförmig) angeordnet sind. In den 9 Bohrungen gleiten Kolben g, die sich mit Kreuzköpfen, Kolbenbolzen h und Vierkantscheiben i auf unmittelbar in den Zylinderstern f eingearbeitete gerade Führungen abstützen. Außerdem stützen sie sich beiderseits des Sternes f durch Rollen k an je einer kreisförmigen Leitkurve ab, mit der die Trommel d versehen ist. In den Zylinderstern f ist die Steuerbüchse l eingepreßt, die auf dem Mittelzapfen e gleitet. Dieser Zapfen besitzt Steuerschlitze, die je zwei seiner axialen Bohrungen miteinander verbinden und sich mit den Schlitzen n der Steuerbüchse decken. Auf diese Weise stehen die Innenräume des Zylindersternes f mit den Bohrungen im Mittelzapfen zeitweise in Verbindung, und zwar die über dem Mittelzapfen gelegenen Zylinderräume o mit den oberen Bohrungen im Mittelzapfen, die unter Mitte liegenden mit den unteren Bohrungen. Bei Drehen des Sternes f tritt ein Wechsel in den Verbindungen auf, sobald ein Zylinderraum *o* seine Lage zum Mittelzapfen über dessen waagerechte Mitte hinaus verändert.

Wird der Zylinderstern *f* gedreht (z. B. in Abb. 48c entgegen dem Uhrzeigersinn), dann werden die Kolben *g* durch die Wirkung der Zentrifugalkraft nach außen geworfen und legen sich mit den Rollen *k* an die Leitkurven der Trommel *d* an. Ist der Mittelpunkt der Leitkurve *nicht* in Übereinstimmung mit dem Mittelpunkt des Zapfens *e*, dann führen die Kolben *g* eine Hubbewegung innerhalb der Bohrung des Sternes *f* aus, die während einer halben Umdrehung als Saughub den Hohlraum *o* vor jedem Kolben füllt, indem Triebmittel aus 2 Mittelzapfen-Bohrungen gesaugt wird. Bei der nächsten halben Umdrehung drängt der Kolben wieder nach der Mitte vor und führt einen Druckhub aus, wobei das Triebmittel aus dem Raum *o* in die anderen beiden Mittelzapfen-Bohrungen strömt.

Bei Drehung entgegen dem Uhrzeigersinn saugen die Kolben im unteren Teil aus den beiden unteren Bohrungen des Mittelzapfens Triebmittel an; in den Räumen *o* wird dieses mit nach oben genommen und in die oberen Bohrungen gedrückt. Die Größe der Exzentrizität von Polkurve *d* und Mittelzapfen *e* ist das Maß für den Kolbenhub und damit für die Fördermenge der Pumpe bei jeder Umdrehung.

Diese Exzentrizität kann verstellt werden durch Verschieben der Trommel *d*, die sich mit den beiden Trommeldeckeln *p* und *q* auf den Wälzlagern *r* abstützt; diese Lager ruhen ihrerseits wiederum im Trommellagerträger *t*. Teil *t* gleitet im Pumpengehäuse *u* und im Gehäusedeckel *b*. Die Exzentrizität zwischen Leitkurve und Mittelzapfen und damit der Keilhub und die Fördermenge der Pumpe wird durch Handrad und Spindel *v* eingestellt. Ist die Exzentrizität gleich Null, dann ist kein Hub und auch keine Förderung möglich. Wird die Richtung der Exzentrizität geändert — links oder rechts vom Mittelzapfen —, dann ändert sich bei gleichbleibendem Drehsinn des Sternes *f* die Förderrichtung, d. h. Saug- und Druckseite wechseln.

(Zu Abb. 48d auf S. 101.) *Wirkungsweise:* Das Pumpengehäuse und die in ihm eingeschraubte Steuerplatte nehmen an der Drehbewegung der Antriebswelle nicht teil, während der Trommelkörper mit seiner sphärischen Grund- oder Stützfläche auf der Steuerplatte zu gleiten vermag. Das Pumpengehäuse kann um eine Schwenkachse *p*—*p'* aus der Ebene der Antriebswelle herausgeschwenkt werden; dabei werden der Mittelzapfen und die Achse der Trommel in einen gewissen Winkel zur Achse der Antriebswelle gebracht. Auch in der geneigten Lage dreht sich die Trommel zusammen mit der Antriebswelle, die Kolben, die durch Kugelstangen mit dem Triebflansch verbunden sind, führen in ihren Zylindern während jeder Umdrehung eine hin- und hergehende Bewegung aus, die nach einer sinusförmigen Kurve verläuft.

Die Höhe dieser Sinuslinie oder ihre doppelte Amplitude ergibt sich als Relativbewegung der Kolben in ihren Zylindern und ist gleich dem wirksamen Kolbenhub. Je nach der Größe der Schwenkung der Pumpe um die Schwenkachse *p*—*p'* ist der Kolbenhub größer oder kleiner. Bei der größtmöglichen Schwenkung, welche in der Regel 25° beträgt, wird der Kolbenhub etwa 1,25 mal so groß wie der lichte Durchmesser der einzelnen Zylinder. Bei dem Zurückschwenken der Trommelachse in ihre parallele Lage zur Antriebswelle nimmt der Kolbenhub stetig und stufenlos bis auf Null ab, die Verdrängerkolben verbleiben in der mittleren Lage der Zylinderbohrung und fördern kein Triebmittel. Beim Durchschwenken der Pumpe nach der anderen Seite ergibt sich wieder ein Kolben-

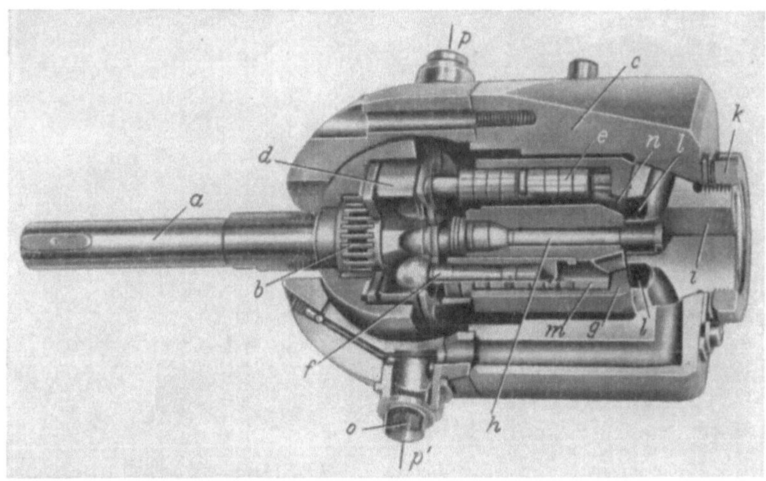

Abb. 48 d. Hydro-Gigant-Kolbenzellenpumpe in Trommelbauart
Hydromatik G. m. b. H., Ulm/Donau
Betriebsdrücke bis zu 250 kg/cm²; $\eta_{ges} = 0{,}90 \cdots 0{,}96$

a Antriebswelle, unmittelbar mit Elektromotor gekuppelt, mit gleichbleibender Drehzahl in dem Nadellager *b* des Gehäuses *c* laufend; *d* Triebflansch mit der Welle *a* aus einem Stück hergestellt. *e* Kolben (ungerade Anzahl: 7 oder 9) durch Kolbenstangen *f* mit großen, kugeligen Köpfen am Triebflansch *d* befestigt; dreht sich der Triebflansch, so drehen sich gleichzeitig mit: die Kolbenstangen, die Kolben und die Zylindertrommel *g*. Trommel *g* ist auf einem durchlaufenden Mittelzapfen *h* gelagert und stützt sich mit seiner sphärisch gestalteten Grundfläche gegen eine ebenfalls sphärische, aber nicht drehbare Steuerplatte *i* ab, diese ist durch die Ringmutter *k* mit dem Pumpengehäuse verschraubt. Die feststehende Steuerplatte *i* besitzt zwei nierenförmige Schlitze *l*, mit denen sie — die einzelnen Förderräume über den Axialkolben *e* wechselweise mit der Saugleitung bzw. der Druckleitung verbindend — so die Druckflüssigkeit steuert. Die Zylinderbohrungen *m* in der Trommel *g* münden auf der Seite der sphärischen oder ebenen Grundfläche in schräg nach innen gerichtete Bohrungen *n*. In Abb. 48 d ist der Anschluß der Saugleitung nicht zu sehen. Die Druckflüssigkeit wird durch die Dichtbüchse *o* gefördert

hub, jedoch ist dieser in seiner Phase um 180° versetzt. Die Folge ist, daß die Förderrichtung der Kolben sich umkehrt, d. h. daß Druck- und Saugseite vertauscht werden.

Die Jahns-Thoma-Pumpen, Abb. 48e, werden für Antriebsdrehzahlen $n = 750$, 1000, 1200, 1500 und 2000 U/min und entsprechenden Fördermengen von 30 bis 600 l/min gebaut. Mit einem normalen Betriebsdruck von $p = 60\,\text{kg/cm}^2$ gehören sie in die Gruppe der Hochdruckkolbenpumpen.

Während bei den in den Abb. 48a bis e dargestellten Kolbenzellenpumpen die hin- und hergehende Bewegung der einzelnen Verdrängerkolben durch Kurbel-, Nocken-, Exzenter- oder Taumelgetriebe bewirkt wird, arbeitet die von Heller, Nürtingen, entwickelte Verstellpumpe, Abb. 48f, „*hydromatisch*", d. h., bei ihr werden die Kolben durch den Flüssigkeitsstrom selbst bewegt, und zwar sorgt eine der Verstellpumpe vorgeschaltete Zahnradförderpumpe und ein besonderes Einstellorgan dafür, daß das Triebmittel wechselseitig der rechten oder linken Seite des Verdrängerkolbens zugeführt wird. Die Triebmittelenergie verschiebt die Kolben, wobei die vor diesen im Zylinderraum

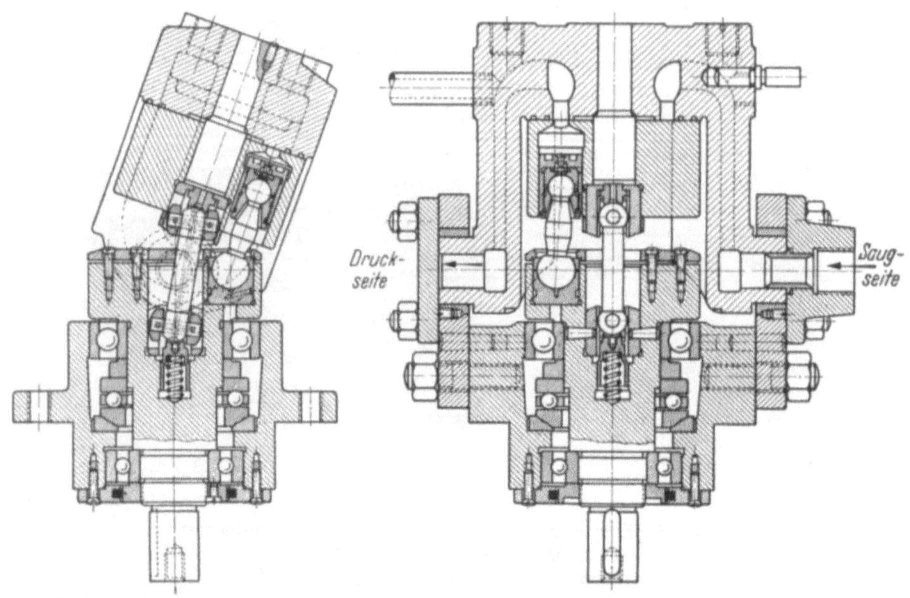

Abb. 48e. *Hochdruck-Kolbenpumpe* in Trommelbauart. System „Jahns-Thoma"
Jahns Regulatoren Gesellschaft, Offenbach/Main

Aufbau und Wirkungsweise sind die gleichen wie bei der unter Abb. 47 beschriebenen Pumpe

Die Druckfeder an dem Mitnehmer hat die Aufgabe, in der Ruhelage und beim Anlaufen die Zylindertrommel gegen den Schwenkkörper zu drücken und ein etwa vorhandenes Spiel zwischen diesen beiden Teilen auszugleichen. Sobald die Pumpe mit voller Drehzahl läuft, wird dieser Federdruck von dem Druck des Triebmittels aufgenommen und die Zylindertrommel kommt dadurch fest zum Anliegen gegen die Steuerfläche (Steuerplatte oder Steuerspiegel *i* in Abb. 48 d) des Schwenkkörpers. Das Lagergehäuse und die Zylindertrommel sind aus feinkörnigem Grauguß mit Kokillenvorlage hergestellt; für die Verdrängerkolben werden EC-Stähle oder weicher Grauguß verwendet. Das Mitnehmergestänge und die Schubstangen der Kolben sind gehärtet

eingeschlossene Flüssigkeit in genau abgemessener Menge in die Zuleitung zum Flüssigkeitsmotor abgedrückt wird.

Die Heller-Pumpe Abb. 48f besteht aus drei zu einer Einheit zusammengeschlossenen Teilen, nämlich:

einer Zahnradpumpe mit gleichbleibender Fördermenge für die Eil- und Zustellbewegung des Schubkolbengetriebes und die Triebmittelmenge für den Antrieb der Verstellpumpenkolben,

einer verstellbaren Kolbenzellenpumpe für das stufenlose Einstellen der Triebmittelmenge zu dem Vorschubzylinder, der Verstelleinrichtung mit Zeiger, Handrad und Regelkurve.

Die Wirkungsweise der Verstellpumpe beruht auf einem Druckgefälle zwischen Zahnrad- und Verstellpumpe; da nämlich das von der Zahnradpumpe geförderte Triebmittel mit ungefähr 2 bis 3 kg/cm² höher vorgespannt ist als die von der Verstellpumpe an das Schubkolbengetriebe abgegebene Flüssigkeit, so drückt die Zahnradpumpe ständig Druckmittel in die Zylinderräume der Steuerbüchse *b*, wenn die Steuerwelle an dem betreffenden Zylinderraum und damit Pumpenkolben vorbei-

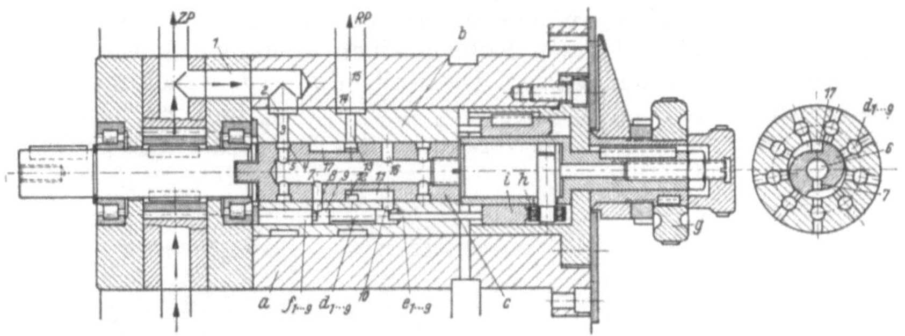

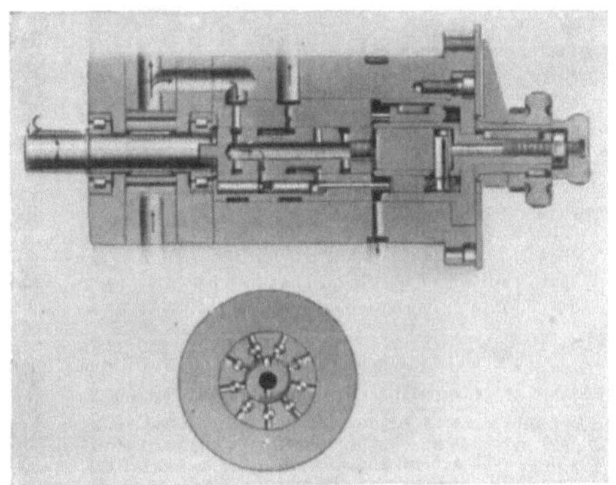

Abb. 48f. „*Hydromatische Verstellpumpe*". Bauart: Gebr. Heller, Nürtingen
a Pumpenkörper aus dichtem Sondergrauguß; *b* Steuerbüchse; *c* Steuerwelle; $d_1 \cdots d_9$ axial um die Steuerwelle angeordnete freibewegliche und doppeltwirkende Verdrängerkolben (gehärtete, am Umfang sehr genau geschliffene Nadeln von 4,6 oder 8 mm Durchmesser); $e_1 \cdots e_9$ rechte Anschlagbolzen; $f_1 \cdots e_9$ linke Anschlagbolzen; *g* Handrad zum Verändern des Hubes der Verdrängerkolben, drückt eine in Kugellagern laufende Führungsrolle *h* gegen die allmählich ansteigende bzw. abfallende Zylinderkurve des Anschlagtellers *i*

Wirkungsweise: [*29.2*] Das von der Zahnradpumpe *ZP* geförderte und mit einem bestimmten Druck beladene Triebmittel gelangt zum Teil durch die Abzweigleitung *1* in die Ringnut *2* und durch mehrere kleine Bohrungen in die Ringnut *4* der umlaufenden Steuerwelle *c*. Die Steuerwelle ist mit der Zahnradwelle gekuppelt, Verstellpumpe *RP* und Zahnradpumpe *ZP* haben also einen gemeinsamen Antrieb. Von der Ringnut *4* aus strömt die Flüssigkeit durch die Bohrungen *5* in die mittige Bohrung *6* der Steuerwelle, wo sie dann vor oder hinter die Verdrängerkolben geleitet wird. In der gezeichneten Stellung der Steuerwelle kann das Triebmittel über die Bohrungen *7* und *8* in den kleinen Zylinderraum *9* strömen. Der Kolben d_1 bewegt sich nach rechts gegen den Anschlagbolzen e_1. Gleichzeitig wird die von dem Kolben aus dem rechten Zylinderraum verdrängte Flüssigkeit über Bohrung *10* und die Nut *11* in die Ringnut *12* abgedrückt und von dieser Nut aus durch mehrere radiale Bohrungen *13* in den Ringkanal *14* und schließlich in die Druckleitung *15* zum Schubkolbentrieb geleitet. Hat sich die Steuerwelle *c* bei ihrem Umlauf um 180° gedreht, dann ist durch Bohrung *16* eine Verbindung hergestellt vom Einlaß *5* durch die Mittenbohrung *6*, die Bohrungen *16* und *10* in den rechten Zylinderraum des Kolbens d_1. Das Triebmittel bewegt jetzt den Kolben nach links zurück und drückt die vor ihm befindliche Flüssigkeit über die Bohrung *8*, die Nut *17* und den Ringkanal *12* in die Vorschubleitung *15* ab.

läuft. Die Welle c hat die Aufgabe, das Triebmittel zu steuern, und zwar so, daß die doppeltwirkenden Kolbenflächen wechselseitig von links oder rechts beaufschlagt werden. Die Kolben $d_1 \cdots d_9$ wandern immer zwischen den Anschlagbolzen $e_1 \cdots e_9$ bzw. $f_1 \cdots f_9$ hin und her. Die Fördermenge läßt sich durch Verändern des Hubes der Pumpenkol-

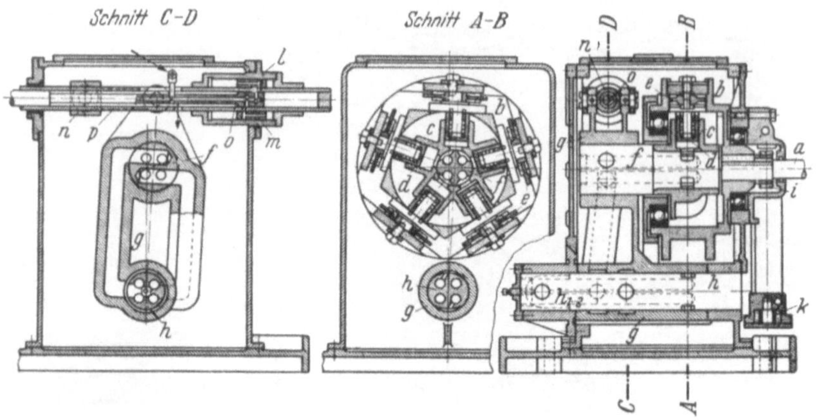

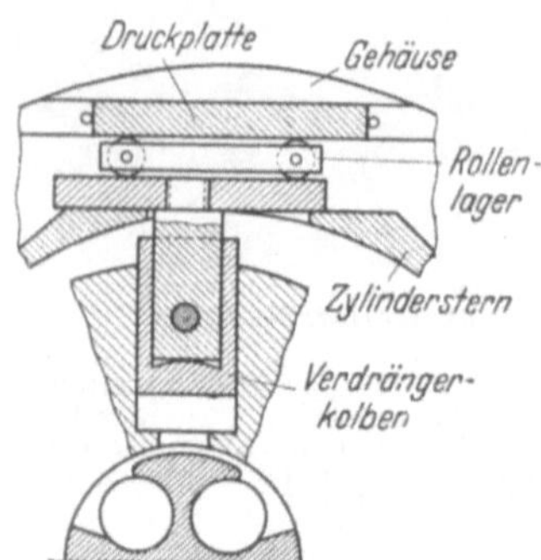

Abb. 48 g. *Volumetrische Kolbenpumpe* mit einstellbarer Förderung

Bauart: Oilgear-Co., Milwaukee, Wisc. USA

Arbeitet nach dem Schema der umlaufenden Kreuzschleife (vgl. Abb. 48 a). Die Kolbenführung ist unverändert gelagert, die Achse des Zylinderkörpers kann exzentrisch verstellt werden

a starr gelagerte Antriebswelle; c aus 5 oder 7 Kolbenzellen bestehender Zylinderstern, dreht sich gemeinsam mit dem Gehäuse b, jedoch um zwei verschiedene und getrennte Achsen; b Gehäuse läuft in Kugellagern, wird durch Welle a in Drehung versetzt; d 5 oder 7 Verdrängerkolben, bewegen sich radial in Bohrungen des Zylindersternes c; e Flachrollenlager, mit denen sich der Kolbenkopf auf entsprechenden parallelen Führungsebenen des Gehäuses abstützt; durch diese konstruktive Maßnahme werden die Reibungskräfte in der Pumpe stark vermindert; f sich nicht drehender, gehärteter Zapfen für c, obere zwei Bohrungen je nach Stellung von Schwinge g: Saug- oder Druckleitung. In Ebene der Kolben sind Schlitze vorgesehen für die Verbindung von Zylinderstern c mit den Längskanälen in Teil f; g Schwinge ist um Schwenkzapfen h drehbar; dadurch kann der Abstand der beiden Drehachsen und somit Hubvolumen bzw. Förderung nach Bedarf verändert werden; h_1 und h_2 Anschlüsse an Saug- und Druckleitung; i Schraubenräder auf a zum Antrieb von k; k kleine Hilfszahnradpumpe, fördert Druckmittel mit gleichbleibendem Vordruck zu der volumetrischen Hochdruck-Kolbenpumpe, die lediglich die eingestellte Flüssigkeitsmenge verdichtet; sie braucht also das Triebmittel nicht aus dem Behälter anzusaugen. Sicherheits- und Überdruckventil sind eingebaut

Antriebsleistung bei Vollast 2,2 kW, Antriebsdrehzahl 1750 U/min, Betriebsdruck 70 kg/cm² Förderung, maximal 9 l/min

ben $d_1 \cdots d_9$ verstellen. Der große Verstellbereich erfordert in seinem unteren Teil eine äußerst genaue Stellkurve. Diese Kurve wird nach dem Härten der Rolle h auf einer eigens hierfür entwickelten Maschine geschliffen. Bei einer Linksdrehung des Stellrades g wird der Anschlagteller axial nach innen verschoben, wodurch die Anschlagbolzen $f_1 \cdots f_9$ den Hub der Kolben $d_1 \cdots d_9$ und damit die Fördermenge verringern. Die Anschlagbolzen können so weit zugestellt werden, daß der Pumpenkolben fest zwischen den beiden Anschlagbolzen $e_1 \cdots e_9$ und $f_1 \cdots f_9$ liegt und keine Förderung mehr erfolgt.

Ein Vergleich zwischen den bekannten Verstellpumpen mit Kurbel-, Exzenter- oder Taumelscheibenantrieb und der „*hydromatischen*" Vorschubpumpe hinsichtlich des Gleichförmigkeitsgrades ihrer Förderung ergibt folgendes Bild: Bei den mechanisch angetriebenen Pumpen schwankt die Größe der Liefermenge jeder einzelnen Verdrängerzelle in Abhängigkeit von dem Drehwinkel zwischen einem positiven und negativen Größtwert und folgt beispielsweise bei den Umlaufkolbenpumpen dem Sinusgesetz des Kurbeltriebes, dessen kinematische Umkehrung sie darstellt. Die Liefermengen gelangen in diesem Falle mit einer Phasenverschiebung, die der Zellenteilung entspricht, nacheinander in das Leitungsnetz. Der wirksame Flüssigkeitsstrom entsteht aus der Überlagerung der einzelnen Abdrückungen und bildet einen mehr oder weniger gleichförmigen Gesamtstrom. Anders liegen die Verhältnisse bei der „hydromatischen" Pumpe. Die Kolbengeschwindigkeit hängt von der zugeführten Triebmittelmenge ab; sie folgt nicht nach einem Sinusgesetz, sondern ist über den ganzen Hub annähernd gleich groß. Beim Anstoßen eines Kolbens am Anschlag wird die Abdrückung des Triebmittels unterbrochen, und die nun verfügbare Flüssigkeitsmenge strömt sofort durch eine inzwischen von der Steuerwelle geöffnete Zuleitung hinter den nächsten Kolben und vollzieht die Abdrückung der Flüssigkeit vor diesem Kolben. Bei einer Antriebsdrehzahl von 1500 U/min ergeben sich 450 Abdrückungen je Sekunde, die Förderung der Pumpe kann dadurch sehr gleichförmig gehalten werden.

Der Pumpenkörper ist — wie erwähnt — aus einem dichten Sondergrauguß. Sämtliche Bohrungen für die Triebmittelzuleitung und -ableitung sowie die Bohrung für die Steuerbüchse werden durch Honen fein bearbeitet. Die Steuerwelle und die Büchse werden getrennt voneinander geläppt, also nicht, wie dies sonst häufig in der Werkstatt ausgeführt wird, miteinander fertig bearbeitet, denn erfahrungsgemäß wird bei dem gemeinsamen „Einläppen" der beiden Teile die Bohrung konisch. Die Zu- und Ableitungen zu den Verstellpumpen sind so bemessen, daß die Strömungsgeschwindigkeit von 3 m/s nicht überschritten wird; in den Kanälen innerhalb der Pumpe werden dagegen wesentlich höhere Geschwindigkeiten erreicht, so daß sich das Triebmittel auf etwa 50 bis 70° C erwärmt.

Die hydraulischen Pumpeneinheiten von Heller werden in erster Linie für kleine Fördermengen und hohe Betriebsdrücke verwendet.

Bei der Oilgear-Pumpe (Abb. 48g) ist es möglich, mit niedrigem Druck die Leer- oder Eilgänge zu überwinden und mit hohem Druck die langsameren Arbeitsvorschübe auszuführen. Die Oilgear-Pumpen zeigen eine geschlossene Bauweise von verhältnismäßig kleinen Abmessungen. Der Flüssigkeitsstrom findet nirgendwo eine Drosselung, die bei den verwendeten hohen Drücken zu einer Energieumwandlung in Wärme und zur Schaumbildung führen würde. An sämtlichen Teilen, die dicht halten müssen, werden keine Packungen benützt; die Dichtungsstellen sind vielmehr sorgfältig eingeschliffen und eingepaßt.

In England wird neuerdings eine Hochdruck-Kolbenpumpe nach den Entwürfen von T. E. BEACHAM [*63*] hergestellt, die eine Weiterentwicklung der seitherigen Hele-Shaw-Beacham-Pumpe darstellt. Die Pumpe läuft mit 1500 bis 2000 U/min, gibt sehr hohe Flüssigkeitsdrücke zwischen 105 und 420 kg/cm² ab, bei außerordentlich geringen Förderungen herunter bis 0,75 l/min. Die gedrungene Bauart ermöglicht es, sie zu einer Einheit mit dem Ölbehälter zusammenzubauen, und zwar in senkrechter oder in waagerechter Lage. Die Pumpe besitzt ein Überdruckventil und Ölfilter und wird unter den Ölspiegel verlegt. Die Reibungs- und Leckverluste sollen bei dieser Pumpe erstaunlich gering sein, so daß der Gesamtwirkungsgrad über einen ausgedehnten Arbeitsbereich mit 90 bis 95 v.H. angenommen werden kann. Die Zylinder der Verdrängerkolben sind auswechselbar, durch die Wahl von größeren oder kleineren Durchmessern kann mithin bei ein und derselben Pumpe die Förderung geändert werden. Werden drei größere und drei kleinere Zylinder eingepaßt, so läßt sich die Pumpe auch für hohe und niedere Flüssigkeitsdrücke verwenden. *Die Antriebswelle ist mit einem Gegengewicht ausgerüstet, um das dynamische Gleichgewicht herzustellen.*

2.2 Der Flüssigkeitsmotor

2.21 Allgemeines

Der Flüssigkeitsmotor oder, kurz gesagt, der Motor hat die Aufgabe, die innere Energie der Druckflüssigkeit, die ihr von der Pumpe erteilt wurde, wieder in mechanische Energie zur Leistung von Nutzarbeit umzuwandeln.

Im Laufe der Entwicklungszeit haben sich für das Flüssigkeitsgetriebe zwei grundsätzlich verschiedene Motorarten herausgebildet:

der *Schubkolbentrieb* für geradlinige, hin- und hergehende Bewegung,

das *Zellengetriebe* für kreisende Bewegung.

Für den Schubkolbentrieb kann jede Pumpenart verwendet werden, gleichgültig ob Zahnradpumpe, Schrauben-, Flügel- oder Kolbenpumpe. Der Motor wird als ein von der Pumpe getrennter und unabhängiger Antriebsteil ausgebildet. Kraftquelle und Verbraucherstelle oder, wie man es auch häufig ausdrückt: Primär- und Sekundärseite sind durch ein mehr oder minder ausgedehntes Leitungsnetz verbunden, das in den meisten Fällen zu einem *offenen* Flüssigkeitskreislauf geschaltet ist.

Die Mehrzahl der auf S. 86/106 besprochenen Flügel- und Kolbenpumpen mit veränderlicher Fördermenge kann ohne bauliche Veränderung als Zellengetriebe verwendet werden, wenn man ihnen Druckflüssigkeit zuführt und an ihrer Abtriebswelle die Leistung entnimmt. Dabei werden Pumpe und Motor im allgemeinen in gleicher Bauart ausgeführt und zu einer Getriebeeinheit vereinigt, also in demselben Gehäuse läuft die Pumpe und treibt den Motor an, wobei dieser die Triebflüssigkeit entspannt wieder abgibt. Auf diese Weise sind das

Boehringer-Getriebe, das Jahns-Thoma-Getriebe, das Pittler-Getriebe, das Hydromatik-Getriebe, der Enor-Trieb und das amerikanische Oilgear-Getriebe entstanden.

2.22 Schubkolbentrieb

2.221 Allgemeine Gestaltung, Anordnung, Werkstoffe und Bearbeitung, Dichtungsmittel

Das Schubkolbengetriebe besteht im wesentlichen aus dem Hohlzylinder, dem Kolben mit der Kolbenstange und den Dichtungsmitteln für diese 3 Teile. Der Kolben wird durch die in den Zylinder geförderte Druckflüssigkeit in eine geradlinige, hin- und hergehende Bewegung versetzt, so daß er mit der Kolbenstange den Maschinentisch oder -schlitten verschieben kann. Man hat die Wahl, entweder den Zylinder mit dem Maschinengestell starr zu verbinden und *in* ihm den Kolben, der seinerseits an dem beweglichen Maschinenteil befestigt ist, gleiten zu lassen, oder es ist umgekehrt der Kolben in bzw. an dem Gestell fest gelagert und der Zylinder, der mit dem zu bewegenden Tisch oder Schlitten verbunden ist, bewegt sich *über* dem Kolben.

Die Anordnung von Zylinder und Kolben sowie die Art der Kolbenstangenführung (ein oder zwei Durchgangsstellen durch die Zylinderenden) und die Befestigung hängen ab von den jeweiligen Vorschubbedingungen, den baulichen Verhältnissen und dem zur Verfügung stehenden Raum für die hydraulisch bewegten Teile. In der Schemazeichnung Abb. 49 sind einige charakteristische Anordnungen von Zylindern und Kolben zusammengestellt. Bei jedem Ausführungsbeispiel ist angegeben, ob die Vor- und Rücklaufgeschwindigkeiten verschieden oder gleich groß sind, ferner sind aufgeführt die Zahl der Stopfbüchsen für die Kolbenstange und der Platzbedarf, bezogen auf die Hublänge des Schubkolbentriebes.

Abb. 49,1 stellt einen Plunger dar, wie er für die Bewegung von Preßstempeln, Preßformen, Gesenken und Schnitt gebraucht wird; da er den Preß-Stößel nur in einer Richtung bewegen kann, sind für den Rücklauf besondere Rückholzylinder notwendig. Der Plungerkolben weist keine Kolbenringe oder andere Dichtungsmittel auf. Die Passungstoleranz zwischen Kolben und Zylinder beträgt bei Kolbendurchmesser über 400 mm im allgemeinen etwa $h\,8/H\,8$.

Die Grundform, Abb. 49,2, wird bei Flüssigkeitsgetrieben angewendet, bei denen in einer Bewegungsrichtung verhältnismäßig hohe Schnittkräfte bei geringem Hub aufzubringen sind. Die Kolbengeschwindigkeit kann beim Rücklauf wesentlich größer gehalten werden als beim Vorlauf, wenn der Kolbenstangendurchmesser stark bemessen wird und damit für die Rückbewegung nur ein kleiner, ringförmiger Druckraum verfügbar ist. Diese Ausführung ist besonders geeignet für Kurzhobler und Kaltkreissägen.

Die Anordnung nach Abb. 49,3 ist die gebräuchlichste bei allen Maschinen mit gleicher Vorschubbewegung in beiden Richtungen und nicht allzu großen Vorschubkräften. Die doppelseitige Befestigung des

	Zylinder- und Kolbenanordnung	Vor- und Rücklaufgeschwindigkeit	Durchgangsstellen der Kolbenstange (= Stopfbüchsenzahl)	Platzbedarf bezogen auf Hublänge h
49,1	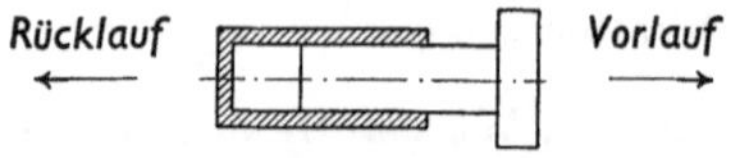 Rücklauf ← → Vorlauf	gleich oder verschieden*	keine	$1 \times h$
49,2	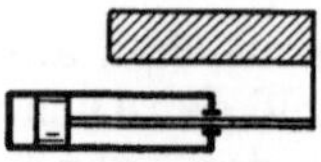	verschieden	1	$2 \times h$
49,3	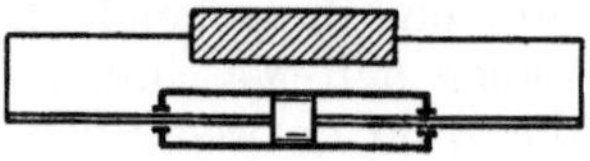	gleich	2	$3 \times h$
49,4	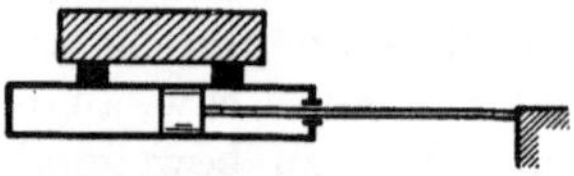	verschieden	1	$2 \times h$
49,5	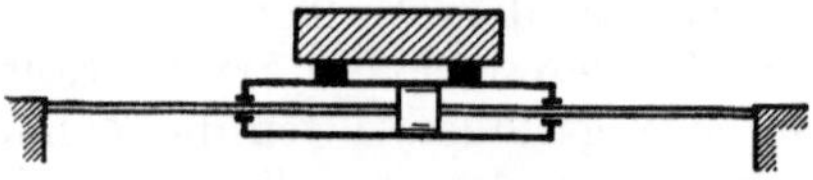	gleich	2	$2 \times h$
49,6	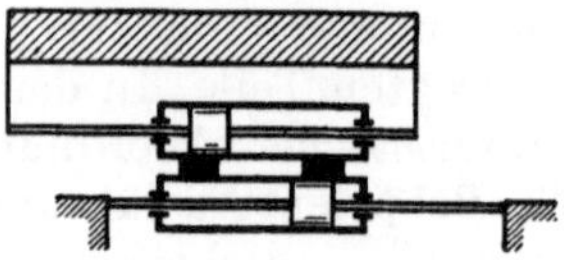	gleich	4	$3 \times h$
49,7	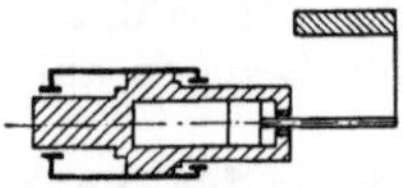	verschieden	3	$2 \times h1 + 2 \times h2$
49,8	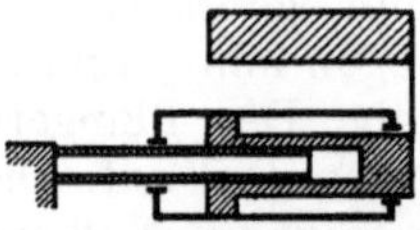	verschieden	1	$2 \times h$
49,9		gleich	0	$2 \times h$

Abb. 49. Grundformen der Anordnung von Zylinder und Kolben

* Bei Anwendung an Pressen abhängig vom Rückholzylinder.

Kolbens ergibt eine gute Führung der Kolbenstange selbst bei längeren Hüben, nachteilig ist allerdings der große Platzbedarf für das weit über das Gestell nach beiden Seiten herausfahrende Maschinenteil. Diese Grundform wird vorzugsweise bei Flachschleifmaschinen verwendet.

Will man bei Maschinen mit langer Schnittbewegung durch eine möglichst starre Führung ein Ausknicken der Kolbenstange vermeiden, so verlegt man den Zylinder in den Schlitten oder Maschinentisch (Abb. 49,4) und befestigt die Kolbenstange in dem Maschinengestell. Die Anordnung Abb. 49,5 ist ähnlich der nach Abb. 49,3, jedoch ist der Platzbedarf hierbei geringer. Diese Ausführungsform wird überall dort angewendet, wo es in besonderem Maße auf eine sichere und genaue Führung des Tisches oder Schlittens ankommt und dieses Teil nicht über das Bett bzw. Gestell herausragen soll (Rund- und Innenschleifmaschinen). Das Triebmittel wird an den Enden des Zylinders durch die hohle Kolbenstange zu- und abgeführt, so daß biegsame Schläuche vermieden werden. Sollen bei großen Hüben Zylinder und Kolbenstangen nicht zu lang werden, so kann man das Schubkolbengetriebe nach Abb. 49,6 ausbilden, und zwar mit *zwei* Zylindern und *zwei* Kolben. Der eine Kolben ist im Bett mit den beiden Enden seiner Kolbenstange fest verbunden, während der in dem gleichen Zylinderblock laufende zweite Kolben am Maschinentisch befestigt ist. Der Zylinderblock braucht nur die eine Hälfte des Gesamthubes zurückzulegen, die andere Hälfte wird von dem zweiten, in Abb. 49,6 oberen Kolben ausgefahren. Die Kolbenstangen ragen mithin auch nur um die halbe Länge des größten Tischhubes aus den beiden Zylindern heraus. Setzt man außerdem die Kolbenstangen unter *Vorspannung* in das Bett und den Tisch ein, so können Ausknickungen bzw. Federungen bei der Tischumkehr wirksam vermieden werden.

Abb. 49,7 zeigt ein Mehrkolben-System, bei dem 2 Kolben ineinandergebaut sind, so daß bei geringem Platzbedarf verhältnismäßig große Hublängen möglich sind.

Bei der Ausführung nach Abb. 48,8 sind durch Ausbohren der Kolbenstange, die in dem Kolben gleitet, zwei konzentrische Zylinder mit insgesamt 3 Druckräumen geschaffen. Durch entsprechende Schaltung können 3 Geschwindigkeitsstufen eingestellt werden, je nachdem, ob das Triebmittel in den innersten Kolbenraum gelangt, oder die linke, ringförmige Kolbenfläche beaufschlagt oder schließlich auf beide Kolbenquerschnitte gleichzeitig geleitet wird. Alle 3 Schaltungen dienen dem Vorlauf, beim Rücklauf wird das Triebmittel in den rechten, schmalen und ringförmigen Druckraum geleitet, so daß eine Eilbewegung entstehen kann.

Der Schubkolbentrieb nach Abb. 49,9 weist keine Kolbenstangen und Stopfbüchsen auf. Die Bewegung des von beiden Seiten wechselweise beaufschlagten Kolbens wird über Zahnstange und Ritzel auf das hydraulisch zu bewegende Maschinenteil übertragen. Der Kolben muß gut geführt werden und die Durchführung der Ritzelwelle ist sorgfältig abzudichten. Der Vorteil dieser Ausführung liegt darin, daß sie eine geschlossene, lecksichere Einheit bildet, die leicht zugänglich und wenig Platz beanspruchend in die Maschine einzubauen ist. Es ist behauptet worden, die Verquickung von mechanischem Getriebe mit dem hydraulischen sei wegen des Spieles zwischen Zahnstange und Ritzel nachteilig. Dieser Einwand ist nicht stichhaltig, da man das Spiel bei der heutigen Bearbeitungsgenauigkeit in sehr engen Grenzen halten und im übrigen durch einfache Maßnahmen nach beiden Richtungen ausgleichen kann. Allerdings wird diese Ausführungsart auf Maschinen mit verhältnismäßig geringer Hublänge beschränkt bleiben.

Die Zylinder werden aus feinkörnigem und dichtem Gußeisen mit einer Brinellhärte von 180 bis 220 nach DIN 1691 hergestellt oder aus nahtlosen Präzisionsstahlrohren nach DIN 2385 und DIN 2391 sowie nahtlosen Flußstahlrohren nach DIN 2449 aus St 00.29. Die handelsüblichen Nennweiten, Außendurchmesser und Wanddicken sind dem Normalblatt DIN 2385 zu entnehmen. Im allgemeinen erübrigt sich eine Nachbearbeitung der nahtlos, kaltgezogenen Rohre. Werden besonders hohe Anforderungen an die Maßhaltigkeit und Dichtung zwischen Zylinderwand und Kolben gestellt, so werden die Zylinder vor dem Einpassen des Kolbens durch Ziehschleifen (Honen) nachbehandelt. Als Kolben kommen in erster Linie Scheibenkolben aus Gußeisen oder Stahl in Frage. Tauch- und Rohrkolben werden selten verwendet. Die Kolbenlänge ist meist größer als der Durchmesser und beträgt etwa 1,25 D bis 1,5 D. Die Kolbenstangen werden im allgemeinen aus blankem Rundstahl, gezogen oder gedreht, nach DIN 668 hergestellt oder aus Stahlwellen gerichtet und poliert. Dient die Kolbenstange zugleich zur Zuleitung des Triebmittels zu dem Zylinder, so verwende man handelsübliche Flußstahlrohre nach DIN 2449. Der Austritt des Triebmittels in das Innere des Zylinders geschieht durch Schlitze oder Ausbohrungen in der Wandung der hohlen Kolbenstange. Eine besondere Art der Triebmittelzuführung in den Zylinderraum vor oder hinter dem Kolben zeigt Abb. 50. Indem man die Druckflüssigkeit durch den Kolben zu- oder abführt, vermeidet man die Durchbrüche in der hohlen Kolbenstange und damit eine Schwächung der auf Knikkung beanspruchten Stange. Die Zu- und Abfuhrkanäle liegen im Kolben so, daß auch bei waagerechter Lage des Zylinders das Triebmittel beim Rücklauf des Kolbens restlos verdrängt werden kann. Die Bemessung der Kolbenstange ist abhängig von der Vorschubkraft und damit der erforderlichen wirksamen Kolbenfläche und der Hublänge. Das Verhältnis von Zylinderdurchmesser zu Kolbenstangendurchmesser schwankt etwa zwischen 1,1 bis 1,8.

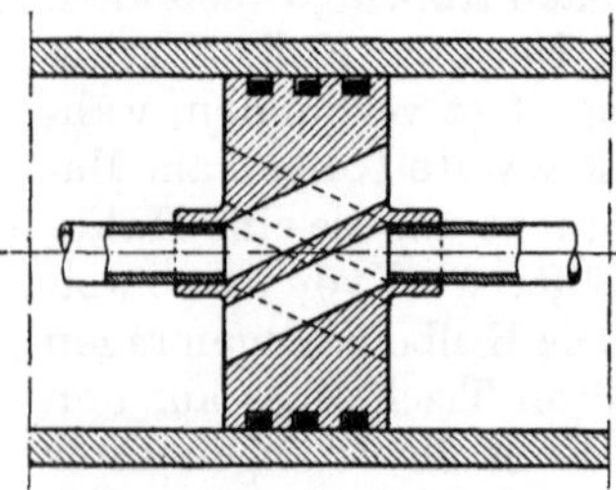

Abb. 50. Triebmittelzuführung durch Kolbenstange und Kolben

Das Abdichten des Kolbens geschieht, wenn seine Umfangsfläche ohne Dichtungsmittel nicht ausreicht, mit Kolbenringen nach DIN 73102 oder mit Dichtungsmanschetten aus Leder bzw. Kunststoffen [8]. Es sollen so wenig wie möglich Kolbenringe (3 bis 4) vorgesehen werden. Schmale Kolbenringe tragen besser und dichten daher gut ab. An die Kolbenringe sind folgende Bedingungen zu stellen:

Gleichmäßiges Anliegen mit geringem Druck ringsherum an der Zylinderwand, damit keine einseitige Abnutzung oder gar Fressen entsteht. Spiel in der Kolbennute höchstens 0,025 mm.

Die inneren Kanten sollen leicht abgeschrägt sein, die äußeren scharf.

Die schräge Schlußstelle muß genau passen.

Andere Dichtungsmittel in Form von Manschetten oder Stopfbüchsenpackungen für Kolben und Kolbenstangen sind:

Manschettendichtungen: Manschette aus Metall-Legierung, Manschette aus Chromleder oder Perbunan (Abb. 51a bis f).

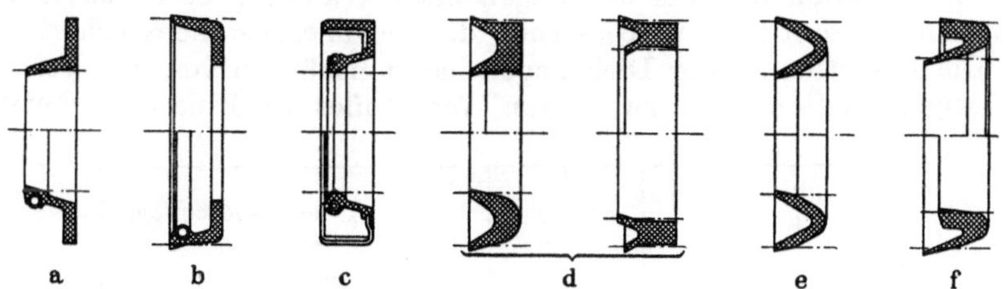

Abb. 51. Manschetten-Dichtung aus Chromleder oder Simrit
a) Hutmanschette; b) Topfmanschette; c) Simmering; d) Nutringe; e) Dachmanschette; f) Lippenring

Hydraulikpackung (Weichpackung): Hanf mit Bleidrähten verflochten, darauf konzentrische Decken aus Baumwolle, getränkt mit einer Ölgraphitmasse.

Hohlringpackung: Aus Weißmetall hergestellte Hohlringe quadratischen Querschnittes mit Graphitfüllung (Abb. 52).

Über das Verhalten dieser verschiedenen Dichtungsmittel unter Flüssigkeitsdruck hat H. DIEGMANN [24] sorgfältige Untersuchungen

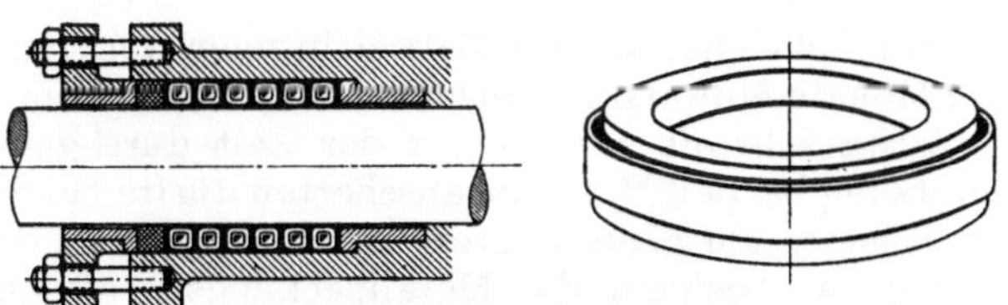

Abb. 52. Hohlringpackungen

vorgenommen. Er fand, daß die Reibung der Manschettendichtungen in erster Linie von der Höhe des Flüssigkeitsdruckes, dann von den Eigenarten der Manschettenform und von dem Werkstoff der Manschetten abhängig ist. Bei niedrigem Druck haben die Nutringmanschetten den geringsten Reibungsverlust mit 1,2 bis 0,5%, bezogen auf die Kolbenkraft und im Gebiet von 25 bis 100 kg/cm². Die Hohlringpackungen weisen für dasselbe Druckgebiet Verluste zwischen 7,4 und 2,8% auf, während die Weichpackungen etwas höher liegen mit 9,1 bis 2,2%.

Abb. 53 zeigt den Verlauf des Reibungswiderstandes an Nutringdichtungen in Abhängigkeit von der Vorschubgeschwindigkeit eines Schubkolbens mit Kolbenstange und mit dem Betriebsdruck p als Parameter [43]. Der Reibungswiderstand steigt im Gebiet kleiner Vorschubgeschwindigkeiten bei allen Drücken stark an und erreicht bei sehr kleinen Geschwindigkeiten einen deutlich ausgeprägten Höchstwert. Bei Geschwindigkeitszunahme nimmt die Reibung schnell ab und erreicht bei hohen Geschwindigkeiten bei allen Drücken einen nahezu gleichen, verhältnismäßig kleinen Wert. Der starke Abfall des Reibungswiderstandes mit Zunahme der Geschwindigkeit, der mit dem Aufbau eines dynamischen Druckes im Schmierspalt zwischen den bewegten Teilen und der sie umgebenden Wandung zu erklären ist, läßt eine wesentliche Verbesserung des Schmierzustandes erkennen.

Die Lebensdauer der Dichtungen hängt natürlich von den Festigkeitseigenschaften des verwendeten Werkstoffes ab. Eine gute Weich-

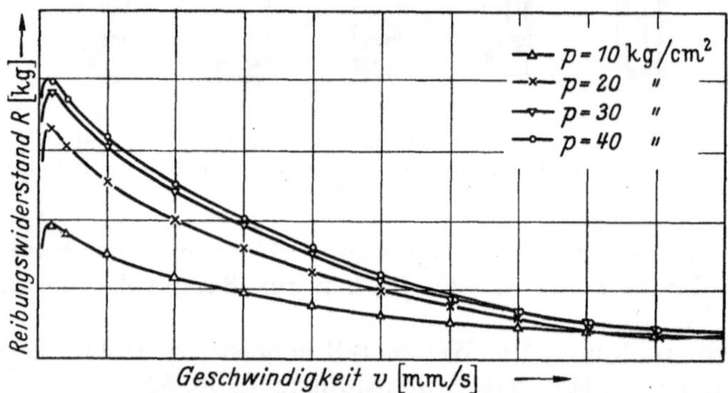

Abb. 53
Reibungswiderstand an Nutringdichtungen in Abhängigkeit von der Verschubgeschwindigkeit

packung muß bei täglich 8stündigem Betrieb in einer Werkzeugmaschine etwa 6 bis 12 Monate einwandfrei dichten. Die Manschetten aus Leder oder einem Austauschstoff werden mit der Zeit durchgerieben. Die stärkste Abnützung bei den Nutringmanschetten dürfte bei der Anlagestelle der Manschette am oberen Manschettenstützring auftreten. Die größte Lebensdauer besitzen die Metallpackungen, die unter Umständen mehrere Jahre hindurch verwendungsfähig bleiben.

Bei den hydraulisch angetriebenen Werkzeugmaschinen haben sich die Dichtungsmittel des Simmerwerkes von Carl Freudenberg, Weinheim (Bergstraße), sehr gut bewährt. Eine Manschette in ihrer einfachsten Form besteht aus einem planen Halteteil sowie einer meist etwas konischen Dichtlippe, die auf dem abzudichtenden Maschinenteil (Kolbenstange, Welle) gleitet. Die Laufstelle muß stets hinreichend geschmiert werden. Ist das plane Halteteil im Durchmesser größer als die Dichtlippe, so handelt es sich um eine

a) *Hutmanschette*, das Halteteil heißt Flansch.

Ist das Halteteil kleiner, ergibt sich eine

b) *Topf- oder Napfmanschette*, das Halteteil heißt hier Boden.

Zum Abdichten von sich drehenden Wellen eignen sich besonders die

c) *Simmerringe*, sie sind zumeist Hutmanschetten, die am Flansch mit einem zylindrischen Haftteil versehen werden. Mit diesem sitzen sie in einer entsprechend bemessenen Bohrung dicht und fest. Mit Hilfe einer Wurmfeder wird die Anlage der Dichtlippe auf der Welle gesichert.

Weitere Manschettendichtungen für Hochdruckbetrieb sind:

d) *Nutringe*, die an einem planen oder gerundeten Ringteil außen und innen eine kräftige Dichtlippe besitzen. Das Ringteil heißt Rücken. Bei vielen Ausführungen mit planen Rücken wird eine Dichtlippe zu einem etwas verlängerten Haftteil mit rechteckigem Querschnitt umgestaltet (Abb. 51 d).

e) *Dachmanschetten* besitzen winkelförmigen Querschnitt mit zwei meist gleich geneigten und gleich langen Dichtlippen.

f) *Lippenringe* sind den Nutringen ähnlich, doch wird eine Dichtlippe zu einem verstärkten Haftteil umgestaltet und die andere Lippe schlanker und länger ausgeführt, der Rücken ist gerundet.

Nutringe werden lose eingelegt bzw. mit einem Haftteil ähnlich wie Simmerringe festgehalten. Wegen der Druckbelastung müssen sie entlang der Rückenfläche abgestützt werden. Dachmanschetten und Lippenringe werden in axialer Richtung durch entsprechend geformte Grund- und Gegenringe verspannt (Abb. 54).

Bei höheren Flüssigkeitsdrücken bis zu 100 kg/cm² dichtet man hin und her bewegte Teile besser mit Nutringmanschetten. Die Nutringmanschetten werden mit planem oder mit rundem Rücken (Abb. 51 d) hergestellt. Die Manschetten mit rundem Rücken sind hauptsächlich als Ersatz für entsprechend geformte Ledermanschetten gedacht. Von besonderem Vorteil ist die außerordentlich kurze Baulänge der Nutringdichtung ($h = b$), in jedem Falle genügt der Einbau von nur einer Manschette.

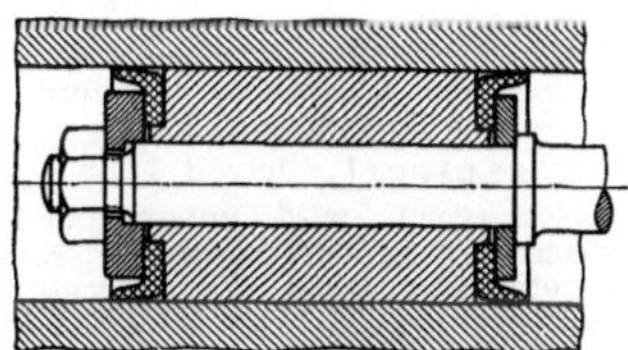

Abb. 54
Abdichten eines Schubkolbens mit Topfmanschetten

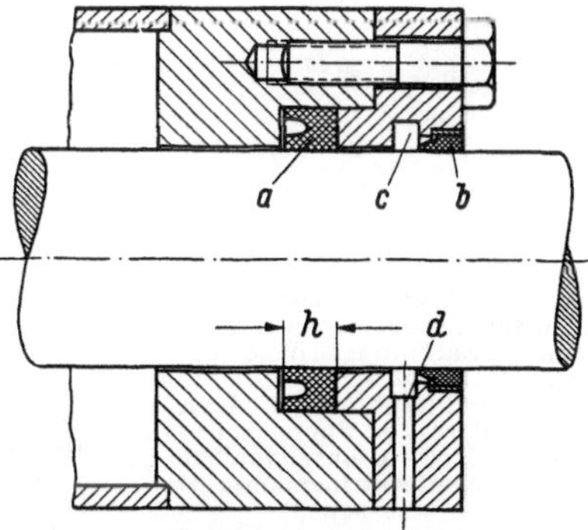

Abb. 55. Nutringmanschette bei einer Kolbenstangen-Dichtung
a Nutring; *b* Ölabstreifer; *c* Sammelkanal für Lecköl; *d* Abfluß für Lecköl

Abb. 55 zeigt das Abdichten eines Schubkolbens mit Nutringmanschetten. Die Manschetten werden in ihrem Haftteil durch Flansche, die vorsichtig angezogen werden müssen, um ein Verspannen der Dichtlippen zu vermeiden, festgehalten. Die Flansche reichen höchstens bis zum inneren Übergangsradius der Manschette, da eine freie Beweglichkeit der Dichtlippen erforderlich ist, im Gegensatz zu den früheren Ledermanschetten, bei denen der Flansch die Dichtlippen fest gegen die Zylinderwand preßte.

In den Abb. 56a bis h sind einige vorbildliche Ausführungen der in Abb. 49 schematisch dargestellten Grundformen gezeigt.

Beim Vorlauf des Kolbens in Abb. 56h auf Seite 116 wird die Druckflüssigkeit auf die vordere wie auf die hintere Seite des Kolbens geführt. Die Differenz der beiden Kolbenflächen ergibt die gewünschte Vorschubkraft. Im Rücklauf wird die Leitung von der hinteren Kolbenseite gegen den Ablauf geöffnet.

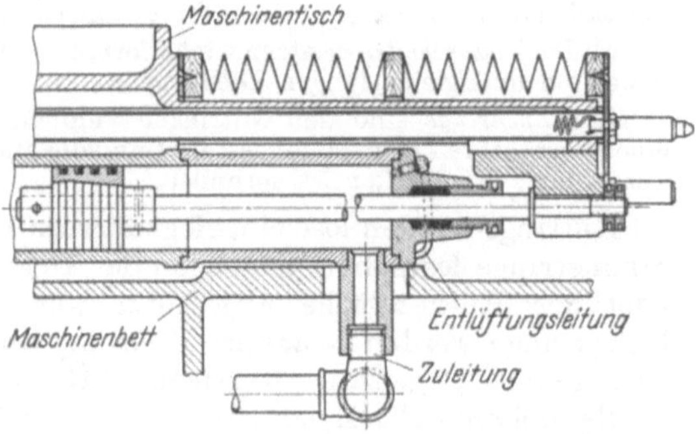

Abb. 56b. *Schubkolbentrieb* bei einer Flachschleifmaschine mit Anordnung nach Grundform 49,2. Zylinder ist aus einzelnen Gußstücken zusammengesetzt, an beiden Zylinderenden sind dünne Leitungen befestigt, die zum Behälter führen und der Entlüftung dienen

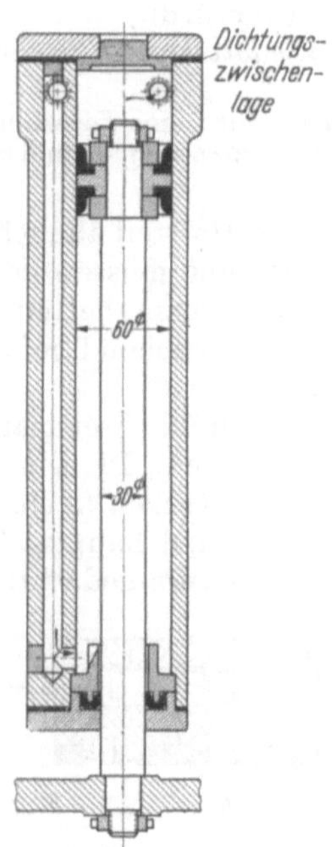

Abb. 56a. *Schubkolbenzylinder* mit einseitigen Leitungsanschlüssen, von denen eine Zuführung in die Zylinderwandung eingegossen ist. Dichtung der aufgeschraubten Endstücke durch Einlage von Pappe oder Ölpapier. Kolbenstangendurchgang und Kolben mit Nutringmanschetten versehen

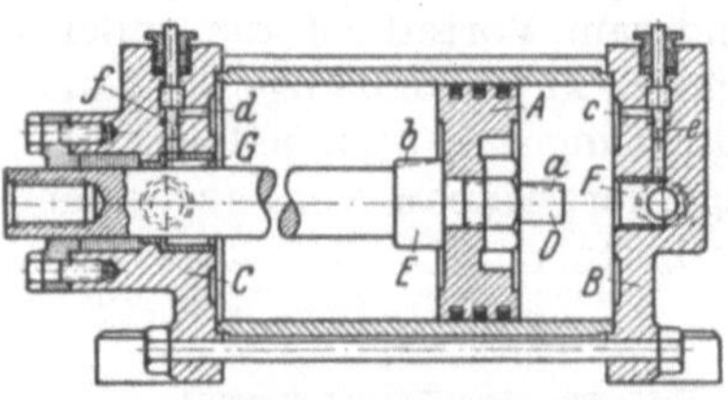

Abb. 56c. *Schubkolbentrieb* mit auswechselbaren Zylinderteilen für verschiedene Hublängen Anschlußmaßen und -formen

Bauart: Logansport, Detroit USA

Zylindrisches Zwischenstück wird entsprechend der Hublänge ausgewechselt, desgl. Kolbenstange. Endteile werden nur ausgetauscht, wenn die Anschlußform geändert werden soll. Kolbentrieb besitzt selbsttätig wirkende, einstellbare Kolbenabbremsung: kurz bevor Kolben *A* am Hubende gegen Zylinderköpfe *B* bzw. *C* stoßen würde, tritt Bolzen — am rechten Ende *D*, am linken Ende *E* — in die Zuleitungsbohrung *F* bzw. *G* ein und schließt Triebmittelzufuhr über schräge Nute *a* bzw. *b* allmählich ab. Triebmittel kann nur noch durch Hilfskanäle *c* und *d* aus Zylinderraum verdrängt werden. Abfluß durch *c* und *k* kann mit einstellbarem Schieber *e* bzw. *f* nach Bedarf gedrosselt werden. Durch Abbremsen der Kolbenbewegung in beiden Richtungen stoßfreier Bewegungsablauf!

Abb. 56a—h. Ausführungen von Schubkolbentrieben

Mit den beiden elektrisch betätigten Steuerschiebern können die beiden ineinandergeschachtelten Kolben unabhängig voneinander gesteuert werden. In der Ruhestellung, d. h. wenn beide Magnetspulen der Steuerschieber *A* und *B* stromlos sind, befindet sich der Schlitten *b* in der vordersten, d. h. rechten Stellung *I*.

Sobald die Maschine in Betrieb gesetzt wird, ziehen beide elektrischen Steuerschieber *A* und *B* an. Die beiden Druckleitungen vom linken Zylinderraum werden gegen Ablauf geöffnet, so daß beide

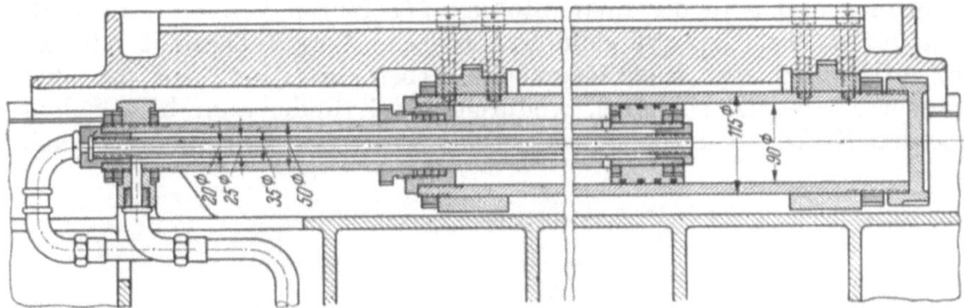

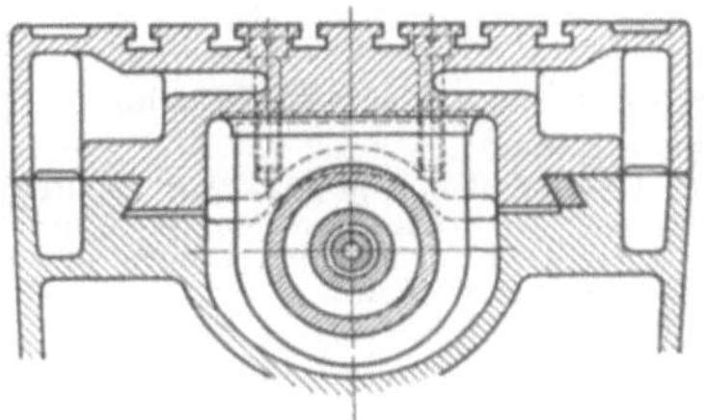

Abb. 56d. *Schubkolbentrieb an einer Planfräsmaschine* nach Grundform 49,4. Kolben und Kolbenstange fest im Maschinenbett eingebaut, der mit dem Tisch verbundene Zylinder gleitet hin und her. Zu- und Ableitung des Triebmittels geschieht durch die hohle Kolbenstange, die aus zwei ineinandergesteckten Rohren besteht, von denen das größere die Zufuhr zu dem ringförmigen, kleineren Zylinderraum ermöglicht, das innere Rohr Triebmittel durch den Kolben hindurch in den größeren Zylinderraum führt

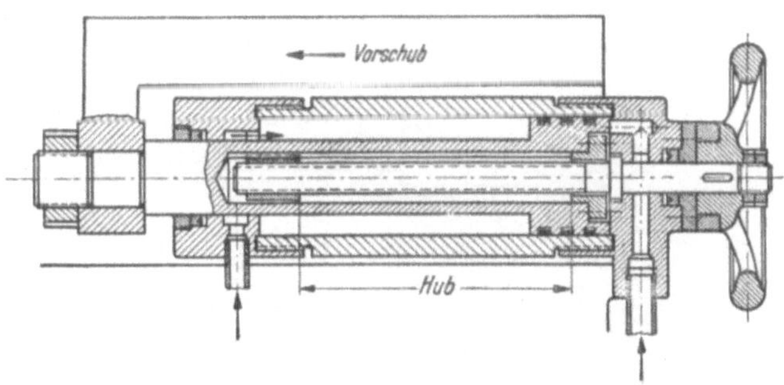

Abb. 56e. *Schubkolbentrieb* mit eingebauter Hubbegrenzung für Planschlitten von Drehbänken, Bohrschlitten von Bohrwerken und Feinbohrmaschinen. Bauart: Gebr. Heller, Nürtingen. Hublänge kann mit Handrad, Skala und Gewindespindel, die einen innerhalb der Kolbenstange befindlichen Anschlag verschiebt, genau eingestellt werden

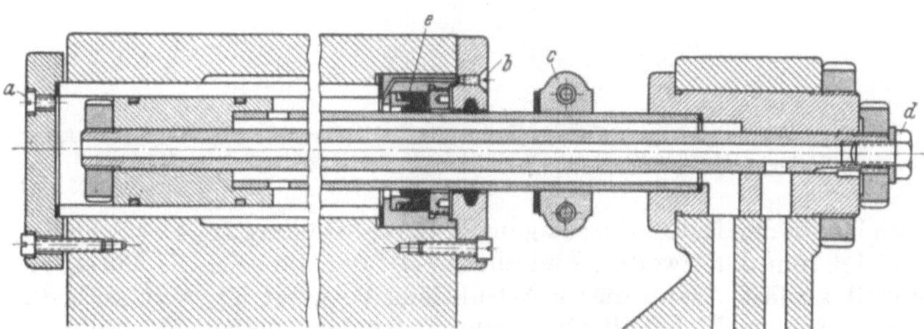

Abb. 56f. *Schubkolbentrieb* mit einseitiger, hohler Kolbenstange für eine Drehmaschine Bauart: E. Dubied & Cie., Neuchâtel (Schweiz)

a und *b* Entlüftungsschrauben; *c* rechter Schlittenanschlag; *d* Verschlußschraube am Manometeranschluß; *e* Manschettendichtung aus Leder oder Gummi

Kolben c und a in die linke Stellung III fahren können. Ein Endschalter d_1 löst daraufhin die hydraulische Vorschubeinheit mit der Arbeitsspindel aus. Nach beendeter Arbeitsoperation wird der eine Steuerschieber A stromlos, wodurch der Zylinderraum hinter dem kleinen Kolben a unter Druck gesetzt wird. Der Kolben führt nach

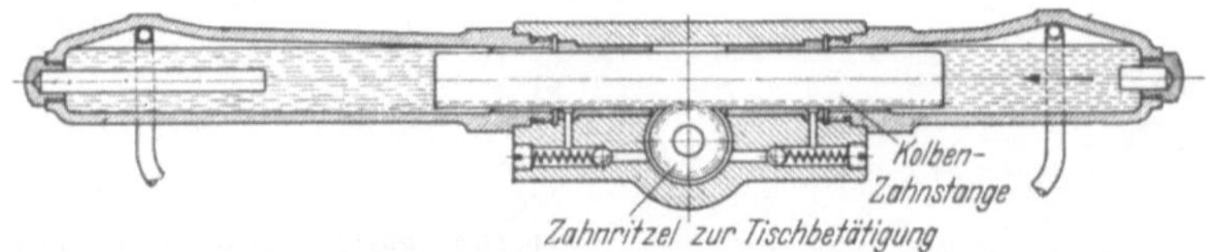

Abb. 56g. *Kolbenstangenloser Schubkolbentrieb* für eine Flachschleifmaschine
Bauart: K. Jung, Göppingen/Württ.

Das ganze Getriebe bildet eine geschlossene Einheit, die staubdicht und lecksicher gehalten und gut einzubauen ist. Da Kolbenstangen fehlen, fallen auch Dichtungen an den Durchführungsstellen fort. Dafür ist aber der Durchbruch für die Ritzelwelle abzudichten. Kolben muß sorgfältig eingeschliffen und gut geführt werden

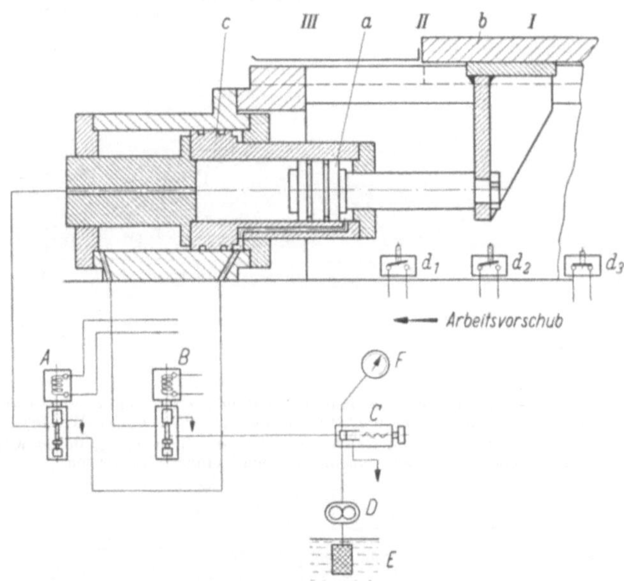

Abb. 56h. *Schubkolbentrieb mit Teleskop-Kolben* für drei festliegende Bearbeitungs-Stationen (I, II und III). Bauart: E. Grob, Werkzeug- und Maschinenfabrik, München

vorn bis auf den festen Anschlag im Zylinder (Stellung II). Der Schlitten betätigt nun den zweiten Endschalter d_2, der die seitliche Vorschubeinheit auslöst. Wenn dieser Arbeitsgang beendigt ist, fällt auch der zweite Steuerschieber B ab, wodurch der Verschiebetisch wieder in seine Ausgangsstellung I vorgeschoben wird. In dieser Stellung wird der Endschalter d_3 betätigt, wodurch neuerdings der Arbeitsablauf der Vorschubeinheit ausgelöst wird.

2.222 Berechnung

Wie in dem Vorausgegangenen erläutert, wird bei dem Schubkolbentrieb durch den Druck des Triebmittels ein mit dem Maschinentisch oder Werkzeugschlitten fest verbundener Kolben in einem am Gestell (Bett) der Maschine oder einem anderen Teil befestigten Zylinder geradlinig hin und her bewegt. Die Anordnung ist auch umgekehrt möglich, d. h., es kann der Zylinder mit dem Maschinentisch oder -schlitten fest verbunden und der Triebkolben durch die Kolbenstange am Gestell befestigt sein. Die für die Bewegung erforderliche Kolbenkraft wird durch folgende Einzelkräfte bestimmt [*87*]:

1. Trägheitswiderstand der bewegten Teile .... K in kg
2. Reibungswiderstand in der Tisch- oder Schlittenführung .... R_T in kg
3. Reibung des Kolbens und der Kolbenstange .... R_K in kg
4. Horizontalkomponente der Schnittkraft .... P_z in kg

Zu 1. Die Teile wie Maschinentisch oder -schlitten mit Werkstück bzw. Werkzeug sollen mit parabolischem Anwachsen der Geschwindigkeit während der Anlaufzeit t in s (Abb. 3) auf die größte Vorschubgeschwindigkeit v in mm/s beschleunigt werden. Es ist die Anfangsbeschleunigung:

$$b = \frac{2v}{t} \quad (\text{mm/s}^2)$$

Die Kraft K, die zu der Beschleunigung b erforderlich ist, ergibt sich aus der Gl. (6) zu:

$$K = m\,b \quad (\text{kg})$$

hierin ist die Masse m der bewegten Teile

$$m = \frac{G}{g} \quad \left(\frac{\text{kg s}^2}{\text{m}}\right)$$

Damit wird aus den beiden obigen Gleichungen

$$K = \frac{G}{g}\,\frac{2v}{t} \quad (\text{kg}) \tag{52}$$

Zu 2. Der Reibungswiderstand in den Gleitführungen ist bei Ruhe entsprechend einer Reibungszahl $\mu_R = 0{,}16$

$$R_T = 0{,}16\,G \quad (\text{kg})$$

und für die Bewegung entsprechend einem $\mu_B = 0{,}08$

$$R'_T = 0{,}08\ \text{G} \quad (\text{kg})$$

Zu 3. Die Stopfbüchsenreibung der Kolbenstange ist nach SONDERMANN [*93*] aus der Beziehung:

$$R_K = \frac{0{,}15\,\pi}{100}\,D\,p\,\mu\,h \quad (\text{kg}) \tag{53}$$

zu errechnen.

Hierin ist:

D Durchmesser des Schubkolbens in mm,
p Flüssigkeitsdruck in kg/cm²,
μ Reibungszahl für Manschetten = 0,2,
h Packungshöhe in mm = 2- bis 3mal Kolbenstangendurchmesser.

Die Reibung zwischen Kolben und Zylinderwand ist wegen der ständigen Schmierung durch das Treibmittel gering und kann mit genügender Genauigkeit gleich 5 bis 8% der Kolbenstangenreibung eingesetzt werden.

Zu 4. Beim Rund- und Flachschleifen, eine dem Verfasser besonders vertraute Zerspanungsart, ist die Hauptschnittkraft P_z eine Funktion des in jedem Augenblick wirklich vorhandenen Spanquerschnittes, des sog. ,,Momentanquerschnittes". Es gilt folgende Beziehung:

für *Rundschleifen*

$$q = a\,s\,\frac{v_w}{v_s} \quad [\mathrm{mm}^2] \tag{54}$$

(Hierin ist a = Spantiefe in mm; s = Seitenvorschub in mm/U; v_w = Werkstückgeschwindigkeit in m/s; v_s = Schleifscheibengeschwindigkeit in m/s)

für *Flachschleifen*

$$q = a\,b\,\frac{v_w}{v_s} \quad [\mathrm{mm}^2] \tag{55}$$

(Hierin ist b = Schleifbreite in mm; a, v_w, v_s wie oben)

Das vereinfachte Schnittkraft-Gesetz [*55.2*] lautet dann:

$$\underline{P_z = q\,k_s} \quad [\mathrm{kg}]$$

In der Zerspanungslehre bezeichnet man die Größe k_s als ,,spezifische Schnittkraft", sie ist keine unveränderliche Größe, sondern vielmehr von der Festigkeit des zu zerspanenden Werkstoffes und dem gewählten Spanquerschnitt sowie von der jeweiligen Werkstückgeschwindigkeit abhängig.

Beim Flachschleifen im Seitenschliffverfahren wurde z. B. unter folgenden Eingriffsbedingungen: $v_s = 30$ m/s; $v_w = 200$ mm/s; $b = 100$ mm; $a = 65\,\mu$ und Werkstoff G G 12 die Größe der Hauptschnittkraft gefunden mit:

$$\underline{P_z = 150\ \mathrm{kg}}$$

Die *erforderliche Kolbenkraft* P ist zu Beginn der Vorschubbewegung:

$$P = K + R_T + R_K + P_z \tag{56}$$

Die *wirksame Kolbenfläche* F ist festgelegt durch den nach den baulichen Verhältnissen gewählten Zylinderdurchmesser:

$$F = \frac{\pi D^2}{4} \text{ in cm}^2$$

Damit errechnet sich der Flüssigkeitsdruck p, der von der Pumpe aufzubringen ist, aus:

$$p = \frac{P}{F} \text{ in kg/cm}^2$$

Die Größe der Vorschubbewegung richtet sich, wie schon erläutert, im wesentlichen nach der Bearbeitungsart, der Zerspanungsaufgabe, der verlangten Spanleistung und den Werkstoffeigenschaften von Werkstück und Werkzeug. Damit liegt auch die in der Zeiteinheit notwendige Fördermenge Q der Pumpe fest:

$$\underline{Q = \frac{F\,v\,60}{1000} \text{ in l/min}}$$

Schubkolbentrieb für eine Flachschleifmaschine

Gewicht des Maschinentisches mit Werkstück	G	$= 1100$ kg
Größte Vorschubgeschwindigkeit	v_{max}	$= 200$ mm/s
Anlaufzeit zum Erreichen von v_{max}	t	$= 0{,}7$ s
Anfangsbeschleunigung	b	$= \frac{200 \cdot 2}{0{,}7} = 0{,}57$ m/s^2

Trägheitswiderstand der bewegten Teile:

$$K = \frac{1100 \cdot 0{,}57}{9{,}81}$$

$$\underline{K = 63 \text{ kg}}$$

Tischreibung zu Beginn der Bewegung bei Verwendung von Gleitführungen an Tisch und Maschinenbett:

$$R_T - 0{,}16 \cdot 1100$$

$$R_T = 176 \text{ kg}$$

Die Reibkraft wird wesentlich vermindert, wenn man den Maschinentisch auf kugelgelagerten Rollen führt, die im Bett befestigt sind

Abb. 57. Stütz- und Führungsrollen für den Tisch einer Flachschleifmaschine Bauart: Diskus Werke AG., Frankfurt/Main

(Abb. 57). Bei einem Rollenhalbmesser $r = 55$ mm und einem durch Messungen für diese Führungsart ermittelten Hebelarm der rollenden Reibung $f = 0{,}5$ mm ergibt sich dann die Reibkraft aus der Beziehung:

$$R = \frac{G\,f}{r} = \frac{1100 \cdot 0{,}5}{55} \tag{57}$$

$$\underline{R = 10 \text{ kg}}$$

Stopfbüchsenreibung der Kolbenstange:

Kolbendurchmesser	$D = 70$ mm
Kolbenstangendurchmesser	$d = 50$ mm
Triebmitteldruck	$p = 10$ kg/cm²
Reibungszahl für Nutringdichtungen bei $p = 10$ kg/cm²	$\mu = 0{,}1$
Packungshöhe	$h = 2d = 100$ mm

$$R_K = \frac{0{,}15\,\pi}{100} \cdot 70 \cdot 10 \cdot 0{,}1 \cdot 100$$

$$\underline{R_K = 33\text{ kg}}$$

einschließlich 10% für die Kolbenreibung ergibt dann:

$$\underline{R_K = 36\text{ kg}}$$

Dieser Wert stimmt genau mit den vom Verfasser an hydraulischen Flachschleifmaschinen gemessenen Reibkräften überein.

Aus den derart bestimmten Einzelkräften und dem Einsetzen des unter den vorgenannten, durchaus üblichen Eingriffsbedingungen erreichbaren Wertes der tangentialen Schnittkraft $P_z = 150$ kg ergibt sich die für die Vorschubbewegung notwendige *Kolbenkraft*:

$$\begin{aligned} P &= K + R + R_K + P_z \\ &= 63 + 10 + 36 + 150 \\ P &= 260\text{ kg} \end{aligned}$$

Der Trägheitswiderstand beträgt allein 24% der aufzubringenden Kolbenkraft, die Reibkräfte machen 18% aus und die tangentiale Schnittkraft 58%.

Die wirksame Kolbenfläche ist bei einem Kolbendurchmesser $D = 70$ mm und einem Kolbenstangendurchmesser $d = 50$ mm:

$$F = 19\text{ cm}^2$$

Der Flüssigkeitsdruck ist damit:

$$\underline{p} = \frac{260}{19} = \underline{\text{rd. } 14\text{ kg/cm}^2}$$

Die notwendige Fördermenge der Pumpe ergibt sich aus der wirksamen Kolbenfläche $F = 19$ cm² und der größten Vorschubgeschwindigkeit $v_{\max} = 200$ mm/s zu:

$$Q = 23\text{ l/min}$$

unter Einrechnung der Schlupf- und Leckverluste wird man eine Pumpe von

$$Q = 25\text{ l/min}$$

wählen.

2.23 Zellengetriebe

2.231 Allgemeine Betrachtung

Grundsätzlich können alle in den vorigen Abschnitten besprochenen Zahnrad-, Flügel- und Kolbenpumpen ohne wesentliche bauliche Änderungen als Flüssigkeitsmotoren verwendet werden, wenn man ihnen

Druckflüssigkeit zuführt und an ihrer Abtriebswelle die Leistung abnimmt.

An Stelle des bei Pumpen gebräuchlichen Begriffes „Fördermenge" tritt bei den Motoren der Ausdruck „Aufnahme- oder Schluckmenge". Wie bei den Pumpen gibt es Motoren mit veränderlicher oder gleichbleibender Schluckmenge. Die Schluckmenge je Umlauf bei verstellbaren Flüssigkeitsmotoren läßt sich — analog zu der Verstellung der Pumpen — durch die veränderte Exzentrizität zwischen Flügel- oder Kolbenführung gegenüber dem Flügelrad oder der Kolbentrommel einstellen. Je kleiner die Exzentrizität ist, um so kleiner ist die Schluckmenge. Bei der Exzentrizität Null wird auch die Schluckmenge Null.

Die Leistung eines Zellengetriebes ist abhängig von der aufgenommenen Flüssigkeitsmenge und dem Flüssigkeitsdruck; es gilt die Beziehung:

$$N_m = \frac{Q_m\, p}{10^5 \cdot 102} \quad \text{(kW)} \tag{58}$$

N_m = Leistung des Flüssigkeitsmotors in kW, Q_m = im Motor umlaufende Flüssigkeitsmenge in mm³/s, p = Flüssigkeitsdruck in kg/cm².

Die umlaufende Flüssigkeitsmenge, auch „Schluckmenge" genannt, ist von dem im Motor zur Verfügung stehenden Förderraum V_m in mm³/U und der Drehzahl des Motors n_m abhängig. Es ist:

$$Q_m = \frac{V_m\, n_m}{60} \quad (\text{mm}^3/\text{s})$$

Der Förderraum ergibt sich nach den Gl. (49a), S. 85 bzw. Gl. (51a), S. 96:

für einen *Drehflügelmotor*

$$V_m = \pi\, e_m (2\,B D + 8 b\, d)$$

für einen *Kolbenzellenmotor*

$$V_m = \frac{\pi\, d^2}{2}\, e_m\, z$$

Zwischen Pumpe und Motor eines Flüssigkeitsgetriebes besteht folgende Beziehung:

$$Q_p\, n_p = Q_m\, n_m \quad \text{oder} \quad \frac{n_m}{n_p} = \frac{Q_p}{Q_m} \tag{59a}$$

es bedeutet dabei:

Q_p Fördermenge der Pumpe,
Q_m Schluckmenge des Motors,
n_p Drehzahl der Pumpe,
n_m Drehzahl des Motors.

Berücksichtigt man den Lieferungsgrad λ des gesamten Getriebes, d. h. das Produkt aus den Liefergraden von Pumpe, Leitungen, Steuerteilen und Motor, so lautet die Gl. (59b):

$$\frac{n_m}{n_p} = \lambda\, \frac{Q_p}{Q_m}$$

Die Drehzahlen der Pumpe und des Motors stehen also im umgekehrten Verhältnis zu den geförderten und aufgenommenen oder „geschluckten" Flüssigkeitsmengen. Daraus ergeben sich die in Abschn. 1.22 bereits besprochenen Möglichkeiten zum Verstellen eines Flüssigkeitsgetriebes, die hier nochmals aufgeführt und in einer Charakteristik (Abb. 58) schematisch dargestellt sind.

1. *Pumpenverstellung* (Verstellen des Primärteiles). Die Veränderung der Fördermenge Q_p geschieht durch Verstellen der Gehäuseexzentrizität bzw. des Kolbenhubes der Pumpe. Die Drehzahl des Flüssigkeitsmotors nimmt proportional mit wachsender Pumpenexzentrizität zu. Die dem Motor durch die Pumpe zur Verfügung gestellte Leistung wächst bei Annahme eines unveränderten Flüssigkeitsdruckes mit der geförderten Menge. Da die wirksame Flügel- oder Kolbenfläche im Motor nicht geändert wird, so bleibt bei gleichem Flüssigkeitsdruck das Drehmoment konstant. Nimmt die umlaufende Flüssigkeitsmenge bei gleichbleibendem Förderraum entsprechend der wirksamen Flügel- oder Kolbenfläche des Motors zu, so muß dieser zwangsläufig schneller laufen, um die größere Flüssigkeitsmenge zu verarbeiten. Drehzahl und Leistung nehmen mithin bei wachsender Triebmittelmenge und gleichbleibendem Drehmoment zu. Solange der Flüssigkeitsdruck unverändert bleibt, ist der Quotient aus Leistung und Drehzahl, also *das Drehmoment bei der Pumpenverstellung konstant.*

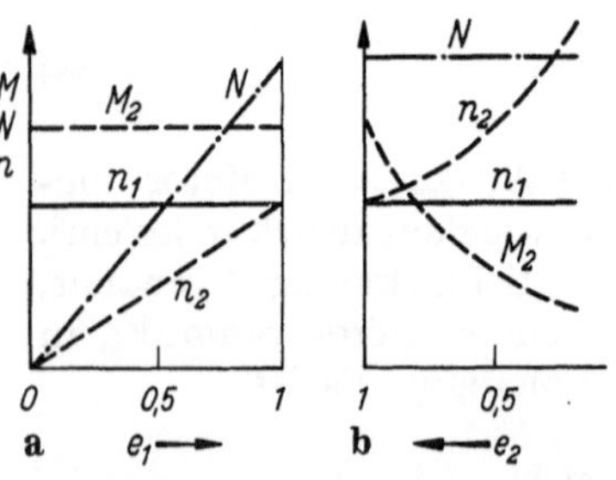

Abb. 58. Charakteristik von Flüssigkeitsgetrieben, bestehend aus Verstellpumpe und Flügelzellen -bzw. Kolbenzellenmotor. (Aus DUBBEL, Taschenbuch, 11. Aufl., 1953. Bd. II, S. 641)

2. *Motorverstellung* (Verstellen des Sekundärteiles). Die Motordrehzahl nimmt umgekehrt proportional (d. h. nach einer hyperbolischen Kurve) mit verringerter Exzentrizität des Motors zu. Da hierbei der Arbeitsraum des Motors, nämlich seine wirksame Flügel- oder Kolbenfläche geändert wird, so ändert sich bei gegebenem Flüssigkeitsdruck das Drehmoment. Wird beispielsweise der Förderraum des Motors verkleinert, so sinkt auch das Drehmoment, die Drehzahl hingegen steigt, da der Motor nun schneller laufen muß, um in dem verkleinerten Förderraum die ihm von der Pumpe unverändert gelieferte Flüssigkeitsmenge verarbeiten, d. h. schlucken zu können. Das Produkt aus Drehmoment mal Drehzahl, das ist *die Leistung, bleibt bei der Motorverstellung konstant.*

3. *Pumpen- und Motorverstellung* (Verbundverstellung). Ist eine feinfühlige Drehzahländerung auf besonders kleine Werte erwünscht, so läßt sich die Motorverstellung mit dem Verstellen der Pumpe derart vereinigen, daß zunächst die Pumpenexzentrizität von Null bis zu einem bestimmten Wert gesteigert wird, für noch höhere Drehzahlen dann die Motorexzentrizität bei voller Pumpenexzentrizität verkleinert wird. Das Abstellen des Getriebes geschieht in umgekehrter Reihenfolge.

Die Wirkungsgrade ändern sich in allen Teilen des Flüssigkeitsgetriebes, besonders im Motor, mit der eingestellten Exzentrizität, und zwar in dem Sinne, daß der mechanische Wirkungsgrad mit abnehmender Exzentrizität sehr rasch bis auf Null sinkt (Selbsthemmung). Aus diesem Grunde nützt man nur einen Verstellbereich nahe der größten Motorexzentrizität aus und verwendet, um diesen Verstellbereich begrenzt zu halten, für den Motor ein größeres Getriebemodell als für die Pumpe.

2.232 Berechnung eines Kolbenzellengetriebes

Für eine *Drehmaschine*, also eine Werkzeugmaschine mit kreisender Schnittbewegung, wird ein Flüssigkeitsgetriebe, bestehend aus einer Kolbenzellenpumpe und einem gleichartigen, mehrzylindrischen Kolbenzellenmotor, berechnet. Dieses Getriebe ermöglicht einen großen Verstellbereich der Drehzahlen bei einer gleichbleibenden Leistung an der Spindel, mithin eine wirtschaftliche Ausnutzung der Maschine, da für jeden Werkstückdurchmesser, jede Schrupp- und Schlichtarbeit, sowie für Werkstoffe mit den verschiedenartigen Festigkeiten und Härten die geeigneten Schnittgeschwindigkeiten zur Verfügung stehen.

Die Kolbenzellenpumpe (als Primärteil des Getriebes) wird mit der gleichbleibenden Drehzahl $n_1 = 950$ U/min angetrieben. Ihre Kolbenzahl ist $z = 9$ mit dem Kolbendurchmesser $d_1 = 22{,}5$ mm. Die geringste einstellbare Exzentrizität beträgt $e_1 = 0{,}5$ mm. Aus diesen Werten ist der Förderraum V_1 zu errechnen:

$$V_1 = \frac{d_1^2 \pi}{2} e_1 z 10^{-6} \quad \text{(l/U)}$$

$$\underline{V_1 = 0{,}04 \text{ l/U}}$$

für die Fördermenge der Pumpe gilt:

$$Q_1 = V_1 n_1$$

Nimmt man einen 6%igen Schlupfverlust an, so ist die *geringste* Förderung der Pumpe bei $e_1 = 0{,}5$ mm:

$$\underline{Q_1 = 3{,}6 \text{ l/min}} \quad \text{(Mindestwert)}$$

Die Pumpe soll bis zu einer Exzentrizität von $e_2 = 12{,}5$ mm verstellbar sein. Dann ist die *größte* erreichbare Förderung entsprechend der vorstehenden Rechnung:

$$\underline{Q_1 = 90 \text{ l/min}} \quad \text{(Höchstwert)}$$

Der Kraftbedarf der Pumpe ist:

$$N_1 = \frac{Q_{1\,\max}\, p}{612\, \eta_p} \quad \text{(kW)}$$

(Wirkungsgrad $\eta_p = 0{,}95$; Flüssigkeitsdruck $p = 75$ kg/cm²)

$$\underline{N_1 = 12 \text{ kW}}$$

Um einen möglichst großen Bereich gleichbleibender Leistungsübertragung zu erzielen, ohne die Exzentrizitäten des Sekundärteiles des Getriebes zu hoch und damit konstruktiv ungünstig steigern zu müssen, läßt man einen kleineren Pumpenteil mit einem großen Motorteil zusammenarbeiten. Die Zahl der Kolbenzellen des Motors sei daher in dem vorliegenden Beispiel $z = 9$ und der Durchmesser der Verdrängerkolben $d_2 = 30$ mm. Damit ist der Förderraum des Motors bei kleinster Exzentrizität $e_2 = 7{,}1$ mm:

$$V_2 = 1412 \cdot 9 \cdot 7{,}1 \cdot 10^{-6}$$

$$\underline{V_2 = 0{,}09 \text{ l/U}}$$

Die größte Schluckmenge des Motors ist gleich der höchsten Förderung der Pumpe:

$$Q_1 = 90 \text{ l/min}$$

Die größte an der Abtriebswelle des Flüssigkeitsmotors einstellbare Drehzahl ist dann:

$$n_2 = \frac{Q_1 \eta_m}{V_2} = \frac{90}{0{,}09} \cdot 0{,}95 \text{ U/min}$$

$$\underline{n_2 = 950 \text{ U/min}}$$

Steigert man die Motorexzentrizität um das 3fache auf $e_2 = 21{,}3$ mm, so vergrößert sich der Förderraum des Motors auf:

$$V_2 = 1412 \cdot 9 \cdot 21{,}3 \cdot 10^{-6}$$

$$\underline{V_2 = 0{,}27 \text{ l/U}}$$

Damit sinkt die Antriebsdrehzahl auf:

$$\underline{n_2 = 317 \text{ U/min}}$$

Die auf S. 123 erwähnte Selbsthemmung des Motors läßt sich vermeiden, wenn man bei der Motorverstellung nur einen enger begrenzten Verstellbereich nahe der größten Motorexzentrizität ausnützt und eine weite Drehzahländerung durch Pumpenverstellung bevorzugt. Beim Anlassen des Flüssigkeitsgetriebes wird bei größter Exzentrizität ($e_2 = 21{,}3$ mm) des Motorteiles die Pumpenexzentrizität allmählich $e_1 = 0{,}5$ mm bis $e_1 = 7{,}5$ mm gesteigert.

Im Bereich der Pumpenverstellung ergibt sich damit entsprechend dem Verstellverhältnis von 15:1 eine Antriebsdrehzahl am Motorteil von $n_2 = 21$ U/min bis $n_2 = 317$ U/min bei gleichbleibendem Drehmoment und steigender Leistung. Für die höheren Drehzahlen wird dann die Exzentrizität des Motors von $e_2 = 21{,}3$ mm auf $e_2 = 7{,}1$ mm vermindert bei voller Exzentrizität ($e_1 = 12{,}5$ mm) und somit Höchstförderung der Pumpe.

Bei konstanter Leistung steigen die Abtriebsdrehzahlen von $n_2 = 317$ U/min auf $n_2 = 950$ U/min.

Das Drehmaschinengetriebe ist demnach von $n_2 = 21$ U/min *bis* $n_2 = 950$ U/min *stufenlos verstellbar.*

Die an der Antriebswelle des Motorteiles zur Verfügung stehende Leistung ist bei einer größten Schluckmenge von $Q_1 = 90$ l/min, einem Flüssigkeitsdruck $p = 75$ kg/cm² und einem Wirkungsgrad des Getriebes $\eta = 0{,}87$ nach Gl. (29):

$$\underline{N = 10\,\text{kW}}$$

2.233 Ausführungsbeispiele

Das *Enor*-Getriebe (Energator) arbeitet nach dem Prinzip der Flügelpumpe. Es wird entweder als Einbau- oder Vorsatzgetriebe hergestellt. Die Ausführungsformen „Einzel-Energator", „Doppel-Energator" und

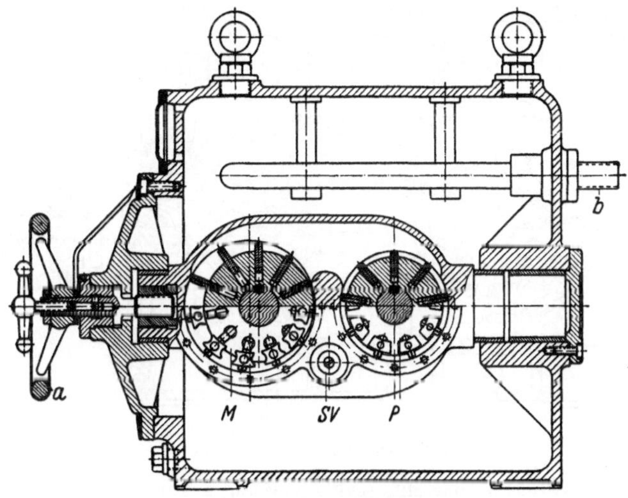

Abb. 59 a. Doppel-Energator

P Flüssigkeitspumpe; *M* Flüssigkeitsmotor; *a* Handrad zum Einstellen der gewünschten Drehzahl; *SV* Sicherheits- und Saugventil; *b* Kühlwasseranschluß

„Verbund-Energator" werden vielfach bei Werkzeugmaschinen, wie Drehmaschinen, Bohrwerken, Ziehschleifmaschinen, Räummaschinen u. dgl., verwendet. Der Aufbau und die Wirkungsweise wurden bereits an Hand der Abb. 44c, S. 88, im einzelnen erläutert. Während die Enor-Pumpe ein Verändern der Fördermenge von Null bis zum Höchstwert zuläßt, kann der Flüssigkeitsmotor nur von seiner größten Exzentrizität bis zu einem bestimmten Kleinstwert geschaltet werden. Die Abtriebsleistung wird bei Unterschreitung von $^1/_8$ bis $^1/_{10}$ der größtmöglichen Exzenterstellung praktisch gleich Null. Bei $^3/_8$-Exzenterstellung ergibt sich bei gutem Wirkungsgrad noch eine ausreichende Leistungsabgabe.

Der Einzeltrieb (*Einzel-Energator*) wird bei Werkzeugmaschinen verwendet, bei denen der An- und Abtrieb, also die Enor-Pumpe und der Enor-Motor oder auch das Schubkolbengetriebe, räumlich auseinandergelegt werden müssen. Die beiden Getriebeteile werden bei dieser Anordnung mit Rohrleitungen verbunden. Eingebaute Sicherheitsventile schützen vor plötzlich auftretenden Überbelastungen, und Saugventile verhindern eine Vakuumbildung durch Abreißen des Flüssigkeitsstromes. Der Betriebsdruck beträgt max. 16 kg/cm², der normale Betriebsdruck ist 10 bis 15 kg/cm². Die größte mit einem Einzeltrieb erreichbare Leistung ist 37 kW bei $n = 632$ U/min und $p = 15$ kg/cm².

Die räumlich engste Zusammenfassung von Pumpe und Motor bietet der *Doppel-Energator* (Abb. 59a). Diese geschlossene Getriebeeinheit ist einfach in ihrem Aufbau und besitzt einen guten Wirkungsgrad ($\eta = 0{,}70$ bis $0{,}85$). Sie wird dort verwendet, wo auf der Abtriebsseite eine kreisende Bewegung verlangt ist. Wie Abb. 59a zeigt,

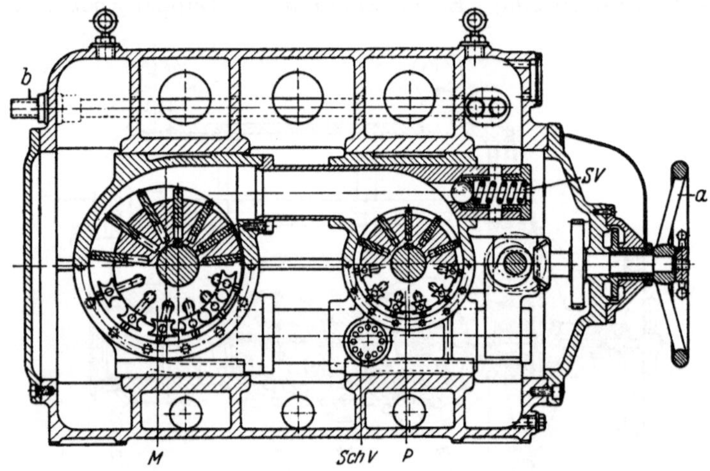

Abb. 59 b. Verbund-Energator

P Flüssigkeitspumpe; *M* Flüssigkeitsmotor; *a* Handrad zum Einstellen der gewünschten Drehzahl; *SV* Sicherheitsventil; *SchV* Saugventil; *b* Kühlwasseranschluß

sind die Zylinder von Pumpe und Motor starr miteinander verbunden, d. h. zu einem Ganzen vereinigt, sie werden somit auch gemeinsam verstellt. Da die Fördermenge zunächst bei kleiner Exzentrizität der Pumpe gering ist und der Motor die größte Exzenterstellung hat, läuft der Motor mit geringster Drehzahl und größtem Anzugsmoment an. Bei weiterer Verstellung erhöht sich die Fördermenge der Pumpe und dadurch die Drehzahl des Motors, bis die äußerste Exzenterverstellung des Doppel-Energators erreicht ist. Die Endlage wird durch Anschlag begrenzt.

Bei dem Doppel-Energator sind Drehrichtung der An- und Abtriebswelle gleich. Die Drehrichtung des Abtriebes kann nur durch Umkehr des Antriebsmotors umgesteuert werden. Das Getriebe D_8 ist in Sonderausführung mit einem eingebauten Umsteuerhahn ausgestattet. Dieser Hahn ermöglicht eine augenblickliche Umsteuerung der Abtriebsdrehrichtung, ohne daß die eingestellte Drehzahl verändert, d. h. das Getriebe zum Stillstand gebracht werden muß.

Für größere Verstellbereiche bei Abgabe von konstanter Motorleistung verwendet man den *Verbund-Energator* (Abb. 59b). Bei diesem

Getriebe sind Pumpe und Flüssigkeitsmotor nicht starr in einem Zylinder gelagert, wie dies bei dem Doppel-Energator der Fall ist, sondern die beiden Getriebeteile sind durch verschiebbare Rohre miteinander verbunden. Das Verstellen von Pumpe und Motor geschieht getrennt und nacheinander, und zwar unter Vermeidung plötzlicher Übergänge durch eine kombinierte Bogendreieck- und Exzentersteuerung (Abb. 59c). Durch das Bogen- oder Kurvendreieck wird die Förderpumpe verstellt, der Exzenter steuert den Flüssigkeitsmotor. Die Pumpe wird zuerst von ihrer Nullstellung in die Stellung ihrer größten Förderung gebracht. Bei gleichbleibender Antriebsdrehzahl ergibt sich eine gleichmäßige Kraftzunahme und ein Ansteigen der Motordrehzahl. Wird die Pumpenleistung beibehalten und der Flüssigkeitsmotor anschließend von seiner größten Exzenterstellung gleichmäßig bis in die kleinstmögliche Exzentrizität verstellt, so bleibt bei unverändertem Flüssigkeitsdruck auch die Abtriebsleistung konstant.

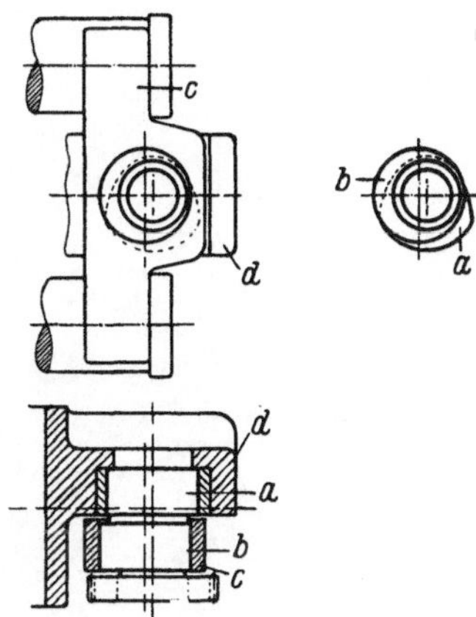

Abb. 59c. Kombinierte Bogendreieck- und Exzentersteuerung zum getrennten Verstellen von Förderpumpe und Flüssigkeitsmotor

a Kurvendreieck; *b* Exzenter; *c* Traverse zur Übertragung der Exzenterbewegung auf den Flüssigkeitsmotor; *d* Pumpensteuergabel zur Übertragung der Bewegung des Kurvendreiecks auf die Flüssigkeitspumpe

Bei dem Verbund-Energator ist es möglich, die Förderrichtung der Pumpe bei gleicher Antriebsrichtung umzukehren (Schaltung der Pumpe über ihre Nullstellung in die entgegengesetzte Exzenterlage), wodurch sich

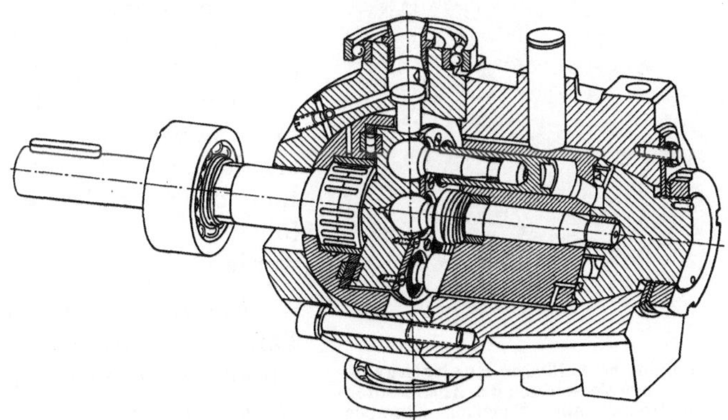

Abb. 59d. Hydro-Gigant-Getriebe

gleichmäßig die Abtriebsrichtung, also die Drehrichtung des Motors ändern läßt.

Das „Hydro-Gigant-Getriebe“ der Hydromatik GmbH., Ulm/Donau (Abb. 59d), arbeitet im Dauerbetrieb mit einem Druck von 80 kg/cm², Drucksteigerungen auf ein Mehrfaches sind jedoch möglich.

Zu dem Getriebe gehört eine Speisepumpe, und zwar eine einfache Zahnradpumpe, die auf der gemeinsamen Antriebswelle der Axial-Kolbenpumpe befestigt ist. Sie liefert das Triebmittel mit etwa 5 bis 8 kg/cm² Druck in die Niederdruckleitung. Ihre Fördermenge beträgt etwa 10% der von der Kolbenpumpe gelieferten Flüssigkeitsmenge. Die mit dieser Speisepumpe zugeführte Triebmittelmenge bewirkt eine gleichmäßige Füllung aller Zylinderräume in der Kolbenpumpe und verhindert Hohlraumbildung und andere strömungstechnische Nachteile, die bei hohen Drehzahlen auftreten können. Außerdem werden infolge des im gesamten Kreislauf herrschenden Überdruckes die Gefahr des Lufteintrittes beseitigt und die Luftgeräusche vermindert.

Abb. 59e. Stufenlos verstellbares Boehringer-Sturm-Ölgetriebe mit Verstellung der Antriebsdrehzahl durch Schalthebel am Primärteil (Pumpenverstellung) und Verstellung mit Handrad am Sekundärteil (Ölmotor-Verstellung) bei konstanter Leistung.

Bedingt durch die geringen Triebmittelverluste wird eine praktisch starre Übersetzung zwischen Primär- und Sekundärteilen hergestellt, d. h., die eingestellte Drehzahl wird bei Leerlauf und bei Belastung fast unverändert aufrechterhalten. Die Drehzahlverstellung des Getriebes kann auf folgende Weise vorgenommen werden:

Verstellen des Primärteiles: Verändert wird der Schwenkwinkel der Förderpumpe, während der Hydraulikmotor starr ausgeschwenkt bleibt. Das Getriebe überträgt ein gleichbleibendes Drehmoment.

Verstellen des Sekundärteiles: Verändert wird der Schwenkwinkel des Hydraulikmotors, während die Förderpumpe starr ausgeschwenkt bleibt. Das Getriebe überträgt eine gleichbleibende Leistung.

Verbundverstellung: Verändert wird der Schwenkwinkel des Primär- sowie des Sekundärteiles der Förderpumpe. Das Getriebe überträgt im weiten Drehzahlbereich eine unverändert große Leistung.

Der Schlupfverlust wird mit 1 bis $^1/_2$% und der Gesamtwirkungsgrad mit 0,85 bis 0,92 angegeben.

Das *Boehringer-Sturm*-Ölgetriebe besteht aus zwei gleichartigen Drehflügelpumpen, vgl. Abb. 59e, die als Pumpe und als Flüssigkeitsmotor arbeiten und in einem gemeinsamen Gehäuse untergebracht sind. Das ganze Getriebe ist sehr gedrungen, da seine Abmessungen gering gehalten sind. Es wird in verschiedenen Größen geliefert, und zwar für einen Verstellbereich von 5:1 (z. B. 375 bis 1900 U/min) bei *gleichbleibender Leistung* (2,4 bis 22 kW), oder aber für Leistungen bis 30 kW bei *konstantem Drehmoment*. Die Steuerung von Pumpe und Motor kann getrennt oder gemeinsam geschehen mit Handhebel und Handrad oder auch durch Druckknopfschaltung mit automatischer Einstellung der Endgeschwindigkeit bei elektrischer Fernsteuerung.

Die Drehrichtung der Abtriebswelle ist umsteuerbar durch Umkehr der Förderrichtung der Pumpe. Während das Enor-Getriebe bei seinen größeren Baumustern eine Wasserkühlung besitzt, wird das Triebmittel beim Boehringer-Sturm-Getriebe durch einen auf der Antriebswelle sitzenden Windflügel luftgekühlt sein.

Zu den Kolbengetrieben gehört auch das Pittler-Getriebe der Hanauer Pumpen- und Getriebebau G.m.b.H., Hanau/Main. Es wird als eingehäusiges Sterngetriebe mit radial angeordneten Kolben gebaut. Sein Aufbau ist aus Abb. 60a und b zu ersehen.

Die Antriebswelle (*b*) wird mit der mit gleichbleibender Drehzahl laufenden Kraftquelle verbunden und läuft in den Wälzlagern des Lagerkörpers (*a*). Die Kreuzscheibenkupplung (*c*) überträgt die Drehbewegung auf den Zylinderstern (*d*), der auf dem Mittelzapfen (*e*) gelagert ist. In dem Zylinderstern (*d*) sind 9 Kolben (*f*) mit Kreuzköpfen (*g*) und auf dem Bolzen drehbar gelagerte Rollen (*h*) angeordnet. Die Rollen (*h*) werden außen durch die Laufflächen der Trommel (*i*) geführt, die ihrerseits in den Wälzlagern (*j*) auf runden Zapfen des Schlittens (*k*) gelagert ist und mit dem Zylinderstern (*d*) umläuft. Die Rollen führen also nur eine pendelnde Bewegung aus zum Ausgleich einer geringen Relativbewegung zwischen Zylinderstern und Trommel auf Grund der exzentrischen Stellung beider Teile zueinander.

Wenn die Trommel (*i*) mit ihrem Schlitten (*k*) in horizontaler Richtung in exzentrische Lage zum Mittelzapfen (*e*) gebracht wird, machen die Kolben bei einer Umdrehung der Antriebswelle von 180° einen Saughub (*A*) und daran anschließend während der nächsten 180° einen Druckhub (*B*). Die Größe des Hubes entspricht dem Doppelten der eingestellten Exzentrizität (*E*) des Schlittens (*k*). Die Förderung der Pumpe kann demgemäß durch Verschiebung des Schlittens (*k*) zwischen Null und einem Höchstwert beliebig verändert werden. Die Ölverteilung wird von dem Mittelzapfen (*e*) über die in den Zylinderstern eingepreßte Steuerbüchse (*t*) übernommen.

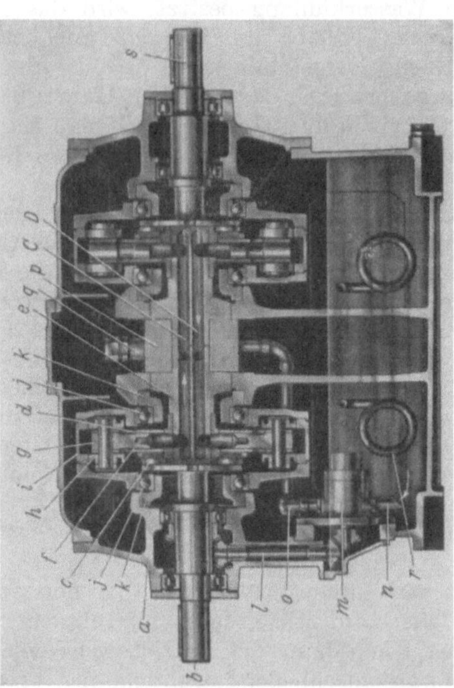

Abb. 60a u. b. Schema des eingehäusigen Pittler-Sterngetriebes

a Lagerkörper
b Antriebswelle
c Kreuzscheibenkupplung
d Zylinderstern
e Mittelzapfen
f Kolben
g Kreuzkopf
h Rolle
i Trommel
j Wälzlager

k Schlitten
l Zwischentrieb
m Hilfspumpe
n Saugstutzen der Hilfspumpe
o Druckleistung der Hilfspumpe
p Steuerkörper
q Sicherheitsventil
r Kühlschlange
s Abtriebswelle
t Steuerbüchse

A Kolben im Saughub usw.
B Kolben im Druckhub
C Druckkanal
D Rückflußkanal
E Exzentrizität
K Komponente des Drehmomentes

Die oberen beiden Bohrungen (*C*) des Mittelzapfens (*e*) führen das von der Pumpe geförderte Drucköl dem Motorteil zu, und die unteren Bohrungen (*D*) leiten das vom Motorteil zurückkommende Öl dem Pumpenteil zu. Bei Steuerung des Pumpenteiles auf die Gegenseite der Exzentrizität kehrt sich die Durchflußrichtung um. Damit werden dann die bisherigen Druckkanäle zu Rückflußkanälen und die bisherigen Rückflußkanäle zu Druckkanälen. Die Wirkungsweise des Motorteiles, der im Aufbau dem Pumpenteil völlig gleicht, ist jenem gerade entgegengesetzt. Das Drucköl tritt durch die Druckkanäle unter die im Arbeitshub befindlichen Kolben des Motorteiles. Diese üben durch den Kreuzkopf und seine Rollen einen Druck auf die Laufflächen des exzentrisch gelagerten Trommelringes aus. Da die Tangenten an den Trommelring scharfwinklig zur Druckrichtung des Kolbens liegen, entstehen die Kraftkomponenten (K), durch die der Zylinderstern in Drehrichtung versetzt wird. Die Drehbewegung wird über die zweite Kreuzscheibenkupplung auf die wieder in Wälzlagern geführte Welle übertragen, die nun Abtriebswelle (s) benannt wird. Die jeweiligen Druckbohrungen des Flüssigkeitsbetriebes sind über das auf Höchstdruck eingestellte Sicherheitsventil (q) gesichert.

Das im geschlossenen Ölkreislauf zwischen Pumpenteil und Motorteil verlorengehende Lecköl wird über die Hilfspumpe (m) ersetzt. Diese wird von der Hauptantriebswelle (b) aus über den Zwischentrieb (l) angetrieben. Sie saugt über Saugstutzen (n) Öl an und fördert dies über Druckleitung (o) und Steuerkörper (p) in den jeweiligen Rückflußkanal des Mittelzapfens (e).

Das Getriebegehäuse ist gleichzeitig als Öl-Reservoir ausgebildet. Sämtliche rotierenden Teile von Pumpen- und Motorteil laufen oberhalb des Ölspiegels und dürfen nicht in die Ölfüllung eintauchen. Der Ölbehälter ist mit einer Kupferkühlschlange (r) ausgerüstet, mit deren Hilfe bei Dauerbetrieb des Getriebes die Ölfüllung durch Anschluß an eine Wasserleitung gekühlt werden kann.

Die Wirkungsweise des Pittler-Sterngetriebes beruht darauf, daß der Kolbenhub der als Pumpen- oder Motorteil verwendeten Getriebeeinheiten während des Laufes stetig verändert werden kann. Man kann die Fördermenge einer mit gleichbleibender Drehzahl angetriebenen Pittler-Pumpe durch Hubverstellung zwischen Null und einem Höchstwert verändern. Leitet man die veränderliche Flüssigkeitsmenge in einen Motorteil — dessen Konstruktion derjenigen der Pumpe völlig gleicht —, so wird dieser mit einer veränderlichen Drehzahl umlaufen. Er läuft mit niedriger Umlaufzahl, wenn die Pumpe auf kleinen Hub eingestellt ist, mit größerer, wenn die Pumpe mit größerem Hub mehr Triebmittel fördert. Dabei ist die Drehzahl des Motors nicht von der Belastung, sondern allein von der Hubeinstellung der Pumpe abhängig. Die Umkehr drehender Bewegung ohne Änderung der Drehrichtung der Pumpe kann gleichfalls erzielt werden, und zwar dadurch, daß der Kolbenhub der Pumpe auf Null und noch darüber hinaus auf größten Hub in entgegengesetzter Förderrichtung gebracht werden kann. Bei Nullhub fördert die Pumpe kein Triebmittel und führt dadurch den Stillstand des Motorteiles bei laufendem Antrieb herbei. Bei Hubverstellung über Null hinaus kehrt sich die Förderrichtung um, der Motorteil beginnt in entgegengesetzter Richtung zu laufen, der Antrieb ist stoßlos umsteuerbar.

Der Verstellbereich ist im allgemeinen 1:25 bis 1:40. Die geringste zulässige Drehzahl, bei welcher das Drehmoment an der Abtriebswelle noch gleichmäßig übertragen wird, ist 30 bis 40 U/min. Zum Stillsetzen der Abtriebswelle bei laufendem Antrieb dient ein Ablaßventil mit Handrad oder Handhebel auf dem Gehäusedeckel. Bei den Getrieben der Normalbauart, Abb. 60c sind, Pumpenteil (Primärteil) und Motorteil (Sekundärteil) gleich groß, haben also bei gleicher Exzentrizität gleiches Hubvolumen und somit gleiche Drehzahlen. Der Motorteil wird meist auf größtes Hubvolumen und somit auf größtes Drehmoment fest eingestellt; mit dem Pumpenteil wird bei gleichbleibendem Höchstdrehmoment verstellt (Primärverstellung). Die Abtriebsdrehzahl n_2 wächst

Abb. 60c. Pittler-Getriebe
Kombinierte Primär- und Sekundärverstellung durch Handbedienung

von 30 bis 40 U/min bis auf die Antriebsdrehzahl n_1 an. Dabei steigt die übertragene bzw. dauernd übertragbare Leistung N_2 linear mit der Drehzahl n_2 an.

Soll die Abtriebsdrehzahl n_2 über die Antriebsdrehzahl n_1 hinausgehen, so wird bei voller Pumpenexzentrizität das Hubvolumen des Motors vermindert (Sekundär-Verstellung); unter Abnahme des Drehmomentes Md_2 wächst dann die Drehzahl n_2 bei praktisch konstanter Leistung N_2. Die Drehzahlverstellung kann während des Betriebes und im Stillstand vorgenommen werden.

Das *Janney*-Getriebe (Abb. 61) ist ein Flüssigkeitsgetriebe mit Kolbenzellen, dessen Kolben *c* durch eine schräg gestellte Taumelscheibe parallel zur Drehachse hin und her bewegt werden. Die einzelnen Kolben sind mit den Pleuelstangen *b* und Kugelgelenken an der Taumelscheibe befestigt. Pumpen- und Motorteil sind im wesentlichen gleichartig und werden von einem gemeinsamen Gehäuse umschlossen. Die mit der Welle gelenkig verbundene Taumelscheibe *a* stützt sich auf einer ebenfalls schräg gestellten Platte *e* mit Kegelrollenlagern ab. Die Neigung dieser Platte ist bei der Pumpe verstellbar; dadurch wird der

Kolbenhub und die Fördermenge geändert. Es besteht auch die Möglichkeit, den Kolbenhub des Motors zu verstellen, so daß alle 3 Arten von Verstellung: Pumpen- bzw. Motorverstellung sowie Verbundverstellung benützt werden können. Pumpe und Motor sind bei den älteren Ausführungen durch einen Zwischenbehälter *f* getrennt, der durch eine radial gerichtete Zwischenwand (in Abb. 61 nicht sichtbar) in Saug- und Druckraum geteilt ist und die Saug- und Druckleitung vertritt. Der Nachteil bei diesem Getriebe ist, daß die von den Pleuelstangenkräften erzeugten Drehmomente zunächst in der Taumelscheibe entstehen; von dieser müssen die Drehmomente über ein besonderes Kardangelenk auf die Abtriebswelle zurückübertragen werden. Da bei Belastung das Kardangelenk außerordentlich stark auf Ver-

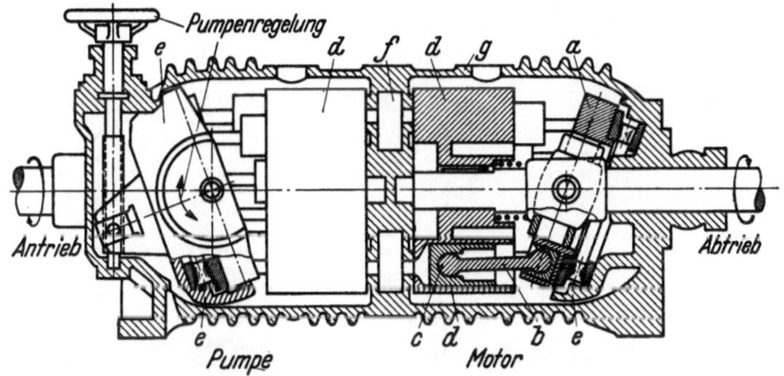

Abb. 61. Schnitt durch das Janney-Flüssigkeitsgetriebe

a Taumelscheibe; *b* Pleuelstange; *c* Kolben; *d* Zylinderkörper; *e* Stützplatte mit verstellbarer Neigung; *f* Zwischenbehälter; *g* Gehäuse

drehung beansprucht wird, bleibt der Betriebsdruck dieser Getriebe auf etwa 30 bis 40 kg/cm² beschränkt. Hierin liegt der Nachteil gegenüber den *Thoma*-Getrieben, bei denen durch eine geschickte Konstruktion das Drehmoment unmittelbar in der Abtriebswelle des Flüssigkeitsmotors entsteht und nicht erst durch ein Kardangelenk auf diese übertragen werden muß.

Einen Schnitt durch das Flüssigkeitsgetriebe System *Jahns-Thoma*, welches für den Antrieb von Werkzeugmaschinen bestimmt ist und eine Sonderausführung darstellt, bei der der Pumpen- und Motorteil *übereinander* angeordnet sind, gibt Abb. 62 wieder. Beide Teile sind durch einen Druckkanal *a* verbunden, der mit einem Abstellventil ausgerüstet ist. Dieses setzt die Abtriebswelle bei laufender Antriebswelle der Pumpe augenblicklich still. Der Ablaufkanal *b* auf der hinteren Seite des Getriebes führt das zurücklaufende Triebmittel des Flüssigkeitsmotors dem Sammelbehälter wieder zu. Die Drehzahleinstellung geschieht durch eine Welle mit Kurvenscheibe *c*, die unmittelbar auf den Pumpenteil einwirkt.

Das Jahns-Thoma-Getriebe wird auch in der Normalausführung mit hintereinanderliegendem Pumpen- und Motorteil für den Antrieb von Werkzeugmaschinen hergestellt. Das Getriebe ist zusätzlich mit einem

Bremsventil (in den Ablaufkanal eingebaut) ausgestattet, das ein fast augenblickliches Stillsetzen der Abtriebswelle ermöglicht.

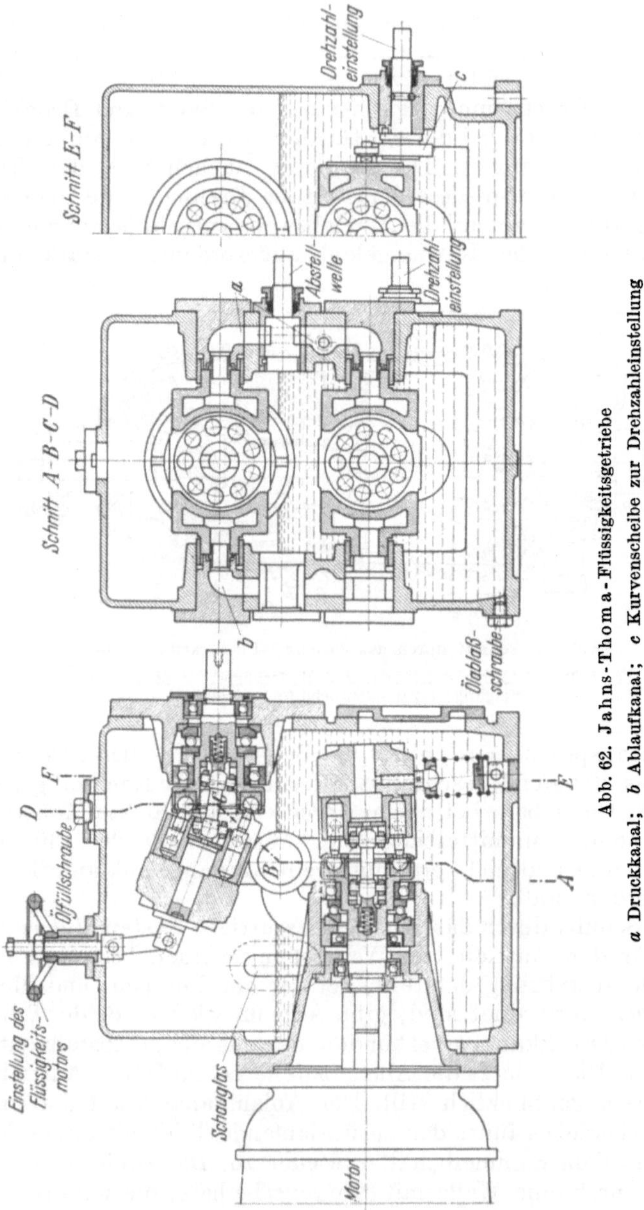

Abb. 62. Jahns-Thoma-Flüssigkeitsgetriebe
a Druckkanal; *b* Ablaufkanal; *c* Kurvenscheibe zur Drehzahleinstellung

Die neun zylindrischen Kolben sind ringförmig um die Antriebswelle angeordnet. Der Flüssigkeitsdruck wird von den Kolben ohne weitere Elemente unmittelbar auf die mitumlaufende Schrägscheibe übertragen. Der Kolbenkopf ist vorn unter dem Winkel der Schräglage abgeschrägt, wodurch nicht nur eine günstige Aufnahme der Kräfte gewährleistet ist, sondern auch die bei jeder Umdrehung notwendige Änderung der Anlagepunkte. Die Kolbentrommel ist mit der Abtriebswelle starr verbunden und dreht diese mit der ihr durch die Druckflüssigkeit aufgezwungenen Drehkraft.

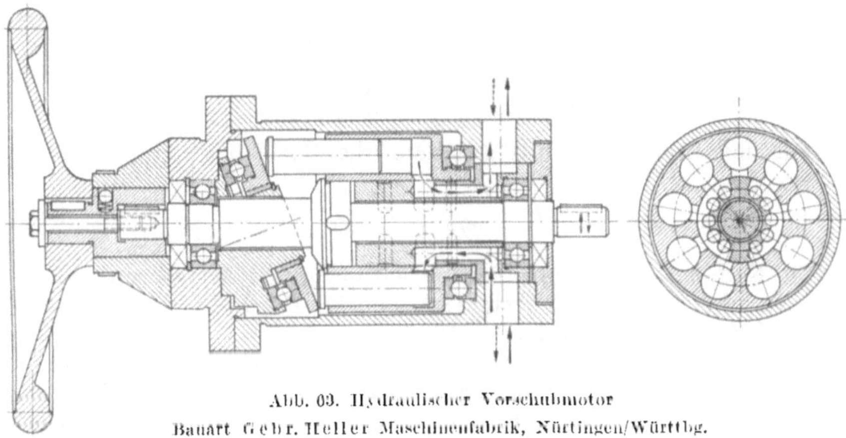

Abb. 93. Hydraulischer Vorschubmotor
Bauart Gebr. Heller Maschinenfabrik, Nürtingen/Württbg.

2.3 Rohrleitungen

Die einzelnen Bestandteile des Flüssigkeitsgetriebes, wie Pumpe und Motor, Steuerelemente, Sicherheits- und Überdruckventile, Stellventile, Druckmesser usw., sind untereinander in der Regel durch Rohrleitungen verbunden. Die richtige Anordnung und Ausführung des Leitungssystems wirken sich auf die hydraulischen Widerstände, die Betriebstemperatur des Triebmittels und den Wirkungsgrad des Getriebes aus. Die Leitungen müssen daher möglichst einfach und übersichtlich verlegt werden; sie sind so anzuordnen, daß alle Hilfsorgane, wie z. B. Druckmesser, Filter und Ventile, zugänglich, leicht zu bedienen und auswechselbar sind. Es ist zu empfehlen, die Leitungen mit Entlüftungsorganen zu versehen, die an den höchsten Stellen liegen und zum Abführen von Luft- und Gaseinschlüssen dienen sollen, falls der Flüssigkeitsmotor keine entsprechende Vorrichtung aufweist. Da die Durchflußgeschwindigkeit des Triebmittels tunlichst nicht über 1,5 bis 2 m/s gehen soll, sind die Leitungsquerschnitte danach zu bemessen. Jede Querschnittsveränderung der Leitung (Verengung, Rohrverbindung) und jeder scharfer Richtungswechsel (Knie, Winkel, Bogen, T-Stück, Ventil, Schieber) setzen dem Durchfluß einen mehr oder weniger großen Widerstand entgegen und führen in allen Fällen zur Wirbelbildung und Druckverlusten. Sie sind mithin nach Möglichkeit zu vermeiden. Die Rohrwand muß unter allen Umständen zunderfrei und völlig glatt sein, dies gilt vor allem auch für Metallschläuche. Bei der Ausführung der Rohrleitungen sind Normteile und Normabmessungen zu berücksichtigen.

2.31 Bemessungen und Werkstoffwahl

Man bemißt den Querschnitt der Zu- und Abflußleitung des Flüssigkeitsmotors nach der höchsten Fördermenge der Pumpe und nach der zulässigen Durchflußgeschwindigkeit des Triebmittels. Die üblichen Geschwindigkeiten liegen bei Flüssigkeitsgetrieben zwischen

$$\underline{v = 0{,}5 \text{ bis } 2 \text{ m/s}}$$

Für den Rohrquerschnitt gilt dann die Beziehung:

$$f = \frac{Q_{max}}{60\,v} \quad (\text{mm}^2) \tag{60}$$

Die Nennweiten (in mm) für Rohrleitungen und Armaturen sind in dem Normblatt DIN 2402 festgelegt, und für die Rohrarten und den Verwendungsbereich gilt DIN 2410.

Die Wandung der Druckleitung ist so stark zu wählen, daß keine elastischen Deformationen oder gar ein Leitungsbruch auftreten können und außerdem das Atmen insbesondere der Rohrbogen in engen Grenzen gehalten wird. Das Atmen der Druckleitungen ist weniger auf eine Erweiterung des Rohrdurchmessers infolge des bei jedem Hubwechsel an- und abschwellenden Triebmitteldruckes zurückzuführen, sondern wird vielmehr durch ein Auf- und Zurückbiegen der Rohrleitungen in den Krümmungen verursacht. Auf den Rohrbogen wirkt dabei eine Längskraft senkrecht zur Querschnittsebene sowie ein Biegungsmoment, das entweder die Krümmung vermehrt oder vermindert. Die Formänderung, die der Rohrbogen erleidet, ist von dem Krümmungshalbmesser abhängig; je größer der Krümmungshalbmesser ist, um so kleiner ist die Verformung und umgekehrt. Große Krümmungshalbmesser neben starken Rohrwandungen wirken also einem starken Verformen entgegen. Als Richtwert für den Krümmungshalbmesser kann gelten, daß dieser etwa das 3- bis 5fache des lichten Rohrdurchmessers betragen soll.

Für nahtlose Flußstahlrohre aus Flußstahl St 00.29 DIN 1629 ist die Wandstärke:

$$s = \frac{p\,d}{2\,k_z\,\alpha} + C \quad (\text{mm}) \tag{61}$$

hierin ist:

p Betriebsdruck in kg/cm²,

d lichter Rohrdurchmesser in mm,

k_z zulässige Belastung in kg/cm²,

α Verhältnis der Festigkeit der Rohrnaht zur vollen Wandung,

C Zuschlag zum Ausgleich von Ungenauigkeiten der Herstellung, Rostangriff usw.

Zahlenbeispiel:

$p = 25\,\text{kg/cm}^2$, $d = 40\,\text{mm}$, $k_z = 800$ bis $1000\,\text{kg/cm}^2$, $\alpha = 1$ für nahtlose Rohre, $C = 1\,\text{mm}$

$$s = \frac{25 \cdot 4}{2 \cdot 800 \cdot 1} + 1 = \underline{\underline{1{,}6\,\text{mm}}}$$

(nach DIN 2449 ist für einen Betriebsdruck von $25\,\text{kg/cm}^2$ und eine Nennweite von 40 mm die Wandstärke $s = 2{,}5$ mm).

Für Innendruck von 1 bis $100\,\text{kg/cm}^2$ und bei Verwendung von nahtlosen Flußstahl-Gewinderohren sind die Wandstärken dem DIN-Blatt 2442 zu entnehmen.

Der Rohrwerkstoff wird nach dem Verwendungszweck gewählt. Für Druckleitungen verwendet man allgemein Flußstahl St 00.29 DIN 1629, für höher beanspruchte Rohre St 35.29 und St 55.29. Hauptleitungen für einen Innendruck von $p \gtrless 12\,\text{kg/cm}^2$ und gering beanspruchte Nebenleitungen für Steuerorgane können aus Messing nach DIN 1755 sein oder aus Kupfer nach DIN 1754 bis zu einer Wandstärke von $s = 3$ mm.

2.32 Ausführungen von Leitungen aus: Stahlrohren, Schieberohren und biegsamen Schläuchen

Die Abmessungen und Ausführungen der gewöhnlichen Flußstahl-*Gewinderohre* (Muffenrohre, Gasrohre) sind dem Normblatt DIN 2440 und 2441 zu entnehmen; für glatte Rohre (Siederohre, Mannesmannrohre) gilt DIN 2448 und 2449.

Für Zuleitungen, die zwar starr, aber von veränderlicher Länge sein sollen, verwendet man *Schieberohre*, die sich über einer festen Leitung verschieben und aus dieser das Triebmittel empfangen. Die Enden des Schieberohres müssen durch Dichtungsringe und Überwurfmuttern sorgfältig verschlossen sein. Abb. 64a zeigt die Anwendung von Schieberohren bei

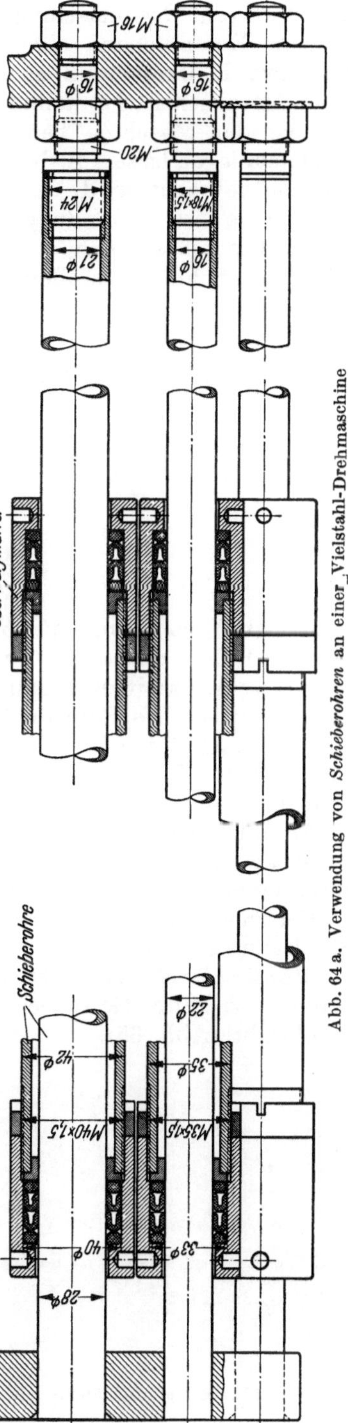

Abb. 64 a. Verwendung von *Schieberohren* an einer Vielstahl-Drehmaschine

einer Vielstahl-Drehmaschine, deren Querschlitten hydraulisch betätigt werden. Entsprechend einer Längsverschiebung des Bettschlittens von etwa 1170 mm muß auch die Zuleitung verstellbar sein; biegsame Metallschläuche kommen hier nicht in Frage, da sie die Bedienung der Maschine behindern würden und sich auch nicht eng zusammenlegen lassen, insbesondere wenn der Schlitten in die äußerste Endlage gebracht wird.

Eine weitere Verbindung für sich gegeneinander bewegender Teile, bei Werkzeugmaschinen, z. B. zwischen dem ortsfesten Maschinenbett und einem Schlitten, stellen die *Teleskoprohre* dar, Abb. 64b. Bei einer

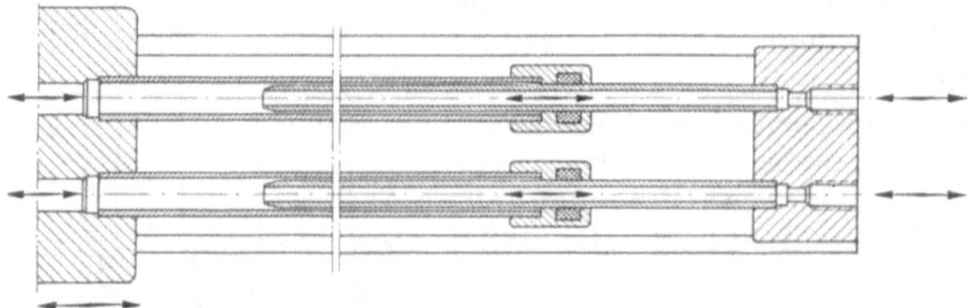

Abb. 64b. Teleskoprohre

derartigen Verbindung müssen allerdings die Außendurchmesser der inneren Rohre mit enger Passung und hoher Oberflächengüte ausgeführt sein, damit eine dauerhafte und verlustfreie Abdichtung gewährleistet ist. Die Rohre müssen einwandfrei fluchten und vor Rostbildung geschützt sein. Als Dichtungsmittel werden für höhere Betriebsdrücke Nutringe oder auch *O*-Ringe verwendet. Bei niederen Beanspruchungen genügen Stopfbüchsen mit Weichpackungen.

Als biegsame und nachgiebige Leitungen eignen sich:

Stahlpanzerrohre, die aus einem glatten Schlauch bestehen und durch einen gefalteten Stahlmantel verstärkt sind.

Federrohr mit glatter Auskleidung und elastischem, enggewelltem Stahlschutzschlauch.

Metallschläuche aus elastischen Kunststoffen (Perbunan), verstärkt durch gewickelte Gewebeeinlagen und umflochten mit verzinktem Stahldraht (Abb. 65).

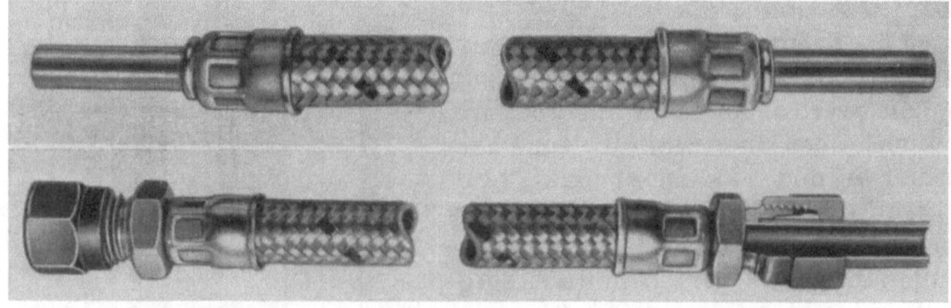

Abb. 65. Metallschläuche mit Gewebeeinlage und Stahldraht-Umflechtung

2.33 Verbindungen von Gewinderohren, Anschlußverschraubungen, Kupplungen

Die Art der Rohrverbindung richtet sich nach der Anordnung des Leitungssystems, dem Rohrwerkstoff, der Rohrbreite und der gewünschten Auswechselbarkeit von Teilstücken.

Verbindung von Gewinderohren (Muffenrohre, Gasrohre).

Bei nicht zu großer Nennweite und mäßigem Betriebsdruck verwendet man die Schraubverbindung. Die einfachste gerade Verbindung wird durch die *Muffe* hergestellt, sie hat aber den Nachteil, daß sie nicht ohne weiteres auswechselbar ist. Die Muffe wird zur Hälfte auf das eine Rohrstück aufgedreht, dann wird das Gewinde des zweiten Rohrstückes in die Muffe eingedreht. Es muß dazu frei beweglich sein. (Abdichtung durch Hanf und Dichtungskitt.)

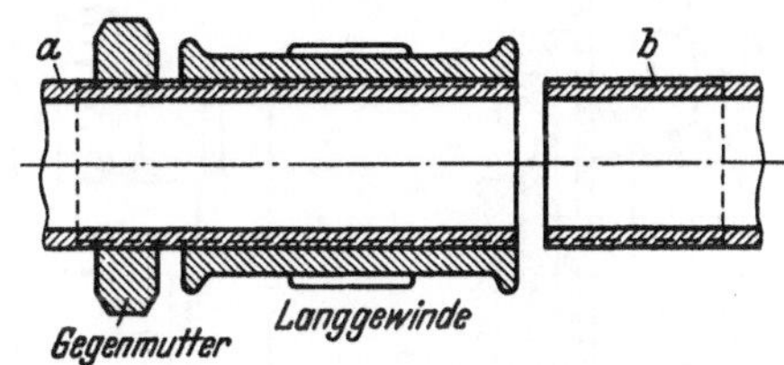

Abb. 66. Muffenverbindung

Soll die Rohrverbindung leicht löslich sein und ist ein beiderseitiger Ein- und Ausbau von frei beweglichen Rohrstücken nicht möglich, so

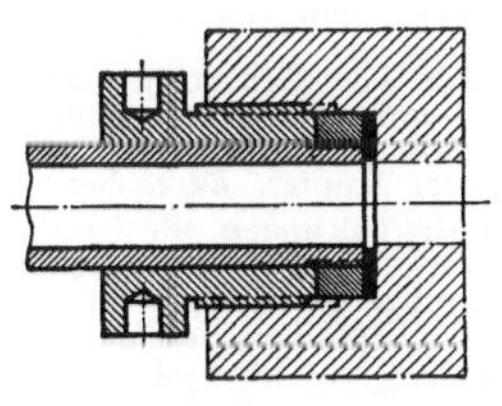

a

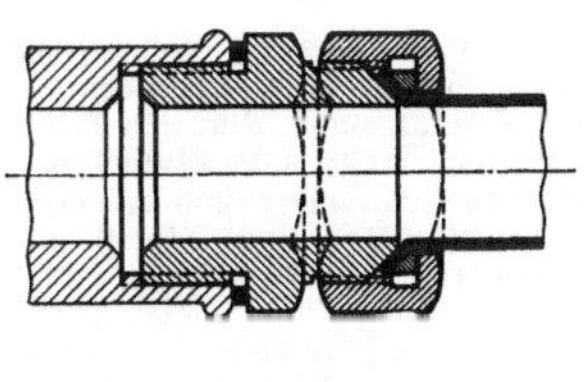

b

Abb. 67a u. b. Anschluß der Rohrleitungen an Pumpe, Motor, Einstell- und Steuerorganen a) Anschluß mit Bund und Überwurfmutter; b) Anschluß mit kegeliger Aufweitung des Rohres, Ring und Überwurfmutter

verwendet man Langgewinde mit Gegenmutter (Abb. 66). Auf dem Rohr *a* muß das Gewinde so lang sein, daß die Gegenmutter und die Muffe aufgedreht werden können. Für hohen Druck ist diese Verbindung nicht geeignet, weil in diesem Falle das Abdichten Schwierigkeiten bereitet.

Anschluß-Verschraubungen

Die verschiedenartigsten Möglichkeiten für den Anschluß der Rohrleitungen an Pumpe, Motor, Einstell- und Steuerorganen usw. sind in den Abb. 67 und 68 dargestellt.

Häufig vorkommende Verbindungsarten. Die mit Dichtkegel und Überwurfmutter versehenen Hochdruckleitungen können unter Anwendung eines Übergangsstutzens mit handelsüblichen Flußstahlrohren nach DIN 2440 und DIN 2441 verbunden werden, Abb. 69a.

Die Übergangsstutzen haben auf der Schlauchanschlußseite — entsprechend dem Gewinde der Überwurfmutter — metrisches Feingewinde, auf der Rohranschlußseite Whitworth-Rohrgewinde DIN 259.

Der Anschluß der Hochdruckleitung an Steuerorgane, Zylinder od. dgl. kann mit Einschraubstutzen (Abb. 69b) vorgenommen werden. Auf der Einschraubseite ist der Stutzen mit besonderem Dichtungsbund versehen.

Die Verbindung der mit Rohrstutzen eingebundenen Hochdruckleitung mit handelsüblichem Stahlrohr nach DIN 2385 kann mit

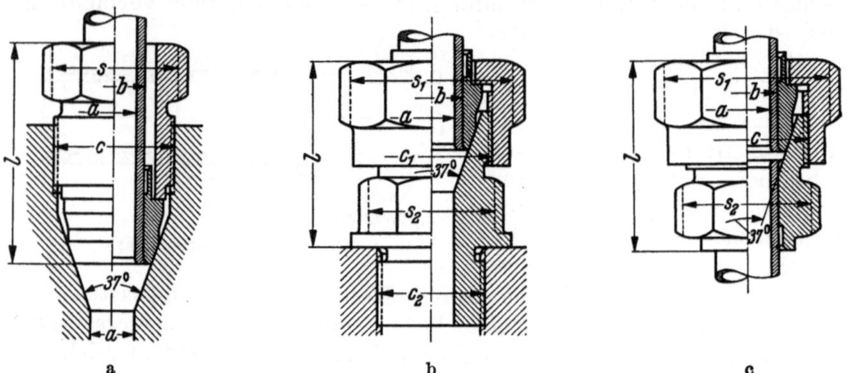

Abb. 68 a—c. Anschluß der Rohrleitungen an Pumpe, Motor, Einstell- und Steuerorganen

a) *Einschraub-Verschraubung* (200 kg/cm²). *Verwendung:* Für alle Leitungen, mit Ausnahme von Anschlüssen an Gußeisenkörpern. *Werkstoff;* a) *Kupferrohre;* Überwurfmutter aus Bronze, Kegel aus Kupfer oder Flanschenbronze. b) *Flußeisenrohre;* Überwurfmutter aus Flußeisen oder Bronze, Kegel aus Flußeisen, Flanschenbronze oder Kupfer. *Kegel hart auflöten*

b) *Anschluß-Verschraubung* (200 kg/cm)². *Verwendung*: Für alle Leitungen. *Werkstoff;* a) *Kupferrohre:* Überwurfmutter und Nippel aus Bronze, Kegel aus Kupfer oder Flanschenbronze. b) *Flußeisenrohre;* Überwurfmutter aus Flußeisen oder Bronze, Nippel aus Flußeisen, Kegel aus Flußeisen, Flanschenbronze oder Kupfer. *Kegel hart auflöten*

c) *Lötverschraubung* (200 kg/cm²). *Verwendung*: Für alle Leitungen. *Werkstoff;* a) *Kupferrohre;* Überwurfmutter und Nippel aus Bronze, Kegel aus Kupfer oder Flanschenbronze. b) *Flußeisenrohre:* Überwurfmutter aus Flußeisen oder Bronze, Nippel aus Flußeisen, Kegel aus Flußeisen, Flanschenbronze oder Kupfer. *Nippel und Kegel hart auflöten*

Ermeto-Schraubstücken, Schneidringen und Überwurfmuttern geschehen, Abb. 69c.

Niederdruckschlauchleitungen. Der zulässige Betriebsdruck hängt von der Art der gegebenen Beanspruchungen ab, er darf höchstens zwei Drittel des Prüfdruckes erreichen (Zahlentafel 3).

Wichtig ist, daß die Schlauchleitungen richtig und vor allem verdrehungsfrei verlegt werden, ein fehlerhafter Einbau führt häufig zu Betriebsstörungen. In Abb. 70 sind Beispiele für falsches und richtiges Verlegen wiedergegeben. Die Schlauchleitungen dürfen auch nie straff verlegt werden, da im Betrieb Längenänderungen bis $\pm 5\%$ auftreten können. Die vorgeschriebenen kleinsten Biegehalbmesser sind einzuhalten, damit die Schläuche nicht einknicken.

Hochdruckschläuche. Hochdruckschläuche haben je nach Ausführung und Nennweite mehrere (bis zu 8) reißfeste Garngeflechteinlagen. Zum Schutz der tragenden Einlagen gegen Scheuerwirkung und andere

Zahlentafel 3

Lichte Schlauchweite mm	Schlauch-außendurchmesser mm	Höchstzulässiger Betriebsdruck kg/cm²	Kleinster Biegehalbmesser mm
5	12	50	25
7	14	46	30
9	17	40	40
11	19	36,5	50
13	25	33	60
16	27	30	80
20	32,5	26,5	105
25	38,5	23	120
33	45,5	20	175
41	55	13	275

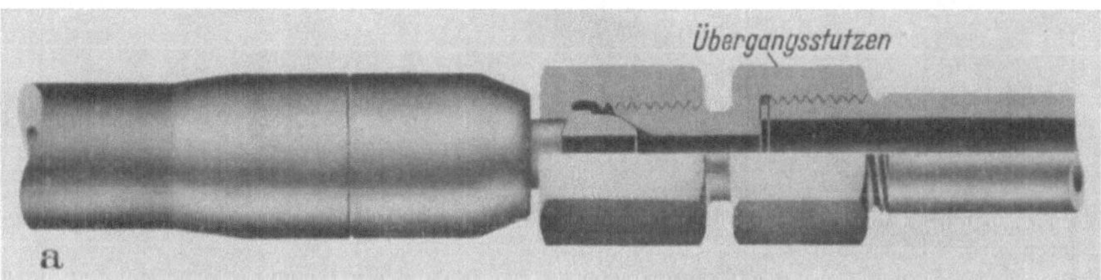

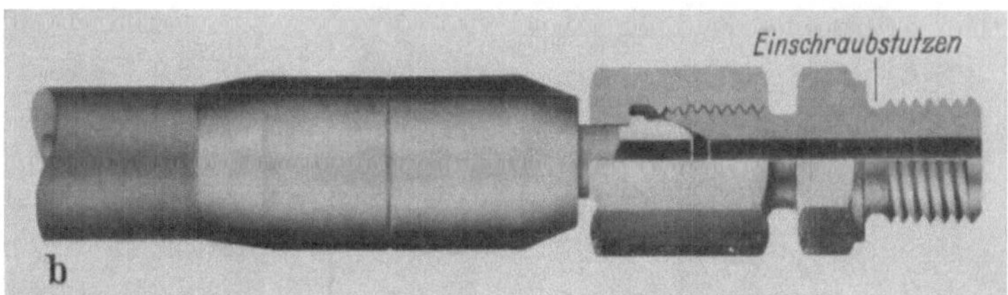

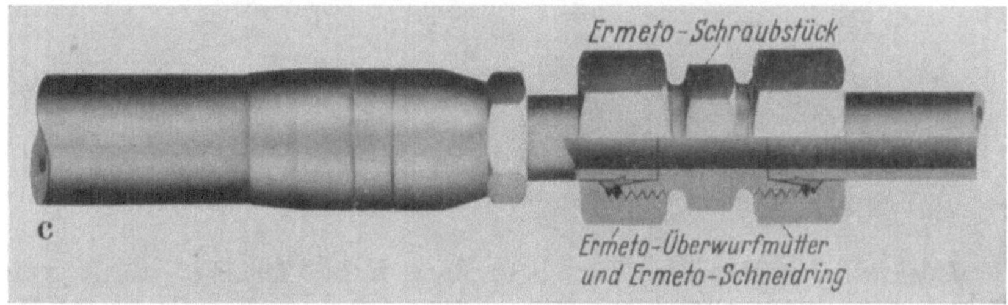

Abb. 69a—c. *Anschluß-Verschraubungen*

mechanische Beanspruchungen sind die Schläuche mit Außengummi (synthetischer Kautschuk) von hoher Abriebfestigkeit versehen. Die Temperaturbeständigkeit erstreckt sich bis 100° C (Zahlentafel 4).

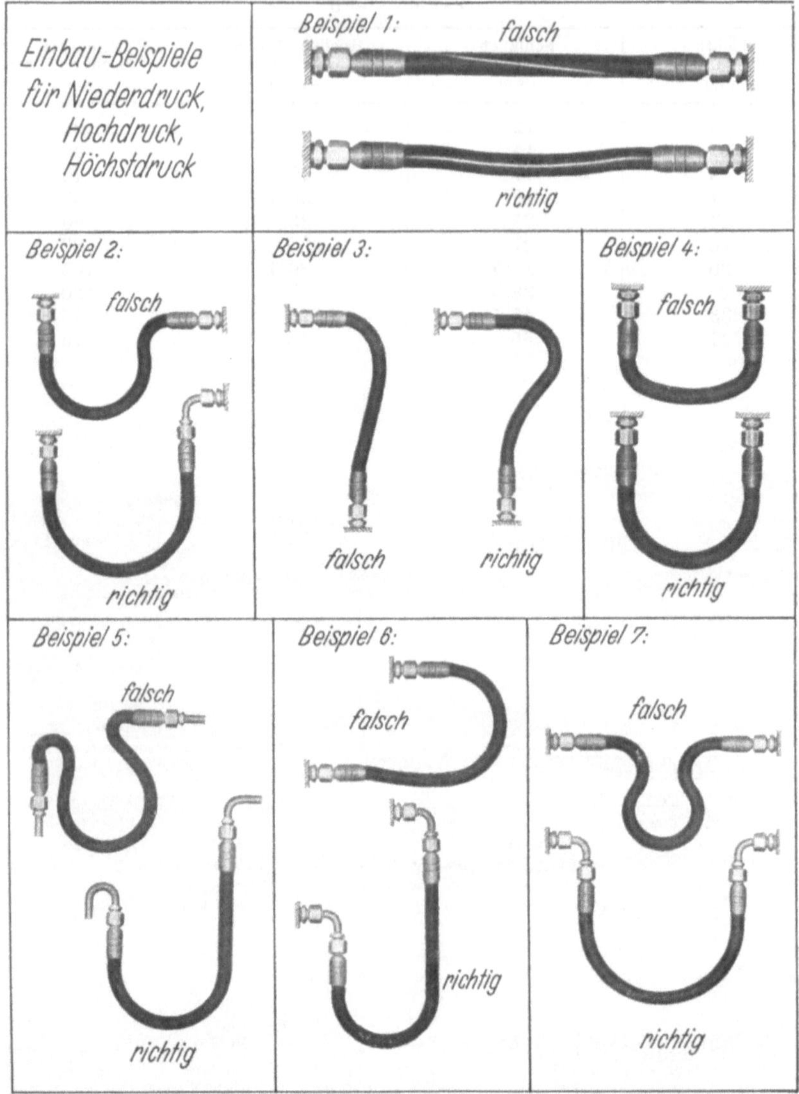

Abb. 70. Richtiges und falsches Verlegen von Schlauchleitungen

Höchstdruckschläuche. Für besonders hohe Drücke wählt man Schläuche, die an Stelle der Garneinlagen Stahldrahtgeflechteinlagen aus Klavierseitendraht haben (Abb. 71). Die technischen Daten sind der Zahlentafel 5 zu entnehmen; die Temperaturbeständigkeit geht bis $+130^\circ$ C.

Lösbare Rohrverschraubungen [*26.1* u. *26.2*]. Die bekanntesten lösbaren Rohrverschraubungen sind die Lötverschraubungen, Verschraubungen

Zahlentafel 4

Nennweite mm	Innendurchmesser × Wanddicke mm	Außen-durchmesser mm	Betriebsdruck		Zulässiger kleinster Biege-halbmesser mm
			A[1] kg/cm²	B[2] kg/cm²	
4	4 × 5	14	200	120	45
6	6 × 5,5	17	175	100	50
8	8 × 5,5	19	150	90	60
10	10 × 5,75	21,5	130	80	75
13	13 × 5,75	24,5	90	60	95
16	16 × 6	28	90	60	115
20	20 × 6,5	33	80	50	135
25	25 × 7	39	60	35	160
32	32 × 7,5	47	55	35	200
40	40 × 8,5	57	50	30	260

Zahlentafel 5

Nennweite mm	Innendurchmesser × Wandstärke mm	Außen-durchmesser mm	Betriebsdruck		Zulässiger kleinster Biege-halbmesser mm
			A[1] kg/cm²	B[2] kg/cm²	
4	4,8 × 5,1	15	450	280	50
6	6 × 5,5	17	425	260	55
8	8 × 5,5	19	400	240	60
10	10 × 5,5	21	350	210	65
13	13 × 6	25	300	180	70
16	16 × 6	28	250	150	80
20	19 × 6,5	32	225	135	90
25	25 × 6,5	38	185	110	130
32	32 × 7	46	125	75	200
40	40 × 7	54	110	65	300
50	50 × 7	64	00	55	400
60	60 × 7	74	85	50	500

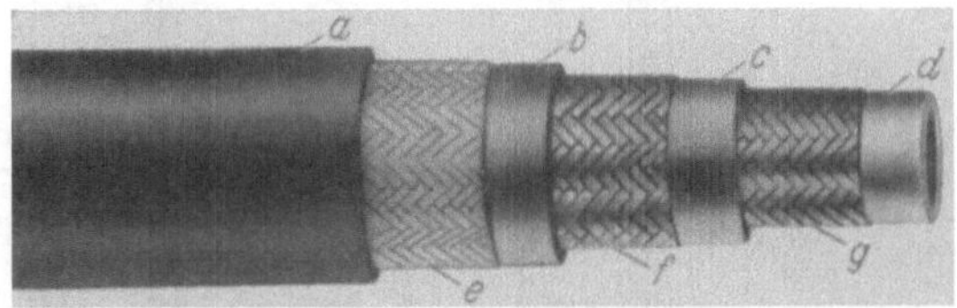

Abb. 71. Höchstdruckschlauch mit Stahldraht-Geflechteinlage
a Außengummi (Synth. Kautschuk); *b* Synth. Kautschuk; *c* Synth. Kautschuk; *d* Synth. Kautschuk; *e* Garngeflecht; *f* Stahldrahtgeflecht; *g* Stahldrahtgeflecht

mit Klemmringen, Bördelverschraubungen, Verschraubungen mit Formschluß durch Schulterring und Verschraubungen mit Schneidringen (Abb. 72a bis h).

Abb. 72a zeigt eine Lötverbindung mit Dichtkegel nach DIN 7608. Vorteil dieser Verschraubungsart ist die formschlüssige Verbindung,

---

[1] Betriebsdruck A: bei langsamem Druckanstieg und gleichmäßiger Belastung.
[2] Betriebsdruck B: bei stoßweiser Belastung.

die ein Herausreißen des Rohres auch bei hohen Drücken verhindert. Für schwingungsbeanspruchte Anlagen sind diese Verschraubungen jedoch nur begrenzt verwendbar, da in der Randzone der Lötstelle Risse auftreten können.

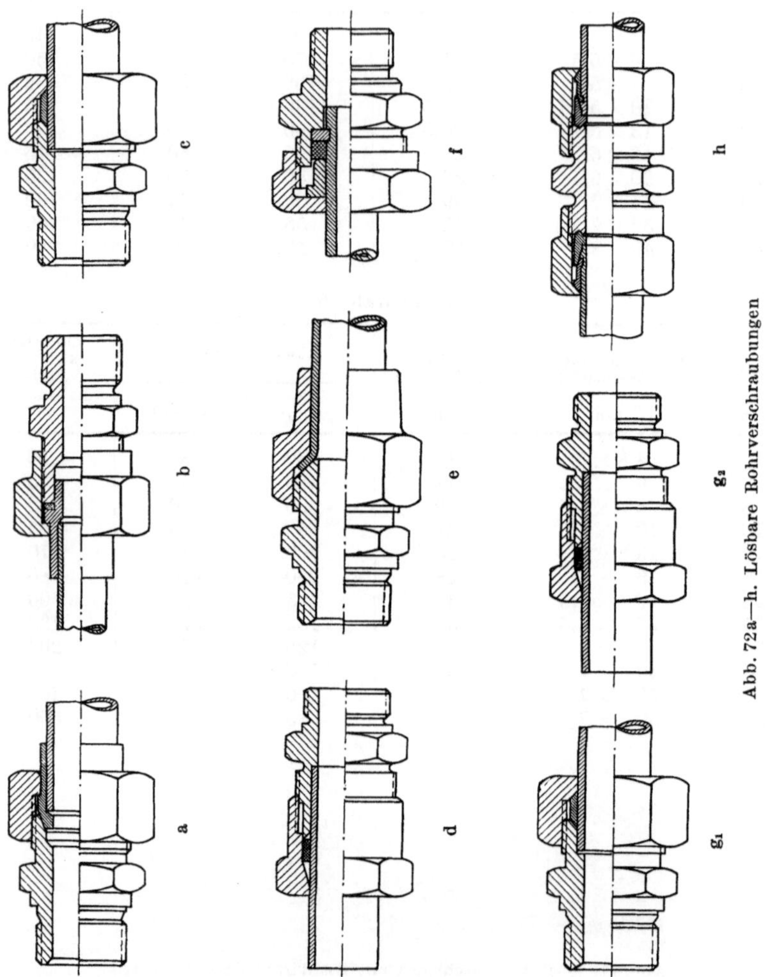

Abb. 72a—h. Lösbare Rohrverschraubungen

Bei der Lötverschraubung in Abb. 72 b wird der Formverschluß durch eine auf das Rohrende aufgelötete Bundbüchse erreicht; ein besonderer Dichtring liegt zwischen Bundbüchse und Nippel.

Die Güte der Klemmringverschraubung mit Doppelkegelring nach DIN 2367, Abb. 72c, hängt von den Toleranzen des Doppelkegelringes und des Rohres ab.

Abb. 72d zeigt eine Verschraubung, bei der beim Anziehen der Überwurfmutter durch deren Innenkegel ein gehärteter Ring gegen die Dichtung gepreßt und diese so verformt wird, daß Oberflächenrauhigkeiten und Maßabweichungen der einzelnen Teile ausgeglichen werden. Der Ring wird dabei in das Rohr eingedrückt und übernimmt somit die Sicherung gegen axiales Verschieben.

Bei der Bördelverschraubung, Abb. 72e, ist darauf zu achten, daß beim Bördeln des Rohres keine Anrisse auftreten und der Werkstoff nur bis zu einer bestimmten Grenze kaltverformt werden darf.

Die Verschraubung mit Formschluß durch Schulterring nach Abb. 72f ist für höhere Betriebsdrücke gedacht; zur Abdichtung dient ein besonderer Dichtring aus Bekamol (Nylon-Basis), der zwischen dem Schulterring und einem Klemmring eingespannt ist.

In der Schneidringverschraubung, Abb. 72g, gleitet der harte Schneid- und Keilring beim Anziehen der Überwurfmutter am Konus des Druckringes entlang, verjüngt sich und schneidet unter Aufwurf eines sichtbaren Bundes in das Rohr ein. Gleichzeitig drückt sich die an dem Druckring angedrehte Dichtkante in den Stutzen. Es ist unbedingt erforderlich, daß das Rohr gegen den Anschlag im Konus stößt, da sonst der Schneidvorgang nicht einsetzt. Durch das Anziehen der Überwurfmutter wird das Rohr mit Hilfe des Schneidringes sowie des mit einer Dichtkante versehenen Druckringes fest, sicher und dicht mit dem Schraubstutzen verbunden. Die Schneidringverschraubung kann mehrfach gelöst und wieder angezogen werden.

Zahlentafel 6

Rohraußendurchmesser mm	Nenndruck kg/cm²	Einschraubgewinde	
		metrisch	Whitworth
4	40	M 8 × 1	R 1/8″
5		M 8 × 1	R 1/8″
6		M 10 × 1	R 1/8″
8		M 10 × 1	R 1/8″
6	100	M 10 × 1	R 1/8″
8		M 12 × 1,5	R 1/4″
10		M 14 × 1,5	R 1/4″
12		M 16 × 1,5	R 3/8″
15		M 18 × 1,5	R 1/2″
18		M 22 × 1,5	R 1/2″
22		M 26 × 1,5	R 3/4″
28		M 33 × 2	R 1″
35		M 42 × 2	R 1 1/4″
42		M 48 × 2	R 1 1/2″
6	400	M 12 × 1,5	R 1/4″
8		M 14 × 1,5	R 1/4″
10		M 16 × 1,5	R 3/8″
12		M 18 × 1,5	R 3/8″
14		M 20 × 1,5	R 1/2″
16		M 22 × 1,5	R 1/2″
20		M 27 × 2	R 3/4″
25	250	M 33 × 2	R 1 ″
30		M 42 × 2	R 1 1/4″
38		M 48 × 2	R 1 1/2″

Die Stoßverschraubung mit Schneidringen, Abb. 72h, bietet die Möglichkeit, zwei starre Rohrleitungen zu verbinden oder voneinander zu lösen, ohne ein axiales Verschieben vornehmen zu müssen.

Die Schneidringverschraubungen nach DIN 2353 werden in mehreren Baureihen für bestimmte Nenndrücke und Rohrabmessungen gefertigt, wie Zahlentafel 6 angibt.

2.4 Filtergeräte

Auf die Reinhaltung des Triebmittels von allen Schmutzteilen ist besonders zu achten. Alle Fremdkörper, wie Metallabrieb, Späne, Staub und andere Rückstände, ergeben zusammen mit dem Triebmittel eine gefährliche Schmirgelmasse, die alle Getriebeteile, Zylinderwände, Kolben, Ventile u. dgl. angreift und mit der Zeit zerstört. Es sind also Vorkehrungen zu treffen, um das Triebmittel zu filtern und zu reinigen. Dies geschieht durch

Ansaugsiebe und Saugkörbe,
Spaltfilter und Magnet-Siebfilter.

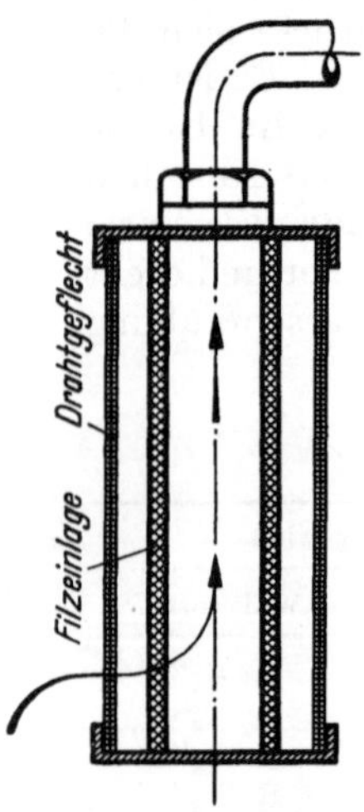

2.41 Ansaugsiebe und Saugkörbe

Ansaugsiebe und Saugkörbe werden vor die Ansaugleitung der Pumpe verlegt und bestehen aus einem nicht zu engmaschigen Siebgewebe. Die Größe der Siebe ist so zu bemessen, daß keine merkliche Drosselung des Triebmittels im Filter stattfindet. Die Filter müssen also eine ausreichende Siebfläche und eine genügende lichte Maschenweite haben. Erfahrungsgemäß reicht eine Maschenzahl von 10 bis 25 auf den cm² aus. Der geeignete Werkstoff für das Siebgewebe ist Messing oder Kupfer.

Abb. 73. Saugkorb aus nichtrostendem Drahtgeflecht

Abb. 73 zeigt einen Mehrfachfilter nach Art der bekannten Saugkörbe. Ein weitmaschiges Gewebe (10 Maschen auf 1 cm²) aus nichtrostendem Draht bildet den eigentlichen tragenden Teil des äußeren Filters. Mit dem Gewindestutzen des oberen Deckels wird es unmittelbar an die Saugleitung angeschlossen. In dem Saugkorb befindet sich ein Feinfilter aus Filztuch. Bei der Vorsiebung durch das äußere Drahtgeflecht werden gröbere Verunreinigungen abgehalten. Dadurch bleibt das Feinfilter länger wirksam, ehe eine Säuberung notwendig ist. Trotz der Mehrfachfilterung wird der stetige Triebmittelfluß auch bei niedrigem Betriebsdruck nicht beeinträchtigt.

2.42 Spaltfilter

Der Spaltfilter, Bauart Mahle, Bad Cannstatt (Abb. 74 und 75), besteht aus dem Filtereinsatz *a*, dem Filtergehäuse *b* und dem Schlammraum *c*. Der Filtereinsatz setzt sich zusammen aus zahlreichen ringförmigen Stahl-Lamellen, die mehrfach ausgespart sind und aus sternartigen Zwischenlagen als Distanzscheiben, deren Stärke die Spaltweite bestimmt. Das Lamellenpaket sitzt zusammengespannt und am unteren Ende verschraubt auf einer drehbaren Spindel. In jeden Spalt greift ein feststehender Kratzer mit zwei feinen geschweiften Zacken (Abb. 75) ein. Diese Kratzmesser entfernen den abgesetzten Schmutz aus den feinen Spalten.

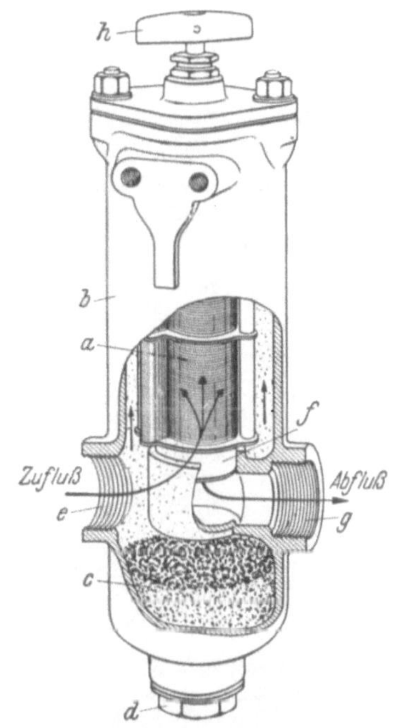

Abb. 74. Spaltfilter
Bauart: Mahle, Bad Cannstatt
a Filtereinsatz; *b* Filtergehäuse; *c* Schlammraum; *d* Verschlußschraube; *e* Zufluß; *f* Spannstück; *g* Abfluß; *h* Handgriff

Der Spaltfilter wird im allgemeinen in die Ansaugleitung des Flüssigkeitsgetriebes geschaltet. Die zu reinigende Flüssigkeit tritt bei *e* in das Filtergehäuse *b* ein und durchdringt das Lamellenpaket *a* von außen nach innen. Die in der Flüssigkeit enthaltenen Verunreinigungen setzen sich auf dem Außenumfang des Filtereinsatzes ab. Die hierbei gereinigte Flüssigkeit fließt im Inneren des Filters durch die sektorenförmigen Aussparungen der Lamellen zu dem unteren Spannstück *f* und verläßt das Filtergehäuse bei *g*. Dreht man mit dem Handgriff *h* die Spindel und damit das Lamellenpaket ein- bis zweimal herum, so führen die Kratzmesser durch die besondere Formgebung ihrer Zacken den Schmutz, der sich an den Eingängen der einzelnen Spalten abgesetzt hat, wieder nach außen zurück. Der ausgeschiedene Schmutz sinkt nach unten in den Schlammraum. Die Verschlußschraube *d* muß nach längerer Betriebs-

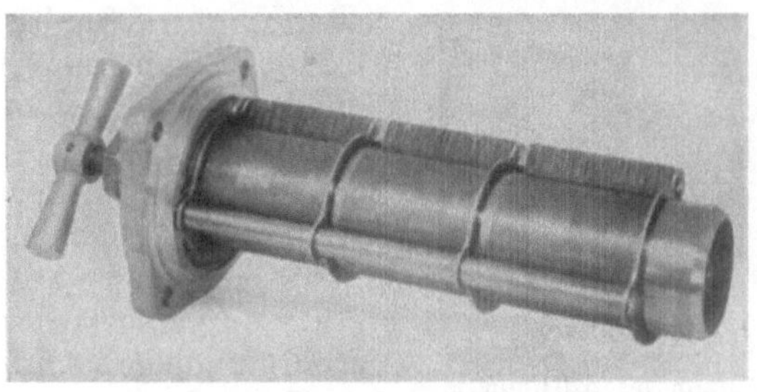
Abb. 75. Filtereinsatz des Spaltfilters. Bauart: Mahle

dauer herausgeschraubt und der Schlamm durch den Gehäusestutzen abgelassen werden. Auch der Filtereinsatz *a* muß von Zeit zu Zeit herausgenommen und zusammen mit dem Gehäuse gründlich durchgespült und gereinigt werden.

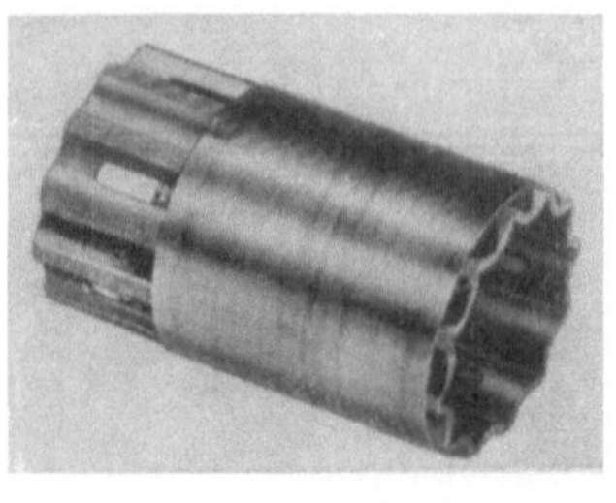

Abb. 76
Tragkörper des „Knecht“-Filters

Die Lamellen, Zwischenlagen und Kratzmesser bestehen aus einem besonderen Federbandstahl, können auch aus Phosphorbronze oder anderen korrosionsfesten Stoffen hergestellt werden. Gehäuse, Befestigungsflanschen, Spindeln, Spannstücke und Führungsbolzen des Spaltfilters sind aus Grauguß bzw. aus blank gezogenem Stahl, Leichtmetall oder Messing.

Einen im Prinzip sehr ähnlichen Spaltfilter, Bauart Knecht, Bad Cannstatt, zeigen Abb. 76 und 77. Dieser Filter besteht aus einem starkwandigen Tragkörper mit sternförmigem Profil. Auf die so gebildeten Rippen ist ein Gewinde geschnitten, in das ein Draht eingelegt ist. Dadurch wird zwangsläufig eine gleichmäßige Spaltbreite erreicht. Die Spaltbreite ergibt sich aus der Wahl der Gewindesteigung und dem dadurch erzielten Drahtabstand. Die üblicherweise verwendeten Spaltbreiten sind 0,05 mm, 0,08 mm und 0,1 mm. Das Reinigen des Filters geschieht mit Hilfe eines bürstenartigen Kratzers, der aus einer großen Anzahl von nebeneinanderliegenden Drähtchen gebildet wird. Bei Betätigung eines Handhebels greifen die Bürstendrähte, die den Spalten entlanglaufen, in diese ein und entfernen so den anhaftenden Schmutz.

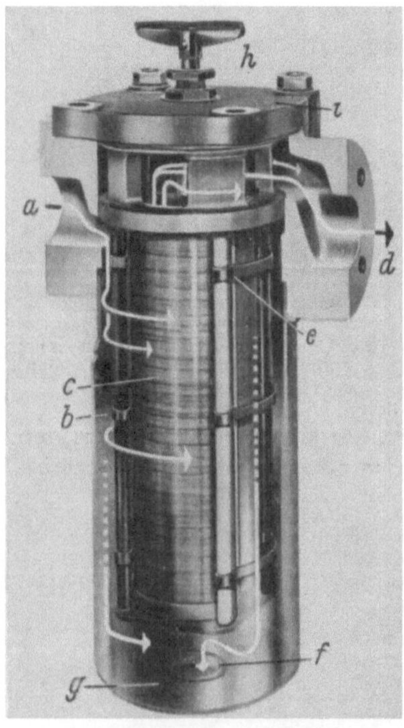

Abb. 77. *Flüssigkeits-Spaltfilter*
Bauart: Knecht, Stuttgart-Bad Cannstatt
Durchflußmenge: 5 l/min bis 670 l/min je nach Ausführung; Spaltbreite: 0,05; 0,08 und 0,1 mm; Druckabfall: 0,2 bis 0,3 kg/cm²; Höchstbetriebsdruck: 15 kg/cm²

Der Knecht-Spaltfilter (Abb. 77) wird im allgemeinen in die Hauptdruckleitung eingebaut; das verschmutzte Triebmittel wird durch Bohrung *a* zugeführt; vom Schmutzölraum *b* aus durchdringt die Flüssigkeit die einzelnen Spalten des Filtereinsatzes *c* und setzt die mitgeführten Verunreinigungen auf der Oberfläche des Filtereinsatzes ab. Durch die Auslaufbohrung *d* fließt die gereinigte Flüssigkeit wieder in den Triebmittelkreislauf. Der bürstenartige Kratzer *e* dient zum Reinigen des Spaltfilters während des Betriebes. Der an den Reinigungsbürsten angesammelte Schmutz fällt in den am Boden befindlichen Schlammraum *f* ab und kann durch die Schlammablaßöffnung *g* entfernt werden. Betätigen der Reinigungsvorrichtung von Hand durch einen auf dem Deckelflansch *i* angebrachten Knebel *h* oder selbsttätig durch mechanisch gesteuerte Ratsche.

Seit neuestem werden permanentmagnetische Durchlauffilter aus Alni-Magnetstahl mit gutem Erfolg in den Triebmittelumlauf von Flüssigkeitsgetrieben eingeschaltet (Abb. 78). Der Filterkörper scheidet

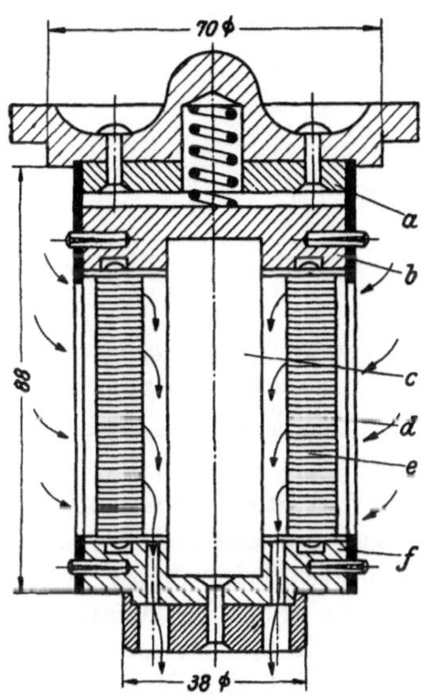

Abb. 78
Permanentmagnetischer Durchlauffilter

a Abschirmplatte; *b* Polscheibe oben; *c* Magnetkern; *d* Distanzscheibe; *e* Spaltring; *f* Polscheibe unten

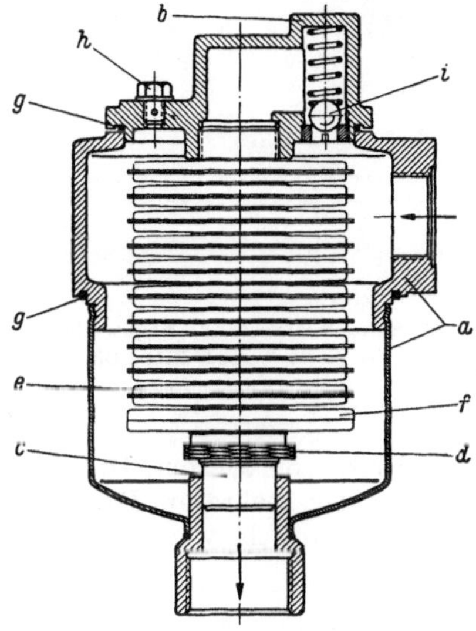

Abb. 79. *Magnet-Siebfilter*
Bauart: Gebr. Stoschek K. G., Düsseldorf
Durchflußmenge: 84, 125, 165 l/min; Betriebsdruck: 10 kg/cm²; Siebmaschenweite: 0,1 mm (normal)

a Gehäuse; *b* Deckel; *c* Abflußrohr für gereinigte Flüssigkeit; *d* Spannmutter; *e* Einzelsiebscheibe; *f* Dauer-Magnetscheibe; *g* Rundschnur-Dichtungsring; *h* Entlüftungsschraube; *i* Überdruckventil für 2 kg/cm²

sowohl sämtliche ferromagnetischen Teile wie Metallabriebe und Späne als auch antimagnetische Stoffe, z. B. Ölrückstände und Schleifmittelkörner, aus dem Flüssigkeitsstrom aus.

Bei dem Hydraulik-Filter von Gebr. Stoschek K.G., Düsseldorf, werden Drahtsiebgewebe in Verbindung mit Dauermagnetscheiben benützt. Das Filtergerät ist außerdem mit einem Überdruckventil, Abb. 79, versehen, das sich öffnet, sobald infolge zunehmender Verschmutzung der Druck im Filter 2 kg/cm² übersteigt; das Triebmittel fließt dann über das Ventil ungereinigt in den Sammelbehälter zurück. Das Reinigen der Flüssigkeit geschieht in den schichtweise übereinander angeordneten Siebscheiben, die aus einem Stütz- und einem Feingewebe aus Phosphorbronze oder aus V 2 A-Stahl bestehen, und die fest zwischen zwei gefalzten Stahlblecheinfassungen, Abb. 80, liegen. Normal erhalten die Siebscheiben ein Feingewebe mit einer

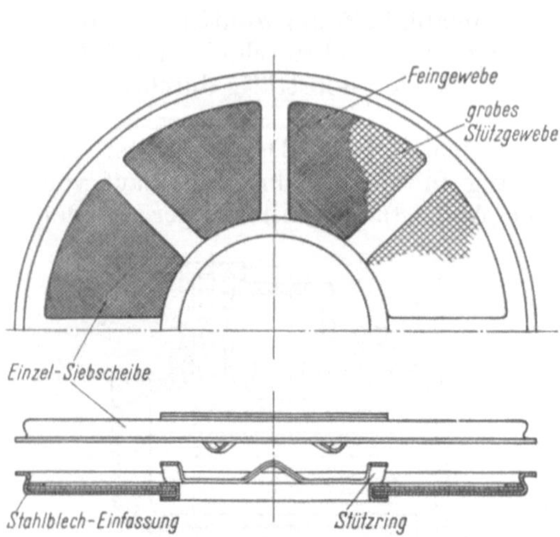

Abb. 80. *Einzel-Siebscheibe* für Magnet-Siebfilter
Bauart: Gebr. Stoschek K.G., Düsseldorf

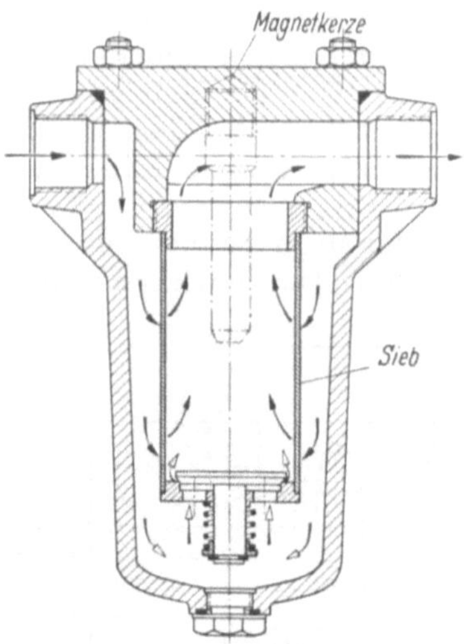

Abb. 81. *Magnet-Siebfilter*
Bauart: Kracht. Pumpen- und Motorenfabrik, Werdohl/Westf. zum Einbau in die Saugleitung

Maschenweite von 0,1 mm. Die Filterwirkung wird durch den Einbau von einer oder mehreren Dauermagnetscheiben zwischen den Siebscheiben wesentlich verstärkt. Das verschmutzte Triebmittel tritt beiderseits aller Siebscheibenpaare durch die Gewebe und fließt gereinigt durch Schlitze des Abflußrohres nach unten ab.

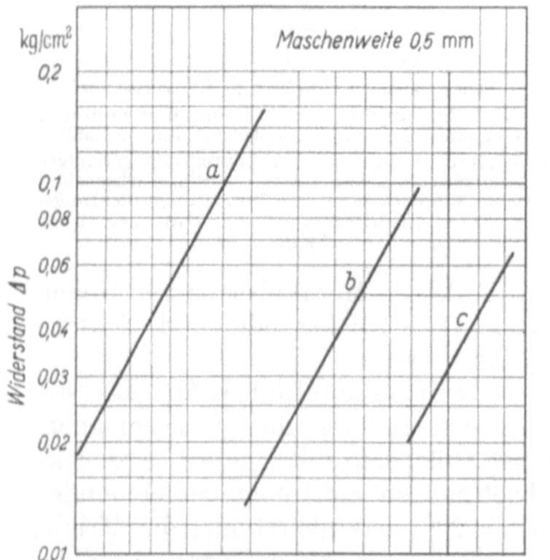

Auch die Filtergeräte von Kracht, Pumpen- und Motorenfabrik G.m.b.H., Werdohl/Westfalen, besitzen neben einem engmaschigen Filtereinsatz (0,5; 0,4; 0,3 mm Maschenweite) noch einen stabförmigen Dauermagneten, der in den Filterkorb hineinragt, Abb. 81. Das am Boden des Filterkorbes eingebaute Tellerventil ist so eingestellt, daß es erst bei völliger Verschmutzung des Filters öffnet. Abb. 82 zeigt die Abhängigkeit des Druckabfalles infolge Widerstand im Filter von der Durchflußmenge und der Maschenweite.

Abb. 82. Druckabfall, Maschenweite und Durchflußmenge bei dem Kracht-Magnet-Siebfilter
a = für 30 l/min — max. Durchflußmenge
b = für 60 l/min — max. Durchflußmenge
c = für 90 l/min — max. Durchflußmenge

Der ARGO-Durchlauffilter von ARGO-G. m. b. H. für Feinmechanik, Stuttgart, besitzt eine mechanische Filterung durch ein vorgeschaltetes Maschensieb mit 0,2 mm Maschenweite und einen ringförmigen Magnethalter mit neun gleichgepolten AlNiCo-Dauermagneten, Abb. 83. Es können sich geschlossene Magnetkreise von den freien Polen dieser kleinen Stabmagnete zum Rand des Magnethalters bilden, so daß eine wirksame Ausfilterung aller metallischen Teilchen aus der durchströmenden Flüssigkeit erzielt wird. Das Filtergerät ist entweder in der Saugleitung oder bei Drücken unter der zulässigen Belastung auch in der Druckleitung möglich. Häufig wird der Magnetfilter auch

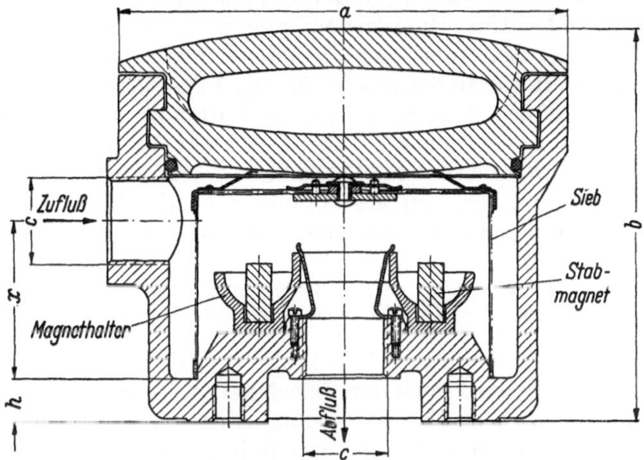

Abb. 83. ARGO-Durchlauffilter. Bauart: ARGO-G. m. b. H. für Feinmechanik, Stuttgart

in die Rückleitung verlegt, da hier zumeist keine allzu hohen Drücke auftreten und auch eine Vorbelastung der Förderpumpe durch Saugwiderstände vermieden wird. Für die Type DF 404/20 mit einer Höchstleistung von 40 l/min und einem höchstzulässigen Druck von 20 kg/cm² ist der Druckabfall bei 0,2 mm Maschenweite und für ein Hydrauliköl von 3 bis 4° E ($T = 20$ bis 30° C).

Q l/min	Sieb frei p in kg/cm²	Sieb etwa ²/₃ verschmutzt p in kg/cm²
20	0,021	0,051
30	0,040	0,087
40	0,060	0,145

2.5 Hydraulikspeicher

2.51 Allgemeines

Hydraulikspeicher (Akkumulatoren) werden im allgemeinen Maschinenbau, in der Preßtechnik und auch bei Werkzeugmaschinen verwendet, wenn über einen längeren Zeitraum ein bestimmter Flüssigkeitsdruck ohne Druckabfall, wie er beispielweise bei hydraulischen Spanneinrichtungen notwendig ist, verfügbar sein muß oder wenn kurzzeitig große hydraulische Leistungen und Flüssigkeitsmengen zu entnehmen sind. Bei den heute gebräuchlichen Speichergeräten [*27.2*, *27.3*] wird die Zusammendrückbarkeit von trockner Luft oder eines Gases (Stickstoff) zum Speichern einer nur schwer kompressiblen Flüssigkeit (Mineralöl) benützt; dabei spielen sich im einzelnen folgende Vorgänge ab: Wird das gesamte zur Speicherung verfügbare Volumen V_1 bis zu dem gewünschten Fülldruck p_1 mit Luft oder Gas *aufgeladen* und dann von einer Förderpumpe Druckflüssigkeit bis zum Erreichen des gewünschten Höchstdruckes p_3 in den Speicher gepumpt, so verringert sich das Luft- oder Gasvolumen von seinem ursprünglichen Wert V_1 auf den Wert V_3. Bei einer nachfolgenden Abgabe von gespeicherter Druckflüssigkeit in die hydraulische Anlage (*Entladevorgang*) sinkt der Speicherdruck auf den Wert p_2 ab, und die Luft oder das Gas dehnt sich entsprechend auf das Volumen V_2 aus. Geschieht das Aufladen und die Entnahme langsam, so daß ein vollständiger Wärmeaustausch zwischen Luft oder Gas und Umgebung stattfinden kann (isothermer Vorgang), dann folgt die Volumenänderung dem Boyle-Mariottschen Gesetz:

$$\underset{\text{Ladevorgang}}{p_1 V_1} = \underset{\text{Druckspeicherung}}{p_2 V_2} = \underset{\text{Entladevorgang}}{p_3 V_3}$$

Das Produkt aus Volumen und Druck bleibt konstant; der Druck von Luft oder Gas hält dem Druck der Flüssigkeit stets das Gleichgewicht. Bei schnellen Lade- oder Entladevorgängen des Speichers bleibt praktisch keine Zeit für den Wärmeaustausch (adiabatischer Vorgang); es ist dann

$$p\, V^k = \text{konstant}$$

($k = 1{,}4$ für zweiatomige Gase.)

In vielen Anwendungsfällen wird der Konstrukteur beim Bestimmen der erforderlichen Speichergröße weder mit adiabatischem Betrieb (plötzlich schnelle Druckölentnahme) noch mit isothermen Betrieb (sehr langsame Speicherentleerung) rechnen können, sondern er muß in Abhängigkeit von der vorgesehenen Arbeitsweise einen entsprechenden Zwischenwert abschätzen [*15* u. *100*].

2.52 Ausführungsbeispiele

Man unterscheidet Speicherbauarten ohne Trennwand zwischen Luft- oder Gasraum und Druckflüssigkeitsraum und Speicher mit elastischer Trennwand, Abb. 84a und b [*62*].

Der Hydraulikspeicher von Kracht, Pumpen- und Motorenfabrik G.m.b.H., Werdohl/Westfalen, arbeitet ohne Trennwand mit einem Preßluftpolster bis zu Betriebsdrücken von 160 kg/cm². Die Wirkungsweise ist aus der Schemazeichnung Abb. 85 zu ersehen [*11.1*]. Eine einfache Zahnradpumpe *a* fördert das Triebmittel über ein Rückschlagventil *b* in den Speicher *c*. Hat der Druck den gewünschten Höchstwert erreicht, so unterbricht ein Kontaktmanometer *d* jede weitere Druckölförderung zum Speicher. Von der Größe des Luftpolsters *e* über dem Flüssigkeitsspiegel ist es abhängig, wieviel Energie dem Speicher entnommen werden kann, wenn sich das Luftpolster von dem Höchstdruck auf den Mindestdruck entspannt. Da das Hydrauliköl eine bestimmte Menge

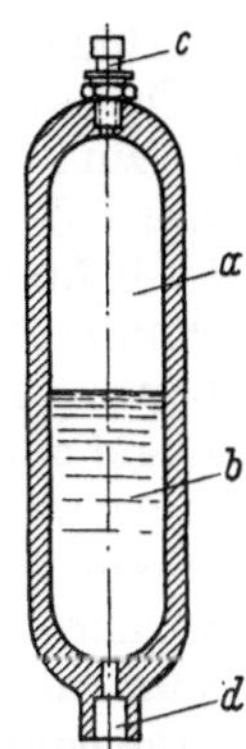

Abb. 84a. Hydropneumatischer Speicher ohne Trennwand zwischen Luftraum und Druckflüssigkeitsraum

a Luftraum; *b* Druckölraum; *c* Luftventil; *d* Druckölanschluß

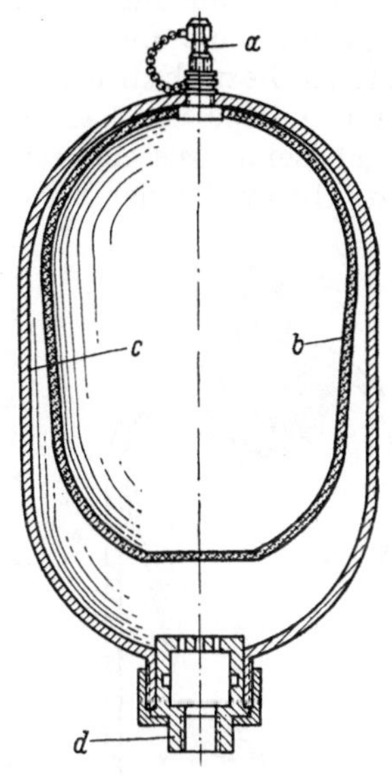

Abb. 84b. Querschnitt durch einen Speicher mit Trennwand

a Luftventil; *b* Haut aus Kunstkautschuk; *c* Gehäuse; *d* Rohranschluß für Hydraulik

des Preßluftpolsters unter dem Einfluß des Überdruckes löst und bei der Entnahme wieder austreten läßt, so unterliegt das Luftpolster einem ständigen Abbau.

Daher übernimmt die notwendige Ergänzung der Luftmenge ein selbsttätig

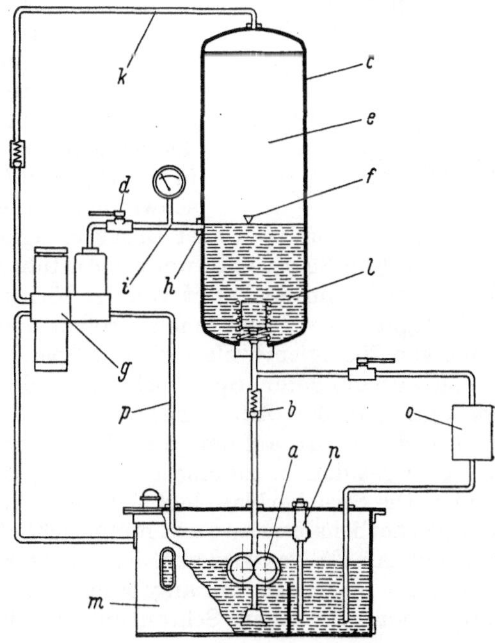

Abb. 85. *Hydraulik-Speicher* mit Preßluftpolster

Bauart: Kracht. Pumpen- und Motorenfabrik G. m. b. H., Werdohl/Westf., für max. Betriebsdruck $p = 160$ kg/cm²

a Förderpumpe mit Saugkorb; *b* Rückschlagventil; *c* Speicher; *d* Kontaktmanometer; *e* Luftpolster; *f* Flüssigkeitsspiegel im Speicher; *g* Luftpolsterregler; *h* Pegelanschluß; *i* Druckleitung; *k* Luftleitung; *l* Sperrschwimmer; *m* Sammelbehälter für Hydrauliköl; *n* Sicherheitsventil; *o* Verteilerventil für Verbraucherstelle; *p* Steuerleitung zum Regler

arbeitender Luftpolsterregler g, der von der gespeicherten Energie des Speichers betrieben wird. Die Pumpe a fördert das Triebmittel zunächst in den nur mit atmosphärischer Luft gefüllten Speicher und komprimiert die Luft auf den am Kontaktmanometer d eingestellten höchsten Betriebsdruck.

Das Luftpolster hat seinen richtigen Wert, wenn der Flüssigkeitsspiegel beim Ausschaltdruck auf der Höhe des Pegelanschlusses h steht. Übersteigt der Flüssigkeitsspiegel den Pegelanschluß, so ist das Luftpolster zu klein und der Regler g tritt selbsttätig in Funktion, indem er dem Speicher durch Leitung i Druckflüssigkeit entnimmt, die wiederum zum Betrieb eines Differenzkolbenverdichters des Reglers verwendet wird; dieser Verdichter saugt atmosphärische Luft an, komprimiert sie und fördert sie durch die Leitung k in den Luftraum des Speichers. Sobald der Flüssigkeitsspiegel im Speicher den Pegelanschluß unterschreitet, tritt der Pegel außer Tätigkeit. Er spricht aber sofort wieder an, wenn der Flüssigkeitsspiegel beim nächstfolgenden Pumpenspiel bis zum Erreichen des Ausschaltdruckes den Pegelanschluß wieder übersteigt; der Regler arbeitet nicht, solange die Pumpe den Speicher mit Druckflüssigkeit aufladet.

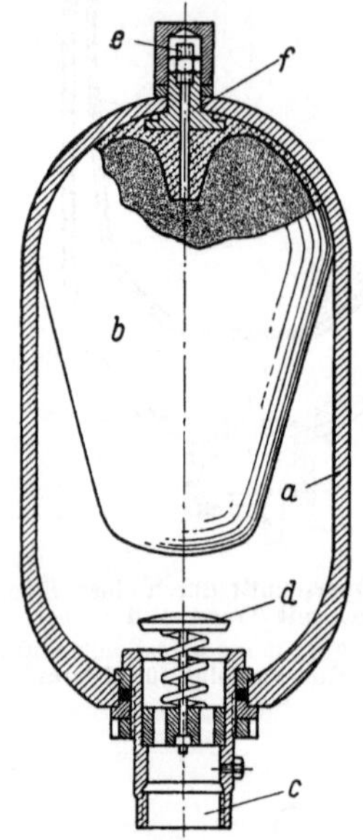

Abb. 86. Hydraulik-Speicher der Firma Robert Bosch G. m. b. H., Stuttgart (Lizenz Mercier-Greer)
a Druckbehälter; b Speicherblase; c Ölanschluß; d Ölventil; e Druckgasanschluß; f Gasventil

In dem Speicher ist ein Sperrschwimmer l angeordnet, der den Abfluß von Triebmittel aus dem Speicher unterbricht, wenn der Pegel infolge unzulässig hoher Triebmittelentnahme so tief absinkt, daß die Gefahr des Eindringens von Luft aus dem Speicher in die Hydraulikanlage besteht. Der Sperrschwimmer öffnet in solchem Falle erst wieder, wenn die Pumpe wieder Druckflüssigkeit in den Speicher fördert.

Die in Abb. 86 gezeigte weitere Ausführungsform eines Speichers mit elastischer Trennwand wird von der Firma Robert Bosch G.m.b.H. in Stuttgart in verschiedenen Größen und für einen Höchstbetriebsdruck von 200 kg/cm² gefertigt. Der Speicher arbeitet mit einer birnenförmig ausgebildeten Speicherblase b, die über ein einvulkanisiertes Gasventil f in der oberen Behälteröffnung mittig und dicht befestigt ist. Die Blase wird auf den je nach Anwendungsfall erforderlichen Gasdruck aufgeladen, wozu eine besondere Gasfülleinrichtung zu verwenden ist. Die Speicherblase legt sich beim Aufladen an die Gehäusewand des Speicherbehälters a an und nimmt schließlich den gesamten Speicherraum ein. Als Füllgas wird aus Sicherheitsgründen Stickstoff verwendet.

Das im Speicherboden angebrachte Ölventil d wird gegen die Wirkung einer schwachen Schraubenfeder durch die sich ausdehnende

Speicherblase geschlossen und verhindert eine Beschädigung der Blase am Ölventilanschluß. Fördert nun die Hydraulikpumpe über das vom Flüssigkeitsdruck geöffnete Ölventil Druckflüssigkeit in den Speicherraum, so wird das Gasvolumen in der Speicherblase bei gleichzeitigem Druckanstieg und entsprechender Blasenverformung verkleinert und in den frei werdenden Raum Druckflüssigkeit gespeichert (Abb. 87c).

Umfangreiche Versuche im Laboratorium und mehrjähriger praktischer Einsatz dieser in gleicher Ausführung in den USA von der Firma Greer Hydraulics sowie in England und Frankreich von den

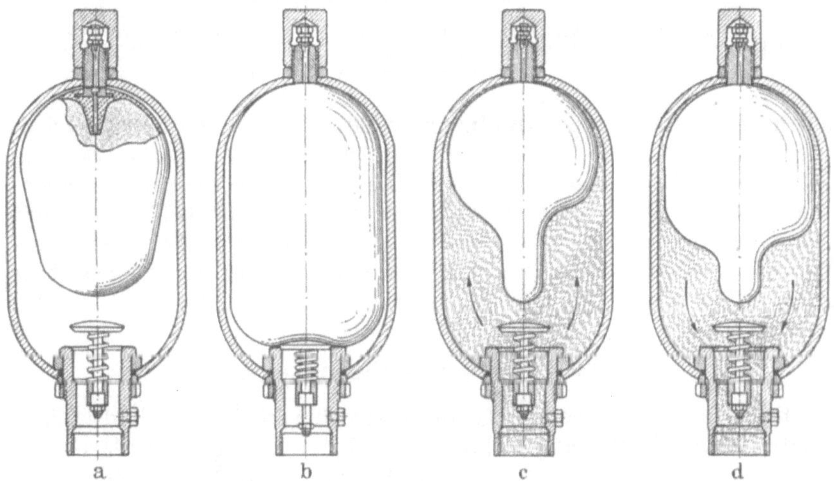

Abb. 87a—d. Arbeitsweise des Bosch-Hydraulikspeichers (Lizenz Mercier-Greer)
a) Speicher im Einbauzustand ohne Gas- und Flüssigkeitsfüllung; b) Speicher mit aufgeladener Gasblase; c) Speicher unter Flüssigkeitsdruck durch die Förderpumpe; d) Speicher leistet Arbeit durch Abgabe von Druckflüssigkeit

Firmen Finney Presses und Compagnie Nord et Alpes vertriebenen Speicher haben gezeigt, daß die als elastische Trennwand verwendete Blasenform (Patent Mercier) in Verbindung mit einem hochwertigen synthetischen Gummi als Werkstoff einen für lange Zeit störungs- und wartungsfreien Betrieb gewährleistet.

Der Gasfülldruck der Speicherblase ist von der jeweiligen Aufgabe des Hydraulikspeichers abhängig. Er liegt üblicherweise etwas unter dem Mindestarbeitsdruck der hydraulischen Anlage und darf ebenfalls ein bestimmtes Verhältnis zum höchsten Betriebsdruck nicht überschreiten.

Für den Bosch-Hydraulikspeicher wird beispielsweise vom Hersteller das maximal zulässige Druckverhältnis von Mindestarbeitsdruck zu Höchstarbeitsdruck mit 1:3 und das maximal zulässige Druckverhältnis von Blasenfülldruck zu Höchstarbeitsdruck mit 1:4 angegeben. Bei einem Mindestarbeitsdruck von 60 kg/cm² beträgt demnach der zulässige Höchstarbeitsdruck 180 kg/cm² und der kleinste zulässige Blasenfülldruck 45 kg/cm².

Der Druckölspeicher der Firma Alfred Teves K.G., Frankfurt/Main, kann außer im Fahrzeugbau auch bei Werkzeugmaschinen verwendet werden, und zwar zur Energiespeicherung in Anlagen mit kurzzeitigem, hohem Bedarf an Druckflüssigkeit, zum Halten eines bestimmten Druckes bei Positioniereinrichtungen oder Spannvorrichtungen nach Abschalten der Ölpumpe, und als zweite Kraftquelle

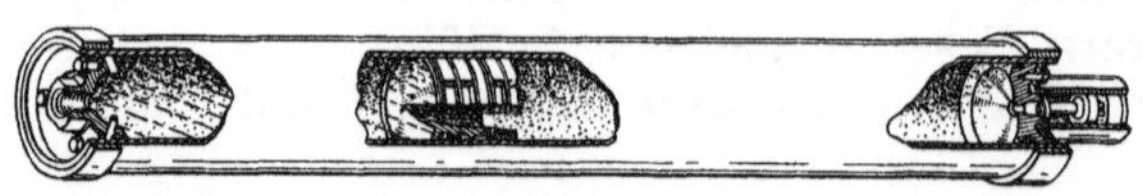

Abb. 88. Zylindrischer Druckölspeicher. Bauart: Alfred Teves K.G., Frankfurt/Main für höchstzulässigen Betriebsdruck von 200 kg/cm² und Nennvolumen von 2 bis 25 Liter für Werkzeugmaschinen

neben der Förderpumpe. In einem zylindrischen, innen feinstbearbeiteten Rohr (Abb. 88) mit an beiden Enden eingesetzten Deckeln gleitet ein schwimmender Kolben. Dieser Kolben, der mit Kolbenringen gegen die Zylinderwandung sorgfältig abgedichtet ist, trennt die in den Speicher gepumpte Druckflüssigkeit von dem Gasraum. Als Gas wird der auch gegenüber getrockneter Luft korrosionssichere Stickstoff benützt.

2.53 Anwendungsmöglichkeiten

Die zuvor beschriebenen Hydraulikspeicher können bei hydraulisch angetriebenen Werkzeugmaschinen und bei hydraulischen Maschinen der Umformtechnik verwendet werden, und zwar zum

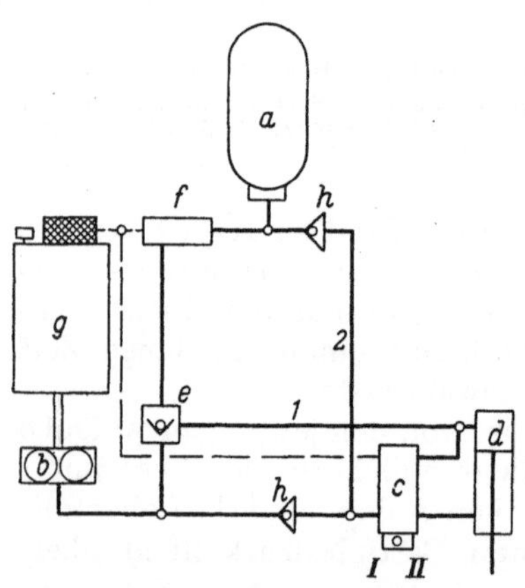

Abb. 89. Hydraulikkreis für eine Sonderpresse mit raschem Vor- und Rücklauf des Arbeitskolbens

a Speicher; *b* Pumpe; *c* Steuergerät; *d* Arbeitskolben; *e* gesteuertes Rückschlagventil; *f* Druckregelventil; *g* Ölbehälter; *h* Rückschlagventil

Vermindern der Förderpumpenleistung bei intermittierendem Betrieb,

Ausgleich von Leckölverlusten und Aufrechterhalten von Flüssigkeitsdrücken in geschlossenen Stromkreisen,

Speisen von parallelgeschalteten hydraulischen Stromkreisen sowie der Nebenkreise,

Einbau in Sicherheits- und Steueranlagen.

Abb. 89 zeigt das Hydraulikschema für eine *Presse* mit kurzzeitig hohem Energiebedarf, bei der der rasche Vorschub und Rücklauf des Kolbens von einer Förderpumpe und einem Druckölspeicher *gemeinsam* bewirkt und der Betriebsdruck im Schubkolbentrieb der Presse nach Beendigung des Preßhubes (Arbeitshub) von der Pumpe sofort wieder aufgebaut wird; es spielen sich dabei im einzelnen folgende Vorgänge ab:

Die Zahnradpumpe *b* fördert über das Steuergerät *c*, Stellung *II* = Ruhestellung, auf die Unterseite des Schubkolbens und hält ihn in eingezogener Lage. Die Rückseite des Kolbens und damit die Steuerleitung *1* ist über das Steuergerät mit dem Rücklauf verbunden. Das von der Steuerleitung *1* aus gesteuerte Rückschlagventil *e* ist somit in seiner Durchflußrichtung frei, und die Pumpe fördert über das Druckeinstellventil *f* in den Speicher *a*. Bei Erreichen des maximalen Speicherdruckes wird die Pumpe drucklos über das Druckeinstellventil zum Ölbehälter *g* zurückgeschaltet.

Beim Umschalten des Steuergerätes auf Stellung *I* wird die Kolbenunterseite mit dem Rücklauf verbunden, während das Drucköl aus dem Speicher auf die Kolbenrückseite geschaltet wird und den Kolben entsprechend rasch in seine Arbeitsstellung verschiebt. Durch den auf der Kolbenrückseite sich aufbauenden Druck wird gleichzeitig das gesteuerte Rückschlagventil gesperrt, und die Pumpe fördert ebenfalls unmittelbar auf die Kolbenrückseite. Nach Beendigung des Kolbenhubes wird im Zylinder sofort der volle Pumpendruck aufgebaut, da eine Aufladung des Speichers durch das in Leitung *2* eingebaute Rückschlagventil verhindert wird. Während der Druckhaltezeit arbeitet die verhältnismäßig kleine Pumpe mit höchstem Betriebsdruck über das entsprechend ausgebildete, gesteuerte Rückschlagventil in den Speicher. Nach Abschluß des Preßvorganges wird das Steuergerät in Stellung *II* zurückgeschaltet, womit Drucköl von Pumpe und Speicher den Schubkolben sofort wieder in seine Ausgangsstellung zurückschiebt. Über das bereits beim ersten Arbeitshub wieder in Stellung „Speicher laden" gesteuerte Druckventil wird der Speicher von der Pumpe wieder aufgeladen.

Bei einer schweren *Flachschleifmaschine*, auf der Heizkesselglieder gleichzeitig auf beiden Seiten parallel geschliffen werden, ist eine Spannvorrichtung notwendig, mit der die Werkstücke innerhalb eines Spannrahmens mit Hilfe von 4 Hydraulikspannzylindern festgehalten werden (Abb. 90).

Vor dem Einlegen eines unbearbeiteten Werkstückes in die Spannvorrichtung wird die Anschlagklappe *A* durch den Schubkolbentrieb *M 1* von ihrer waagerechten Lage senkrecht hochgeklappt, wodurch das Positionieren des Werkstückes in der Spannvorrichtung erleichtert wird. Das Spannkommando wird durch Betätigen einer Drucktaste gegeben. Der Kolben des Magnetschiebers *Sch 2* geht in die gezeichnete Lage, und die 4 Hydraulikspannzylinder spannen das Werkstück fest, wobei die Hochdruckpumpe *HP* eine Triebmittelmenge von 50 l/min fördert und in der Druckleitung ein Druck von 10 kg/cm² vorhanden ist. Gleichzeitig wird durch Umsteuern des Magnetsteuerschiebers *Sch 1* die Anschlagklappe *A* vom Spannrahmen wieder weggeschwenkt. Nachdem die Druckstücke der 4 Spannzylinder am Werkstück anliegen, steigt der Druck im Leitungssystem leicht an. Durch diesen Druckanstieg wird in dem Druckschalter *DSch* ein Kontakt geschlossen und der Kolben des Magnetsteuerschiebers *Sch 3* in die in Abb. 90 gezeichnete Lage geschoben. Das auf 10 kg/cm² eingestellte Überdruckventil *UeV* wird nun unwirksam. Die Hochdruckpumpe *HP* schaltet selbsttätig auf einen höheren Druck von 50 kg/cm² um, so daß in den Hydraulikspannzylindern die während des Schleifvorganges benötigte Spannkraft erzeugt wird.

Bei einem plötzlichen Ausfall der Hochdruckpumpe *HP* schließt sich augenblicklich das in die Druckleitung eingeschaltete Rückschlag-

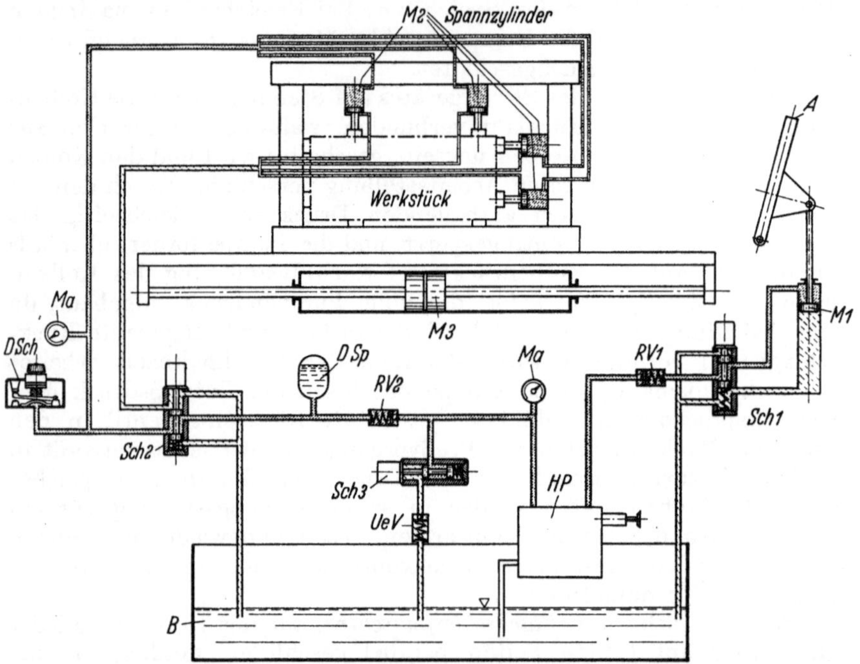

Abb. 90. Anwendung eines Hydraulikspeichers als Sicherheitselement in der hydr. Spannvorrichtung einer Sonder-Schleifmaschine für Heizkesselglieder

A Anschlagklappe zur Lagebestimmung des Werkstückes; *B* Flüssigkeitsbehälter; *HP* Hochdruckpumpe; *Sch 1 ... 3* Magnetsteuerschieber; *RV 1*, *RV 2* Rückschlagventil; *M 1* Schubkolbentrieb für die Anschlagklappe; *M 2* Schubkolbentriebe für die Spannzylinder; *M 3* Schubkolbentrieb für Maschinentisch; *Ma* Druckmesser; *UeV* Überdruckventil; *Dsch* Druckschalter blockiert Werkstückvorschub, wenn eingestellter Spanndruck nicht erreicht ist; *DSp* Druckspeicher

ventil *RV 2*, und der Hydraulikspeicher *DSp* wird wirksam. Durch die elastische Gasfüllung des Druckspeichers wird erreicht, daß der Flüssigkeitsdruck in der Anlage zwischen Werkstückspannzylinder nur um einen geringen, unbedeutenden Betrag absinkt, das Werkstück aber noch mit Sicherheit im Spannrahmen festgehalten wird.

Der Druckspeicher *DSp* erfüllt aber noch einen anderen Zweck, stellt er doch ein federndes Element im Hydrauliksystem dar, das alle negativen und positiven Druckstöße dämpft, die beim Umsteuern oder beim Umschalten, z. B. der Förderpumpe von der Nieder- auf die Hochdruckstufe, auftreten können.

2.6 Einrichtungen zum Einstellen und Steuern des Flüssigkeitskreislaufes

2.61 Stellglieder

2.611 Drosselhähne-, -ventile und -schieber

Diese Drosseleinrichtungen haben die Aufgabe, durch Verändern des Durchgangsquerschnittes im Leitungssystem eines Flüssigkeitsgetriebes die Triebmittelmenge und damit die Leistung zu verändern (vgl. S. 27). Bei den Stellgliedern nach Abb. 91a bis d wird die Drosselwirkung da-

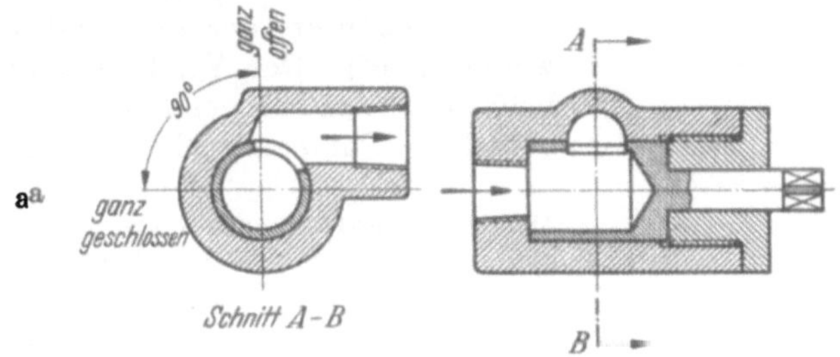

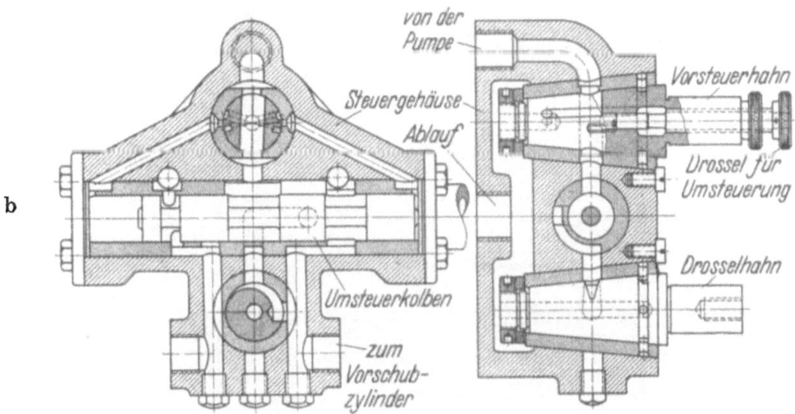

Abb. 91a u. b. Drosselventile mit radialem Drosselschlitz

durch erzielt, daß die in den Ventilkörpern (z. B. Hahnküken) radial oder axial eingelassenen Schlitze bei einer allmählichen Drehung bzw. Verschiebung den Durchlaß in steigendem Maße verengen oder umgekehrt erweitern.

Nadelventile eignen sich besonders für geringe Durchflußmengen und hohe Drücke. Die Nadel wird dabei durch eine Gewindespindel mit Feingewinde verstellt. Das Nadelventil in Abb. 91e arbeitet zusammen mit einem Ausgleichsventil *a* (Abb. 92), das zwischen dem Druckraum *P*, der mit der Pumpe in Verbindung steht und dem Raum Z, der zu dem Vorschubzylinder führt, stets das gleiche Druckgefälle aufrechterhält, und zwar durch Ablassen von überschüssiger Druckflüssigkeit in den drucklosen Rücklaufraum R. Dieses Gefälle entspricht dem Flächendruck auf den Kolben c des Ventils a, der durch die Feder b erzeugt wird und der etwa 10 kg/cm² beträgt. Da die Federkonstante verhältnismäßig klein ist, wird sich auch bei verschiedenen Stellungen des Ausgleichsventils (eine Öffnungsstellung ist punktiert angedeutet) der Flächendruck nur wenig ändern. Der Verstellvorgang verläuft derart, daß bei geschlossenem Nadelventil der Pumpendruck im Raum P das

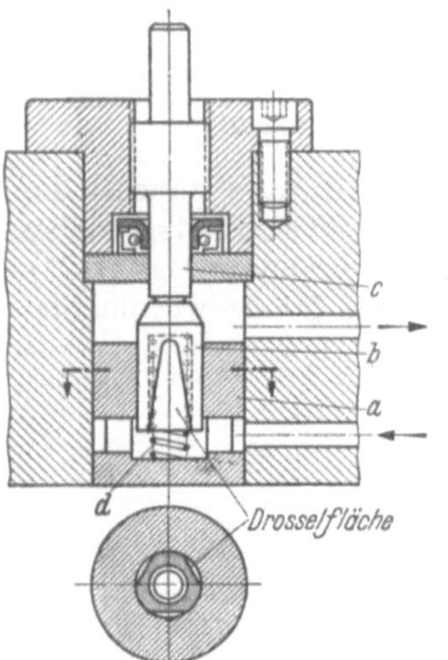

Abb. 91 c. Drosselventil mit mehreren Drosselflächen
Bauart: K. Hüller, Ludwigsburg
a Ventilsitz; *c* Einstellbolzen;
b Ventilkörper; *d* Druckfeder

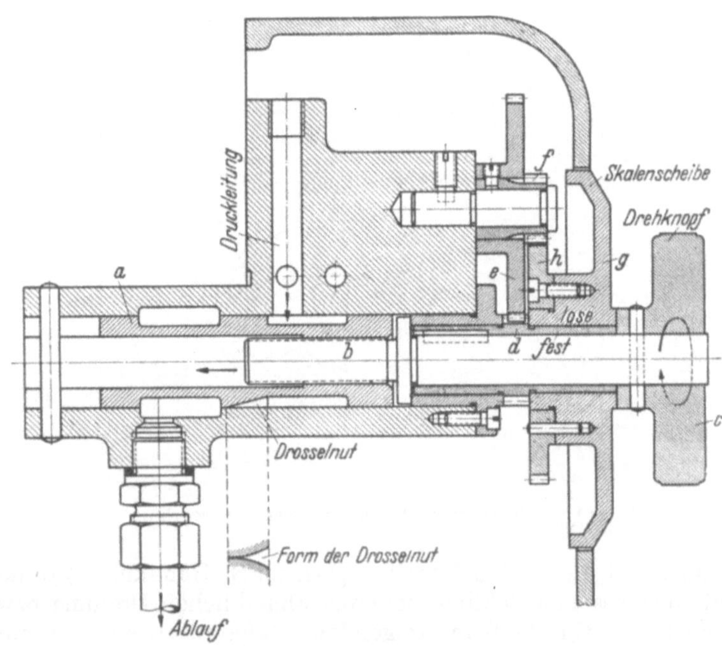

Abb. 91 d. Ventil mit axialer Drosselnut

Ausgleichsventil a entgegen der Federspannung in Pfeilrichtung bewegt und damit den Durchlaß öffnet; die Druckflüssigkeit kann dabei aus dem Raume P in den Rücklaufraum überströmen. Im Raum P stellt sich dann ein Druck ein, der — da der Raum Z hinter dem Ausgleichskolben und mithin auch die Zuleitung zum Vorschubzylinder noch drucklos sind — lediglich der Federspannung (etwa 10 kg/cm²) entspricht. Die Pumpe braucht also bei geschlossenem Nadelventil nicht gegen ihr auf höheren Druck eingestelltes Sicherheitsventil zu arbeiten, sondern nur gegen die vom Ausgleichsventil eingeregelten 10 kg/cm².

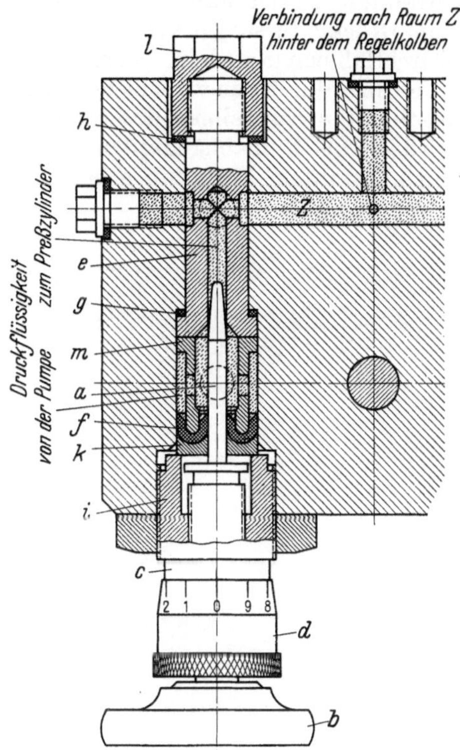

Abb. 91e. MAN-Nadelventil

a Ventilnadel aus C 15 mit Gewindespindel; *b* Handrad zur Verstellung von *a*; *c* Skalenring; *d* Skalentrommel; *e* Ventilsitz aus C 15; *f* U-Manschette; *g* und *h* Dichtungen aus Vulkanfiber; *i* Gewindebüchse; *k* Druckring für Manschette *f*; *l* Hutmutter; *m* Ventilkorb

Wird das Nadelventil geöffnet, so tritt das Triebmittel in den mit dem Vorschubzylinder in Verbindung stehenden Raum Z, der durch eine kleine Bohrung auch mit dem Raum hinter dem Ausgleichskolben auf der Federseite korrespondiert. Je nach dem durch den Öffnungsgrad des Nadelventils im Zylinderraum eingestellten Betriebsdruck, wird auch der Druck im Raum P *vor* dem Nadelventil sich verändern, und zwar in dem Sinne, daß er durch den Ausgleichskolben um etwa 10 kg/cm² höher eingestellt wird wie jener im Zylinderraum. Der Druckunterschied zwischen dem Raum P und Raum Z wird also durch

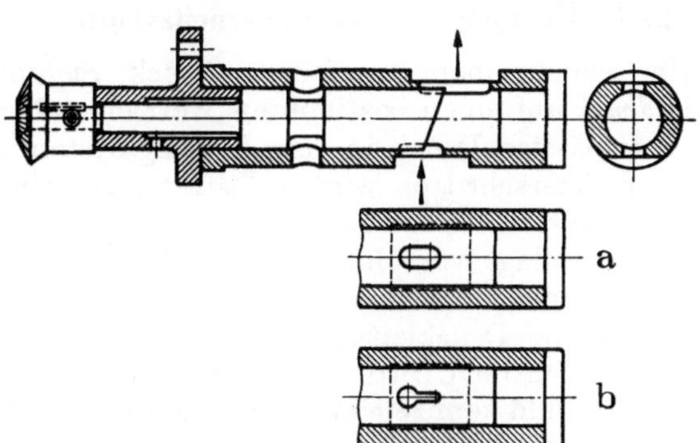

Abb. 91f. Drehschieber mit schräger Endfläche als Drosselventil

a) Form des Drosselschlitzes für größere Flüssigkeitsmengen; b) Form des Drosselschlitzes für kleine Mengen und feinfühlige Einstellung

den Ausgleichskolben gleichbleibend auf 10 kg/cm² gehalten. Da die Durchflußmenge bei dem Nadelventil nur abhängig ist von dem eingestellten Durchflußquerschnitt in dem Ventilkörper *e* (Abb. 91e) und dem Druckunterschied vor und hinter diesem Ventil, bleibt mithin die Durchflußmenge auch für wechselnden Gegendruck des Vorschubkolbens — bedingt durch den verschiedenen Bearbeitungswiderstand — bei einer bestimmten Einstellung des Nadelventils gleich. Der Vorschubkolben wird demnach unabhängig von dem jeweils sich einstellenden Druck mit konstantem Vorschub arbeiten.

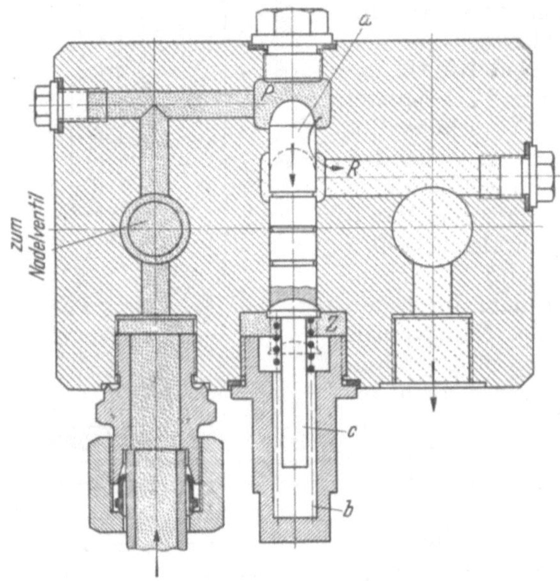

Abb. 92. Ausgleichsventil des MAN-Nadelventils
a Ausgleichsventil (Einstellkolben); *b* Druckfeder für Ventilkegel *c*

2.612 Überdruck- und Sicherheitsventile

Diese Ventile dienen einem zweifachen Zweck. Sie sollen einmal den Flüssigkeits*druck* auf einen bestimmten Wert einstellen, um sich, sobald der höchstzulässige Druck in dem Leitungssystem erreicht ist und der Grenzwert überschritten wird, selbsttätig zu öffnen und das überschüssige Triebmittel entweichen zu lassen. Des anderen sollen sie die hydraulische Anlage vor plötzlich auftretenden Überlastungen und dabei möglichen Schäden schützen. Sie werden unmittelbar hinter der Förderpumpe in die Druckleitung geschaltet.

Man nennt diese Ventile Überdruck-, Maximaldruck-, Sicherheits- und Überströmventile und kennzeichnet damit den Verwendungszweck, für den sie bestimmt sind.

In dem älteren Schrifttum werden die Ausführungen nach Abb. 93 als Überdruck- und Sicherheitsventil vorgeführt. Beide Ventile haben sich aber praktisch nicht bewährt, da sie die Neigung haben, sich bei unruhigem Flüssigkeitsstrom wechselnd von dem Ventilsitz abzuheben und wieder zu schließen, wobei ein hämmerndes Geräusch (Prasseln) verursacht wird. Besser hingegen ist die Ausführungsform nach Abb. 94, da hier der Ventilkolben in dem Ventilsitz ausreichend geführt ist und die Druckflüssigkeit durch die inneren Bohrungen bzw. Kanäle geleitet wird.

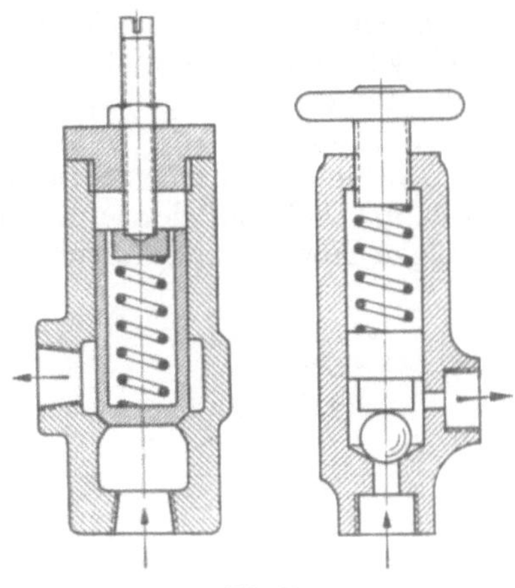

Abb. 93
Überdruck- und Sicherheitsventile

Das Überdruckventil in Abb. 95 besitzt einen Stufenkolben, auf den zwei ineinander liegende Druckfedern wirken; diese Federn gleichen den Belastungsunterschied der beiden unter Flüssigkeitsdruck stehenden, gestuften Kolbenflächen aus. Durch eine verstellbare Düsennadel läßt sich die Bewegung des Ventils während des Betriebes genau einstellen; Flatterbewegungen werden dabei mit Sicherheit ausgeschaltet.

Gut bewährt hat sich ferner das Kolbenventil von Gebr. Heller, Nürtingen, nach Abb. 96. Der Zu- und Abfluß des Triebmittels geschieht hier nicht wie bei den anderen Ventilen durch jeweils *eine* Bohrung größeren Durchmessers ($^1/_4$ bis $^3/_4''$), sondern es besitzt die Ventilbuchse an ihrem äußeren Umfang Ringkanäle, die durch mehrere radiale Bohrungen die Druckflüssigkeit zu- und ableiten.

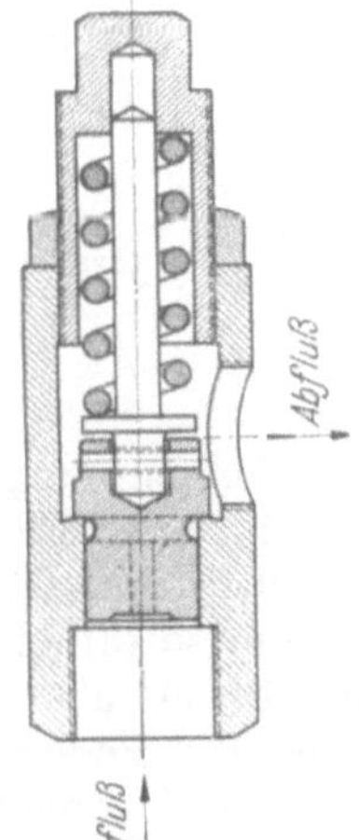

Abb. 94. Überdruckventil für $^1/_2$- und $^3/_4$-Leitung

Abb. 95. Überdruckventil mit Stufenkolben

In Abb. 96 strömt das Triebmittel im untersten Ringkanal zu. Bei einem bestimmten Druck wird der auf seiner ganzen Länge geführte, zylindrische Ventilkolben gegen die Federspannung nach oben geschoben. Damit werden die Auslaßöffnungen des mittleren Ringkanals frei. Wie A. DÜRR [29.4] anführt, erreicht die Triebmittelgeschwindigkeit im kleinsten Ventilquerschnitt je nach dem Druckgefälle und dem Zähigkeitsgrad beachtliche Werte; bei einem Betriebsdruck von 20 kg/cm² und einer Viskosität von 3,5° E wächst sie bis nahezu 70 m/s an! Das Triebmittel erwärmt sich dementsprechend im Betrieb stark. Dies spielt jedoch bei dem hydrodynamischen Vorschubgetriebe von Heller keine Rolle, da dieses von Druck und Temperatur unabhängig arbeitet.

Das amerikanische Sicherheitsventil Bauart Vickers, Detroit (Abb. 97), soll auf den eingestellten Druck unabhängig von der jeweiligen Fördermenge ansprechen. Die Nebenleitung, durch die bei Überdruck das überschüssige Triebmittel abgeleitet wird, bleibt so lange verschlossen, wie sich der Betriebsdruck in der Hauptleitung und die Vorspannung der Schraubenfeder in dem Ventilkolben zusammen mit dem Flüssigkeitsdruck in dem Ringraum über dem Ventilkolben im Gleichgewicht halten. Wird der zulässige Druck überschritten, so öffnet sich das obere kleine Steuerventil (einstellbar) und der Druck über dem Ventilkolben läßt nach. Das Hauptventil überwindet die Federspannung, bewegt sich aufwärts und gibt den Auslaß in die Nebenleitung frei. Das aus dem oberen Druckraum verdrängte Triebmittel kann durch die zentrale Bohrung des Hauptventils entweichen. Bei diesem Ventil ist mit einfachen technischen Mitteln eine wirksame unabhängige Druck- und Mengeneinstellung erzielt. Als weiterer Vorteil wird genannt: Das Ventil neigt auch bei pulsierendem Durchfluß nicht zum Rattern, da über dem Ventilkolben eine Abdämpfung wirksam ist.

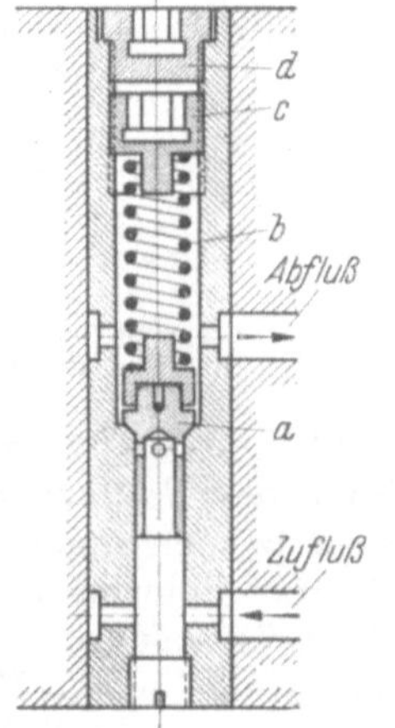

Abb. 96. Überdruckventil Bauart: Gebr. Heller, Nürtingen
a Unterkörper; *b* Druckfeder; *c* Stellschraube für Federspannung; *d* Verschlußschraube

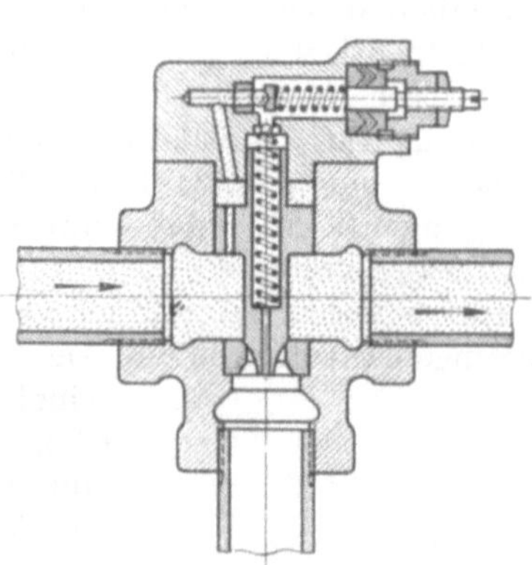

Abb. 97 Sicherheitsventil von Vickers Inc., Detroit USA

2.613 Ventile zur Gegendruck- und Gleichgangeinstellung

Verändert man in einem Flüssigkeitsgetriebe mit Vorschubkolben dessen Bewegung durch ein Drosselventil, so geht man von der Annahme aus, daß in dem Kreislauf ein konstanter Druck aufrechterhalten werden kann, und daß beim Arbeitshub wie beim Rücklauf nahezu gleiche Druckverhältnisse herrschen. Bei Werkzeugmaschinen trifft diese Annahme nur für einige wenige Maschinen, beispielsweise Schleifmaschinen, zu, denn die Mehrzahl ist einer wechselnden, mitunter stark schwankenden Belastung ausgesetzt. Der Wechsel des Bearbeitungswiderstandes wirkt sich zunächst auf die Flüssigkeitssäulen vor und hinter dem Vorschubkolben aus. Wie im Abschn. 1.46 erläutert wurde, ist die Druckflüssigkeit zusammendrückbar. Bei Druckschwankungen treten folglich in den Zylinderräumen Volumenänderungen auf. Damit wird aber die Gleichmäßigkeit der Vorschubgeschwindigkeit des Kolbens gestört, obwohl die in der Zeiteinheit zu- und abgeleiteten Triebmittelmengen gleichförmig bleiben und die Güte der Bearbeitung sowie die Wirtschaftlichkeit der Maschine mehr oder weniger stark beeinträchtigen.

Der Kolben eines Vorschubgetriebes unterliegt, wenn er auf die im Vorderteil des Zylinders befindliche Flüssigkeit drückt, einem *Rück- oder Gegendruck*. Dieser Gegendruck ist jederzeit eine Funktion sowohl des hydraulischen Vorschubdruckes als auch des mechanischen Druckes (Schnittdruck + Reibkraft). Bestimmend für den Gegendruck ist nicht nur die Größe des mechanischen Druckes, sondern auch seine *Richtung*. Wirkt er *in* Richtung des hydraulischen Vorschubdruckes, so ist der Gegendruck gleich der Summe aus hydraulischem Vorschubdruck und mechanischem Druck: $P_g = P_v + P_m$. Ist umgekehrt der mechanische Druck dem Vorschubdruck *entgegen*gerichtet, dann ist der Gegendruck gleich der Differenz aus Vorschubdruck und mechanischem Druck:

$$P_g = P_v - P_m$$

Soll sich der Kolben mit gleichförmiger Geschwindigkeit ohne Beschleunigung oder Verzögerung bewegen, so muß die Gegenkraft automatisch jeder Veränderung der auf den Kolben einwirkenden Schnittdruckkräfte angepaßt werden. Dies kann nur geschehen, wenn jede Änderung des mechanischen Druckes mit einer sofortigen Änderung des hydraulischen Vorschubdruckes beantwortet wird, wobei die algebraische Summe beider Drücke nahezu konstant gehalten werden soll. Ist z. B. der mechanische Druck dem Vorschub entgegengerichtet und wächst der Arbeitswiderstand zeitweilig an, so würde sich der Gegendruck um das Maß des Anwachsens verringern, wenn nicht durch geeignete Hilfsmittel automatisch die dem Vorschubzylinder zugeführte Triebmittelmenge und damit der hydraulische Vorschubdruck vergrößert würde. Die Verringerung des Gegendruckes wird ausgeglichen und die Vorschubbewegung des Kolbens konstant gehalten. Dies kann praktisch durch folgende Hilfsmittel erzielt werden:

Gegendruckventil — Differenzdruckventil — Gleichgangventil.

Gegendruckventile. Bei der hydraulischen Kaltkreissäge Bauart G. Wagner, Reutlingen (Abb. 98), wird eine Gegendruckvorrichtung bestehend aus einem einfachen Kegelreiberventil (Drosselventil) benützt. Wie Abb. 98 zeigt, ist dieses Ventil D in die Abflußleitung des

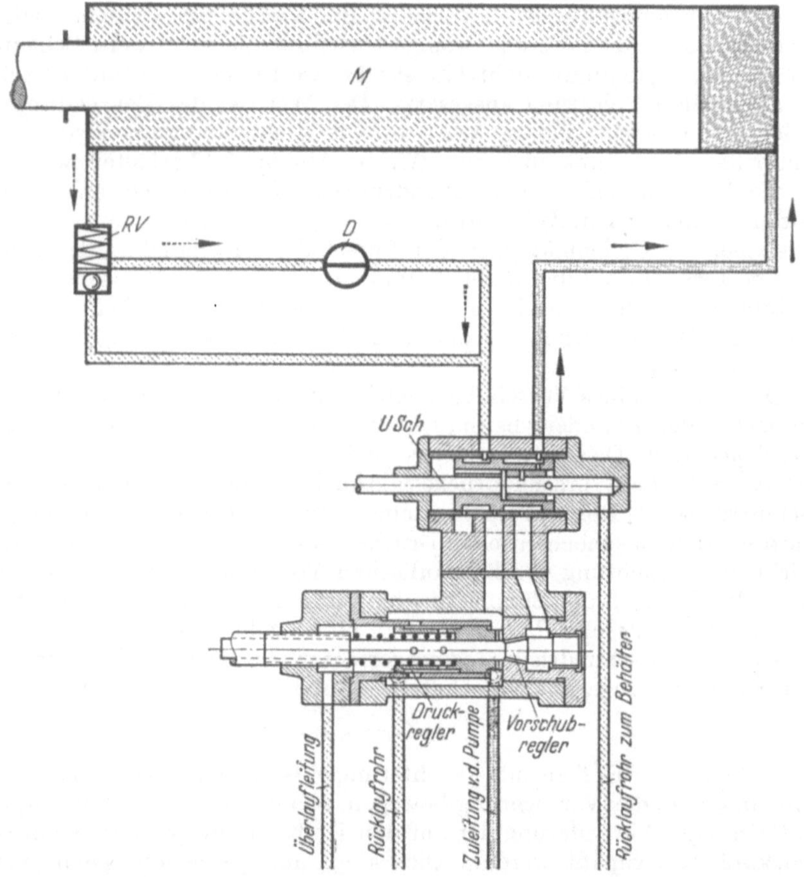

Abb. 98. Gegendruckvorrichtung an einer Kaltkreissäge. Gustav Wagner, Reutlingen
D Drosselventil in der Rückleitung; RV Rückschlagventil, das sich beim Rücklauf des Kolbens nach rechts öffnet und die gesamte Triebmittelmenge unter Umgehen des Drosselventils in die linke Zylinderseite strömen läßt (Eilrücklauf); M Flüssigkeitsmotor mit Differenzkolben

Vorschubzylinders eingebaut, so daß beim Vorschub das ganze, durch den Vorschubkolben verdrängte Triebmittel durch das Drosselventil fließen muß. Der Durchflußquerschnitt wird unter Verwendung eines Zeigers so eingestellt, daß bei Leervorschub eine bestimmte größte Vorlaufgeschwindigkeit nicht überschritten werden kann und der Kolben nicht durch irgendeinen Umstand voreilt. Die Einstellung ist je nach dem Verwendungszweck der Maschine verschieden. Hier liegt demnach keine selbsttätige Gegendruckverstellung bei schwankender

Belastung vor. Die Größe des Gegendruckes wird vielmehr zuvor von außen eingestellt und bleibt während des Arbeitsvorganges unverändert. Selbstverständlich werden kleinere Belastungsschwankungen durch die Nachgiebigkeit des Vorschubsystems aufgefangen.

Differenzdruckventile. Eine automatische Gegendruckverstellung ermöglicht das Differenzdruckventil der Cincinnati Milling Machine Company nach Abb. 99. Der Kanal *A* ist mit der Druckleitung verbunden und das Ende *B* des Differentialkolbens wirkt wie ein einfaches Sicherheitsventil, indem es den Triebmittelüberschuß der Förderpumpe durch die Bohrung *K* ableitet. Die Flüssigkeit, die aus der rechten Seite (Gegendruckseite) des Vorschubzylinders verdrängt wird, gelangt durch den Kanal *C* in das Ventil und fließt über Kanal *D* wieder der Förderpumpe (in dem vorliegenden Fall einer Verstellpumpe) zu. Indem es durch das Ventil strömt, wirkt das abfließende Triebmittel auch durch die axialen und radialen Bohrungen *E*, *G*, *F* auf den größeren Kolbenteil *H* und bewegt zusammen mit dem Druck der Flüssigkeit auf das Kolbenende *B* das Ventil nach oben gegen den Druck der Feder *J*. Sobald der Gegendruck im Zylinder nachläßt, muß der Durchlaß des abfließenden Triebmittels gedrosselt werden, um ein plötzliches Voreilen des Vorschubkolbens zu vermeiden. Die Aufwärtsbewegung des Ventils entgegen der Federwirkung ist aber nur möglich, wenn der Flüssigkeitsdruck auf das Ventil vergrößert wird, da die unterstützende Wirkung der aus dem Zylinder strömenden Flüssigkeit wegfällt. Im umgekehrten Fall, wenn der Gegendruck ansteigt, muß der hydraulische Vorschubdruck nachlassen. Die Fläche unter dem Kolbenkopf *H*, auf welche das zurückfließende Triebmittel wirkt, ist bei dem gegebenen Beispiel dreimal so groß wie die Kolbenfläche bei *B*. Daher ist bei einem bestimmten Wechsel des Gegendruckes die entsprechende Änderung des Vorschubdruckes dreimal größer. Um das Getriebe vor Überlastungen zu schützen, besitzt das Ventil eine Einstellvorrichtung an seinem oberen Ende, die es gestattet, bei einem bestimmten Druck den Durchgang des abfließenden Triebmittels zu der Förderpumpe abzusperren. Damit wird die Vorschubgeschwindigkeit des Kolbens verringert oder gänzlich abgestoppt. Störende Schwingungen des Ventils sind durch die ausreichende und hemmende Führung des Kolbenteiles *H* in der Ventilbüchse ausgeschaltet.

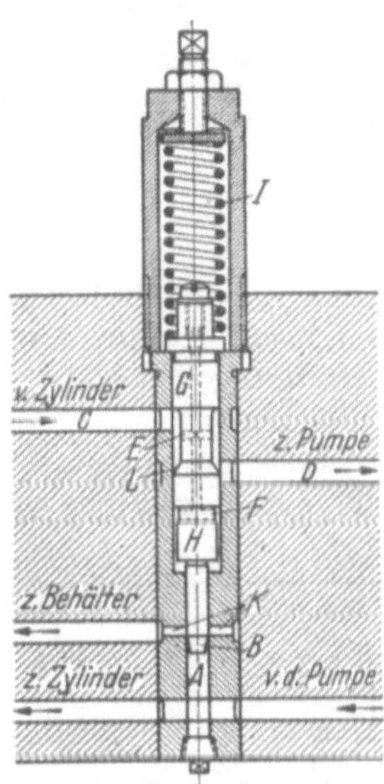

Abb. 99. Cincinnati-Differenzdruckventil

Bei dem geschilderten Gegendrucksystem wird der Vorschubkolben bzw. das Werkstück *unabhängig von der Schnittkraftrichtung* bewegt, und zwar nur so schnell, wie das Triebmittel in genau bestimmter Menge in der Zeiteinheit durch die Ausflußleitung des Zylinders abgeleitet wird.

Gleichgangventil. Das Gleichgangventil, System Cincinnati Milling Machine Company, nach Abb. 100, stellt im Prinzip ein Widerstands- oder Entlastungsventil dar, bei dem durch Verändern eines Nebenleitungswiderstandes der hydraulische Vorschubdruck vermindert oder konstant gehalten werden kann. Der Gegendruck des vom Vorschubzylinder abfließenden Triebmittels bestimmt die Ventileinstellung, und zwar im Zusammenwirken mit einem einstellbaren Federdruck. Plötzliche Schwankungen der mechanischen Kraft werden durch die axiale Verschiebung des Ventilkolbens aufgefangen und der Vorschubkraft selbsttätig den Druckverhältnissen angepaßt, so daß ein gleichförmiger Vorschub jederzeit gewährleistet ist. In dem den Triebmitteldurchfluß hemmenden Teil ist das Ventil druckentlastet; seine Gesamtbetätigung geschieht durch die augenblicklichen Veränderungen des Rückdruckes.

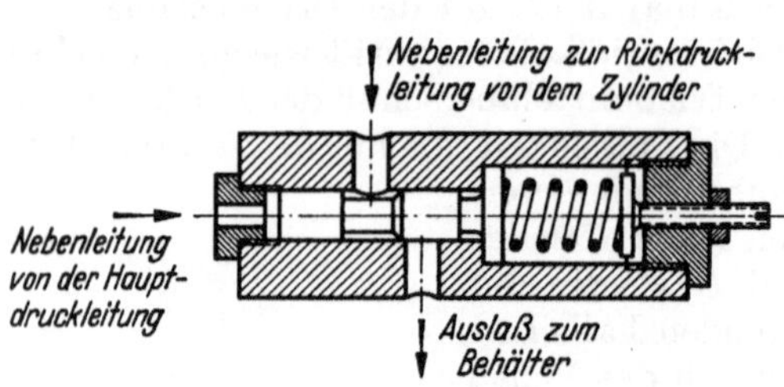

Abb. 100. Cincinnati-Gleichgangventil

Der Einbau des oben beschriebenen Gleichgangventils in ein Flüssigkeitsgetriebe veranschaulicht der hydraulische Schaltplan nach Abb. 101. Teil *MP* stellt eine Meßpumpe dar, welche durch die Rückleitung *b* (von dem Vorschubzylinder *M*) Triebmittel zugeführt erhält oder abzieht und es in die Zuleitung *a* fördert. Die Pumpe ist verstellbar, es können also nach Wahl verschiedene Vorschubgeschwindigkeiten des Kolbens bzw. des Maschinentisches eingestellt werden. Zur Ergänzung der Verstellpumpe *MP*, die ein verhältnismäßig hohes Fördervermögen aufweist, ist eine weitere Pumpe *ZP* vorgesehen. Diese ist nicht verstellbar, fördert nur kleine Mengen Triebmittel, liefert aber einen hohen Flüssigkeitsdruck. *ZP* hat die Aufgabe, den Druck und die Menge des durch die Leitung *a* fließenden Triebmittels zu erhöhen und soll dabei einen vorbestimmten Höchstdruck ermöglichen. Überschüssige Druckflüssigkeit kann durch das Sicherheitsventil *SV* abfließen. Das Gleichgangventil *GV* ist mit der Rückleitung *b* durch die Leitung *d* verbunden sowie mit der Hauptdruckleitung *a* und dem Sammelbehälter *B* durch die Nebenleitung *c* bzw. durch das Auslaßrohr *e*.

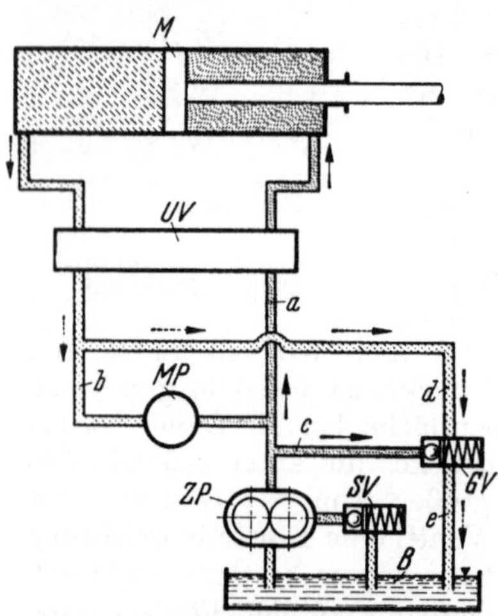

Abb. 101. Einbau eines Cincinnati-Gleichgangventils in ein Schubkolbengetriebe

Bei den Ventilen nach Abb. 99 und 100 wird die Gleichförmigkeit der Vorschubbewegung durch die Gegendruckwirkung des abfließenden Triebmittels *zusammen* mit der Gegenkraft einer starren oder verstellbaren Feder eingestellt. Gebr. Heller, Nürtingen, geht bei seinen Schubkolbengetrieben einen Schritt weiter und steuert das Gleichgangventil selbsttätig allein auf hydraulischem Wege. Wie dies geschieht, erläutert der Schaltplan (Abb. 102) einer Kaltkreissäge.

Die Zahnradpumpe entnimmt das Triebmittel durch einen Spaltfilter dem Behälter und fördert eine gleichbleibende Menge durch die Druckleitung *a* unmittelbar in den linken Teil, d. h. den Ringraum des Vorschubzylinders. Der Flüssigkeitsdruck wird mit einem Überdruckventil *UeV* eingestellt (z. B. auf 10 kg/cm²). Dieser Druck herrscht in allen von der Pumpe *ZP* belieferten Räumen.

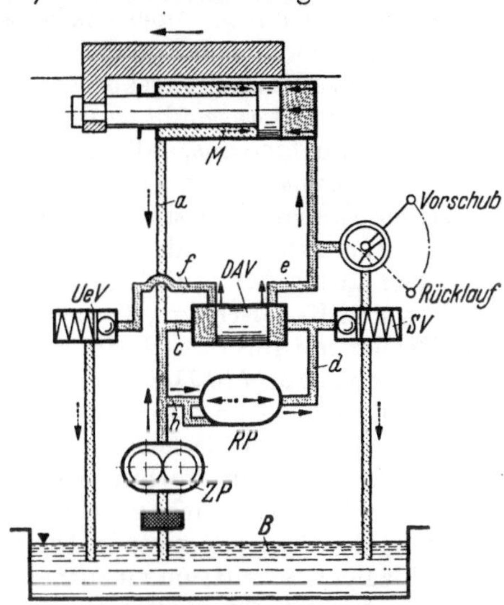

Abb. 102. Gleichgangregelung durch Ausgleichsventil. Bauart: Gebr. Heller, Nürtingen. (Vgl. DRP. 737211)

ZP Zahnradpumpe; *a* Druckleitung; *M* Flüssigkeitsmotor; *UeV* Überdruckventil zum Verstellen des Flüssigkeitsdruckes; *b* Nebenleitung zu Verstellpumpe *RP*; *c* Nebenleitung zu Ausgleichventil *DAV*; *i* seitlicher Auslaß von *DAV* zu *UeV*; *d* Leitung zum Ausgleichventil *DAD*; *SV* Sicherheitsventil; *e* Druckleitung zum Zylinder

Von der Druckleitung *a* führt eine Nebenleitung *b* zu der Verstellpumpe. Das überschüssige Triebmittel fließt durch die Nebenleitung *c* auf die linke Kolbenseite eines Ausgleichventils *DAV* und schiebt den Ventilkolben nach rechts, bis der seitliche Auslaß *f* sich öffnet und damit den Abfluß über dem Überdruckventil *UeV* in den Behälter freigibt. Die von der Verstellpumpe geförderte Flüssigkeitsmenge wird durch Leitung *e* in die Vorschubseite des Zylinders geleitet. Der Auslaß in diese Leitung öffnet sich erst, wenn auch in Leitung *d* derselbe Druck wie in Leitung *c* bzw. in der linken Kammer des Ventils *DAV* herrscht. Der Kolben steht dann in Mittelstellung. Zwischen der Zuleitung *b* und der Ableitung *d* der Verstellpumpe ist somit kein Druckgefälle mehr vorhanden, die Verstellpumpe ist druckentlastet. Die Vorschubkraft ergibt sich entsprechend der beiden Vorschubkolbenflächen, d. h. im Verhältnis der vollen Kolbenfläche zu der Ringfläche und dem jeweiligen Arbeitsdruck.

Erhöht sich der Bearbeitungswiderstand, so steigt der Druck in der Leitung *e* an, der Kolben von *DAV* schiebt sich sogleich nach links und drosselt den Auslaß *f* derart, daß die Zahnradpumpe ebenfalls einen erhöhten Druck liefern muß. Da auch bei steigendem Vorschubdruck im Ausgleichventil *DAV* selbsttätig Gleichgewicht eintritt, so ist die Verstellpumpe praktisch stets vom Druck entlastet. Steigt der Flüssigkeitsdruck vorübergehend in dem linken Ringraum des Zylinders an, dann wird in gleicher Weise das Ausgleichsventil nach rechts verschoben und der Auslaß nach Leitung e gedrosselt. Der Druckanstieg auf der Förderseite der Verstellpumpe wird so lange aufrechterhalten, bis wieder ein Druckausgleich in dem System eingetreten ist.

Die Mehrzahl der in der Praxis verwendeten Ventile und Kolbenschieber wird durch Federn belastet. Die übliche Form ist die zylindrische Schraubenfeder mit Kreisquerschnitt. Sie ist aus einem Stab in Gestalt eines Umdrehungskörpers gewickelt, auf dessen Achse eine Zug- oder Druckkraft ausgeübt wird. Bei der Berechnung der Feder geht man von der Annahme aus, daß sie nur auf Drehung beansprucht wird. Sind die Abmessungen des Ventilinneren stark begrenzt, so daß nur ein geringer Einbauraum zur Verfügung steht, und soll die Bauhöhe trotz verlangtem großem Federweg möglichst niedrig gehalten werden, dann ersetzt man mit Erfolg die Schraubenfeder durch Tellerfedern [*88*]. Tellerfedern sind Kegelschalen, die meist in Paaren verwendet werden, indem je 2 Teller mit ihrer Breitseite gegeneinander gelegt werden. Auf diese Weise kann man [*113.1*] eine Vielzahl von Federn schichten; die Führung geschieht am besten durch einen gehärteten und geschliffenen Bolzen. Der Vorteil der Tellerfedern liegt vor allem in der längeren Lebensdauer sowie in der Verhinderung des seitlichen Ausbiegens, da der axiale Mitteldruck sich gleichmäßig über den inneren und äußeren Umfang der Scheiben verteilt. Die Berechnung der Tellerfedern ist dem einschlägigen Schrifttum zu entnehmen [*1* u. *37*], sie ist allerdings nicht einfach durchzuführen; für den vorliegenden Zweck genügt jedoch die vereinfachte Beziehung zwischen der Tellerfederung f und der Belastung Q nach S. GROSZ mit ausreichender Genauigkeit. Diese lautet:

$$f = \alpha \frac{r_a^2}{s^3} Q \quad \text{(mm)} \tag{62}$$

hierin ist:

f Tellerfederung in mm,
α Beiwert in Abhängigkeit von dem Durchmesserverhältnis d_i/d_a,
r_a Außenhalbmesser des Tellers in mm,
s Stärke des Tellers in mm,
Q Belastung in kg.

2.62 Steuerorgane

2.621 Absperrhähne und Abschaltventile, Rückschlagventile

Absperrhähne und Abschaltventile sollen die Zuleitung des Triebmittels von der Pumpe zum Flüssigkeitsmotor unterbrechen (Abb. 103a u. b) und es gegebenenfalls unter Richtungswechsel in den Sammelbehälter zurückführen (Abb. 104). Die Absperrküken sind kegelig oder zylindrisch; das Gehäuse der Absperrhähne ist gewöhnlich aus Gußeisen, Stahlguß, Preßstahl oder Rotguß, die Küken werden aus Bronze, Messing oder korrosionsbeständigem Material hergestellt. Die Hähne sind für Betriebsdrücke von 10 bis 40 kg/cm² geeignet. Muffenanschlüsse werden verwendet bis etwa 32 mm lichtem Rohrdurchmesser entsprechend einer

Gewinderohrweite von $1^1/_4''$. Bei größerer Nennweite wählt man besser Hähne mit Flanschgehäuse.

Ein selbsttätiges Abschaltventil, wie es bei den Getrieben von Gebr. Heller, Nürtingen, verwendet wird, zeigt Abb. 105a und b. Bei Eilvorschub strömt zunächst die Fördermenge der Verstellpumpe *EP* über ein Rückschlagventil (Kugelventil) in die Druckleitung und gelangt zusammen mit der Druckflüssigkeit der Arbeitspumpe zum Vorschubzylinder. Nach vollzogener Eilgangbewegung öffnet sich mit steigendem Druck zuerst die Abflußleitung für die Fördermenge der Pumpe *EP*, dabei wird durch den Druck auf den unteren Ventilkolben das Rückschlagventil geschlossen. Bei weiterem Druckanstieg gibt der Kolben die Ableitung für Förder-

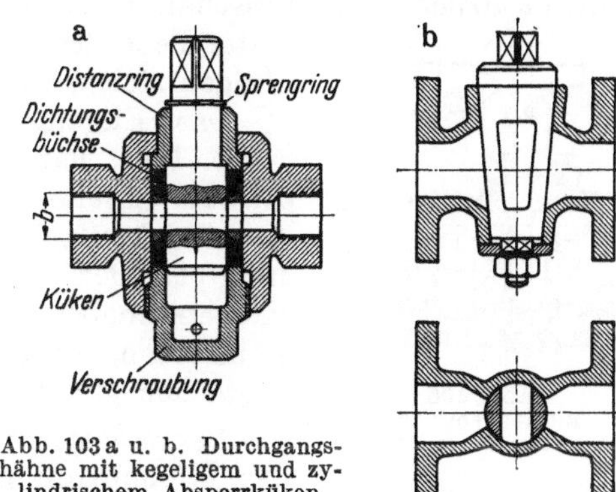

Abb. 103 a u. b. Durchgangshähne mit kegeligem und zylindrischem Absperrküken

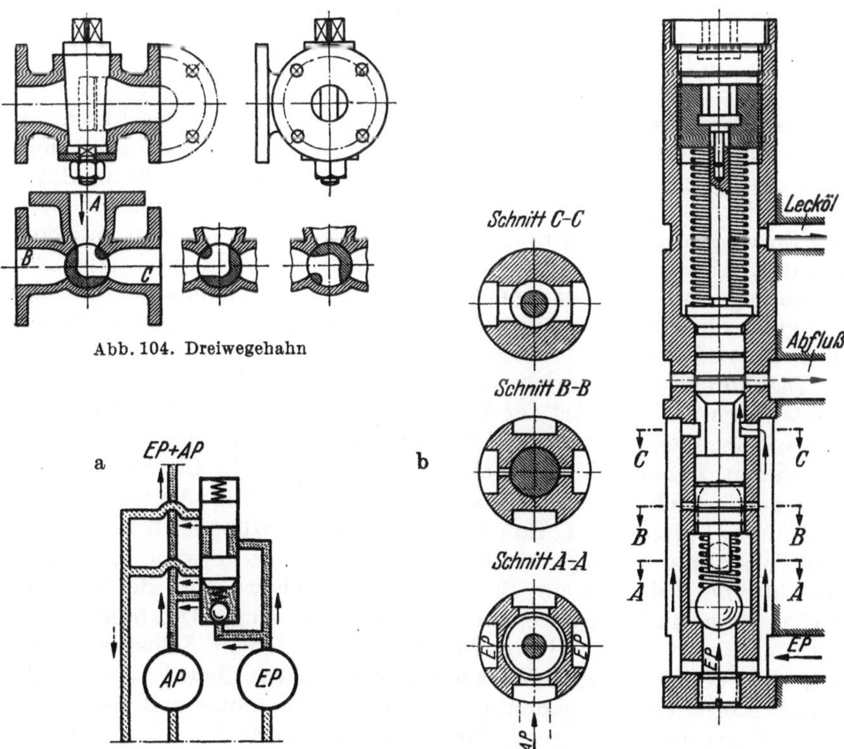

Abb. 104. Dreiwegehahn

Abb. 105a u. b. Selbsttätiges Abschaltventil mit Rückschlagventil vereinigt
Bauart: Gebr. Heller, Nürtingen

menge der Pumpe AP frei. Ist der Druck so hoch, daß er den Gegendruck der oberen Feder überwindet, so schiebt sich das Abschaltventil nach oben und öffnet die obere Auslaßöffnung für die große Fördermenge der Eilgangpumpe nach dem Sammelbehälter. Fällt der Betriebsdruck beim Einschalten, so schließt sich das Ventil wieder unter Federdruck und beide Fördermengen vereinigen sich wieder in der Druckleitung.

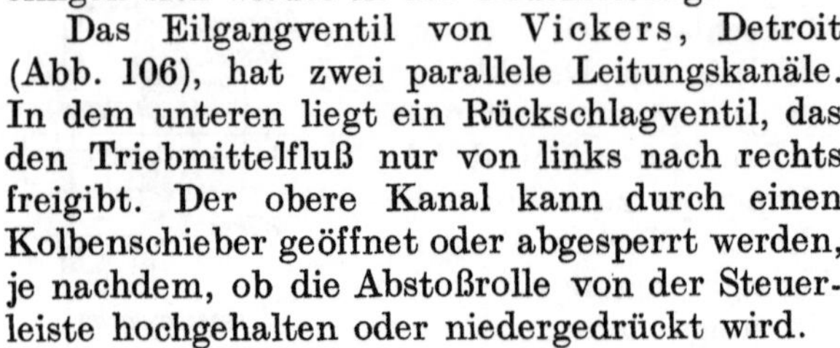

Abb. 106 Eilgangventil von Vickers, Detroit (USA)

Das Eilgangventil von Vickers, Detroit (Abb. 106), hat zwei parallele Leitungskanäle. In dem unteren liegt ein Rückschlagventil, das den Triebmittelfluß nur von links nach rechts freigibt. Der obere Kanal kann durch einen Kolbenschieber geöffnet oder abgesperrt werden, je nachdem, ob die Abstoßrolle von der Steuerleiste hochgehalten oder niedergedrückt wird.

Rückschlagventile ermöglichen den Durchfluß des Triebmittels nur in einer Richtung. Beim Aufhören der Strömung schließen sie sich selbsttätig und sperren den Rückgang in der entgegengesetzten Richtung ab. Das Zurückströmen wird durch eine federbelastete Kugel verhindert, die den Einlaß nach einer Seite hin abschließt (Abb. 105a und b).

2.622 Umsteuerventile

Die Darstellung der Umsteuermittel nimmt in diesem Abschnitt einen breiteren Raum ein und beschränkt sich nicht nur auf die Wiedergabe der neuzeitlichen Ausführungsformen. Es wird vielmehr an Hand dieses, für das Flüssigkeitsgetriebe so überaus wichtigen Bauelementes die Entwicklung des hydraulischen Antriebes von den ersten unbeholfenen Tastversuchen bis zur heutigen Reife aufgezeigt und dabei die Wandlung von der statischen Auffassung zur dynamischen Durchdringung, die von der zunehmenden Automatik der Werkzeugmaschinen diktiert wird, verfolgt.

Die Forderungen, welche an die Umsteuerungen gestellt werden, richten sich nach der Art der Werkzeugmaschinen. Bei Maschinen, die mit einem schneidenden Stahlwerkzeug arbeiten, also beispielsweise Drehmaschinen, Fräsmaschinen, Hobelmaschinen, besteht die Bewegungsfolge gewöhnlich aus einem Spanungsvorschub, stetig oder sprunghaft, und einem Leerrücklauf. Eine scharfe Hubbegrenzung ist bei den meisten Arbeiten auf den genannten Maschinen nicht notwendig. Ebenso entfällt eine Hubpause am Ende der Vorschubbewegung. Bei hydraulischen Bohrmaschinen können zur Spanentleerung Umsteuerungen notwendig sein, die sich in rascher Folge wiederholen. Selbstverständlich muß bei den obigen Werkzeugmaschinen die Bewegungsumkehr völlig stoßfrei vor sich gehen, um Schäden an Maschine und Werkzeug sowie Bearbeitungsfehler am Werkstück zu vermeiden.

Die Schleifmaschinen, gleichgültig ob für Flach- oder Außen- bzw. Innenrundschliff, nehmen dagegen unter den hydraulischen Werkzeugmaschinen eine Sonderstellung ein und zeichnen sich durch sehr hohe Anforderungen an die Gleichförmigkeit des Arbeitsganges, die Genauigkeit der Getriebebewegungen sowie an die Anpassung für die unterschiedlichsten Arbeitsbedingungen aus. Von dem Umsteuermechanismus wird daher für diese Maschinen verlangt:

Selbsttätige und planmäßige Steuerung bei Hin- und Rückgang (Spanungsvorschub in beiden Richtungen).

Genaue Hubbegrenzung von etwa 0,01 und kleiner bei beliebig einstellbaren großen und kleinen Wegen.

Äußerst weiche und stoßfreie Bewegungsumkehr auch bei schnellstem Vorschub und raschem Hubwechsel, unabhängig von der jeweilig eingestellten Vorschubgeschwindigkeit.

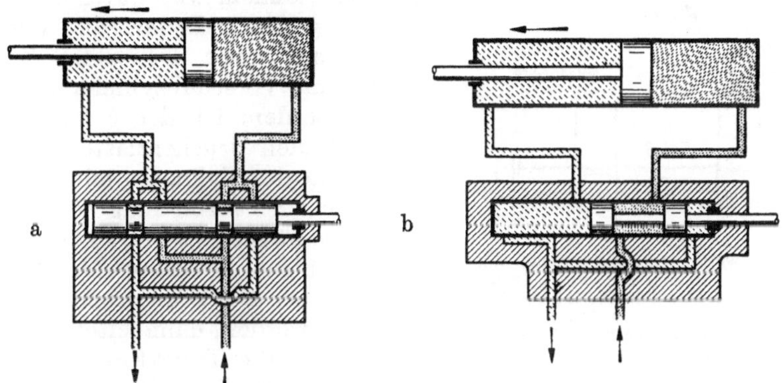

Abb. 107 a u. b. Unausgeglichener und ausgeglichener Umsteuerschieber

Beliebig einstellbare Stillstandsdauer (Hubpause) an den Hubenden.

Als Umsteuereinrichtungen an Flüssigkeitsgetrieben sind heute nachstehend aufgeführte Mittel bekannt:

Handbetätigte Umsteuerschieber,
Mechanisch betätigte Umsteuerorgane,
Hydraulisch betätigte Umsteuerorgane,
Elektromagnetisch betätigte Umsteuerorgane.

Im Hinblick auf die konstruktive Gestaltung sei vorbemerkt, daß *alle unter Flüssigkeitsdruck* stehenden Umsteuerorgane von einseitigen und daher schädlichen Drücken entlastet sein müssen. Abb. 107 a und b zeigen in schematischer Form einen nicht ausgeglichenen, somit zu verwerfenden Umsteuerschieber, und einen ausgeglichenen. Der Kolbenschieber nach Abb. 107 a hat den grundsätzlichen Fehler, daß eine der Druckleitungen ständig durch einen der *drei* Kolben abgesperrt ist; der Flüssigkeitsdruck drückt mithin den ganzen Schieber einseitig gegen seine Führung. Wie groß diese Belastung sein kann, ergibt folgende Rechnung: Bei einem Flüssigkeitsdruck von 25 kg/cm² und einer Fläche der Einlaßbohrung von 1,54 cm² ($d = 14$ mm) ist der einseitige Druck auf den Kolben *38,5 kg*. Der Schieber wird sich demnach nur schwer von Hand betätigen lassen und Schieber wie Schieberbüchse unterliegen einem schnellen Verschleiß. Folglich wird auch die Kolbenfläche nicht mehr ausreichend abdichten, so daß die beiden Räume am Ende des Kolbenschiebers allmählich mit Leckflüssigkeit angefüllt sein werden. Auch hierdurch wird die Handhabung des Steuerhebels erschwert. Außerdem sickert mit der Zeit die Leckflüssigkeit bei jeder Bewegung des Kolbenschiebers durch die Stopfbüchse der Schieberstange.

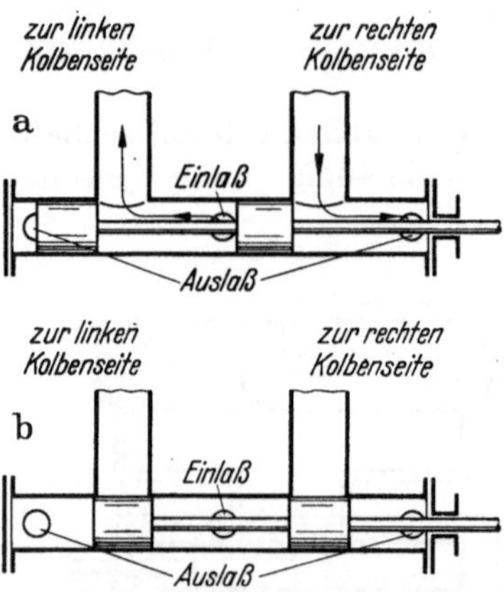

Abb. 108. a) Umsteuerschieber nach links verschoben, linke Seite erhält Druckflüssigkeit, rechte Seite Auslaß geöffnet. b) Umsteuerschieber in Mittelstellung, Einlaß und Auslaß gesperrt, Vorschubkolben steht still

Abb. 107 b zeigt dagegen einen richtig ausgeglichenen Umsteuerschieber. Er besteht nur noch aus *zwei* Kolben mit *einer* dazwischenliegenden Auskehlung. Der Druckmitteleinlaß wird nicht mehr durch die Kolbenflächen gesperrt, vielmehr wird durch die Auskehlung je nach Bedarf die Druckleitung mit einer der beiden Zuleitungen zum Vorschubzylinder verbunden; außerdem ist der Schieber an seinen Enden druckentlastet, da die Endräume des Zylinders mit der Abflußleitung in Verbindung stehen.

Handbetätigte Umsteuerschieber. Soll ein hydraulisch betätigter Maschinenteil in seiner Bewegungsrichtung umgesteuert werden, dann leitet das Umsteuerorgan die Druckflüssigkeit abwechselnd auf die linke bzw. rechte Seite des Vorschubkolbens und öffnet oder sperrt gleichzeitig den Auslaß des verdrängten Triebmittels (Abb. 108a). Nimmt der Umsteuerschieber eine Mittellage (Abb. 108b) ein, so sind die zu dem Schubkolbentrieb führenden Bohrungen oder Kanäle von den Flächen des Schiebers überdeckt und somit geschlossen. In dieser Stellung ist wegen der geringen Zusammendrückbarkeit des Triebmittels die Bewegung des Vorschubkolbens praktisch blockiert; erst wenn die „Totpunktlage“ überwunden ist — im vorliegenden Falle durch Verschieben der Schieberstange von Hand —, wird der Einlaß der Druckflüssigkeit zu einer der beiden Kolbenseiten freigegeben und der Abfluß von der Gegenseite möglich.

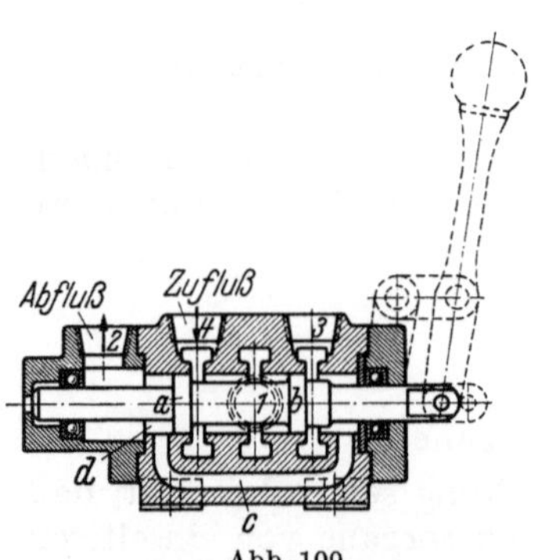

Abb. 109
Handbetätigter Umsteuerschieber
Bauart: Logansport, Detroit (USA)

Ein Ausführungsbeispiel der obigen Schemazeichnung stellt Abb. 109 dar [*35.1*]. Die Druckflüssigkeit fließt dem Vierwege-Kolbenschieber in der Mitte durch die Leitung *1* zu. In der gezeichneten Stellung des Handhebels strömt es weiter durch den Mittelraum zwischen den beiden Kolben *a* und *b* zu der Druckleitung *4*, während die Rückleitung *3* über den Verbindungskanal *c* im Gußgehäuse mit dem Abfluß *2* verbunden ist. Wird der Handhebel nach links umgelegt, so zieht man den Kolbenschieber nach rechts. Dadurch wird eine Verbindung von Einlaß *1* nach dem Auslaß *3* hergestellt. Das zurückgeführte Triebmittel kann von der Zuleitung *4* über die Bohrung *d* nach dem Abfluß *2* gelangen. Wenn nötig, können an einer oder an beiden Enden des Kolbenschiebers Druckfedern angeordnet werden, die ihn stets in seine Mittelstellung zu drücken suchen. In diesem Falle wird die Vorschubbewegung in einer der beiden Richtungen nur so lange ausgeführt, als man die Hand am Hebel hält und ihn auf die gewünschte Seite umgelegt hat. Läßt man los, so wird der Kolbenschieber selbsttätig in seine Mittelstellung gebracht, die Vorschubbewegung hört dann augenblicklich auf.

Einen weiteren Längsschieber zeigt Abb. 110, der die beiden Bewegungen „Vorschub“ und „Rücklauf“ bei dem Schubkolbentrieb steuert, oder auch bei hydraulischen Spannvorrichtungen zum Spannen

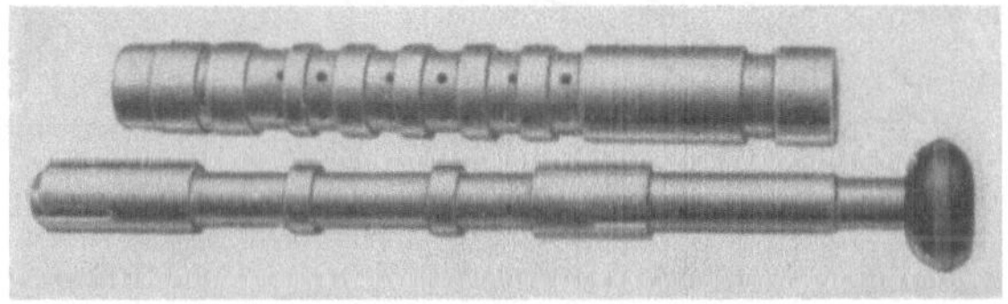

Abb. 110. Einfacher Kolbenschieber und dazugehörige Schieberbüchse
Bauart: Gebr. Heller, Nürtingen

und Lösen verwendet wird [*29.3*]. Der Kolbenschieber besitzt bei kleinem Durchmesser eine gute Überdeckung und damit eine ausreichende Abdichtung zwischen seinen einzelnen Druckräumen. Die Steuerung wird durch Längsverschieben am Kugelgriff von Hand ausgeführt. Die dazugehörige Schieberbüchse ist mehrfach in Ringkanäle eingeteilt, in die radiale Bohrungen für den Zu- oder Abfluß des Druckmittels münden. Sind mehrere Schubkolbenzylinder innerhalb eines Hydrauliksystems zu steuern und dabei noch mehr als 2 Bewegungen in bestimmter Folge nacheinander auszuführen, so läßt sich dies nicht mit einem einzigen Längsschieber erreichen, da dieser zu lang würde. Man verwendet in diesem Falle einen *Drehschieber* bzw. zwei kombinierte Drehschieber oder eine Verbindung von Längs- und Drehschieber. Beim Drehschieber muß der Schieberdurchmesser erheblich größer gemacht werden als beim Längsschieber, soll die Überdeckung nicht zu klein oder der Verstellwinkel nicht zu groß werden.

In der Praxis tritt bei der Ausführung von Steuerschiebern (Kolbenschieber) immer wieder die Frage auf, wie groß die Spaltlänge parallel zur Strömung und damit die Überdeckung sein muß und wie klein die Spaltbreite bei einem bestimmten Passungsmaß zwischen Kolben und Schieberbüchse zu halten ist, um bei bestimmten Druckdifferenzen vor und hinter dem Steuerorgan ein Minimum an Leckölverlusten zu sichern. Die Abhängigkeit dieser veränderlichen Größen, die zudem von der konstruktiven Gestaltung und von der Formfehlerabweichung während der Herstellung beeinflußt werden, wurde für einen größeren Durchmesserbereich des Kolbens und verschiedene Betriebsdrücke über der Verlustzahl Q_L in einem Schaubild aufgetragen.

Aus Abb. 111 lassen sich die minutlichen Leckölverluste für Steuerschieber mit einem Kolbendurchmesserbereich von $d = 10$ bis 30 mm und für Drücke von $p = 10$ bis 60 kg/cm² entnehmen.

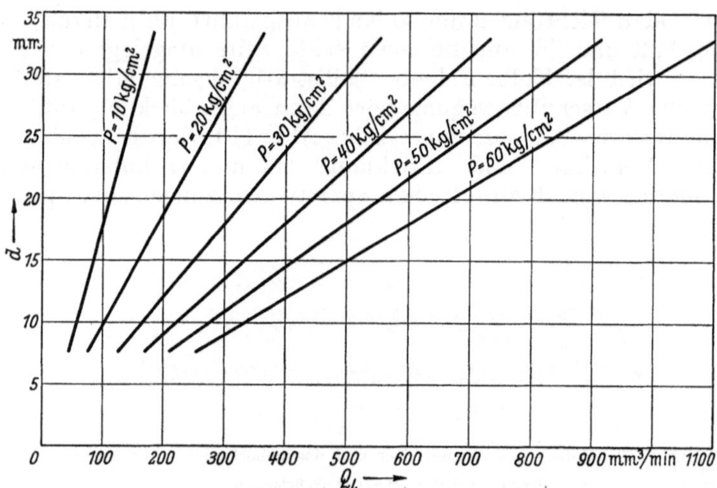

Abb. 111. Leckölverluste bei Steuerschiebern mit Kolbendurchmesser bis $d = 30$ mm und Betriebsdrücke von $p = 10$ bis 60 kg/cm²

Die Werte wurden errechnet nach der Formel für kapillare Ringspalte:

$$Q_L = \frac{\pi \, d \, \Delta p \, \delta^3}{12 \, l \, \eta} \quad (\mathrm{cm^3/s}) \qquad (63)$$

d Kolbendurchmesser in cm,

l Dichtspaltlänge in cm,

η absolute Zähigkeit in kg s/cm²,

Δp Druckdifferenz an der Dichtstelle in kg/cm² (bei Austritt ins Freie wird Δp = Druck vor der Dichtstelle),

δ Spaltbreite in cm.

Für die im Schaubild dargestellten Werte wurden folgende Annahmen zugrunde gelegt:

Dichtspaltlänge $l = 0{,}25\, d$.

Spaltbreite $\delta = S_k/2$; es bedeutet S_k das Kleinstspiel einer Spielpassung nach DIN 7150 und errechnet sich nach $S_k = 2{,}5\, d^{0,34}$ (μ). Hierbei ist d in mm einzusetzen.

Absolute Zähigkeit $= 2{,}35 \cdot 10^{-7}$ kg s/cm² entsprechend einem Öl von 3,75° E bei 50° C.

Der Kolben liegt mittig in der Bohrung. Bei exzentrischer Lage kann die Leckölmenge bis auf den 2,5fachen Wert ansteigen.

Der aus dem Schaubild entnommene Wert stellt die Leckölmenge für *eine* Dichtstelle dar. Sind an einem Steuerschieber mehrere Dichtstellen vorhanden, so ist der gefundene Wert mit der Anzahl der Dichtstellen zu vervielfachen.

Für Berechnungen in der Praxis läßt sich vorteilhaft eine vereinfachte Formel nach HERION[1] anwenden:

$$Q_L \approx 0{,}01\, d\, \Delta p \quad (\mathrm{mm^3/s}) \tag{64}$$

oder

$$Q_L \approx 0{,}6\, d\, \Delta p \quad (\mathrm{mm^3/min}) \tag{65}$$

$$d = \text{Kolbendurchmesser in mm}$$

Diese Formel erhält man aus der allgemeinen Formel für kapillare Ringspalten (63), wenn man für l den Ausdruck $0{,}25\, d$ und für δ^3

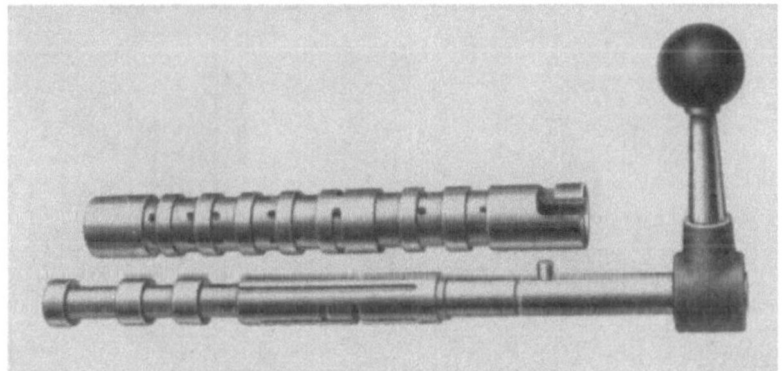

Abb. 112. Vereinigung eines Drehschiebers mit einem Längsschieber
Bauart: Gebr. Heller, Nürtingen

den Wert $1{,}955\, d^{1{,}02} \cdot 10^{-12}$ einführt. Der letztere Wert für δ^3 ergibt sich, wenn man für die Berechnung der Spaltbreite ein Kleinstspiel S_k nach DIN 7150 zugrunde legt. [Wie im Anschluß an Gl. (63) erläutert.]

Weiterhin ist in den Näherungsformeln eine absolute Zähigkeit η von $2{,}17 \cdot 10^{-7} \left(\frac{\mathrm{kg\,s}}{\mathrm{cm^2}}\right)$ eingesetzt.

Dies entspricht einer Zähigkeit von 3,5° E/50° C.

Die nach Aufrundung erhaltenen Gl. (64) und (65) ergeben für die Praxis ausreichend genaue Werte in einem Kolbendurchmesserbereich zwischen 5 und 100 mm. Der Fehler kann bis max. +4% betragen. Dieser Ansatz gilt gleichfalls wie Gl. (63) für genaue Zentrierung des Kolbens in der Bohrung, und die gefundenen Werte beziehen sich auf *eine* Dichtstelle.

Die Vereinigung eines Drehschiebers mit einem Längsschieber veranschaulicht Abb. 112. Durch die so entstandene Einhebelsteuerung können nacheinander vier und mehr Bewegungen, z. B. für Werkstückspannung — Spanungsvorschub — Leerrücklauf — Lösen, auf einfachste Weise geschaltet werden. Jede Stellung hat eine feste Begrenzung, da der Kolbenschieber in einer Nut geführt wird.

[1] E. Herion, Spezialfabrik für Regel- und Steuerapparate, Stuttgart

In der Schnittzeichnung (Abb. 113) ist die Verbindung zweier Drehschieber in einer Schieberbüchse wiedergegeben. Die beiden Handhebel *I* und *II* steuern den Bewegungsablauf: Eilvorschub — Spanungsvorschub — Halt — Rücklauf des vorderen und hinteren Bettschlittens einer Vielstahldrehmaschine. Auch hier ist jede Schaltstellung der beiden Handhebel durch mechanische Sperrmittel gesichert. Läuft beim Vorschub der Schlitten gegen einen festen Anschlag, so wird der Rastbolzen hydraulisch gegen die Federspannung abgehoben und der Kolbenschie-

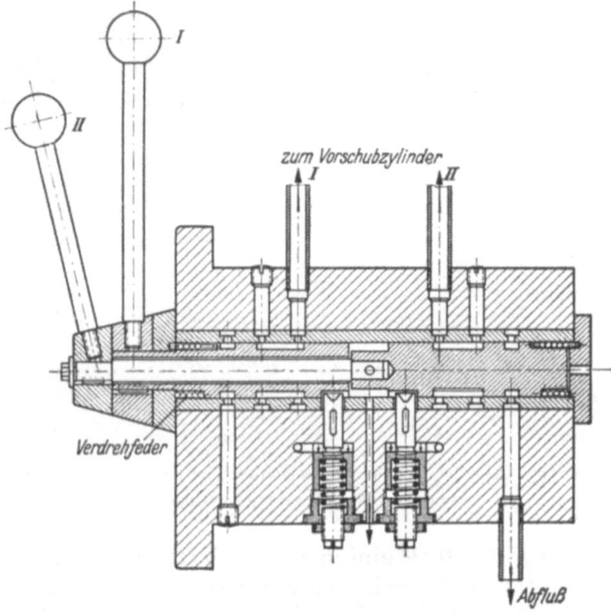

Abb. 113. Verbindung zweier Drehschieber in einer Schieberbüchse für Mehrfachschaltungen Bauart: Gebr. Heller, Nürtingen

ber durch eine Verdrehfeder zwangsläufig in die Stellung „Rücklauf" geschaltet. Mit der gleichen Feder folgt nach dem Loslassen des Handhebels die selbsttätige Schaltung von „Eilvorschub" auf „Spanungsvorschub". Wie beim Längsschieber sollen auch die Drehschieberkanäle und die Bohrungen in der Schieberbüchse mindestens paarweise um 180° versetzt sein, um einen genügend großen Zuflußquerschnitt zu ergeben und um jede einseitige Druckbelastung und -abnützung zu vermeiden.

Bezüglich der Auswahl der Werkstoffe und Bearbeitung der Umsteuerschieber sei auf die Fertigungserfahrungen der Herstellerfirma verwiesen. Für die Schieberbüchsen wird ein dichtes Sondergußeisen verwendet. Die Schieberbohrung in der Büchse bearbeitet man durch Reiben und Räumen möglichst genau vor. Nach dem Einpressen der Büchse in die zylindrische und achsengleiche Bohrung des Gehäuses erfolgt noch eine Feinbearbeitung durch Ziehschleifen. Der Kolbenschieber ist aus Einsatzstahl, er wird gehärtet, geschliffen und gegebenenfalls von Hand geläppt.

Die handbetätigte Umsteuerung kann vor allem verwendet werden bei halbselbsttätigen Drehmaschinen, Bohrwerken, Feinbohrwerken, Gewindefräsmaschinen, Kaltkreissägen, Revolverdrehmaschinen u. a. m. Das Abspanen des Werkstückes geschieht bei diesen Maschinen in einer Richtung; auf eine selbsttätige Umsteuerung wird in der Regel verzichtet. Die Hubbegrenzung, die notwendigerweise nicht auf hundertstel Millimeter genau sein muß, wird durch feste Anschläge erreicht.

Zum Abdämpfen des Stoßes am Hubende ist bei den genannten Maschinen das im Zylinderende vorhandene Triebmittelpolster ausreichend. Bei einer Umsteuerung von Hand entfällt natürlich eine Verstellung der Umsteuergeschwindigkeit und der Stillstandsdauer.

Mechanisch betätigte Umsteuerorgane. Bei der Umsteuerung von Hand wird der Steuerschieber *unmittelbar* betätigt und ist vollkommen unabhängig von dem Bewegungsablauf des Schubkolbens. Soll das hydraulisch bewegte Maschinenteil an beiden Hubenden durch entsprechende mechanische Mittel, wie Anschläge, Knaggen usw., *selbsttätig* umsteuern, so ist — insbesondere bei langsamer Bewegung und geringem Gewicht — kein ausreichender Bewegungsimpuls vorhanden, um den Kolbenschieber auf die gegenüberliegende Seite umzulegen. Das Schubkolbengetriebe kann unter Umständen stillstehen, wenn der Kolbenschieber erst in seiner Mittelstellung steht (Totpunktlage), und es kann dann ohne äußeren Anstoß in keiner Richtung wieder anlaufen, da keine der beiden Seiten des Vorschubzylinders mit der Zuflußleitung verbunden ist. *Um dies zu verhindern, müssen besondere Vorkehrungen getroffen werden, die geeignet sind, die Totpunktlage zu überbrücken.*

Die ständige Zunahme der Schnittgeschwindigkeiten bei spanenden Werkzeugmaschinen und die damit verbundene Notwendigkeit, die in rascher Taktfolge hin und her bewegten, zum Teil schweren Maschinenteile am Hubende abzubremsen und nach der Umkehr wieder sanft zu beschleunigen, bringt ein Abgehen von der früher üblichen statischen Denkweise mit sich und zwingt den Konstrukteur, sein Augenmerk auf die sichere Beherrschung der dynamischen Kräfte zu richten.

Die anschließend in chronologischer Folge aufgeführten Patente, die sich mit der unmittelbaren Umsteuerung befassen, versuchen den Bewegungs- und Stillstandsverhältnissen gerecht zu werden.

Die Klinkensteuerung (Abb. 114) nach DRP. 445959 der Fortuna-Werke, Bad Cannstatt, von 1926 *ermöglicht eine einstellbare Tischstillstandsdauer verbunden mit einer stoßfreien Umsteuerung.*

Der von den Tischanschlägen betätigte Umsteuerhebel ist fest mit dem Doppelhebel *1* verbunden. In diesem sitzen die Bolzen *3* und *4*, die durch Federn gegen den auf der Umsteuerwelle *2* freischwingenden Hebel *5* gepreßt werden. Der Hebel *5* greift mit seinem oberen Ende in eine Aussparung des Schiebers *12* ein, ist also mit ihm gekuppelt. Der Hebel *5* wird durch zwei Klinken *6* und *7*, die auf einen Bolzen drehbar im Gehäuse gelagert sind, abwechselnd in einer seiner Endlagen gehalten, er kann also anfangs einer Drehung des Doppelhebels *1* nicht folgen. An den Enden des Hebels befinden sich Schrauben, die bei einer Drehung des Hebels auch die Klinken *6* und *7* drehen. Die Stützflächen der Klinke *7* sind so ausgebildet (exzentrischer Bogen), daß während der Schwingbewegung der Klinke der Hebel *5* und damit der Umsteuerschieber *12* unter dem Druck der Federn *10* sich *langsam* verschieben. Dadurch werden die Zu- und Abflußkanäle *9* durch die Kolbenenden abgedrosselt und die Bewegung des Tisches verlangsamt. Schließlich gibt die Sperrklinke *6* bzw. *7* den Hebel *5* frei und der Kolbenschieber schnellt durch die Federspannung in die entgegengesetzte Endstellung und steuert den Flüssigkeitsstrom um. Jetzt kommt die Klinke *6* oder *7* durch die Wirkung der Feder *11* in Eingriff mit dem Sperrzapfen *8* und hält den Kolbenschieber in seiner jeweiligen Endlage fest. Sobald der Tischanschlag den Umsteuerhebel am Hubende umlegt, wiederholt sich der Vorgang von neuem. Das Verstellen der Umsteuergeschwindigkeit und das Einstellen der Stillstandspause geschieht durch das Drosseln der Bremsflüssigkeit in der Nebenleitung *14*. Mit Hilfe der einstellbaren Nockenscheibe *13* können beide Sperrklinken ausgehoben werden, damit der Tisch auch von Hand umgesteuert werden kann.

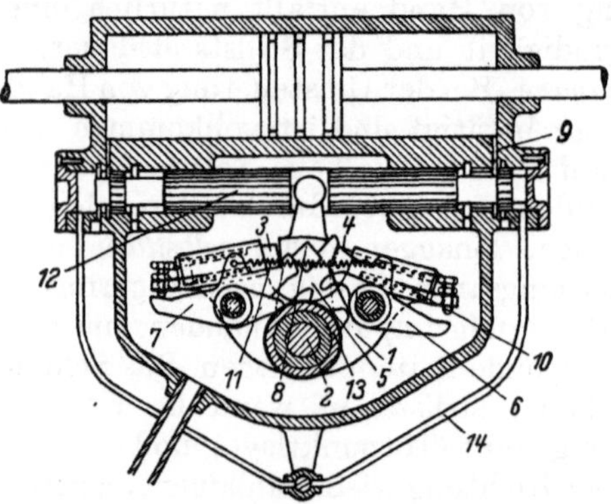

Abb. 114. Umsteuerschieber nach DRP. 445959 (Fortuna-Werke, Bad Cannstatt)

1 Doppelhebel; *2* Umsteuerwelle; *3* und *4* Bolzen; *5* Schwinghebel; *6* und *7* Klinken; *8* Bolzen (Sperrzapfen); *9* Zu- bzw. Abflußleitung zum Zylinder; *10* Druckfeder; *11* Zugfeder; *12* Umsteuerschieber; *13* Nockenscheibe; *14* Nebenleitung für Bremsvorrichtung

Bei den Klinkensteuerungen ist die Genauigkeit der Bewegungsumkehr vollkommen abhängig von der Genauigkeit, mit der die mechanischen Mittel ausgeführt und aufeinander eingespielt sind. Auch ist ein toter Gang z. B. bis zum Spannen der Federn unvermeidbar und muß mit eingerechnet werden. Dieses sind aber Nachteile, die beim Arbeiten mit sehr kleinen Tischhüben und rascher Hubzahl je Zeiteinheit (Innen- und Einstechschleifen) ein Verwenden von derartigen mechanischen Einrichtungen bei der unmittelbaren Umsteuerung ausschließen.

Ein späteres Patent der Fortuna-Werke (DRP. 553877) aus dem Jahre 1928 soll die genannten Nachteile aufheben, indem die zur Totpunktüberwindung notwendige Energie nicht durch eine Feder, sondern durch Druckflüssigkeit ausgelöst wird. Befindet sich der Umsteuerhebel (Abb. 115), der mit dem Umsteuerhahn *3* fest verbunden ist, in der gezeichneten Stellung, so kann das Triebmittel von der Zuleitung *7* über die Bohrung *7′* und die Leitung *5* nach dem Zylinder des Schubkolbengetriebes fließen, während die Rückleitung *6* mit dem Abfluß *8* verbunden ist. Das untere Ende des Hebels weist eine in der Führung *12* gegen die Vorspannung der Feder *13* wirkende Schneide *11* auf, die mit der Gegenschneide *14* zusammenarbeitet. Die Gegenschneide sitzt an einem Kolben *15* und wird durch Druckflüssigkeit hin und her geschoben. Der Zylinder *16* ist parallel zu den Leitungen *5* und *6* geschaltet, so daß der Bewegungssinn des Kolbens *15* der gleiche ist wie derjenige des Schubkolbens. Stößt der Tischanschlag gegen den Umsteuerhebel, so ist nur eine geringe Schwenkung erforderlich, damit die federnde Schneide *11* den höchsten Punkt der Gegenschneide *14* erreicht. Unter dem Druck der gespannten Feder gleitet sie nach Überschreiten der Schneidkante von Teil *14* an dessen rechter Schrägfläche nach unten in die gestrichelte Lage und bewirkt unter Drehung des Hahnes *3* die Umsteuerung. Beim Umschalten gibt der Hahn *3* dem Triebmittel aus Leitung *7* den Weg frei in die Leitung *6* und ermöglicht eine Verbindung zwischen der Leitung *5* und dem Abfluß *8*. Gleichzeitig gelangt Druckflüssigkeit über die Nebenleitung *18* auf die andere Seite des Kolbens *15* und verschiebt diesen, bis die Gegenschneide *14* die gestrichelte Lage erreicht hat. Die Schneide *14* drückt dabei Teil *11* entgegen der Federwirkung nach oben und spannt diese für die nächstfolgende Umsteuerung.

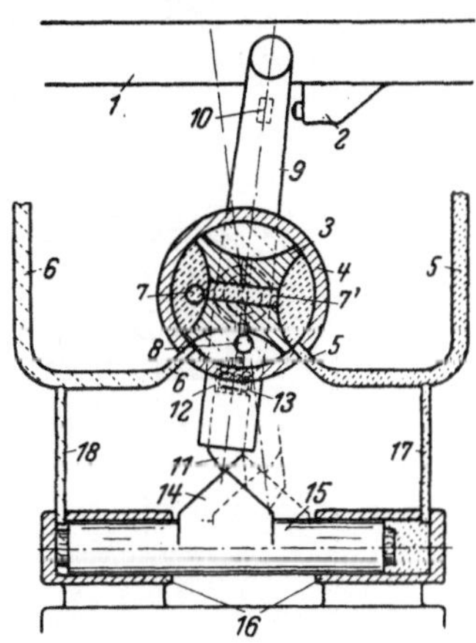

Abb. 115. Umsteuerhahn mit hydraulischer Totpunktüberwindung nach DRP. 553877 (Fortuna-Werke, Bad Cannstatt)

Die Anordnung nach Abb. 115 ermöglicht eine stoßfreie Tischumkehr durch allmähliches Vordrosseln des Triebmittelzulaufes vor Hubende durch den Umsteuerhahn *3*. Ob und auf welche Weise die Tischstillstandsdauer zu verändern ist, kann der Patentschrift nicht entnommen werden. Im Gegensatz zu dem älteren Patent 445959 wird das vorliegende Patent auch bei außerordentlich kurzen Tischhüben noch zuverlässig arbeiten. Maßgebend für die kleinste einstellbare Hublänge ist der Bogen, um den der Hahn *3* zur Umsteuerung der Leitungen *5* und *6* geschwenkt werden muß. Durch geeignete Ausbildung des Umsteuerorgans und seiner Kanäle kann jedoch jedes praktisch vorkommende Kleinstmaß der Hublänge noch mit Sicherheit ausgefahren werden.

Das Patent DRP. 546817 von Loewe AG., Berlin, aus dem Jahre 1930 behandelt eine unmittelbare Umsteuerung mit einem hydraulischen Kippgesperre. Dieses ist so ausgeführt, daß der Maschinentisch an den Hubenden einen langsamen Auslauf hat, die Bewegungsumkehr einschließlich der Hubpause einstellbar ist und Stöße vermieden werden. Trifft der Tischanschlag *16* bei der in Abb. 116 gezeigten Stellung den Umsteuerhebel *17*, so wird dieser geschwenkt, bis die Führungsrolle *18* auf die untere Schneidefläche gelangt ist. Dabei drückt Teil *19* die Rolle *18* mit dem Kolben *20* in dem Zylinder *21* nach unten. Die Kupplung *24* hat einen künstlichen toten Gang, der eine Verzögerung im Antrieb des Umsteuerhahnes *5* bewirkt; das Zahngetriebe *25* und *26*, das mit dem Hahn *25* verbunden ist, wird nämlich erst gedreht, wenn Hebel *17* bereits einen bestimmten Weg zurückgelegt hat. Durch die besondere Form des Umsteuerhahnes wird der Zufluß von der Druckleitung *3* über Kanal *7* nach der Zuleitung *9* zum Antriebszylinder allmählich geschlossen, der Tisch läuft also langsam aus. Das durch Leitung *23* einströmende Triebmittel drückt den kleinen Kolben *20* nach oben, wobei

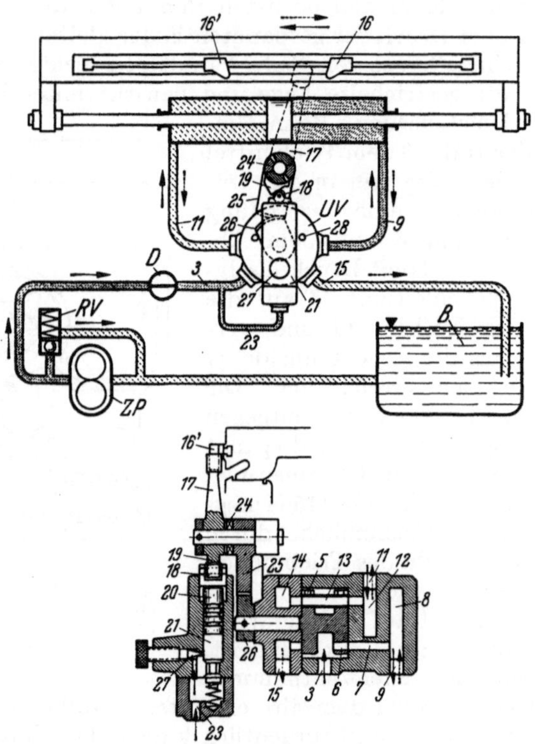

Abb. 116. Unmittelbare Umsteuerung mit hydraulischem Kippgesperre (Loewe AG., Berlin)

dessen Bewegung durch das Drosselventil *27* langsam oder schnell gehalten werden kann. Die auf die schräge Fläche der Schneide *19* drükkende Rolle *18* bewirkt ein Weiterschwenken des Umsteuerhebels *17*, und zwar unabhängig von den Anschlägen *16* und *16'*. Hierbei steuert der Hahn *5*, entsprechend der Geschwindigkeit des nach oben bewegten Kolbens *20*, mehr oder weniger langsam um, bis in die durch Anschlag *28* begrenzte Lage. Die Druckflüssigkeit gelangt von Leitung *3* über den Kanal *6* zum Gehäuseraum *12* und von dort in die Zylinderleitung *1*. Die verdrängte Flüssigkeit strömt in Leitung *9* über den Raum *8* durch die Bohrung *7* und durch das in dem Umsteuerhahn liegende Röhrchen *13* dem Abfluß *14* zu.

Als letztes Beispiel für die unmittelbare Umsteuerung des Flüssigkeitsstromes vom Maschinentisch aus, soll die Ausführung von J. E.

Reinecker AG., Chemnitz, an einer *Rund- und Einstechschleifmaschine* erläutert werden. Wie aus Abb. 117 hervorgeht, greift der durch die Tischanschläge betätigte zweiarmige Umsteuerhebel *n* über die Kurbel *r* an dem Umsteuerventil *UV* an. Ventil *UV* ist mit der von dem Umsteuerhebel *n* über den Zapfen *z* (Abb. 118) betätigten Welle *w* durch einen Keil *k* verbunden. Diese Verbindung zwingt das Umsteuerorgan, die Schwenkbewegung der Welle *w* mitzumachen. Wird zu Beginn des Umsteuervorganges der Hebel *n* am Hubende durch den Tischanschlag umgelegt, so erhält unmittelbar der Hahn eine Drehung und drosselt damit ebenfalls unmittelbar das zum Antriebszylinder strömende Triebmittel. Eine stoßfreie Umsteuerung ist wegen der Eigenart der

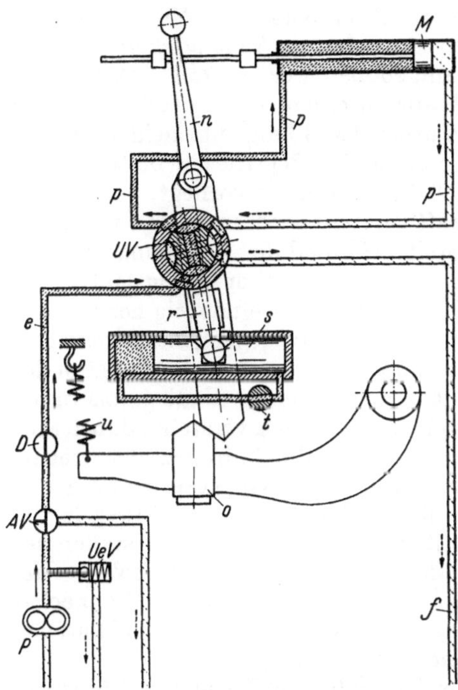

Abb. 117
Umsteuerung mit hydraulischer Bremsvorrichtung
(J. E. Reinecker, Chemnitz)

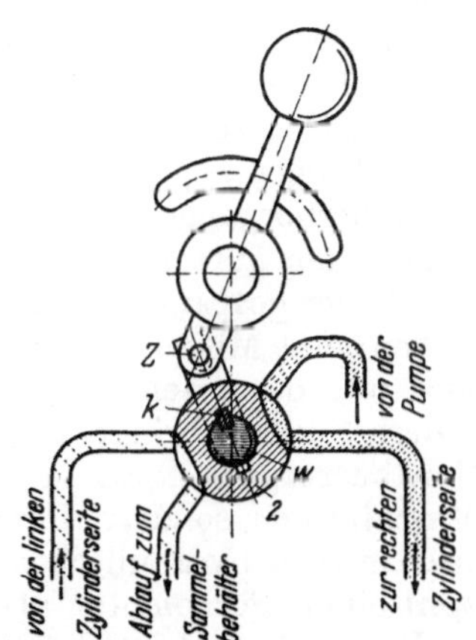

Abb. 118. Verbindung des Umsteuerhebels mit dem Umsteuerorgan nach Abb. 117

unmittelbaren Steuerung nur bei kleineren Vorschubgeschwindigkeiten, wie sie allerdings bei Rundschleifmaschinen vorkommen, gewährleistet. Ein freies Auslaufen des Tisches findet nicht statt, dafür ist aber eine sehr genaue Wegbegrenzung des Tisches innerhalb engerer Toleranzen möglich. Bei dem weiteren Fortschreiten des Umsteuervorganges geht das eigentliche Umleiten und Entdrosseln der Druckflüssigkeit vor sich. Das wird eingeleitet durch ein axiales Verschieben des Umsteuerorganes (Drehschieber *2*) auf der Welle *w*, das Umsteuerorgan führt demnach eine Dreh- und eine Längsbewegung aus. Die Längsbewegung geschieht hydraulisch.

Die Totpunktüberwindung wird durch ein aus den Hebeln *n*, *o* und der Zugfeder *u* gebildetes Spannwerk vorgenommen. In den Nebenschluß zum Hauptstromkreis ist ein doppelt wirkender Kolben *s* geschaltet, der mit dem Umsteuerhahn durch die Kurbel *r* gekuppelt ist. Teil *s* dient als Bremskolben in Verbindung mit einem einstellbaren Drosselorgan *t*. Die Drossel hat die Aufgabe, die Umsteuergeschwindigkeit des Hahnes *m nach* der Totpunktüberwindung zu verzögern, also nachdem das Auslösen und die Energieabgabe des Kippspannwerkes vollzogen wurde, um eine Hubpause einzulegen (vgl. Drosselung der Bremsflüssigkeit bei dem DRP. 445959 auf S. 179).

Bei den zuvor beschriebenen Patenten kann die Bewegung des Umsteuerorgans nicht von der des hydraulisch betätigten Maschinenteiles losgelöst werden; beide stehen in einer festen Abhängigkeit, die nur durch besondere Vorkehrungen aufgehoben werden kann. Das führte den Werkzeugmaschinenkonstrukteur zu einem Hilfsmittel, das unter dem Namen „*Vorsteuerung*“ die Weiterentwicklung entscheidend beeinflußte. Auf S. 17 wurde die Bestimmung des Begriffes „Vorsteuerung“ gebracht und dabei festgestellt, daß diese nur dann vorliegt, wenn 1. das Umsteuerorgan durch eine Hilfskraft verstellt wird, und wenn außerdem 2. das Umsteuerorgan an keiner Stelle während des Bewegungsablaufes unmittelbar vom Antriebskolben oder von mit ihm zwangsläufig verbundenen Teilen betätigt wird. Daraus geht aber eindeutig hervor, daß der Begriff „Vorsteuerung“ nicht auf die vorausgegangenen Umsteuereinrichtungen angewendet werden kann. Bei diesen wird zu Beginn des Umsteuervorganges der Steuerkolben aus der einen Endlage bis in die Nähe seiner Mittelstellung unmittelbar vom Tisch verstellt; dabei wird eine Feder gespannt, die kurz vor dem Augenblick, in dem der Steuerkolben seine Mittellage erreicht, z. B. durch ein Kippgesperre ausgelöst wird und dann den Steuerkolben über seine Mittellage hinweg in die andere Endlage bringt. In diesem Zustand geschieht das Verstellen des Umsteuerorgans *nicht mehr unmittelbar vom Tisch oder Schlitten der Maschine aus*, sondern durch eine Hilfskraft (Servomotor). Die mechanischen oder hydraulischen Kippspannwerke (Abb. 114 bis 117) stellen wohl einen Servomotor aber *keine* Vorsteuerung dar.

In dem Patent DRP. 98095 aus dem Jahre 1897 von Paul Kühne, Berlin, wird bei dem hydraulischen Antrieb einer *Hobelmaschine* erstmalig eine *Vorsteuerung* bei Werkzeugmaschinen angewendet. An jedem Hubende des Tisches soll eine selbsttätige Bewegungsumkehr erzielt werden, und zwar dadurch, daß die Steuerung kurz vor dem Hubende durch einen Vorsteuerkolben die Druckflüssigkeit auf einen Umsteuerkolben einwirken läßt, der den Ein- und Auslaß des Triebmittels zu dem Schubkolbentrieb schaltet. Befindet sich der Tisch in der äußersten rechten Stellung (Abb. 119), so verschließt der Vorsteuerkolben p' den Kanal *t*. Der Umsteuerkolben *i* steht von der Leitung *g* aus unter Druck; bei seiner Aufwärtsbewegung gibt er die Zuleitungen *l* und *k* frei, der Tisch kann sich daher nach links bewegen. Dabei wird über ein Hebelsystem, das an dem Tisch unmittelbar angreift, der Vorsteuerkolben zwangsläufig nach rechts verschoben. Der Kolben p' gibt daraufhin den Kanal *t* frei, und das Triebmittel kann durch den Kanal *r* in den Hohlraum *u* gelangen und von oben auf den Umsteuerkolben *i* wirken. Da die obere Fläche des Differentialkolbens *i* größer als seine untere Ringfläche ist, wird der Kolben *i* nach unten gedrückt. Die Leitung *l* ist zunächst verdeckt, und das Triebmittel strömt nur durch die Leitung *k* zum Vorschubzylinder und bewegt den Maschinentisch im Gegensinn. Die im rechten Zylinderende befindliche Flüssigkeit kann dabei durch Leitung *l* und Kanal *v* abfließen.

Die Bewegungsumkehr wird also hier vom Tisch aus durch Anschläge über ein Gestänge auf die Vorsteuerung übertragen und betätigt zwar selbsttätig, aber nicht mehr unmittelbar das Umsteuerorgan der Anlage, das in diesem Falle hydraulisch, d. h. durch die Druckflüssigkeit geschaltet wird. Das Patent weist keine Einrichtungen für das Überwinden der Totpunktlage sowie für das Abbremsen am Hubende, also für die Stoßdämpfung auf, was gerade bei Hobelmaschinen sehr wesentlich ist.

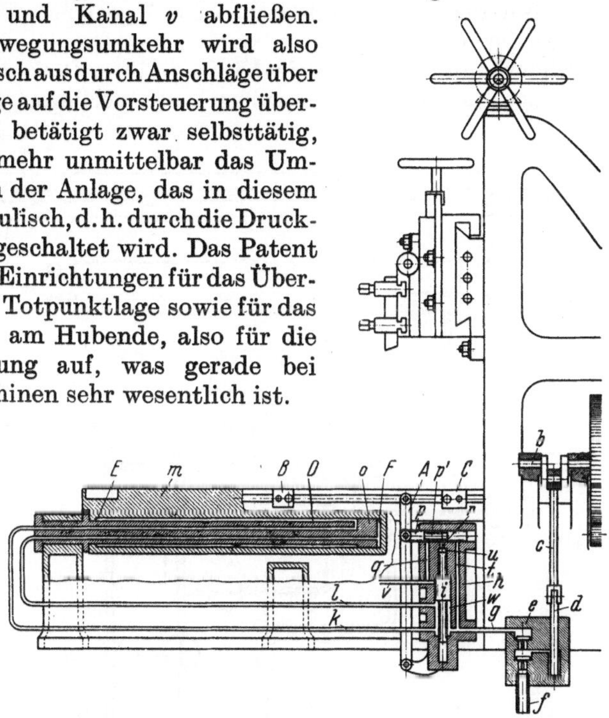

Abb. 119. Hydraulische Hobelmaschine mit Umsteuer- und Vorsteuerorgan nach DRP. 98095 (Paul Kühne, Berlin)

Bei dem vorstehenden Patent wird das Umsteuerorgan durch eine Vorsteuerung (Servomotor) betätigt, die ihrerseits vom Tisch aus über ein Hebelsystem bzw. durch Anschläge zu schalten ist. Bestimmend für den Bewegungsablauf des Servomotors sind einerseits seine durch die Konstruktion festgelegten Abmessungen, des anderen der auf den Servomotor wirkende Flüssigkeitsdruck. Jede Änderung der Triebmittelenergie wirkt sich gleichzeitig auf den Schubkolben und auf die Vorsteuerung aus. Es liegt hier keine unabhängige Verstellung der dem Servomotor zugeführten Flüssigkeitsenergie vor. Vielmehr besteht eine zwangsläufige Abhängigkeit zwischen der Geschwindigkeit des Maschinentisches und der Geschwindigkeit der Vorsteuerung bzw. des Umsteuerorgans.

Hydraulisch betätigte Umsteuerorgane. Die völlige und sichere Beherrschung der Bewegungen und Kräfte beim Auslauf und Wiederanlauf hydraulisch betätigter Maschinenteile, das Verstellen und die Dauer der Stillstandszeit sowie die selbsttätige, vor allem stoßfreie Umkehr bei in rascher Folge sich wiederholenden Vorgängen, kurz gesagt: die dynamische Beherrschung des gesamten Arbeitsablaufes ist erst gewährleistet, wenn man konstruktiv noch einen Schritt weitergeht und *die Energiezuleitung zum Antrieb und diejenige zur Vorsteuerung vollständig voneinander trennt.* Damit ist die Möglichkeit gegeben, den Energiezustand in den beiden Teilströmen durch geeignete Widerstände unabhängig zu beeinflussen.

Das richtig erkannt und die Aufgabe, die in ihrer *Gesamtheit* nur bei hydraulisch angetriebenen Werkzeugmaschinen vorliegen dürfte, *erst-*

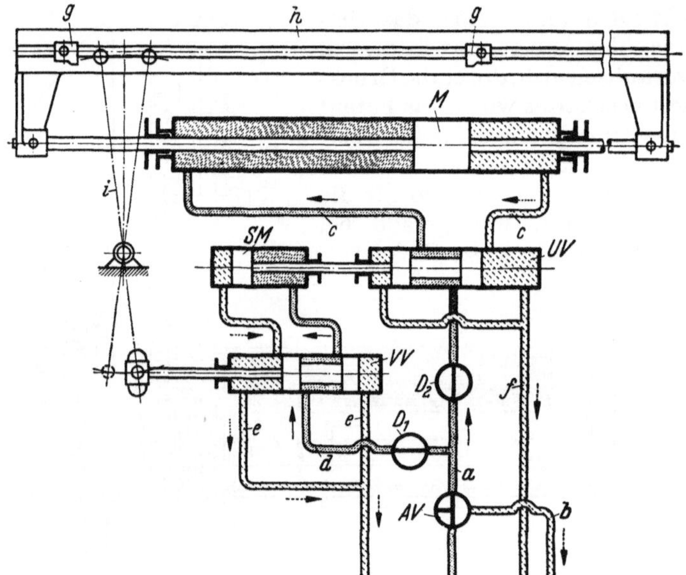

Abb. 120. Hydraulischer Schleifmaschinenantrieb mit Vorsteuerung nach DRP. 342463 (C. Krug, Frankfurt/Main)

a Druckleitung; *b* Abflußleitung; *c* Zu- und Abflußleitungen; *d* Zuleitung zu Vorsteuerventil *VV*; *e* bzw. *f* Abflußleitungen; *g* Umsteuerknaggen; *h* Maschinentisch; *i* Umsteuerhebel; *AV* Abstellventil; D_1 Drosselventil zum Verstellen der Umsteuergeschwindigkeit; D_2 Drosselventil zum Verstellen der Tischgeschwindigkeit; *M* Schubkolbengetriebe; *SM* Servomotor; *UV* Hauptventil; *VV* Vorsteuerventil

malig in dynamischem Sinne gelöst zu haben, ist unstreitig das Verdienst des deutschen Patentes DRP. 342463 von C. Krug aus dem Jahre 1920. Die Lösung, die das Patent gibt, hat den Weg zu einer neuen Entwicklung gewiesen; auf ihm baute sich in der Folgezeit eine stattliche Anzahl konstruktiver Abarten auf, die nachstehend aufgeführt werden.

Das nach DRP. 342463 arbeitende Flüssigkeitsgetriebe für *Schleifmaschinen* benützt eine hydraulische Vorsteuerung, wie sie bereits in dem DRP 98095 (Jahr 1897) für eine Hobelmaschine vorgeschlagen, jedoch praktisch nie verwendet wurde. Wie die Schemazeichnung (Abb. 120) zeigt, wirkt der Umsteuerhebel *i* nicht unmittelbar auf das Umsteuerventil *UV*, sondern auf den Vorsteuerkolben *VV*, der in dem Nebenstromkreis den Kolben des Servomotors *SM* in der einen oder anderen Richtung hydraulisch treibt und damit den Hauptsteuerkolben von UV umsteuern kann. Die Geschwindigkeit der Umsteuerung sowie die Dauer des Tischstillstandes am Hubende wird durch den Grad der Drosselung an dem Hahnen D_1 bestimmt. Der Servomotor SM überbrückt ohne weitere mechanische Mittel (Federn, Schneiden od. dgl.) die Totpunktlage des Hebels i in dessen Senkrechtstellung. Das Überwinden der Totpunktlage geschieht dadurch, daß der Hauptsteuerkolben durch den Servomotor SM erst dann verschoben werden kann, wenn in den Zylinderraum des Hilfskolbens Druckflüssigkeit einströmt. Das ist aber dann der Fall, wenn der Vorsteuerkolben bzw. der Umsteuerhebel i nach Überschreiten ihrer Totpunktlage den Zufluß nach dem Zylinder von SM freigegeben haben. Durch besondere Formgebung der zu den beiden Hauptleitungen c führenden Auslaßöffnungen des Umsteuergehäuses ist es möglich, daß bei ihrer Freigabe durch den Kolbenschieber von UV die Druckflüssigkeit allmählich und in zunehmendem Maße in die Hauptzuleitung strömt und der Maschinentisch langsam anfahren kann, während gegen das Hubende durch dieselbe Vorkehrung der Tisch sanft ausläuft und stoßfrei umkehrt. Das Drosselventil D_2 im Hauptstromkreis dient zum Verstellen der Tischgeschwindigkeit.

Die Hauptmerkmale des Patentes 342463 sind folgende: Die Umsteuerung mit ihren einzelnen Stufen: Auslauf — Stillstand — Anlauf geschieht mittelbar und unabhängig von der Tischgeschwindigkeit, da die beiden zur Hauptsteuerung (Kolbenschieber UV) und zur Vorsteuerung (Steuerkolben VV) bzw. zu dem Servomotor SM geleiteten Energieströme *unabhängig voneinander* von der Hauptdruckleitung a abgezweigt werden. Die beiden Teilströme sind parallel und nicht hintereinander geschaltet.

Das Verstellen der Vorschubgeschwindigkeit des Tisches und der Geschwindigkeit des Vorsteuerorgans bzw. des Servomotors sind ebenfalls unabhängig voneinander. Die beiden Stellglieder D_1 und D_2 liegen hinter der Abzweigung von a, also innerhalb jedes der beiden Energieströme.

Die Einstellbarkeit der Umsteuergeschwindigkeit im Sinne eines freien Tischauslaufes und einer stoßfreien Tischumkehr geschieht derart, daß die Zeitspanne vom Abschluß eines die Druckflüssigkeit in den Antriebszylinder einlassenden Kanals des Umsteuergehäuses (besondere Form des Steuerquerschnittes) bis zum völligen Abschluß eines das zurückfließende Triebmittel auslassenden Kanals durch das Umsteuerorgan genau der Zeit entspricht, die der Tisch zu einem freien Auslauf benötigt.

Die Dauer des Tischstillstandes beim Hubwechsel ist abhängig von der Abmessung (Kolbenbreite) des Steuerkolbens UV und seiner Geschwindigkeit. Das Verändern der Steuerkolbengeschwindigkeit geschieht durch Einstellen des Drosselorgans D_1 der Vorsteuerung VV.

Der Nachteil der geschilderten Ausführung nach Patent 342463 besteht in der Energievernichtung durch die beiden Drosselhahne D_1 und D_2, was zu einem unnötigen Kräfteverbrauch der Förderpumpe und damit verbunden zu einem erhöhten Erwärmen des Triebmittels führt.

Das DRP. 526539 von Fritz Werner AG., Berlin-Marienfelde, aus dem Jahre 1929 besitzt nur *einen* dreiteiligen Steuerkolben, der die Aufgabe der Vor- und Umsteuerung ausübt. Er führt dabei 2 Bewegungen aus, nämlich eine Verdrehung, die ihm von den Tischanschlägen vermittelt wird und eine unter Flüssigkeitsdruck (Servomotor) bewirkte Verschiebung. Durch Verdrehen des Steuerkolbens werden in ihm angeordnete Kanäle, Aussparungen und Bohrungen umgesteuert und damit die Druckflüssigkeit wechselweise zu den Stirnseiten des Hilfssteuerkolbens geleitet und die Längsbewegung im Steuergehäuse nach links oder rechts eingeleitet. Durch die Längsverschiebung werden die Hauptkanäle gesteuert, welche die Umsteuerung des Antriebskolbens auslösen. Abb. 121 zeigt den Umsteuermechanismus in schematischer Form. Auch dieses Patent verwendet zwei parallel geschaltete und voneinander unabhängig wirkende Energieströme, von denen der eine nur die Servomotorwirkung (Verschiebung), der andere Teilstrom die Verteilung der Druckflüssigkeit von und zu dem Schubkolbentrieb betätigen — je nach der durch die Servomotorwirkung eingestellten Lage des Steuerschiebers.

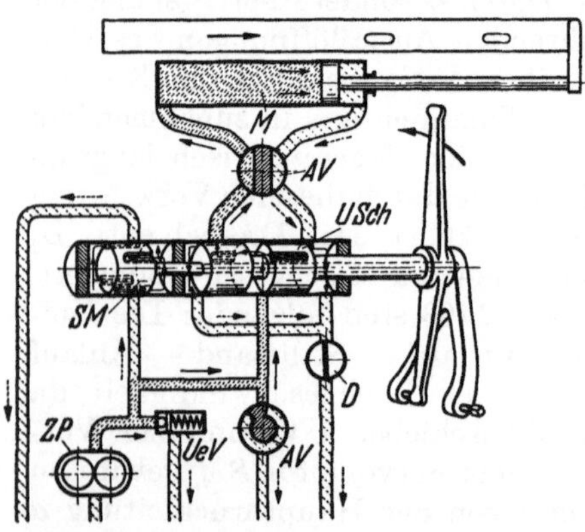

Abb. 121. Umsteuerung mit Vorsteuerorgan durch kombinierten Längs- und Drehschieber nach DRP. 558535 (Fritz Werner AG., Berlin)

M Flüssigkeitsmotor; *SM* Servomotor; *UeV* Überdruckventil; *AV* An- und Abstellventile; *D* Drosselventil; *USch* Haupt- oder Umsteuerschieber; *ZP* Zahnradpumpe

Der Hilfssteuerkolben ist von dem Hauptkolben durch eine Zwischenwand getrennt und nur in axialer Richtung spielfrei mit diesem verbunden. Der Umsteuerhebel sitzt fest auf dem Hauptkolben. Während dieser in seiner Drehbewegung *unmittelbar* vom Tisch aus über den Hebel mechanisch betätigt wird, erhält der Hilfskolben erst nach einer bestimmten Zeit eine Drehbewegung. Das geschieht mit Hilfe des oberen Teiles des Umsteuerhebels und der als Anschläge wirkenden Stellschrauben der Mitnehmerschenkel. Die Verzögerung des Hilfskolbens entsteht dadurch, daß der von den Tischanschlägen umgelegte Steuerhebel unmittelbar zunächst nur den Hauptsteuerkolben durch dessen aus dem Steuergehäuse herausragendes, zylindrisches Ende mitnimmt, dann aber über den erwähnten Mitnehmer auch die durch den hohlen Kern des Hauptkolbens hindurchgeführte Drehstange des Hilfssteuerkolbens dreht. Wie man sieht, wird also die Gesamtdrehung des Steuerkolbens in zwei aufeinanderfolgende, phasenverschobene Einzeldrehungen der beiden Kolben aufgelöst. Die vorausgehende Drehung des Hauptkolbens bewirkt dabei eine Vordrosselung der zu dem Antriebszylinder strömenden Druckflüssigkeit. Denn diese wird zunächst durch eine enge Drosselstrecke geleitet und ihr dabei ein Teil ihrer Energie entzogen. Der Hauptkolben bewegt sich entsprechend langsam weiter, bis der Anschlag den Mitnehmer trifft. Jetzt wird der Hilfssteuerschieber gedreht und steuert den zur Längsverschiebung des Hauptsteuerkolbens dienenden Teilenergiestrom (unmittelbar von der Pumpe kommend, vgl. Abb. 121) hinter die betreffende rechte Stirnseite des Hilfskolbens. Der *ganze* Steuerkolben wird dann in die entgegengesetzte Endlage gebracht, dabei muß der Hauptkolben mitgehen, denn er kann, wie oben erwähnt, gegenüber dem Hilfskolben verdreht werden, aber keine unabhängige Längsbewegung ausführen. Nunmehr steuert der Hauptkolben den Triebmittelstrom zum Antriebszylinder um.

Zu der Verstellbarkeit der vorliegenden Anlage ist folgendes zu sagen:

Wie die Schemazeichnung in Abb. 121 erkennen läßt, führen in die rechte Kammer des Steuergehäuses nur die Druckleitung von der Pumpe zum Antriebszylinder und die Rückleitungen zum Sammelbehälter. An die linke Kammer sind lediglich angeschlossen: eine Druckleitung von Pumpe zum Servomotor und eine Rückleitung. *Es liegen auch bei diesem Patent zwei getrennte, parallel geschaltete Energieströme vor, die unabhängig voneinander wirken.* Der Sinn der vorerwähnten Drosselstrecke im Hauptsteuerkolben ist es, den zum Antriebszylinder führenden Energiestrom zu beeinflussen, um die Vorschubgeschwindigkeit des Maschinentisches vor der eigentlichen Umsteuerung zu vermindern. Der Grad der Vordrosselung, d. h. also das Herabsetzen des Flüssigkeitsdruckes ist nicht veränderbar, er liegt vielmehr mit den baulichen Abmessungen der Drosselstrecke von vornherein fest. Wohl aber ist die Vordrosselung in ihrer *zeitlichen Dauer* veränderbar. Man hat es nämlich in der Hand, durch Verstellen der Schrauben an dem Mitnehmer, eine längere oder kürzere Zeitdauer, während der vorgedrosselt wird, herbeizuführen. Durch diese Vorkehrung wird sowohl die Bewegung des Tischauslaufes als auch die des Tischanlaufes nach der Umsteuerung (Stoßfreiheit) beeinflußt. Das Einstellen der Stillstandsdauer am Hubende richtet sich, wie aus obigem hervorgeht, nach dem zeitlichen Zusammenhang zwischen dem Betätigen des Umsteuerhebels durch die Tischanschläge und dem Vordrosseln durch den Mitnehmer. Geschieht die Vordrosselung während des Auslaufens sehr früh gegenüber dem Umkehrungspunkt, so tritt eine merkliche Stillstandsdauer ein. Nach Abb. 120 ist in der Nebenschaltung für den Hilfssteuerkolben (Servomotor) kein besonderes Stellglied vorgesehen, wohl aber in der Hauptschaltung, und zwar in der Rückleitung vom Antriebszylinder zum Einstellen der Tischgeschwindigkeit.

Das DRP. 523185 (Jahr 1928) von ROSAK weist zwei voneinander unabhängige Triebmittelströme auf, von denen der eine über den Umsteuerkolben zu dem Antriebszylinder (Abb. 122) geführt wird, während der andere Energiestrom die Servomotorwirkung auf die Stirnfläche dieses Kolbens ausübt. Das als Hülse ausgebildete Vorsteuerorgan VV umschließt den eigentlichen Umsteuerkolben. Der Tischanschlag a verschiebt die Hülse von VV, hierdurch wird nur der Teilstrom für den Servomotor gesteuert, der dann seinerseits den Hauptsteuerkolben betätigt. Abb. 122a zeigt die Lage der beiden Steuermittel vor der Umsteuerung, Abb. 122b bei beginnender Umsteuerung (die Vorsteuerung durch den Anschlag *a* ist gerade beendet), Abb. 122c nach der Umsteuerung. Am anderen Ende stößt ein zweiter Tischanschlag gegen den aus dem Steuergehäuse herausragenden Rohrzapfen der Vorsteuerhülse, und der gleiche Vorgang wiederholt sich von neuem.

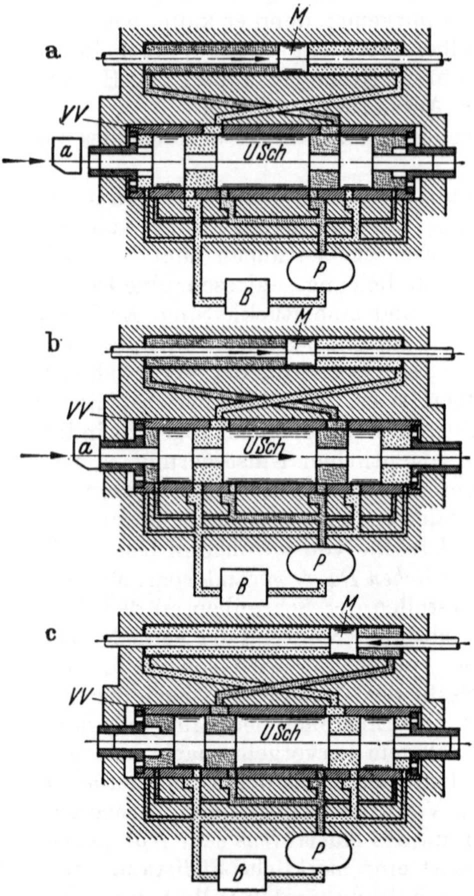

Inwieweit bei dieser Ausführung die Massenkräfte sicher beherrscht und der Bewegungsablauf verändert werden können, läßt sich nicht angeben, da aus der Patentschrift keine Einstellvorrichtungen innerhalb der beiden Energieströme zu ersehen sind.

Das DRP. 537990 (Jahr 1928) der französischen Firma George Cuttat, Paris, ist dem bereits erläuterten DRP. 523185 von Rosak sehr ähnlich; auch hier umschließt die Vorsteuerhülse das Umsteuerorgan (Abb. 123). Durch Drehen der Hülse wird der von der Hauptdruckleitung abgezweigte Teilstrom wechselseitig auf die Endflächen des Umsteuerkolbens geleitet und die Längsverschiebung des Hauptkolbenschiebers erwirkt. Eine Vordrosselung und damit ein Verstellen der Umsteuergeschwindigkeit und der Stillstandsdauer sind nicht vorgesehen.

Abb. 122a—c. Vorsteuerung an den Hubenden zu Steuerung des Umsteuerorgans nach DRP. 523185 von Rosak

USch Umsteuerschieber; *B* Behälter; *P* Pumpe; *M* Schubkolbentrieb; *VV* Vorsteuerventil; *a* Tischanschlag

Eine unmittelbare Umsteuerung mit hydraulischer Vorsteuerung für außerordentlich kleine Tischhübe behandelt das DRP. 586776 und 589139 von K. Jung, Berlin (Abb. 124). Der durch die Tischanschläge betätigte Umsteuerhebel verstellt unmittelbar den Kolbenschieber *USch*. Mit diesem gekuppelt ist die Steuerstange *a*, auf der die beiden Ventile *b* und *c* festsitzen. Der durchbohrte Vorsteuerkolben *VSch* kann an seinen Enden durch diese Ventile verschlossen werden. Wird nun der Umsteuerschieber *USch* ein kurzes Stück bewegt, z. B. nach links in Abb. 124, so verschließt das Ventil *b* die rechte Öffnung des Vorsteuerschiebers *VV*, und zwar noch ehe der Kolbenschieber *USch* mit seiner Steuerkante die Druckleitung d völlig abgeschlossen hat. Das von der Hilfspumpe ZP_2 geförderte Triebmittel wirkt jetzt auf die verschlossene rechte Stirnfläche des Vorsteuerkolbens und bewegt diesen nach links. Dabei wird aber auch über die Stange a der Hauptsteuerkolben von *USch* weiter nach links verstellt. Auf diese Weise wird er über die Totpunktlage hinweg in seine Endlage gebracht, selbst nach vollständigem Abschluß der Druckleitung, wobei der Umsteuerhebel dem ihn bewegenden Tischanschlag vor- und dem zweiten Anschlag entgegeneilt. So ist es möglich, eine sehr genaue Begrenzung auch bei kleinsten Hüben zu erreichen. Gegen Ende des Hubes öffnet sich der durch die Abflachung e zwischen Vorsteuerhülse und Steuerstange gebildete Kanal, das von der Hilfspumpe ZP_2 geförderte Triebmittel kann dann durch diesen Kanal und die Rück-

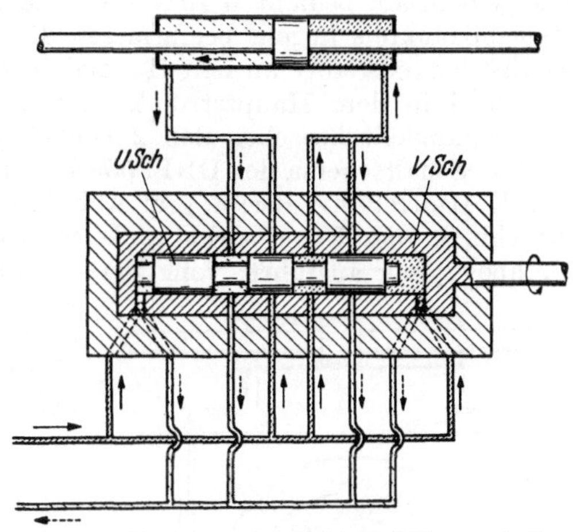

Abb. 123. Umsteuerung mit Längsschieber und Vorsteuerung mit Drehkolben bei dem DRP. 537990 von G. Cuttat, Paris
USch Umsteuerschieber; *VSch* Vorsteuerschieber

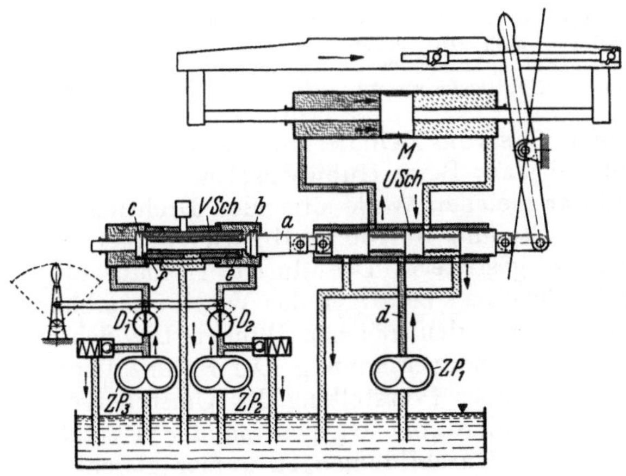

Abb. 124. Unmittelbare Umsteuerung mit hydraulischer Vorsteuerung nach DRP. 589139 von K. Jung, Berlin

leitung am Vorsteuergehäuse abfließen. Auf der linken Seite hat sich der gleiche Kanal bei f geschlossen, während das Ventil c nun geöffnet ist und das von der Hilfspumpe ZP_3 geförderte Triebmittel durch den Vorsteuerkolben ableitet. Beim anschließenden Rückhub vollzieht sich der Umsteuervorgang in derselben Art, wobei der Vorsteuerkolben wieder in die in Abb. 124 gezeigte Lage zurückgeführt wird. Die gemeinsam bedienten Drosselventile D_1 und D_2, die in dem Vorsteuerstromkreis liegen, beeinflussen die Umsteuerbewegung und die Tischstillstandsdauer an den Hubenden. Das Schaltschema zeigt kein Stellglied in dem Hauptstromkreis zwecks Veränderung der Tischgeschwindigkeit zwischen den 2 Umkehrpunkten.

Das Schaltschema des DRP. 555887 (Jahr 1930) von O. v. Bovert und K. Hentschke, Berlin, gibt Abb. 125 wieder. Der Vorsteuerkolben umschließt den Umsteuerhahn. Wird der Vorsteuerkolben, der eine Drehbewegung ausführt, vom Maschinentisch über einen Hebel mechanisch verstellt, so betätigt die eingeleitete Druckflüssigkeit den Umsteuerhahn, indem sie den Flügel beaufschlagt, damit den Hahn dreht und den Energiestrom von und zu dem Antriebszylinder leitet. Das Zusatzpatent DRP. 646858 bezieht sich auf die als einbaufertiges Konstruktionselement hergestellte „*hydraulische Schaltdose*", Bauart Elbe-Werke, Dresden. Abb. 126 zeigt die Arbeitsweise der Schaltdose. Die von der Pumpe geförderte Druckflüssigkeit tritt bei *a* ein, fließt durch den mit Handhebel einstellbaren Drosselhahn *l* und gelangt bei der gezeichneten Stellung des Umsteuerorgans *b* durch den Kanal *c* in den Antriebszylinder. Das vom Zylinder kommende Triebmittel tritt bei *d* ein und fließt bei *e* ab. Beim Hubwechsel wird das Umsteuerorgan *b* durch den auf der gleichen Welle sitzenden Drehflügel *f* um 270° gedreht (punktierte Stellung in Abb. 126b). Der Flügel *f* wird durch das Vorsteuerventil *g* gesteuert. Der durch Tischanschläge umgelegte Hebel *h* und die Scheibe *i* betätigen das Ventil *g* unabhängig von dem Tischüberlauf stets um den gleichen Winkel. Die Scheibe *i* hat eine malteserkreuzartige Innenverzahnung. Der Hahn *l* dient zum Drosseln des Hauptenergiestromes (Verstellung der Umsteuergeschwindigkeit). Die beiden Drosselschlitze sind so gegeneinander versetzt und gestaltet, daß die Summe der Durchflußmengen immer gleichbleibt, mit steigender Tischgeschwindigkeit also die Umsteuergeschwindigkeit abnimmt und umgekehrt bei kleiner Tischgeschwindigkeit rasch umgesteuert wird. In jedem Fall ist die Umsteuerung weich und stoßfrei.

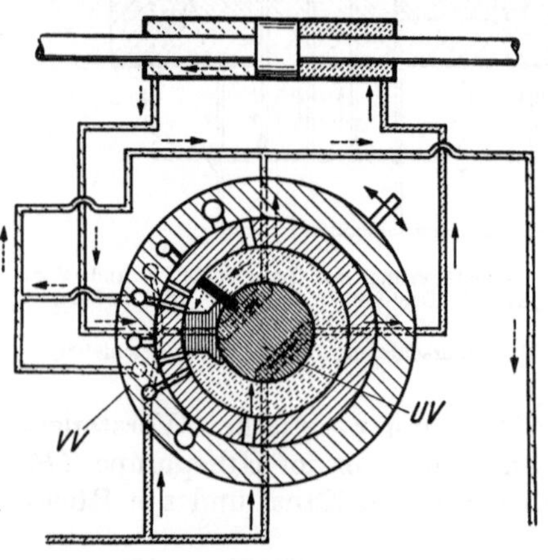

Abb. 125
Hydraulische Schaltdose nach DRP. 555887 von Bovert u. Hentschke, Berlin
VV Umsteuerventil; *UV* Vorsteuerventil

Charakteristisch ist für die zuvor an Hand der Patentschriften besprochenen Umsteuereinrichtungen, daß bei ihnen das Flüssigkeitsgetriebe zwei *parallel* geschaltete, voneinander unabhängig wirkende Energieströme besitzt, von denen der erste von der Pumpe über das

Umsteuerorgan (Verteiler) zum Getriebe und wieder zurück zum Flüssigkeitsbehälter führt, der andere Teilstrom seinen Weg von der Pumpe zum Vorsteuerorgan und zurück zum Behälter nimmt.

Im Gegensatz hierzu weist das DRP. 576517 der Fortuna-Werke AG., Stuttgart-Bad Cannstatt, nur *einen* Hauptstromkreis auf, in den die Steuermittel *hintereinander* geschaltet sind.

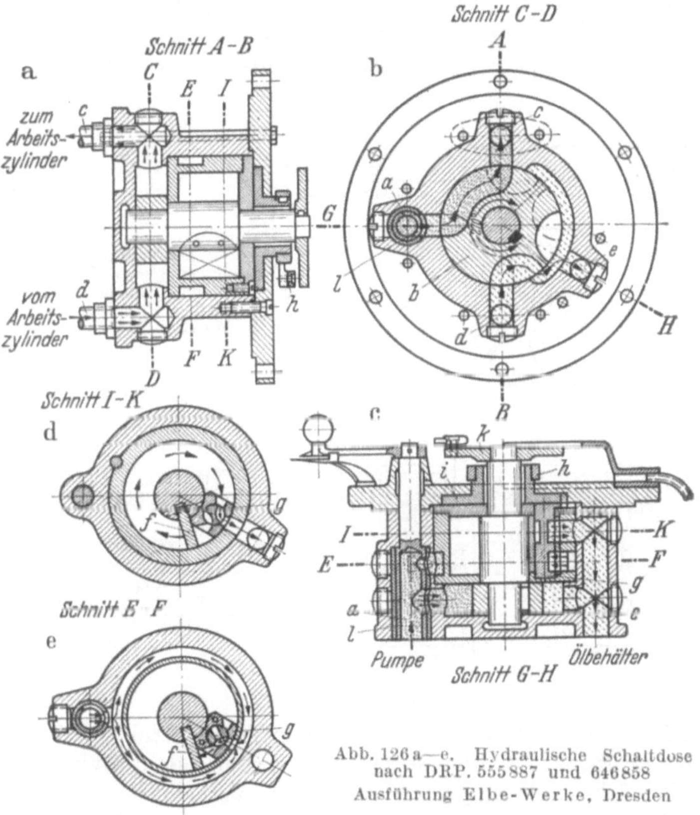

Abb. 126a—e. Hydraulische Schaltdose nach DRP. 555887 und 646858 Ausführung Elbe-Werke, Dresden

Bei dem Fortuna-Patent 576517 (Abb. 127) fließt die Druckflüssigkeit von der Pumpe über den Umsteuerhahn zu dem Hilfssteuerkolben *VV* und nach dem Schubkolbentrieb *M* und zurück in umgekehrter Aufeinanderfolge zum Behälter. Den Triebmittelzu- und -abfluß steuert der Umsteuerhahn *UV*. Ob dieser mit einer hydraulischen Vorsteuerung, mit einem Kippspannwerk oder einer ähnlichen Einrichtung arbeitet, ist aus der Patentschrift nicht zu entnehmen. Der Hahn *UV* wird beim Auftreffen der Tischanschläge auf den Hebel *k* umgelegt. Von dem Umsteuerhahn gelangt nun das Triebmittel erstens zu dem Hilfssteuerkolben *VV*, der den Zufluß zur Leitung *e* und nach dem Vorschubzylinder vorerst sperrt (Abb. 127a) und zweitens durch einen in einer

Nebenleitung angeordneten Drosselhahn *D* auf die linke Stirnfläche des Steuerkolbens von *VV*. Die Drossel erteilt mit Hilfe der als Servomotor anzusehenden schmalen linken und rechten Kolbenenden dem Steuerkolbenschieber *VV* ein gewisses Bewegungsgesetz, das die Bewegung des Maschinentisches bestimmt. Mit dieser Einrichtung ist es ebenfalls möglich, die Tischstillstandsdauer an den Hubenden beliebig zu verändern. Sobald bei der Längsverschiebung des Steuerkolbens *VV*, dessen Steuerkante *1* über die Gehäusekante *2* hinweggleitet, ist der Druckflüssigkeit der Weg zum Vorschubzylinder freigegeben. Die beiden federbelasteten Ventile *g* mit den Nebendurchlässen *h* dienen dazu,

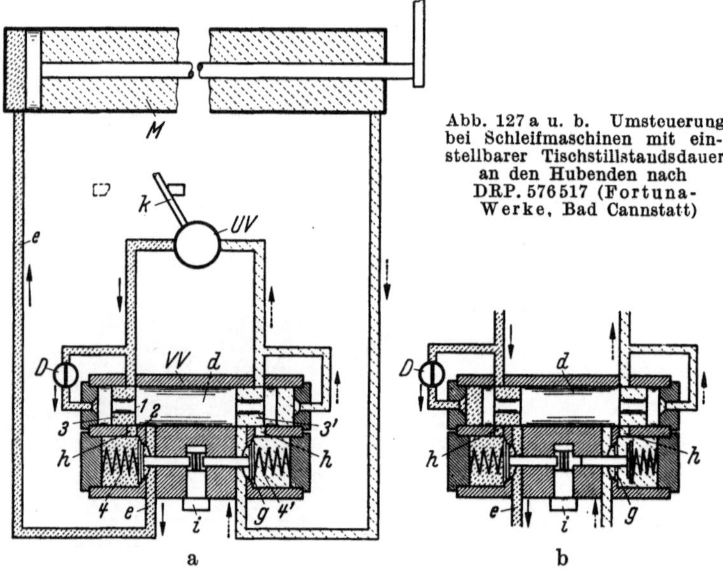

Abb. 127 a u. b. Umsteuerung bei Schleifmaschinen mit einstellbarer Tischstillstandsdauer an den Hubenden nach DRP. 576517 (Fortuna-Werke, Bad Cannstatt)

das aus dem Vorschubzylinder abfließende Triebmittel in *jeder* Stellung des Steuerkolbens *VV* abzuleiten, während die dem Zylinder zufließende Druckflüssigkeit jedoch erst nach Verschiebung des Steuerkolbens *VV* in die Hauptleitung *e* gelangen kann. Der Abfluß hat demnach immer einen freien, ungehinderten Weg.

Der Knopf *i* hat den Zweck, die beiden Ventile *g* offenzuhalten und die Steuerwirkung des Kolbenschiebers *d* auszuschalten, namentlich für die Handsteuerung der Maschine bei Einzelhüben. Durch Drehen des Knopfes und eines mit ihm verbundenen Nockens werden die Ventile erst gegen den Federdruck von ihren Sitzen abgehoben, das Druckmittel fließt dann unabhängig von der Lage des Steuerkolbens von Hahn *UV* aus durch die Kammern *3* bzw. *3'* und die Kanäle *h* in die Ventilkammern *4* bzw. *4'* und von dort zu oder vom Zylinder. Eine Hubpause an den Umkehrpunkten des Tisches findet in diesem Falle *nicht* statt. Die Patentschrift erwähnt nichts von Verstelleinrichtungen in den Hauptleitungen zum Einstellen der Vorschubgeschwindigkeit des Tisches oder von Vorrichtungen an dem Umsteuerhahn, zum Vordrosseln auf ein vorgeschriebenes Maß an den Hubenden, zwecks Erzielen einer stoßfreien Tischumkehr sowie zum allmählichen Entdrosseln nach der Umkehr.

Das Fortuna-Patent DRP. 587558 (Jahr 1931), Abb. 128, stellt lediglich eine bauliche Abart von dem obigen Patent dar; die Trennung von Umsteuerorgan *UV* und Hilfssteuerkolben *VV* ist beibehalten. Der Umsteuerhahn weist zwei im Gehäuse *l* gleichachsig nebeneinanderliegende Küken *a* und *k* auf (in Abb. 128 übereinander gezeichnet). Das Küken *a* wirkt als Verteilerorgan, indem es den Energiestrom wechselseitig umkehrt, sobald es durch den von den Tischanschlägen betätigten Umsteuerhebel verdreht wird. Das Küken *k* hat nur die Aufgabe, den Abfluß des von dem Antriebszylinder zurückströmenden Triebmittels in Abhängigkeit von der jeweiligen Lage des Kükens *a* zu steuern; es ersetzt somit die beiden Ventile *g* in dem Patent 576517. Nur die zu dem Antriebszylinder fließende Druckflüssigkeit wird bei dieser Ausführung durch das Gehäuse *b* des Hilfssteuerkolbens *VV* geführt. Dieser wirkt auch hier als Verzögerungsorgan, da nach der Umsteuerung durch Hahn *a* der linke, schmale Kolben von Teil *VV* den Auslaß nach Leitung *e* zunächst absperrt. Erst wenn die durch Leitung *m* strömende Flüssigkeit die Stirnfläche des rechten, schmalen Kolbens beaufschlagt und der Hilfssteuerkolben weiter nach links verschoben wird (Servomotorwirkung), öffnet sich der Auslaß in die Druckleitung, und die Bewegung des Tisches, der während der ganzen Zeit noch stillstand, in Abb. 128 nach rechts, wird eingeleitet. Beim Verschieben des Steuerkolbens nach links schließt das schmale Kolbenstück die Rückleitung *n* ab; das durch den Vorschubkolben verdrängte Triebmittel kann nur durch die Leitung *h*, die Küken *k* und *a* in die Abflußleitung *o* gelangen. Die Einstellung des Drosselhahnes *D* in dem Nebenstrom *m* bestimmt die Umsteuergeschwindigkeit und die Dauer des Tischstillstandes. Der Umsteuermechanismus arbeitet mit einem Kippgesperre völlig stoßfrei. Diese Stoßfreiheit erwirkt eine Dämpfungseinrichtung im Umsteuerhahn (aus Abb. 128 nicht zu ersehen). So wird die durch die Feder des Kippgesperres nach dem Überwinden der Totpunktlage verursachte schnelle Drehbewegung des Umsteuerhahnes abgebremst und — im Zusammenhang mit dem besonderen Verlauf der Steuerschlitze — ein

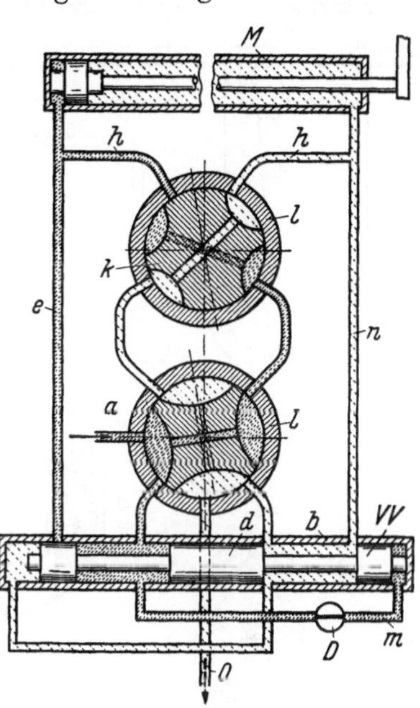

Abb. 128. Verstellung der Tischstillstandsdauer nach DRP. 587588 (Fortuna-Werke, Bad Cannstatt)

allmähliches Entdrosseln des Energiestromes, d. h. aber ein sanftes Anlaufen des Tisches erzielt. Sinngemäß findet vor dem Hubende ein Vordrosseln des Flüssigkeitsstromes auf das zum stoßfreien Auslauf nötige Maß statt.

Schließlich ist noch ein Zusatzpatent der Fortuna-Werke DRP. 638688 kurz zu besprechen, das sich im wesentlichen auf das Einstellen der Stillstandsdauer an den Hubenden bezieht.

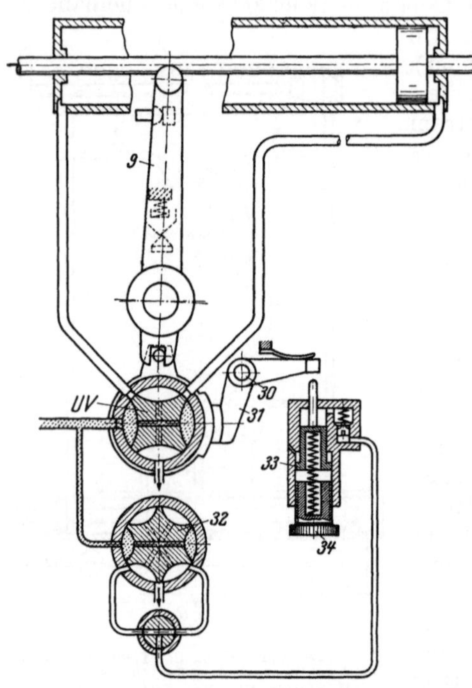

Abb. 129. Einstellbare Bremsvorrichtung an Umsteuerorgan zum Regeln der Hubpause nach DRP. 638688 (Fortuna-Werke, Bad Cannstatt)

Beim Beschreiben des Patentes 587558 wurde nämlich kurz auf eine Vorrichtung hingewiesen, die eine schnelle Drehung des Umsteuerhahnes abbremst, um so vor und nach der Umkehrlage durch Abdrosseln bzw. Entdrosseln einen sanften Tischauslauf und ein allmähliches Anfahren zu ermöglichen. Solange diese Abbremsvorrichtung kein Stellglied besitzt, kann sie die Hubpause nicht verlängern oder verkürzen.

Das Fortuna-Patent 638688 sieht eine Bremse für den Umsteuerhahn *UV* (Abb. 129) zum Verändern der Stillstandsdauer am Hubende seiner Mittelstellung vor. Das Getriebe *33* ist mit dem Steuerküken *32* hydraulisch gekoppelt und schaltet den um den Zapfen *30* schwenkbaren Bremshebel *31* in einer durch die Schraubbüchse *34* einstellbaren Zeit. Der Steuerhebel *g* kann gegen die Federkraft des Kippspannwerkes erst aus seiner Mittelstellung gebracht werden, wenn die Bremse gelöst ist. Nach einem weiteren Vorschlag derselben Patentschrift besteht eine andere Möglichkeit die Hubpause zu verändern darin, daß man die federnde Schneide eines Kippspannwerkes durch ein hydraulisch gesteuertes Klinkengesperre in einem bestimmten Zeitpunkt abfängt und erst nach einer gewünschten Zeitdauer wieder freigibt.

Abb. 130 zeigt eine im amerikanischen Werkzeugmaschinenbau gebräuchliche hydraulische, mittelbare Umsteuerung mit Vorsteuerorgan. Wird der mit dem Vorsteuerkolben verbundene Schalthebel *c* durch die Tischanschläge beispielsweise nach rechts umgelegt, so strömt die Druckflüssigkeit aus der von der Pumpe kommenden Steuerleitung *1'* durch das Vorsteuergehäuse und Leitung *3'* hinter den rechten Hilfskolben *e* (Servomotor) des Umsteuerschiebers und bewegt ihn nach links. Dabei entsteht im Umsteuergehäuse eine Verbindung zwischen der Hauptdruckleitung *1* und der zum Antriebszylinder führenden Leitung. Am Hubende des Tisches leitet der Vorsteuerschieber das Triebmittel über Leitung *4'* nach dem linken Hilfskolben *d* des Umsteuerorgans, bei dessen anschließender Bewegung nach rechts die Hauptleitungen von und zum Antrieb vertauscht werden.

Elektromagnetische Umsteuerorgane. Das selbsttätige Schalten von Umsteuerorganen geschieht an neuzeitlichen Werkzeugmaschinen mit Flüssigkeitsgetrieben häufig auf elektromagnetischem Wege [*64.3*]. Vor allem bei Maschinen, bei denen der Arbeitsvorgang aus einer Mehrzahl von Einzelbewegungen besteht, die in einer bestimmten zeitlichen Reihenfolge vollkommen selbsttätig zu steuern sind (z. B. Drehautomaten, Flachschleifmaschinen, Rundschleifmaschinen, Innenschleifmaschinen, spitzenlose Rundschleifmaschinen, Kaltkreissägen) bietet die elektromagnetisch betätigte Umsteuerung mancherlei Vorteile, u. a. beispielsweise Fortfall verwickelter Steuergestänge mit Hebeln, Kurven, Nokken usw., sichere Verriegelung von Nebengetrieben und einstellbarer Bewegungsstillstand durch Zeitrelais. Die magnetische Umsteuerung kann betätigt werden durch:

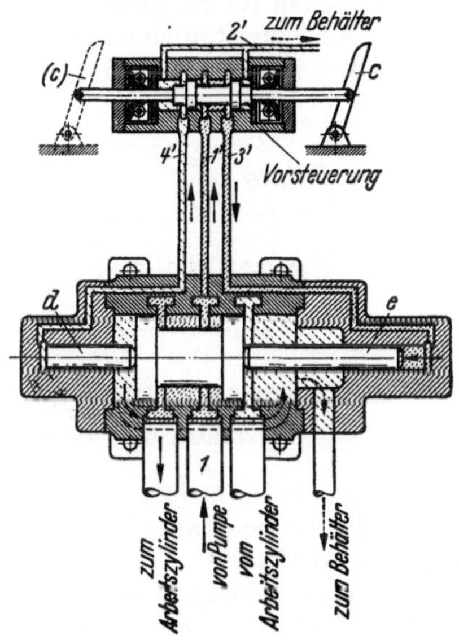

Abb. 130. Mittelbare Umsteuerung mit Vorsteuerschieber
c Schalthebel; *d* und *e* Hilfskolben

Einmagnet nach einer Richtung; das Rückführen des Steuerorgans in die Ausgangsstellung geschieht mit Rückzugsfeder.

Zwei Magnete, die ein Verschieben des Steuerorgans ohne zusätzliche mechanische Mittel nach beiden Richtungen bewirken.

Im Gegensatz zu den handbetätigten Längsschiebern stehen bei den elektromagnetisch betätigten Geräten zum Verschieben des Steuerkolbens nur verhältnismäßig geringe Schaltkräfte vom Magneten her zur Verfügung. Der unter Flüssigkeitsdruck stehende Steuerkolben muß daher von einseitig wirkenden, radialen und axialen Drücken *entlastet* sein. Dies kann geschehen durch Anbringen von symmetrisch angeordneten Entlastungsbohrungen in der Kolbenschieberbüchse, durch einen Ringkanal, der den Steuerkolben unter allseitig gleichen Druck setzt oder, um die Längsbelastung auszugleichen, durch Abführen der Leckflüssigkeit aus den Endräumen des Ventils. Dabei ist zu beachten, daß die Leckflüssigkeit ohne Rückstand frei ablaufen und nicht mit Fremdstoffen in den Magnetteil eindringen kann. Wird der Längsschieber an den Endräumen durch elastische Dichtungen

(Manschettendichtungen) abgedichtet, so zeigt es sich als nachteilig, daß wegen der erhöhten Reibung zum Verschieben des Steuerkolbens verhältnismäßig große Kräfte notwendig sind. Die am Steuerkolben vorhandenen Dichtungen kleben außerdem bei längerer Betriebspause des Umsteuerschiebers leicht an, der Magnet wird dadurch für das Losreißen des Steuerkolbens nochmals zusätzlich beansprucht.

Abb. 131 zeigt einen elektromagnetisch betätigten Steuerschieber, der weder einen Leckölanschluß noch Manschettendichtungen besitzt [*101*].

Statt dessen ist der Ankerraum druckdicht gemacht, und der Raum *f* steht mit dem Raum *c* durch eine Bohrung in Verbindung. Durch den Kanal *e* sind die Räume *c* und *d* miteinander verbunden, und die Kammer *g* hat wiederum über die Bohrung *h* Verbindung mit dem Raum *f*,

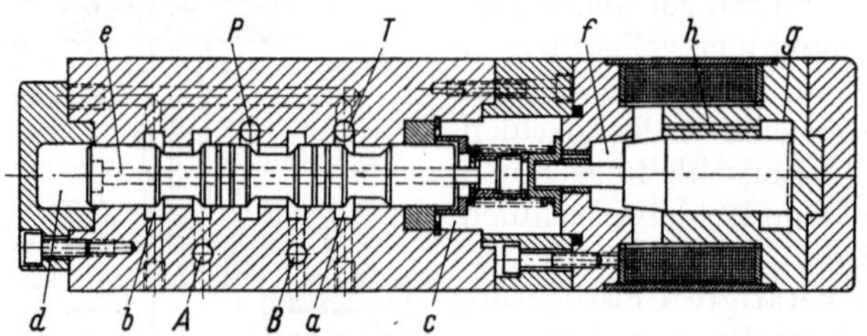

Abb. 131. Elektromagnetisch betätigter Umsteuerschieber mit Längsdruck-Entlastung durch druckdichten Ankerraum
Bauart: G. L. Rexroth G. m. b. H., Lohr/Main.

so daß die Stirnflächen aller bewegten Teile unter gleichem Druck stehen. Es können daher keine ungewollten Kräfte in axialer Richtung wirksam werden.

Der Elektromagnet bildet mit dem Ventil eine vollkommen geschlossene Einheit. Da auch die beweglichen Magnetteile im Öl laufen, ist die vom Magnet aufzubringende Hubkraft geringer als bei den anderen erwähnten Entlastungsarten.

Einen Vierwegeschieber, der unmittelbar von 2 Stoßmagneten gesteuert wird, zeigt Abb. 132 für Betriebsdrücke bis 100 kg/cm². In dem blockförmigen Gehäuse, das so eingebaut wird, daß die Betätigungsmagnete waagerecht liegen, sind auf der dem elektrischen Anschlußkasten gegenüberliegenden Seite die Anschlußbohrungen (Ein- und Auslaß) für das zu steuernde Triebmittel angebracht. Die Kanäle zwischen Schiebergehäuse und Anschlußplatte (plan und riefenfrei bearbeitet) sind mit O-Ringen abgedichtet. Der Schieberkolben (aus gehärtetem Stahl) hat in der Mitte eine Eindrehung und ist genau zentrisch zur Gehäuseachse eingepaßt. Das Abdichten der Abflußkanäle zu den Magneten hin geschieht ebenfalls durch O-Ringe.

In stromlosem Zustand der beiden Stoßmagnete, Abb. 132a, wird der Steuerschieber durch zwei im Schiebergehäuse eingebaute Druckfedern in seiner Mittelstellung gehalten, dabei bleiben die beiden Zuleitungen *2* und *3* zu dem Schubkolbentrieb verschlossen. Erhält eine der beiden Magnetspulen Strom, so drückt der Magnet den Schieber in die entsprechende Richtung, Abb. 132b oder c, und der Kolben des Getriebes bewegt sich so lange, bis der Strom weggenommen wird oder die Endstellung erreicht ist. So ist es möglich, den Schubkolben in jede Zwischenstellung zu bringen und in dieser zu verriegeln.

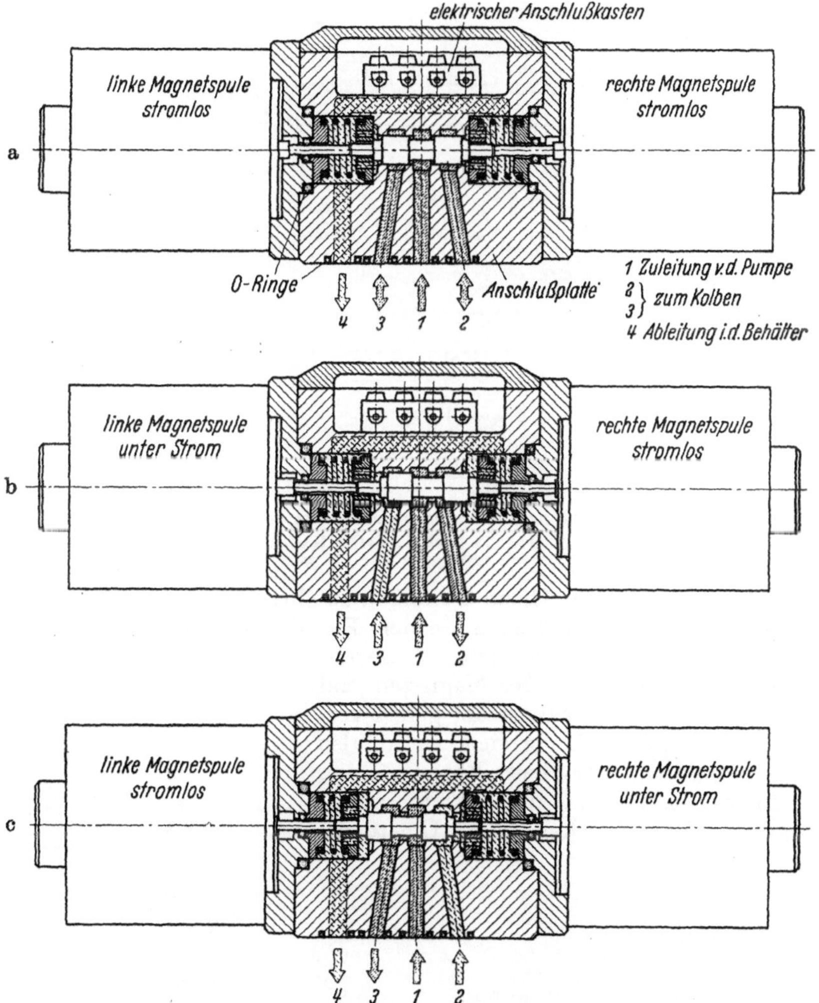

Abb. 132 a—c. Vierwegeschieber mit zwei Stoßmagneten
Bauart: Erich Herion, Stuttgart

Abb. 133 zeigt die Umsteuervorrichtung mit Einmagnetausführung bei der Spitzenlosen-Rundschleifmaschine Bauart Hartex GmbH., Berlin-Marienfelde. Durch die Magneten werden die Steuerkolben seitlich verschoben und geben den Zufluß der Druckflüssigkeit nach den 3 Vorschubzylindern frei. Die Vorschubkolben schließen in ihrer Endstellung einen Kontakt, damit wird ein Zeitrelais eingeschaltet, das die

Stillstandsdauer des jeweiligen Vorschubgetriebes festlegt. Nach Ablauf der eingestellten Zeit werden die Magnete abgeschaltet. Durch Rückzugsfedern werden die Umsteuerkolben in ihre Ausgangsstellung zurückgezogen, dabei schalten diese den Flüssigkeitskreis um, und die Vorschubkolben bewegen sich in Gegenrichtung. Das Anziehen des Magneten und das Auslösen der Rückzugsfeder gehen verhältnismäßig plötzlich vor sich; es ist also keine allmähliche Vor- bzw. Entdrosselung des Energiestromes zu den Antriebszylindern durch die Steuerkanten des Umsteuerorgans möglich, damit entfällt auch ein sanftes Anfahren und ein freier Auslauf des bewegten Maschinenteiles. Das ist jedoch für den Bearbeitungsvorgang an der Spitzenlosen-Rundschleifmaschine nicht

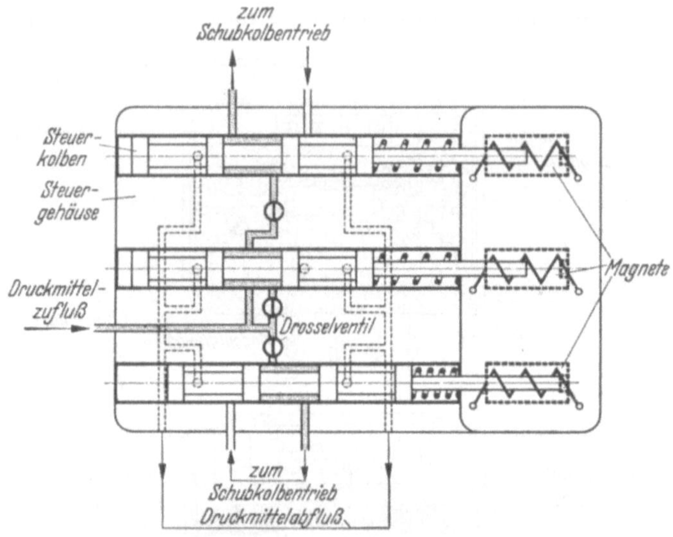

Abb. 133. Umsteuervorrichtung mit Einmagnetausführung für drei Schubkolbengetriebe
Ausführung: Hartex GmbH., Berlin-Marienfelde

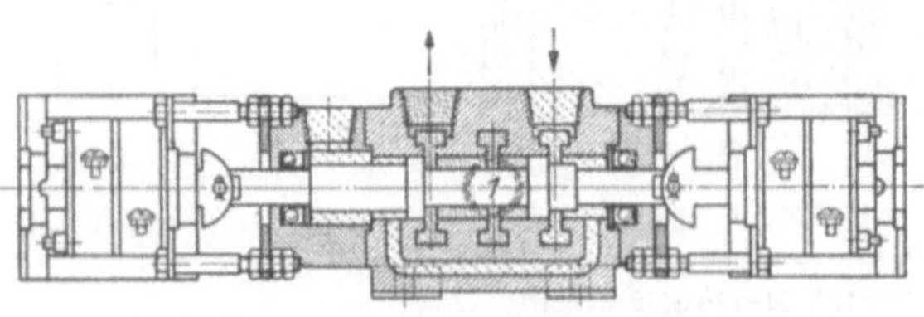

Abb. 134. Elektromagnetischer Umsteuerschieber in Zweimagnetausführung
Bauart: Logansport, Detroit (USA)

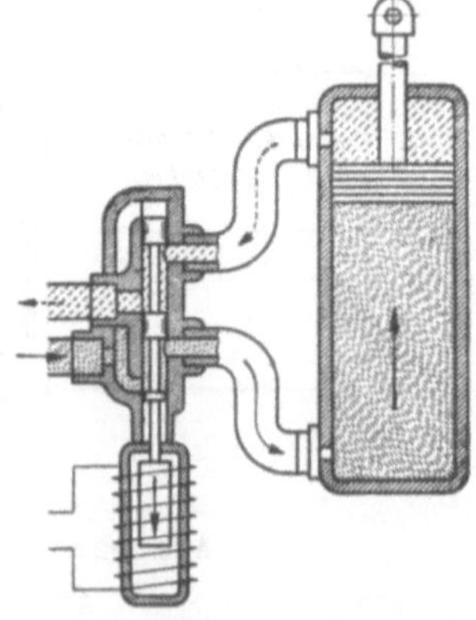

Abb. 135. Verbindung von Schubkolbentrieb und elektromagnetischem Umsteuerorgan

unbedingt erforderlich, denn hierbei findet nicht der schnelle Hubwechsel statt, wie er beispielsweise bei Flachschleifmaschinen üblich ist.

Bei der Zweimagnet-Ausführung in Abb. 134 befindet sich an jedem Ende des Umsteuerschiebers ein Elektromagnet. Durch die Knaggen des Tisches oder Schlittens wird ein Schalter betätigt, der wechselseitig den einen oder anderen Magneten einschaltet. Die Magneten können verhältnismäßig klein gehalten werden, da nur die Verschiebearbeit für den Steuerkolben zu leisten ist und nicht — wie bei dem Einmagnet in Abb. 133 — die Rückstellkraft der Zugfeder überwunden werden muß.

Die amerikanische Anordnung nach Abb. 135 stellt eine geschickte Verbindung von Schubkolbengetriebe und elektromagnetischer Umsteuerorgane zu einer Einbaueinheit dar. Die dargestellte Einheit wird zum Steuern von Tisch- und Zustellbewegungen sowie für hydraulische Abziehvorrichtungen verwendet.

3 Spangebende Werkzeugmaschinen mit Flüssigkeitsgetriebe

3.1 Abriß über die historische Entwicklung des hydraulischen Antriebes

Der Wunsch, einer Werkzeugmaschine einen möglichst weiten Stellbereich für den Antrieb ihrer Schnitt- oder Vorschub- bzw. Schaltbewegung zu geben, der in sich so feinstufig gegliedert ist, daß er für jede Spanungsaufgabe die richtige Arbeitsgeschwindigkeit ermöglicht, bestand schon in den frühesten Entwicklungsjahren des Werkzeugmaschinenbaues. Die Suche nach einem geeigneten einstellbaren Getriebe führte zu der *Hydraulik* als Kraftübertragungsmittel für Antriebs- und Vorschubmechanismen. Der bei anderen Anwendungsgebieten, wie Druckwasseranlagen, Aufzügen, Hebebühnen, Wassersäulenmaschinen und Panzertürmen bekannte statisch wirkende Flüssigkeitsantrieb schien an sich geeignet, die gestellten Forderungen zu erfüllen. Es war jedoch nahezu ein Menschenalter nötig, um das Flüssigkeitsgetriebe so zu entwickeln, daß es für alle in Frage kommenden Arten von Werkzeugmaschinen als leistungsstarkes, betriebssicheres und wirtschaftliches Antriebsorgan mit Erfolg verwendet werden konnte. Die Einführung des hydraulischen Antriebes hat die Gestaltung der Maschine entscheidend beeinflußt und ist dem Streben nach erhöhter Leistung, stark gesteigerten Bearbeitungsgeschwindigkeiten, Eilgang bei Leerlauf, selbsttätiger Begrenzung der Bewegungen, Verkürzen der Schaltzeiten, vereinfachter Bedienung, Anwenden von Hartmetallwerkzeugen und neuer Spanungsverfahren, größerer Arbeitsgenauigkeit und verminderter Herstellungskosten in weitgehendem Maße gerecht geworden.

In Deutschland taucht der Gedanke, den Tisch oder Schlitten einer Werkzeugmaschine durch Druckflüssigkeit hin und her zu bewegen, *erstmalig im Jahre 1882* auf. Seltsamerweise befaßt sich das erste, von

Max Hasse & Co., Berlin, stammende Hydraulikpatent mit einer der schwierigsten Aufgaben, nämlich mit der Anwendung des Flüssigkeitsgetriebes bei einer *Langhobelmaschine*, also einer Maschine, bei der es in besonderem Maße auf die sichere Beherrschung der Trägheitskräfte und eine gleichförmige, erschütterungsfreie Vorschubbewegung ankommt. Der Vorschlag von P. Kühne, Berlin, aus dem Jahre 1897 (DRP. 98095) bezieht sich ebenfalls auf den hydraulischen Antrieb einer Hobelmaschine.

Auch in *Amerika* wurde die Eigenart des Flüssigkeitsantriebes bei Werkzeugmaschinen zunächst nicht richtig erkannt. Das CONRADSEN-Patent (Nr. 490864) aus dem Jahre 1893 will den Revolverschlitten einer *Revolverdrehmaschine* zum Schneiden von Schrauben hydraulisch bewegen. Für diese Bearbeitungsaufgabe ist der hydraulische Antrieb gerade am wenigsten geeignet, da er wegen der Nachgiebigkeit des Systems (durch Schlupfverluste, Zusammendrückbarkeit des Triebmittels, Atmen der Leitungen) — im Gegensatz zu den Maschinen mit positivem, mechanischem Vorschubgetriebe — ohne besondere Hilfseinrichtungen, die zu der damaligen Zeit noch nicht bekannt waren, kein genaues Arbeiten ermöglicht. Sinnvoller dagegen ist die in den USA-Patenten Nr. 637881 (Jahr 1899), Nr. 734221 (1903) und Nr. 956208 (1910) vorgeschlagene Verwendung des Flüssigkeitsantriebes bei Schleifmaschinen.

Sämtlichen aufgeführten Vorschlägen ist gemeinsam, daß die Druckflüssigkeit für das Getriebe von außen der Werkzeugmaschine zugeführt wird, sei es durch einen Akkumulator oder eine Einkolbenpumpe. Die Kraftquelle, d. h. also die Förderpumpe, ist zu der damaligen Zeit noch kein integrierender Bestandteil des Antriebes, und es fehlt der geschlossene Kreislauf des Triebmittels. Einen Akkumulator allein, ohne zugeschaltete Förderpumpe zu verwenden, ist völlig abwegig, denn er läßt keine verläßliche Handhabung zu, führt zu starken Schlägen in den Leitungen und Beschädigungen in der Anlage, gewährt kein erschütterung- und stoßfreies Arbeiten und verbraucht eine unverhältnismäßig hohe Energie. Auch die Einkolbenpumpe, wie sie früher für den Betrieb hydraulischer Pressen verwendet wurde, ist untauglich.

Die Anwendung des Flüssigkeitsdruckes als Energiequelle für andere technische Zwecke als für hydraulische Pressen oder Wasserkraftmaschinen hat erst kurz vor dem ersten Weltkrieg eingesetzt. Der Krieg verzögerte die Weiterentwicklung und stellte die allgemeine Aufnahme durch die Werkzeugmaschinenindustrie für eine Reihe von Jahren zurück.

Die eigentliche Entwicklung des Flüssigkeitsgetriebes setzt erst um das Jahr 1920 richtig ein. Die Einführung der rasch laufenden Vielfachverdrängerpumpe (Zahnradpumpe, Kolbenpumpe) gibt dem hydraulischen Antrieb einen neuen Impuls, und *es vollzieht sich der Übergang vom statisch wirkenden Vorschubgetriebe zum Flüssigkeitsgetriebe mit seiner eigenen Dynamik.*

In *Deutschland* sind die beiden Patente DRP. 326637 und 342463 von C. KRUG aus dem Jahre 1920 Pionierpatente und dienen als Vorbild für viele spätere Ausführungen [*56*]. Die beiden Patente bringen die wirklich betriebsreife Lösung der Aufgabe: durch hydraulische Mittel einen Maschinentisch oder -schlitten mit stufenlos verstellbarer Geschwindigkeit so hin und her zu bewegen, daß in beiden Richtungen Spanungsarbeit geleistet werden kann, und ihn außerdem bei beliebiger Lage der Umkehrstelle selbsttätig, stoßfrei und mit einstellbarer Tischstillstandsdauer an den Hubenden umzusteuern. Der hydraulische Antrieb wird in die Maschine als geschlossene Einbaueinheit unter Benützung einer vielzelligen Verdrängerpumpe eingefügt.

Die *amerikanischen* Werkzeugmaschinenhersteller brachten ab 1922 handelsmäßige Baumuster auf den Markt, die mit einem hydraulischen Antrieb als notwendigem Bestandteil der Maschine versehen waren. Unter den ersten hydraulisch betriebenen Werkzeugmaschinen befanden sich die Räummaschinen [*104*]. Das beachtliche Ansteigen der Fertigung (Ziehgeschwindigkeit der Räumnadel 3- bis 5mal schneller als bei mechanischem Antrieb bei längerer Standzeit der Nadel) und die einfache Bedienungsweise der Maschine in Verbindung mit geringen Unterhaltungskosten zwangen gleichsam Hersteller wie Verbraucher von Werkzeugmaschinen zur Aufnahme des Flüssigkeitsantriebes für Vorschubbewegungen. Später wurden Schleifmaschinen und Bohrmaschinen hydraulisch ausgerüstet — wieder mit dem Erfolg einer erheblichen Produktionssteigerung. Mehrere Drehmaschinen- und Revolvermaschinenfirmen und eine bekannte amerikanische Fräsmaschinenfirma folgten dem Beispiel und begannen zumindest mit den Versuchen, das mechanische Vorschubgetriebe durch den hydraulischen Antrieb zu ersetzen. Heute besitzen 30 v. H. aller mit einstellbaren Getrieben ausgestatteten amerikanischen Werkzeugmaschinen ein Flüssigkeitsgetriebe [*2. Vol. 91* (*1947*) *S. 187 und engl. Ausgabe 1947, S. 88*].

Was man in den zwanziger Jahren in *England* über die Einführung des Flüssigkeitsgetriebes bei Werkzeugmaschinen dachte, gibt ein Aufsatz mit der Überschrift: „Hydraulischer Antrieb und Vorschub lebt wieder auf" von T. H. MANCHESTER wieder.

Aus diesem Aufsatz geht zweierlei hervor, nämlich, daß der englische Werkzeugmaschinenbau das Flüssigkeitsgetriebe nur zögernd eingeführt hat im Vergleich zu Deutschland und Amerika — bis heute hat es dort bei weitem nicht die Verwendung gefunden wie in den beiden anderen Ländern, man scheint sogar zur Zeit dem verbesserten Ward-Leonard-Antrieb den Vorzug zu geben — und daß Deutschland, zumindest zeitweilig, auf diesem Gebiete führend war.

Einen aufschlußreichen Rückblick über die Verbreitung, die das Flüssigkeitsgetriebe bei den verschiedenen Gattungen von Werkzeugmaschinen, sei es für die Schnittbewegung oder für die Nebenbewegungen, im Laufe der letzten 27 Jahre gefunden hat, gewährt die Umfrage der amerikanischen Zeitschrift „American Machinist" (Ausgabe September 1947, S. 187). Die Untersuchung erstreckte sich auf die Zeitspanne von 1920 bis 1947 und umfaßte 71 Werkzeugmaschinen jedoch keine hydraulischen Pressen. Die *Zahlentafel 7* stellt einen Auszug mit 26 der gebräuchlichsten Maschinenarten dar. Es wird nicht nur aufgeführt, bei welchen Maschinen das Flüssigkeitsgetriebe neben die

Zahlentafel 7

Amerikanische Werkzeugmaschinen mit elektrischer und hydraulischer Ausrüstung

Werkzeugmaschine (Entwicklung jeweils eines Baumusters)	1920		1935		1947	
	elektr.	hydr.	elektr.	hydr.	elektr.	hydr.
1. Einfach-Bohrmaschinen	4	4	5	5	10—15	6—8
2. Spezial-Bohrmaschinen	—	—	3	7	8,5	7
3. Präzisionsbohrwerke	—	—	3	7	7—10	7
4. Radialbohrmaschinen	4,8	—	2,5	10	2	14
5. Lehrenbohrmaschinen	—	—	16	—	12	—
6. Bohr- und Fräswerke						
senkrecht	—	—	3	7	7—10	7
waagerecht	—	—	3	7	7—10	7
7. Leitspindeldrehmaschinen	2	—	7	—	25	15
8. Revolverdrehmaschinen	—	—	8	5	3	22
9. Drehautomaten	5	—	15	10	25	18
10. Gewindeschneidmaschinen	—	—	4	—	10	—
11. Hobelmaschinen						
elektrisch	20	—	22	—	28	—
hydraulisch	—	—	—	—	—	18
12. Konsolfräsmaschinen	4	—	3	1	20	12
13. Senkrechtfräsmaschinen	4	—	3	1	20	12
14. Langfräsmaschinen	4	—	3	15	10	15
15. Räummaschinen	—	60	7,5	57,5	12	45
16. Flachschleifmaschinen	2	—	8	10	11	17
17. Rundschleifmaschinen	10	—	8—10	9	10—12	10
18. Universalschleifmaschinen	—	—	8	9	12	10
19. Werkzeugschleifmaschinen	—	—	2	5	2	5
20. Gewindeschleifmaschinen	—	—	—	—	10	—
21. Fräserschleifmaschinen	—	—	—	—	5	2,5
22. Zahnradschleifmaschinen	—	—	5	4	17	20
23. Ziehschleifmaschinen	—	—	3	7	7—10	7
24. Läppmaschinen	—	—	2	3	2	5
25. Verzahnmaschinen	—	—	—	—	4,5	4
26. Abgrat- und Fasenmaschinen	—	—	10	20	15	25

Anmerkung: Die Zahlen in den Spalten bedeuten: prozentualer Anteil der elektrischen und hydraulischen Ausrüstung an den Maschinen-Gesamtkosten.

elektrischen Antriebsorgane getreten ist bzw. diese gänzlich ersetzt hat, sondern es erscheint auch der prozentuale Kostenaufwand der elektrischen und hydraulischen Ausrüstung. Die ersten hydraulisch angetriebenen Maschinen waren — wie schon erwähnt — die Räummaschinen mit dem höchsten Kostenanteil von 60 vH für die Hydraulikanlage. Diese konnten mit der Zeit von 60 auf 45 vH gesenkt werden, stehen aber im Vergleich mit den Kosten bei anderen hydraulischen Maschinen an erster Stelle. Auch eine Einfach-Bohrmaschine ist bereits in dem Stichjahr 1920 vertreten. 15 Jahre später hat sich der hydraulische Antrieb bei den meisten Maschinengattungen mit vollem Erfolg durchsetzen können. Heute findet man ihn bei nahezu allen spanenden Werkzeugmaschinen mit Ausnahme der Lehrenbohrmaschinen und Gewindeschleifmaschinen. Bei diesen Maschinen ist ein vollkommener Gleichlauf (Synchronismus) zwischen der Werkstückbewegung und der Bewegung der Werkzeugschneide erforderlich, d. h. die beiden Bewegungen müssen der Lage und Zeit nach genau aufeinander abgestimmt sein. Im Gegensatz hierzu braucht beispielsweise der Vorschub des Maschinentisches einer Flachschleifmaschine nicht synchron zu der Schleifscheibenumdrehung zu sein.

Wenn man in der *Zahlentafel 7* einen zum Teil erheblichen Anstieg der Kosten für elektrische und hydraulische Ausrüstungen innerhalb des wiedergegebenen Entwicklungszeitraumes feststellt, so darf man nicht vergessen, daß der Mehraufwand durch die vervollkommnete Automatisierung der Werkzeugmaschinen verursacht ist. Man muß ferner in Betracht ziehen, daß die Arbeitsgeschwindigkeit um das Drei- bis Fünffache gesteigert werden konnte, was zu einer Ausdehnung des Stellbereiches der Getriebe führte. Die ständig gesteigerten Ansprüche an die Spanleistung und die Vermehrung der Nebengetriebe für Schaltvorgänge, Spannelemente, Werkstückzuführung u. dgl. wirkt sich natürlich auch auf den Gesamtenergiebedarf der Maschine aus. Die erhöhten Kosten werden aber bei weitem ausgeglichen durch die beträchtlich verkürzten Schnitt- und Schaltzeiten sowie aller anderen Nebenzeiten und das sich hieraus ergebende erhöhte Ausbringen der Maschine bei verbesserter Bearbeitungsgüte und Maßhaltigkeit der Werkstücke.

In den folgenden Abschnitten werden Aufgaben, Anordnung und Arbeitsweise der Flüssigkeitsgetriebe bei den einzelnen Gattungen der Werkzeugmaschinen und hydraulischen Maschinen der Umformtechnik besprochen und dabei der derzeitige Entwicklungsstand der Werkzeugmaschinentechnik im Inland und soweit möglich auch im Ausland dargestellt.

3.2 Bohrmaschinen

Bei der Bohrmaschine ist die Drehbewegung des Bohrers die Haupt- oder Schnittbewegung, da sie die Schneiden des Werkzeuges zum Angreifen am Werkstück bringt. Die geradlinige Bewegung in Richtung der Bohrerachse hingegen ist die Vorschubbewegung. Sie wird entweder von dem Bohrschlitten, also dem Werkzeugträger, ausgeführt oder von dem das Werkstück tragenden Maschinentisch. In beiden Fällen muß die Vorschubbewegung unterteilt werden können: in den schnellen Vorlauf bis zum Anschnitt des Bohrers, den einstellbaren Vorschub während des Schnittes einschließlich des Feinvorschubes beim Durchbohren und den Eilrücklauf in die Ausgangsstellung. Die Aufgabe, das Werkzeug oder Werkstück in 2 Richtungen im Eilgang zu bewegen und beim eigentlichen Schneidvorgang ein stufenloses, feinfühliges Einstellen der Schnittgeschwindigkeit zu ermöglichen, löst in nahezu vollkommener Weise das hydraulische Vorschubgetriebe. Sein Aufbau ist gegenüber dem mechanischen Getriebe wesentlich einfacher, da Schaltkupplungen, Schnecke und Schneckenrad, Ritzel und Zahnstangen wegfallen; auch ist es weniger dem Verschleiß unterworfen und gegen Überlastung unempfindlich. Diese Unempfindlichkeit ist, wie bereits erwähnt, ein besonderer Vorzug des hydraulischen Antriebes. Die Elastizität des Triebmittels verleiht zusammen mit der

Schlupfwirkung der ganzen Anlage beim Auftreten von plötzlichen Drucksteigerungen ein bestimmtes Federungsvermögen, so daß die Schneiden des Bohrwerkzeuges geschont werden und seine Schnittfähigkeit länger erhalten bleibt (drei- bis viermal so lang) als bei mechanischen Vorschubgetrieben.

3.21 Senkrechtbohrmaschinen

3.211 Tieflochbohrmaschinen

Die Tieflochbohrmaschinen von K. Hüller, Ludwigsburg, haben ein Schubkolbengetriebe für die Bewegung des Bohrschlittens. Der Kolben ist unmittelbar mit dem Schlitten verbunden, so daß also nicht die Bohrspindelhülse gleitet, sondern der Bohrschlitten in den Führungen des Maschinenständers (Abb. 136). Die Förderpumpe für die Druckflüssigkeit, eine einfache Zahnradpumpe, ist im Maschinenfuß untergebracht.

Abb. 136. Hydraulisch bewegter Bohrschlitten einer Tieflochbohrmaschine
Bauart: K. Hüller, Ludwigsburg
a Stellventil für Vorschub; *b* Stellventil für Späneentleerung; *c* Anschlag für Bohrtiefe; *d* Schalthebel für Vorschubbewegung

Die Tieflochbohrmaschinen arbeiten selbsttätig und mit einer mehrfachen Wiederholung des Schneidvorschubs. Der Bohrer wird im schnellen Vorlauf an das Werkstück herangeführt. Bevor der Schneidvorgang einsetzt, geht der Schnellgang, wenn der Bohrer etwa 1 bis 2 mm vor dem Bohrgrunde steht, in den eingestellten Vorschub (Feingang) über. Die Vorschubgeschwindigkeit ist dabei der Werkstoffbeschaffenheit von Werkzeug und Werkstück sowie der Bohraufgabe angepaßt, sie ist verstellbar von 0,05 bis 3 mm je Spindelumdrehung (durch Kordelgriff *a* in Abb. 136). Der Bohrdruck ist durch ein einstellbares Ventil je nach der Härte des zu bohrenden Werkstoffes zu verändern, damit bei zu starker Beanspruchung, einer Verklemmung durch Späne oder Stumpfwerden des Bohrers der Kolben nachgibt und der Vorschub einem gefühlsmäßigen Bohren gleichkommt. Nach einer bestimmten Spanleistung des Bohrers wird dieser im Schnellrückgang aus dem Bohrloch herausgezogen und anschließend schnell vorgeschoben, um dann vor Schnittbeginn wieder in den verlangsamten Bohrvorschub überzugehen. Durch das stufenweise Vordringen des Bohrers, das in bestimmten Abständen durch einen Rücklauf unterbrochen wird, findet ein fortwährendes Entleeren des Bohrloches von Spänen statt, darüber hinaus wird Werkstück und Bohrer durch reichliches Zuführen von Kühlmittel dauernd gekühlt.

Der auf diese Weise erzielte Bohrvorgang ist aus dem Bohrwegdiagramm (Abb. 137) zu ersehen, das die Bohrtiefen in Abhängigkeit von der Zeit zeigt. Dabei ist mit *a* der jeweilige Bohrgang (Feingang) bezeichnet, mit *b* der Rückhub im Schnellgang, mit *c* der Werkzeugvorschub im Schnellgang. Die Punkte *1* bis *12* entsprechen jenen Stellen, an denen die Kontaktschaltung zwischen Schnellrückgang und Schnellvorgang einsetzt. Durch Rechts- oder Linksdrehen des Kordelgriffes *b* (Abb. 136) kann die Bohrdauer zwischen den Entleerungen beliebig lang eingestellt werden. Beim Rechtsdrehen des Kordelgriffes,

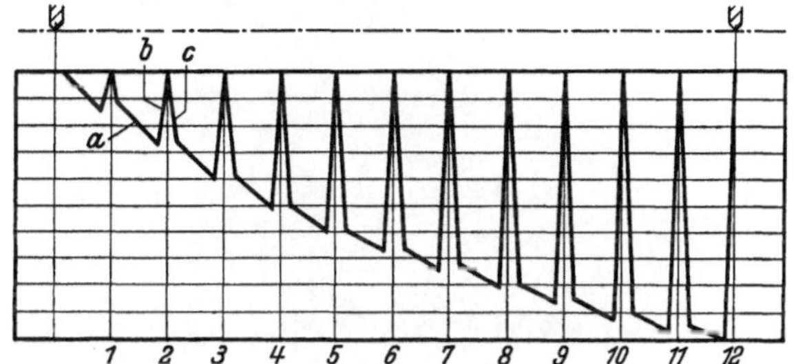

Abb. 137. Bohrweg-Diagramm der Tieflochbohrmaschine nach Abb. 136
a Bohrvorschub; *b* Eilrücklauf; *c* Eilvorlauf

bis zum völligen Abschluß des Ventils, wird erreicht, daß der Bohrschlitten in einem Zug ohne Unterbrechung arbeitet. Dies ist dann benötigt, wenn mit der Maschine *gerieben* werden soll. Die Bohrtiefe wird an dem verstellbaren Anschlag *c* eingestellt.

Bohrdurchmesser bei Stahl St 50.11: 3 bis 12 bzw. 25 mm; größte Bohrtiefe: 300 mm.

Spindelgeschwindigkeiten U/min: 6stufig: 355 bis 1120 bzw. 280 bis 900; 12stufig: 56 bis 1120 bzw. 45 bis 900.

3.212 Mehrspindelbohrmaschinen, senkrechte Bauart

Mehrspindelbohrmaschinen werden bei der Fertigung großer Stückzahlen verwendet. Dabei wird entweder eine Vielzahl von Bohrungen in einem Werkstück gleichzeitig bearbeitet oder eine Bohrung wird in mehreren Arbeitsstufen (Vorbohren, Nachbohren, Aufreiben und Versenken oder Gewindeschneiden) fertiggestellt. Die vielspindlige Maschine unterscheidet sich von der einfachen Senkrechtbohrmaschine nur durch den Bohrspindelträger, der die Spindeln, den gemeinsamen Haupttrieb und die Rädergruppen für den Antrieb der einzelnen Spindeln aufnimmt. Das Werkstück wird unmittelbar auf den Bohrtisch gespannt bzw. in einer feststehenden Vorrichtung aufgenommen, oder es werden mehrere Werkstücke in die Einlegevorrichtungen eines Karusselltisches oder eine Drehtrommel gespannt.

Bei der Mehrspindelbohrmaschine von Habersang & Zinzen, Düsseldorf, Abb. 138 wird für die Bewegung des schweren Spindelstockes eine Hydraulikeinheit mit Eilgangpumpe, Vorschubpumpe und Verstellpumpe benützt. Auf dieser Maschine werden Flanschen gebohrt. Das Auf- und Abspannen der Werkstücke geschieht an der Vorderseite der Maschine mit Preßluft-Spannfuttern, und zwar während

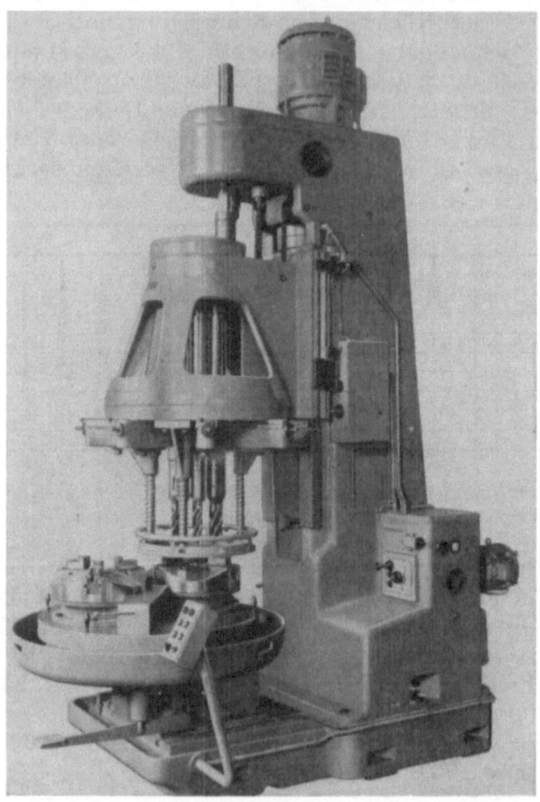

Abb. 138. Senkrechte halbselbsttätige Mehrspindelbohrmaschine mit Rundtisch für Flanschen Bauart: Habersang & Zinzen, Düsseldorf

der Bearbeitung des jeweils unter dem Bohrkopf befindlichen Flansches. Der Rundtisch wird von Hand geschwenkt, wobei durch Fußhebel ein Exzenter den Tisch anhebt. Die Steuerung des Arbeitsablaufes erfolgt durch elektrische Druckknöpfe auf der Kommandotafel.

Ein Gleichstrom-Kolbenmagnet (Abb. 139) bewirkt das Einschalten des Bohrschlittens in den Vor- oder in den Rücklauf. Durch ein besonderes Halteventil kann der Spindelstock in jeder beliebigen Lage stillgesetzt werden; dies ist von Vorteil, wenn nur ein Teil des verfügbaren Hubes ($s = 500$ mm) ausgenützt werden soll. Der Spindelstock fährt zunächst im Eilgang auf das Werkstück zu, bis die Werkzeuge dieses ungefähr erreicht haben. Das Umschalten in den nachfolgenden Bohrvorschub nimmt ein Anschlag vor, der das Eilgangventil betätigt. Zum Freischneiden der Werkzeuge ist ein elektrisches Zeitrelais vorgesehen. Der Spindelstock bleibt so lange am Endanschlag stehen, bis die eingestellte Zeit abgelaufen ist. Der Kolbenmagnet steuert den Eilrücklauf.

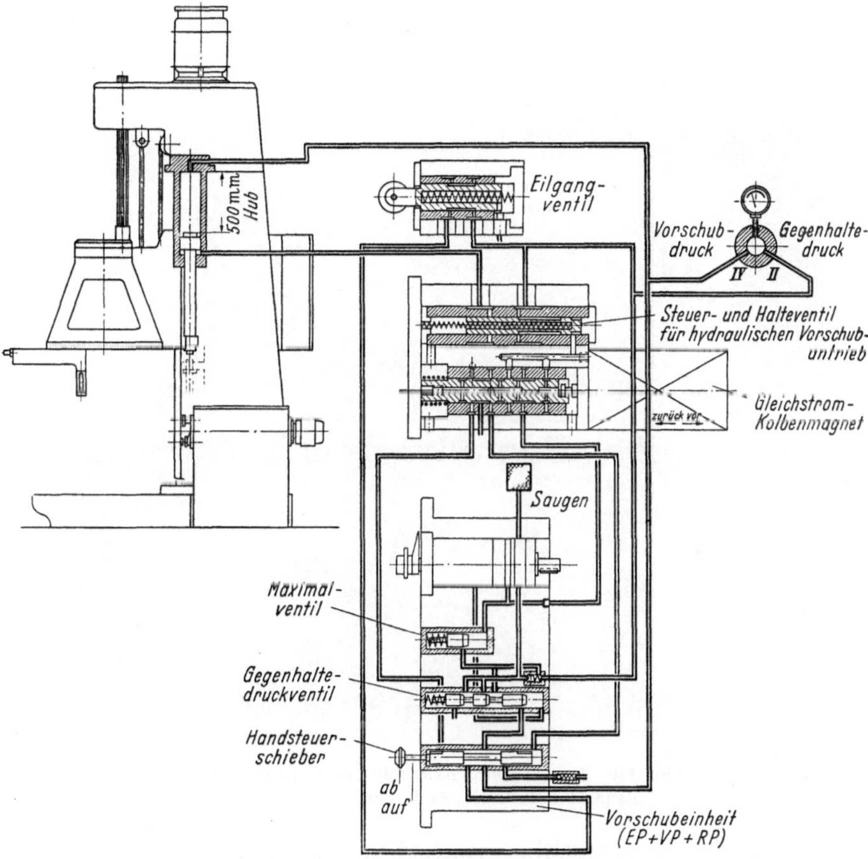

Abb. 139. Hydraulischer Schaltplan der Mehrspindelbohrmaschine nach Abb. 138

Werden nur Durchgangslöcher gebohrt, so wird der Spindelstock ohne Festanschlag durch einen einstellbaren Endschalter in den Rücklauf umgesteuert. Die früher benützte Umsteuerung durch Druckanstieg wurde aufgegeben, da besonders bei halbautomatischen Maschinen durch stumpfe Werkzeuge öfters Störungen auftraten und bei mehrspindligem Bohren ein gebrochenes Werkzeug keine Umsteuerung auswirkte.

3.213 Mehrwegebohrmaschinen

Die heutige Fertigungstechnik verlangt Werkzeugmaschinen, mit denen gleichartige Werkstücke in Serien möglichst vollständig bearbeitet werden und bei denen der Bearbeitungsvorgang unter Umständen in eine Mehrzahl von Einzeloperationen unterteilt wird, die taktmäßig einander folgen, wobei das einzelne Werkstück nur einmal oder einige Male an- oder umgespannt zu werden braucht. Ein Musterbeispiel hierfür ist die elektro-hydraulische Mehrwegebohrmaschine

Abb. 140. Elektro-hydraulische Mehrwegebohrmaschine
Bauart: Habersang & Zinzen, Düsseldorf

von Habersang & Zinzen, Düsseldorf, Abb. 140. Auf dieser halbautomatischen Rundtischmaschine werden in 6 Bearbeitungsstationen Flanschen und ballige Dichtungslinsen fertiggestellt. Die Werkstücke durchlaufen zweimal die Maschine, d.h., sie werden einmal umgespannt. Da an jeder Station 2 Bearbeitungseinheiten bzw. Spindeln vorhanden sind, wird bei jedem Takt ein Werkstück fertig bearbeitet. Das Spannen geschieht in hydraulisch betätigten Spannfuttern. In dem Schaltplan Abb. 141 ist die gesamte elektro-hydraulische Steuerung der Maschine zusammengefaßt; die elektrische Steuerung wird mit Hilfe von Magneten ausgeführt, alle Verriegelungen und Sicherungen werden ebenfalls elektrisch überwacht.

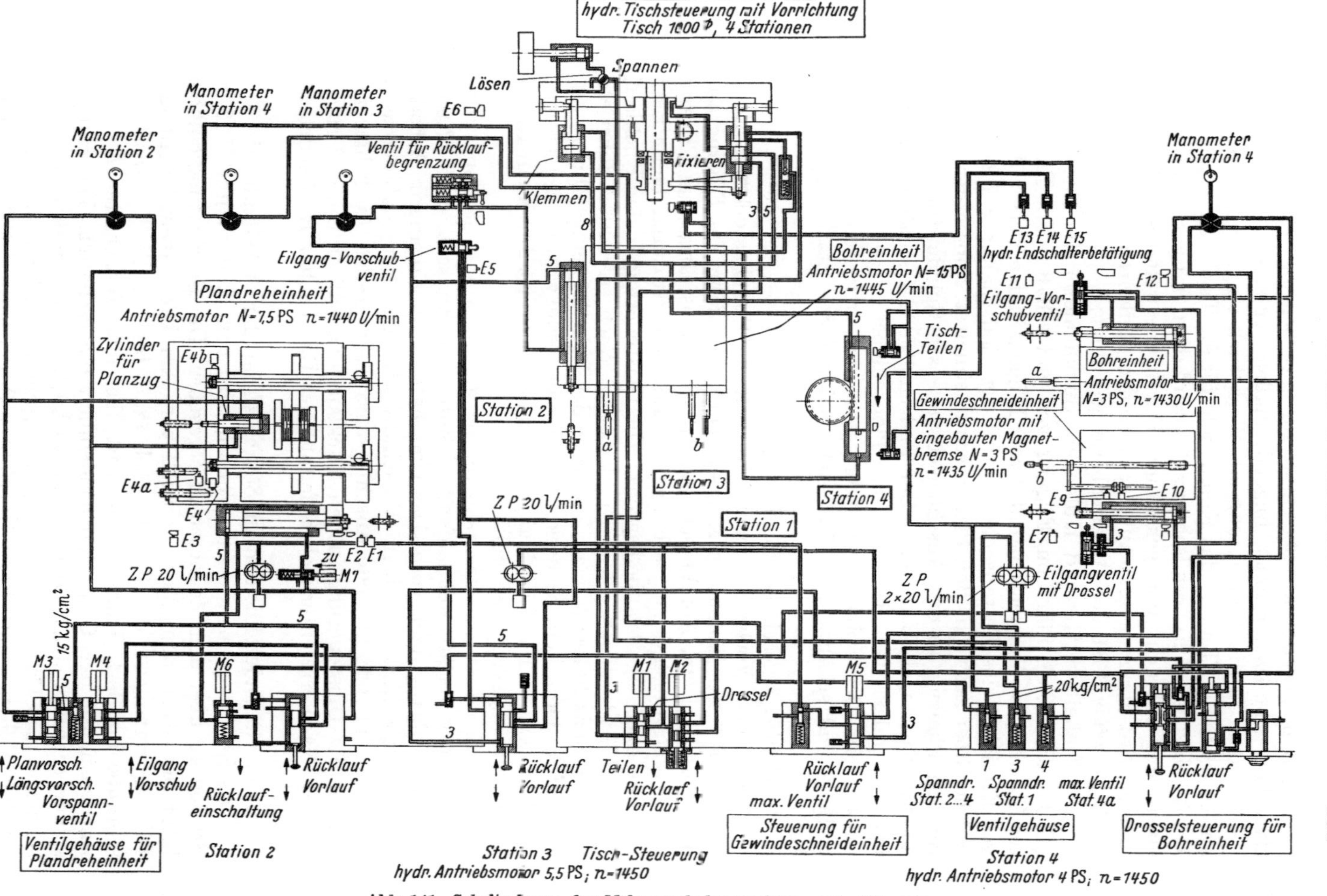

Abb. 141. Schaltschema der Mehrwegebohrmaschine nach Abb. 140

Die Arbeitsweise der Maschine zur Bearbeitung von Gewindeflanschen geht im einzelnen folgendermaßen vor sich:

Nachdem in die Vorrichtung ein Werkstück eingespannt ist, wird am Druckknopf „Teilen" das Kommando für die Tischteilung gegeben. Der Tisch schaltet hydraulisch um 90°, wird dann in die richtige Lageeinstellung gebracht und geklemmt. Durch ein weiteres Schaltkommando wird der Arbeitsablauf der einzelnen Einheiten eingeleitet.

Bei *Station 2* ist der Arbeitsablauf wie folgt:

Die Einheit verläßt mit laufendem Spindelmotor die Endstellung (Endschalter *E 3*), fährt im Eilgang vor und schaltet am Endschalter *E 2* über das Magnetventil *M 4* vom Eilgang in den Vorschub. Kurz vor Erreichen des Festanschlages wird der Endschalter *E 1* betätigt, welcher über Zeitrelais den Planvorschub einleitet. Sobald der Kolben für den Planzug an der Anschlagschraube am Spindelstock anfährt, ist der Planvorschub beendet. Der Endschalter *E 4* schaltet ebenfalls über Zeitrelais den Rücklauf des Planschiebers bzw. des Spindelstockes ein. Der Spindelstock fährt jetzt zurück in seine Ausgangsstellung und schaltet *E 3*. Der Arbeitsablauf der Station ist damit beendet.

In *Station 3* geschieht folgendes:

Nach einem Vorlaufkommando verläßt der Spindelstock den Endschalter *E 6* mit laufendem Antriebsmotor und fährt im Eilgang auf das Werkstück zu. Am Vorschubventil wird selbsttätig vom Eilgang in den Bohrvorschub umgeschaltet. Die Bohrtiefe ist durch die im Bett liegende Anschlagschraube begrenzt. Die Umsteuerung in den Rücklauf geschieht hydraulisch durch Druckanstieg. Nach erreichter Bohrtiefe muß der Endschalter *E 5* zur Kontrolle der Bohrtiefe eingefahren sein, andernfalls kann kein Steuerkommando zur Teilbewegung des Tisches gegeben werden. Der Rücklauf des Spindelstockes ist durch ein Rücklaufbegrenzungsventil einstellbar.

In *Station 4* ist der Arbeitsablauf der gleiche wie in Station 3. Der Spindelstock verläßt mit laufendem Motor den Endschalter *E 12* und fährt im Eilgang nach vorn. Das Umschalten von Eilgang in Arbeitsvorschub geschieht an einem Vorschubventil. Der Vorschubweg wird durch die im Bett liegende Anschlagschraube begrenzt. Auch hier geschieht die Umsteuerung in den Rücklauf hydraulisch durch Druckanstieg. Nach erreichter Bohrtiefe muß der Endschalter *E 11* gedrückt sein.

Beim Gewindeschneiden in *Station 4b* ist der Arbeitsablauf:

Das Steuerkommando zum Vorlauf wird vom Endschalter *E 12* in Station 4a über den Magneten *M 5* gegeben. Die Bearbeitungseinheit fährt mit stehendem Motor schnell vor. Am Drosselventil wird der Eilgang verringert, der Spindelstock fährt bis auf die Festanschlagschraube im Bett. Kurz vorher wird über den Endschalter *E 7* der Antriebsmotor der Gewindeschneideinheit eingeschaltet. Die Hauptspindel schraubt sich jetzt über die Leitbüchse rechts drehend vor und schneidet das Gewinde. Der Weg der Spindel wird durch den Endschalter *E 9* begrenzt. Beim Überfahren des Schalters *E 9* durch eine

Schaltknagge wird der Antriebsmotor abgeschaltet und durch eine Magnetbremse abgebremst. Ein Zeitrelais bewirkt nach etwa 2 Sekunden die Linksdrehung der Motoren. Jetzt schraubt sich die Spindel wieder in die Ausgangsstellung und schaltet über *E 10* den Antriebsmotor ab und die Bremse ein. Durch *E 10* wird außerdem der Rücklauf der Bearbeitungseinheit eingeschaltet. Wird in Endstellung der Schalter *E 8* betätigt, dann ist der Arbeitstakt der Station 4b beendet.

Haben alle Einheiten ihre Arbeit beendet und sind sie in ihren Ausgangsstellungen angelangt, so setzt selbsttätig die Tischteilung durch Magnet *M 1* ein. Dabei wird durch die Druckflüssigkeit von Leitung *3* der Tisch entriegelt und über Leitung *8* die Klemmung gelöst. Mit dem Entriegeln wird zwangsläufig über eine Zahnkupplung die Drehtischwelle mit dem Zahnstangenkolben gekuppelt.

Das durch Leitung *5* fließende Triebmittel bewirkt den Teilvorgang des Rundtisches. Am Ende der Teilung wird der Teilkolben und damit der Drehtisch hydraulisch gebremst. Über Steuerventile werden außerhalb der Maschine leicht zugängige Endschalter betätigt. Diese schalten den Magnet *M 1* um. Der Tisch wird in seiner Lage gehalten und geklemmt. Die Tischfeststell-Vorrichtung schaltet gleichzeitig elektrisch alle Einheiten in den Vorlauf ein. Der Tischteilkolben wird in seine Ausgangsstellung gefahren, nachdem mit der Lageeinstellung die Verbindung Zahnstangenkolben—Tischwelle getrennt wurde.

3.22 Radialbohrmaschinen

Radialbohrmaschinen (Auslegerbohrmaschinen) werden für alle vorkommenden Bohrarbeiten insbesondere an mittleren, schweren und sperrigen Werkstücken verwendet. Die seitliche Ausschwenkmöglichkeit, die Verschiebbarkeit des Bohrschlittens auf dem Ausleger und die Höhenverstellung der Bohrspindel ergeben den Arbeitsraum, der von der Bohrspindel zu durchfahren ist; die dreidimensionale Einstellung des Bohrers auf das festliegende Werkstück muß ohne allzu großen Kraftaufwand möglich sein. Das Schalten der gewünschten Spindeldrehzahlen und Vorschübe soll auf einfache Weise geschehen, so daß die Bedienungsgriffe und Bedienungszeiten auf ein Mindestmaß beschränkt bleiben. Auch die Säulen- oder Mantelklemmung, d. h. die feste Verbindung des Drehmantels mit der Innensäule sowie diejenige des Bohrschlittens mit dem Ausleger soll innerhalb des Griffbereiches liegen und vom Bohrschlitten aus zu bedienen sein.

Nachdem das hydraulische Vorschubgetriebe mit offensichtlichen Vorteilen für den Antrieb des Bohrkopfes bei anderen Bohrmaschinen, wie z. B. bei den zuvor besprochenen Senkrechtbohrmaschinen, verwendet wird, ist naheliegend, auch bei Radialbohrmaschinen das Heranbringen des Bohrers an das Werkstück und den Bohrvorschub hydraulisch auszuführen. Konstruktive und wirtschaftliche Bedenken haben aber den Bau von hydraulischen Radialbohrmaschinen lange verzögert. So fehlt auch im Schrifttum bis etwa zum Jahre 1933 jeglicher Hinweis auf praktische Ausführungsbeispiele.

Den hydraulischen Schaltplan des Bohrschlittens einer Radialbohrmaschine, Bauart Raboma, Berlin, die den Flüssigkeitsantrieb als Steuermittel für die Vorgelegeschaltung und Wendekupplungsschaltung benützt, gibt Abb. 142 wieder. Mit dem hydraulischen Antrieb werden bei dieser Maschine die 22 Spindeldrehzahlen und die 18 Spindelvorschübe sowie die Wendekupplung geschaltet. Zur Kraftübertragung für die Bohrspindel dienen mechanische Mittel, nämlich Zahnräder. *Das Flüssigkeitsgetriebe hat lediglich die Aufgabe, die Wechselräder hydraulisch zu verschieben* und die Wendekupplung einzuschalten, so daß die für eine bestimmte Drehzahl oder einen bestimmten Vorschub erforderlichen Räderpaare zum Eingriff kommen.

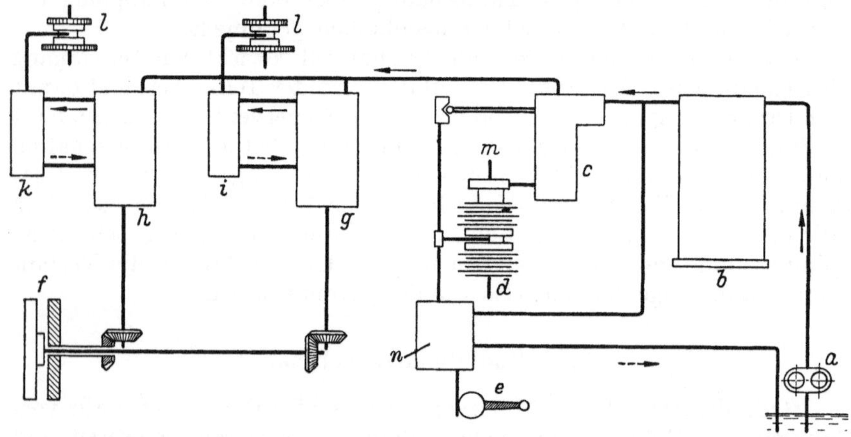

Abb. 142. Schaltplan des hydraulischen Bohrschlittens einer Radialbohrmaschine Bauart: Raboma, Berlin

a Zahnradpumpe; *b* Druckspeicher; *c* Schaltschieber mit Anschlagventil; *d* Wendekupplung; *e* Wendehebel; *f* Vorwählerscheiben: *g* Vorschub-Vorwählerventil; *h* Drehzahl-Vorwählerventil; *i* Vorschub-Schaltzylinder; *k* Vorgelege-Schaltzylinder; *l* Schieberadblöcke; *m* hydraulische Bremse zum Stillsetzen dei Bohrspindel für den Werkzeugwechsel; *n* Steuerschieber und Schaltzylinder für Wendekupplung

Die gewünschten Drehzahlen und Vorschübe werden mit Vorwählerscheiben *f* eingestellt, und zwar bei laufender Bohrspindel, und mit einem Wendekupplungshebel *e* im gewünschten Augenblick selbsttätig geschaltet. Diese hydraulische Vorgelegeschaltung umfaßt in der Hauptsache eine kleine Zahnradpumpe *a*, einen Flüssigkeitsspeicher *b*, der ständig aufgeladen wird, so daß die nötige Schaltflüssigkeit besonders bei kurz aufeinanderfolgenden Schaltungen jederzeit verfügbar ist, und einen Schaltschieber *c*.

Soll die Bohrspindel eingeschaltet werden, so betätigt der Wendekupplungshebel den Steuerschieber der Kupplung und den Schaltschieber derart, daß der Zufluß der Druckflüssigkeit zum Kupplungsschaltzylinder und über die beiden Vorwählerventile *g* und *h* freigegeben wird. Die Vorwählerventile und die Vorgelege- bzw. Vorschubschaltzylinder stehen jedoch nur so lange unter Druck, bis Drehzahl- und Vorschubvorgelege entsprechend der Einstellung der Vorwählerscheiben verschoben sind und bis die einzelnen Schieberäder im Eingriff stehen. Während des Bohrens bleiben die in der Triebmittel-Durchflußrichtung hinter dem Schaltschieber liegenden Steuerteile und Leitungen drucklos. Die hydraulische Bremse *m* setzt die Bohrspindel für den Werkzeugwechsel still, nachdem sie vom Getriebe abgeschaltet ist.

Abb. 143 zeigt die elektro-hydraulische Vorrichtung zum Festspannen von Säule und Bohrschlitten bei der Raboma-Maschine. Ein Elektromotor treibt über Welle *a* eine kleine Zahnradpumpe *b* an, diese liefert Druckflüssigkeit für den Kolben *d*, der bei seiner Auf- und Abwärtsbewegung mit Hilfe der Zahnstange *e* das Zahnrad und damit auch die für Säule und Bohrschlitten gemeinsame Spannwelle *f* bewegt. Das Überdruckventil *c* spricht bei Überschreiten des notwendigen Druckes an und läßt die überschüssige Druckflüssigkeit abfließen; damit wird ein Überlasten der Klemmvorrichtung vermieden.

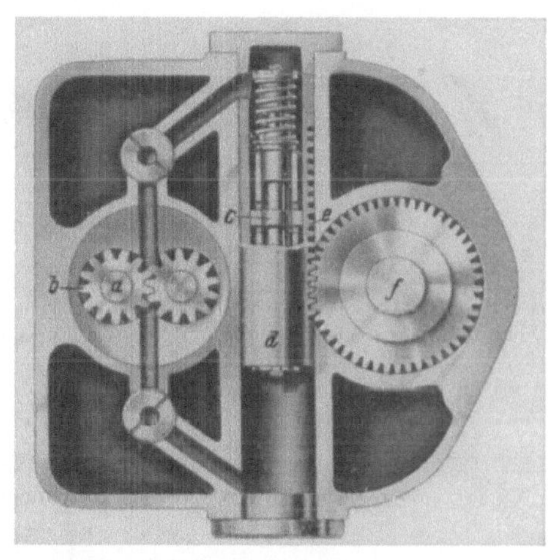

Abb. 143. Elektro-hydraulische Klemmvorrichtung für Säule und Bohrschlitten bei der Raboma-Maschine nach Abb. 142 (DRP.)

a Antriebswelle; *b* Zahnradpumpe; *c* Überdruckventil; *d* Verschiebekolben; *e* Zahnstange; *f* Spannwelle

Säule und Bohrschlitten werden nacheinander festgespannt, so daß es möglich ist, bei festgespannter Säule durch Verschieben des Bohrschlittens eine Reihe von Löchern in einer Flucht ohne Ankörnung zu bohren.

Das Lösen und Spannen der Auslegerschelle geschieht selbsttätig und gleichzeitig mit der Höhenverstellung des Auslegers durch einen einzigen Hebel. Durch die Trennung des Festspannvorganges des Auslegers von dem der Säule und des Bohrschlittens wird ein Absinken der Auslegerspitze, das vielleicht bei einem Öffnen der Auslegerschelle eintreten könnte, und damit ein Verklemmen des Werkzeuges, z. B. beim Bohren in Führungsbüchsen u. ä., sicher vermieden.

Die technischen Daten der hydraulischen Raboma-Maschine sind:

22 Bohrspindel-Drehzahlen	von 11 ··· 1400 U/min
18 Vorschübe	von 0,037 ··· 2,5 mm/U
Kraftbedarf beim Bohren...........	19 kW
Bohrspindeldurchmesser	55/100 mm
Bohrspindelhub	450 mm

In der Heller-Radialbohrmaschine, Abb. 144, sind zwei getrennte, voneinander unabhängige Hydraulikeinheiten eingebaut, und zwar:

Hydraulikeinheit für das seitliche Verschieben und Festklemmen des Bohrschlittens am Ausleger, die Schaltkopfausrückung und den selbsttätigen Pinolenrücklauf;

Hydraulikeinheit für das Klemmen des Auslegers am Drehmantel, für das Anheben und Drehen des Drehmantels mit festgeklemmtem Ausleger.

Die beiden Hydraulikeinheiten, Abb. 145, bestehen im einzelnen aus folgenden Elementen:

Die *Zahnradpumpen ZP 1* und *ZP 2* ($Q = 12{,}5$ l/min und 4,2 l/min) haben die Aufgabe, das für die hydraulischen Steuervorgänge benötigte Triebmittel aus den Sammelbehältern über Filter *S* anzusaugen und über die Maximalventile und die Magnetschieber den einzelnen Steuerelementen zuzuleiten.

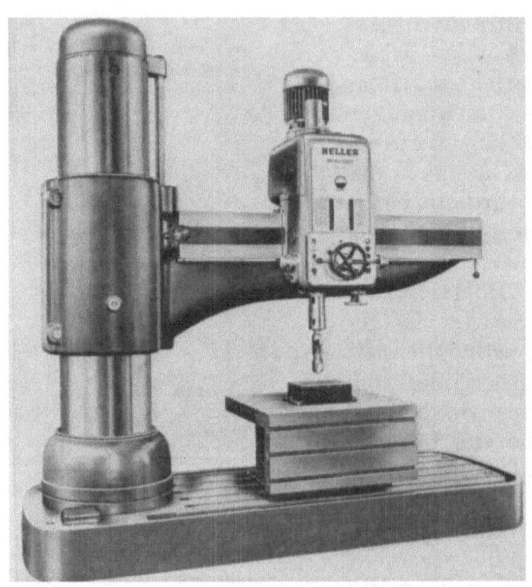

Abb. 144. Radialbohrmaschine mit elektro-hydraulischer Steuerung
Bauart: Gebr. Heller, Nürtingen

Hydraulikmotore HM 1 ($Q = 136$ cm³/Umdr. und 32 cm³/Umdr.). In die Maschine sind 2 Hydraulikmotore eingebaut, die Druckflüssigkeit von den Zahnradpumpen *ZP* erhalten.

Der eine Motor dient zum seitlichen Verschieben des Bohrschlittens am Ausleger. Mit dem anderen Motor wird der Drehmantel mit dem darin festgeklemmten Ausleger gedreht.

Der *Steuerschieber Sch*, der in dem Bohrschlitten untergebracht ist und mit dem Steuerschalthebel verstellt wird, ist für die Wegesteuerung des Triebmittelflusses zum Hydraulikmotor *HM 1* für das seitliche Verschieben des Schlittens vorgesehen.

Die *Magnetschieber M 1, M 2 und M 3* dienen zur Steuerung der Bohrschlittenklemmung am Ausleger, der Schaltkopfausrückung und des hydraulischen Pinolenrücklaufes beim Bohren mit Umsteuerung

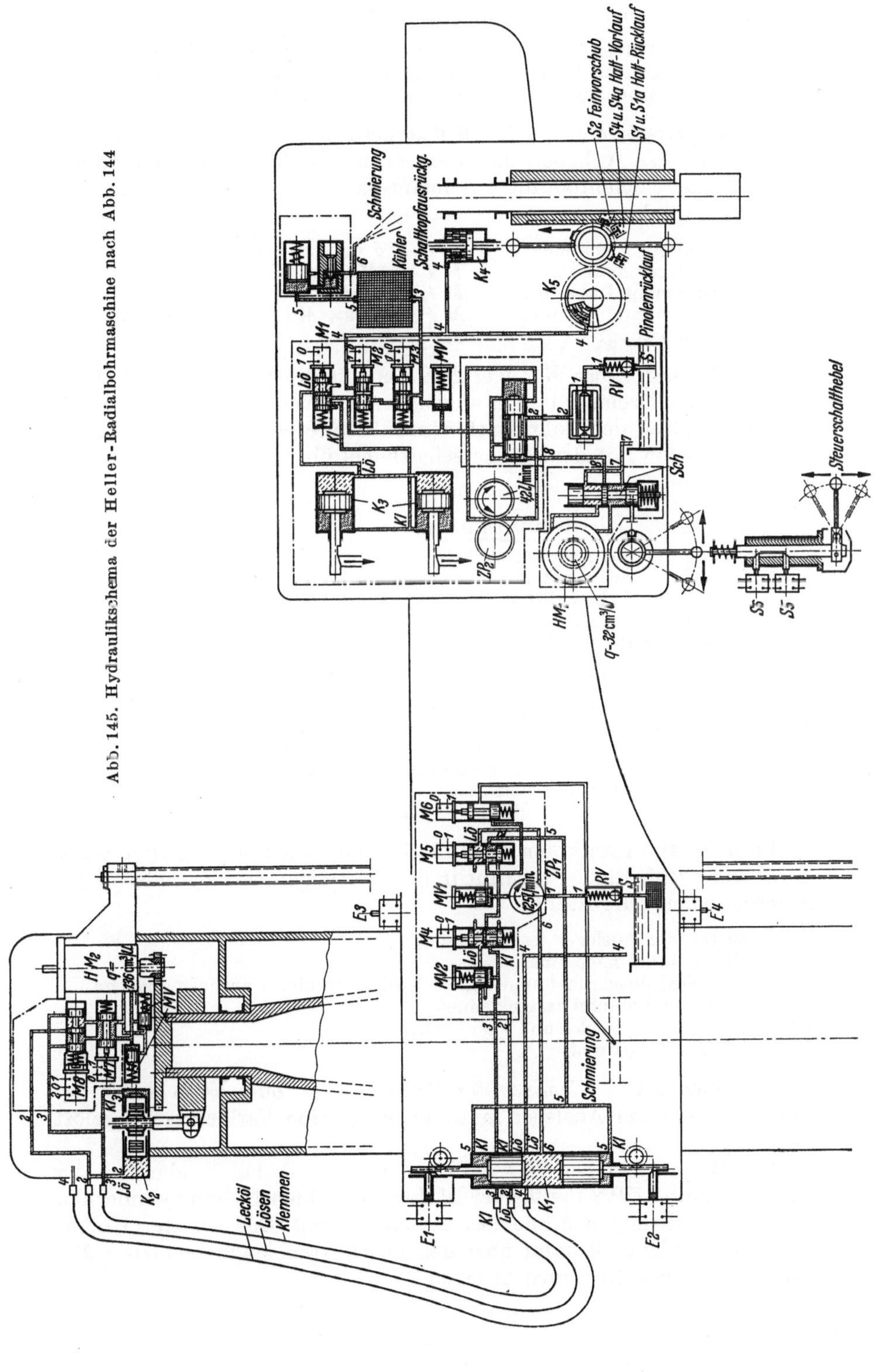

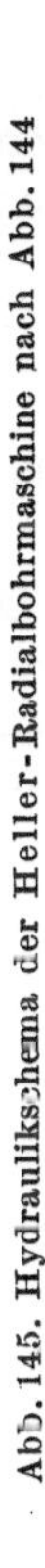

Abb. 145. Hydraulikschema der Heller-Radialbohrmaschine nach Abb. 144

und der Schmierung nach folgendem Plan:

Bohrschlitten klemmen:	*M 1* und *M 2* stromlos, *M 3* gedrückt
Bohrschlitten lösen:	*M 1* und *M 3* gedrückt, *M 2* stromlos
Pinolenrücklauf:	*M 1* und *M 2* stromlos, *M 3* gedrückt

Die *Magnetschieber M 4 bis M 6* steuern die Auslegerklemmung am Drehmantel, das Anheben und Senken des Drehmantels, den Zufluß zu den Steuerelementen, die Drehmanteldrehung und die Schmierung des Drehmantels.

Ausleger klemmen:	*M 4*, *M 5* und *M 6* stromlos
Ausleger lösen:	*M 4* bis *M 6* stromlos
Drehmantel absenken:	*M 4*, *M 5* und *M 6* stromlos
Drehmantel anheben:	*M 4* gedrückt, *M 5* und *M 6* stromlos
Schmierung:	*M 6* gedrückt

Die *Magnetschieber M 7 und M 8* sind für die Steuerung der Drehbewegung des Drehmantels in angehobenem Zustande vorgesehen. Sie sind im Kopfteil der Bohrmaschinensäule untergebracht. Die Magnetschieber werden mit dem Steuerschalthebel über Endschalter *S 5* und *S 6* geschaltet.

Hydraulische Klemmeinrichtungen:

K 1 für die Auslegerschelle
K 2 für Schwenkteil am Ausleger
K 3 für Bohrschlitten
K 4 für Schaltkopfausrückung
K 5 für Pinolenrückzug

Flüssigkeitsdrücke:

im Bohrschlitten:	Steuerdruck	$p = 30$ kg/cm^2
	Schmieröldruck	$p = 5$ kg/cm^2
im Ausleger:	Arbeitsdruck	$p = 28$ kg/cm^2
	Klemmdruck	$p = 23$ kg/cm^2
für das Schwenken des Auslegers am Drehmantel:		
	Betriebsdruck	$p = 14$ kg/cm^2

In dem Hydraulikplan, Abb. 145, sind folgende *Arbeitsvorgänge* durch unterschiedliche Schraffur in den Leitungen und Zylindern bzw. Steuerorganen dargestellt:

Bohrschlitten am Ausleger festgeklemmt,
Bohrschlitten fährt nach links,
Schaltkopf wird ausgerückt und Pinole wird hydraulisch zurückgeschoben,
Ausleger am Drehmantel festgeklemmt,
Drehmantel ist abgesenkt und geklemmt,
Drehmantel wird gedreht.

Verschieben und Klemmen des Bohrschlittens. Zum Verschieben des Bohrschlittens am Ausleger muß zunächst seine Verklemmung gelöst werden.

Der Magnetschieber *M 1* wird gedrückt, und das Triebmittel der Zahnradpumpe *ZP 2* fließt über *M 1* in die beiden Klemmzylinder der Klemmvorrichtung *K 3* und löst die Klemmung. Das von den Kolben verdrängte Klemmöl kann über den gedrückten Magnetschieber *M 1* zum Sammelbehälter zurückfließen.

Nachdem der Bohrschlitten von seinen Führungen gelöst ist, kann mit Hilfe des Steuerschalthebels der Schlitten am Ausleger verfahren werden. Soll der Schlitten wieder verklemmt werden, dann wird der Magnetschieber *M 1* stromlos gemacht und der Magnetschieber *M 3* gedrückt. *M 3* sperrt den Abfluß des Triebmittels über den Ölkühler und die Schmierung. Über *M 1* wird die Druckflüssigkeit in die Klemmzylinder *K 3* geleitet, so daß die beiden Klemmkolben zurückgeschoben werden können und über entsprechende Klemmbolzen den Bohrschlitten auf die gehärteten Führungsschienen und die Schwalbenschwanzführungen am Ausleger festklemmen. Die Klemmung ist selbsthemmend, so daß nach kurzer Verzögerung der Magnetschieber *M 3* wieder stromlos ist und der Druckflüssigkeit den Weg zur Schmierung des Bohrschlittens freigibt.

Soll mit „Umsteuerung" gebohrt werden, so wird bei Erreichen der eingestellten Bohrtiefe über einen Endschalter *S 4* der Magnetschieber *M 2* gedrückt. Die Druckflüssigkeit der Zahnradpumpe *ZP 2* fließt über *M 2* und die Leitung *4* hinter die als Kolben ausgebildete Kupplungshülse des Schaltkopfes (*K 4* = hydraulische Schaltkopfausrükkung), rückt dadurch die Kupplung aus und unterbricht die Verbindung zwischen Pinole und Vorschubgetriebe. Gleichzeitig gelangt Druckflüssigkeit in den Drehflügeltrieb, der bei seiner Drehung über eine Vorzahnung in die Zahnstange der Pinole eingreift und diese in ihre obere Ausgangsstellung zurückfährt (Pinolenrücklauf), wo ein Endschalter *S 1* den Magnetschieber *M 2* zum Abfallen bringt und damit die Bewegung beendet.

Elektrohydraulische Steuerung der Auslegerhöhenverstellung. Der Ausleger umfaßt den Drehmantel der Säule mit einer geschlitzten Schelle, die hydraulisch gespannt wird. Die beiden senkrecht übereinander stehenden, hydraulisch betätigten Kolben der Klemmvorrichtung *K 1* drehen bei ihrer Bewegung Gelenkhebel, die über zwei waagerecht angeordnete feststehende Gewindespindeln die Auslegerschelle am Drehmantel sicher festklemmen. Endschalter *E 1* und *E 2* überwachen die Klemmung und geben nach dem Lösen die Schaltung zur Auslegerhöhenverstellung frei. Die Höhenverstellung wird nach oben und unten durch Endschalter *E 3* und *E 4* begrenzt, die einen Verstellmotor abschalten. Soll der Ausleger auf und ab bewegt werden, so muß zunächst die Klemmvorrichtung *K 1* gelöst werden. Dazu fördert die Zahnradpumpe *ZP 1* Triebmittel aus dem Behälter, das an dem Maximalventil *M 1* auf den zum Lösen notwendigen Betriebsdruck vorgespannt wird. Dieses Triebmittel fließt über den gedrückten Magnetschieber *M 5* und die Leitung *6* zum Klemmzylinder, schiebt die beiden Klemmkolben nach außen und löst dadurch die Klemmung. Anschließend setzt der Hubmotor mit der Hubbewegung des Auslösers über Gewindemutter und Gewindespindel ein. Sobald die Hubbewegung beendet ist, wird der Magnetschieber *M 5* wieder stromlos. Die Druckflüssigkeit fließt jetzt über Leitung *5* zum Klemmzylinder, drückt die Kolben nach innen und spannt dadurch die Auslegerschelle am Drehmantel wieder fest. Über den Magnetschieber *M 6* wird die Führung des

Auslegers am Drehmantel mit einem kurzen Schmiermittelstoß geschmiert.

Schwenken des Auslegers. Beim Schwenken des Auslegers bleibt dieser auf dem Druckmantel geklemmt und wird zusammen mit diesem um die Bohrsäule gedreht. Zunächst wird der Drehmantel durch den hydraulischen Kolben *K 2* über eine Gewindespindel mit Mutter und einen Gelenkhebel um einen geringen Betrag aus seinem konischen Sitz am unteren Ende der Säule angehoben und kann, da er in Wälzlagern ruht, leicht gedreht werden. Das Schwenken wird durch den Steuerschalthebel eingeleitet, derart, daß über Magnetschieber Druckflüssigkeit von der Zahnradpumpe *ZP 1* zu dem Hydraulikmotor *HM 2* geleitet wird, so daß sich dieser in Drehung versetzt und über eine Zahnradübertragung am oberen Ende der Säule und Drehmantel mit dem daran festgespannten Ausleger vor- oder zurückschwenkt, d. h. er wird in die gewünschte Arbeitsstellung gebracht.

Nach dem Schwenken wird der Ausleger wieder festgeklemmt und über den hydraulischen Kolben *K 2* der Drehmantel abgesenkt. Durch den konischen Sitz des Drehmantels auf der Säule und das darauf wirkende Gewicht von Drehmantel, Ausleger und Bohrschlitten, verstärkt durch die selbsthemmende Klemmkraft, wird eine starre und sichere Klemmung erzielt.

3.23 Feinbohrmaschinen

Das Veredeln der Oberflächengüte durch Feinbohren beruht in der Hauptsache darauf, daß mit *hohen Schnittgeschwindigkeiten* (Drehzahlen) und geringen Vorschüben gearbeitet wird. Nach den AWF-Richtlinien[1] kann man für Feinbohren von Stahl mit einem Hartmetallwerkzeug einen Durchschnittswert der Schnittgeschwindigkeit von 250 bis 350 m je Min. annehmen, für das Bearbeiten von Leichtmetall mit dem Diamanten etwa 300 bis 380 m/min. Es ist allerdings in Sonderfällen auch schon mit wesentlich größeren Geschwindigkeiten feingebohrt worden, so hat man beispielsweise bei Werkstücken von 1400 mm Durchmesser mit Diamantwerkzeugen Schnittgeschwindigkeiten bis zu 3000 m/min erreicht und gelangt damit bereits in das Gebiet der beim Schleifen üblichen Schnittgeschwindigkeiten. Die obere Grenze der Schnittgeschwindigkeiten beim Feinbohren ist vor allem durch die Höchstdrehzahl der Maschine festgelegt.

Die Vorschübe sind äußerst fein, und zwar betragen sie für Diamantwerkzeuge zwischen 0,01 und 0,1 mm/U und für Hartmetallwerkzeuge etwa 0,05 bis 0,2 mm/U.

Die Schnittiefe hängt von der Bearbeitungszugabe ab; man wählt je nach Werkstückgröße, Form, Werkstoff und Endtoleranz ein Aufmaß von etwa 60 bis 300 μ. Damit erhält man normale Schnittiefen zwischen 0,03 und 0,15 mm.

---

[1] AWF-Feinstbearbeitung: Feinstdrehen und Feinstbohren. Leipzig-Berlin: B. G. Teubner 1940.

Diese Bedingungen, nämlich gesteigerte Schnittgeschwindigkeiten bei geringen Vorschüben und geringen Spantiefen für höchste Oberflächengüte sowie Maß- und Formgenauigkeit des Werkstückes, wirken sich weitgehend auf die Gestaltung der Maschine aus. Da die am Werkstück auftretenden Kräfte beim Feinbohren klein sind, kommt es weniger auf die statische „Starrheit" der Maschine an, um so mehr aber auf das durch den Schnellauf hervorgerufene *dynamische Verhalten* [*89*]. Um zu vermeiden, daß zwischen Werkstück und Bohrwerkzeug in Richtung des Arbeitsdruckes Relativbewegungen auftreten, sind alle

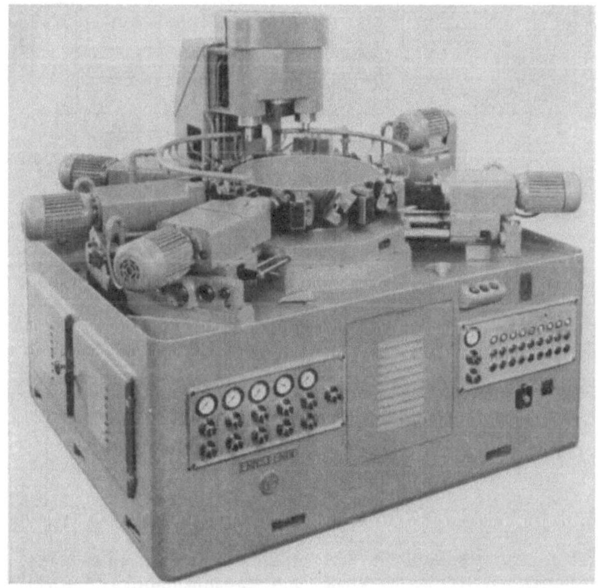

Abb. 146. Sondermaschine für Feindreh- und Feinbohrarbeiten
Bauart: E. Grob, Werkzeug- und Maschinenfabrik, München

äußeren und inneren Schwingungserreger auszuschalten oder wenigstens abzudämpfen, vor allem umlaufende Teile unwuchtfrei zu halten und die Eigenfrequenz der Maschine so hoch als möglich zu legen. Bei Zahnradgetrieben besteht die Gefahr, daß sie selbst bei den geringfügigsten Ungenauigkeiten (z. B. Teilungsfehler) Störschwingungen hervorrufen; sie sind daher *für den Hauptantrieb* bei Feinbohrmaschinen ungeeignet. Es kommen dagegen in Frage: Polumschaltbare Drehstrommotore, Leonard-Getriebe und stufenlos einstellbare Getriebe. *Für den Vorschubantrieb* ist das Flüssigkeitsgetriebe in besonderem Maße geeignet, da es völlig stoßfrei, gleichförmig und feinfühlig regelbar arbeitet, und so konnte man es auch mit vollem Erfolg bei den Feinbohrwerken waagerechter und senkrechter Bauart anwenden [*76.1.2.3*].

Abb. 146 zeigt eine Sondermaschine für mehrspindlige Feinbohr-, Feindreh-, Tieflochbohr-, Reib- und Gewindeschneidoperationen, wie sie beispielsweise bei Armaturen, Zylinderköpfen und Massenteilen der Kraftfahrzeugindustrie notwendig sind. Das kastenförmige, gedrungene und formschöne Bett ist aus 10 mm starkem Flußstahlblech geschweißt, unter jeder Bearbeitungseinheit sind kühlwasserdichte Späneauffangwannen untergebracht.

Die hydraulischen Vorschubeinheiten sind grundsätzlich gleich im Aufbau. Der Vorschubschlitten *a*, Abb. 147, ist in zwei gehärteten und geschliffenen Säulen *b* geführt und wird durch einen Kolben *c*

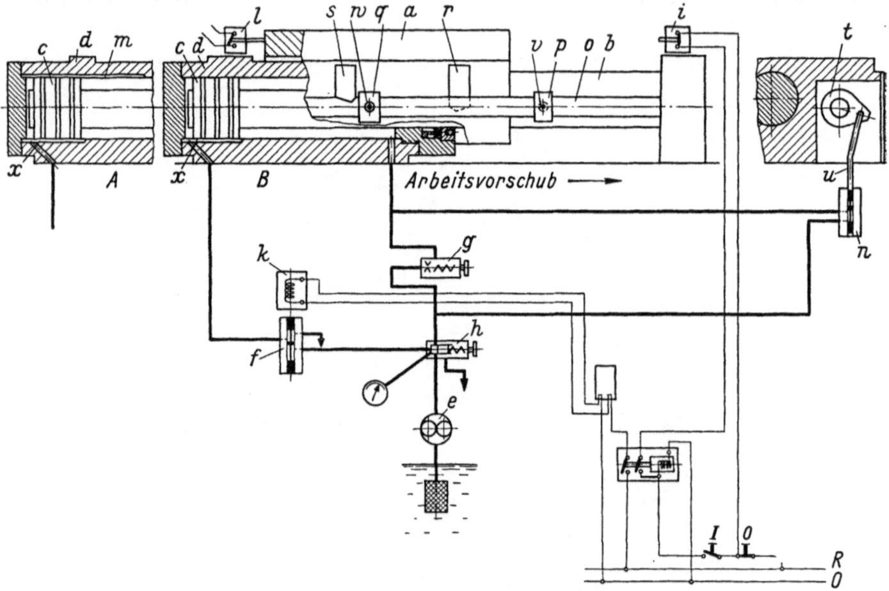

Abb. 147. Hydraulische Vorschubeinheit für Sondermaschinen
Bauart: E. Grob, Werkzeug- und Maschinenfabrik, München

a Vorschubschlitten; *b* Führungssäulen; *c* Kolben; *d* Zylinder; *e* Zahnradpumpe, $p = 60$ kg/cm²; *f* Umsteuerventil, elektromagnetisch betätigt; *g* Rückschlag-Drosselventil; *h* Überdruckventil; *i* Endschalter; *k* Magnetspule für Umsteuerventil *f*; *l* Endschalter; *m* Eilgangnut; *n* Steuerschieber, mechanisch betätigt; *o* Steuerwelle; *p*, *q* Steuernocken; *r*, *s* Steuerkurven; *t* Schalthebel; *u* Gestänge; *v*, *w* Rolle; *x* Entlastungsnut

hydraulisch bewegt. Der Kolben steht beiderseitig unter Flüssigkeitsdruck, d. h., die Bewegungen des Schlittens geschehen nach dem Differentialdrucksystem. Das von einer Zahnradpumpe *e* geförderte Triebmittel wird einerseits über einen Steuerschieber *f*, andererseits über ein Rückschlag-Drosselventil *g* dem Zylinder *d* unter Druck zugeführt. Der Betriebsdruck wird an dem Überdruckventil *h* eingestellt. Da die linke Kolbenfläche größer ist als die rechte Ringfläche, wird der Kolben beim Anlaufen in Vorschubrichtung gegen das Werkstück bewegt, das Triebmittel aus dem ringförmigen, rechten Zylinderraum verdrängt und muß das zwischen Zylinder und Überdruckventil geschaltete Rückschlag-Drosselventil durchfließen. Durch Verstellen der Drossel kann die Vorschubgeschwindigkeit des Schlittens stufenlos vom Eilgang bis zum Stillstand verändert werden. Wenn das

Drosselventil ganz geöffnet ist, herrscht im ganzen System der gleiche Flüssigkeitsdruck; die gesamte, von der Pumpe geförderte Triebmittelmenge fließt dem Zylinder zu, da das Überdruckventil geschlossen bleibt. Das Triebmittel, das vor dem Kolben verdrängt wird, wird dem Zylinderraum hinter dem Kolben wieder zugeführt. Ist dagegen die Drossel ganz geschlossen, bleibt der Schlitten stehen, da das Triebmittel nicht aus dem Zylinderraum vor dem Kolben entweichen kann.

Die Umsteuerung der Schlittenbewegung geschieht durch den Steuerschieber *f*. Die gesamte von der Pumpe geförderte Flüssigkeitsmenge fließt in den rechten, ringförmigen Zylinderraum vor dem Kolben, und der Schlitten geht mit Eilrücklaufgeschwindigkeit zurück. Das Triebmittel fließt in umgekehrter Richtung durch das Ventil *g*, das, als Rückschlagdrossel ausgebildet, die Flüssigkeit frei durchströmen läßt.

Der vollautomatische Bearbeitungsvorgang wird elektrisch gesteuert. Zu Beginn des Arbeitstaktes wird der elektromagnetische Steuerschieber *f* so verstellt, daß die Druckflüssigkeit in den linken, großen Zylinderraum fließen kann, der Schlitten fährt gegen das Werkstück bis zu einem festen Anschlag und dem Endschalter *i*, der die Erregung der Magnetspule *k* unterbricht; der Steuerschieber fällt ab, d. h. steuert um, und der Schlitten eilt wieder in seine Ausgangsstellung zurück. Der Endschalter *l* kann zum Steuern des Antriebmotors verwendet werden.

Da die Rückschlagdrossel während des Arbeitsvorganges nicht verstellt wird, würde sich der Schlitten während des Arbeitsvorschubs mit unveränderter Geschwindigkeit bewegen, wenn nicht eine besondere Vorrichtung für die Eilgangsteuerung eingebaut würde. Diese Eilgangsteuerung kann auf zwei verschiedene Weisen erreicht werden:

Eilgangsteuerung mit Eilgangnut, Abb. 147 A

Im Zylinder *d* ist eine kleine Nut *m* eingefräst, die die beiden Zylinderräume vor und hinter dem Kolben miteinander verbindet und zwischen ihnen den Druckausgleich herstellt. Das Triebmittel in dem rechten Zylinderraum wird beim Vorlauf des Schlittens nicht über die Rückschlagdrossel verdrängt, sondern es kann unmittelbar über die Eilgangnut in den linken Zylinderraum fließen. Der Schlitten fährt im Eilgang vor, bis der Kolben *c* die Eilgangnut *m* schließt. Damit wird das Triebmittel wieder über das Rückschlag-Drosselventil verdrängt, und der Schlitten fährt mit der an der Drossel eingestellten Vorschubgeschwindigkeit weiter.

Eilgangsteuerung mit mechanischem Schieber, Abb. 147 B

In dem Hydrauliksystem ist zusätzlich ein mechanisch betätigter Steuerschieber *n* eingebaut, der die Rückschlagdrossel überbrückt. In der geöffneten Stellung kann somit das Triebmittel ungehindert vom Zylinderraum vor dem Kolben in den Zylinderraum hinter dem Kolben fließen; der Schlitten fährt — genau wie bei völlig geöffneter Drossel — im Eilgang vorwärts.

Nimmt der Steuerschieber *n* eine Stellung ein, bei der diese Umgehungsleitung verschlossen ist, so muß das ganze Triebmittel über die Drossel fließen, der Schlitten bewegt sich in einem vorgewählten Arbeitsvorschub. Der Steuerschieber wird durch die beiden Nocken *p* und *q* betätigt, die auf einer Steuerwelle *o* verschiebbar angebracht sind. Die am Schlitten fest angeschraubten Steuerkurven *r* und *s* betätigen während des Vor- und Rücklaufes des Schlittens über den Schalthebel *t* und das Gestänge *u* den Steuerschieber *n*. Sobald die Steuerkurve *r* auf die Rolle *v* des Nockens *p* aufläuft, schaltet das

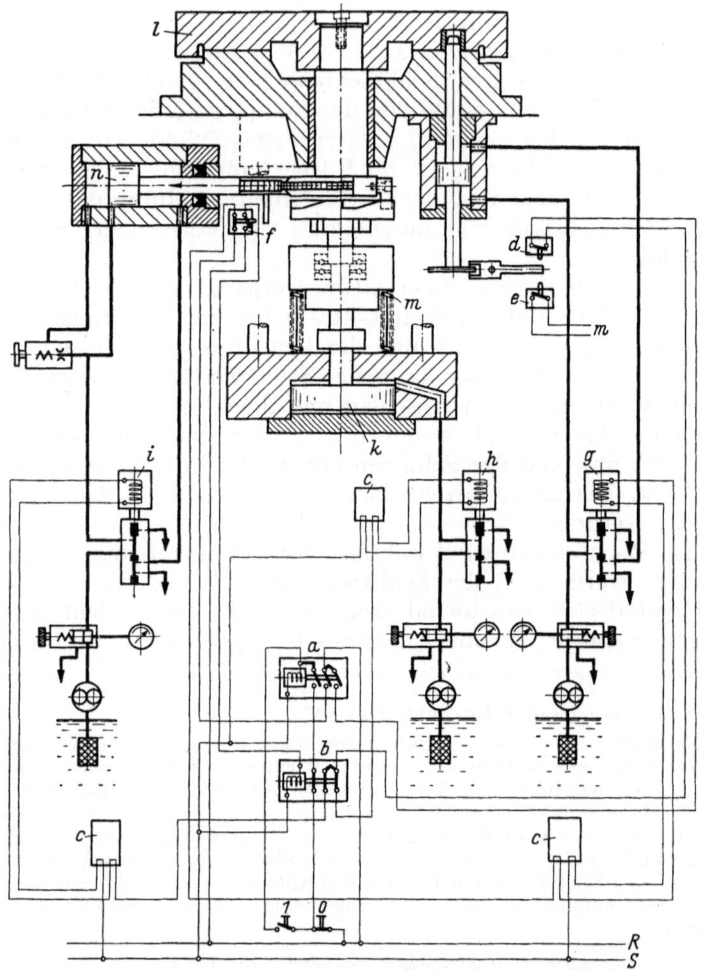

Abb. 148. Hydraulisch betätigter Drehtisch für Sondermaschinen Bauart: E. Grob, Werkzeug- und Maschinenfabrik, München

Ventil *n* vom Eilgang auf eingestellten Vorschub um. Kurz bevor der Schlitten im Rücklauf seine Ausgangsstellung wieder erreicht, schaltet die Steuerkurve *s* über die Rolle *w* am Nocken *q* den Steuerschieber wieder auf Eilgang um. Im Rücklauf bewegt sich der Schlitten immer im Eilgang, unabhängig von der Stellung des Steuerorgans *n*, da das Triebmittel drucklos durch die Drossel *g* fließen kann. In der hintersten Stellung des Schlittens ist die Anlage druckentlastet. Die gesamte von der Pumpe geförderte Druckflüssigkeit kann über die Entlastungsnut x und den Steuerschieber f drucklos abfließen.

Der Drehtisch zur Aufnahme der Werkstücke arbeitet vollautomatisch, wird elektrisch gesteuert und hydraulisch betätigt, Abb. 148. Während des Bearbeitungsvorganges wird der Tisch hydraulisch auf seiner Unterlage festgespannt. Ein Index hält ihn in seiner genauen Lage fest. Das Weiterschalten geschieht über einen hydraulisch betätigten Kolben, wobei eine Zahnstange in ein Zahnsegment eingreift, an dem eine Klinke angebracht ist. Diese Klinke greift in eine Schaltscheibe ein, die wiederum fest mit der Welle des Drehtisches verbunden ist.

Der Schaltvorgang läuft wie folgt ab:

Der Schütz a bekommt Strom, zieht an und betätigt den Elektromagnetschieber g. Der Indexkolben wird aus der Zentrierbohrung herausgezogen und gibt den Drehtisch frei. Ein mit dem Index verbundener Hebel drückt dabei auf den Endschalter d, wodurch die beiden Magnetspulen der Steuerschieber h und i unter Strom gesetzt werden.

Der Steuerschieber h öffnet die Druckleitung zum Spannkolben k gegen den Ablauf, und der Drehtisch l wird durch die Federn m entlastet (Ausgleich des Tischgewichtes). Gleichzeitig wird das Triebmittel über den Steuerschieber i vor den Schaltkolben n geführt. Der Zylinderraum hinter dem Schaltkolben wird dabei mit dem Ablauf verbunden. Der Schaltkolben n fährt im Eilgang in seine hinterste Stellung und dreht dabei den Tisch um eine Teilung weiter. Er betätigt hier den Endschalter f, wodurch die Halteleitung des Steuerschiebers g geöffnet und, durch das Schließen des Arbeitskontaktes am Endschalter f, der zweite Schütz b angezogen wird. Der Steuerschieber g fällt dadurch ab, das Triebmittel fließt dem Indexkolben von unten zu und schiebt ihn in seine Zentrierbohrung. Auch die beiden anderen Steuerschieber i und h werden stromlos und fallen ab, da die elektrischen Zuleitungen durch Schütz b getrennt werden. Der Rundtisch wird auf seine Führung festgespannt, sobald der Spannkolben k über den Steuerschieber h Druckflüssigkeit bekommt. Der Schaltkolben n fährt wieder in seine Ausgangsstellung zurück, wenn durch Umsteuern des Schiebers i das Triebmittel von der Vorderseite des Schaltkolbens auf die hintere Seite umgesteuert wird. Der elektrische Endschalter f wird durch das Verfahren des Schaltkolbens in seine Ausgangsstellung wieder entlastet, Schütz b erhält keinen Strom und fällt ab. Damit sind alle elektrischen und hydraulischen Steuerelemente wieder in der Ausgangsstellung. Der Kontakt des Endschalters e, der durch den Index geschlossen wird, kann zum Auslösen der Vorschubeinheiten benützt werden.

3.3 Drehmaschinen

Die Forderung nach wirtschaftlicher Dreharbeit verlangt neben Gleichbleiben der Spanleistung hohe Arbeitsgeschwindigkeiten und die Möglichkeit, diese in weiten Grenzen stufenlos zu verändern. Diese Anforderungen sind weitgehend erfüllbar, wenn man die Drehmaschine mit einem Flüssigkeitsgetriebe ausstattet. Hierbei unterscheidet man 2 Arten, nämlich den Vorschubantrieb zum Betätigen der Vorschubbewegung und den hydraulischen Spindelantrieb, der die Hauptbewegung erzeugt.

3.31 Spitzendrehmaschinen

3.311 Mit hydraulischem Vorschubantrieb

Es ist verschiedentlich die Frage gestellt worden, ob dem hydraulischen Vorschubgetriebe oder dem hydraulischen Spindelgetriebe der Vorzug zu geben ist, wenn man die Drehmaschine mit einem stufenlosen Antrieb versehen will. Das *Flüssigkeits-Vorschubgetriebe* scheidet grundsätzlich bei der *Universal*-Drehmaschine aus, da diese, vor allem bei Gewindeschneidarbeiten, einen Zwangslauf zwischen Hauptspindel und Antrieb des Werkzeugträgers verlangt. Die stufenlose Vorschubverstellung kann hingegen bei *Sondermaschinen* beachtliche Vorteile bieten, so z. B. bei Schnelldrehmaschinen, bei denen größere Werkstückmengen bei unveränderten Eingriffsbedingungen serienmäßig zu bearbeiten sind oder auch bei schweren Drehmaschinen für Tiefbohrarbeiten; hier werden die Vorschübe den jeweils auftretenden Ungleichmäßigkeiten des Werkstoffes im Inneren der Werkstücke feinfühlig angepaßt und damit die Standzeit der Bohrwerkzeuge beachtlich erhöht. Ferner wird der hydraulische Vorschubantrieb mit Erfolg bei Sondermaschinen mit Programmsteuerung und vielfach unterteilten Arbeitstakten verwendet.

Der stufenlose, *hydraulische Spindelantrieb* gewährt folgende Vorteile:

1. Die Schnittgeschwindigkeit kann bei jedem Bearbeitungsfall dem für die Standzeit des Werkzeuges günstigsten Wert angepaßt werden,
2. die Standzeit kann dadurch erhöht werden,
3. die Hauptzeit kann verkürzt und die Zeitersparnis erhöht werden,
4. beim Plandrehen mit gleichbleibender Schnittgeschwindigkeit wird ein Drehbild von gleichmäßigerer und besserer Oberflächengüte als beim Stufengetriebe erzielt.

Diese aufgezählten Vorteile sind bestrickend und sprechen eindeutig für die Wahl des hydraulischen Spindelantriebes, jedoch müssen auch wirtschaftliche Überlegungen berücksichtigt werden. Die Anschaffungskosten für eine Drehmaschine mit einem hydraulischen Spindelantrieb sind zweifelsohne höher als bei Maschinen mit Stufengetrieben. Hinzu kommen die höheren Betriebskosten für Energieverbrauch, Unterhaltungs- und Erhaltungskosten. Nur die hydraulische Drehmaschine wird demnach wirtschaftlich vertretbar sein, bei der der höhere Aufwand durch völlige Ausnützung aller aufgezählten technischen Möglichkeiten ausgeglichen wird [*44.3*, *44.5*].

Die Schnelldrehmaschine von Edouard Dubied & Cie., Neuchâtel (Schweiz), ist eine Produktionsmaschine, die bei Anwendung von Hartmetallschneiden, hohen Schnittgeschwindigkeiten und stufenlos einstellbaren Vorschüben Feindreharbeiten sowie Schrupparbeiten an

Werkstoffen bis über 100 kg/mm² Festigkeit gestattet. Sie ist vor allem für das serienmäßige Drehen von abgesetzten Wellen und Formstücken gedacht. Die Längsbewegung des Wangenschlittens geschieht beim Stufendrehen durch Anschlag eines mitgehenden Hebels an einem Musterstück oder einer Lehrwelle. Letztere ist zwischen Spitzen eingespannt, die an der vorderen Seite des Bettes angebracht sind. Gewinde kann nicht geschnitten werden, da die Maschine keine Leitspindel besitzt. Die Anordnung von Bett, Querschlitten und Werkzeug ergibt eine fließende Späneabfuhr (Fließspandrehbank). Das Gestell besitzt einen kastenförmigen Aufbau und die aufgesetzte Wange hat einen dreieckförmigen Querschnitt, dessen geneigte Abstützflächen die Rückdruckkomponente des Schnittdruckes aufnehmen. Die Schnelldrehbank Dubied wird in 2 Größen mit folgenden Hauptdaten gebaut:

Spitzenhöhe	120 mm
Spitzenweite	400 oder 650 mm
Querschlitten-Zustellung für Drehstahl	75 mm
Spindeldrehzahlen	800 ··· 1000 U/min
Leistung des Hauptmotors	3 ··· 3,5 kW, 1500/3000 U/min
Motor für Hydraulikpumpe	0,55 kW, 1000 U/min

Der Antrieb des Wangenschlittens geschieht hydraulisch durch ein Schubkolbengetriebe, dessen Zylinder in den Schlitten eingebaut ist. Die Druckflüssigkeit wird durch die Kolbenstange zu- und abgeführt, die am rechten Bettende in einer besonderen Halterung gelagert ist. Als Förderpumpe wird eine verstellbare Kolbenpumpe, System Pittler, mit einer höchsten Förderleistung von 13 l/min benützt. Der Betriebsdruck beträgt etwa 30 kg/cm²; bei einem Überdruck von 35 bis 40 kg/cm²

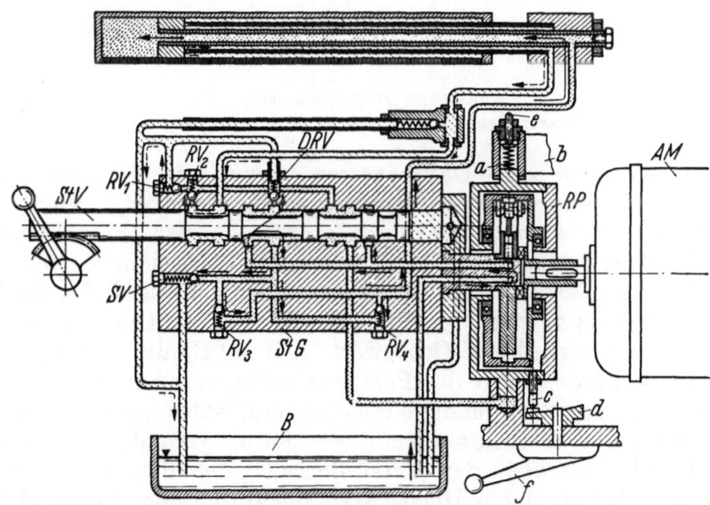

Abb. 149. Schaltschema des hydraulischen Schlittenantriebes der Fließspandrehmaschine von E. Dubied & Cie., Neuchâtel (Schweiz). (Schaltstellung: „Vorschub")

DRV Druckeinstellventil; *RV*$_1$ bis *RV*$_4$ Rückschlagventile; *SV* Sicherheitsventil; *AM* Antriebmotor für Pumpe; *RP* Verstellpumpe, System Pittler, $Q = 13$ l/min, $p = 35$ bis 40 kg/cm²; *StG* Steuergehäuse, *B* Sammelbehälter; *a, b, c, d, e* Halterung und Verstellvorrichtung der Pumpe; *StV* Steuerschieber; *f* Hebel für Vorschubeinstellung

öffnet sich ein Sicherheitsventil. Für das Umsteuern des Wangenschlittens und das Einstellen der Vorschubgeschwindigkeiten dienen zwei an der Vorderseite der Maschine auf der Schaltplatte angebrachte Hebel. Die größte Vorschubgeschwindigkeit beträgt rund 27 mm/s und der Eilrücklauf 50 mm/s. Das Schaltschema des hydraulischen Schlittenantriebes für die Stellung „Vorschub" ist aus Abb. 149 zu ersehen.

3.312 Mit hydraulischem Spindelantrieb

Bei der VDF-Drehmaschine von Gebr. Boehringer GmbH., Göppingen/Württemberg, Abb. 150, wird ein Boehringer-Sturm-

Abb. 150. VDF-Drehmaschine
Bauart: Gebr. Boehringer GmbH., Göppingen

Flüssigkeitsgetriebe zum Hauptantrieb verwendet. Mit den beiden Handhebeln a_1 und a_2 wird mechanisch der Drehzahlbereich, zum Beispiel zwischen 40 und 180 U/min, eingestellt; der Einrückhebel b_1 an der Schaftwelle dient zum Einschalten der Förderpumpe, und zwar je nach Stellung des Hebels für Rechts- oder Linkslauf. Durch Verstellen des Hebels b_1 wird von Hand die Exzentrizität der Pumpe von der Null-Lage bis zu ihrem Größtwert, z. B. 40 U/min, gesteigert. Ist die maximale Fördermenge der Pumpe erreicht, so schaltet sich selbsttätig die Steuerung des Flüssigkeitsmotors ein, wobei mit abnehmender Exzentrizität die Schluckfähigkeit des Motors verändert und damit die Drehzahl noch über den Verstellbereich der Pumpe hinaus gesteigert wird bis zu einem Höchstwert, der durch den oberen kleinen Hebel c vorgewählt wird. Am Schloßkasten befindet sich ein weiterer Einrückhebel b_2, der ebenfalls auf die Förderpumpe wirkt, und der es gestattet, die Maschine von jeder beliebigen Lage des Bettschlittens aus zu schalten.

Abb. 151 zeigt die Antriebsseite der Maschine mit dem Boehringer-Sturm-Getriebe. Das untere Gestänge d, das mit den beiden Einrückhebeln b_1 und b_2 gekoppelt ist, steuert die Förderpumpe auf Links- oder Rechtslauf und verstellt ihre Exzentrizität. Das obere Gestänge e steht mit dem Hebel c in Verbindung und steuert den Flüssigkeitsmotor.

Vergleichsversuche [*35.2*] an zwei gleichen Boehringer-Spitzendrehmaschinen von 160 mm Spitzenhöhe, von denen die eine mit einem

Abb. 151. Antriebsseite der VDF-Drehmaschine mit Boehringer-Sturm-Getriebe

Flüssigkeitsgetriebe, die andere mit einem Zahnradwechselgetriebe ausgestattet war, zeigten die Überlegenheit der hydraulisch angetriebenen Maschine in folgenden, schon zuvor kurz dargelegten Punkten:

Beim Längsdrehen gestattet die stufenlose Drehzahlverstellung das genaue Einstellen der jeweils günstigsten Schnittgeschwindigkeit und ergibt dadurch ein beträchtliches Verkürzen der Maschinenzeiten. Infolge des einfachen Wechselns der Drehzahl werden auch die Nebenzeiten herabgesetzt.

Bei den Planarbeiten ist es möglich, die Drehzahl im Schnitt stufenlos zu steigern. Dadurch können die Bearbeitungszeiten wesentlich verkürzt und die Oberflächengüte des Werkstückes bedeutend verbessert werden.

3.32 Nachformdrehmaschinen

Eine Werkzeugmaschine mit hydraulischer Kopiereinrichtung soll eine durch Schablone oder Modell vorgegebene Form möglichst maß- und formgetreu ohne menschliches Zutun, also selbsttätig auf ein Werkstück übertragen [*32, 36, 39, 61, 67, 92, 97*]. Das kann nur erreicht werden, wenn das Programm der Bewegung des Werkzeuges laufend überwacht und das Werkzeug in jedem Augenblick in eine bestimmte Lage zum Werkstück gebracht wird, wobei die vorbestimmten Bearbeitungstoleranzen genau eingehalten werden. Es liegt hier ein echtes Regelungsproblem mit Regelkreis und einer geschlossenen Wirkungskette vor.

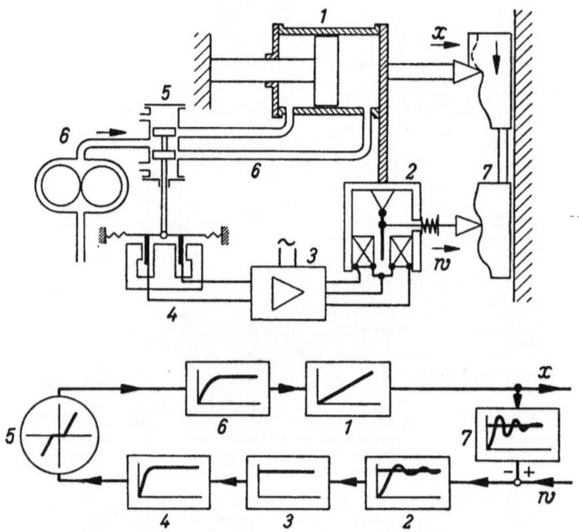

Abb. 152. Kopierwerkzeugmaschine (schematisch) und Blockschaltbild nach Prof. O. Schäfer, Technische Hochschule, Aachen

In Abb. 152 ist der Regelkreis für eine Kopierwerkzeugmaschine sowohl schematisch wie im Blockschaltbild dargestellt[1].

Im Bild oben ist das Werkzeug, z. B. ein Drehmeißel, ein Fingerfräser oder ein Hobelmeißel, angedeutet. Schablone und Werkstück werden in Pfeilrichtung vorgeschoben, während senkrecht dazu in x-Richtung die spanende Bearbeitung vor sich geht. Die jeweilige Stellung des Werkzeuges im Koordinatensystem von Abb. 153 sei X. Die Verschiebung des Werkzeuges, von einem Bezugspunkt ab gerechnet, wird in dem Schaubild mit x angegeben. Die Stellung des Tasters ist die Führungsgröße W, und seine jeweiligen Abweichungen vom Ausgangspunkt sind in dem Schaubild mit w bezeichnet.

Ein hydraulischer Motor *1* (Schubkolbentrieb) ist mit dem Lagegeber *2* starr verbunden. In diesen Lagegeber ist der Taster, der über die Schablone *7* gleitet, eingebaut. Wird der Taster aus seiner Mittellage durch eine Erhöhung oder Vertiefung in der Schablone ausgelenkt, so

[1] Vortrag bei dem 9. Aachener Werkzeugmaschinen-Kolloquium, 1958 [*82*].

wird am Eingang des Verstärkers *3* eine elektrische Spannung erzeugt, deren Größe und Vorzeichen der Tasterverschiebung entsprechen. Der Verstärker bildet einen der Eingangsspannung proportionalen Strom, der ein Tauchspulensystem *4* antreibt. Die beiden Tauchspulen werden durch Federn in einer Mittellage gehalten. Sobald der Tauchspulenregler erregt wird, wird ein Steuerkolben *5* verstellt und damit der Druckölstrom einer mit konstantem Druck fördernden Pumpe auf die Vorder- oder Rückseite des Arbeitskolbens in dem Schubkolbentrieb *1* gesteuert. Mit der Verschiebung des Tasters wird das Werkzeug entsprechend der Form der Schablone verstellt. Damit ist die Steuerung dieses Kopiergerätes hinreichend beschrieben.

Bei dieser Darstellung wird angenommen, daß sämtliche Glieder dieses Regelkreises in sich frei von Verzögerungen und Reibungen sind und daß die Förderpumpe den je nach Stellung des Steuerschiebers freigegebenen Durchfluß des Triebmittels ohne nennenswerten Druckabfall durch Drosselverluste liefert. Dann bewegt sich der Zylinder *1* in jedem Augenblick mit einer Geschwindigkeit, die der Differenz zwischen Ist- und Sollwert proportional ist. Das auf diese Weise idealisierte System verhält sich dann so, wie es in Abb. 153 gezeigt wird.

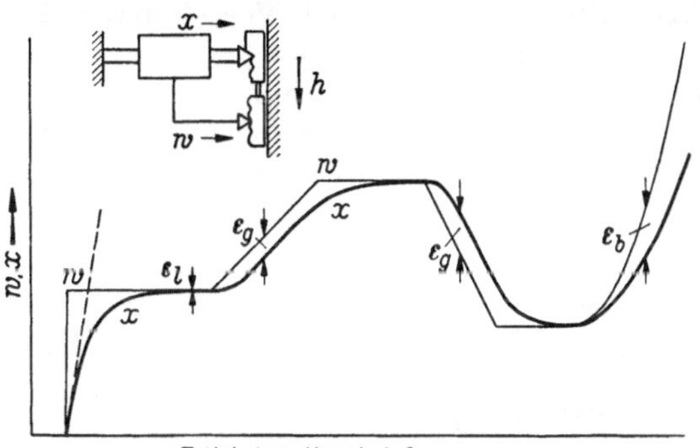

Abb. 153. Lage-, Geschwindigkeits- und Beschleunigungsfehler eines Kopiersystems nach Abb. 152

Die dünn ausgezogene, eckige Kurve bezeichnet die Führungsgröße W, die praktisch die Randkurve der Schablone darstellt. Die stark ausgezogene Kurve ist dann die Ausgangsgröße, mithin also die Lage des Werkzeuges. Die beiden Kurven sind übereinandergezeichnet, so daß der Unterschied zwischen den beiden Kurvenzügen den „Kopierfehler" darstellt. Dies ist also der Unterschied zwischen der an der Schablone ertasteten theoretischen zur praktisch am Werkstück erzeugten Form.

Wird vorausgesetzt, daß zu Beginn des Kopiervorganges $w - x = 0$ ist, so bewirkt ein Sprung von w (vgl. Abb. 153) zunächst einen Anstieg von x, der um so steiler verläuft, je größer die Förderung der Pumpe ist. In dem Maße, wie x sich w nähert, wird der Anstieg langsamer, bis schließlich $x = w$ wird und die beiden Kurven zusammenfallen. Damit ist der „Lagefehler" $\varepsilon_1 = 0$.

Ändert sich die Führungsgröße W mit gleichbleibender Geschwindigkeit und wird wieder vorausgesetzt, daß vor Beginn des Eingriffes x und w gleich waren, so schleppt x gegenüber w nach, d. h. zwischen gleichen Werten von x und w besteht eine Zeitdifferenz, die proportional d_w/d_t und umgekehrt proportional der Stellgeschwindigkeit des Motors ist.

Die Art dieses „Kopierfehlers“ ε_g, den man als „Geschwindigkeitsfehler“ bezeichnet, äußert sich in einer Parallelverschiebung einer schrägen Kante oder in der axialen Versetzung eines Konus. Im rechten Verlauf der beiden Kurven von Abb. 153 wird gezeigt, welche Folgen entstehen, wenn sich die Führungsgröße W mit konstanter Beschleunigung ändert, d. h. wenn die Tastergeschwindigkeit stetig zunimmt.

Der hierbei auftretende Unterschied zwischen der Kurve x und w (sog. „Beschleunigungsfehler“ ε_b) nimmt laufend zu.

Zu diesen Fehlern kommen noch hinzu:

Der Einfluß der Masse von allen Einzelgliedern sowie die Elastizität der Verbindungsschläuche zwischen Förderpumpe und Steuerschieber bzw. Steuerschieber und Vorschubzylinder. Sie führen nämlich zu Fördermengenschwankungen, die gewisse Verzögerungen im Vorschubzylinder zur Folge haben können.

Schließlich können von erheblichem Einfluß und maßgebend für die Bearbeitungstoleranzen Verzerrungen bei kleinen Tasterauslenkungen sein, die in der Hauptsache verursacht werden durch:

1. Spiel in den mechanisch bewegten Teilen,
2. ungenügende Ansprechempfindlichkeit im Lagegeber,
3. Stillstandsdauer des Steuerschiebers beim Wechsel von einer in die andere Richtung,
4. Haftreibung.

Der in Abb. 152 gezeigte Regelkreis stellt eine einfache Nachlaufregelung dar, bei dem die noch anhaftenden Mängel durch verschiedene Maßnahmen beseitigt werden können.

So ist es z. B. möglich, durch Verwendung eines proportional-integral wirkenden Reglers (PI-Regler) den „Geschwindigkeitsfehler“ auszuschalten; weiterhin kann man zwischen dem Schubkolbentrieb *1* und dem Verstärker *3* einen PID-Regler einschalten, der die zeitliche Ableitung der Führungsgröße bildet und einen zusätzlichen Steuerbefehl auf den Motor gibt, d. h. also die Stellgeschwindigkeit über das gerade vorhandene Maß hinaus steigert, wenn die Führungsgröße sich ändert.

Die hydraulische Nachformeinrichtung an der „Starr-Drehmaschine“ der Georg Fischer A. G., Schaffhausen/Schweiz, ist in Abb. 154 wiedergegeben. Um die Dreharbeit möglichst selbsttätig zu gestalten und in der Reihenfertigung immer gleiche Werkstückmaße zu erlangen, geschieht das Zustellen des Drehmeißels und damit die Formgebung des Werkstückes durch die hydraulisch gesteuerte Auf- und Abwärtsbewegung des Schlittens nach Form der Schablone.

Das gesamte Flüssigkeitsgetriebe ist im Grundschlitten *a* untergebracht. Zuleitungsrohre oder biegsame Schläuche sind nicht notwendig. Die von einer Zahnradpumpe geförderte Druckflüssigkeit dient zum Antrieb der Kopiervorrichtung, zum Antrieb von selbsttätigen Schaltvorgängen, z. B. für den Rückzug des Drehwerkzeuges aus dem Schnitt, für den Schlittenschnellgang und für die Vorschubhalbierung sowie für die Schmierung des Vorschubgetriebes, der Kopier- und Vorschubschlittenführungen.

Die Schnellgangwelle *b* treibt die Zahnradpumpe *c* mit gleichbleibender Drehzahl an und fördert das Triebmittel in den unteren kleineren Raum *d* des als eine Art schwimmender Differentialkolben ausgebildeten Kopierschlittens *e*. Über die Drosselstelle *f* gelangt das Triebmittel in den größeren Raum *g* des Kopierschlittens, von wo es über Steuerventil *h* wieder in den Sammelbehälter *i*, der sich im

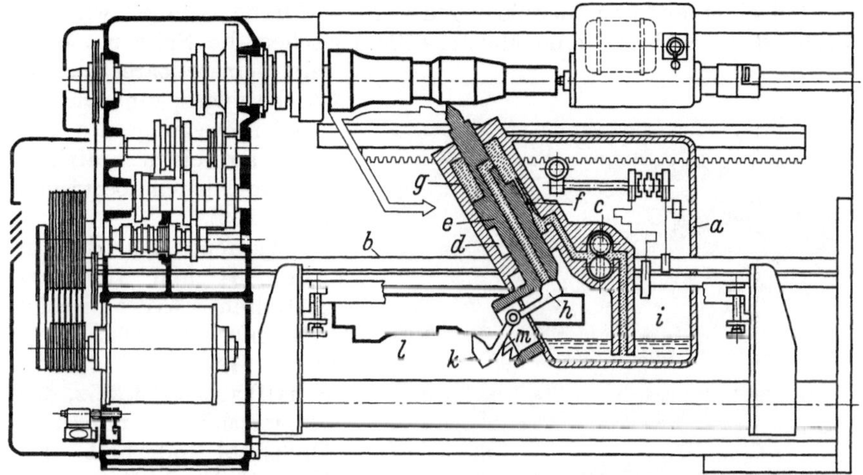

Abb. 154. Hydraulische Nachformeinrichtung an einer „Starr-Drehmaschine"
Bauart: Georg Fischer A.G., Schaffhausen/Schweiz
a Grundschlitten; *b* Schnellgangwelle; *c* Zahnradpumpe; *d* unterer Zylinderraum im Kopierschlitten; *e* Kopierschlitten; *f* Drosselventil (Drosselspalt); *g* oberer Zylinderraum im Kopierschlitten; *h* Steuerventil (Steuerspalt); *i* Sammelbehälter; *k* Taster; *l* Schablone oder Meisterwelle; *m* Feder

unteren Teil des Grundschlittens *a* befindet, zurückfließt. Im Zylinderraum *d* herrscht annähernd gleichbleibender Druck. Solange der Taster *k* nicht in Berührung mit einer Schablone *l* oder einer Meisterwelle ist, wird das Steuerventil *h* von einer Feder *m* offengehalten; im Zylinderraum *g* herrscht demzufolge kein Druck, der Kopierschlitten kann sich nach aufwärts gegen das Werkstück zu bewegen, bis die Schablone *l* den Taster berührt. Dadurch wird der Steuerspalt *h* so weit verkleinert, bis der Druck im Zylinderraum *g* dem annähernd unveränderten Druck im Raum *d* gleichkommt. Die Bewegung des Kopierschlittens hört damit auf.

Bei höher werdender Schablone wird der Steuerspalt *h* verkleinert, der Druck im Raum *g* steigt an, und der Kopierschlitten bewegt sich nach abwärts. Bei niedrig werdender Schablone hingegen kann die Feder *m* den Steuerspalt *h* etwas mehr öffnen, so daß der Druck im Raum *g* absinkt, worauf der konstante Druck im Raum *d* den Kopierschlitten nach aufwärts bewegt, bis Gleichgewichtszustand herrscht.

Die Einrichtung arbeitet so feinfühlig, daß das abgetastete Profil sehr genau auf das Werkstück übertragen wird.

Die Hauptabmessungen der in Abb. 154 dargestellten Nachform-Starrdrehmaschine sind:

Größte Spitzenweite	550 mm
Größte Drehlänge	500 mm
Größter Drehdurchmesser	180 mm
Senkrechter Kopierhub	100 mm
Kleinster und größter Vorschub, mechan.	0,27 bis 12 mm/s
Schnellrücklauf, mechan.	20 mm/s
Hauptmotor	8 kW

Bei einer anderen Ausführung der „Starr-Drehmaschine" wird an Stelle der Schablone eine Meisterwelle zwischen die Spitzen zweier fein einstellbarer Reitstöcke eingespannt und die Kopierbewegung des Tasters auf einen kräftigen Kopierschlitten übertragen (Abb. 155).

Abb. 155. Hydraulische Nachformdrehmaschine Bauart: Georg Fischer, A. G. Schaffhausen/Schweiz

Während bei der in Abb. 154 und 155 dargestellten hydraulischen Nachformdrehmaschine von Georg Fischer, Schaffhausen/Schweiz, der Kopierschlitten mit dem Drehstahl unterhalb des Werkstückes liegt und die Schablone oder das Meisterstück vorn am Bedienungsstand, zeigt die Nachformdrehmaschine „*Heycomat 2*" von Heyligenstaedt & Co., G.m.b.H., Gießen, eine umgekehrte Anordnung, d. h. es spielt sich hier der Kopiervorgang über dem Werkstück ab. Die Bettführungen sind — abweichend von der normalen Universaldrehmaschine — schräg angeordnet, um auch bei größter Zerspanleistung einen freien, unbehinderten Spänefall zu geben. Der von oben einfahrende Kopierschlitten ist auf dem schräg nach hinten ansteigenden Oberbett geführt; der Schablonenträger liegt, ebenfalls am Oberbett gelagert, unmittelbar über dem Schlitten im freien Sichtbereich des Bedienungsstandes, Abb. 156. Die hydraulische Fühlersteuerung wird durch das Schaltschema in Abb. 157 erläutert. Die Zahnradpumpe P liefert in gleichbleibender Förderung das Triebmittel mit konstantem Druck, der an dem Überdruckventil UeV auf etwa 15 kg/cm² eingestellt wird, in den unteren Ringraum des Schubkolbentriebes M. Über eine kurze, kräftige Kolbenstange ist der Differentialkolben mit dem Bettschlitten verbunden.

Gleichzeitig gelangt die Druckflüssigkeit von dem Ringraum durch einen in der Zylinderwand liegenden Kanal bis zur Steuerkante *StK* des Kolbenschiebers *Sch*. Die Druckfeder *a* wirkt dem Flüssigkeitsdruck entgegen und hält den Steuerschlitz zunächst geschlossen (Einkantensteuerung). Der Flüssigkeitsdruck im unteren Ringraum drückt den Zylinder — der Kolben ist ja mit dem Schlitten fest verbunden — und damit den Kopierstahl und den Fühler *b* nach unten gegen das Werkstück bzw. gegen die Schablone. Berührt die Tastspitze des Fühlers *b* die Schablone (oder das Meisterstück), so wird durch den Hebel *c*, der am Fühler angelenkt ist, der Kolbenschieber *Sch* gegen

Abb. 156. Nachformdrehmaschine „Heycomat 2"
Bauart: Heyligenstaedt & Co., G.m.b.H., Gießen

den Druck der Feder *a* gedrückt, und die Steuerkante *StK* gibt die Verbindung von dem unteren Zylinderraum zu dem oberen Raum über dem Differentialkolben frei. Je nach der Größe des von der Steuerkante freigegebenen „Drosselquerschnittes" tritt zunächst eine Verringerung der Schubkolbenbewegung, Stillstand oder Bewegungsumkehr ein.

Bei geöffneter Zufuhr durch Kanal *d* in den oberen Zylinderraum bewegt sich der Zylinderkolben infolge der größeren Kolbenfläche nach oben, und das Triebmittel fließt aus dem Ringraum in den Behälter so lange zurück, bis die Zufuhr an Druckflüssigkeit zu dem oberen Zylinderraum durch die Tätigkeit des Fühlers *b* wieder unterbrochen wird. Die Pumpe fördert Druckflüssigkeit in den unteren Zylinderraum, und der Zylinder, d. h. der Kopierstahl, bewegt sich nach unten; das Triebmittel fließt aus dem oberen Zylinderraum in den Behälter zurück. Die Werkzeugbewegungen werden bei diesem System ausschließlich durch die Kante des Kolbenschiebers *Sch* gesteuert; je nach der Größe des „Drosselquerschnittes“ wird der Zylinder mit dem Werkzeug in der einen oder anderen Richtung bewegt.

An die Druckleitung, zwischen Pumpe *P* und dem Ringraum von *M*, ist eine Abzweigleitung gelegt, die zu der Kolbensperre *e* führt. Dieser Kolben ist, solange die Pumpe *a* fördert, angehoben und gibt die Bewegung des Kopierschiebers frei. Bei Stillstand der Pumpe und bei

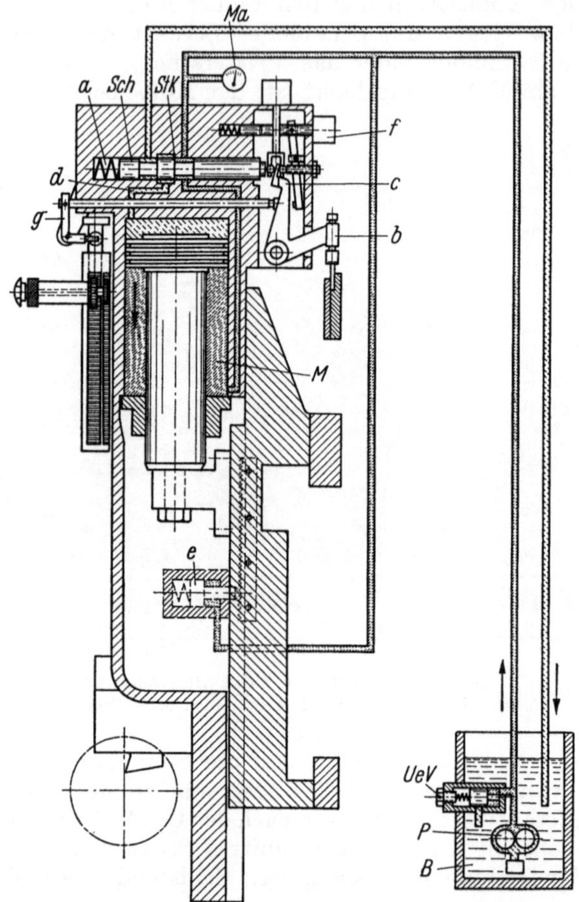

Abb. 157. Schema der hydraulischen Fühlersteuerung für die Nachformdrehmaschine nach Abb. 156

Abfall des Druckes in den Leitungen wird dieser Sperrkolben sofort in eine Zahnstange am Bettschlitten gedrückt und hält den Kopierschlitten so in der betreffenden Stellung fest, bis die Sperrung durch Druck in den Leitungen wieder angehoben wird.

Beim Schalten des Kulissenhebels *g* auf „Stahl zurück“ wird die Steuerkante durch den Magneten *f* weit geöffnet; bei Stellung „Stahl vor“ wird der Magnet wieder ausgeschaltet, d. h. die Feder *a* schließt den Drosselquerschnitt an der Steuerkante *StK* wieder.

Universaldrehmaschinen können zusätzlich mit hydraulischen Längs- und Plankopierdreheinrichtungen ausgestattet werden, vorausgesetzt, daß Spitzenhöhe und Bettschlittenkonstruktion den Aufbau zulassen. Im Gegensatz zu den meisten in Deutschland bekannten Kopiereinrichtungen ist die Kopierdreheinrichtung „*Multicop*" von E. Weisser & Co. K.G., Heilbronn/Neckar, nicht an der Rückseite, sondern an der Vorderseite der Drehmaschine angebaut. Bei dieser Anordnung ergeben sich besonders günstige Schnittdruckverhältnisse, da die Schnittkraft wie beim normalen Drehen nach unten gerichtet

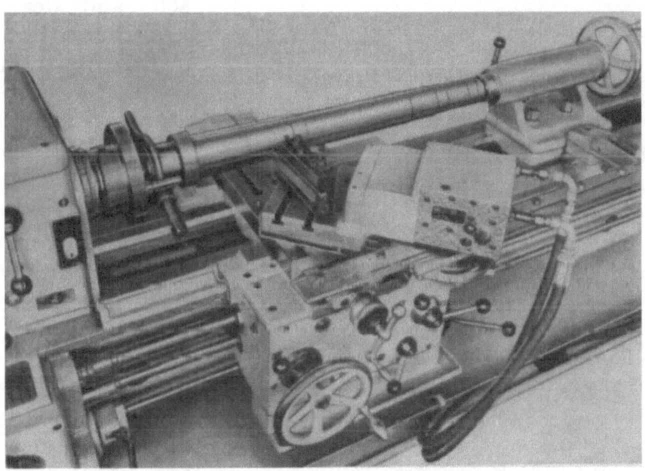

Abb. 158. Hydraulisch gesteuerte Nachformeinrichtung „Multicop" für Drehmaschinen zum Kopieren von Werkstücken mit 90° Absätzen
Bauart: E. Weisser & Co. K.G., Heilbronn/Neckar

ist und somit Planzugschieber und Schlitten in ihre Führungen drückt. Dagegen ist dieses bei einem an der Rückseite angeordneten Kopiergerät nur dann der Fall, wenn man die Hauptspindel rückwärts laufen läßt. Günstig ist bei der Frontanordnung außerdem, daß Kopiereinrichtung und Kegeldreheinrichtung gleichzeitig aufgesetzt werden können (s. Abb. 158). Die Kopiereinrichtung besteht aus folgenden Teilen:

Hydraulikaggregat mit Sammelbehälter und Elektromotor, Filter, Ventilen und Schlauchleitungen,

Support in Sonderausführung mit Fühlereinrichtung,

Haltebock,

Schablonenträger zum Befestigen der Kopierschablonen für durchlaufendes Längs- und Plankopieren in einem Arbeitsgang.

Eine elektrisch angetriebene Pumpe saugt das Triebmittel aus dem Behälter und fördert es in die Druckleitung. Der am Überdruckventil eingestellte Betriebsdruck beträgt etwa 15 bis 18 kg/cm². Die Druckflüssigkeit gelangt durch eine biegsame Schlauchleitung in den

Zylinder des Nachformapparates, fließt durch den Kolbenraum über den vom Taster gesteuerten Fühler und wird in einer zweiten Schlauchleitung zum Behälter zurückgeführt.

Wie aus Abb. 159 zu ersehen ist, wird bei der angewendeten Einkantensteuerung der Abfluß des Druckmittels aus einer Zylinderseite gesteuert bzw. der Durchlaßquerschnitt im Steuerventil über eine Kolbenkante ausgesteuert; dies geschieht folgendermaßen:

Das in Ausgangsstellung befindliche Kopiergerät wird durch einen mechanischen Nockenschalter, der auf den Fühler einwirkt, betätigt. Das durch Federdruck gehaltene Steuerventil bleibt zunächst geschlossen, und der Flüssigkeitsdruck baut sich im Zylinder auf. Durch diesen Druck wird das Gerät nach vorn bewegt, und zwar so lange, bis der Fühler an der Schablone anläuft. Hierdurch wird der Steuerkolben gegen seine Schließfeder gedrückt, und die Steuerkante des Steuerschiebers öffnet sich.

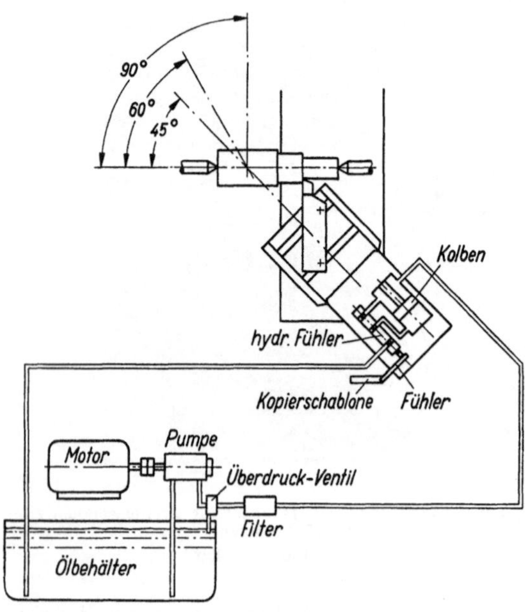

Abb. 159. Schema der Kopiereinrichtung „Multicop“ mit Einkantensteuerung

Damit sind die beiden Druckräume im Zylinder miteinander verbunden, und je nach Größe der Steuerschieberöffnung tritt zunächst eine Verringerung der Kolbenbewegung, Stillstand oder Bewegungsumkehr ein. Durch die vom Fühlfinger gegen Federdruck gehaltenen Steuerventile besteht gegenüber der Bohrung ein solches Querschnittsverhältnis, daß der Schubkolben bei einer bestimmten Stellung des Ventils stillsteht. Beim weiteren Arbeitsablauf wird der Längsvorschub in gewohnter Weise von der Zugspindel erzeugt und während des Nachformens nicht geändert; dagegen wird die Planbewegung vom Tastgerät erzeugt und auch ausgeführt. In jeder Vorschubrichtung besteht eine völlig kontinuierliche Bewegung, durch die genauigkeitsmindernde Beschleunigungen vermieden werden. Das Toleranzfeld, das bei „schaltenden“ Systemen mit der Vorschubgröße veränderlich ist, bleibt bei der zügigen Bewegung der rein hydraulischen Einkantensteuerung konstant. Eine Beeinträchtigung der Nachfahrgenauigkeit durch hydraulische Erscheinungen — plötzliche Beschleunigungen, Stöße und Bremsungen —, ist nicht zu befürchten, zumal im Zylinder verhältnismäßig geringe Ölmengen benötigt werden.

Das Zurückfahren in die Ausgangsstellung geschieht wiederum durch den mechanischen Nockenschalter, der auf den Fühler so einwirkt, daß der Durchfluß zum hinteren Zylinderraum völlig geöffnet ist und der sich aufbauende Flüssigkeitsdruck das Gerät in Ausgangsstellung bewegt.

Durch Anbringung eines Elektromagnetventils kann das Kopiergerät in den automatischen Arbeitsablauf mit Eilrücklauf einbezogen werden. Die Funktionen des mechanischen Nockenschalters werden von diesem Ventil voll ausgeführt derart, daß bei Beginn des Arbeitsablaufes nur noch die Betätigung eines Druckknopfschalters erforderlich ist; die weiteren Impulse erhält das Ventil von entsprechend angebrachten Endschaltern.

3.33 Revolverdrehmaschinen

Die Revolverdrehmaschine stellt den Übergang von der Universal- und Vielschnittbank zum Automaten dar; sie wird für kleine Reihenfertigung von Werkstücken verschiedenster Form und Größe verwendet.

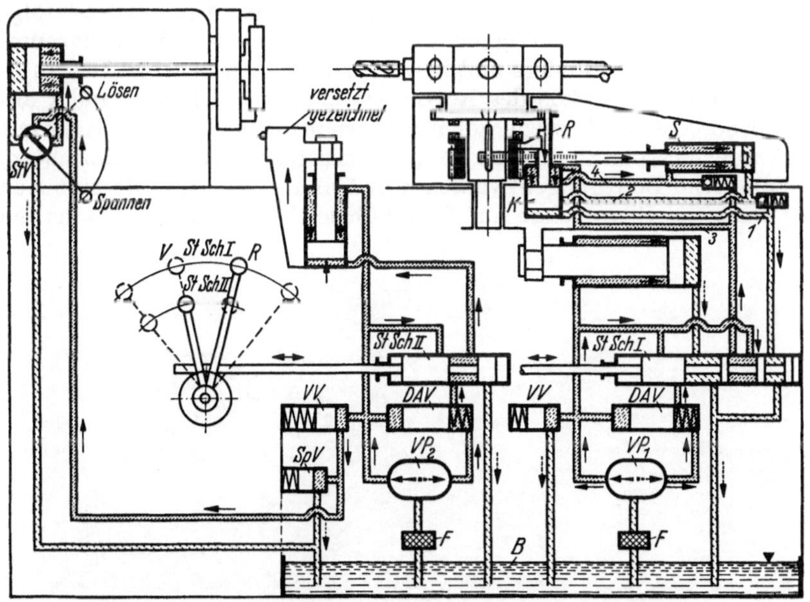

Abb. 160. Vorschubgetriebe für eine schwere Revolverdrehmaschine

VP_1 Vorschubpumpe für Revolverschlitten und Schwenkung des Werkzeugkopfes; VP_2 Vorschubpumpe für Querschlitten und Werkstückspannung; *K* Klemmzylinder für Revolverkopf; *S* Schwenkzylinder für Revolverkopf; *R* Verriegelung des Revolverkopfes; $StSch_I$, $StSch_{II}$ Steuerschieber; *VV* Vorspannventil; *DAV* Druckausgleichventil; *SpV* Spannventil für hydraulische Werkstückspannung

Bei der neuzeitlichen, schweren Revolverdrehmaschine in Abb. 160 wird das hydraulische Vorschubgetriebe von Gebr. Heller, Nürtingen, benützt. Die Maschine arbeitet mit 2 Vorschubsystemen; die Vorschubpumpe VP_1 ist für den Vorschub des Revolverschlittens und die

Schwenkung des Werkzeugkopfes, das Pumpenaggregat VP_2 beliefert den Schubkolbentrieb des Querschlittens und die hydraulische Spannvorrichtung des Werkstückes [*29.2*].

Die Steuerung geschieht durch zwei nebeneinanderliegende Schieber $StSch_1$ und $StSch_2$ mit zwei verschieden langen, gleichmittig gelagerten Steuerhebeln. Der Steuerschieber $StSch_1$ besitzt 4 Stellungen: Eilvorschub — Vorschub — Rücklauf — Schwenken. In der Stellung „Schwenken des Werkzeugkopfes" wird zunächst über die Leitung *1* Druckflüssigkeit in den Klemmzylinder *K* geleitet. Der Kolben bewegt sich nach oben und löst die Verriegelung bei *R*, gleichzeitig wird die Kupplung für das Drehen des Kopfes eingeschaltet. Hierauf fließt das Druckmittel über die Leitung *2* in den Schwenkzylinder *S* und schwenkt den Werkzeugkopf. Zur allmählichen Verzögerung der gedrehten Massen befindet sich am Hubende ein Flüssigkeitspolster, so daß ein weiches, schlagfreies Umschalten gewährleistet ist. Der Steuerhebel springt nach dem Loslassen von selbst in die gezeichnete Stellung „Rücklauf". Nun folgt Druckmittelzufuhr über die Leitung *3*. Der Kolben des Klemmzylinders bewegt sich nach unten, schließt die Verriegelung, klemmt den Werkzeugkopf fest und rückt die Kupplung aus. Anschließend folgt der Zufluß von Druckflüssigkeit über die Leitung *4* in die Ringraumseite des Schwenkzylinders und bewegt den Kolben in seine Ausgangsstellung. Das Schwenken des Revolverkopfes läßt sich aneinander anschließend beliebig oft wiederholen, z. B. wenn nicht alle Arbeitslagen mit Werkzeugen besetzt sind oder aber ganz aussetzen, z. B. beim Einrichten.

Sämtliche Bewegungen werden von Hand geschaltet. Es läßt sich aber auch der Eilvorschub auf Vorschub leicht selbsttätig umschalten

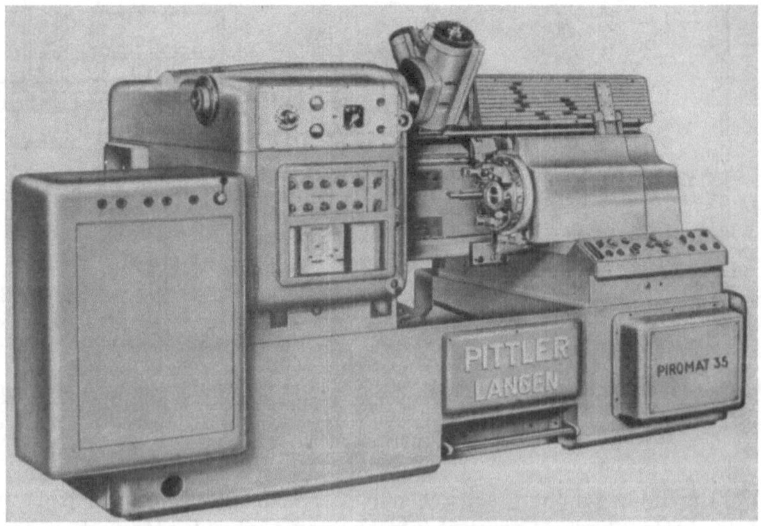

Abb. 161. Automatische Revolver-Drehmaschine „Picomat 35"
Bauart: Pittler Maschinenfabrik A. G., Langen b. Ffm.

und der Werkzeugkopf beim Rücklaufende selbsttätig schwenken sowie der Querschlittenvorschub in beliebiger Arbeitsstellung einschalten.

Die automatische *Revolverdrehmaschine* von Pittler Maschinenfabrik A.G., Langen bei Frankfurt/Main, Abb. 161, besitzt als Träger für eine größere Anzahl von Werkzeugen einen in Trommelbauart ausgeführten Revolverkopf, der von jeder seiner 5 Schaltstellungen in die nächstfolgende in einem beliebigen Schaltsprung vollkommen selbsttätig weitergeschaltet werden kann. Bei jeder Stellung des Revolverkopfes besteht zudem die Möglichkeit, aus der Längsbewegung des Revolverschlittens in die Drehbewegung des Revolverkopfes überzugehen und auf diese Weise Plandreharbeiten, Hinterstiche, Einstiche usw. auszuführen. Innerhalb einer jeden Stellung werden die Werkzeuge für eine vollständige Arbeitsstufe nach einem „Bewegungsprogramm" im Eilgang an das Werkstück herangeführt, die Bearbeitung im vorgewählten Arbeitsvorschub vorgenommen, der Revolverschlitten im Eilgang zurückgefahren und der Revolverkopf schließlich um einen „Schaltsprung" in die nächste Stellung weitergedreht.

Der Revolverschlitten und der Oberschlitten haben einen hydraulischen Antrieb, der es gestattet, sämtliche Eil- und Vorschubgeschwindigkeiten stufenlos einzustellen, und zwar in folgenden Grenzen:

Vorschub,	längs	0,16 bis 16,7 mm/s
	plan	0,12 bis 11,7 mm/s
Eilgang,	längs	6 m/min — 100 mm/s
	plan	10 m/min = 167 mm/s

Für die einzelne Schaltstellung werden beim Einrichten der Maschine die Vorschubgeschwindigkeiten an Drehknöpfen vorn an der Maschine eingestellt; es ist sogar möglich, in einer beliebigen Schaltstellung zusätzlich ein Wechsel der Vorschubgeschwindigkeit in Abhängigkeit von der Bewegung des Revolverschlittens vorzunehmen.

Die Drehlängen werden durch Nocken eingestellt, dabei werden Abschaltgenauigkeiten mit Toleranzen von weniger als 10 μ gewährleistet.

Das Bild 162 zeigt den Hydraulikplan der automatischen Pittler-Revolverdrehmaschine. Ein Elektromotor treibt die auf einer Welle angeordneten Zahnradpumpen ZP 1 und ZP 2 sowie die elektrohydraulisch verstellbare Axialkolbenpumpe RP ständig an. Die Zahnradpumpe ZP 1 erzeugt das Steueröl für die Verstellpumpe, die Hydraulikmotoren und die Belastung verschiedener Ventile. Die Zahnradpumpe ZP 2 liefert das Drucköl für die Betätigung des Indexbolzens und der hydraulischen Schlittenklemmung. Der Hydraulikmotor HM 1 dient zum Längsbewegen des Revolverschlittens in Eil-, Arbeits- und Feinvorschub-Geschwindigkeit. Der Hydraulikmotor HM 2 bewirkt das Planverdrehen des Revolverkopfes sowohl beim Weiterschalten von einer Schaltstellung in die nächste als auch im Verlauf einer Schaltstellung zum Plandrehen, Einstechen oder Abheben des Stahles von der gedrehten Fläche. Maximaldruck- und Vorspannventile dienen zur Erhaltung bestimmter Öldrücke in verschiedenen Leitungen. Magnetventile steuern die Art und Richtung der Bewegung. Sie werden beim Einrichten der Maschine durch Druck-

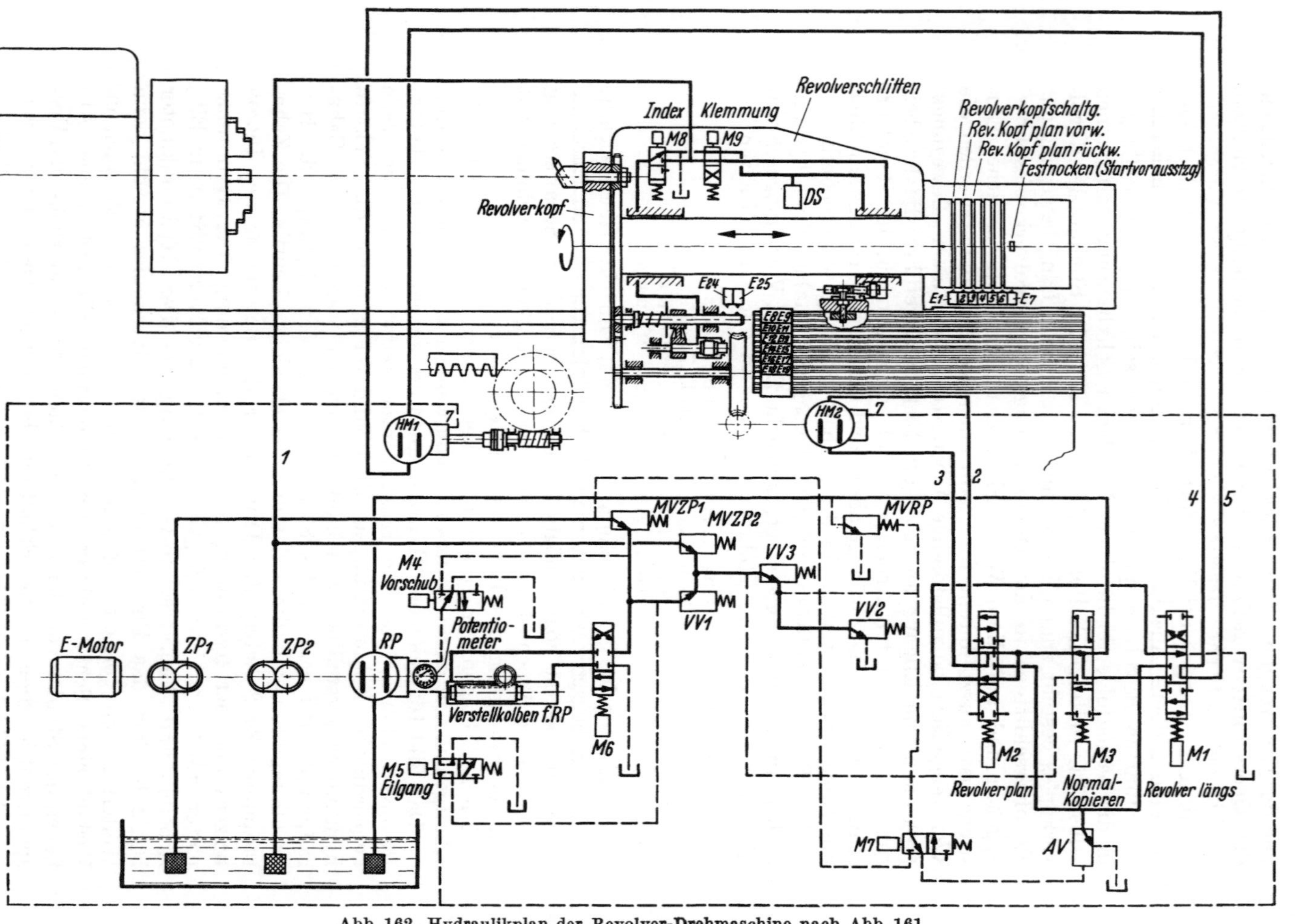

Abb. 162. Hydraulikplan der Revolver-Drehmaschine nach Abb. 161

knopfimpulse oder beim automatischen Betrieb nach Programm durch Nockenimpulse gesteuert. Diese Nocken sind an der Nockentafel und an der Nockentrommel verstellbar angeordnet und arbeiten mit entsprechenden Endschaltern E 1 bis E 19 zusammen.

Die elektrische Schaltung ist so vorgenommen, daß bestimmte zusammengehörende Schaltvorgänge auch beim Einrichten nach Drücken des entsprechenden Druckknopfes automatisch ablaufen. Zum Beispiel wird beim Einschalten der Revolverplanbewegung stets automatisch der Indexbolzen aus der Verriegelungsstellung herausgezogen — die Endschalter E 24 und E 25 kontrollieren die Stellung des Indexbolzens — der Revolverschlitten wird durch Schalten des Magnetventils M 9 auf dem Bett der Maschine festgeklemmt und erst danach kann das Hydrauliköl durch Betätigen des entsprechenden Magnetventils M 2 zu dem Hydraulikmotor MH 2 gelangen.

3.4 Wälzfräsmaschinen

3.41 Waagerecht-, Plan- und Langfräsmaschinen

Auch bei den Fräsmaschinen gestattet die stufenlose hydraulische Einstellung der *Schnitt- und Vorschubgeschwindigkeiten* die Maschine den verschiedenartigen Werk- und Schneidstoffen, Spanquerschnitten und Werkstückdurchmessern anzupassen und die verfügbare Antriebsleistung stets voll auszunützen. Der Verstellbereich der Spindeldrehzahlen kann, wenn erforderlich, durch eine Kombination von Flüssigkeitsgetriebe und Rädervorgelege noch erweitert werden, um die Schnittgeschwindigkeiten für alle vorkommenden Bearbeitungsaufgaben abzustimmen. Im Gegensatz zu den meisten mechanischen Vorschubgetrieben der Fräsmaschinen werden die hydraulischen Fräsvorschübe nicht vom Hauptgetriebe abgeleitet, sie sind demnach unabhängig von den Drehzahlen der Frässpindel.

Abb. 163. Hydromatic Planfräsmaschine der Cincinnati Milling Machine Co., Cincinnati (Ohio)/USA

Die amerikanische Planfräsmaschine „*Hydromatic*" der Cincinnati Milling Machine Co., Cincinnati (Abb. 163), gilt als eine der leistungsfähigsten Produktionsmaschinen, liefert sie selbst beim Schruppfräsen mit widiabestückten Fräsköpfen von 500 mm Durchmesser und stärkster Zustellung ($s = 15$ mm/s, $t = 6$ mm) eine vollkommen saubere und genaue Fräsarbeit. Die Überlegenheit dieser amerikanischen Maschine ist bedingt durch:

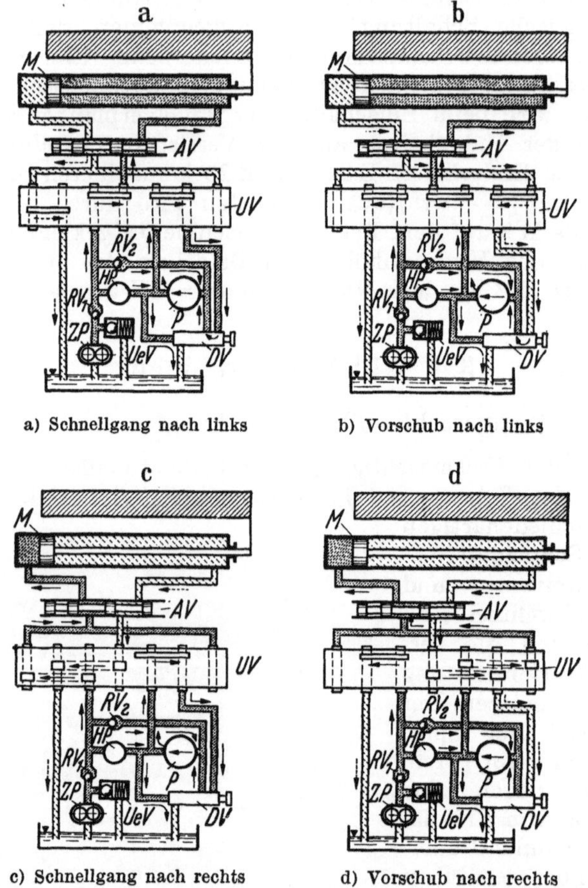

a) Schnellgang nach links b) Vorschub nach links

c) Schnellgang nach rechts d) Vorschub nach rechts

Abb. 164a—d. Flüssigkeitsgetriebe und Schaltungen für den Tischantrieb der Cincinnati-Planfräsmaschine

P Hochdruckpumpe; *HP* Hochdruckzusatzpumpe; *ZP* Zahnradpumpe; *AV* Stillsetz- und Anfahrventil; *UV* Umsteuerventil; *DV* Differenzdruckventil; *UeV* Überdruckventil; RV_1 und RV_2 Rückschlagventile; *M* Flüssigkeitsmotor

a) den sehr kräftigen Aufbau; b) die stark bemessene Frässpindel mit engspieligen und „starren“ Schrägrollenlagern; c) das „narrensichere“ Arbeiten des hydraulischen Tischantriebes.

Kennzeichnend für das Vorschubgetriebe ist erstens das Verriegeln des Tisches am Hubende, so daß er sich unter der Einwirkung des Fräsers nicht mehr weiterbewegen bzw. beim Tauchfräsen der Fräser sich freischneiden kann, und zweitens der *geschlossene* Flüssigkeitskreislauf. Die Anordnung des Getriebes und die einzelnen Schaltungen sind aus den Abb. 164a bis d zu ersehen. Die verstellbare Hochdruckpumpe P pumpt die aus der einen Zylinderseite entnommene Flüssigkeitsmenge entsprechend ihrer Einstellung in die andere Zylinderseite hinein und bestimmt mithin die Größe der Tischgeschwindigkeit (Vorschubgeschwindigkeit von 0 bis 12,5 mm/s, Eilbewegung 125 mm/s). Die Hochdruck-Zusatzpumpe HP dient zum Ausgleich von Undichtigkeitsverlusten und erzeugt auf der der Vorschubrichtung entgegengesetzten Zylinderseite einen Überdruck. Die Zahnradpumpe ZP liefert den gleichbleibenden Druck für die Eilbewegung. An Steuerorganen sind vorgesehen: ein Stillsetz- und Anfahrventil AV, ein Umsteuerventil UV, ein Differenzdruckventil DV, ein Überdruckventil UeV sowie die Rückschlagventile RV_1 und RV_2. Das Umsteuerventil UV wird von Hand oder selbsttätig durch Anschläge verstellt und ist so ausgebildet, daß bei Stellung auf Schnellgang der Vorschubkreislauf und umgekehrt bei Stellung auf Vorschub der Schnellgangkreislauf kurzgeschlossen ist. Das in die Druckleitung des Schnellganges eingebaute Rückschlagventil RV_1 verhindert den Rückfluß des Triebmittels in dieser Leitung und ermöglicht schnellen Rückgang des Tisches auch dann, wenn sich dieser in gleicher Richtung mit dem Vorschub in schwerem Schnitt befindet. Ohne Anordnung des Ventils RV_1 könnte sich der Tisch unter dem Fräser festklemmen, da die waagerechte, auf den Tisch in Richtung des Vorschubs ausgeübte Schnittkraftkomponente den zur Einleitung des Schnellrückganges erforderlichen niedrigen Druck überwinden, also sich der Flüssigkeitsstrom umkehren und das Überdruckventil UeV öffnen könnte. Das Differenzdruckventil DV steuert den Vorwärtsdruck des Arbeitsstromkreises selbsttätig, entsprechend der jeweiligen Größe des Schnittdruckes. Je nachdem, ob gleichlaufend mit der Vorschubrichtung oder entgegengesetzt zur Vorschubrichtung gefräst wird, ändert sich der hinter dem Vorschubkolben bestehende Gegendruck entsprechend der Richtung und Größe des Gesamtschnittwiderstandes (vgl. S. 165).

3.42 Nachformfräsmaschinen

Das Nachformfräsen von Gesenken, Prägewalzen, Preß-, Zieh- und Gußformen sowie von Schiffsschrauben, Luftschraubennaben und anderen Raumformen verlangt bei genauer Einhaltung der geforderten Formen eine besondere Feinfühligkeit und leichte Steuerbarkeit der Fühler- und Fräserbewegungen. Es haben sich 2 Arbeitsverfahren bewährt, nämlich das selbsttätige Nachformen mit elektrischer Fühlersteuerung oder mit Photozellensteuerung und das hydraulisch gesteuerte Nachformen, das entweder selbsttätig oder von Hand bewirkt wird.

Die in Abb. 165 und 166 dargestellten, fühlergesteuerten Nachformfräsmaschinen [*22*] verwenden ein sehr feinfühlig arbeitendes Steuerventil mit einem als Servomotor wirkenden Hilfskolben. Schon die geringste Verschiebung des in mehreren Druckkammern unterteilten Kolbenschiebers erzeugt in beiden Bewegungsrichtungen einen starken Drosselwiderstand zwischen den Kanten des Steuerschiebers und der Drosselschlitzen der Schieberbüchse und eine Veränderung des Druckgleichgewichtes, wodurch eine Verdrängung der Druckflüssigkeit durch die Auslaßöffnungen bewirkt wird und eine Rückführung des Schiebers einsetzt, die wiederum einen Abfall der Druckdifferenz schafft, so daß der Mechanismus schnell wieder zur Ruhe kommt.

Dieses Steuergerät hat — um es mit einem Begriff der Meßtechnik auszudrücken — eine große Ansprechempfindlichkeit.

Bei dem Anwendungsbeispiel in Abb. 165 liegt die Achse des Fühlers in der Schablonen-Ebene. Der Fühler wirkt unmittelbar auf den Kolbenschieber *Sch*, der die Zu- und Ableitung der Druckflüssigkeit sowohl für den Schubkolbentrieb M_1 des Fräskopfes wie auch für Antrieb M_2 des Arbeitstisches mit Werkstück und Schablone steuert. Der Fühler

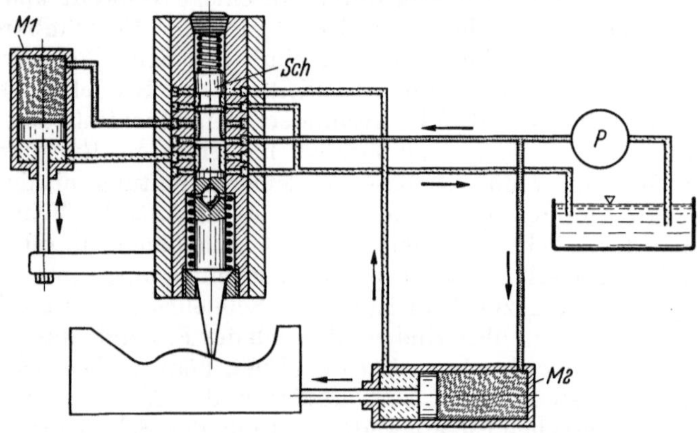

Abb. 165. Fühlergesteuerte Nachformfräseinrichtung Fühlerachse in Schablonenebene (180°-Fühler) Bauart: Cincinnati Milling Machine Co., Cincinnati (Ohio)/USA

sucht ständig Kontakt mit der Schablone, da eine Feder gegen die obere Stirnseite des Schiebers drückt und damit das Ventil in seiner untersten Stellung hält. Die von der Pumpe geförderte Druckflüssigkeit gelangt in den oberen Zylinderraum des Antriebes M_1 und schiebt den Kolben und damit den Fräskopf nach unten. Sobald der Fühler zum Anliegen an die Schablone kommt, kehrt der Kolbenschieber in seine Nullstellung zurück, und jede weitere Abwärtsbewegung des Fräserschlittens wird unterbrochen; zugleich wird ein Drosselschlitz am oberen Teil der Schieberbüchse geöffnet, die Druckflüssigkeit kann aus dem linken Zylinderraum des Arbeitstisch-Antriebes M_2 entweichen, der Tisch mit Werkstück und Schablone bewegt sich in Vorschubrichtung. Trifft der Fühler auf eine stärkere Abweichung des Schablonenumrisses, so schlägt er dementsprechend auch stärker aus, erzeugt eine Aufwärtsbewegung des Kolbenschiebers und damit ein mehr oder weniger starkes Abdrosseln des Flüssigkeitsstromes von M_2. Geht die Umrißlinie der Schablone senkrecht in die Höhe (senkrechte Kante), so wird der Drosselschlitz im Schieber gänzlich geschlossen, die Vorschubbewegung des Arbeitstisches hört auf. Ein Nachformfräsen ist bei einem Taster, der in der Umrißebene liegt, nur in einem Winkelbereich zwischen 0 und 90° möglich. Senkrechte Kanten oder Flächen können nicht mehr gefräst werden.

Abb. 166 zeigt eine Nachformsteuerung mit einem Fühler, dessen Achse senkrecht zu der abzutastenden Umrißlinie liegt, und der eine geschlossene Umrißlinie vollkommen umfahren kann, bei dem also nicht wie bei dem zuvor erwähnten Beispiel eine Begrenzung gegeben ist. Der bereits beschriebene Kolbenschieber *Sch* ist hier nicht un-

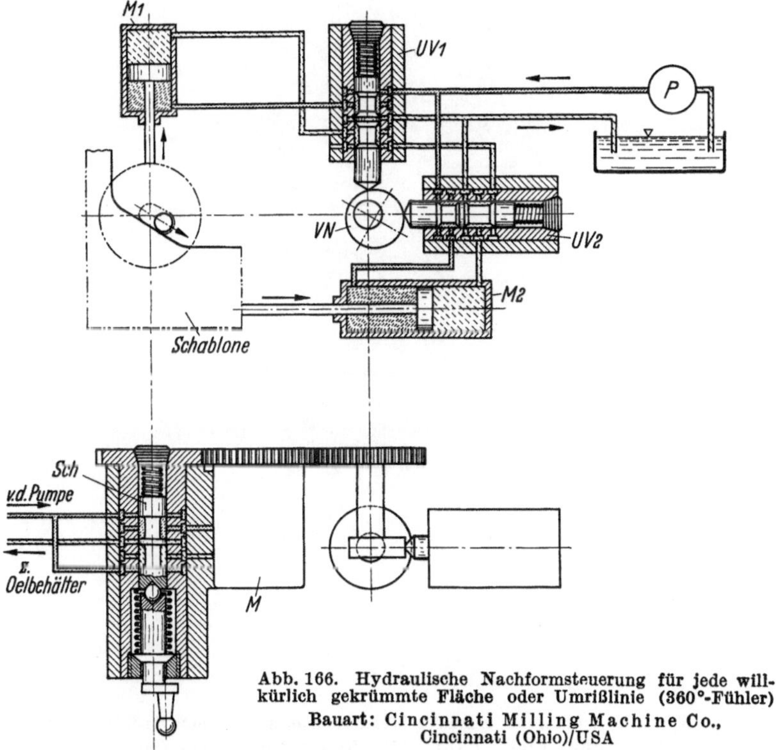

Abb. 166. Hydraulische Nachformsteuerung für jede willkürlich gekrümmte Fläche oder Umrißlinie (360°-Fühler)
Bauart: Cincinnati Milling Machine Co., Cincinnati (Ohio)/USA

mittelbar mit den Vorschubantrieben verbunden, diese werden vielmehr mit zusätzlichen Ventilen gesteuert.

Der Fühler, in dessen Ende ein exzentrisch angeordneter Fühlerfinger sitzt, ist mit dem Kolbenschieber *Sch* verbunden; dieser steuert die Drehrichtung eines Flüssigkeitsmotors *M* [*34*], der über ein Zahnradvorgelege mit einem Handrad (in Abb. 166 nicht dargestellt) und einer Nockenscheibe verbunden ist. Die Nockenscheibe wirkt auf 2 Umsteuerventile für den Schubkolbentrieb M_1 und M_2. Der Antrieb M_1 ist für den Schlitten mit Fräskopf und Fühler, M_2 betätigt den Arbeitstisch mit Werkstück und Meisterstück oder Schablone. Die Vorschubgeschwindigkeit wird durch die Größe der Exzentrizität an der Vorschubnocke *VN* bestimmt.

Der Fühlerfinger ist — wie schon erwähnt — exzentrisch zu der Achse des Handrades angeordnet und kann aus seiner eigenen Achsrichtung abgewinkelt werden. Drei verschiedene Stellungen bestimmen die Drehrichtung der Fühlerachse um die Handradachse, nämlich: nicht ausgelenkt, negativ ausgelenkt, positiv ausgelenkt.

In der negativen Auslenkung dreht sich der Fühler im Uhrzeigersinn, bei der positiven Auslenkung gegen den Uhrzeigersinn, und wenn er nicht ausgelenkt wird, findet keine Drehung statt. Die Auslenkbeträge von einer Stellung in die andere können außerordentlich klein sein (etwa 0,02 mm).

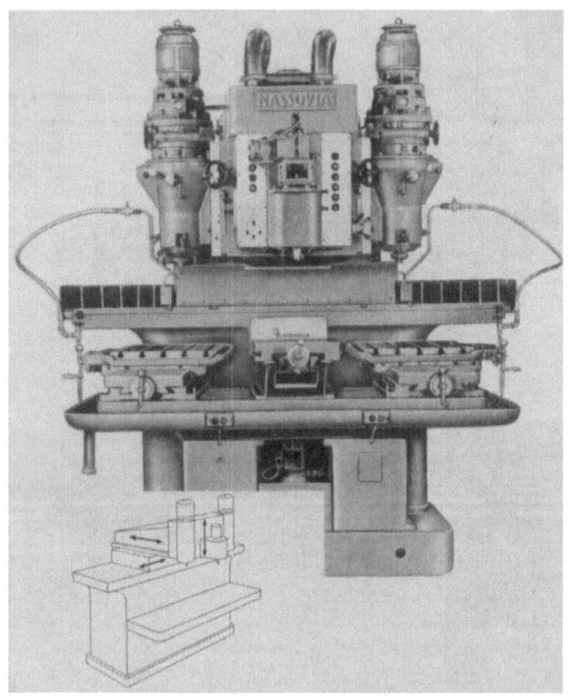

Abb. 167. Vollautomatische Nachformfräsmaschine „Nassovia-Sentidux"
Hanns Fickert G.m.b.H., Langen bei Frankfurt/Main

Sobald der Fühler das Meisterstück oder die Schablone berührt, setzt selbsttätig die hydraulische Fühlersteuerung ein.

Wenn der Fühler bei der Berührung mit dem Meisterstück eine zu starke positive Abbiegung erfährt, dann erhält er eine Drehrichtung, die ihn von der Umrißlinie wegführt. Wenn auf der anderen Seite die Auslenkung negativ ist, dann erfährt der Fühler eine Drehrichtung gegen das Meisterstück hin. Bis zur richtigen Anlage des Fühlers an der Umrißlinie werden die Vorschubschlitten hydraulisch bewegt.

Gelangt der Fühler an die äußerste Begrenzung der Umrißkurve, also etwa an eine Ecke oder Kante, so wird die Vorschubbewegung der beiden Bewegungskomponenten verlangsamt, um ein sauberes Nachformen dieser Stellen zu gewähren.

Die vollautomatisch arbeitende Nachformfräsmaschine „*Nassovia-Sentidux*", Bauart: Nassovia Maschinenfabrik Hanns Fickert G.m.b.H., Langen bei Frankfurt/Main, Abb. 167, besitzt eine elektrohydraulische Steuerung, die von einem Taster ausgehend alle Bewegungen hydraulisch betätigt; bewegt werden bei dieser Maschine zwei senkrecht angeordnete Fräsköpfe und der zwischen diesen angebrachte Tastkopf, während das Werkstück und das Modell stillstehen. Auf einem fest mit dem Maschinenkörper verbundenen Grundtisch sind drei einzelne Aufsatztische angeordnet, von denen der mittlere, nur in einer Richtung verstellbare, für die Aufnahme des Modells bestimmt ist und die beiden anderen, rechts und links davon, die eigentlichen Frästische darstellen, die längs und quer in der Waagerechten verfahrbar sind. Über diesen Tischen befinden sich die Frässpindeln, die einzeln einstellbar an einem Vertikalschlitten befestigt sind. Außer den Frässpindeln trägt der Vertikalschlitten auch die Steuereinrichtung mit dem Taster.

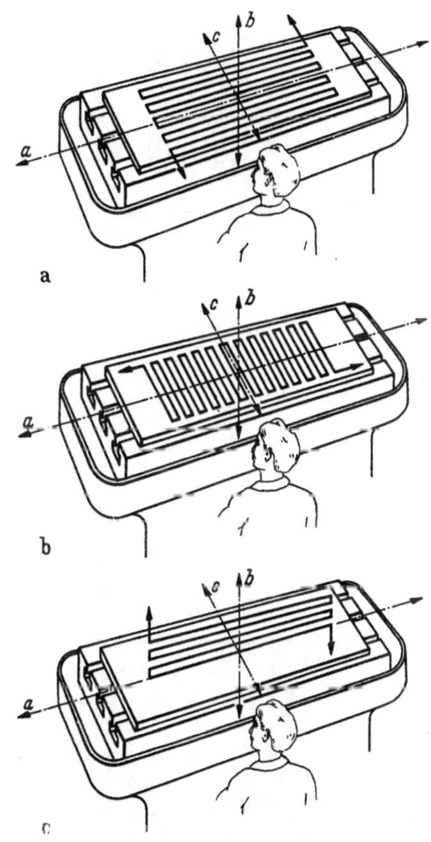

Abb. 168. Verlauf der Bewegungskomponenten beim dreidimensionalen Zeilenfräsen
a Tischlängsachse; *b* Querachse; *c* Senkrechtsachse

Tastbewegung:	a) senkrecht	b) senkrecht	c) senkrecht
Vorschub:	a) längs	b) quer	c) längs
Zeilenschaltung:	a) quer	b) längs	c) senkrecht

Der Kreuzschlitten ist auf dem Maschinenständer in gehärteten und geschliffenen Stahlführungen auf Rollen gelagert. Der in Längsrichtung bewegliche Längsschlitten nimmt den in Querrichtung verschiebbaren Querschlitten auf, der wiederum stirnseitig den senkrecht beweglichen Vertikalschlitten mit Fräs- und Tastkopf führt. Die Vorschubgeschwindigkeiten sind in den Richtungen längs, quer und senkrecht zwischen 0,5 und 6 mm/s einstellbar. Das dreidimensionale Nachformfräsen wird durch das Zusammenwirken von 3 Bewegungsrichtungen erzielt, nämlich: Tastbewegung, Vorschub, Zeilenschaltung.

Beim *Vertikalkopieren* oder *Zeilenfräsen* liegen z. B. die Tastbewegung in Vertikalrichtung, der Vorschub in Längs- oder Querrichtung, die Zeilenschaltung in Quer- oder Längsrichtung, Abb. 168a

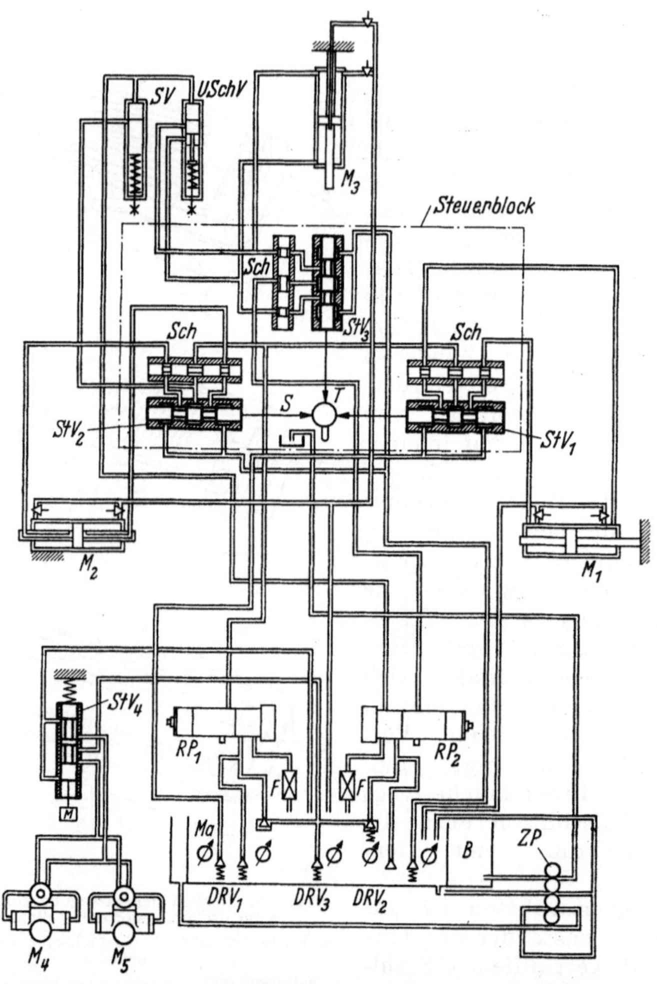

Abb. 169. Hydraulischer Schaltplan für die Sentidux-Nachform-Fräsmaschine
RP_1 Verstellpumpe für Vorschub- und Eilbewegung längs und quer; RP_2 Verstellpumpe für Vorschub- und Eilbewegung senkrecht; M_1 Schubkolbentrieb für Längsschlitten; M_2 Schubkolbentrieb für Querschlitten; M_3 Schubkolbentrieb für Senkrechtschlitten; M_4 und M_5 Zeilenbeistellzylinder; T Taster; StV_1 Steuerventil für Längsschlitten; StV_2 Steuerventil für Querschlitten; StV_3 Steuerventil für Senkrechtschlitten; StV_4 Steuerventil, magnetisch betätigt, für Zeilenbeistellung; *Sch* Kolbenschieber für Zeilenbeistellung; *F* Filter; *B* Sammelbehälter; *Ma* Druckmesser; *S* Ölsumpf im Tastergehäuse; *ZP* Zahnradpumpe; *SV* Sicherheitsventil; *USchV* Umschaltventil für M_3; DRV_1 Stellventil für Vorschub längs; DRV_2 Stellventil für Vorschub quer und senkrecht; DRV_3 Stellventil für Zeilenbeistellung; *M* Magnet für Steuerventil StV_4

und b. Sinngemäß liegt beim *Horizontalkopieren* oder *Umrißfräsen* die Tastbewegung in Horizontalrichtung, der Vorschub in Längs- oder Querrichtung und die Zeilenschaltung in Vertikalrichtung, Abb. 168c.

Tastrichtung und Vorschubbewegung werden gleichzeitig vom Tastkopf hydraulisch gesteuert. Die in ihrer Größe verstellbare Zeilenschaltung „quer", „längs" und „senkrecht" geschieht durch die automatische Zeilenbeistelleinrichtung (Fräszeilenbreite zwischen 0,05 und 6,0 mm jeweils um 0,05 mm steigend).

Die Tasteinrichtung ist zugleich Tast-, Meß- und Kommandogerät; sie besteht im wesentlichen aus der spielfrei gelagerten Tasterstange, die über die Steuerventile StV_1, StV_2, StV_3 und die Kolbenschieber *Sch unmittelbar* auf die Schubkolbentriebe M_1, M_2 und M_3 (Abb. 169) für die einzelnen Schlitten wirkt, und der Vorsteuereinrichtung, die den Taststift in steter Anlage am Kopiermodell entlangführt.

Die Tasterstange *a* (Abbildung 170) ist so gelagert, daß sie, bezogen auf ihre Null-Lage, nur parallele Bewegungen ausführen kann. Der Begriff „Null-Lage" besagt die Stellung, bei der die hydraulischen Steuerventile *s*, die mit der Tasterstange verbunden sind, eine Stellung haben, bei der in keiner Richtung eine Schlittenbewegung möglich ist.

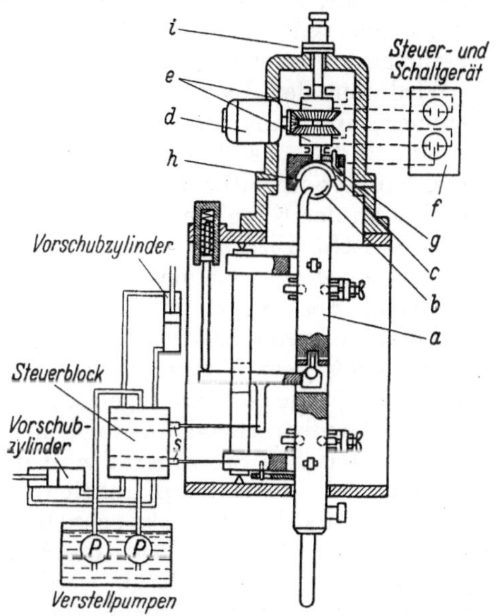

Abb. 170. Elektro-hydraulische Tasteinrichtung an der Sentidux-Nachform-Fräsmaschine

Die Vorsteuereinrichtung besteht aus einem durch einen Elektromotor *d* in Drehung versetzten Meßkopf, der um die am oberen Ende der Tasterstange befindliche Kugel *b* läuft. Mit Hilfe einer Wendekupplung *e* kann der Meßkopf im Uhrzeigersinne, oder auch entgegengesetzt, umlaufen. Die Wendekupplung wird aus den beiden Elektronenröhren des Steuergerätes *f* gespeist. Kugel und Meßkopf bilden einen Schalter, um das eine oder andere Elektronenrohr einzuschalten.

Der Kontakt *h* steht mit dem elektronischen Schalt- und Steuergerät *f* in Verbindung. Wenn die Kugel den Kontakt berührt, wird ein Elektronenrohr gezündet und damit eine Seite der elektro-magnetischen Wendekupplung eingeschaltet. Wenn keine Berührung gegeben ist, zündet das andere Elektronenrohr, und die andere Kupplungsseite wird betätigt. So läuft der Meßkopf im Uhrzeigersinne oder umgekehrt um.

Ein federbelasteter Hebel *g* drückt die sich an der Tasterstange befindliche Kugel an eine ihm gegenüberliegende Kontaktstelle *h* des Meßkopfes an. Auf diese Weise kommt die Tasterstange in exzentrische Lage zum Meßkopf und wird von diesem exzenterförmig bewegt. Die Exzentrizität beim Umlauf der Tasterstange bewegt sich in Dimensionen von etwa 0,15 mm. Sie kann größer oder kleiner eingestellt werden.

Im Leerlauf, das ist solange der Taster noch keine Berührung mit dem Modell hat, oder anders ausgedrückt, solange noch kein Kopiervorgang eingeleitet ist, wird die Tasterstange in einem kleinen Kreis von etwa 0,3 mm Durchmesser um ihre Null-Lage herumbewegt, weil Hebel *g* die Kugel an den Kontakt *h* in exzentrische Lage gedrückt hat. Der Fräser der Nachformfräsmaschine führt dabei auch einen Kreisweg aus, weil auf Grund der schon erwähnten festen Verbindung der 3 Steuerventile mit der Tasterstange das hydraulische Vorschubsystem gesteuert wird.

Wird nun der Taststift an ein Modell herangeführt, z. B. handgesteuert, und dann die automatische Steuerung benutzt, so hindert das Modell das „Leerlaufkreisen". Der Meßkopf will im Maß der eingestellten Exzentrizität mit der Stärke der eingestellten Federkraft die von ihm an der Kugel „erfaßte" Tasterstange im Kreise bewegen. Am Taststift steht aber nun ein Modell entgegen und hält ihn so lange in dieser Lage fest, als sich die Modellform nicht ändert. Da bei der Berührung der Kugel mit dem Meßkopfkontakt ein bestimmtes Elektronenrohr eine bestimmte Drehrichtung über die Wendekupplung festlegt, geht diese Kontaktberührung nach kleinem Winkelweg verloren, weil ja die Tasterstange stehenbleibt. Der federbelastete Hebel muß dabei entsprechend ausweichen.

Im elektrischen Steuergerät wird dann das andere Elektronenrohr gezündet und die Meßkopfdrehrichtung umgekehrt. Das wiederholt sich als kaum sichtbarer sehr schneller Schaltvorgang (eine Art Flimmern) so lange, bis der Taster die Möglichkeit hat, vom Meßkopf in eine andere Lage verstellt zu werden. So bewegt die Vorsteuereinrichtung wie eine menschliche Hand den Taster jedem beliebigen Modellumriß entlang, und die hydraulischen Frässchlitten mit den Fräsköpfen und den Fräsern beschreiben den gleichen Weg.

Die Federkraft am Hebel *g* wird durch die Tasterstange auf den Taststift übertragen und an der Berührungsstelle Taststift—Modell nach dem Kräfteparallelogramm zerlegt. Eine Komponente wirkt als Andruckkraft des Tasters an das Modell, die andere als Verstellkraft für die hydraulischen Ventile. Die Richtung dieser Verstellkraft ist die gleiche der jeweiligen Formtangente am Berührungspunkt zwischen Taster und Modell.

Die hydraulischen Ventile sind so eingestellt, daß die Vorschubrichtung der Schlitten mit den Fräsköpfen und den am Werkstück spanabhebenden Fräsern dieser Formtangente entspricht. So entsteht am Werkstück nach einer gegebenen Form (Kopiermodell) eine Kopie, die nach Form und Maßgenauigkeit sehr hohen Anforderungen entspricht.

Der Meßkopf ist schwenkbar um die Tasterstangenkugel angeordnet. Durch Schwenken um 90° kann die Tastbewegung von der horizontalen in die vertikale Ebene gelegt werden (Zeilenfräsen oder Umrißfräsen mit Außenkontur und Innenkontur).

Als Sicherheitseinrichtung ist ein von einem 12 Volt-Akkumulator betriebener, kleiner Elektromotor vorhanden. Sobald bei plötzlichem Stromausfall der Flüssigkeitsdruck nachlassen würde, so daß die Frässchlitten niedergehen und Tastkopf, Werkzeuge und Werkstücke beschädigt werden könnten, wird dieser Motor selbsttätig eingeschaltet. Er ist in der Lage, den Flüssigkeitsdruck so lange aufrechtzuerhalten, bis sich Taststift und Werkzeuge abgehoben haben und der Schlitten in seiner Lage blockiert ist.

3.43 Wälzfräsautomaten

Bei dem Doppel-Räderfräsautomaten DRA von H. Pfauter, Ludwigsburg/Württemberg, werden die Bewegungen aller Schlitten der Maschine hydraulisch durchgeführt, d. h. der Axialvorschub des Werkstückschlittens wird mit einer Verstellpumpe, einem Flüssigkeitsmotor und einer Axialvorschubspindel betätigt, die gleiche Verstellpumpe und ein Schubkolbengetriebe bewirken den Radialvorschub des Fräskopfträgers, Abb. 171.

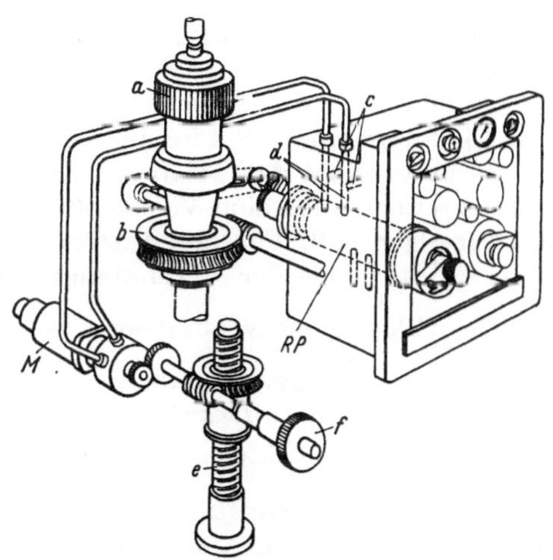

Abb. 171. Hydraulischer Axialvorschub für den Werkstückschlitten
Bauart: Hermann Pfauter, Ludwigsburg/Württbg.
a Werkstück; *b* Teilgetriebe; *c* Eilgangöl; *d* Vorschuböl; *M* Hydraulikmotor; *e* Axialvorschubspindel; *f* zum Differentialgetriebe; *RP* Vorschub-Verstellpumpe

Außerdem werden hydraulisch betätigt:

Die Auf- und Abwärtsbewegung des Gegenhalters, das Verklemmen des Fraskopfträgers und des Tangentialschlittens nach der selbsttätigen Fräserverschiebung und schließlich das Umschalten der Verstellpumpe von Radial- auf Axialvorschub und umgekehrt entsprechend dem Arbeitskreislauf (Radialfräsen, Axialfräsen, Radial-Axialfräsen).

Die Vorschubverstellpumpe RP_1 oder RP_2 wird über Teilschnecke und Teilwelle des Tischgetriebes angetrieben und gibt eine genau bemessene Druckflüssigkeitsmenge an den Flüssigkeitsmotor M_1 oder M_2 ab; dieser wirkt auf das Schneckengetriebe der Vorschubspindel für die Axialbewegung des Werkstückschlittens. Der Einstellbereich der hydraulischen Axialvorschübe ist 1:12, von 0,5 bis 6 mm/Werkstückumdrehung. Der besondere Antrieb der Vorschubverstellpumpe wurde gewählt, um Vorschubgrößen bei der Axialverschiebung des Werkstückschlittens — wie übrigens auch bei der Radialverschiebung des

Fräskopfes — zu erhalten, die in fester Beziehung zur Werkstückumdrehung stehen. Dies wird damit begründet, daß beim Wälzfräsen von Verzahnungen sämtliche Zähne am Umfang eines Zahnrades in einem Arbeitsgang entsprechend dem Vorschub des Werkstückes über die Radbreite zusammen ausgeschnitten werden; es ist daher die Vorschubgröße von der Umdrehung des Werkstückes abhängig zu machen.

Der Zustellmechanismus für den Fräskopf besteht aus der Verstellpumpe RP_1 oder RP_2 und dem Schubkolbentrieb M_3 oder M_4, dessen Differentialkolben über eine Kolbenstange mit dem Fräskopfträger verbunden ist; die Zustellung geschieht, wie schon erwähnt, in Abhängigkeit von der Werkstückumdrehung und kann zwischen 0,3 und 3 mm/Werkstückumdrehung stufenlos verstellt werden.

Fräskopfträger und Werkstückschlitten können über ihre hydraulischen Vorschubantriebe auch im Eilgang bewegt werden. Beim Werkstückschlitten schaltet sich die Eilgangpumpe EP ein, um die zusätzlich erforderliche Triebmittelmenge zu liefern. Beim Vorlauf des Fräskopfträgers wird die verdrängte Flüssigkeitsmenge aus der kleinen Kolbenflächenseite über einen Eilgangschieber zur Schnellverschiebung benützt, und zwar wird sie nach der großen Kolbenflächenseite geleitet; die Eilgangpumpe EP wird hierbei nicht eingeschaltet. Das Eilgangventil unterbricht den Triebmittelfluß, wenn der Fräser in Anschnittstellung steht und seine Verschiebung nun mit Vorschubgeschwindigkeit erfolgen soll. Für den Eilrücklauf des Fräskopfträgers wird die Flüssigkeitsmenge der Arbeitspumpe AP benützt.

Die Eilganggeschwindigkeiten sind:

Fräskopfträger, vorwärts	17 mm/s = 1,00 m/min
rückwärts	30 mm/s = 1,75 m/min
Werkstückschlitten	17 mm/s = 1,00 m/min

In dem Maschinenständer ist das Pumpenaggregat untergebracht, bestehend aus einem Antriebsmotor ($n = 1500$ U/min), den 2 Arbeitspumpen AP_1 und AP_2 ($Q = 20$ l/min) für die Versorgung der Vorschub-Regelpumpen RP_1 und RP_2 mit Druckflüssigkeit, einer Magnetkupplung für die Eilgangpumpe und der Eilgangpumpe EP ($Q = 80$ l/min).

Aus dem Schaltplan, Abb. 172, ist ferner die hydraulische Klemmvorrichtung für die Fräsköpfe und den Frässchlitten zu ersehen.

Diese Maschine ist mit einer mechanisch-hydraulischen Werkstückspanneinrichtung versehen, bei der ein Paket von Tellerfedern, das über der Werkstückspindel sitzt, das Spannen mit einer einstellbaren Kraft bis zu 6000 kg ermöglicht. Soll die Werkstückspannung gelöst werden, so wirkt die gegen einen Entlastungskolben von unten zugeführte Druckflüssigkeit der Tellerfederkraft entgegen. Die Werkstückspannung ist an die elektro-hydraulische Steuerung der Maschine angeschlossen. Sie kann von Hand betätigt oder innerhalb des Arbeitskreislaufes selbsttätig einsetzen.

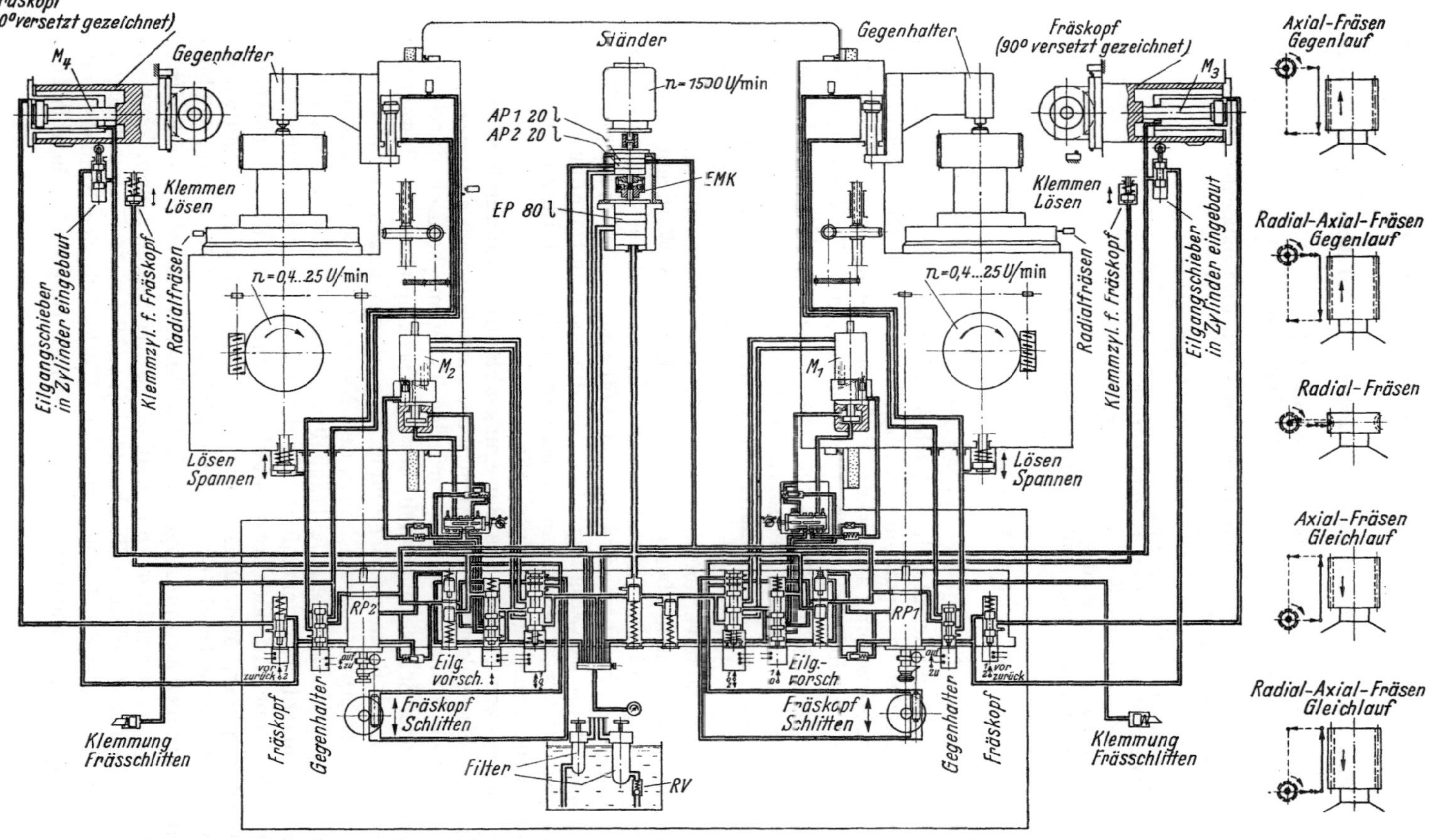

Abb. 172. Schaltplan eines hydraulischen Doppel-Räderfräsautomaten. Bauart: Hermann Pfauter, Ludwigsburg/Württbg.

Der Arbeitskreislauf beim Radial-Axialfräsen der Maschine ist folgender:

1. Spannen des Werkstückes durch Federkraft und Abfahren des Gegenhalterarmes;
2. Eilvorlauf des Fräskopfes in Anschnittstellung;
3. Hauptmotor und Kühlmittelpumpe laufen an;
4. Radialvorschub läuft ab;
5. Axialvorschub des Werkstückschlittens und Fräskopfklemmung ein;
6. Axialvorschub läuft ab;
7. Axialvorschub aus, Fräskopfklemmung wird gelöst;
8. Fräskopf im Eilgang zurück;
9. Werkstückschlitten im Eilgang zurück;
10. Hauptmotor und Kühlmittelpumpe aus;
11. Gegenhalterarm wird gehoben;
12. Werkstückspannung hydraulisch gelöst.

3.5 Hobelmaschinen

Beim Hobeln fällt die Horizontalkomponente der Schnittkraft in die Vorschubrichtung des Maschinentisches, infolgedessen werden sich Unregelmäßigkeiten im Spanablauf auch störend auf die Gleichförmigkeit der Vorschubbewegung auswirken. Es können beispielsweise durch die Schnittkraft periodische Stöße bzw. schwingende Kräfte entstehen, wenn die Späne sich ruckweise von dem Werkstück ablösen und damit in die Maschine Erschütterungen bringen. Diese als „Spanbruchfrequenz" bekannte Erscheinung tritt in derselben Weise beim Drehen und Fräsen auf. Hierbei ist der periodische Wechsel der Schnittkraft zwischen 2 Extremwerten die Ursache für das Entstehen von Schwingungen. Diese können aber auch durch die Form des Werkzeuges, seine Einspannung und die Gestalt der Bearbeitungsfläche (unterbrochen oder abgesetzt) hervorgerufen werden. Während es sich im ersten Falle um eigenerregte Schwingungen handelt, die aus dem Spanungsvorgang bzw. der Art der Spanbildung zu erklären sind, liegen im zweiten Fall erzwungene Schwingungen vor [*89*].

Eine weitere Störung des Bewegungsablaufes kann durch Stöße infolge von Massenkräften beim Umsteuern am Hubende auftreten. Bei den meisten Hobelmaschinen wird der Tisch mechanisch durch ein Zahnrad- oder Schneckengetriebe bewegt. Das Umkehren der Bewegung geschieht durch Riemenverschiebung, Magnetkupplungen oder Umkehrmotor. Diese Antriebsarten haben den Nachteil, daß sich bei höheren Schnittgeschwindigkeiten die Trägheit der umzusteuernden Massen bemerkbar macht und demzufolge für die Umkehr der Bewegungsrichtung aller schnellaufender Getriebeteile, wie Zahnräder, Riemenscheiben, Magnetkupplung, Motoranker usw., ein erheblicher Arbeitsaufwand nötig ist. Da diese Arbeit in verhältnismäßig kurzer Zeit geleistet werden muß, so ergeben sich im Augenblick des Umsteuerns sehr hohe Kräfte, die zu einem vorzeitigen Verschleiß der Antriebsteile führen können.

Bei dem hydraulischen Tischantrieb [*59*, *76.4* u. *44.1*] sind dagegen lediglich die Maße des Tisches mit dem Werkstück, des Kolbens und der Kolbenstange sowie die in der Flüssigkeitsleitung vorhandene Triebmittelmenge umzusteuern. Demzufolge ist die bei dem Verzögern oder Beschleunigen auftretende Kraftäußerung nur ein Bruchteil derjenigen, die beim elektromechanischen Antrieb auftritt. Das heißt aber, daß man bei dem hydraulischen Antrieb zu stark gesteigerter Schnittgeschwindigkeit und hohen Rücklaufgeschwindigkeiten übergehen kann und trotzdem stets, also auch bei kleinen Hüben, eine genaue, rasche und vor allem stoßfreie Umsteuerung erhält. Der hydraulische Antrieb weist neben den wesentlich verringerten Massenkräften, den hohen Schnitt-

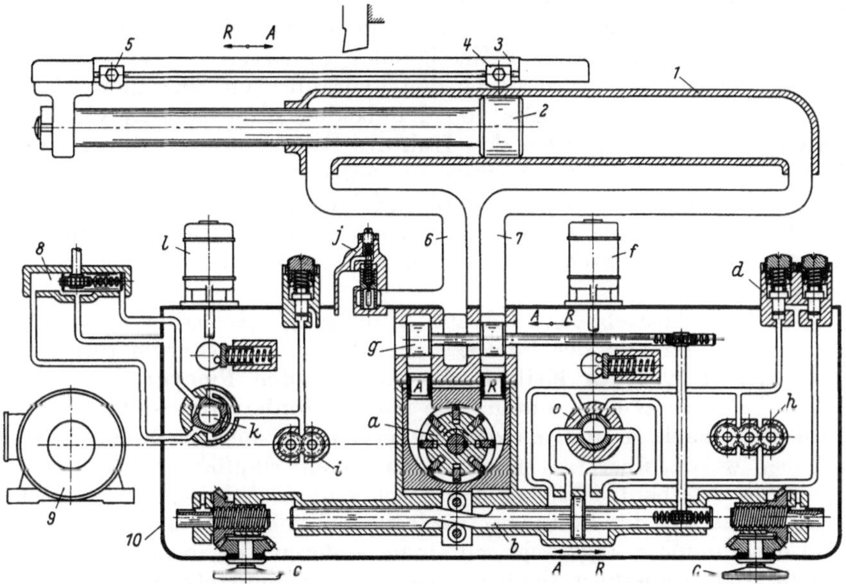

Abb. 173. Hydraulischer Antrieb einer Hobelmaschine bis 7 m Hobellänge
Bauart: A. Waldrich K.G., Coburg

1 Zylinder; *2* Kolben; *3* Maschinentisch; *4* und *5* Umsteuerknaggen; *6* und *7* Zuleitungen zum Zylinder; *8* Servomotor zum Schalten des Meißelschlittens; *9* Hauptmotor für Pumpen *a*, *i* und *h*; *10* Getriebekasten; *a* „Enor"-Pumpe; *b* Servomotor mit Verstellkolben und Keilgetriebe für Verstellpumpe *a*; *c* Handräder für Hubbegrenzung des Servomotors *b*; *d* Sicherheitsventile für die Steuerpumpen *h*; *e* Steuerventil für die Druckflüssigkeit der Pumpen *h*; *f* Steuermotor für Ventil *e*; *g* Kolbenschieber zur Steuerung der Hauptdruckflüssigkeit; *h* 2stufige Zahnradpumpe mit gleichbleibender Förderung für Verstellkolben; *i* Zahnradpumpe mit gleichbleibender Förderung für Einleitung der Vorschubbewegung des Meißelschlittens; *j* Überdruckventil für Hauptdruckflüssigkeit *k* Steuerventil für Druckflüssigkeit der Pumpe *i*; *l* Steuermotor für Ventil *k*

und Rücklaufgeschwindigkeiten, der kurzen Umsteuer- und Hubzeit sowie der stoßfreien Umkehr noch weitere Vorteile auf, nämlich: hohe Durchzugsfähigkeit, stufenloses Verstellen der Tischgeschwindigkeit bis nahe an Null in beiden Richtungen, hohe Oberflächengüte bei Schlichtarbeiten, geringen Stromverbrauch bei elektrisch betätigten Organen, guten Wirkungsgrad.

Wie ein hydraulischer Antrieb für eine Hobelmaschine mit *einem* Schubkolbentrieb bis zu 7 m Hobellänge ausgeführt sein muß und wie er wirkt [*28.1*], zeigt Abb. 173. Der Tischantrieb (Zylinder *1* und Kolben *2*) erhält Druckflüssigkeit über die Leitungen *6* und *7* und den Umsteuerschieber g von der stufenlos einstellbaren „*Enor*“-Flügelzellenpumpe a (maximaler Betriebsdruck $p = 32$ kg/cm² für mittlere Schnittleistungen und $p = 80$ kg/cm² für hohe Leistungen). Der Elektromotor *9* treibt mit gleichbleibender Drehzahl und Drehrichtung die Verstellpumpe a, die Zahnradpumpe i und die Mehrfach-Zahnradpumpe h an. Fördermenge und Förderrichtung der „*Enor*“-Pumpe a können über ein Keilgetriebe eingestellt werden, und zwar durch senkrechtes Verschieben des Pumpenkörpers, wobei oberhalb und unterhalb der Mittellage jede gewünschte Fördermenge und damit Vorschubgeschwindigkeit des Tisches stufenlos eingestellt werden kann. In der Mittellage des Pumpenkörpers wird keine Druckflüssigkeit gefördert.

Das Keilgetriebe wird durch den hydraulischen Servomotor b in Längsrichtung verstellt. Die von den beiden Handrädern c einstellbaren Anschläge begrenzen den Hub des Servomotors b; dieser wird durch die zweistufige Steuerpumpe h und über das elektrisch gesteuerte Ventil e in der Weise betätigt, daß eine Mittelstellung oder die durch die beiden Anschläge gegebenen Endstellungen eingenommen werden können. Der Steuerschieber g ist mit dem Servomotor b starr gekoppelt.

Wird der Antrieb elektrisch auf „Hobelgang“ geschaltet, so schiebt die Druckflüssigkeit der Pumpe h den Kolben des Servomotors b in Richtung A und das Keilgetriebe verstellt den Pumpenkörper der „*Enor*“-Pumpe a nach unten. Die Pumpe fördert ihrerseits Druckflüssigkeit nach A und, da das Steuerventil g auch nach links verschoben wurde, über Leitung *6* in den linken, ringförmigen Zylinderraum des Schubkolbentriebes. Der Tisch geht im Arbeitsgang (A) nach rechts. Das aus der Leitung *7* verdrängte Triebmittel wird zum Teil von der Pumpe a angesaugt, zu einem anderen Teil in den Sammelbehälter zurückgeführt (halbgeschlossener Triebmittelkreislauf).

Bei der Schaltung „Rücklauf“ (R) wird der Servomotor nach rechts und damit der Außenkörper der Pumpe a nach oben verstellt. Die „*Enor*“-Pumpe fördert nach R und, da Ventil g ebenfalls umgesteuert wurde, zugleich in die *beiden* Leitungen *6* und *7*. Beide Flächen, d. h. die Ringfläche und die volle Fläche des Kolbens *2* stehen unter Druck; die von rechts wirkende Kraft ist jedoch größer, der Tisch bewegt sich im „Rücklauf“ (R) nach links.

In der Schaltung „Stillstand“ ist der im Schaltplan rechts eingezeichnete Steuermotor f stromlos. Durch Nockenscheibe und Haltefeder wird das Ventil e in seine Mittelstellung gebracht. Damit kann sich der Servomotor ebenfalls bis zu seiner Mittelstellung verschieben, wobei über das Keilgetriebe die Pumpe a aus ihrer jeweiligen oberen oder unteren Stellung in die Nullstellung gebracht wird; das bedeutet aber, daß die Förderung aufhört und der Maschinentisch stehenbleibt.

Der Kolbenschieber g ist kein Umsteuerorgan, das unmittelbar die Bewegungsrichtung des Tisches nach links oder rechts schaltet, er gibt nur die Zuleitungen *6* und *7* für den Flüssigkeitsstrom frei.

Das Umsteuern geschieht vielmehr durch Umkehren der Förderrichtung an der Verstellpumpe a. Die Umsteuergeschwindigkeit wird bestimmt durch die Förderung der zweistufigen Zahnradpumpe *h*. Die Auslaßquerschnitte im Zylinder des Servomotors werden beim Verschieben des Kolbens so überdeckt, daß eine Verdrosselung und damit eine stoßfreie Bewegungsumkehr — in Verbindung mit der Pumpenverstellung — erreicht wird.

Die Zahnradpumpe *i* fördert Druckflüssigkeit zu dem Servomotor *8*, der den Meißelschlitten schaltet. Das von dem linken Steuermotor *l* betätigte Ventil *k* leitet die gewünschten Bewegungen ein. Die geradlinige Bewegung des Servomotorkolbens erzeugt die Drehbewegung

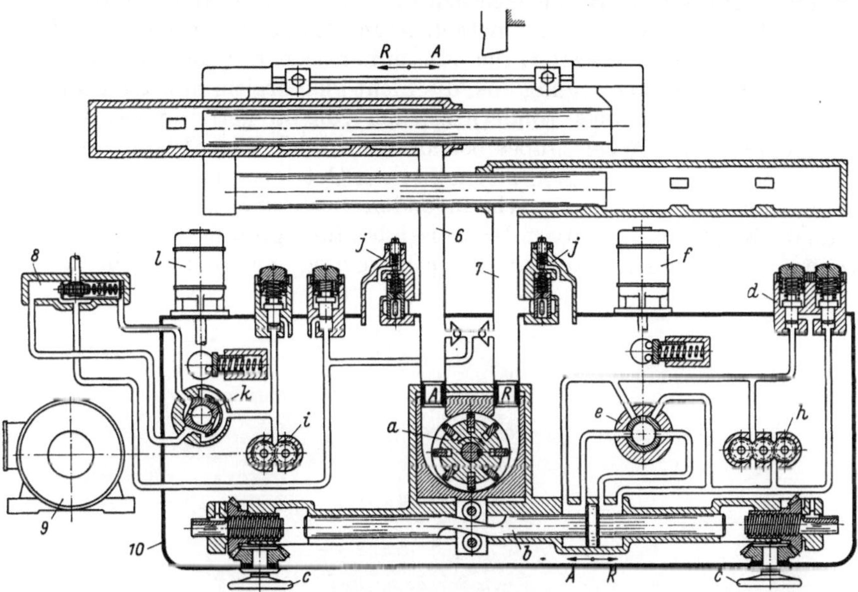

Abb. 174. Hydraulischer Antrieb einer Hobelmaschine für 15 m Hobellänge mit 2 Zylindern und Tauchkolben. Bauart: A. Waldrich K.G., Coburg

einer Schaltwelle, die ihrerseits über ein Schaltgetriebe die erforderlichen Vorschübe bewirkt.

Sicherheitsventile im Hauptkreislauf und in den Steuerkreisläufen schützen die Anlage gegen Überlastung. An den Zylinderenden des Tischantriebes sind Bremseinrichtungen vorgesehen (in Abb. 173 nicht eingezeichnet).

Bei Hobelmaschinen mit größeren Hobellängen bis etwa 15 m werden 2 Zylinder mit Tauchkolben von gleicher Abmessung verwendet, Abb. 174. Das Steuerventil *g* entfällt, da es sich hier um einen ganz geschlossenen Triebmittelkreislauf handelt. Lecköl- und Schlupfverluste werden durch die Zahnradpumpe *i* ergänzt. Ferner ist in dem Hauptkreislauf ein zweites Überdruckventil *j* vorgesehen. Im übrigen ist die Wirkungsweise der Steuerung die gleiche wie bei der Einzylinder-Hobelmaschine.

Bei den Doppelkolbenmaschinen mit ihren verhältnismäßig langen Tauchkolben ist die Knicksicherheit auch bei größten Hobellängen noch ausreichend, da die Tauchkolben in Abständen von 2 bis 2,5 m sowohl innerhalb als auch außerhalb der Zylinder geführt werden, wie aus Abb. 174 zu ersehen ist.

Die Vorschubgeschwindigkeit kann bei beiden Maschinen für den Hobelgang und für den Rücklauf stufenlos bis zu 90 m/min = 1500 mm/s eingestellt werden.

3.6 Stoßmaschinen

Das Merkmal der Stoßmaschinen in waagerechter oder senkrechter Bauart liegt in der hin- und hergehenden Hauptschnittbewegung des Stößels mit dem Werkzeug; der Maschinentisch mit dem Werkstück führt die Vorschubbewegung aus, die nicht gleichzeitig mit der Hauptschnittbewegung erfolgt, sondern zeitlich von ihr getrennt ist, da sie vor Beginn jedes Arbeitshubes beendet sein muß. Der Stößel wird bei den meisten starrgliedrigen, mechanischen Getrieben mit einem Zahnstangenantrieb oder einer schwingenden bzw. umlaufenden Kurbelschleife (Kulissenantrieb) von der kreisenden Bewegung der Antriebswelle in die vor- und zurücklaufende Hauptbewegung umgesetzt. Beim Zahn-

Abb. 175. Hydraulische Senkrechtstoßmaschine mit 7500 kg Durchzugskraft
Bauart: A. Waldrich K.G., Coburg

stangenantrieb, der nur in Verbindung mit einem Planetengetriebe mehrfach abgestufte Vor- und Rücklaufgeschwindigkeiten ergibt, besteht die schwierige Aufgabe einer wirklich stoßfreien Umsteuerung. Die schwingende oder kreisende Kurbelschleife gestattet keine gleichbleibende Bewegung.

Die Nachteile der mechanischen Antriebsart, nämlich die Abhängigkeit der Vor- und Rücklaufgeschwindigkeit von der Hublänge

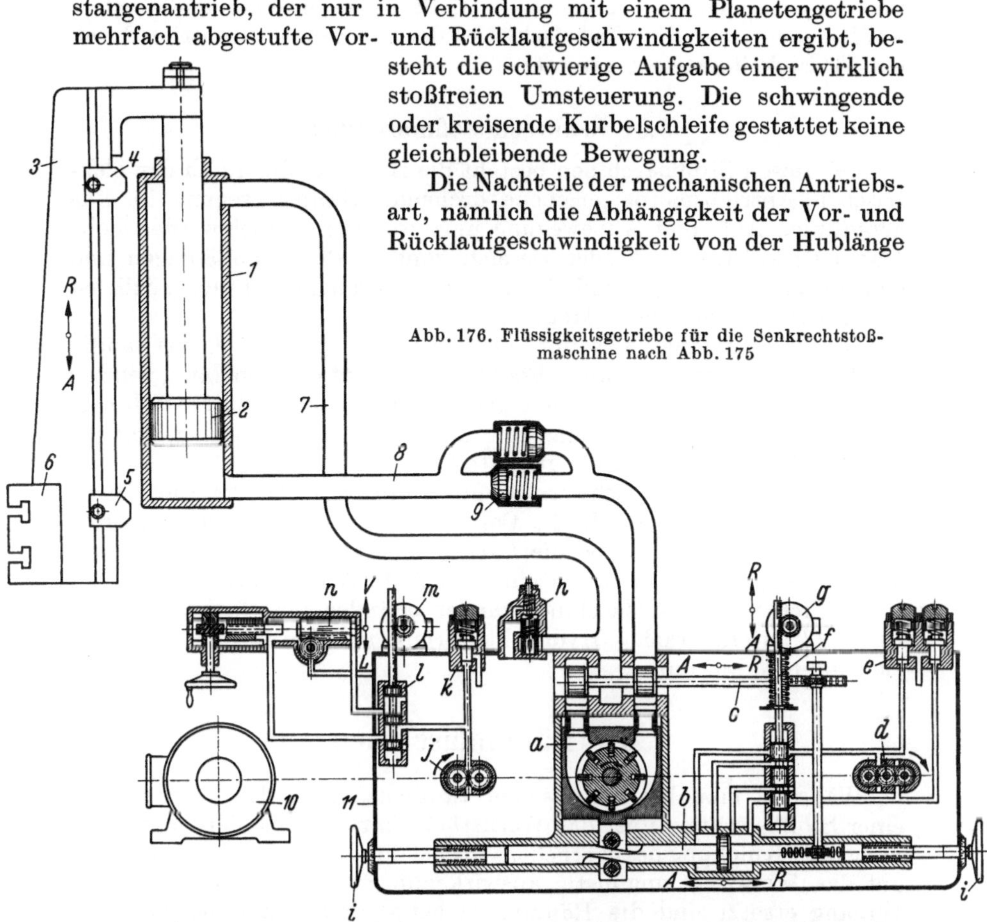

Abb. 176. Flüssigkeitsgetriebe für die Senkrechtstoßmaschine nach Abb. 175

a stufenlos verstellbare „*Enor*“-Pumpe, läuft immer in gleicher Drehrichtung und Geschwindigkeit; das Maß ihrer Exzentrizität bestimmt die Druckflüssigkeitsmenge,
b Verstellkolben (Servomotor) bewirkt über ein Keilgetriebe das Verstellen der Pumpe *a* in die gewünschte Exzentrizität,
c Kolbenschieber zur Steuerung der Hauptdruckflüssigkeit,
d zweistufige Zahnradpumpe mit gleichbleibender Fördermenge für die Bewegung des Verstellkolbens,
e Sicherheitsventile für die Pumpe *d*,
f Steuerventil für die Druckflüssigkeit der Pumpe *d*,
g Steuermotor für Ventil *f*,
h Überdruckventil für Hauptdruckflüssigkeit,
i Handräder für Hubbegrenzung des Servomotors *b*,
j Zahnradpumpe mit gleichbleibender Förderung für die Einleitung der Vorschubbewegung am Längs- und Querschlitten,
k Sicherheitsventil für Pumpe *j*,
l Steuerventil für die Druckflüssigkeit der Pumpe *j*,
m Steuermotor für Ventil *l*,
n Servomotor. Die geradlinige Bewegung des Kolbens wird von einer Schaftwelle als Drehbewegung abgenommen und auf den Spindelantrieb des Maschinentisches übertragen. Durch das Handrad ist es möglich, den Hub des Servokolbens und damit auch die Größe des Tischvorschubs stufenlos auf den gewünschten Wert einzustellen.

und der erhebliche Zeitverlust beim Richtungswechsel können beseitigt werden, wenn man die Kurbelschleife oder den Zahnstangentrieb durch ein Flüssigkeitsgetriebe ersetzt.

3.61 Senkrechtstoßmaschinen

Bei diesen Stoßmaschinen besteht die Aufgabe, die durch den elektrischen Antriebsmotor gegebene drehende Hauptbewegung in eine geradlinige Auf- und Abbewegung umzuwandeln; dabei werden hohe Durchzugskräfte, ein großer Bereich voneinander unabhängigen und gleichförmigen Schnitt- und Rücklaufgeschwindigkeiten und möglichst kurze Umsteuerzeiten verlangt.

Da, wie eingangs erwähnt, der bisher hauptsächlich verwandte Kurbelschwingenantrieb diese Förderungen nicht erfüllen kann, wurden in den vergangenen 20 Jahren auch die senkrechten Stoßmaschinen, selbst in schwerer Ausführung, mit Erfolg vom mechanischen Antrieb auf den Flüssigkeitsantrieb umgestellt.

Abb. 175 zeigt eine schwere Stoßmaschine mit 7500 kg Durchzugskraft von A. Waldrich K.G., Coburg, deren hydraulischer Antrieb für den Stößelschlitten und die Längs- bzw. Querschlitten im Prinzip demjenigen der Langhobelmaschine in Abb. 173 entspricht.

Seitlich von dem Maschinenständer befindet sich das in dem Gehäuse *11* untergebrachte Hydraulikgetriebe mit den folgenden Einzelelementen (Abb. 176).

3.7 Räummaschinen

Während man bei Hobel- oder Stoßmaschinen das Werkzeug in einer Stoßbewegung über das Werkstück führt und es hierbei auf Biegung oder Knickung beansprucht, wird bei den Räummaschinen das sich auf das Werkzeug ungünstig auswirkende Stoßen durch einen Ziehvorgang ersetzt und die Räumnadel lediglich auf Zug beansprucht. Dabei treten Kräfte von einer Größenordnung auf (unter Umständen bis zu 50 t), wie bei kaum einem anderen Bearbeitungsverfahren [*31*].

Die Ziehbewegung kann entweder mechanisch durch Gewindespindel oder Zahnstange oder aber hydraulisch durch ein Flüssigkeitsgetriebe bewirkt werden. Bei dem mechanischen Antrieb besteht die Gefahr eines stoßweisen Vorschubs, wodurch die Oberflächengüte beeinträchtigt und die Schneidhaltigkeit des Werkzeuges vermindert werden.

Der hydraulische Antrieb hingegen ermöglicht:

sanften Druckanstieg, bis eine gewisse Anzahl Schneidzähne im Eingriff sind,

Gleichhaltung der Schnittkraft über den Verlauf des Räumhubes,

Einstellen der Zugkraft auf Belastungsgrenze und Vermeiden von Nadelbrüchen,

Anpassen der stufenlos einstellbaren Schnittgeschwindigkeit an den Werkstoff, somit hohe Leistung und Bearbeitungsgüte erzielbar, stoßfreies Arbeiten auch bei großen Vor- und Rücklaufgeschwindigkeiten.

3.71 Waagerechträummaschinen

Die Waagerechträummaschine von Oswald Forst, Solingen (Abb. 177), hat als Antrieb für den Ziehschlitten einen hydraulischen Kolbentrieb. Das Druckmittel wird von einer verstellbaren „Enor"-

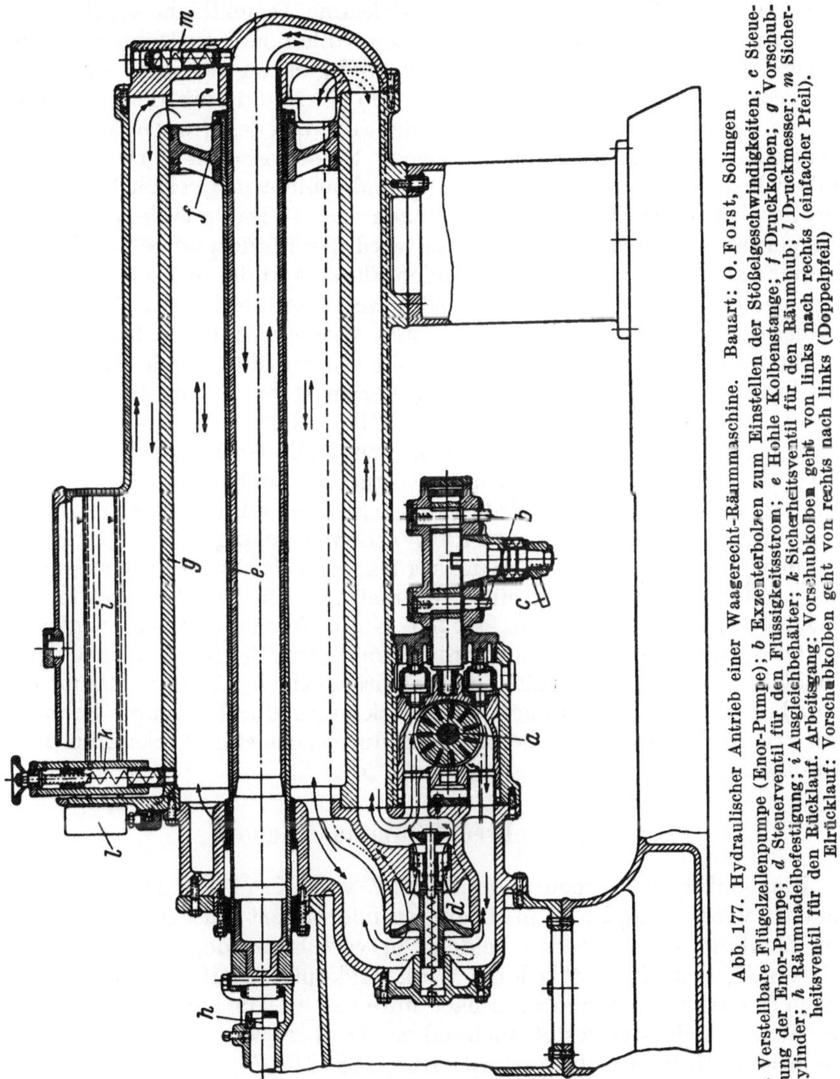

Abb. 177. Hydraulischer Antrieb einer Waagerecht-Räummaschine. Bauart: O. Forst, Solingen

a Verstellbare Flügelzellenpumpe (Enor-Pumpe); *b* Exzenterbolzen zum Einstellen der Stößelgeschwindigkeiten; *c* Steuerung der Enor-Pumpe; *d* Steuerventil für den Flüssigkeitsstrom; *e* Hohle Kolbenstange; *f* Druckkolben; *g* Vorschubzylinder; *h* Räumnadelbefestigung; *i* Ausgleichbehälter; *k* Sicherheitsventil für den Räumhub; *l* Druckmesser; *m* Sicherheitsventil für den Rücklauf. Arbeitsgang: Vorschubkolben geht von links nach rechts (einfacher Pfeil). Eilrücklauf: Vorschubkolben geht von rechts nach links (Doppelpfeil)

Pumpe geliefert, deren Fördermenge durch Ändern der Exzentrizität eingestellt wird. Da diese Pumpenart mit niederen Betriebsdrücken (bis etwa 15 kg/cm²) arbeitet, braucht man für die erforderlichen Zugkräfte (bis 35000 kg) verhältnismäßig große Zylinderdurchmesser. Bei der in Abb. 177 dargestellten Maschine wird beim Räumvorgang (von links nach rechts verlaufend) die Ringfläche des Druckkolbens *f* vom Triebmittel beaufschlagt; dementsprechend bewegt sich der Kolben mit geringerer Vorschubgeschwindigkeit, übt dagegen aber eine große Kraft aus. Die erhöhte Rücklaufgeschwindigkeit beruht auf einer Differentialwirkung, denn beim Rücklauf werden beide Seiten des Kolbens unter Druck gesetzt. Die wirksame Druckfläche ergibt sich dann aus dem Unterschied der rechten vollen Kolbenfläche und der linken Ringfläche. Die Stößelgeschwindigkeiten werden mit den Kurvenbolzen *b* eingestellt, welche die Exzentrizität der Verstellpumpe *a* verändern. Beim Räumen fließt die von der Pumpe geförderte Druckflüssigkeit an dem geschlossenen Steuerventil *d* vorbei in den linken Raum des Vorschubzylinders *g* und schiebt mit vorher bestimmter Geschwindigkeit den Kolben *f* nach rechts. Das aus dem Kolbenstangenraum verdrängte Triebmittel wird der Förderpumpe zugeleitet, dasselbe geschieht mit der abfließenden Flüssigkeit des rechten Zylinderraumes, die zum Teil an dem geöffneten Ventilteller des Ventils *d* vorbei der Verstellpumpe zufließt, zum anderen Teil als überschüssig in den Ausgleichbehälter *i* gelangt und ihn auffüllt. Nach Beendigen des Räumhubes wird die Pumpe durch den Hebel *c* umgesteuert und der Eilrücklauf (Rücklaufgeschwindigkeit: 500 mm/s) eingeleitet. Die verdrängte Triebmittelmenge des linken Zylinderraumes fließt teilweise an dem durch Unterdruck geöffneten Ventil *d* vorbei zu der Pumpe; das von dieser geförderte Druckmittel schließt das in Teil *d* frei bewegliche federbelastete Hilfsventil und gelangt in den Kolbenstangenraum. Ein anderer Teil des verdrängten Triebmittels wird durch das geöffnete Ventil *d* und eine Nebenleitung (in Abb. 177 gestrichelt gezeichnet) zu der rechten, großen Kolbenfläche geführt; zugleich wird die zum Eilgang noch zusätzlich benötigte Flüssigkeitsmenge dem Behälter *i* entnommen. Das Sicherheitsventil *k* für den Räumhub wird bei Überbeanspruchungen des Werkzeuges durch stumpfe Schneiden, erhöhten Bearbeitungswiderstand, durch zu harten Werkstoff u. dgl. wirksam.

3.72 Senkrechträummaschinen

Die senkrechte Innenräummaschine von Karl Klink, Niefern/Baden, wird neuerdings in Doppelständerbauart ausgeführt, wobei der Ziehkopf zwischen den beiden ihn verschiebenden Schubkolbentrieben M_1 und M_2 zentrisch am Werkzeugkopf angreift und die Nadel durch das Werkstück hindurch nach unten zieht. Die zur Überwindung des Schnittwiderstandes A notwendige Kraft P wird gleichmäßig auf die beiden Kolbentriebe verteilt, Abb. 178. Da die Spandicke durch das Räumwerkzeug festliegt, ist keine waagerechte Vorschubbewegung erforderlich.

Den Aufbau des Flüssigkeitsgetriebes zeigt Abb. 179. Die Druckflüssigkeit wird durch eine in der Fördermenge einstellbare, axiale Kolbenzellenpumpe, Bauart Jahns oder Hydromatic für $Q = 80$ l/min und $p_{\max} = 90$ kg/cm², stets in einer Richtung vom

Sammelbehälter in den Kreislauf gefördert. Je schräger der Pumpenkörper zur Antriebsachse steht — entsprechend der Stellung der Schwenkkolben *b* für die Geschwindigkeitseinstellung „Räumen" oder „Rückhub" — um so mehr Triebmittel wird in das Leitungsnetz gedrückt. Während des Steuervorganges wird die Pumpe selbsttätig wieder in die Null-Lage zurückgeschwenkt, so daß nicht nutzlos Triebflüssigkeit umgewälzt und dadurch erwärmt wird [*85*]. Der Arbeitshub und der Rückhub sind in ihrer Geschwindigkeit unabhängig voneinander einstellbar (Räumgeschwindig-

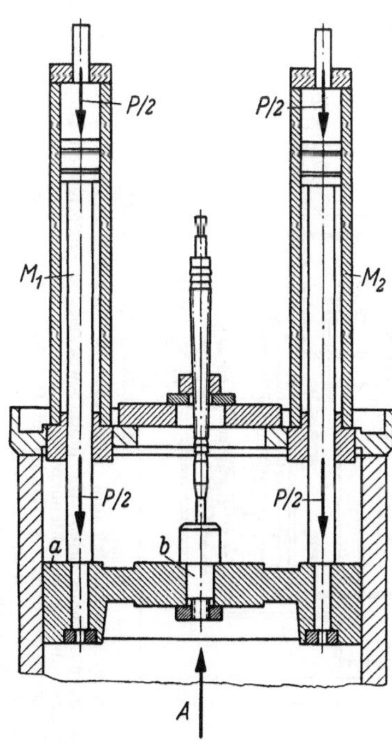

Abb. 178. Hydraulische Senkrecht-Innenräummaschine in Doppelständerbauart von Karl Klink, Niefern/Baden, für 10 t Antriebsleistung und 13 bis 14 t Höchstleistung (Zentraler Kraftfluß vermeidet Quer- und Biegekomponenten)

M_1- und M_2-Schubkolbentriebe, *a* Ziehschlitten; *b* Ziehkopf

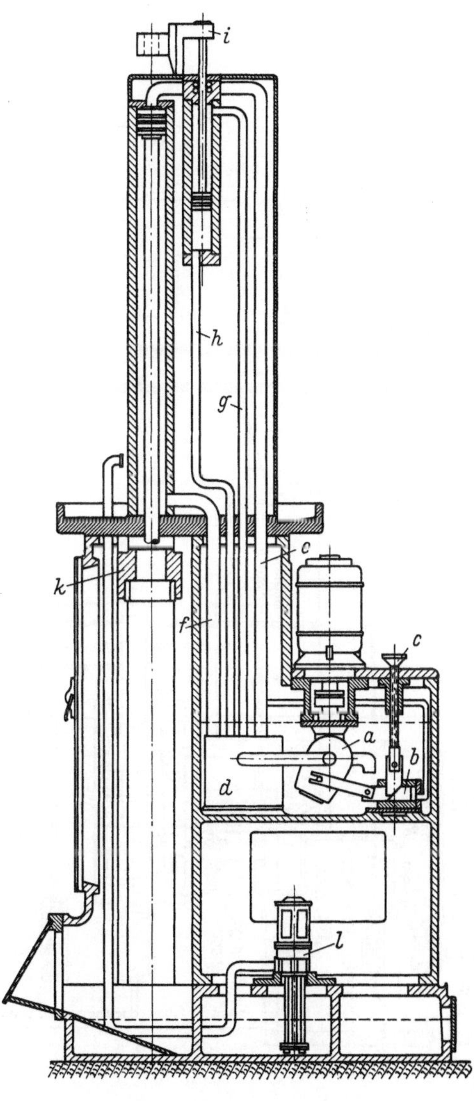

Abb. 179. Flüssigkeitsgetriebe der Senkrecht-Innenräummaschine von Karl Klink, Niefern/Baden

a axiale Kolbenzellenpumpe; *b* Schwenkkolben für Geschwindigkeitseinstellung; *c* Handrad für Geschwindigkeitseinstellung; *d* Steuerblock; *e* Druckleitung „Räumen"; *f* Druckleitung „Rückhub"; *g* Druckleitung „Werkzeughub ab"; *h* Druckleitung „Werkzeughub auf"; *i* Werkzeugheber; *k* Ziehkopfführung; *l* Kühlmittelpumpe

keit: 16,6 bis 117 mm/s = 1 bis 7 m/min; Rücklaufgeschwindigkeit: 117 bis 416 mm/s = 7 bis 25 m/min).

Die Arbeitsfolgen von Werkzeugzuführung, Räumhub und Stillsetzen während des *Abwärtshubes* sowie von Rückwärtshub, Werkzeug-

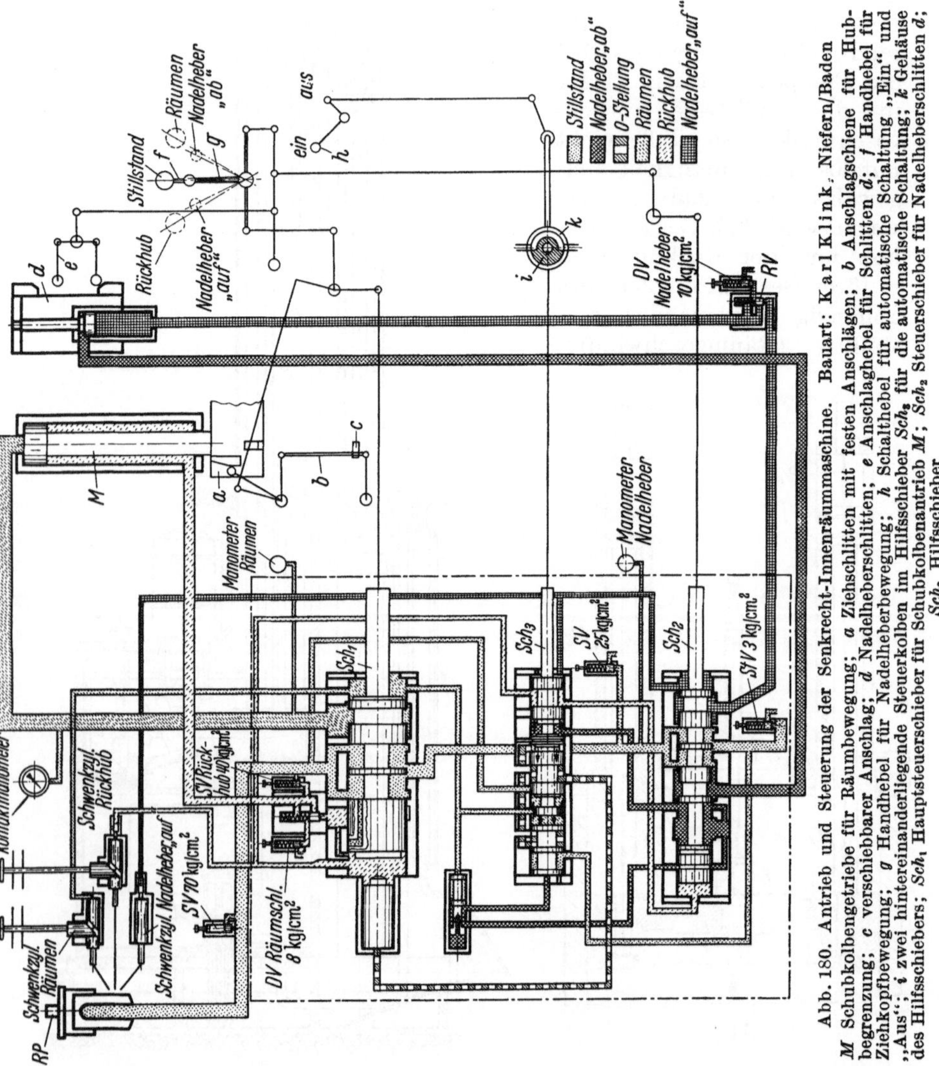

Abb. 180. Antrieb und Steuerung der Senkrecht-Innenräummaschine. Bauart: Karl Klink, Niefern/Baden

M Schubkolbengetriebe für Räumbewegung; *a* Ziehschlitten mit festen Anschlägen; *b* Anschlagschiene für Hubbegrenzung; *c* verschiebbarer Anschlag; *d* Nadelheberschlitten; *e* Anschlaghebel für Schlitten *d*; *f* Handhebel für Ziehkopfbewegung; *g* Handhebel für Nadelheberbewegung; *h* Schalthebel für automatische Schaltung „Ein" und „Aus"; *i* zwei hintereinanderliegende Steuerkolben im Hilfsschieber Sch_3 für die automatische Schaltung; *k* Gehäuse des Hilfsschiebers; Sch_1 Hauptsteuerschieber für Schubkolbenantrieb *M*; Sch_2 Steuerschieber für Nadelheberschlitten *d*; Sch_3 Hilfsschieber

abhebung und Stillsetzen während des *Aufwärtshubes* können wahlweise von Hand oder auch selbsttätig gesteuert werden (Abb. 180). Wenn der Schalthebel *h* für automatische Schaltung nach links in die Stellung „Ein" gelegt ist, lassen die durch Druckflüssigkeit von den beiden Hauptschiebern Sch_1 und Sch_2 her axial verstellbaren Kolben *i* des Hilfssteuerschiebers Sch_3 entweder Triebmittel zum Schieber Sch_1 für die

Ziehkopfbewegung oder zu dem Schieber Sch_2 für den Schlitten d hindurchtreten, je nachdem, welcher Schlitten vorher bewegt worden ist. In der entgegengesetzten Lage des Schalthebels h (Stellung „Aus") sind die beiden Schieber i so verdreht, daß sie den Triebmittelfluß durch den Hilfsschieber Sch_3 hindurch sperren. Die Anschläge am Ziehkopfschlitten a oder am Nadelheberschlitten d verschieben in diesem Falle über das Hebelgestänge lediglich die zugehörigen Steuerschieber Sch_1 und Sch_2 in die Nullstellung.

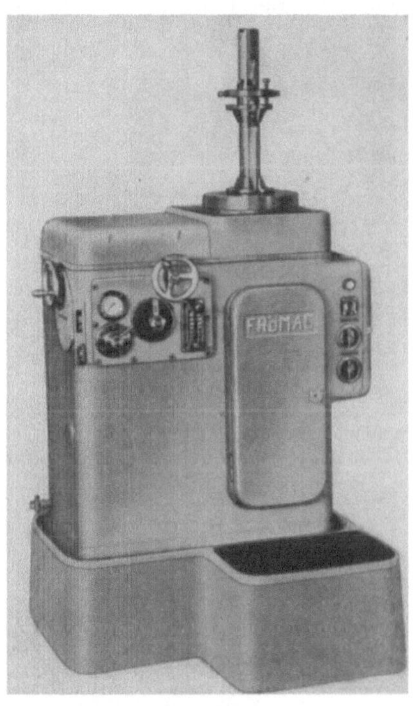

Abb. 181
Hydraulische Keilnuten-Ziehmaschine
Bauart: Frömag, Fröndenberg/Ruhr

Bei der Keilnuten-Ziehmaschine von Frömag (Fröndenberger Maschinen- und Apparatebau-Gesellschaft m. b. H.), Fröndenberg/Ruhr, Abb. 181, werden sämtliche Bewegungen hydraulisch erzeugt, das sind die Schnittbewegung in senkrechter Richtung, die waagerechte Vorschubbewegung des Ziehmessers und die Stahlabhebung beim Aufwärtsgang des Messers. Die Steuer- und Stellorgane des hydraulischen Antriebes sind in einem Block aus Sondergrauguß untergebracht, Abb. 182. Ein Elektromotor ($N = 4$ kW, $n = 1420$ U/min) treibt die Verstellpumpe und 2 Hilfspumpen (Zahnradpumpen). Der Hydraulikblock ist durch einen Zwischenflansch unmittelbar mit dem Pumpenaggregat verbunden. Zwei starre Rohrleitungen führen von dem Block zu dem Vorschubzylinder des Werkzeugschlittens; bei dieser gedrängten und in sich geschlossenen Ausführung einer Getriebeeinheit ist es möglich, ohne zusätzliche Leitungsrohre eine kurze Verbindung zwischen Förderpumpe und Schubkolbenantrieb herzustellen. Aus Abb. 183 ist der Flüssigkeitskreislauf zu ersehen. Die Verstellpumpe, eine Axialkolbenpumpe, Bauart: Jahns Regulatoren G. m. b. H., Offenbach/Main. ($Q = 150$ l/min, $p = 65$ kg/cm^2) leitet die Druckflüssigkeit über den Hauptsteuerschieber $USch$ zum Antriebszylinder für die Schnittbewegung. Die Pumpe ZP_1 betätigt das Differentialdruckventil DV zur Einstellung der gewünschten Schnittkraft zwischen 500 und 6000 kg. Die Pumpe ZP_2 liefert Druckflüssigkeit für die Vorsteuerung $VSch$ des Hauptschiebers zur Umkehr der Zylinderbewegung. Die Kolbenstange ist fest mit der Kopfplatte der Maschine verbunden und führt die Druckflüssigkeit zu den beiden Seiten des

Kolbens. Die Kolbenabdichtung geschieht durch Kolbenringe, das Abdichten der Kolbenstange durch Nutringmanschetten. Die Zylinderbohrung beträgt 110 mm, der Kolbenstangendurchmesser ist 78 mm. Die Aufteilung der beiden Kolbenflächen im Verhältnis 1:2 bewirkt eine doppelt so große Rücklaufgeschwindigkeit des Zylinders gegenüber der Schnittgeschwindigkeit, ohne daß die Jahns-Pumpe geschwenkt zu werden braucht. Die Schnittgeschwindigkeit ist stufenlos von 16,6 bis 166 mm/s = 1 bis 10 m/min einstellbar.

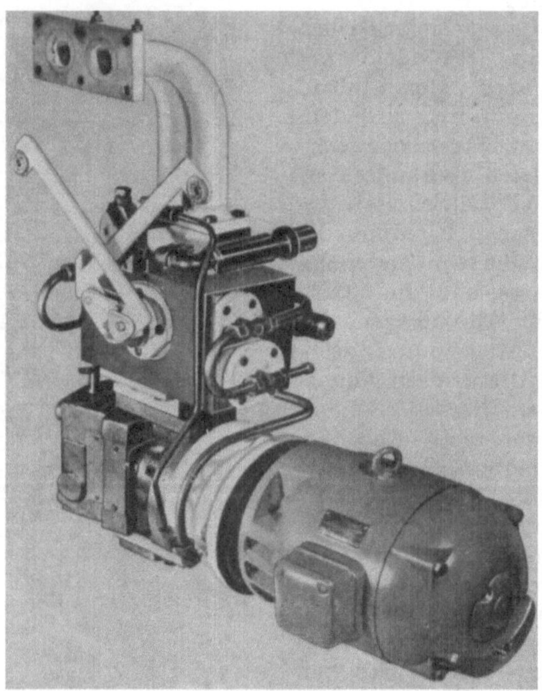

Abb. 182. Hydraulikblock der Frömag-Keilnuten-Ziehmaschine, Rückansicht

Der von der Pumpe ZP_2 betätigte Tauchkolben wirkt als Servomotor *SM* für den Vorschubantrieb des Ziehmessers und für die Stahlabhebung. Die Vorschubbewegung ist zwangsläufig mit der Steuerung der Maschine so verbunden, daß das Ziehmesser bei jedem Arbeitshub weiter in Richtung der Nutentiefe vorgeschoben wird. Beim Aufwärtsgang des Werkzeugschlittens wird das Ziehmesser ebenfalls zwangsläufig von der Bearbeitungsfläche abgehoben.

Um ein Absinken des senkrecht angeordneten Zylinders zu vermeiden, ist in der Rückhubleitung ein Rückschlagventil *RV* zusammen mit einem Gegendruckventil eingebaut. Das Gegendruckventil *GV* ist so eingestellt, daß genügend Druck für den Rücklauf des Zylinders vorhanden ist. Gleichzeitig dient dieses Ventil zum Vorspannen des abfließenden Triebmittels während des Arbeitshubes, um eine ruhige Schnittbewegung zu sichern.

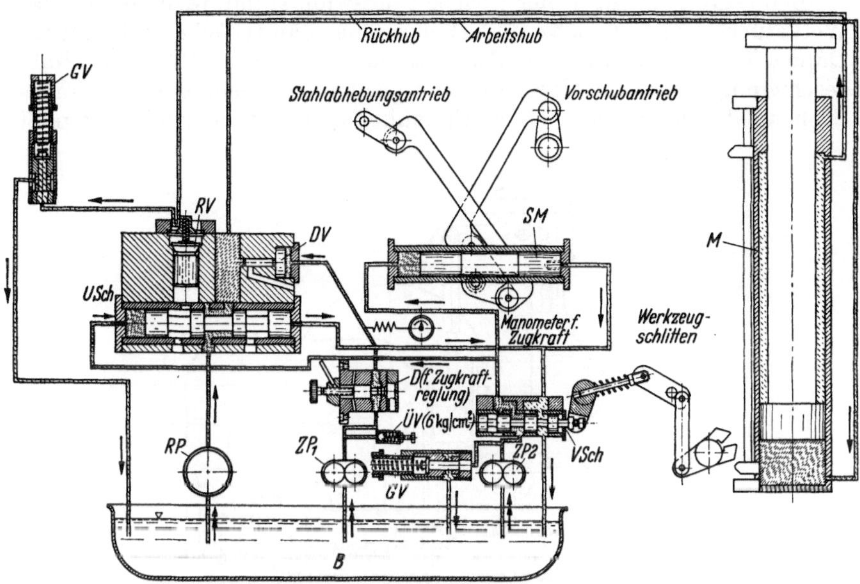

Abb. 183. Hydraulikplan der Frömag-Keilnuten-Ziehmaschine

3.8 Sägemaschinen

Größte Wirtschaftlichkeit und hohe Schnittleistungen sind bei Sägemaschinen nur dann erzielbar, wenn folgende Forderungen erfüllt werden:

selbsttätiges Anpassen des Vorschubs an Härte des Werkstoffes und wechselnden Werkstücksquerschnitt;

größtmögliche Schonung des Sägeblattes,

Überwachung der Schnittkräfte,

sicheres und mittelrechtes Spannen des Werkstückes,

griffgerechte Zusammenfassung der Bedienungselemente (Einhebelschaltung).

Die Verwendung des hydraulischen Vorschubgetriebes bei Sägemaschinen an Stelle der früher üblichen mechanischen Mittel ermöglicht eine nachgiebige Vorschubbewegung, die ein Überbeanspruchen des Sägeblattes selbst bei großem Trennquerschnitt verhindert und damit die Schneidenhaltigkeit und Lebensdauer erhöht.

3.81 Kaltkreissägen

Sägeversuche an Kaltkreissägen [*109*] haben zu der Erkenntnis geführt, daß die Vorschubgeschwindigkeit *veränderlich* sein muß, entsprechend der Zahl gleichzeitig im Eingriff befindlicher Zähne, um den

Trennungsvorgang wirtschaftlich zu gestalten. Die Auffassung [*48*], daß der „starre“ Vorschub dem „nachgiebigen“ Vorschub vorzuziehen ist, ist irrig.

Beim Sägen wechselt der Bearbeitungswiderstand, insbesondere bei Werkstücken mit stark veränderlicher Querschnittfläche, z. B. bei U-, Doppel-T-Eisen und auch bei Rundstäben. Demnach muß die Vorschubgeschwindigkeit beim Übergang von großen zu kleinen Querschnittflächen oder umgekehrt einer allmählichen Kraftänderung angepaßt

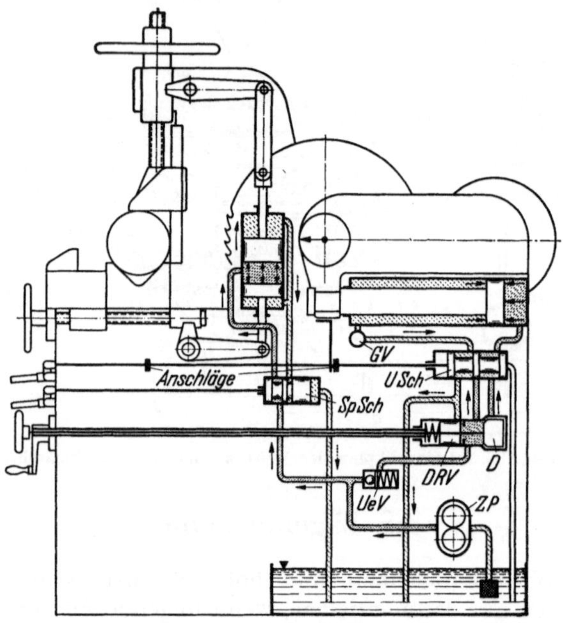

Abb. 184. Hydraulische Kaltsäge. Bauart: G. Wagner, Reutlingen

ZP Zahnradpumpe; *USch* Steuerschieber für den Arbeitszylinder; *DRV* Druckeinstellventil; *D* Vorschubeinstellventil (Drosselventil); *UeV* Überdruckventil; *GV* Gegendruckventil; *SpSch* Steuerschieber für den Spannzylinder

werden. Da bei sinkender Belastung eine Beschleunigung des Vorschubkolbens eintritt und dieser andererseits beim Anwachsen des Schnittdruckes verzögert wird, so muß eine Gegenkraft eingeschaltet werden, die bewirkt, daß der Vorschubkolben stets in beiden Richtungen durch das Triebmittel gehalten wird und eine Überlastung jederzeit vermieden ist.

Diese Gegenkraft kann beispielsweise erzeugt werden durch den Einbau eines Gegendruckventils (Feder- und Drosselventil) in die Triebmittelrückleitung. Ein derartiges Drosselventil in der Rückleitung zeigt die Ausführungsart nach Abb. 184 [*51*]. Bei dieser Maschine werden das Spannen des Werkstückes, der Vorschub des Sägeschlittens und der Eilrückgang mit einer einzigen Förderpumpe betätigt. Das Festspannen des Werkstückes wird durch einen Steuerschieber eingeleitet, indem dieser in Spannstellung gebracht wird. Eine Zahnradpumpe mit gleichbleibender Fördermenge drückt ihre gesamte Förderung über diesen Steuerschieber in den Spannzylinder. Die hydraulische Druckwirkung auf die beiden Kolben wird von diesen durch je eine geeignete Hebelübersetzung auf die senkrechte und waagerechte Druckspindel übertragen; somit wird das Werkstück durch die mit den obengenannten Druckspindeln verbundenen Spannbacken festgespannt. Das von den beiden Kolben während des Spannvorganges verdrängte Triebmittel fließt durch den Kolbenschieber frei zum Behälter zurück. Die Größe des Spanndruckes begrenzt ein Überdruckventil. Ist der Spanndruck erreicht, so fließt das nicht für den Spannvorgang benötigte Triebmittel in das Druck- und Vorschubventilgehäuse ein (Abb. 184). Mit dem Druckeinstellventil kann der Betriebsdruck zwischen 0 und 15 kg/cm² verändert werden. Das Vorschubeinstellventil, das als eine Art Kolbenschieber ausgebaut ist, stellt ein Drosselorgan dar, mit dem die gewünschte Vorschubgeschwindigkeit eingestellt wird (vgl. Abb. 98, S. 166). Von hier aus gelangt das Triebmittel über den Steuerschieber auf die Arbeitsseite des Vorschubkolbens, leistet dort die Vorschubarbeit, indem es den mit dem Kolben starr verbundenen Sägeschlitten vorwärts schiebt. Nimmt der Schnittwiderstand ab, etwa durch schwächer werdenden Querschnitt, so sinkt auch die Vorschubkraft und damit der Flüssigkeitsdruck ab, die Druckmittelmenge vor dem Kolben nimmt zu, der Kolben wird beschleunigt und löst nun selbsttätig die durch das Gegendruckventil in der Ableitung hervorgerufene Gegenkraft aus; durch diese wird die Vorschubgeschwindigkeit wieder verringert und ein plötzliches sprungartiges Vorschnellen des Kolbens bzw. des Sägewerkzeuges verhindert. Umgekehrt vermindert sich bei anwachsendem Arbeitswiderstand durch vergrößerten Querschnitt oder harte Stellen im Werkstück der Gegendruck, was unmittelbar ein selbsttätiges Einstellen der richtigen Vorschubgeschwindigkeit und der notwendigen Vorschubkraft auslöst. Alles nicht zum Vorschub benötigte Triebmittel fließt durch das Druckeinstellventil ungehindert in den Sammelbehälter zurück. Die Bewegungsumkehr des Sägeschlittens bewirkt der von Hand oder selbsttätig durch Anschläge betätigte Steuerschieber. Beim Eilrücklauf des Sägeschlittens wird die gesamte Fördermenge der Pumpe ausgenützt und dadurch eine hohe Rücklaufgeschwindigkeit erzielt. Das hierbei aus dem Vorschubzylinder verdrängte Triebmittel gelangt ebenfalls ungehindert durch den Steuerschieber wieder in den Behälter zurück. Soll nach beendigtem Schneidvorgang die Werkstückspannung gelöst werden, so wird der Spannschieber in die Lösestellung gebracht, woraufhin die Spannkolben in entgegengesetzter Richtung vom Druckmittel beaufschlagt werden. Die verdrängte Flüssigkeit nimmt ihren Weg durch den Steuerschieber zum Sammelbehälter.

Während die Wagner-Säge das Spannen des Werkstückes, den Vorschub des Sägeschlittens und den Eilrückgang mit einer einzigen Förderpumpe tätigt, benützt Heller, Nürtingen, bei seinen *Kaltkreissägen* (Abb. 185) zwei verschiedene Pumpen [*48* u. *29.2*]. Das hydraulische Vorschubsystem besteht aus einer einfachen Zahnradpumpe mit gleichförmiger Förderung und einer Verstellpumpe. Der Druck wird von der

Zahnradpumpe erzeugt, die Verstellpumpe hingegen ist vom Druck entlastet und liefert die für den Arbeitsgang nötige Triebmittelmenge.

Die Zahnradpumpe *ZP* (Abb. 185) entnimmt das Triebmittel durch einen Spaltfilter dem Behälter und fördert eine gleichbleibende Menge durch die Druckleitung *a* unmittelbar in den linken Teil, d. h. den Ringraum des Vorschubzylinders. Der Flüssigkeitsdruck wird mit einem Überdruckventil *UeV* eingestellt (z. B. auf 10 kg/cm²). Dieser Druck herrscht in allen von der Pumpe *ZP* belieferten Räumen.

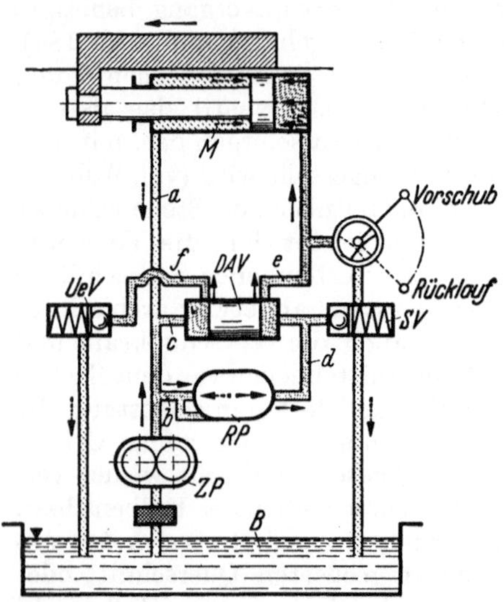

Abb. 185. Hydraulisches Vorschubgetriebe einer Kaltkreissäge. Bauart: Gebr. Heller, Nürtingen
ZP Zahnradpumpe; *RP* Verstellpumpe; *M* Schubkolbentrieb; *B* Behälter; *UeV* Überdruckventil; *DAV* Druckausgleichventil; *SV* Sicherheitsventil; *a* Druckleitung; *b* Nebenleitung zur Verstellpumpe; *c* Nebenleitung zum Druckausgleichventil; *d* Leitung von der Verstellpumpe zum Ausgleichventil; *e* Zuleitung zum Vorschubzylinder; *f* Auslaß vom Ausgleichventil zum Überdruckventil

Von der Druckleitung *a* führt eine Nebenleitung *b* zu der Verstellpumpe *RP*. Das überschüssige Druckmittel fließt durch die Nebenleitung *c* auf die linke Kolbenseite eines Ausgleichventils *DAV* und schiebt den Ventilkolben nach rechts, bis der seitliche Auslaß *f* sich öffnet und damit den Abfluß über das Überdruckventil *UeV* in den Behälter freigibt. Die von der Verstellpumpe geförderte Flüssigkeitsmenge wird durch Leitung *d* auf die rechte Seite des Ausgleichventils *DAV* und durch die Leitung *e* in die Vorschubseite des Zylinders geleitet. Der Auslaß in diese Leitung öffnet sich erst, wenn auch in der Leitung *d* derselbe Druck wie in Leitung *c* bzw. in der linken Kammer des Ventils *DAV* herrscht. Der Kolben steht dann in Mittelstellung. Zwischen der Zuleitung *b* und der Ableitung *d* der Verstellpumpe ist somit kein Druckgefälle mehr vorhanden, die Verstellpumpe ist druckentlastet. Die Vorschubkraft ergibt sich entsprechend der beiden Vorschubkolbenflächen, d. h. im Verhältnis der vollen Kolbenfläche zu der Ringfläche und dem jeweiligen Arbeitsdruck.

Erhöht sich der Bearbeitungswiderstand, so steigt der Druck in der Leitung *e* an, der Kolben *DAV* schiebt sich sogleich nach links und drosselt den Auslaß *f* derart, daß die Zahnradpumpe ebenfalls einen erhöhten Druck liefern muß. Da auch bei steigendem Vorschubdruck im Ausgleichventil *DAV* selbsttätig Gleichgewicht eintritt, so ist die Verstellpumpe praktisch stets vom Druck entlastet. Die Vorschubgeschwindigkeit ist für das Sägen von Eisen und Stahl je nach Maschinengröße 5 bzw. 10 mm/s, für Nichteisenmetalle 8 bzw. 17 mm/s.

3.9 Schleifmaschinen

Im Schleifmaschinenbau hat sich der hydraulische Antrieb fast völlig und nur mit Ausnahme einiger weniger Schleifmaschinenarten sowie einfacher und für den Kleinbetrieb bestimmter Maschinentypen mit vollem Erfolg eingeführt; er ist bei dieser Maschinengattung zu einer hohen technischen Reife und Vollkommenheit entwickelt worden. Maßgebend für die Einführung und die Entwicklung der Hydraulik als Antriebsart bei der Schleifmaschine [*38* u. *56*], die heute die vielfältigste und vielseitigste Bearbeitungsmaschine darstellt, waren die folgenden Gesichtspunkte:

gleichförmige und schwingungsfreie Vorschubbewegung, selbst bei kleinen Arbeitsgeschwindigkeiten,

rasche und stoßfreie Bewegungsumkehr, vollkommenes Beherrschen der Verzögerungs- und Beschleunigungskräfte,

feinfühliges und stufenloses Einstellen der Vorschubgeschwindigkeit in weiten Grenzen vom Eilgang bis zum Stillstand, damit richtiges Anpassen an die Schleifaufgabe,

hohe Verschleißfestigkeit der ständig in Öl bewegten Antriebsteile,

Sicherung der Maschinenglieder gegen Überlasten und Schonen des Werkzeuges durch die Federwirkung (Nachgiebigkeit) der hydraulischen Anlage,

einfacher Aufbau und einfache Bedienungsweise.

3.91 Flachschleifmaschinen

Bei den Flachschleifmaschinen für allgemeine Anwendungszwecke kommt man in der Regel mit einem baulich verhältnismäßig einfachen Flüssigkeitsgetriebe aus, denn für den Längsvorschub des Maschinentisches sowie für die Beistell- bzw. Zustellbewegung des Schleifschlittens braucht man eine Antriebsleistung, die nur ein Bruchteil ist von derjenigen, die für den Antrieb der Schleifwelle erforderlich ist. In den meisten Fällen genügt eine sorgfältig ausgeführte Zahnradpumpe oder Schraubenpumpe (Betriebsdrücke bis 50 kg/cm^2), um die notwendige Druckflüssigkeit zu erzeugen. Die Pumpe arbeitet stets mit voller Leistung, die durch das Einstellen eines Überdruckventils festgelegt ist.

Die Vorschubgeschwindigkeit des Flüssigkeitsantriebes wird bei Anwendung einer Zahnradpumpe oder Schraubenpumpe durch ein Drosselventil eingestellt, wobei die Drossel vor oder hinter dem Kolbentrieb angeordnet sein kann. Natürlich geht bei dieser Antriebsart zumeist ein Teil der von der Pumpe erzeugten Energie verloren; die einfache, zuverlässige und billige Ausstattung gleicht diesen Nachteil jedoch wieder aus.

Die Schaltung eines Flüssigkeitsgetriebes mit einer Zweikreis-Schraubenpumpe gleichbleibender Förderung, wobei der erste Förderkreis für den Tischantrieb dient und der zweite Kreis die Schleifradzustellung betätigt, und einer Geschwindigkeitseinstellung durch ein Drosselventil, zeigt Abb. 186 an einer Flachschleifmaschine mit senkrechter Schleifwelle, Bauart: Diskus Werke Frankfurt/Main, Aktiengesellschaft.

Die Druckflüssigkeit des ersten Kreises gelangt von der Schraubenpumpe zum Vorsteuerventil *VV* (vgl. S. 186) und über den Umsteuerschieber $USch_1$ zum Schubkolbentrieb M_1. Das Vorsteuerventil *VV* wird von einem Schalthebel und über die am Arbeitstisch befindlichen

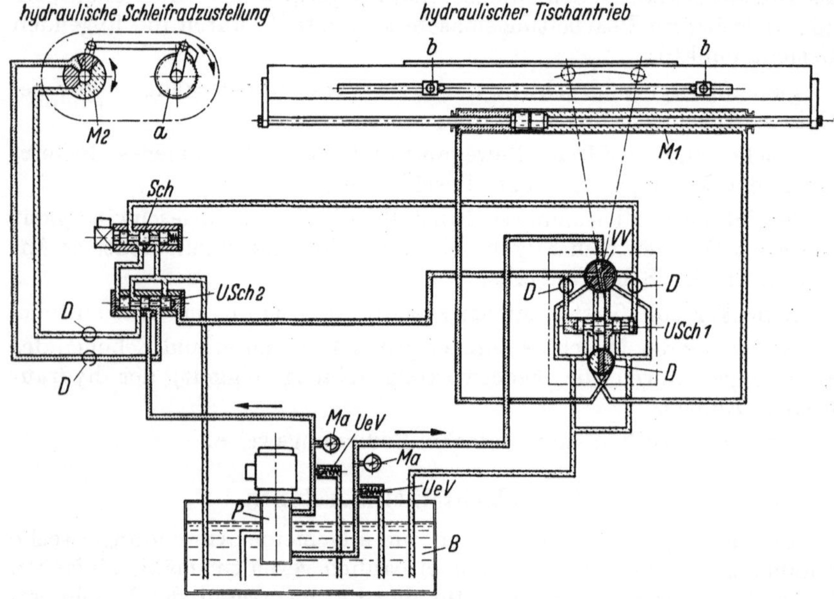

Abb. 186. **Flüssigkeitsgetriebe für eine Flachschleifmaschine mit senkrechter Schleifwelle Bauart: Diskus Werke Frankfurt/Main, Aktiengesellschaft**

Anschlagknaggen *b* betätigt. Mit dem Drosselventil *D*, das in die Zuleitung geschaltet ist, kann die Geschwindigkeit des Maschinentisches von 5 bis 300 mm/s stufenlos eingestellt werden.

Von der gleichen Förderpumpe ausgehend, gelangt im zweiten Kreis die Druckflüssigkeit über einen Umsteuerschieber $USch_2$ zu dem Flügelkolbengetriebe M_2.

Der Kolben des Umsteuerschiebers Sch_2 wird durch Druckflüssigkeit bewegt, die ihn nach rechts oder links verschiebt, entsprechend der Stellung des Vorsteuerventils *VV*.

Das Flüssigkeitsgetriebe M_1 bewirkt über das Schrittschaltwerk *a* die Zustellung des Schleifwerkzeuges. Die Zustellungseinrichtung für das Schleifrad ist mit einem elektrischen Endanschlag ausgerüstet, der bei Erreichen des Werkstück-Fertigmaßes einen elektrischen Impuls zum Magnetschieber *Sch* gibt. Der Magnetschieber steuert das Triebmittel derart, daß die Verbindungsleitung zwischen dem Vorsteuerventil und dem Umsteuerschieber $USch_2$ abgesperrt wird, damit erhält der Flügelkolben des Beistellgetriebes M_2 keine Druckflüssigkeit mehr, d. h., die Zustellung ist unterbrochen.

3.92 Außenrundschleifmaschinen

Im allgemeinen hat bei den Rundschleifmaschinen das Flüssigkeitsgetriebe den Längsvorschub des Maschinentisches und den Quervorschub des Schleifspindelstockes zu betätigen. Der Längsvorschub

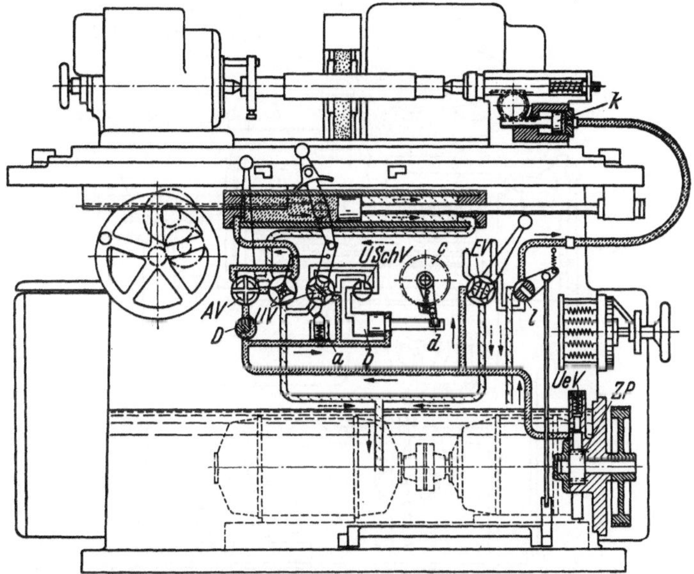

Abb. 187. Hydraulischer Schleifspindelschlitten-Antrieb bei einer Rundschleifmaschine Bauart: Fortuna-Werke AG., Stuttgart-Bad Cannstatt

ZP Zahnradpumpe; *D* Drosselventil; *UV* Umsteuerventil; *a* mechanische Vorsteuerung; *AV* An- und Abstellventil für hydraulische Tischbewegung; *EV* Steuerventil für Zustellbewegung des Schleifspindelstocks; *UeV* Überdruckventil; *USchV* Dreiwegehahn für die 4 Schaltungen: Zustellung ausgeschaltet, Zustellung nur bei linker Tischumkehr, Zustellung bei linker und rechter Tischumkehr, Zustellung nur bei rechter Tischumkehr; *b* Zustellzylinder; *c* Schaltrad für Zustellung; *d* Schaltklinke

bewegt das Werkstück entlang der Schleifscheibe oder umgekehrt die Schleifscheibe an dem Werkstück entlang. Der Quervorschub verläuft senkrecht zu dieser Bewegungsrichtung und bewirkt das Zu- oder Beistellen des Schleifschlittens. Der Tisch wird während des Hubes mit gleichförmiger Geschwindigkeit hin- und herbewegt; am Hubende soll der Tisch möglichst stoßfrei umsteuern, dabei muß die vorbestimmte Hublänge zuverlässig und genau eingehalten werden, damit nicht beim Schleifen gegen Bund oder beim Einstechschleifen Werkstück oder Schleifwerkzeug beschädigt bzw. unbrauchbar gemacht wird. An den Umkehrpunkten des Tisches setzt die gegenläufige Bewegung nicht augenblicklich ein, vielmehr steht der Maschinentisch für eine einstellbare Dauer still, so daß das Werkstück ausgeschliffen werden kann.

In der Regel ist der Arbeitsgang symmetrisch, d. h. es wird beim Hin- wie auch beim Hergang Schleifarbeit geleistet; die Tischumkehr kann an beliebiger Hubstelle bewirkt werden.

Abb. 187 zeigt den hydraulischen Antrieb für die Tischbewegung und für das Zustellen des Schleifspindelschlittens bei der Rundschleifmaschine der Fortuna-Werke AG., Stuttgart-Bad Cannstatt. Die Tischgeschwindigkeit ist durch ein Drosselventil D zwischen 0,05 m/min und 8 m/min = 0,8 mm/s und 134 mm/s einstellbar. Der Tisch ist auf 0,01 mm genau und äußerst weich umsteuerbar.

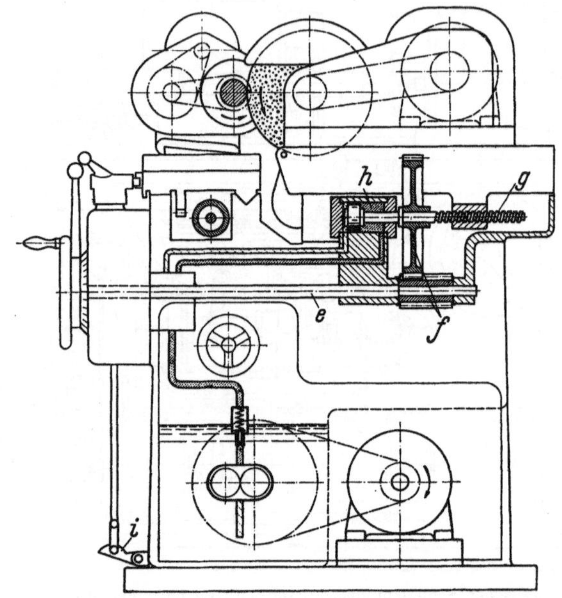

Abb. 188. Rundschleifmaschine mit Flüssigkeitsgetriebe
Bauart: Fortuna-Werke AG., Stuttgart-Bad Cannstatt
e Zustellwelle; *f* Zahnradvorgelege; *g* Zustellspindel; *h* Eilgangszylinder; *i* Fußhebel betätigt Hahn *l* zum hydraulischen Zurückziehen der Reitstockpinole; *k* Kolbentrieb für Reitstockpinole (vgl. Abb. 187)

Der Umsteuervorgang wird bei dieser Maschine nicht durch ein hydraulisch betätigtes Vorsteuerorgan eingeleitet, sondern auf mechanischem Wege mit Hilfe eines federbelasteten Schneidenpaares a in Abb. 187 geschaltet. Dabei kann die Umkehr des Tisches unmittelbar oder nach einer einstellbaren Stillstandsdauer vorgenommen werden. Ein Abstellventil AV schließt die Leitungen des Vorschubzylinders kurz, wenn der Maschinentisch von Hand bewegt werden soll.

Die Zustelleinrichtung des Schleifspindelstockes arbeitet selbsttätig, jedoch in Abhängigkeit von der Tischumsteuerung. Von dem Umsteuerventil UV gelangt die Druckflüssigkeit über den Dreiwegehahn $USchV$ zu dem Schaltgetriebe b. Durch dessen Kolbenbewegung wird über einen Hebel die federnd an das Schaltrad c angestellte Schaltklinke d zurückgestellt. Beim Umsteuern sperrt das Ventil UV den Zufluß nach der linken Seite des Schaltwerkes ab, so daß die rechte Kolbenfläche des Schaltwerkes vom Triebmittel beaufschlagt wird; dabei wird die Schaltklinke nach links bewegt, ein Schaltrad entsprechend der Größe des eingestellten Schaltweges gedreht und der Schleifspindelstock über die Zustellwelle *e*, das Zahnradvorgelege *f* und die Spindel *g* zugestellt (Abb. 188). Das Maß der Zustellung kann an der Skalenscheibe von 1 bis 5 Teilstrichen eingestellt werden; hieraus ergibt sich ein Quervorschub der Schleifscheibe um 0,0025 bis 0,0125 mm je Schaltung. Um die Schleifscheibenabnützung auszugleichen, wird der Spindelstock beim kurzen Antippen eines im Steuerkasten angeordneten Druckknopfes automatisch um sehr kleine Beträge von 2,5 μ beigestellt.

Zur Eilgangsteuerung wird durch das Ventil *EV* die Druckflüssigkeit entweder in den vorderen oder hinteren Zylinderraum des Eilgangzylinders *h* geleitet. Der Schleifspindelstock führt die hydraulische Eilbewegung über 50 mm Zustellweg aus, wobei er auf 2 μ genau in Arbeitsstellung gebracht wird.

Es ist heute allgemein üblich, die Rundschleifmaschinen außer mit der zuvor beschriebenen Zustelleinrichtung auch mit einer selbsttätigen *Einstechzustellung* zu versehen. Diese Einstechzustellung arbeitet unabhängig von der Tischbewegung derart, daß die Zustellspindel von einem hydraulischen Zustellkolben aus über dessen verzahnte Kolbenstange verdreht wird. Die Zustellgeschwindigkeit wird hierbei durch Drosseln des Druckflüssigkeitsstromes für den Kolbentrieb eingestellt.

Das Flüssigkeitsgetriebe der halbautomatischen Rundschleifmaschine FH-300 von MSO Maschinen- und Schleifmittelwerke A.G., Offenbach/Main, besitzt, wie aus Abb. 189 hervorgeht, vier getrennte Kreisläufe, und zwar für die Vorschubbewegung des Arbeitstisches (*A*), für die Schleifbockbewegung (*B*) sowie für die Reitstockpinolenverschiebung (*C*) und einen weiteren Kreislauf für die Schmierung der Führungsbahnen (*D*). Eine Mehrfachzahnradpumpe *ZP* liefert die für alle 4 Kreisläufe notwendige Druckflüssigkeit.

Der Tischkreislauf (*A*) führt von der Zahnradpumpe über das Überdruckventil UeV_1, das Steuerventil *StV* und über das Drosselventil D_1 (für die Tischbewegung) zum Umsteuerventil *UV* und von dort zu dem Tischantrieb M_1. Innerhalb D_1 befindet sich ein weiteres Drosselventil D_2, mit dem die Stillstandszeit des Arbeitstisches bei der Umsteuerung eingestellt werden kann. Das Umsteuerventil *UV* umschließt den Vorsteuerschieber *VSch*. Die Geschwindigkeit, mit der sich der Vorsteuerschieber *VSch* bewegt, wird ebenfalls durch das Drosselventil D_2 bestimmt. Die obere Hälfte des Umsteuerventils *UV* ist mit Steuerschlitzen versehen, aus denen Druckflüssigkeit zu dem Beistellgetriebe M_2 gelangen kann.

Der Flüssigkeitsdruck für den Schleifbockkreislauf (*B*) wird am Überdruckventil UeV_2 eingestellt; überschüssiges Triebmittel geht durch die Abflußleitung *a* zum Überdruckventil UeV_3, das etwa auf einen Druck von 0,5 kg/cm² eingestellt ist, und von dort über die Leitungen *b* und *c* zu den beiden Führungsbahnen des Tisches und des Schleifbockes (Schmiermittel-Ölkreis *D*).

An den beiden Strömungsanzeigern kann festgestellt werden, ob das Schmiersystem arbeitet. Das Triebmittel für den Schleifbock fließt

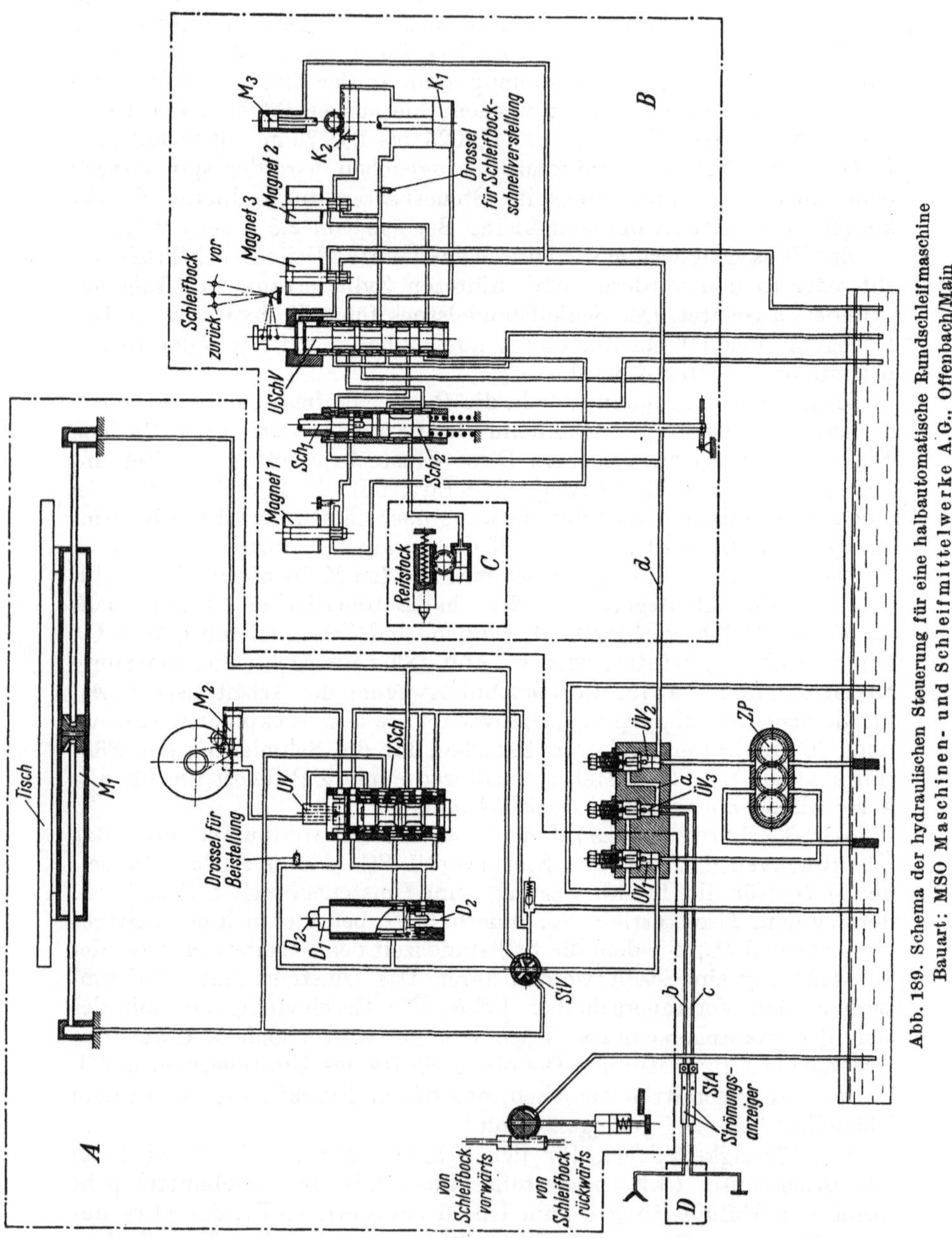

Abb. 189. Schema der hydraulischen Steuerung für eine halbautomatische Rundschleifmaschine
Bauart: MSO Maschinen- und Schleifmittelwerke A.G., Offenbach/Main

einmal über die Leitung d zum Spielausgleichkolben M_3 und zum anderen über das Schleifbockventil *USchV*, einem Umschaltventil für den Schleifbockkolben K_1 und den Einstechkolben K_2. Eine weitere Druckleitung führt zu dem Hubmagneten *3*, der die Umsteuerung des Schleifbockventils *USchV* betätigt und dieses am Ende des Schleifvorganges auf „Schleifbockrücklauf" verstellt.

Mit dem Kolbenschieber Sch_1 wird die Grobzustellung des Schleifbockes eingestellt.

Der Hubmagnet *1* dient bei Anwendung eines Schleifmeßgerätes, z. B. beim selbsttätigen Einstechen, zum Einstellen der Einstech-

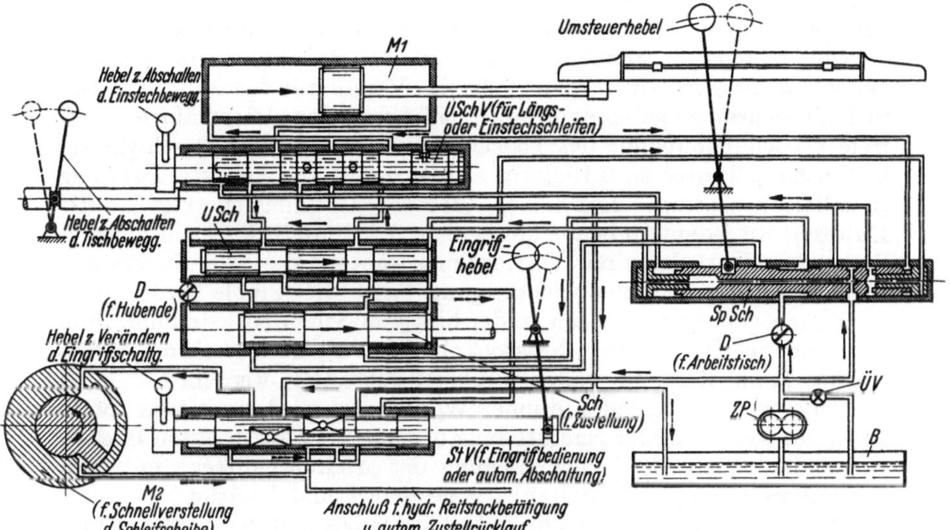

Abb. 190. Hydraulikschema einer Rundschleifmaschine Type AR
Bauart: Schaudt Maschinenbau-G. m. b. H., Stuttgart Hedelfingen

ZP Zahnradpumpe; *B* Sammelbehälter; *D* Drosselventil für Tischbewegung bzw. für Hubende; *SpSch* Spannschieber (Vorsteuerung); *USchV* Umschaltschieber für Längs- und Einstechschleifen; *USch* Umsteuerschieber; *Sch* Zustellschieber; *StV* Steuerschieber für Eingriffbedienung oder automatische Abschaltung; M_1 Schubkolbentrieb für Tischbewegung; M_2 Drehflügelkolben für Schnellverstellung der Schleifscheibe

geschwindigkeit; Hubmagnet *2* setzt bei Erreichen des Werkstück-Fertigmaßes die Bewegung des Einstechkolbens still.

Die für die Reitstockbewegung benötigte Druckflüssigkeit (Kreislauf *C*) wird vom Schleifbockventil *USchV* über das Ventil Sch_2 abgeleitet, das von einem Fußhebel aus betätigt werden kann, wenn der Schleifbock in rückwärtiger Stellung steht.

Die in Abb. 190 dargestellte Rundschleifmaschine von Schaudt Maschinenbau G. m. b. H., Stuttgart-Hedelfingen, besitzt ein hydraulisches Tischgetriebe, einen hydraulischen Pinolenrückzug im Reitstock und eine hydraulische Zustellbewegung, und Schnellverstellung des Schleifbockes für unbehinderten Werkstückwechsel und zum Messen. Der Arbeitsablauf beim Längs- oder Einstechschleifen mit vorgewählter Zustellung, Ausfunkzeit, Abschaltung und Rückzug der Zustellung um den Betrag der Schleifzugabe geschieht selbsttätig. Der kleinste Zustellbetrag ist bei selbsttätiger Vorschubbewegung bis auf 1 μ genau einstellbar. Die Tischbewegung kann zwischen 0,1 und 7 m/min = 1,67 und 118 mm/s stufenlos eingestellt werden. Der Schnellverstellweg des Schleifbockschlittens beträgt 40 mm. Alle hydraulischen Elemente sind als besondere Baueinheiten so eingebaut, daß ihre durch den Flüssigkeitsdruck bedingte Erwärmung ohne Einfluß auf die Genauigkeit der Maschine bleibt (freie Wärmeabstrahlung möglich, großer Sammelbehälter für Hydrauliköl und damit gute Kühlung). Als Förderpumpe wird eine Zahnradpumpe mit gehärteten und geschliffenen Zahnrädern und Sonderverzahnung für geräuscharmen Lauf verwendet. Der Tischzylinder ist aus einzelnen Einheiten je nach Maschinenlänge zusammengesetzt und in einbaufertigem Zustand gehont; diese Maßnahme ermöglicht, im Verein mit den äußerst genau in Laufbüchsen eingeläppten Steuerschiebern, eine gleichmäßige, ruckfreie Vorschubbewegung des Tisches selbst bei kleinsten Geschwindigkeiten bis herunter zu 0,1 m/min = 1,67 mm/s. Der kleinste Tischweg (Oszillation) beträgt etwa 2 mm. Bei der Tischumsteuerung ist die Haltezeit an jedem Hubende einstellbar. Im Reitstock ist ein hydraulischer Pinolenrückzug mit Verriegelung während des Schleifvorganges enthalten. Durch Fußhebelbetätigung wird die Pinole hydraulisch zurückgezogen, und zwar nur in der hinteren Schleifbockstellung. Zum Anpassen des Druckes der Reitstockpinole an die Steifigkeit des Werkstückes kann dieser in weiten Grenzen eingestellt werden.

Beim Einstechschleifen dünner Werkstücke wird ein offener Setzstock mit hydraulischer Nachstellung der hartmetallbestückten Backen verwendet. Auch die Längsbewegung des Abdrehschlittens mit dem Profilabdrehgerät wird hydraulisch gesteuert und betätigt.

Die Wirkungsweise des Flüssigkeitsgetriebes und der Steuerung ist bei den einzelnen Schleifarten — Längsschleifen und Einstechschleifen — in Kurzfassung folgendermaßen:

1. Längsschleifen. *Einstellung.* Umsteuerhebel nach links umgelegt.
Eingriffhebel in Stellung „links“ (eingeschaltet).
Hebel für die Tischbewegung in Stellung „rechts“ (eingeschaltet).
Hebel für die Einstechbewegung in Stellung „unten“ (ausgeschaltet).
Steuerschieber *StV* für die Eingriffbedienung oder automatische Abschaltung in Stellung „oben“ (Gesamtabschaltung).

Nach Einschalten der Zahnradpumpe *ZP* gelangt Druckflüssigkeit in das hydraulische Getriebe und teilt sich dort in 3 Teilströme:

Teilstrom *1* fließt zum Steuerschieber *StV* für die Eingriffsbedienung und von dort zur Schnellverstellung. Der Drehkolben M_2 wird im Sinne „Schnellverstellung vorwärts“ beaufschlagt. Das auf der Gegenseite verdrängte Triebmittel gelangt wieder zum Steuerschieber für die Eingriffsbedienung und durch ihn hindurch in den Rücklauf.

Teilstrom *2* geht zum Spannschieber *SpSch* (Vorsteuerschieber), durch ihn und einen anschließenden Flansch hindurch auf den Umsteuerschieber *USch*. Letzterer wird rasch nach rechts verschoben. Das verdrängte Triebmittel gelangt über einen zweiten Flansch und den Spannschieber in den Rücklauf. Die auf den Umsteuerschieber geführte Druckflüssigkeit kommt gleichzeitig zum Zustellschieber *Sch* und schiebt diesen ebenfalls nach rechts. Seine Schaltgeschwindigkeit kann durch eine eingebaute Drossel *D* (Hubenddrossel — zum Einstellen der Stillstandszeit an den Hubenden) eingestellt werden, das verdrängte Triebmittel wird wie beim Umsteuerschieber in den Rücklauf geführt.

Teilstrom *3* wird über die Tischdrossel (zum Einstellen der Tischgeschwindigkeit) zum Spannschieber *SpSch* geleitet, von dort zum Zustellschieber *Sch*, weiter zum Umsteuerschieber und zum Umschaltschieber *USchV* für Längs- oder Einstechschleifen. Von dort gelangt die Druckflüssigkeit in den linken Zylinderraum von M_1 und schiebt den Kolben mit Schlitten und Tisch nach rechts.

Das verdrängte Triebmittel fließt vom Arbeitszylinder zum Umschaltschieber für Längs- oder Einstechschleifen weiter zum Umsteuerschieber, dann zum Steuerschieber für die Eingriffsbedienung und von dort in den Rücklauf.

Umsteuerung. Der nach rechts laufende Tisch nimmt einige mm vor Hubende den Umsteuerhebel mit, wodurch über Hebel und Zapfen der Spannschieber (Vorsteuerschieber) nach links bewegt wird. Das im linken Ringraum vom Spannschieber verdrängte Triebmittel wird zum Umschaltschieber für Längs- oder Einstechschleifen, durch Radial-, Axial- und wieder Radialbohrung in dessen Kolben auf den Spannschieber zurückgeführt, und zwar in den zwischen Kolben und rechtem Flansch entstehenden Ringraum. Durch eine weitere Radialbohrung im Umschaltschieber besteht eine Verbindung mit dem Behälter *B*, so daß Leckverluste ausgeglichen werden können. Hat der Umsteuerhebel seine Vertikalstellung knapp überschritten (nach wenig mehr als 8 mm Kolbenweg), so wird der Spannschieber schlagartig umgesteuert. Nun fließt Teilstrom *2* über den rechten Flansch zum Umsteuerschieber und gleichzeitig zum Zustellschieber. Ersterer wird rasch um 12 mm, letzterer je nach Stellung der Hubenddrossel mehr oder weniger langsam um 40 mm nach links verschoben. Vom Zustellschieber aus erfolgt die Zustellung des zuvor gewählten Zustellbetrages pro Hub. Nachdem der Zustellschieber seine linke Endlage erreicht hat, kann der Teilstrom *3*, der durch den Spannschieber umgesteuert wurde, über Zustell-, Umsteuer- und Umschaltschieber zum rechten Zylinderanschluß weiterfließen. Damit bewegen sich Kolben, Schlitten und Tisch nach links. Das im linken Zylinderraum verdrängte Triebmittel gelangt über Umschalt- und Umsteuerschieber in die Leitung zum Steuerschieber für die Eingriffsbedienung und von dort in den Rücklauf.

Abschaltungen der Maschine. Hebel am Steuerschieber *StV* für die Eingriffsbedienung in Stellung „oben“.

Wird der Steuerschieber *StV* für die Eingriffsbedienung bzw. automatische Abschaltung um 22 mm nach links verschoben, so wird der Förderstrom *1* umgesteuert; am Anschluß „Schnellverstellung zurück“ kommt Druckflüssigkeit und holt den Schleifspindelstock um den Schnellverstellweg zurück. Ebenso ist am Anschluß für hydraulische Reitstockbetätigung und automatischen Zustellrücklauf Druckflüssigkeit vorhanden. Die vom Drehkolben M_2 der Schnellverstellung verdrängte Druckflüssigkeit gelangt durch den Steuerschieber für die Eingriffsbedienung in eine Längsnut der Steuerbüchse, dann wieder durch den Steuerschieber in den Rücklauf. Der Rücklauf von Förderstrom *3* (Tischlängsgang) wird durch den nach links verschobenen Steuerschieber für die Eingriffsbedienung verschlossen und damit Schlitten und Tisch stillgesetzt.

Hebel am Steuerkolben für die Eingriffsbedienung in Stellung „Mitte".

Durch Verschieben des Steuerschiebers nach links wird der Längsgang abgeschaltet, die Schnellverstellung bleibt jedoch vorn. (Durch eine Längsnut im Steuerschieber kann nach dem Abschalten noch Druckflüssigkeit zum Anschluß „Schnellverstellung vor" fließen, außerdem bleibt der Anschluß „Schnellverstellung zurück" und damit auch der Anschluß für hydraulische Reitstockbetätigung und automatischen Zustellrücklauf über eine zweite Längsnut mit dem Rücklauf verbunden.)

Hebel am Steuerschieber für die Eingriffsbedienung in Stellung „unten".

Durch die Abschaltung wird Förderstrom *1* wie in Hebelstellung „oben" umgesteuert, d. h., die Schnellverstellung läuft zurück, am Anschluß für hydraulische Reitstockbetätigung und automatischen Zustellrücklauf steht Druckflüssigkeit zur Verfügung. Der Rückfluß von Förderstrom *3* bleibt durch eine Längsnut im Steuerschieber bestehen, Schlitten und Tisch laufen weiter.

Abschalten der hydraulischen Längsbewegung des Tisches. Wird der Hebel am Umsteuerschieber *USchV* für Längs- und Einstechschleifen nach links umgelegt (Kolbenweg 22 mm), so wird der Druckflüssigkeitszufluß unterbunden, die Tischbewegung ist abgeschaltet. Beide Räume des Arbeitszylinders stehen über den Umschaltschieber miteinander in Verbindung, außerdem besteht Anschluß an die Rücklaufleitung. Der Tisch kann jetzt von Hand verstellt werden.

2. Einstechschleifen. *Einstellung.* Umsteuerhebel nach links umgelegt.

Eingriffshebel in Stellung „links" (eingeschaltet).

Hebel für die Tischbewegung in Stellung „links" (ausgeschaltet).

Hebel für die Einstechbewegung in Stellung „oben" (eingeschaltet).

Steuerschieber *StV* für die Eingriffsbedienung oder automatische Abschaltung in Stellung „oben" (Gesamtabschaltung).

Nach Einschalten der Zahnradpumpe *ZP* gelangt Druckflüssigkeit in das hydraulische Getriebe und teilt sich dort in 3 Teilströme:

Teilstrom *1* wie bei „Längsschleifen".

Teilstrom *2* wie bei „Längsschleifen".

Teilstrom *3* wird über die Tischdrossel zum Spannschieber geleitet, von dort zum Zustellschieber *Sch*, weiter zum Umsteuerschieber *USch* und zum Umschaltschieber *USchV* für Längs- oder Einstechschleifen. Der Abgang zum Arbeitszylinder M_1 ist jetzt verschlossen, dafür kann die Druckflüssigkeit über eine Nut im Umschaltschieber zum Spannschieber weiterfließen. Letzterer wird nach links verschoben und drückt

Triebmittel aus dem linken Ringraum in den Umschaltschieber, von dort weiter zum Umsteuerschieber und dann in den Rücklauf.

Zustellung. Sobald Teilstrom *3* den Spannschieber um 8 mm nach links verschoben hat, erfolgt die schlagartige Umsteuerung durch das hydraulische Kippspannwerk.

Teilstrom *2* fließt nun auf die rechte Seite von Umsteuer- und Zustellschieber und schiebt ersteren rasch nach links. Der Zustellschieber läuft je nach Stellung der Hubenddrossel mehr oder weniger langsam nach links. Hat er seine Endlage erreicht, so kann der vom Spann-

Abb. 191. Universal-Schleifmaschine für Flach-, Innen- und Außenrund- sowie Werkzeugschleifen mit hydraulischer Tisch- und Schleifschlittenbewegung
Bauart: L. Kellenberger & Co., St. Gallen (Schweiz)

schieber bereits umgesteuerte Teilstrom *3* weiter fließen über den Zustellschieber zum Umsteuer- und Umschaltschieber und von dort in den linken Ringraum im Spannschieber. Dieser wird nun nach rechts bewegt. Die Zahl der Zustellimpulse läßt sich mit der Hubenddrossel verändern.

Abschalten der Einstechbewegung. Wird der Hebel am Umsteuerschieber für Längs- und Einstechschleifen nach oben umgelegt (60°), so wird die bereits erwähnte Nut im Umschaltschieber von der zugeordneten Bohrung in der Büchse weggeschwenkt, die Verbindung zum Spannschieber ist verschlossen — es wird nicht mehr zugestellt.

Die Schweizer Universal-Schleifmaschine von L. Kellenberger & Co., St. Gallen (Schweiz), besitzt einen hydraulisch angetriebenen und gesteuerten Tischvorschub sowie eine hydraulische Schleifschlittenbewegung für Flach-, Innen- und Außenrundschleifen und für Werkzeugschleifarbeiten. Der formenschöne Aufbau der Maschine mit dem übersichtlichen Bedienungsstand ist aus Abb. 191 zu ersehen. Die Ausbildung und Wirkungsweise des Flüssigkeitsgetriebes erläutert Abb. 192.

Der Antrieb des hydraulischen Getriebes geschieht mit einer schrägverzahnten MAAG-Zahnradpumpe bei unveränderlicher Fördermenge ($Q = 21$ l/min, $p = 6$ kg/cm²). Ein feinfühliges Drosselventil verstellt die Tischgeschwindigkeit zwischen 1,67 und 108 mm/s. Die nicht benötigte Flüssigkeitsmenge fließt über ein federbelastetes Überdruck-Kolbenventil in den Sammelbehälter zurück.

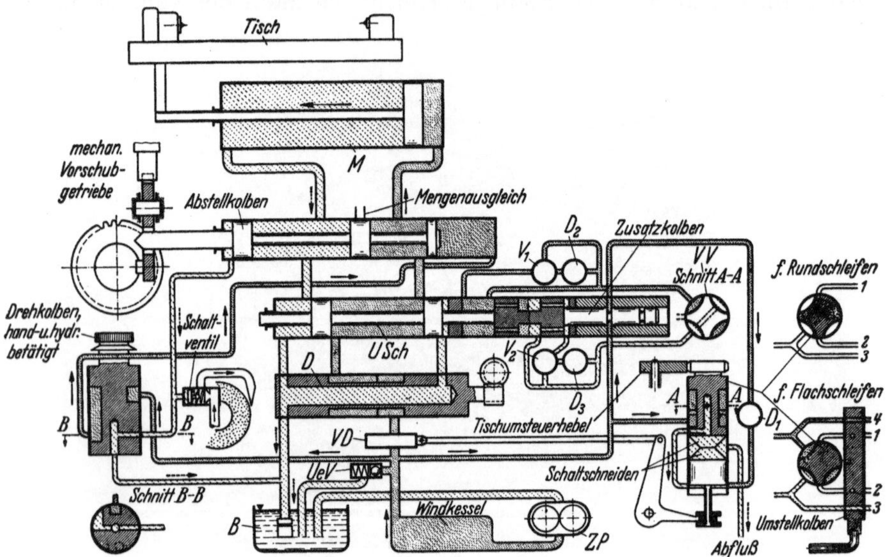

Abb. 192. Hydraulisches Schaltschema der Universal-Schleifmaschine nach Abb. 191
ZP Zahnradpumpe; *UeV* Überdruckventil; *VD* Vordrossel; *D* Hauptdrossel; *VV* Vorsteuerventil (Rundkolben); D_1 Drossel für die Aufwärtsbewegung des Rundkolbens; D_2 und D_3 Zeitdrosselventile für den Zusatzkolben (Servomotor); V_1 und V_2 Zu- und Abschaltventile für D_2 und D_3; *USch* Umsteuerschieber; *M* Schubkolbentrieb; *B* Behälter (45 Liter)

Die auf 0,01 mm genau arbeitende Umsteuerung des Tisches wird durch einen Vorsteuerkolben getätigt, wobei der Tisch mit stets gleichbleibender und gedrosselter Geschwindigkeit stoßfrei umkehrt.

Der Tisch läßt sich an den Hubenden wahlweise links, rechts oder beidseitig zeitlich einstellbar stillsetzen, der kleinste Umsteuerweg beträgt 3 mm. Das Ein- und Ausschalten der hydraulischen Tischbewegung wird durch einen hydraulisch gesteuerten Kolben, welcher gleichzeitig das Tischhandrad und die Schleifwasserzufuhr ein- oder ausschaltet, vorgenommen. Die Schleifscheibe kann für das Rund- und Innenschleifen wahlweise links, rechts oder beidseitig zugestellt werden; die Querbewegung wird beim Erreichen des Fertigmaßes gegen festen Anschlag abgeschaltet. Die Beistellgröße ist einstellbar, und zwar von 1 bis 6 Schaltzähnen = 0,0025 bis 0,015 mm auf den Durchmesser.

Die Schleifscheibenbeistellung für das Flachschleifen geschieht bei jeder Tischumkehr, der Schaltweg beträgt 2 mm. Durch einen Dreiwegehahn lassen sich diese 2 Beistellbewegungen ein- und ausschalten. Das ganze Schubkolbengetriebe steht stets unter leichtem Gegendruck, damit beim Bewegen des Tisches von Hand an keiner Stelle Luft in das Leitungsnetz eindringen kann.

Die Wirkungsweise des Flüssigkeitsgetriebes und der Steuerung ist bei den einzelnen Vorschubbewegungen folgendermaßen (vgl. Abb. 192):

Tischvorschub: Die Räderpumpe fördert Druckmittel über den Windkessel und das Überdruckventil zur Vordrossel. Die Vordrossel wird bei jeder Tischumsteuerung durch den Umsteuerhebel über den Vorsteuerkolben, der den unteren Rundkolben über 2 Schaltschneiden nach abwärts bewegt, so weit in den Flüssigkeitsstrom verschoben, daß der Maschinentisch beim Umsteuern stets eine gleichbleibende Vorschubgeschwindigkeit erhält. Die Aufwärtsbewegung des Rundkolbens geschieht mit Druckmittel, dessen Menge von der Drossel D_1 verändert wird. Von der Vordrossel gelangt das Druckmittel über das feinfühlige Drosselventil für die Geschwindigkeitseinstellung des Tisches zum Tischumsteuerkolben. Der Umsteuerwechsel dieses Kolbens erfolgt mit Hilfe des Vorsteuerkolbens, der durch den Tischumsteuerhebel betätigt wird. Je nach Stellung dieses Umsteuerhebels wird der Zusatzkolben durch Druckmittel nach links oder rechts bewegt.

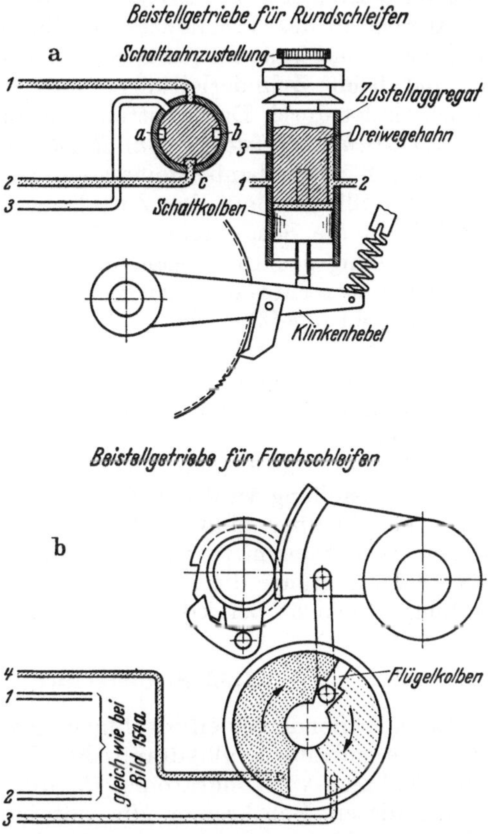

Abb. 193a u. b. Einrichtungen für die Schleifscheibenbeistellung zum Rund- und Flachschleifen an der Universal-Schleifmaschine nach Abb. 191

Die Bewegungsgeschwindigkeit dieses Zusatzkolbens läßt sich nach beiden Richtungen durch die Zeit-Drosselventile D_2 und D_3 verstellen, so daß die Umschaltdauer des Tisches zeitlich begrenzt werden kann. Vom Tischumsteuerkolben gelangt das Triebmittel in den Abstellkolben, der die Funktion des Ein- und Ausschaltens der hydraulischen Tischbewegung und der Tischhandverstellung erfüllt. Die Schaltbewegung des Abstellkolbens wird vom Drehkolben hand-hydraulisch geleitet;

dieser betätigt auch gleichzeitig das Schaltventil zum Ein- und Ausschalten des Schleifwassers. Eine Mittelstellung des Drehkolbens erlaubt auch bei Längsbewegung des Tisches von Hand die Schleifwasserzufuhr. Vom Abstellkolben gelangt das Triebmittel in den Tischzylinder, in dem dann der Kolben die Vorschubbewegung des Tisches ausführt. Die Rücklaufflüssigkeit strömt vom Tischzylinder durch ein Gegendruckventil (mit Drossel D vereinigt) in den Behälter. Bei Schaltwechsel des Tischumsteuerkolbens strömt das Druckmittel in umgekehrtem Sinne. Ist der Abstellkolben auf Handbewegung gestellt, so sind beide Zylinderleitungen kurzgeschlossen, und im mittleren Kanal findet durch Druckmittelzuführung ein Mengenausgleich statt.

Schleifscheibenbeistellung für Rund- und Innenschleifen (Abb. 193a). Die Schleifscheibenbeistellung geschieht vom Vorsteuerkolben über den Umstellkolben auf das Zustellaggregat. Der Umstellkolben muß hierbei auf die Schaltstellung „Rundschleifen" gebracht werden. Je nach Stellung des Dreiwegehahnes kann die Beistellung der Schleifscheibe links, rechts oder beidseitig erfolgen. Das Druckmittel wird dem Schaltkolben zugeführt, der die Zustellbewegung auf den Klinkenhebel ausführt, wobei die Rückwärtsbewegung durch eine Zugfeder vorgenommen wird. Die Schaltzahneinstellung 1 bis 6 Zähne geschieht durch einen Drehknopf, der den Hubraum des Schaltkolbens vergrößert oder verkleinert.

Schleifscheibenbeistellung für Flachschleifen (Abb. 193b). Die Beistellung wird ebenfalls vom Vorsteuerkolben aus getätigt. Der Umstellkolben muß hierbei auf Schaltstellung „Flachschleifen" stehen. Das Druckmittel fließt von hier aus dem Flügelkolben zu, der über Schaltgestänge die Zustellung mit Schaltklinke bewirkt. Die Zustellung geschieht bei jedem Hubwechsel.

3.93 Sonderschleifmaschinen

Zu den Sonderschleifmaschinen gehört die als reine Einzweckmaschine gebaute vollhydraulische Flachschleifmaschine, Abb. 194, zum Schleifen von Bohrkronen für die Erdölgewinnung.

An diesen Bohrkronen, die mit einer Auftragsschweißung von Wolframkarbid versehen sind, soll eine kegelige Fase angeschliffen werden. Das Werkstück dreht sich beim Schleifvorgang um seine Mittelachse und ist in eine Schleifvorrichtung eingespannt, die ihrerseits auf dem Maschinentisch befestigt ist. Der Arbeitstisch führt eine kurzhubige, oszillierende Längsbewegung aus, wobei die Bohrkrone von einem Schleifring im Seitenschliffverfahren bearbeitet wird.

Der Arbeitsablauf ist halbautomatisch, d. h., der Bedienungsmann steckt das Werkstück auf einen Gegenhalter auf und spannt es durch Drucktasterbetätigung fest. Der selbsttätig verlaufende Schleifvorgang wird ebenfalls durch Drucktaster ausgelöst.

Das Hydraulikschema zu dieser Maschine ist in Abb. 195 dargestellt. Neben der hydraulischen Ausrüstung zum Antrieb des Maschinentisches (im obengenannten Hydraulikplan nicht dargestellt, vgl. jedoch

Abb. 186) ist die Maschine mit einer hydraulisch betätigten Spannvorrichtung, die, wie bereits erwähnt, auf dem Maschinentisch befestigt ist, mit einer Zustelleinrichtung für das Schleifwerkzeug und einer hydraulisch aushebbaren Umsteuerknagge versehen und ferner mit einer hydraulisch verschiebbaren Meßeinrichtung ausgestattet.

Das Werkstück *h* wird von Hand auf den Gegenhalter *i* aufgesteckt, der eine mit Wälzlager versehene kegelige Aufnahme besitzt. Durch Betätigen eines Drucktasters wird der Magnetschieber Sch_6 so verschoben, daß von der Förderpumpe P_2 Druckflüssigkeit auf die linke

Abb. 194. Vollhydraulische Flachschleifmaschine zum Schleifen von Bohrkronen
Bauart: Diskus Werke Frankfurt/Main, Aktiengesellschaft

Seite der beiden Schubkolben M_6 gelangen kann. Am Überdruckventil UeV_1 wird ein Betriebsdruck von 15 kg/cm² eingestellt. Hat sich die Spannpinole *f* so weit nach rechts verschoben, daß durch die Werkstückantriebsspindel *g* das Werkstück *h* gegen den Halter *i* gedrückt wird, so nimmt der Bedienungsmann die Hand von dem Drucktaster zurück. Sobald der Drucktaster in Ausgangsstellung zurückspringt, wird der Magnetschieber Sch_8 umgesteuert und gibt den Rücklauf zum Behälter *B* in der eingezeichneten Weise frei. Durch diese Umschaltung wird das Druckeinstellventil *DEV* wirksam und stellt selbsttätig einen niederen Druck von 5 kg/cm² ein.

Hiermit wird bezweckt, daß der Gegenhalter *i* nur mit der unbedingt zum Festhalten des Werkstückes erforderlichen Kraft belastet wird.

Der anfängliche Druck von 15 kg/cm² ist zum Verfahren der Spannpinole *f* notwendig, um die Pinole so zu beschleunigen, daß ihr Hubweg in der geforderten Zeit zurückgelegt werden kann. Zugleich mit dem

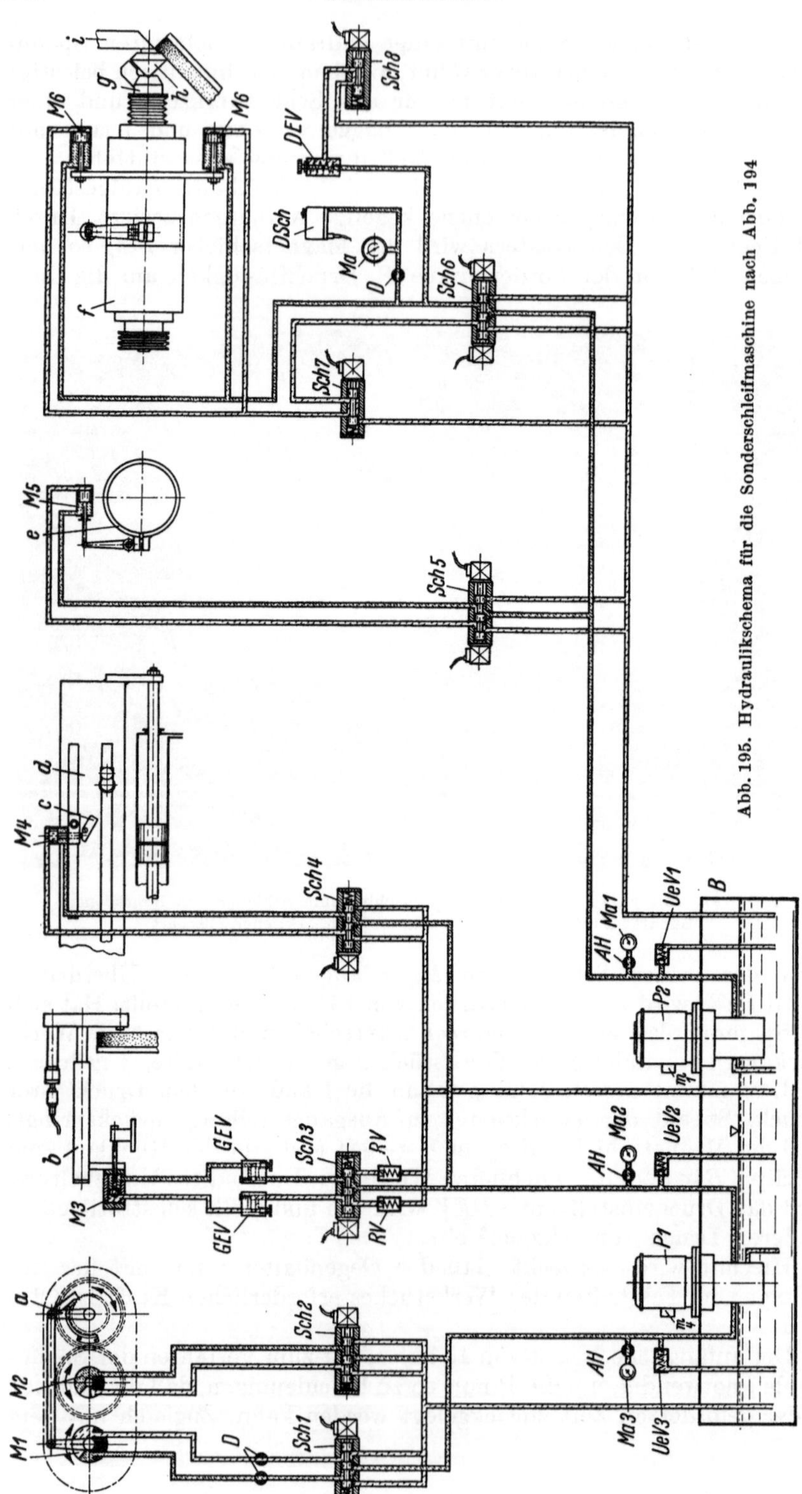

Abb. 195. Hydraulikschema für die Sonderschleifmaschine nach Abb. 194

Umschalten von dem höheren auf den niederen Druck wird der Magnetschieber Sch_5 betätigt; er leitet Druckflüssigkeit auf die linke Seite des Schubkolbens M_5, wodurch ein Festklemmen der Spannpinole *f* erreicht wird. Als zusätzliche Sicherheitseinrichtung ist in die Spanndruckleitung ein Druckschalter *DSch* eingebaut, der bei einem Absinken des Spanndruckes unter ein vorher eingestelltes Maß die Vorschubbewegung des Arbeitstisches abschaltet.

Nachdem das Werkstück festgespannt ist, wird durch Betätigen eines weiteren Drucktasters der Arbeitsablauf wie folgt eingeleitet: Der Arbeitstisch fährt im Eilgang vor das Schleifwerkzeug und beginnt dann mit seiner zuvor erwähnten Kurzhubbewegung. Gleichzeitig wird das Schleifrad in vorwählbaren Grobzustellbeträgen über das Flügelkolbengetriebe M_1 und das Schrittschaltgetriebe *a* zugestellt. Der Impuls für jede Zustellung wird bei jedem Hub vom Umsteuerhebel des Tischantriebes auf den Magnetschieber Sch_1 gegeben. Diese Grobzustellung geschieht so lange, bis der Schleifring den Tastkopf (aus Borkarbid) der Meßeinrichtung *b* berührt. Der Tastkopf steht 0,1 mm vor Fertigmaßebene des Werkstückes. Im Augenblick der Berührung wird ein elektrischer Impuls auf den Magnetschieber Sch_2 gegeben, der den Triebmittelzufluß zum Flügelkolbengetriebe M_2 umsteuert und damit die Grobzustellung auf Feinzustellung umschaltet. Im selben Augenblick wird auch der Magnetschieber Sch_3 nach rechts umgesteuert und läßt Druckflüssigkeit auf die rechte Kolbenseite des Schubkolbens M_3. Damit verschiebt sich das Meßgerät nach rechts um etwa 0,1 mm, so daß der Tastkopf um einen geringen Betrag vor der Werkstück-Fertigmaßebene stehenbleibt. Das Schleifwerkzeug bewegt sich während dieser Zeit mit den vorgewählten Feinzustellbeträgen auf die Fertigmaßebene zu. Ist das Fertigmaß erreicht, so berührt der Schleifring erneut den Tastkopf und löst einen Impuls aus, der die Feinzustellung abschaltet und ein Ausfeuerzeitwerk in Tätigkeit setzt. Diese Art der Messung ermöglicht es, einen Ausgleich des Schleifwerkzeugverschleißes vorzunehmen, d. h. der Schleifmittelverbrauch hat somit keinen Einfluß auf das zu erzielende Fertigmaß des Werkstückes. Nach Ablauf der zum Ausfeuern benötigten Zeit wird das Schleifwerkzeug elektromotorisch im Eilgang wieder in seine ursprüngliche Ausgangslage zurückgefahren. Gleichgeschaltet mit dem Zurückfahren des Schleifwerkzeuges steuert der Magnetschieber Sch_4 die Druckflüssigkeit um auf die obere Seite des Schubkolbens *M 4* und bewirkt ein Anheben der Kurzhubknagge *c*. Ist die Knagge *c* angehoben, so kann der Arbeitstisch in seine Ausgangsstellung (Ladestellung) im Eilgang zurücklaufen und wird stillgesetzt. Zu gleicher Zeit wird auch der Antrieb der Werkstückspindel *g* abgeschaltet. Durch Drucktaster wird das Kommando zum Rückfahren der Spannpinole *f* gegeben, und das fertiggeschliffene Werkstück kann von der Aufnahme abgenommen werden. Um den Rücklaufweg der Spannpinole *f* möglichst klein zu halten, ist eine — je nach Werkstückgröße — einstellbare Nocke an einem Lineal angebracht, die den Rücklaufweg der Pinole auf den erforderlichen Hub begrenzt. Die Nocke (in Abb. 195 nicht dargestellt) stößt beim Rücklauf gegen einen Endschalter, der den Magnetschieber Sch_7 betätigt derart, daß die Triebmittelzufuhr für den Rücklauf abgesperrt und damit die Spannpinole f stillgesetzt wird.

4 Hydraulische Werkzeugmaschinen der Umformtechnik

4.1 Pressen (Tiefziehpressen)

Aus den Aufzeichnungen von LEONARDO DA VINCI (1452—1519) geht hervor, daß er schon zu der damaligen Zeit an die praktische Ausführung einer hydraulischen Presse dachte, und zwar mit der seit dem klassischen Altertum bekannten Kolbenpumpe als Antriebsorgan und mit Druckwasser zur Erzeugung der Preßkraft.

Da ihm das Prinzip der Druckfortpflanzung in Flüssigkeiten und die hydraulische Wirkung in Verbindungsrohren mit verschiedenem Durchmesser bekannt waren, so lag für diesen genialen Künstler und Techniker der Gedanke nahe, mit einem kleinen Pumpenkolben einen großen Preßkolben in Bewegung zu setzen und eine bestimmte Kraftäußerung zu erhalten, um metallische Stoffe umzuformen. Das war etwa 300 Jahre bevor JOS. BRAMAH in London die erste nach ihm benannte hydraulische Presse mit Druckwasserbetrieb schuf.

Heute stellen hydraulische Pressen mit die gebräuchlichsten Maschinen der Umformtechnik dar, an denen alle Arten von Zieh-, Stanz-, Biege- und Richtarbeiten im Kalt- oder Warmverfahren ausgeführt werden können [*16.3*, *16.4*, *49.1*, *49.2*, *50*, *58*, *70*]. Während man früher vorzugsweise Wasser als Preßflüssigkeit wählte und dabei mancherlei Mängel wie Rosterscheinungen, Korrosion, innere und äußere Leckverluste, Unregelmäßigkeiten in der Flüssigkeitszufuhr und verminderten Wirkungsgrad des Antriebs in Kauf nehmen mußte, verwendet man bei den neuzeitlichen Ausführungen in der Regel Maschinenöl oder in besonderen Fällen auch Wasser-Öl-Emulsion.

Der Antrieb geschieht meist durch einen in der Mitte des Pressenständers angeordneten Hauptkolben, bei Pressen mit größerem Durchgang werden 2 oder 3 Preßkolben verwendet. Der Rückzug des Preßkolbens geschieht entweder durch besondere Zylinder, die symmetrisch zum Hauptzylinder angeordnet sind oder auch dadurch, daß der Hauptkolben von 2 Seiten durch Druckflüssigkeit beaufschlagt werden kann, so daß also derselbe Kolben für die Ziehbewegung wie auch für den Rücklauf verwendet wird.

Bei der Konstruktion von Pressen geht man von dem Verwendungszweck aus, der erkennen läßt, ob der Pressendruck schlagartig aufgebracht werden soll, wie zum Beispiel beim Stanzen, oder ob beim Auftreffen des Ziehstößels am Werkstück die Geschwindigkeit zu vermindern ist, um das Aufsitzen des Werkzeuges schlagfrei zu halten.

Es ist zu überlegen: Soll das Werkstück eine gewisse Zeit unter Druck stehenbleiben, oder muß das Pressen in einzelnen Stufen vor sich gehen, derart, daß nach dem ersten Preßhub der Stempel gelüftet und erneut unter Druck auf das Werkstück abgesenkt wird; man wendet dies häufig beim Pressen von keramischen Massen an, um die eingeschlossene Luft besser entweichen zu lassen. Auf Grund dieser Überlegungen lassen sich 2 Kernfragen der Pressenhydraulik entscheiden, nämlich, welche Pumpenart zur Erzeugung der Preßkraft und welches Steuerungssystem für den Flüssigkeitskreislauf zu wählen ist.

Bei einfachen Pressen verwendet man Pumpen mit gleichbleibender Förderung, während man größere Pressen schon mit Rücksicht auf eine gute Einstellbarkeit der Stößelgeschwindigkeit mit verstellbaren Förderpumpen ausstattet.

Die Steuerung von Stößelgeschwindigkeit und Stößelkraft kann während des Hubes sowohl wegabhängig wie auch zeitabhängig von Hand oder selbsttätig vorgenommen werden. Die Stößelkraft ist unabhängig von der Hublage beliebig steuerbar. In dem Schaubild 196 sind die Stößelgeschwindigkeit, die Stößelkraft und der Blechhalterdruck für *hydraulische* Pressen über der Zeit aufgetragen.

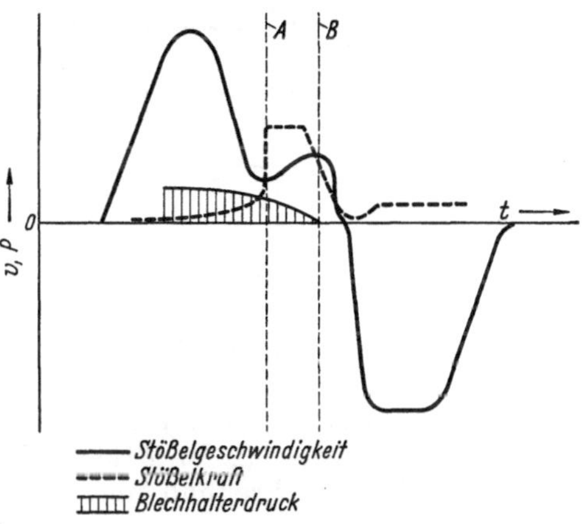

Abb. 196
Stößelgeschwindigkeit, Stößelkraft und Blechhalterdruck bei hydraulischen Pressen

Wie man sieht, trifft der Stößel mit verhältnismäßig niedriger Geschwindigkeit, also schlagfrei, auf das Werkstück auf (Punkt A). Dies läßt sich bei hydraulischen Pressen durch eine entsprechende Steuerung des Stößels erreichen; im Gegensatz hierzu prallt bei mechanisch angetriebenen Pressen der Stößel annähernd mit der größten Geschwindigkeit unerwünscht hart gegen das Werkstück. Betrachtet man den zeitlichen Verlauf der Stößelkraft, so erkennt man, daß bei der hydraulischen Presse die Stößelkraft sofort beim Auftreffen des Stößels auf das Werkstück (Punkt A) stark ansteigt, während vergleichsweise bei der mechanischen Presse die Stößelkraft im Augenblick des Auftreffens klein ist. Im Punkt B ist der Ziehvorgang beendet. Die Überlegenheit der Pressenhydraulik ist also augenfällig, denn sie gestattet es, Stößelgeschwindigkeit, Stößelkraft und Blechhalterdruck feinfühlig zu steuern, um für den jeweiligen Verwendungszweck die günstigsten Arbeitsverhältnisse zu erreichen.

Das Steuern, worunter zu verstehen ist das Einstellen der Stößelgeschwindigkeiten durch Verändern der Fördermenge, der Stößelkraft durch Verstellen des Flüssigkeitsdruckes (z. B. durch ein Überdruckventil) und die Bewegungsumkehr des Stößels von Vorlauf auf Rücklauf oder umgekehrt, geschieht bei einfachen Pressen von Hand.

Dies ist möglich, da sich im Kreislauf nur eine beschränkte Triebmittelmenge befindet. Bei größeren Pressen hingegen, bei denen auch eine entsprechend große Flüssigkeitsmenge jeweils im Umlauf ist, läßt sich die Steuerung nicht ohne weiteres von Hand ermöglichen; hier ist in den meisten Fällen ein Servomotor, z. B. ein Hilfssteuerschieber, erforderlich, der entweder von Hand oder durch mechanisch-hydraulische bzw. elektro-hydraulische Mittel (Elektromagnetschieber) betätigt werden kann.

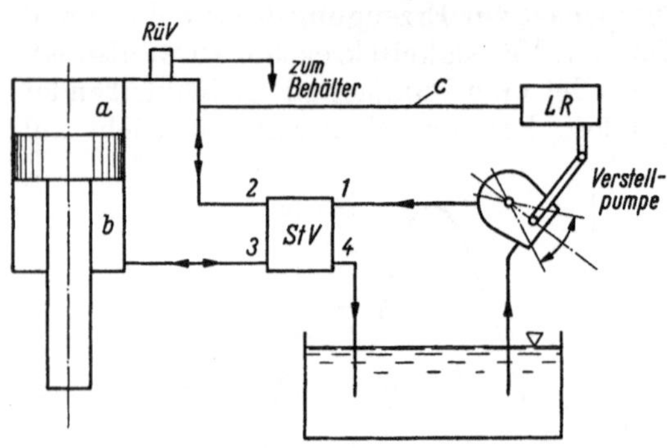

Abb. 197. Pressen-Steuerung mit Leistungsregler

Eine in der Pressenhydraulik vielfach angewendete Steuerungsart zeigt Abb. 197.

Ausgangsstellung. Die Verstellpumpe fördert ohne Leistungsabgabe das Triebmittel in den Sammelbehälter zurück (Steuerventil *StV*; Eingang *1*, Ausgang *4*).

Arbeitshub. Der Pressenzylinder *b* wird durch eine verstellbare Förderpumpe gespeist (z. B. Pittler-Thoma-Schwenkpumpe). Die Pumpe fördert beim Preßhub über ein Steuerventil *StV* (Eingang *1*, Ausgang *2*) zum Zylinderraum *a*. Der Preßstempel hat beim Vorlauf noch keinen Arbeitswiderstand, und die Pumpe fördert eine große Menge bei niedrigem Druck. Trifft der Pressenstempel auf das Werkstück auf, so erhöht sich der Arbeitswiderstand, und es ist zu seiner Überwindung ein höherer Druck in dem Zylinderraum *a* erforderlich.

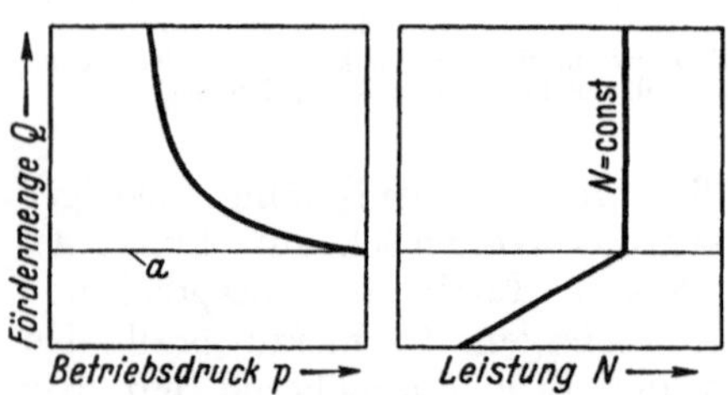

Abb. 198. Schaubild für Q, p und N bei Pressen

Ein eingebauter Leistungsregler *LR*, der durch die Leitung *c* mit der Druckleitung verbunden ist, steuert die Förderpumpe derart, daß der erhöhte Druck bei gleichzeitiger geringerer Fördermenge von der Pumpe geliefert und damit das Produkt aus Druck p und Fördermenge V, d. h. die Leistung der Pumpe konstant gehalten wird. Antriebsmotor und Pumpe können also niemals überlastet werden.

Wie der Abb. 198 zu entnehmen ist, bei der die Fördermenge Q über dem Betriebsdruck p aufgetragen ist, geht aus dem hyperbelartigen Verlauf der Kurve Q, p hervor, daß bei zunehmender Fördermenge der Betriebsdruck sinkt oder bei steigendem Druck, d. h. bei stärker werdendem Arbeitswiderstand, die Fördermenge Q abnimmt. In Verbindung mit einem Leistungsregler ist es also möglich, die Pumpe in einem Bereich oberhalb der gezeichneten Linie *a* mit konstanter Leistung arbeiten zu lassen.

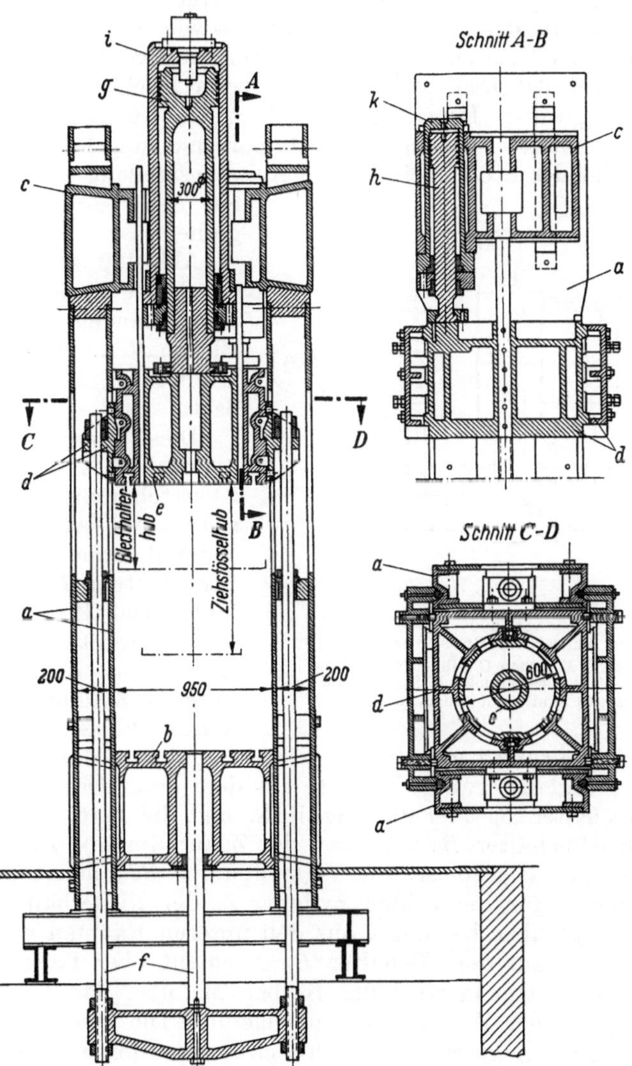

Abb. 199. Schnitt durch eine hydraulische Presse mit doppeltwirkendem Kolben (Meer A.G., Mönchen-Gladbach)

a Seitenwände; *b* Tisch; *c* Querhaupt; *d* Blechhaltestößel; *e* Ziehstößel; *f* Auswerfer; *g* Ziehkolben; *h* Blechhaltekolben (doppelt); *i* Ziehzylinder; *k* Blechhaltezylinder

Rückhub. Ist der Preßvorgang beendet, so wird das Steuerventil *StV* umgeschaltet. Die Pumpe fördert in den unteren Zylinderraum *b* (am Steuerventil Eingang *1*, Ausgang *3*). Da nur das Eigengewicht des

Stößels und die Reibungskräfte sowie der Gegendruck infolge Rückstau der Flüssigkeit überwunden werden müssen, fördert die Pumpe eine große Menge bei kleinerem Druck, denn der Rückhub soll mit erhöhter Geschwindigkeit geschehen. Um bei diesem Rückhub den unerwünschten Rückstau in den Rücklaufleitungen sowie am Steuerventil zu vermeiden, ordnet man in der Nähe des Ausgangs vom Zylinderraum *a* ein Rücklaufventil *RüV* an. Baut sich beim Rücklauf im Zylinderraum *a* ein gewisser Druck auf, so öffnet das Rücklaufventil *RüV*, und das Triebmittel gelangt unmittelbar und ungehindert in den Behälter. Hat der Stößel seine obere Ausgangsstellung erreicht, kann ein neues Arbeitsspiel beginnen.

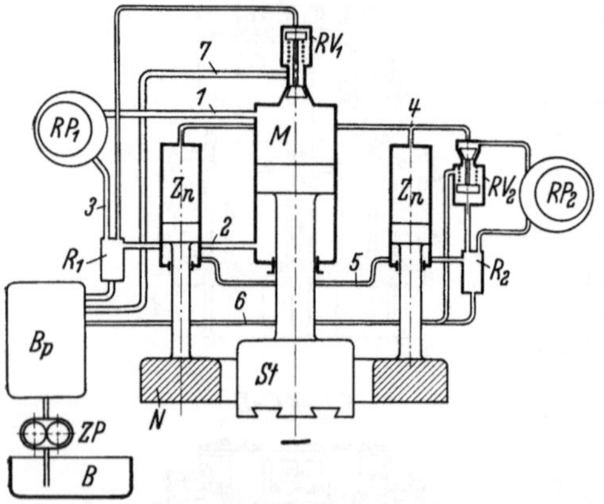

Abb. 200
Hydraulischer Antrieb der Presse nach Abb. 199
Bauart: Meer A.G. Mönchen-Gladbach (Kolbenstellung zu Beginn des Ziehhubes gezeichnet, Steuer- und Leckleitungen sind nicht eingetragen)

Abb. 199 zeigt eine hydraulische Presse mit doppeltwirkendem Zieh- und Blechhaltekolben, Bauart: Meer A.G., Mönchen-Gladbach.

Diese Presse besitzt ein hydraulisches Getriebe mit 2 Verstellpumpen und 1 Zahnradpumpe (Abb. 200). Die Verstellpumpe RP_1 versieht über Leitung *1* den Schubkolbentrieb *M* für den Preß- oder Ziehstößel mit Druckflüssigkeit; die aus dem unteren Zylinderraum verdrängte Flüssigkeit wird der Pumpe über Leitung *2* unmittelbar wieder zugeführt. Eine Nachsaugevorrichtung ergänzt etwaige Verluste aus dem unter Druck stehenden Ausgleichbehälter B_p über das Ventil R_1 und die Leitung *3*.

Der Druckbehälter B_p wird von der Zahnradpumpe *ZP* aus dem Sammelbehälter *B* gespeist. Die Verstellpumpe RP_2 liefert über Leitung *4* Drucköl für die beiden Zylinder Z_n der Niederhaltervorrichtung und saugt über Leitung *5* aus den unteren Räumen von Z_n an. Das Nachfüllen aus dem Behälter B_p geschieht über Leitung *6*. Bei schnellem Abwärtsgang wird der Kolben M_1 über das Ventil RV_1, die beiden Zylinder Z_n über RV_2 nachgefüllt. Die Umsteuerung der Kolbenbewegungen geschieht durch Schwenken der Verstellpumpen durch ihre Null-Lage hindurch, wobei die Förderrichtung umgekehrt wird.

Die in Stahlschweißbauweise hergestellte, zweifachwirkende Tiefziehpresse von Wagner & Co., Werkzeugmaschinenfabrik m. b. H., Dortmund, Abb. 201, weist ein Oberteil mit eingebautem Triebmittelbehälter und eine Bühne mit den Antriebsaggregaten und den Steuerungselementen auf. Das Pressenunterteil ist als Tisch ausgebildet und mit Spann-Nuten zum Befestigen der Werkzeuge versehen. Der von

Abb. 201. Zweifachwirkende Ziehpresse

Bauart: Wagner & Co., Dortmund

Preßkraft der Ziehpresse 500 t;

Preßkraft des Ziehkissens 200 t;

Leerlaufgeschwindigkeit: (im Vorlauf) 0 bis 300 mm/s; (im Rücklauf) 160 mm/s;

Arbeitsgeschwindigkeit: bei 50% der Höchstpreßkraft 28 mm/s; bei 100% der Höchstpreßkraft 12 mm/s;

Antriebsleistung: 80 kW

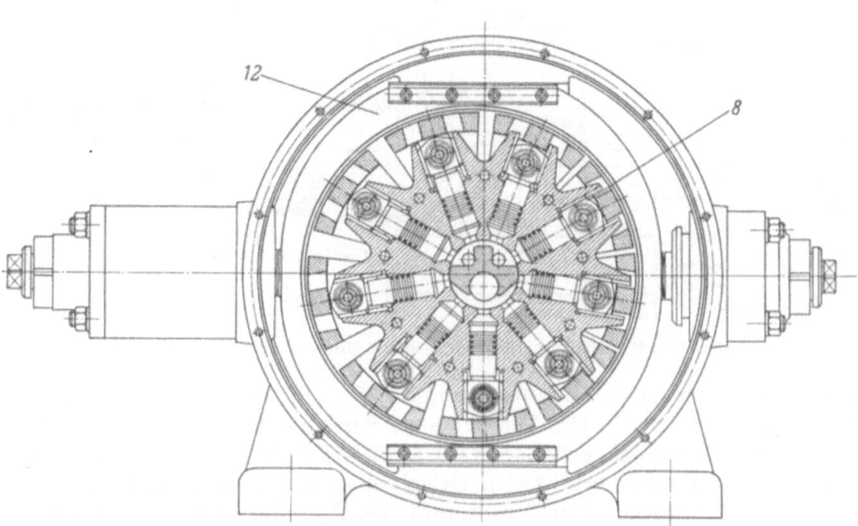

Abb. 202. Hochdruck-Radial-Kolbenpumpe. Bauart: Wagner & Co., Dortmund
8 Förderkolben; *12* Schiebegehäuse

unten nach oben arbeitende Ausstoßer bzw. Blechhalter oder das Ziehkissen ist innerhalb des Unterteiles angeordnet. Zum Antrieb werden die Förderpumpen des Ziehzylinders benützt.

Das Flüssigkeitsgetriebe für diese Presse umfaßt eine Verstellpumpe, nämlich eine Radial-Kolbenzellenpumpe, Bauart Wagner & Co.,

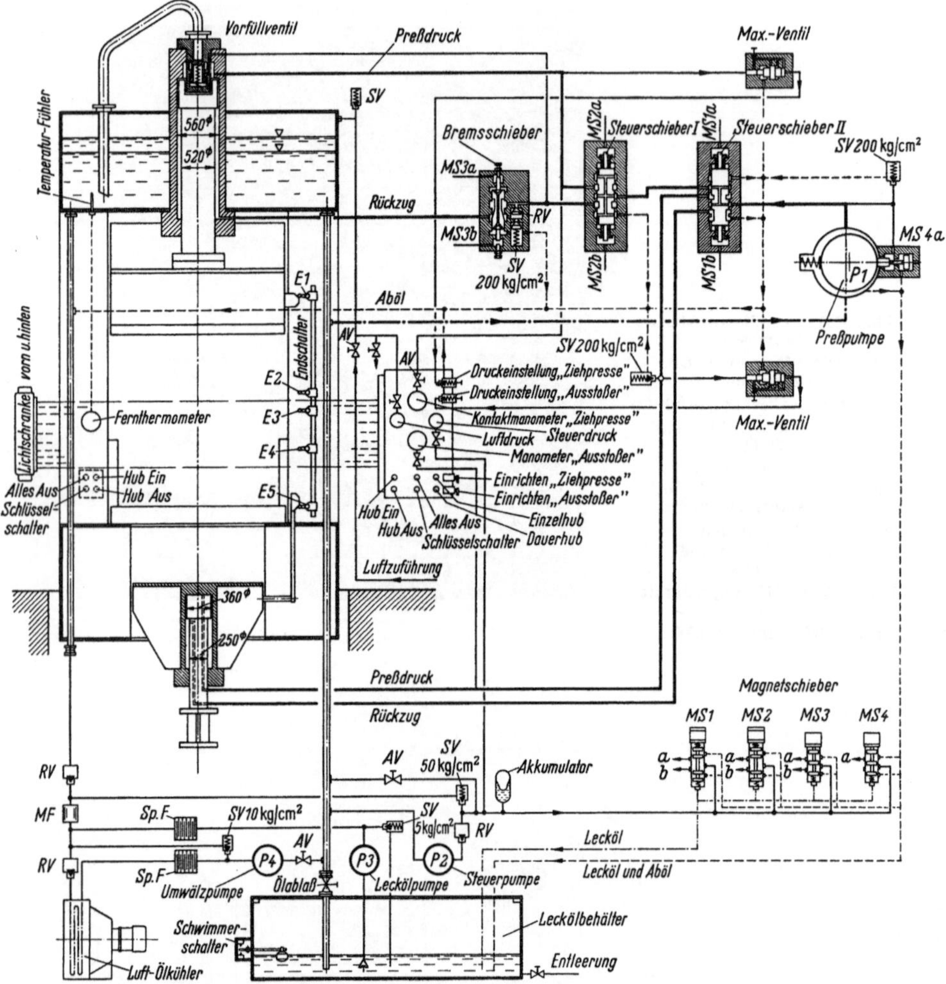

Abb. 203. Hydraulischer Schaltplan der Ziehpresse nach Abb. 201

Dortmund, und die 3 Zahnradpumpen P_2, P_3 und P_4 mit gleichbleibender Förderung. Die Fördermenge wird bei der Pumpe P_1 durch Verstellen des Schiebegehäuses (*12*) erreicht, Abb. 202. Je nach Stellung dieses Gehäuses ergibt sich zwischen seinem jeweiligen Laufkreis und dem unveränderlichen Drehpunkt des Zylindersterns eine Exzentrizität, die den Hub der 9 Förderkolben und damit die Druckflüssigkeitsmenge der Pumpe bestimmt.

Die Pumpe P_1 liefert die für die Ziehstößelbewegung erforderliche und von den Steuerschiebern *I* und *II* und dem Bremsschieber gesteuerte Druckflüssigkeit (Abb. 203). Die hydraulische Vorsteuerung an den Steuerschiebern *I* und *II* sowie am Bremsschieber wird von den Hilfssteuerschiebern (Magnetschieber MS_1 bis MS_3) betätigt, die von der Zahnradpumpe P_2 Triebmittel erhalten. Mit dem Magnetschieber MS_4 kann die Verstellpumpe P_1 auf geringe Exzentrizität und damit auf kleine Fördermenge geschaltet werden, wenn zum Beispiel beim „Einrichten" mit anderer Stößelgeschwindigkeit gefahren werden muß. Die Steuerschieber sind so ausgebildet, daß bei abfallendem Magneten die Presse stets auf Stillstand und die Pumpe auf Leerlauf geschaltet werden. Wird der Lichtstrahl der als Sicherheitsvorrichtung vorgesehenen Lichtschranke unterbrochen, so spricht der Magnetschieber MS_3 an und unterbricht über den Bremsschieber augenblicklich die Abwärtsbewegung des Ziehstößels. Die Leckölpumpe P_3 wird von einem in dem Leckölbehälter eingebauten Schwimmerschalter betätigt und fördert das angesammelte Lecköl in den im Oberteil der Presse befindlichen Hauptbehälter zurück. Gleichzeitig wird das Triebmittel dabei durch je einen Spalt- und Magnetfilter (*SpF* und *MF*) gereinigt.

Die Zahnradpumpe P_4 wird von Hand bei Bedarf eingeschaltet, d. h. wenn die Temperatur des Triebmittels, durch die Arbeitsweise der Presse oder durch äußere Einflüsse bedingt, zu hoch angestiegen ist. Das Triebmittel wird dann von der Pumpe P_4 über ein Spaltfilter und einen Luftkühler umgewälzt, derart, daß die Pumpe P_4 das Öl aus dem Hauptbehälter ansaugt und es über den Luftkühler wieder in den Hauptbehälter zurückpumpt.

Im Preßzylinder sitzt ein Vorfüllventil, das, wie bereits auf S. 294 erwähnt, die Aufgabe hat, beim schnellen Vorlauf des Ziehstößels den Zylinder außer mit der von der Pumpe P_1 geförderten Triebmittelmenge zusätzlich mit aus dem Sammelbehälter nachgesaugter, druckloser Triebmittelmenge aufzufüllen; für den Niedergang des Ziehstößels im Eilgang steht damit also eine große Triebmittelmenge zur Verfügung. Beim Rücklauf des Ziehstößels öffnet sich das Vorfüllventil und läßt die durch den Kolben verdrängte Flüssigkeit ungehindert, d. h. ohne Rückstau in den Sammelbehälter zurückfließen.

Die Firma Clearing Machine Corp., Chicago USA, benützt an ihren Pressen zum Antrieb des Ziehstößels, wie aus Abb. 204 zu ersehen ist, mehrere Kolbentriebe, und zwar 2 Hauptzylinder für die Zieh- oder Preßbewegung und zwei weitere, symmetrisch zu diesen angeordnete Rückzugzylinder für den Rückhub. Die Hauptpumpe ist über ein Hauptsteuerventil (Vierwegekolbenschieber) unmittelbar mit den beiden Ziehzylindern und den beiden Rückholzylindern verbunden. Im Oberteil der Ziehzylinder sind Vorfüllventile (federbelastete Kolbenschieber) untergebracht, die ein Nachsaugen von Druckflüssigkeit aus dem Vorfüllbehälter ermöglichen. Die Steuerung des gesamten Arbeitsvorganges geschieht durch Magnetschieber.

In der *Ausgangsstellung* sind zunächst alle Magnetschieber stromlos. Das Rückschlagventil *B* ist geöffnet, ebenfalls das Rückschlagventil *A*, so daß Druckflüssigkeit von der Pumpe unmittelbar, ohne Arbeit zu leisten, in den Behälter zurückfließen kann.

Die beiden Auslässe *E* und *F* sind geschlossen. Auslaß *F* ist über ein Halteventil *C* mit den Rückzugzylindern verbunden. Die Aufgabe dieses Ventils ist es, wenn notwendig, den Ölabfluß von den Rückzugzylindern abzusperren, um einmal ein Absinken des Preßstempels zu verhindern und um die Abwärtsbewegung des Ziehstößels zu verlangsamen, bevor er das Werkstück berührt.

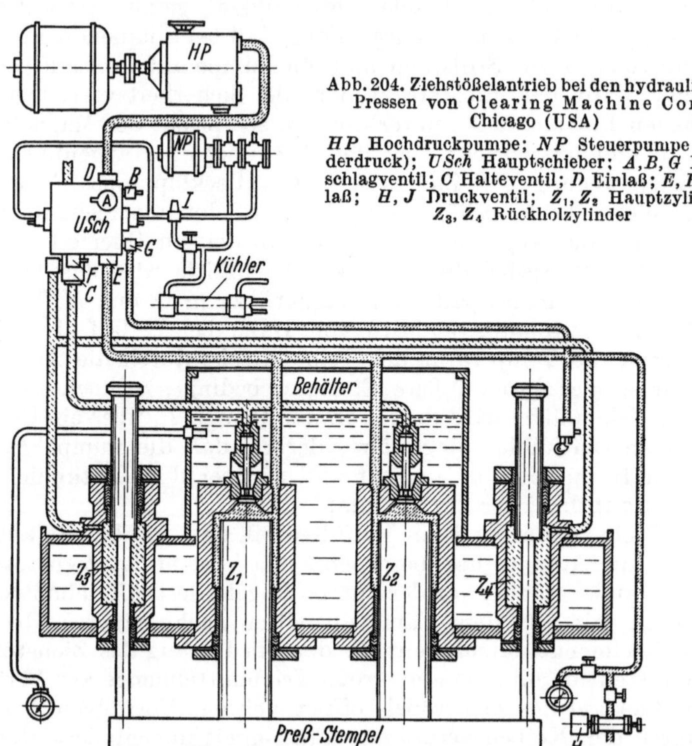

Abb. 204. Ziehstößelantrieb bei den hydraulischen Pressen von Clearing Machine Corp., Chicago (USA)

HP Hochdruckpumpe; *NP* Steuerpumpe (Niederdruck); *USch* Hauptschieber; *A*, *B*, *G* Rückschlagventil; *C* Halteventil; *D* Einlaß; *E*, *F* Auslaß; *H*, *J* Druckventil; Z_1, Z_2 Hauptzylinder; Z_3, Z_4 Rückholzylinder

Das der Steuerpumpe nachgeschaltete Druckventil *J* ist auf bestimmte Betriebsdrücke einstellbar und betätigt hydraulisch den Kolbenschieber des Hauptsteuerventils. Der *Preßvorgang* wird, wie erwähnt, elektrisch gesteuert; jedoch wird das Hauptventil durch die Druckflüssigkeit der Steuerpumpe verschoben und hierbei eine unmittelbare Verbindung zwischen dem Einlaß *D* für die Hauptdruckflüssigkeit und dem Auslaß *E* und *F* hergestellt.

Das Halteventil *C* wird durch einen Elektromagneten betätigt und öffnet bei seiner Verschiebung eine Zweigleitung derart, daß die verdrängte Triebmittelmenge aus den beiden Rückzugzylindern in den Sammelbehälter zurückfließen kann unter Umgehung des Ventils *C*.

Die Geschwindigkeit des Ziehstößels richtet sich nach der Einstellung dieser Triebmittelmenge. Die beiden Ventile *B* und *G* werden bei dem Preßvorgang ebenfalls elektrisch betätigt, und zwar werden sie geschlossen, so daß sich in den Ziehzylindern ein bestimmter Flüssigkeitsdruck aufbauen kann, sobald der Stößel das Werkstück berührt. Beim Niedergehen des Stößels werden die beiden Ziehzylinder über die Nachfüllventile aus dem Zusatzbehälter mit Flüssigkeit versorgt. In dem Augenblick, in dem der Ziehstößel das Werkstück berührt, wird durch einen nockenbetätigten Endschalter der Magnetschieber des Halteventils C stromlos gemacht und die zuvor erwähnte Nebenleitung geschlossen. Das aus den Rückholzylindern verdrängte Triebmittel kann jetzt nur noch durch ein verstellbares Rückschlagventil innerhalb des Halteventils C abfließen. Die Preßkraft wird durch das Ventil H eingestellt. Sobald der erforderliche Preßdruck erreicht ist, steuert Ventil H den Magnetschieber G um, so daß beim Rücklauf das Triebmittel aus dem Hauptzylinder abfließen kann. Gleichzeitig werden das Halteventil C und das Hauptventil umsteuert, damit setzt der *Rückhub* des Ziehstößels ein. Die beiden Rückholzylinder werden mit Druckflüssigkeit versorgt, ebenso werden durch Druckflüssigkeit die Nachfüllventile geöffnet, das aus den beiden Hauptzylindern verdrängte Triebmittel kann in den Behälter abfließen.

Sobald der Ziehstößel wieder in seine Ausgangsstellung zurückgekehrt ist, wird das hydraulisch betätigte Hauptsteuerventil durch einen nockengesteuerten Endschalter wieder in seine Nullstellung gebracht.

Die in Abb. 205 dargestellte dreifachwirkende Ziehpresse, Bauart Becker & van Hüllen, Krefeld, mit etwa 2000 mm Ständerweite, einem Ziehdruck von 400 t, einem Blechhalterdruck von 250 t und einer hydraulischen Zieheinrichtung im Tisch für 160 t besitzt einen doppelt wirkenden Kolben für die Ziehstößelbewegung. Der Ziehstößel läuft im Blechhalterstößel, der seitlich im Pressenständer geführt ist. Im Tisch ist eine zusätzliche hydraulische Zieheinrichtung untergebracht.

Das Flüssigkeitsgetriebe dieser Pumpe arbeitet mit 3 Förderpumpen, und zwar mit der verstellbaren Hochdruckpumpe RP_1 ($Q = 450$ l/min), der Höchstdruckpumpe RP_2 ($Q = 80$ l/min) und einer Zahnradpumpe ZP ($Q = 40$ l/min).

Die Pumpe RP_1 fördert Druckflüssigkeit einmal über die Leitung a unmittelbar in den oberen Zylinderraum des Preßkolbens K_1, des anderen führt die Leitung b abzweigend von der Leitung a Triebmittel zum Vorfüllventil VFV_1. Beim Niedergehen des Kolbens K_1 bleibt das Vorfüllventil VFV_1 geschlossen. Die Pumpe RP_1 saugt das unter dem Kolben K_1 befindliche Triebmittel über Leitung c und ein magnetbetätigtes Notauslöseventil NV_1 an.

Gleichzeitig saugt die Pumpe aber auch Triebmittel über das Schnüffelventil $SchV$ aus dem Sammelbehälter B an.

Die zusätzlich über das Ventil $SchV$ nachgesaugte Menge ist erforderlich, da die Förderpumpe RP_1 beim Preßvorgang mehr Druckflüssigkeit in den Raum über dem Kolben K_1 liefert als unterhalb des Kolbens verdrängt wird.

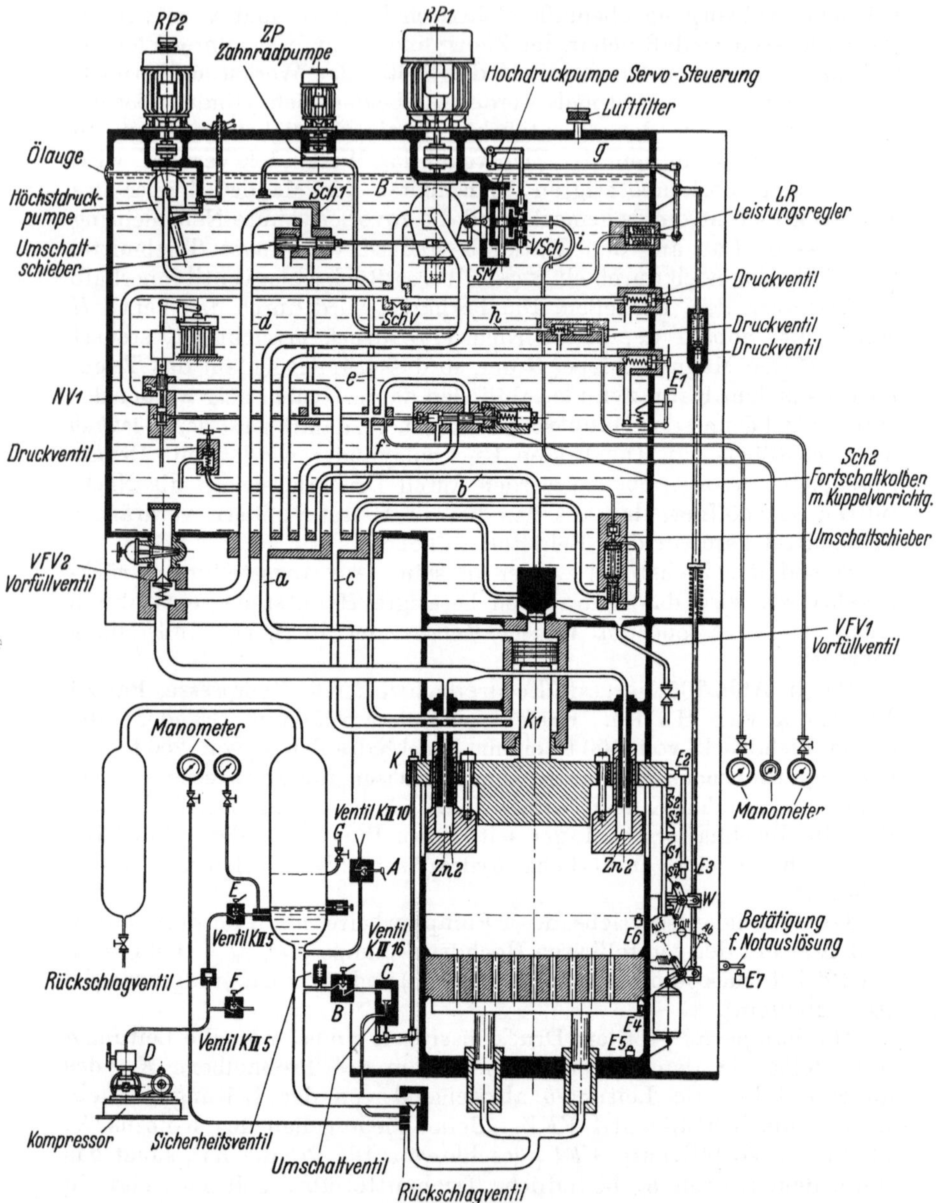

Abb. 205. Flüssigkeitsantrieb einer dreifachwirkenden Ziehpresse für 400 t Preßdruck
Bauart: Becker & van Hüllen, Krefeld

Die Pumpe RP_2 fördert Druckflüssigkeit über den Schieber Sch_1, die Leitung d und das Vorfüllventil VFV_2 in die beiden Niederhalterzylinder ZN_1 und ZN_2.

Der Ziehstößel geht zunächst mit Eilbewegung im Leerhub nieder. Sobald der Ziehstößel das Werkstück berührt und ein größerer Widerstand auftritt, wird über das Ventil Sch_2 die Höchstdruckpumpe RP_2 mit der Leitung *e* auf die Leitung *f* geschaltet; da bei Anwachsen des Druckes der kleine Differentialkolben des Schiebers Sch_2 nach rechts verschoben und damit eine Verbindung zwischen der Leitung *e* der Pumpe RP_2 und den Druckleitungen *f* bzw. *a* der Pumpe RP_2 hergestellt wird.

Das Ventil Sch_2 hat 2 Aufgaben zu erfüllen, nämlich die Kupplung von Ziehstößel und Blechhalter sowie die Fortschaltung bei Blechhalterdruck auf Ziehstößeldruck.

Die Höchstdruckpumpe RP_2 arbeitet während des Preßvorganges mit Höchstdruck auf die Blechhalterzylinder. Das Umsteuern der Stößelbewegung vom Vorlauf in den Rücklauf wird durch Ausschwenken der Hochdruckpumpe RP_1 über die Null-Lage hinaus bewirkt. Mit dem Leistungsregler *LR* wird in Abhängigkeit von dem in der Druckleitung *a* herrschenden Druck ein federbelasteter Stößel verstellt, der über ein Gestänge *g* den Vorsteuerschieber *VSch* betätigt. Hierdurch wird die von der Zahnradpumpe *ZP* über Leitung *h* und *i* geförderte Menge auf die obere oder untere Seite des Servomotors gefördert. Dieser Servomotor ändert wiederum über ein Gestänge das Ausschwenken der Pumpe RP_1. Je nach Schwenkungsgrad wird die Fördermenge der Pumpe RP_1 vergrößert oder vermindert. Diese Einrichtung bewirkt, daß bei ansteigendem Druck in der Leitung *a* die Pumpe durch Schwenkung auf eine kleinere Fördermenge eingestellt bzw. bei kleinerem Druck in der Leitung *a* die Fördermenge durch ein größeres Ausschwenken vergrößert wird. Mit anderen Worten: Es wird stets das Produkt aus dem Betriebsdruck *p* und der Fördermenge *Q* bzw. *V*, nämlich die Leistung, konstant gehalten.

Das Ziehkissen arbeitet mit Luft und Wasservorlage und steht unter Druck in oberer Stellung. Beim Ziehvorgang wird der Kissendruck vom Ziehstößel überwunden und das Preßwasser aus dem Zylinder über Rückschlagventil in die Flasche zurückgedrückt.

Der Ziehstößel öffnet beim Rücklauf in oberer Stellung über ein Gestänge ein Steuerventil „*C*", über ein Drosselventil kann das Preßwasser in die Zylinderräume strömen, und das Ziehkissen fährt langsam wieder hoch. Durch Ablassen des Luftdruckes kann der Betriebsdruck verringert werden, eine Erhöhung des Druckes erfolgt über Kompressor.

Die in Abb. 206 dargestellte dreifachwirkende Doppelständer-Tiefziehpresse von Eitel K. G., Karlsruhe, hat 2 Druckwirkungen von oben und eine Gegendruckwirkung von unten, wobei die beiden oberen Funktionen von einem gemeinsamen hydraulischen Getriebe ausgeführt werden.

Der Blechhalter, d. h. Niederhalter (*12*) ist unter dem Ziehstößel (*7*) angeordnet und an diesen durch 4 Schubkolben (*9*) mit getrennter Druckeinstellung abgestützt. Die im Ziehstößel angeordneten Blechhalterzylinder werden durch einen im Oberholm abgestützten Stößel entlastet, wobei ein Teil — rund 80% — der Blechhaltekraft zurückgewonnen wird. Die verfügbare Ziehkraft am Ziehstößel beträgt bei einer Gesamtkraft von 400 t und bei voller Ausnutzung der Blechhaltekraft mit 200 t dann 360 t, nämlich 400 t abzüglich 0,2 · 200 t. Rechnet man die Maximalziehkraft von 360 t zu den 200 t maximale Blechhaltekraft hinzu, so ergibt sich bei den beiden oberen Druckwirkungen eine Preßleistung von insgesamt 560 t.

Abb. 206. Dreifachwirkende EITEL-Doppelständer-Tiefziehpresse DPZN 400 mit Werkzeugeinrichtung für Zylinderkopfhaube

Die Presse kann aber auch von oben *einfachwirkend* gefahren werden, wobei Ziehstößel und Blechhalter gekuppelt werden. Die Gesamtpreßleistung beträgt dann 400 t.

Die Presse kann nach 4 verschiedenen Programmen gesteuert werden. Der im Pressenbett eingebaute Gegenhalter (*11*) kann entsprechend Programm *1* als Ziehkissen mit verzögertem Auswerfen, entsprechend Programm *2* als Gegenzieheinrichtung und Auswerfer oder entsprechend Programm *4* als Auswerfer benützt werden. In Programm *3* wird nur mit den oberen Funktionen gearbeitet. Der untere Gegenhalter bleibt dann abgeschaltet und abgesenkt.

Die vier verschiedenen Programm- und Bedienungsweisen können an einer Elektrik-Kommandotafel vorgewählt und gesichert werden. Diese Kommandotafel für die Elektrosteuerung befindet sich, wie aus Abb. 206 zu ersehen ist, rechts am Rahmen der Presse; auf der linken Seite ist die hydraulische Kommandotafel, auf der sämtliche Druckeinstellungen, Druckanzeigen mit Abstellungen und die Geschwindigkeitseinstellungen angeordnet sind.

Der Antrieb der beiden Ziehstößel (*7*) und der 4 Niederhalterkolben geschieht durch eine servogesteuerte Vielkolben-Hochdruckpumpe *1* (Abb. 207). Diese Pumpe wird vom Steuerpendel (*39*) über den Nachfolgezylinder (*34*) in die dem jeweiligen Programmablauf entsprechende Förderstellung gebracht.

Die Leerhübe abwärts werden mit Eilgeschwindigkeit durchfahren, wobei das unter den Kolben befindliche Triebmittel über das geöffnete

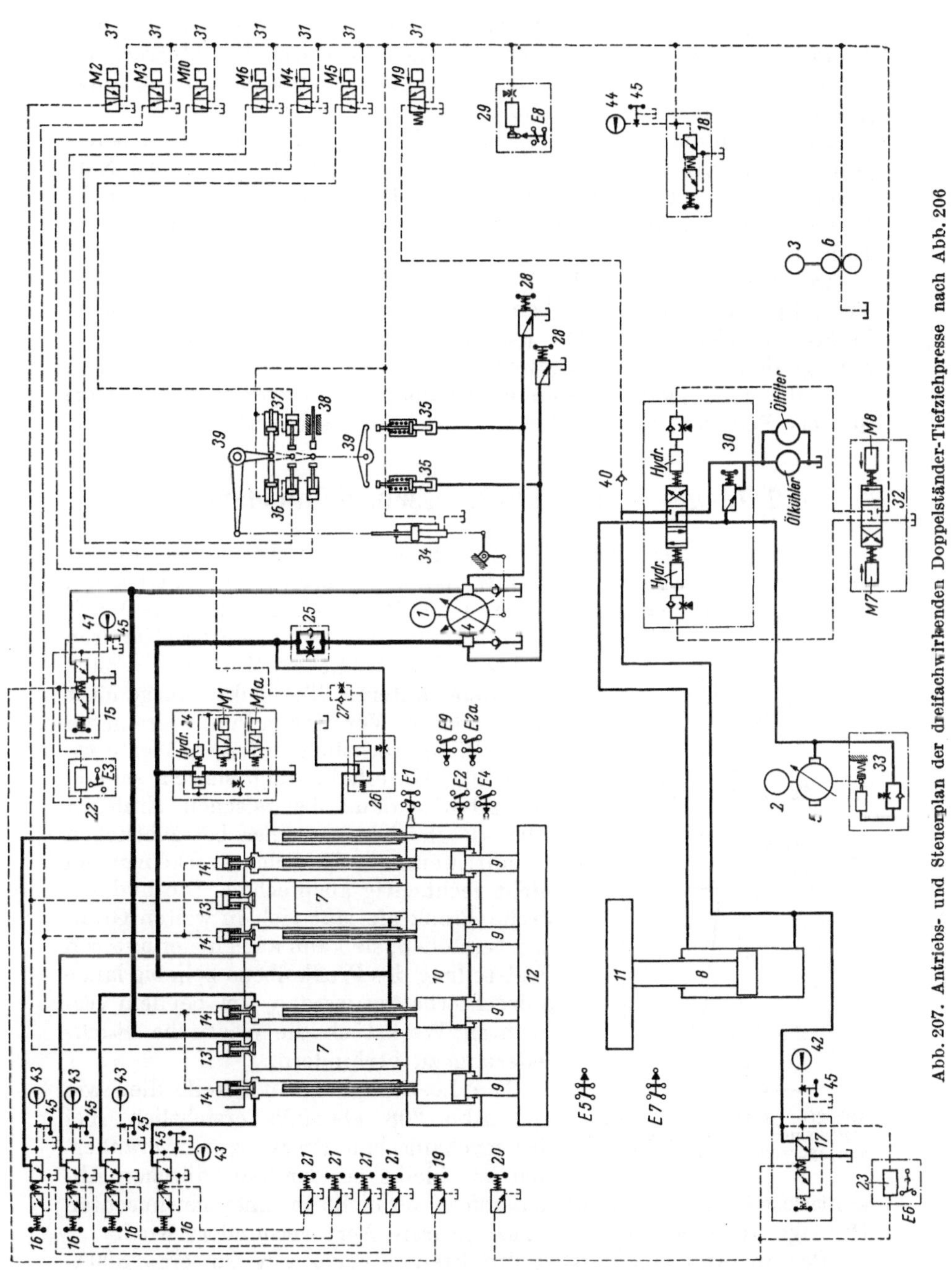

Abb. 207. Antriebs- und Steuerplan der dreifachwirkenden Doppelständer-Tiefziehpresse nach Abb. 206

Eilgang-Bremsventil (*24*) abfließen kann und durch die Nachsaugeventile (*13* und *14*) die erforderliche Flüssigkeit über dem Kolben nachgesaugt wird.

Nach Umschalten auf Arbeitsgeschwindigkeit werden Eilgang-Bremsventil und Nachsaugeventil geschlossen. Durch die entsprechend verstellte Pumpe wird sodann der Kolben mit der gewünschten Arbeitsgeschwindigkeit weiter nach unten bewegt.

Im Gegensatz zu dem normalen Umschalten auf eine Arbeitsgeschwindigkeit, die ein sanftes Pressen ermöglicht, wird bei einer Notabschaltung — auch bei fehlerhafter Bedienung — eine Schnellbremsung eingeleitet, die den Ziehstößel auf kürzestem Wege zum Halten bringt.

Der Gegenhalterstößel (*8*) wird ebenfalls durch eine Vielkolben-Verstellpumpe (*5*) angetrieben und durch einen servohydraulisch betätigten Vierwegeschieber (*30*) gesteuert. Eine Zahnradpumpe (*6*) erzeugt den für die Steuerbewegung erforderlichen Flüssigkeitsdruck. In den Flüssigkeitskreislauf eingebaut sind Filtergeräte und Kühler, die das Reinigen und Kühlen des Triebmittels bewirken.

4.2 Biege- und Abkantpressen, Schneidepressen

Der Vorteil des hydraulischen Antriebs liegt bei Abkantpressen darin, daß die maximale Preßkraft über den ganzen Hub verfügbar ist, während bei mechanischen Pressen die Preßkraft als diejenige Kraft definiert ist, die bei einem bestimmten Kurbelradius, üblicherweise bei $\alpha = 30°$, vor dem unteren Totpunkt, ausgenützt werden kann. Vor diesem Punkt nimmt sie zum Teil beträchtlich niedrigere Werte an, Abb. 208. Unterhalb steigt sie sehr schnell an und wird damit bei falschem Einlegen oder dergleichen zu einer beträchtlichen Gefahr, wenn die Sicherheitsvorkehrungen nicht rechtzeitig ansprechen. Die hydraulische Preßkraft läßt sich in weiten Grenzen verstellen, sie kann auch in der unteren Endstellung des Preßkolbens beliebig lange aufrechterhalten werden, um bei dem verformten Werkstück die elastische Rückfederung zu verhindern.

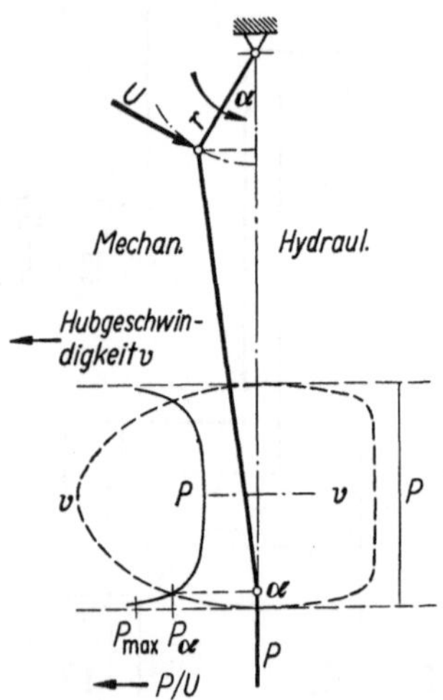

Abb. 208. Kraft- und Geschwindigkeitskurven bei mechanischen und hydraulischen Abkantpressen

Die Leerhubgeschwindigkeit, die, wie aus Abb. 208 ebenfalls ersichtlich, bei der mechanischen Presse stark veränderlich ist, bleibt bei der hydraulischen Abkantpresse unverändert gleich, sofern sie nicht in einer gewünschten Hublage auf einen beliebig einstellbaren Wert vermindert wird.

Das in Abb. 209 dargestellte Steuerschema gilt für eine 320 t-Abkantpresse, Bauart Karl Mengele & Söhne, Günzburg/Donau, deren Oberwange von zwei doppeltwirkenden Kolben angetrieben wird. Die Verstellpumpe *RP* fördert Druckflüssigkeit aus dem Behälter in den Hauptsteuerschieber *USch*. Dieser teilt das Triebmittel entweder dem Hubraum *b* (Aufwärtsgang) oder bei Betätigen des Fußschalters *FS* dem Druckraum *a* der beiden Schubkolbentriebe M_1 und M_2 zu (Niedergang). Wesentlich ist, daß die Oberwange beim Hoch- oder Niedergehen parallel geführt wird; daher besitzt diese Maschine

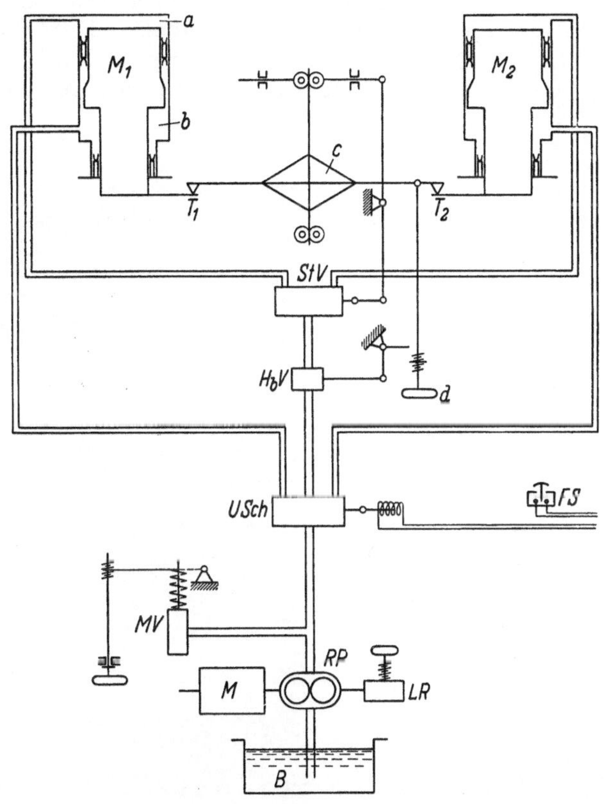

Abb. 209. Schema der Steuerung einer ölhydraulischen Abkantpresse
M_1, M_2 Schubkolbenantrieb; *RP* Pumpe; *MV* Preßdruckeinstellventil; *USch* Hauptsteuerventil mit Hubmagnet; *BbV* Hubbegrenzungsventil; *d* Einstellung für Hub; *StV* Parallelsteuerventil; *a* Druckräume; *b* Hubräume; *c* Parallelsteuerung; *FS* Betätigungseinrichtune, Fuß- oder Zweihandbedienung, Einmann- oder Zweimannbedienung; *M* Motor für Pumpg; *B* Druckölbehälter; *LR* Einstellung der Preßgeschwindigkeit durch Handrad oder elektrisch (Sonderausführung); T_1, T_2 Fühltaster

eine hydraulische Parallelsteuerung der beiden Schubkolben und damit der Oberwange, die zusammen mit einer Fühlersteuerung sehr genau und feinfühlig reagiert.

Auf den Kolbentellern liegen die beiden Fühltaster T_1 und T_2 auf, die jedes Vor- oder Nacheilen eines Kolbens über ein zwischen Rollen geführtes Balkenkreuz und Hebelgestänge auf ein Parallelsteuerventil *StV* übertragen. Beim Preßvorgang wird die Druckflüssigkeit von dem Hauptsteuerschieber *USch* über das Parallelsteuerventil *StV* in die Druckräume der Zylinder geleitet. Bei unsymmetrischer Belastung verschiebt die Parallelsteuerung *C* über ein Gestänge den Kolbenschieber des Ventils *StV* nach links oder rechts und läßt damit in den linken oder den rechten Schubkolbentrieb mehr oder weniger Druckflüssigkeit gelangen. Die obere Hubbegrenzung geschieht derart, daß das aus den Druckräumen *a* verdrängte Triebmittel von einem Hubbegrenzungsventil *HbV* abgesperrt wird; die Oberwange fährt nicht hart gegen einen festen Anschlag, sondern wird durch einen Flüssigkeitspuffer abgebremst. Mit dem Handrad *d* kann der Hub stufenlos eingestellt werden. Das Maximaldruckventil *MV* ermöglicht das Anpassen des Betriebsdruckes an die jeweilige Umformaufgabe. Das Einstellen der Preßgeschwindigkeit erfolgt durch Verändern eines Anschlages am Leistungsregler *LR*, der seinerseits das Ausschwenken der Verstellpumpe bewirkt.

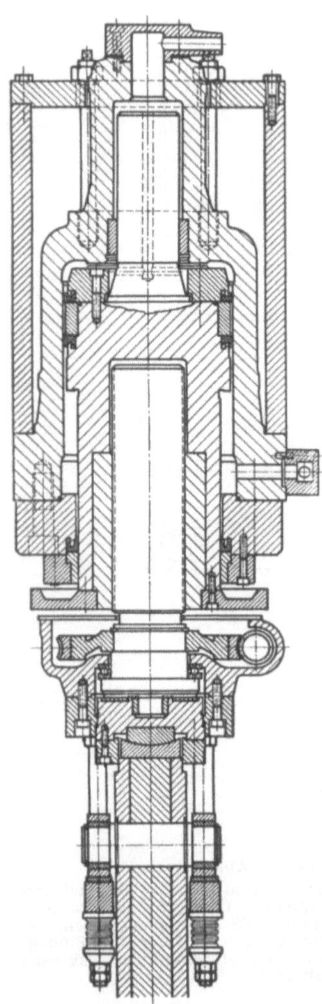

Abb. 210. Doppeltwirkender Kolben bei der Abkantpresse nach Abb. 209

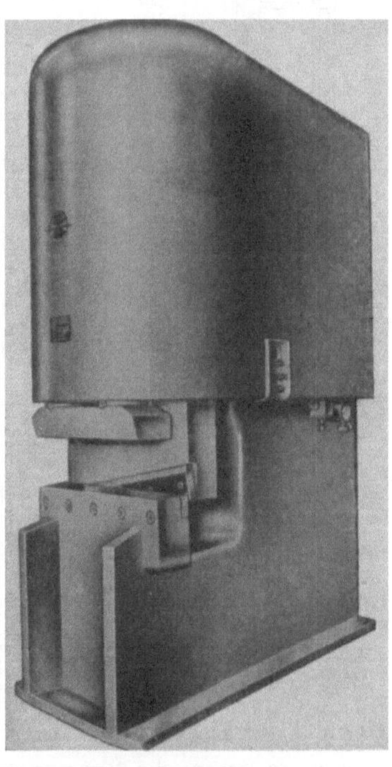

Abb. 211. Hydraulische Schneidepresse
Bauart: Officine Meccaniche e Fonderie Navalmeccanica, Napoli/Italien
Schnittkraft: 250 t; Kolbendurchmesser: 350 mm; max. Betriebsdruck: 260 kg/cm²; Antriebsleistung: 45PS

Schnittbereich:

Stahlblech	St 42.11	55 × 920 mm
Vierkantstangen	St 42.11	90 × 90 mm
Rundstangen	St 42.11	100 mm Durchmesser

Die für den Antrieb der Oberwange vorgesehenen Schubkolbentriebe haben Zylinder aus hochwertigem Stahlguß, die an der Austrittstelle des Preßkolbens 3 Dichtstellen mit Nutringen aufweisen. Die Differentialkolben, Abb. 210, besitzen feste Anschläge, die den Preßgang der Oberwange mit größter Genauigkeit nach unten begrenzen. In den Preßzylindern sind Hub- und Druckräume untergebracht, so daß eigene Rückzugzylinder entfallen. In den Kolben befindliche Druck-

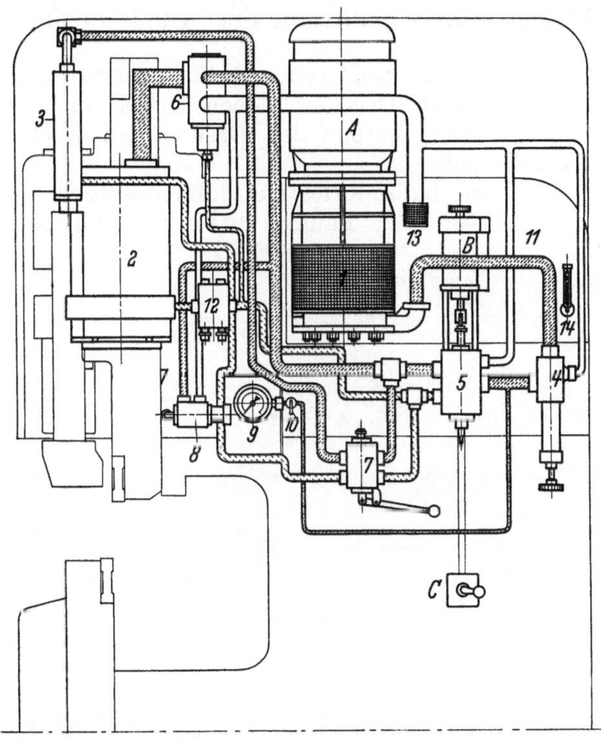

Abb. 212. Hydraulikplan der Schneidepresse nach Abb. 211

1 Pumpe; *2* Messerschlittenzylinder; *3* Niederhalterzylinder; *4* Druckregelventil; *5* Verteiler; *6* Ventil zur schnellen Füllung und Entleerung des Messerschlittenzylinders; *7* Niederhalterblockierung; *8* Überdruckventil; *9* Manometer; *10* Manometerhahn; *11* Ölbehälter; *12* Einstellbares Rückschlagventil; *13* Filter; *14* Ölschauglas; *A* Pumpenmotor; *B* Motor für die Verteilerhilfssteuerung; *C* Handhebelsteuerung

spindeln gestatten das Einstellen der Werkzeuge auf genaue Eintauchtiefe.

Die beiden Schneckenantriebe können voneinander abgekuppelt werden, so daß auch einseitige Verstellung der Oberwange möglich ist. Die Druckübertragung von den Druckspindeln auf die Oberwange geschieht über Kugelpfannen.

Die hydraulische *Schneidepresse* von Officine Meccaniche e Fonderie S. A. Navalmeccanica, Napoli/Italien, zeichnet sich durch ihre eigenartige Gestaltung mit einer völligen Verkleidung des gesamten Oberteiles und hohe Steifigkeit aus, Abb. 212.

Die Maschine wird als Ganzstahlkonstruktion aus Flußstahlplatten von 70 mm Dicke nach einem besonderen Schweißverfahren hergestellt und dient zum Kaltschneiden von Stangen, Profileisen, Schienen und Platten. Der Antrieb und die Steuerung des Messerschlittens und des Niederhalters sind aus dem Hydraulikplan, Abb. 212, zu ersehen und bedürfen keiner weiteren Erläuterung.

4.3 Allgemeine Maschinen der Blechbearbeitung

Zum spanlosen Umformen von rotationssymmetrischen Hohlkörpern aus Blech durch Drücken dienen Drück- und Fließdrückmaschinen, die in ihrem Aufbau den Drehmaschinen für spanende Bearbeitung ähneln [*14*].

Abb. 213 stellt eine halbselbsttätige, vollhydraulische Fließdrückmaschine Type „Hycoform", Bauart Bohner & Köhle, Eßlingen/

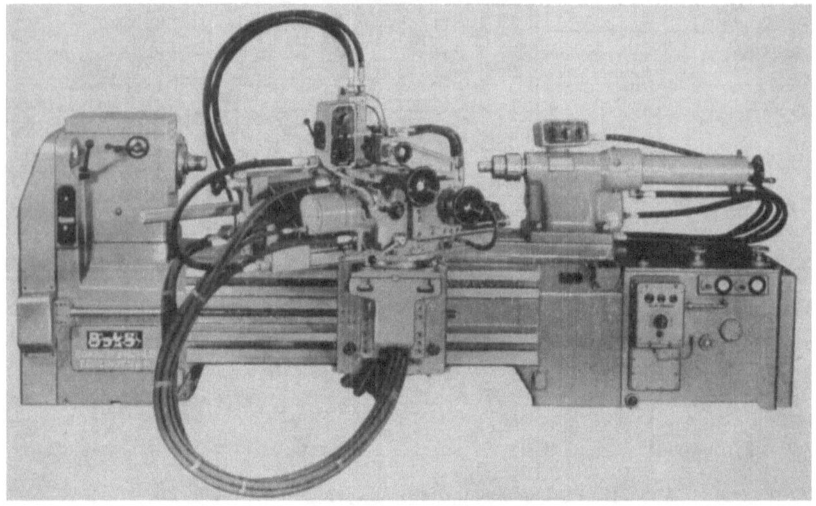

Abb. 213
Halbselbsttätige vollhydraulische Fließdrückmaschine Type ‚Hycoform' mit Nachformeinrichtung
Bauart: Bohner & Köhle, Eßlingen/Neckar

Neckar, mit fühlergesteuerter Nachformeinrichtung dar. Bei dieser Maschine werden sämtliche Hauptbewegungen sowie Klemmvorrichtungen hydraulisch betätigt. Die Längsbewegung des Kreuzschlittens geschieht durch einen Flüssigkeitsmotor (Boehringer-Sturm-Getriebe) über ein mehrstufiges Zahnradgetriebe auf eine Gewindespindel.

Für die Querzustellung ist ein Schubkolbentrieb vorgesehen. Am Oberschlitten ist eine hydraulische, fühlergesteuerte Nachformeinrichtung angebracht, mit der nach einer einfachen Kopierschablone aus Blech gearbeitet werden kann, und zwar nach einem an „Wanddicke" gebundenen System, d. h. das Drückwerkzeug wird auf einen

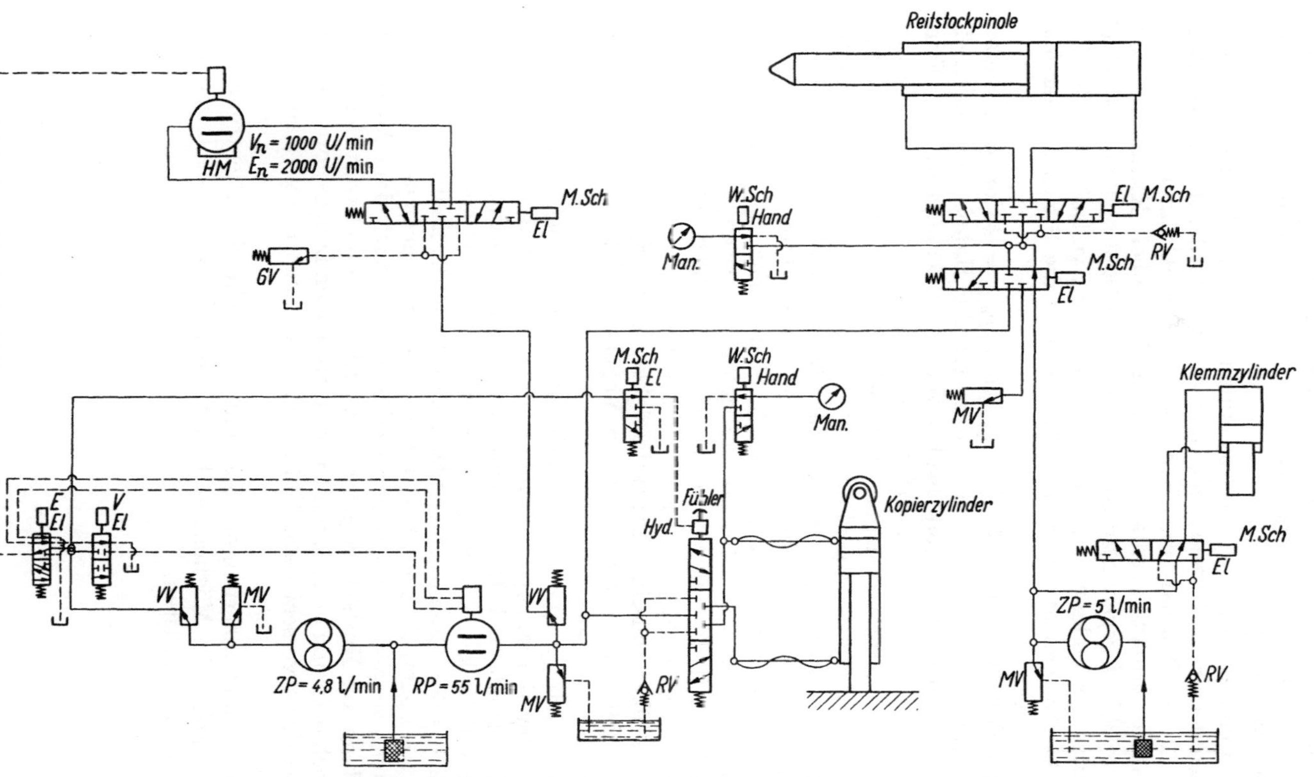

Abb. 214. Hydraulikplan zur Kopier-Fließdrückmaschine nach Abb. 213

ZP Zahnradpumpe; *RP* Verstellpumpe; *MV* Maximaldruckventil; *VV* Vorspannventil; *GV* Überdruckventil; *MSch* Magnetschieber; *WSch* Wahlschieber, handbetätigt; *RV* Rückschlagventil

bestimmten Abstand zwischen der Drückform eingestellt und erzeugt, unabhängig von den auftretenden Umformkräften, die jeweils eingestellte Wanddicke.

Die Reitstockpinole wird durch ein im Reitstockkörper eingebautes Flüssigkeitsgetriebe bewegt, und zwar mit verschiedenen Geschwindigkeiten, Fein-, Normal- und Eilvorschub. Die Klemmung der Reitstockpinole erfolgt ebenfalls hydraulisch, wobei Klemmung und Pinolenrücklauf gegenseitig so verriegelt sind, daß erst auf Rücklauf geschaltet werden kann, nachdem die Klemmung vollständig gelöst ist. Abb. 214 gibt den hydraulischen Antrieb und die Steuerung der Maschine wieder.

Eine Verstellpumpe *RP* ($Q = 55$ l/min, $p_{max} = 45$ kg/cm²), Bauart Gebr. Heller, Nürtingen, liefert die für die Hauptbewegungen erforderliche Druckflüssigkeit, wobei die Geschwindigkeit auf Feinvorschub, Normalvorschub und Eilvorschub eingestellt werden kann. Von der Pumpe *RP* aus strömt die Druckflüssigkeit über das Maximalventil *MV* zu einem Doppelhubmagnetventil und von hier aus weiter zum Hydraulikflüssigkeitsmotor *HM*. Der Längsvorschub geschieht, wie erwähnt, hydromechanisch, d. h. vom Hydraulikflüssigkeitsmotor über Zahnräder und Gewindespindel. Für den Querschlitten wird das von der Verstellpumpe *RP* geförderte Triebmittel von einem Vorspannventil *VV* abgenommen und dem Fühlerventil des Kopierschlittens zugeleitet. Erst nach Überschreiten des Vorspanndruckes wird die überschüssige Druckflüssigkeit dem Hydraulikmotor zugeleitet. Der Fühler wird über ein Magnetventil auf „Betrieb" oder „Abheben" geschaltet.

Die Verstellpumpe liefert auch die Druckflüssigkeit für die Bewegung der Reitstockpinole, die ebenfalls mit den Geschwindigkeiten Fein-, Normal- und Eilvorschub vorgenommen wird. Nachdem die Pinole am Werkstück anliegt, wird auf „Klemmen" geschaltet, wobei gleichzeitig die Verstellpumpe abgeschaltet und die Zahnradpumpe *ZP* (Hochdruckpumpe) eingeschaltet wird. Das Einspannen und Ausrichten der Rohlinge geschieht mit geringerem Druck. Nach dem Ausrichten wird dann auf Hochdruck geschaltet und die Anpreßkraft der Pinole gleichgehalten und unbeeinflußt von auftretenden Druckschwankungen, die etwa durch verschiedene Schlittenbewegungen hervorgerufen werden können.

Die Gesamtsteuerung der Maschine geschieht über Elektromagnetventile, wobei die Möglichkeit besteht, die Maschine mit Programmsteuerung auszurüsten.

Anhang

Bei der Durchsicht und Auswertung der Firmendruckschriften, Betriebsanweisungen und Zeichnungen für dieses Buch hat es sich als sehr nachteilig ergeben, daß die meisten Firmen ihre eigenen Sinnzeichen und Darstellungsweisen besitzen. Diese mögen zwar für den Eigengebrauch verständlich sein, sind aber für den Außenstehenden, sei er Konstrukteur, Betriebsmann oder Wissenschaftler, oft recht schwer zu entziffern. Es hat seither nicht an Hinweisen[1] auf eine dringend notwendige, vereinheitlichte Darstellung hydraulischer Kreisläufe gefehlt, so wurden auch bei der ersten Auflage dieses Buches bereits Kurzzeichen gewählt, die mit den in den Veröffentlichungen von A. Dürr und O. Wachter benützten Zeichen übereinstimmen, und die Suche nach einer einfachen und leicht deutbaren Darstellungsweise von hydraulischen Schaltplänen hat schließlich in verschiedenen Ländern zu durchaus brauchbaren Vorschlägen oder Vereinbarungen über hydraulische Sinuszeichen geführt[2], wobei man sich von der Überlegung leiten ließ, daß die einzelnen Sinnbilder und die Wiedergabe von Flüssigkeitskreisläufen — genau wie die Schaltpläne der Elektrotechnik — eindeutig, anschaulich, leicht darstellbar, vielseitig in ihrer Anwendbarkeit sein müssen und auch international losbar sein sollen.

Um den Leser bereits jetzt schon auf die angestrebte Vereinheitlichung aufmerksam zu machen, wurden die VDMA-Einheitsblätter über ölhydraulische Anlagen mit Sinnbildern und Benennungen als Anhang übernommen[3] in der Hoffnung, daß diese in nicht allzu ferner Zeit zu nationalen, besser noch zu internationalen Normblättern aufgestellt werden mögen. Da der Verfasser den zunächst nur als Empfehlung gedachten und nicht genormten Einheitsblättern nicht vorgreifen wollte, und um ein Umzeichnen zu ersparen, wurde bei den Hydraulikplänen die Darstellungsweise der ersten Auflage beibehalten.

[1] Schatz, A.: Die Darstellung ölhydraulischer Kreisläufe. Industrie-Anzeiger Nr. 8 (1952) S. 4/6; Ausdrucksmittel und Anwendung ölhydraulischer Sinnzeichen. Industrie-Anzeiger Nr. 35 (1952) S. 5/7.

[2] Rögnitz: Hydraulische und mechanische Triebe für Geradwege an Werkzeugmaschinen. Werkstattbuch 101, S. 9/11. Berlin/Göttingen/Heidelberg: Springer 1951. — J. I. C. (Joint Industry Conference): Hydraulic Standards for Industrial Equipment (USA). — Schaschkin: Hydraulische Strukturschaubilder Stanki i instrument Nr. 5, Mai 1951, S. 14/16 (USSR).

[3] Wiedergegeben mit Genehmigung des VDMA. Maßgebend ist die jeweils neueste Ausgabe des Einheitsblattes im Format A 4, das bei der Beuth-Vertrieb G.m.b.H., Köln, erhältlich ist.

Ölhydraulische Anlagen VDMA 24301

Pumpen

Sinnbilder Benennungen

Vorbemerkung

Die VDMA-Einheitsblätter über ölhydraulische Anlagen sollen den Herstellern und Verbrauchern vor allem für die Ausarbeitung der Schaltpläne eine einheitliche und leicht verständliche arbeitserleichternde Symbolsprache geben.

Der Begriff ölhydraulische Anlagen ist zunächst aus dem internationalen Sprachgebrauch übernommen. Bereits festgelegte Sinnbilder sind weitgehend verwendet.

Dieses VDMA-Einheitsblatt soll zu gegebener Zeit zu einem DIN-Blatt entwickelt werden.

Nr.	Sinnbild	Benennung	Erläuterung
1.		Verdrängerpumpe	Fördermenge je Umdrehung ist konstant
2.		Verstellbare Verdrängerpumpe	Fördermenge je Umdrehung ist einstellbar
3.		Reihenkolbenpumpe	Verdrängerpumpe mit in Reihe angeordneten Kolben
4.		Axialkolbenpumpe	Verdrängerpumpe mit Kolben, die in Richtung der Drehachse (axial) angeordnet sind
5.		Radialkolbenpumpe	Verdrängerpumpe mit Kolben, die im wesentlichen senkrecht zur Drehachse (radial) angeordnet sind
6.		Zellenpumpe	Verdrängerpumpe mit Zellen, die durch Flügel (Schieber, Platten) im Umlauf gebildet werden
7.		Zahnradpumpe	Verdrängerpumpe mit Zahnrädern
8.		Schraubenpumpe	Verdrängerpumpe mit Schraubenspindel

Ölmotoren, Sinnbilder, Benennungen siehe VDMA 24301 Blatt 2, in diesem Buch S. 106
Zylinder, Sinnbilder, Benennungen siehe VDMA 24301 Blatt 3, in diesem Buch S. 114
Ventile, Sinnbilder, Benennungen siehe VDMA 24301 Blatt 4, in diesem Buch S. 159
Betätigungsarten, Sinnbilder, Benennungen siehe VDMA 24301 Blatt 5 (in Vorbereitung)
Leitungen und Zubehör, Sinnbilder, Benennungen siehe VDMA 24301 Blatt 6, in diesem Buch S. 135

Verein Deutscher Maschinenbau-Anstalten e. V.

Ölhydraulische Anlagen

VDMA 24301

Ölmotoren

Sinnbilder Benennungen

Nr.	Sinnbild	Benennung	Erläuterung
1.	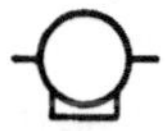	Ölmotor	Schluckmenge je Umdrehung ist konstant
2.	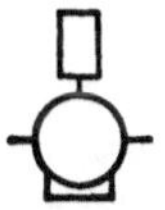	Verstellbarer Ölmotor	Schluckmenge je Umdrehung ist einstellbar
3.		Reihenkolbenmotor	Ölmotor mit in Reihe angeordneten Kolben
4.		Axialkolbenmotor	Ölmotor mit Kolben, die in Richtung der Drehachse (axial) angeordnet sind
5.		Radialkolbenmotor	Ölmotor mit Kolben, die im wesentlichen senkrecht zur Drehachse (radial) angeordnet sind
6.		Zellenmotor	Ölmotor mit Zellen, die durch Flügel (Schieber, Platten) im Umlauf gebildet werden
7.		Zahnradmotor	Ölmotor mit Zahnrädern
8.	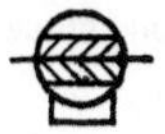	Schraubenmotor	Ölmotor mit Schraubenspindeln

Ölhydraulische Anlagen

VDMA 24301

Zylinder

Sinnbilder Benennungen

Nr.	Sinnbild	Benennung	Erläuterung
1.	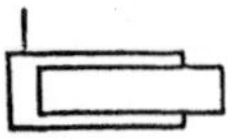	Tauchkolben-zylinder	Zylinder mit Tauchkolben (Plunger), Rückbewegung nur durch äußere Kräfte
2.		Teleskopzylinder	Zylinder mit ineinander ausschiebbaren Kolben, Rückbewegung nur durch äußere Kräfte
3.	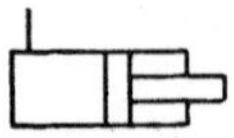	Einfachwirkender Kolbenstangen-zylinder	Zylinder mit Kolben und einseitig herausragender Kolbenstange, Rückbewegung nur durch äußere Kräfte
4.	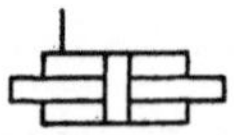	Einfachwirkender zweiseitiger Kolbenstangen-zylinder	Zylinder mit Kolben und beiderseitig herausragender Kolbenstange, Rückbewegung nur durch äußere Kräfte
5.	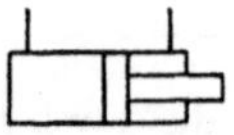	Doppeltwirkender Kolbenstangen-zylinder	Zylinder mit Kolben und einseitig herausragender Kolbenstange. Hin- und Rückbewegung durch Druckflüssigkeit
6.	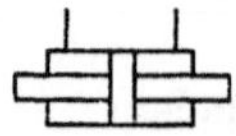	Doppeltwirkender zweiseitiger Kolbenstangen-zylinder	Zylinder mit Kolben und beiderseitig herausragender Kolbenstange. Hin- und Rückbewegung durch Druckflüssigkeit

Kolbendurchmesser × Hub kann im Sinnbild auf der den Anschlüssen gegenüberliegenden Seite angegeben werden.

Ölhydraulische Anlagen

VDMA 24301

Ventile

Sinnbilder Benennungen

1. Allgemeine Erläuterungen

Auf Grund der Gepflogenheiten in anderen Ländern wird die Bemerkung „Ventil" für alle Arten von Steuergeräten wie Schieber, Ventile, Hähne usw. benützt. Das Sinnbild stellt die Funktion und nicht die Bauart dar.

Nr.	Sinnbild	Erläuterung
1.1		Das Ventil wird durch Rechteck dargestellt
1.2	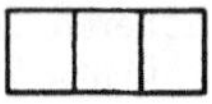	Anzahl der Felder ist gleich der Anzahl der Ventilstellungen. Dargestellt sind 3 Stellungen
1.3	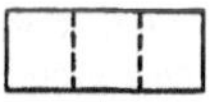	Bei Ventilen mit beliebigen Zwischenstellungen werden die Felder durch gestrichelte Linien gegeneinander abgegrenzt
1.4		An das Feld Nullstellung werden Zu- und Ablauf herangezogen
1.5		Die Durchflußrichtung wird durch Pfeile gekennzeichnet
1.6		Bleibt bei Stellungsänderung Zu- oder Ablauf mit *einem* Anschluß verbunden, so erhält der Pfeil an diesem Ende einen Querstrich innerhalb des Feldes
1.7	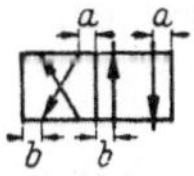 a a b b	Die Lage des Pfeiles — gerade oder schräg — entspricht dem Abstand von Zu- und Ablauf
1.8	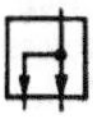	Verbindungswege innerhalb des Ventils werden durch sinngemäße Linien im betreffenden Feld dargestellt
1.9	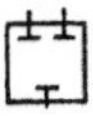	Absperrungen werden durch Querstriche gekennzeichnet
1.10	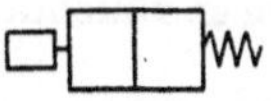	Die Betätigungsart des Ventils wird durch Hinzufügen der Sinnbilder nach VDMA 24301 Blatt 5 „Betätigungsarten" gekennzeichnet

Zur vereinfachten Darstellung können Sinnbilder, insbesondere sich wiederholende, im Schaltplan als bezifferte Rechtecke gekennzeichnet und das zugehörige Sinnbild kann für sich dargestellt werden, z. B.

Ventile, die zu einem Block zusammengebaut sind

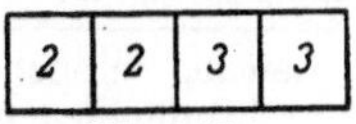

2	2	3	3

Abb. 1.11

z. B. 2 = Nr. 4.3 und 4.5 (Seite 318)

Einzelventile

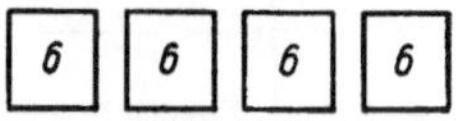

6 6 6 6

Abb. 1.12

z. B. 6 = Nr. 4.4 (Seite 318)

2. Druckventile

Druckventile im Sinne dieses Blattes sind Ventile, die vorwiegend zur Beeinflussung des Druckes bestimmt sind.
Die Sinnbilder für Ventile mit abweichender oder zusätzlicher Funktion können sinngemäß erweitert werden.
Ventile, bei denen Durchflußmenge und Druckgefälle voneinander abhängig sind (z. B. Drosselventile), siehe Abschnitt 3 „Mengenventile“.

Nr.	Sinnbild	Benennung	Erläuterung
2.1	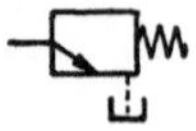	Druckbegrenzungsventil	Ventil, das den Druck im Zulauf bei einer ihm entgegenwirkenden Kraft (z. B. Feder) durch Öffnen des Ablaufes (z. B. zum Behälter) begrenzt
2.2	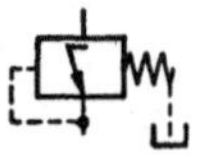	Druckminderventil	Ventil, das den Druck im Ablauf unabhängig vom höheren Druck im Zulauf (z. B. Druckölspeicher) konstant hält
2.3	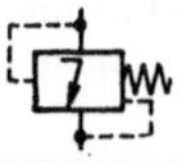	Druckgefälleventil	Ventil, das den Druck vom Zulauf zum Ablauf um einen gleichbleibenden Betrag vermindert
2.4		Druckverhältnisventil	Ventil, das den Druck vom Zulauf zum Ablauf in konstantem Verhältnis vermindert
2.5	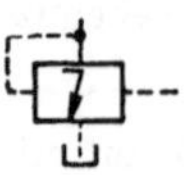	Druckstufenventil	Ventil, das das Verhältnis zweier Druckstufen (z. B. zweistufige Pumpe) in Abhängigkeit vom Druck einer Stufe konstant hält
2.6	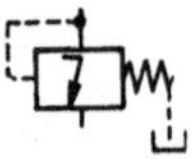	Zuschaltventil	Ventil, das bei Erreichen und Halten eines Solldruckes im Zulauf durch Öffnen des Ablaufes den Weg für (vorwiegend weitere) Arbeitsstellen freigibt
2.7	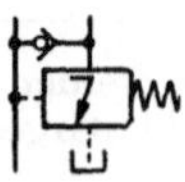	Abschaltventil mit Rückschlagventil	Ventil, das z. B. in Verbindung mit einem Rückschlagventil bei Erreichen eines Solldruckes in einem Zulauf den anderen Zulauf mit dem Behälter verbindet

3. Mengenventile

Mengenventile im Sinne dieses Blattes sind Ventile, die vorwiegend zur Beeinflussung der Durchflußmenge bestimmt sind, oder Ventile, bei denen Durchflußmenge und Druckgefälle voneinander abhängig sind.

Nr.	Sinnbild	Benennung	Erläuterung
3.1		Blende	In eine Leitung eingebaute kurze Verengung. Durchflußmenge und Druckgefälle weitgehend viskositätsunabhängig (z. B. Meßblende)
3.2		Drossel	In eine Leitung eingebaute Verengung, Durchflußmenge und Druckgefälle viskositätsabhängig.

3. Mengenventile (Fortsetzung)

Nr.	Sinnbild	Benennung	Erläuterung
3.3		Drosselventil	Ventil, dessen Verengung verstellbar ist
3.4	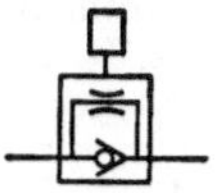	Drossel-Rückschlagventil	Ventil, dessen Verengung nur in einer Richtung wirksam ist, z. B. verstellbar
3.5	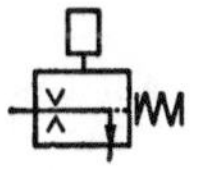	2-Wege-Mengenregelventil	Ventil, das eine bestimmte (einstellbare) Ablaufmenge unabhängig von größerer Zulaufmenge und unabhängig vom Druck, durch selbsttätiges Schließen des Durchflusses konstant hält
3.6	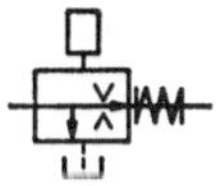	3-Wege-Mengenregelventil	Ventil, das eine bestimmte (einstellbare) Ablaufmenge unabhängig von größerer Zulaufmenge und unabhängig vom Druck, durch selbsttätiges Öffnen eines Abflusses konstant hält
3.7	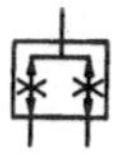	Mengenteiler	Gerät zum Teilen eines bzw. Vereinigen mehrerer (z. B. zweier) Ölmengen mit weitgehend konstantem Mengenverhältnis unabhängig vom Druck

4. Wegeventile

Wegeventile im Sinne dieses Blattes sind Ventile, die vorwiegend zur Änderung der Durchflußrichtung bestimmt sind.
Der Benennung „Wegeventile" wird die Anzahl der Wege (gleich Anzahl der gesteuerten Anschlüsse) und die Anzahl der Stellungen vorangestellt, z. B. Wegeventil mit drei gesteuerten Anschlüssen und 2 Stellungen: 3/2-Wegeventil.

Nr.	Sinnbild	Benennung	Erläuterung
4.1	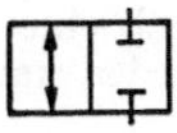	2/2-Wegeventil	In Nullstellung Durchfluß gesperrt
	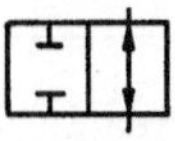	2/2-Wegeventil	In Nullstellung Durchfluß frei
4.2	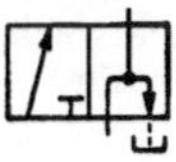	3/2-Wegeventil	In Nullstellung alle 3 Anschlüsse mit Behälter verbunden, z. B. für einfachwirkende Zylinder mit drucklosem Umlauf bei Rückhub
4.3	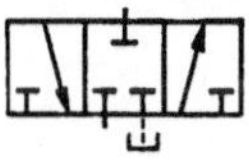	3/3-Wegeventil	In Nullstellung alle Anschlüsse gesperrt, z. B. Speicherbetrieb für einfachwirkenden Zylinder

4. Wegeventile (Fortsetzuug)

Nr.	Sinnbild	Benennung	Erläuterung
4.4		4/2-Wegeventil	In Nullstellung, z. B. Vorhub, in zweiter Stellung Rückhub, für doppeltwirkende Zylinder
4.5		4/3-Wegeventil	In Nullstellung Zulauf zum Behälter frei und Anschlüsse, z. B. für doppeltwirkende Zylinder, gesperrt
4.6		4/4-Wegeventil	Erläuterung wie Nr. 4.5, jedoch mit „Schwimmstellung“ rechts
4.7		6/3-Wegeventil	In Nullstellung 1 Zulauf frei, 2 Zuläufe gesperrt, z. B. für doppeltwirkende Zylinder in unabhängiger Parallelschaltung

Druckabhängig geschaltete Ventile zur Änderung der Durchflußrichtung siehe Abschnitt 2 Druckventile.

5. Sperrventile

Sperrventile im Sinne dieses Blattes sind Ventile, die den Durchfluß eines Ölstromes in einer Richtung sperren und in der anderen Richtung freigeben. Der Öldruck auf der Ablaufseite belastet das dichtende Teil und unterstützt dadurch das Schließen des Ventils.

Nr.	Sinnbild	Benennung	Erläuterung
5.1		Rückschlagventil	Ventil, das durch das Eigengewicht des dichtenden Teiles schließt
5.2		Federbelastetes Rückschlagventil	Ventil, das durch eine Federkraft schließt
5.3		Entsperrbares Rückschlagventil	Federbelastetes Rückschlagventil, dessen Sperrung durch eine Betätigung aufgehoben werden kann
5.4		Entsperrbares Doppelrückschlagventil	Ventil für zwei getrennte Durchflüsse, deren selbsttätige Sperrung durch den Zulaufdruck wechselseitig aufgehoben werden kann

Ölhydraulische Anlagen

VDMA 24301

Leitungen und Zubehör

Sinnbilder Benennungen

Nr.	Sinnbild	Benennung	Erläuterung
1.		Arbeitsleitung	Hauptleitung zur Energieübertragung der Anlage. Abmessung der Rohrleitung in DIN-Kurzbezeichnung über der Linie
2.		Steuerleitung	Steuerdruckleitung zur Übertragung der Steuerenergie, Einstellen und Regeln eingeschlossen. Abmessung der Rohrleitung in DIN-Kurzbezeichnung über der Linie
3.		Abflußleitung	Leitung für abfließendes Öl. Abmessung der Leitung in DIN-Kurzbezeichnung über der Linie
4.		bewegliche Leitung	Im Betrieb biegsame Leitung z. B. Schlauch, Wellrohr, Rohrspirale, Gelenkrohr. Ausführung und Abmessung in DIN-Kurzbezeichnung über der Linie
5.		feste Leitungsverbindung	z. B. geschweißte, gelötete, geschraubte (einschließlich Fittings) Leitungsverbindung
6.		lösbare Leitungsverbindung	z. B. Flansch, Verschraubung, Kupplung mit einem Abgang oder mehreren Abgängen
7.		überkreuzende Leitungen	Überquerung von Leitungen, die nicht miteinander verbunden sind
8.		Drehdurchführung	Im Betrieb drehbare Leitungsverbindung, z. B. Drehzapfendurchführung mit einfachem Zu- und Ablauf, Drehdurchführung mit dreifachem Zu- und dreifachem Ablauf
9.		Durchflußrichtung	Bei wechselnder Durchflußrichtung werden beide angegeben
10.		Entlüftungsstelle	
11.		Behälter	Belüftetes Sammelgefäß. Mindest-Rauminhalt über der Bodenlinie angegeben
12.		Abfluß in den Behälter	Verbindung zum Behälter (dieses Sinnbild kann unmittelbar an jedes Gerät an Stelle der Verbindungsleitung angefügt werden)
13.		Druckölspeicher	
14.		Meßstelle	Formelzeichen oder Maßeinheit nach DIN kann neben dem Kreis angegeben werden
15.		Absperrventil	

Schrifttumverzeichnis

[1] ALMEN, I. O., u. A. LASZLO: The uniform section Disc spring. Amer. Soc. mech. Engrs., Bd. 58 (1936) S. 305
[2] Amer. Mach., N. Y. Vol. 91 (1947) Nr. 25, S. 114
Amer. Mach., N. Y. Vol. 91 (1947) Nr. 24, S. 115
Amer. Mach., N. Y. 11. September 1947, S. 187
Amer. Mach., N. Y., englische Ausgabe, 5. Oktober 1929, S. 88.
[3] AWF-Feinstbearbeitung: Feinstdrehen und Feinstbohren. Leipzig/Berlin: B. G. Teubner 1940.
[4] AWF-Getriebeblätter 619—621, „Flüssigkeitswechselgetriebe".
[5] BAKONYI, C.: Hydraulische Antriebe für Werkzeugmaschinen. Maschinenbautechnik Jg. 4 (1955) H. 3, S. 127/31. Übersetzt aus Metallurgia Jg. 4 (1953) H. 8, S. 15/19.
[6] BAUMGARTEN, U., H. W. BIENERT, H. BRETSCHNEIDER u. K. BREUER: Einführung in die Ölhydraulik. Ölhydraulik und Pneumatik 1957, H. 1.
[7] BAUMGARTEN, U.: Eilgang-Steuergeräte und -Schaltungen zur Leistungssteigerung hydraulischer Schubkolbentriebe. Ölhydraulik und Pneumatik 1957, H. 2.
[8] BECKER, R.: O-Ring-Abdichtungen in der Hydraulik. Hydraulik- und Pneumatik-Technik, April 1957.
[9] BERG, F.: Hydraulische Genauigkeitsvorschübe. Maschinenbautechnik 1955, H. 2, S. 95/99.
[10] BIEFER, H.: Elektrotechnik für den Praktiker. Techn. Rundschau Bern, 3. Blatt, Nr. 52.
[11] BIENERT, H. W.: [1] Die moderne Industriehydraulik. Z. Fördern und Heben 6. Jg. (1956) H. 11.
— [2] Zur Planung hydraulischer Anlagen. Ölhydraulik und Pneumatik 1. Jg. (1957) H. 3.
[12] BLASIUS, H.: Das Ähnlichkeitsgesetz bei Reibungsvorgängen in Flüssigkeiten. VDI-Forsch.-Heft (1913) Nr. 131; Z. VDI Bd.56 (1912) S. 639.
[13] BOOK, L. S.: Hydraulischer Antrieb des Vorschubs bei verschiedenen Werkzeugmaschinen. Stanki i instrument 1954, Nr. 8, S. 1/7.
[14] BOSCH, W.: Eine halbselbsttätige hydraulische Streck-Drückmaschine. Werkstattstechnik und Maschinenbau 47. Jg. (1957) H. 8, S. 410/13.
[15] Bosch, Robert, G.m.b.H., Stuttgart: Arbeitsblätter.
[16] BRETSCHNEIDER, H.: [1] Anwendungsbeispiele hydrostatischer Antriebe unter Berücksichtigung der Automatisierung. Industrieblatt April 1958, S. 137.
— [2] Hydrostatisches, stufenlos verstellbares Ölgetriebe. Industrie-Rundschau 8. Jg (1953) H. 7.
— [3] Hydrostatischer Pressenantrieb. Ölhydraulik und Pneumatik 1958, H. 6.
— [4] Hoch- oder Niederdruck? Eine wichtige Frage für den Bau hydraulischer Pressen. Werkst. u. Betr. 87. Jg. (1954) H. 4.
[17] BRON, L. S.: [1] Gewährleistung der Arbeitsfähigkeit von hydraulischen Antrieben bei Werkzeugmaschinen. Techn. Zbl., Abt. Maschinenwesen 5. Jg. (1956) Nr. 1, S. 11. Stanki i instrument Nr. 4, S. 13/16; 26. Jg. (1955) Nr. 3, S. 4/8.
— [2] Hydraulische Antriebe für Vorschubmechanismen von Maschinensätzen und Spezialmaschinen. Stanki i instrument 1954, H. 8.
[18] BRON, L. S., u. SH. E. TARTAKOWSKI: Stanki i instrument 1957, H. 12, S. 9/14
[19] CALVIN, V.: Handbook of applied hydraulic. New York: McGraw-Hill Book Comp. 1952.
[20] CHAIMOWITSCH, E. M.: Ölhydraulik. Berlin: VEB Verlag Technik 1957.

[21] CLOSTERHALFEN, A.: Der Widerstand von Absperrmitteln. Arch. Wärmew. 16. Jg. (1935, H. 9) S. 247.

[22] DALL, A.H.: Machine Hydraulics. Cincinnati, Ohio, USA: Cincinnati Mach. Co. 1946.

[23] DAS, J. C.: Untersuchung der Strömungscharakteristik in Feinregelventilen für elektrische Antriebe. Dissertation, Technische Hochschule Stuttgart 1957.

[24] DIEGMANN, H.: Werkstattstechn. u. Werksleiter 1937, H. 6, S. 133/6.

[25] DIES, R.: Sondermaschine zur zweispindeligen Bearbeitung von Achsbüchsgehäusen. Werkst. u. Betr. 88. Jg. (1955) H. 6.

[26] DIETER, W., u. R. REICHERT: [1] Rohr- und Schlauchleitungen, Verbindungs- und Zubehörteile für hydraulische Leitungssysteme (I). Ölhydraulik und Pneumatik 1958, H. 2.

— [2] Rohr- und Schlauchleitungen, Verbindungs- und Zubehörteile für ölhydraulische Leitungssysteme (II). Ölhydraulik und Pneumatik 1958, H. 3.

[27] DIETER, W.: [1] Hydraulische Arbeitskreise mit wechselndem Druckölbedarf. Ölhydraulik und Pneumatik 1957, H. 3.

— [2] Hydraulikspeicher für den allgemeinen Maschinen-, Werkzeugmaschinen- und Fahrzeugbau. Konstruktion 9. Jg. (1957) H. 8, S. 294.

— [3] Erfahrungen mit Druckölspeichern als Federelemente im Pressenbau. Ölhydraulik und Pneumatik 1957, H. 1.

[28] DORNHÖFER, E.: [1] Der ölhydraulische Antrieb für Hobelmaschinen. Werkstattstechnik und Maschinenbau 42. Jg. (1952) H. 10, S. 423/27.

— [2] Bericht über Hobelmaschinen mit stufenlos verstellbarem Antrieb. Werkzeugmaschine und Fertigungstechnik Nr. 45, 5. Juni 1953.

[29] DÜRR, A.: [1] Die hydraulische Steuerung von Werkzeugmaschinen. Werkst. u. Betr. 83. Jg. (1950) H. 4, S. 135.

— [2] Hydraulische Vorschubantriebe und Druckmittelsteuerungen für Werkzeugmaschinen. Werkstattstechnik 35. Jg. (1941) H. 5, S. 95/101.

— [3] Hydraulische Vorschubantriebe und Druckmittelsteuerungen. Werkstattstechnik 36. Jg. (1943) H. 17/18, S. 381/91.

— [4] Hydraulische Vorschubantriebe und Druckmittelsteuerungen. Werkstattstechnik 36. Jg. (1942) H. 17/18, S. 387.

[30] DÜRR, A., u. O. WACHTER: Hydraulische Antriebe und Druckmittelsteuerungen an Werkzeugmaschinen. München: Hanser-Verlag 1954.

[31] EITEL, G.: Steigerung von Leistung und Bearbeitungsgüte durch Räumen. Masch.-Bau Betrieb Bd. 20 (1941) S. 327/32.

[32] ERDMANN, W.: Mehrschnittbearbeitung im Kopierverfahren. Industrieblatt 56. Jg. (1956) Nr. 11.

[33] ERNST, H.: Über neuzeitliche Flüssigkeitssteuerungen. Werkzeugmaschine 40. Jg. (1936) H. 11, S. 279/83.

[34] ERNST, W.: Oil Hydraulic Power and Its Industrial Applications. 1. Aufl. 1949, S. 326; McGraw-Hill Book Comp., Inc., N. Y.

[35] GERMAR, R.: [1] Hydraulische Baueinheiten für Werkzeugmaschinen. Werkstattstechnik 1937, H. 7, S. 30.

— [2] Die arbeitstechnischen Vorteile einer Drehbank mit Ölgetriebe. Werkstattstechnik Bd. 31 (1937) H. 4, S. 81/84.

[36] GOLDSCHE, J.: Hydraulisches oder elektrisches Prinzip beim Nachformdrehen? Werkst. u. Betr. 86. Jg. (1953) H. 1.

[37] GROSS u. LEHR: Die Federn. Berlin: VDI-Verlag 1938.

[38] HAASE, W.: Anwendungsmöglichkeiten stufenloser Wechselgetriebe bei Schleifmaschinen. Schleif- u. Poliertechnik Bd. 17 (1940) S. 80/83

[39] HÄUSER, K.: [1] Hydraulische Kopiersysteme mit Zweikantensteuerung. Werkst. u. Betr. 86. Jg. (1953) H. 1.

— [2] Kopiereinrichtungen an schweren Werkzeugmaschinen. Maschinenmarkt Würzburg Nr. 90, WP 283.

— [3] Hydraulische Kopiersysteme mit Einkantensteuerung. Werkst. u. Betr. 86. Jg. (1953) H. 3.

— [4] Eine meßgesteuerte Kopierdrehmaschine. Industrieblatt, März 1958.

— [5] Verbundkopieren. Werkst. u. Betr. 89. Jg. (1956) H. 8.

[40] Hagen, K.: Volumenverhältnisse, Wirkungsgrad und Druckschwankungen in Zahnradpumpen, Dissertation, Technische Hochschule Stuttgart 1957.

[41] Hopp, H.: Untersuchungen über den Reibungswert von Dichtelementen für Hubbewegungen. Hydraulik- und Pneumatik-Technik, April 1957.

[42] Hütte: [1] 27. Aufl., S. 484, Berlin 1941.
— [2] 28. Aufl., S. 502.

[43] Institut für Werkzeugmaschinen, T. H. Stuttgart: Reibung in Hydraulikzylindern. (Forschungsarbeit 1954).

[44] Irtenkauf, J.: [1] Die Vorschubnormung bei den spanabhebenden Werkzeugmaschinen. Werkstattstechnik Bd. 33 (1939) S. 25/28.
— [2] Die verschiedenen Antriebe von Hobelmaschinen und ihre Kennlinien. Werkstattstechnik Bd. 32 (1938) S. 45/50.
— [3] Der mechanische, elektrische und hydraulische Antrieb von Werkzeugmaschinen. W. Maschinenbau 1951, H. 4, S. 106/14.
— [4] Elektronik beim Hauptantrieb von Werkzeugmaschinen. Werkstattstechnik und Maschinenbau 42. Jg. (1952) H. 10.
— [5] Fortentwicklung der Drehbank zu steigender Selbsttätigkeit. Werkstattstechnik und Maschinenbau 44. Jg. (1954) H. 9.

[45] J. I. C. (Joint Industry Conference): Hydraulic Standards for Industrial Equipment (USA).

[46] Kameneckij, G. I.: Längsschwingungen bei ölhydraulischen Werkzeugmaschinenantrieben. Stanki i instrument 27. Jg. (1956) H. 9.

[47] Kara, W. H.: Schwerentflammbare Hydraulikflüssigkeiten. Ölhydraulik und Pneumatik 1957, H. 3.

[48] Kessner, A.: Neue Kaltkreissägen mit hydraulischem Vorschub und hydraulischer Einspannung. Werkzeugmaschine Bd. 36 (1932) S. 61/63.

[49] Kienzle, O.: [1] Die Kenngrößen an Pressen und Hämmern. Werkstattstechnik und Maschinenbau 43. Jg. (1953) H. 1.
— [2] Schritte zur Automatisierung in der Umformtechnik. Werkstattstechnik und Maschinenbau 47. Jg. (1957) H. 8.
— [3] Hydraulische Geräte und Baueinheiten. Werkstattstechnik und Maschinenbau 47. Jg. (1957) H. 10.

[50] Kienzle, O., u. H. Neumann: Werkzeugmaschinen der Kaltumformung auf der 5. Europäischen Werkzeugmaschinenausstellung in Hannover. Werkstattstechnik und Maschinenbau 47. Jg. (1957) H. 12.

[51] Klein, F.: Konstruktion und Arbeitsweise einer neuzeitlichen Kaltkreissägemaschine. Werkzeugmaschine Bd. 38 (1934) S. 11/15.

[52] Kohlrausch, F.: Lehrbuch der praktischen Physik. 16. Aufl., Bd. 6 (1930) S. 219.

[53] Korobockin, B. L.: [1] Zweckmäßige Auslegung der hydraulischen Kopiersysteme für Werkzeugmaschinen. Stanki i instrument 1956, Nr. 6 (referiert von Dipl.-Ing. J. Peklenik, Aachen; Industrie-Anzeiger 46, Juni 1957).
— [2] Hydraulische Antriebe für Kopierdrehhalbautomaten. Stanki i instrument 26. Jg. (1955) H. 12.

[54] Krause, R.: Anlaufvorgänge bei hydrostatischen Antrieben. Ölhydraulik und Pneumatik 1958, H. 3.

[55] Krug, H.: [1] Die Schraubenpumpe bei hydraulischen Werkzeugmaschinen, Industrieblatt, Stuttgart, August 1952, S. 252.
— [2] Die Schnittkräfte beim Flachschleifen. Werkstattstechnik und Maschinenbau 47. Jg. (1957) H. 1, S. 92.

[56] Krug, C.: Der hydraulische Antrieb bei Schleifmaschinen. Werkstattstechnik Bd. 22 (1928) S. 299/303.

[57] Kühn, W.: Regelbare Flüssigkeitsgetriebe, insbesondere der Enor-Trieb. Masch.-Bau Betr. Bd. 6 (1927) S. 1107 u. 1193.

[58] Kühner, O.: [1] Blechbearbeitungsmaschinen auf der 4. Europäischen Werkzeugmaschinenausstellung in Mailand. Werkstattstechnik und Maschinenbau 44. Jg. (1954) H. 9.
— [2] Moderne ölhydraulische Pressen. Blech Nr. 6, 1955.

[59] Kunstmann, H.: Vergleichende Untersuchungen von Antrieben für Hobelmaschinen. Mitt. Forsch.-Anst. Gutehoffn., Nürnberg Bd. 3 (1934) S. 111/17.

[60] Landolt-Börnstein: [1] Phys.-Chem. Tabellen, 4. Aufl., S. 58.
— [2] Phys.-Chem. Tabellen, 5. Aufl., 1. Bd. Berlin: Springer 1923
[61] Lüder, S.: Wirkungsweise einer hydraulischen Nachformeinheit mit Einkantensteuerung. Maschinenmarkt Nr. 99, 10. Dezember 1953.
[62] Machine mod. Januar 1952, S. 42: Ein neuer hydraulischer Akkumulator.
[63] Machinist, London September 1947, S. 657.
[64] Maecker, K.: [1] Elektro-hydraulische Steuerungen an Werkzeugmaschinen. Werkstattstechnik und Maschinenbau 42. Jg. (1952) H. 5.
— [2] Elektrohydraulische Folgeschaltung an einer Vielfachbohrmaschine mit Schalttisch. Werkstattstechnik und Maschinenbau 42. Jg. (1952) H. 6.
— [3] Magnete in Werkzeugmaschinen. Werkstattstechnik 35. Jg. (1941) H. 5, S. 101/04.
[65] Maschinenmarkt 63. Jg. (1957) H. 22: Hydraulisches Kraftelement (bei spanabhebenden Werkzeugmaschinen).
[66] Mayer, E.: Belastete axiale Gleitringdichtungen für Flüssigkeiten. Dissertation, Technische Hochschule Stuttgart 1958.
[67] Merkle, F.: Nachformmaschinen. Klepzig Fachberichte 65. Jg. (1957) Nr. 3.
[68] Millett, W. H.: Aquenous fire-resistant hydraulic fluids. Lubric. Engng., USA 12 (1956) Nr. 2.
[69] Molly, H.: Die Zahnradpumpe mit evolventischen Zähnen. Ölhydraulik und Pneumatik 1958, H. 1.
[70] Müller, E.: Hydraulische Pressen für Umformarbeiten. Werkstattstechnik und Maschinenbau 42. Jg. (1952) H. 8.
[71] Müller, W.: Einführung in die Theorie der zähen Flüssigkeiten. S. 73, Leipzig: Akademische Verlagsgesellschaft m.b.H. 1932.
[72] Mütze, E.: Hydrostatische Getriebe im Werkzeugmaschinenbau. Maschinenmarkt. Nr. 14, Februar 1955.
[73] Neuweiler, N. G.: Hydraulische Antriebe fur Werkzeugmaschinen. Schweiz. techn. Z. 47. Jg. (1952) S. 737/42.
[74] Ölhydraulik und Pneumatik 1957, H. 3: Der Werkzeugmaschinenbau — ein weites Feld für die Anwendung der Ölhydraulik und Pneumatik.
[75] Pohl, R. W.: Einführung in die Mechanik und Akustik, 2. Aufl., S. 65,. Berlin: Springer 1931.
[76] Preger, E.: [1] Mehrspindelige Feinstbohrwerke. Z. VDI Bd. 78 (1934) S. 1061/64.
— [2] Feinbohrwerke mit senkrecht stehender Spindel. Werkzeugmaschine Bd. 38 (1934) H. 14, S. 237/40.
— [3] Hydraulische Waagerecht- und Senkrecht-Feinstbohrwerke. Werkzeugmaschine Bd. 40 (1936) H. 24, S. 579/84.
— [4] Untersuchungen einer neuartigen Preßöl-Hobelmaschine. Werkst. u. Betr. Bd. 71 (1938) S. 65/69.
[77] Product. Engng. 28. Jg. (1957) H. 8.
[78] Richter, H.: Rohrhydraulik. Berlin: Springer 1934.
[79] Rögnitz, H.: Hydraulische und mechanische Triebe für Geradwege an Werkzeugmaschinen. Werkstattbuch 101, Berlin/Göttingen/Heidelberg: Springer 1951, S. 9/11.
[80] Saitschenko, I. S.: [1] Die Stoßwirkung der Flüssigkeit in geschlossenen Systemen hydraulischer Vorschubantriebe bei großen Werkzeugmaschinen. Maschinenbautechnik (1953) H. 7, S. 296/99.
— [2] Die Entwicklung der hydraulischen Getriebe im Werkzeugmaschinenbau. Stanki i instrument 1952, H. 4.
[81] Saljé, E.: Ein Beitrag zur Automatisierung spanender Werkzeugmaschinen. Klepzig Fachberichte (DK 621.91/96/52) S. 79.
[82] Schäfer, O.: Die Eigenschaften der Bauelemente von Werkzeugmaschinen und deren Einfluß bei der Steuerung und Regelung. Vortrag bei dem 9. Aachener Werkzeugmaschinen-Kolloquium 1958.
[83] Schaller, W.: Ölströmung in Drosselstellen von Werkzeugmaschinen. Dissertation, Technische Hochschule Stuttgart 1953.
[84] Schaschkin: Hydraulische Strukturschaubilder. Stanki i instrument 1951, Nr. 5, 14/16.

[85] SCHATZ, A.: [1] Spanende Werkzeugmaschinen. Kröners Taschenbuch der Maschinentechnik II. Bd., S. 47.

— [2] Die Darstellung ölhydraulischer Kreisläufe. Industrie-Anzeiger Nr. 8 (1952) S. 4/6.

— [3] Ausdrucksmittel und Anwendung ölhydraulischer Sinnzeichen. Industrie-Anzeiger Nr. 35, 1952, S. 5/7.

[86] SCHLAYER, H.: Druck- und Temperaturregelung bei elektrischen Mengenregelventilen. Dissertation, Technische Hochschule Stuttgart 1959.

[87] SCHLESINGER, G.: Die Werkzeugmaschine, Bd. 1, S. 200. Berlin: Springer 1936.

[88] SCHMIDT, W.: Tellerfedern. Industrieblatt Stuttgart 1944, H. 17/18, S. 282/84.

[89] SCHMIDT, W.: Zur Dynamik der Werkzeugmaschine. Z. VDI Bd. 85 (1941) Nr. 11, S. 249/58.

[90] SCHWEDLER, F.: Handbuch der Rohrleitungen, 2. Aufl., S. 87. Berlin: Springer 1939.

[91] SCOBEL, H.: Untersuchungen an Gleitringdichtungen für Werkzeugmaschinen. Dissertation, Technische Hochschule Stuttgart 1958.

[92] SÖLLNER, K.: Eine hydraulische Zusatz-Kopiereinrichtung. Ölhydraulik und Pneumatik 1957, H. 2.

[93] SONDERMANN: Packungen und Manschetten für hohen hydraulischen Druck. Z. Ledertreibriemen u. techn. Lederartikel 1931 (Sonderdruck).

[94] SPIES, R.: Grundsätzliches über den Flüssigkeitsantrieb von Werkzeugmaschinen. Werkzeugmaschine 45. Jg. (1941) H. 10, S. 257/65.

[95] Stanki i instrument 26. Jg. (1955) H. 12: Rotierende hydraulische Antriebe mit stirnseitiger Kolbensteuerung.

[96] STARK, R.: Die Berechnung von Zahnradpumpen. Zeitschrift für wirtschaftliche Fertigung Stuttgart 50. Jg. (1950) H. 1.

[97] STAU, C. H.: Der heutige Stand im Drehbankbau. Industrieblatt 55. Jg. (1955) Nr. 2.

[98] Technische Blätter Düsseldorf (1938) H. 8, S. 120/25: Stand der Schleif- und Poliertechnik.

[99] Technica 1954, H. 13, S. 603/4: Pneumatisch-hydraulische Vorschübe an Werkzeug- und Arbeitsmaschinen.

[100] Teves, A., Maschinen- und Armaturenfabrik K.G., Frankfurt/M.: Arbeitsblätter.

[101] THIEL, H.: Ausgleich einseitiger Druckbelastungen an elektromagnetisch betätigten Drucköl-Ventilen. Ölhydraulik und Pneumatik 2. Jg. (1958) H. 2, S. 33.

[102] THOMA, H.: Hydraulische Getriebe in der Werkzeugmaschine und ihre wirtschaftliche Bedeutung. Industrie-Anzeiger 1953, H. 54, S. 688/95.

[103] TORNEBOHM, H.: Comment éviter l'augmentation de la température des machines-outils utilisent des mouvements hydrauliques. Microtecnic Suisse 1955, H. 9, no. 1, S. 10/13.

[104] Trans. Amer. Soc. mech. Engrs. Bd. 50, Januar/April 1928, Nr. 9, S. 50.

[105] UBBELOHDE, D. L.: Tabellen zum Englerschen Viskosimeter. Leipzig: S. Hirzel 1907

[106] VDI-ADK-Merkblatt 3042, 1940: Einsparung und Pflege von Dampfturbinenöl.

[107] VOGELPOHL, G.: Über die Schaumbildung von Ölen durch Kavitation. Forsch. Ing.-Wes. 1949/50, H. 4.

[108] VOLK, O.: Hydraulische und elektrische Antriebe. Masch.-Bau Betrieb Bd. 14 (1935) H. 11/12, S. 313.

[109] WAGNER, K.: Kaltkreissägeversuche. Dissertation, Technische Hochschule Stuttgart 1933.

[110] WAGNER, K. W.: Das Lärmproblem vom Standpunkt des Ingenieurs. Z. VDI Bd. 77 (1933) Nr. 1.

[111] WAGNER, R.: Automatische ölhydraulische Kopierstoßmaschine mit elektrischer Fühlersteuerung. Industrieblatt 56. Jg. (1956) H. 1, S. 32.

[112] Waldrich-Kundendienst, 1934/35, H. 3: Großölgetriebe.

[113] WALZ, K.: [1] Die Tellerfeder. Z. VDI Bd. 88 (1944) S. 643/46.

— [2] Hinweise zum Entwurf und zur Fertigung der Tellerfeder. Werkst. u. Betr. Bd. 82 (1949) H. 12.

WEGERT u. KLAUS: [1] Moderne Ölhydraulik (Bd. I: Ölhydraulische Hauptantriebe). Berlin: VEB Verlag Technik 1955.

— [2] Moderne Ölhydraulik (Bd. II: Ölhydraulische Vorschub- und Nebenantriebe). Berlin: VEB Verlag Technik 1955.

Werkst. u. Betr. 90. Jg. (1957) H. 1, S. 97: [1] Automatische Entlüftungsvorrichtung an hydraulischen Systemen, insbesondere von Werkzeugmaschinen.

— [2] 89. Jg. (1956) H. 7, S. 407: Hydraulischer Antrieb für den Werkzeug- oder Werkstückvorschub an spanabhebenden Werkzeugmaschinen.

— [3] 89. Jg. (1956) H. 1, S. 41: Einrichtung an hydraulisch betätigten Werkzeugmaschinen zur Messung des Tischvorschubes.

ZAJCENKO, I. Z.: [1] Über die dynamische Festigkeit von hydraulischen Antrieben in schweren Werkzeugmaschinen. Stanki i instrument 1955, H. 4.

— [2] Über die dynamische Stabilität hydraulischer Getriebe von schweren Werkzeugmaschinen. Stanki i instrument 26. Jg. (1955) H. 3, S. 1/4.

— [3] Über die dynamische Stabilität der hydraulischen Getriebe schwerer Werkzeugmaschinen. Stanki i instrument 26. Jg. (1955) H. 4, S. 16/21.

ZAJEMNKO, I. Z.: Die Stoßwirkung der Flüssigkeit in geschlossenen Systemen hydraulischer Vorschubantriebe bei großen Werkzeugmaschinen. Stanki i instrument 1952, H. 10, S. 12/15; übersetzt in Maschinenbautechnik 2. Jg., H. 7, S. 296/99.

Sachverzeichnis

721/68/58 — III/18/203

Pollermann, Bauelemente der physikalischen Technik

Der angehende Physiker, der vor der Aufgabe steht, eine Forschungsapparatur aufzubauen, findet in der einschlägigen Literatur meist nur schematische Darstellungen Selten findet er Angaben über konstruktive Einzelheiten, die ihn befähigen, ein Gerät werkgerecht zu entwerfen. Hier soll ihm das vorliegende Buch helfen. Es zeigt ihm, wie die einzelnen Teile einer Apparatur wirklich aussehen, wie sie zweckmäßig verbunden, geführt oder verstellt werden, wie vakuumtechnische, elektrische, optische oder strahlentechnische Konstruktionsprobleme mit den Mitteln eines Institutes gelöst werden. Ganz nebenbei lernt er die Kunst, technische Zeichnungen zu lesen und ein wenig die Sprache des Technikers und Ingenieurs. Beides kann ihm in seinem Beruf nützlich sein.

Dem erfahrenen Physiker soll das Buch ein bequemes Nachschlagewerk sein, in dem er bewährte Bauteile werkstattfertig und übersichtlich zusammengestellt findet. Es erspart ihm viel lästige Kleinarbeit.

Die Aufteilung des Buches ist seiner praktischen Verwendung angepaßt. Die in der Praxis häufig auftretenden Grundelemente sind reichlich vertreten. Von komplizierten Bauteilen oder vollständigen Geräten sind solche Beispiele ausgewählt, die entweder die Anwendung der dargestellten Bauprinzipien zeigen oder von großer allgemeiner Bedeutung sind. Bei vielen Gruppen von Geräten mußte sich der Verfasser auf Literaturhinweise beschränken. Sie beziehen sich meistens auf neuere Arbeiten, in denen Konstruktionszeichnungen zu finden sind. Zahl und Art der Abbildungen ermöglichen es, den Text sehr kurz zu fassen. Sie sind alle für dieses Buch neu gezeichnet und zu einem großen Teil neu entworfen worden. Die beigefügten Literaturhinweise kennzeichnen entweder die Herkunft oder weisen auf Anwendungsbeispiele hin.

Die systematische Gliederung des Stoffes soll die Übersicht erleichtern und zum planmäßigen Konstruieren anregen.

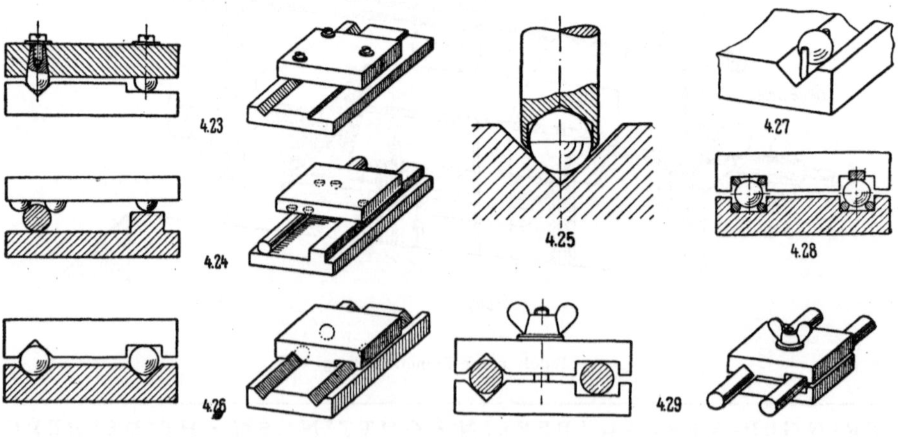

Führungen für Translationen

SPRINGER-VERLAG / BERLIN · GÖTTINGEN · HEIDELBERG

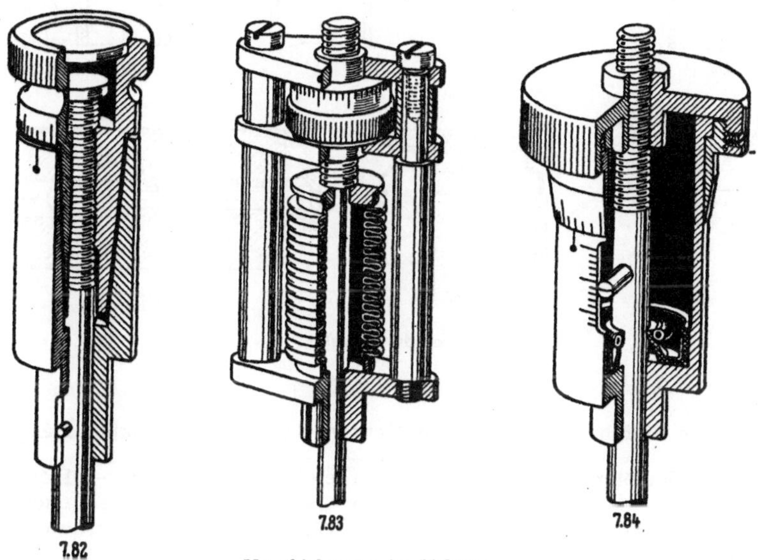

Verschiebungen im Vakuum

INHALTSVERZEICHNIS

1. **Einleitung** — Anforderungen an einen Entwurf — Regeln für das Entwerfen einer Forschungsapparatur — Übersicht über die Bauelemente.

2. **Werkstoffe, Bearbeitung und Einzelteile** — Werkstoffe und technologische Hilfsmittel — Maßangaben, Bearbeitungs- und Passungsangaben — Bearbeitungsmethoden — Das Gießen — Einzelteile.

3. **Verbindungen** — Die Verfahren zur Verbindung von Einzelteilen — Bewährte Verbindungsformen — Stativverbindungen, Gestelle und Grundplatten — Holzkonstruktionen.

4. **Führungen** — Kinematische Führungen — Die reproduzierbare Aufstellung — Führungen für Translationen — Lagerungen.

5. **Triebmittel, Schalt- und Regelelemente, Meßelemente** — Kraftquellen und Kraftspeicher — Bedienungsmittel und Kupplungen — Getriebe — Schalt- und Regelelemente — Meß- und Anzeigeelemente.

6. **Feineinstellungen** — Funktion und Formen der Feineinstellungen — Feinverschiebungen und Zentrierungen — Feinverdrehungen und Ausrichtungen — Feineinstellungen für gemischte Freiheitsgrade.

7. **Vakuumtechnische Bauelemente** — Vakuumsysteme und ihre Baustoffe — Starre Verbindungen — Bewegliche Vakuumverbindungen — Feineinstellungen und

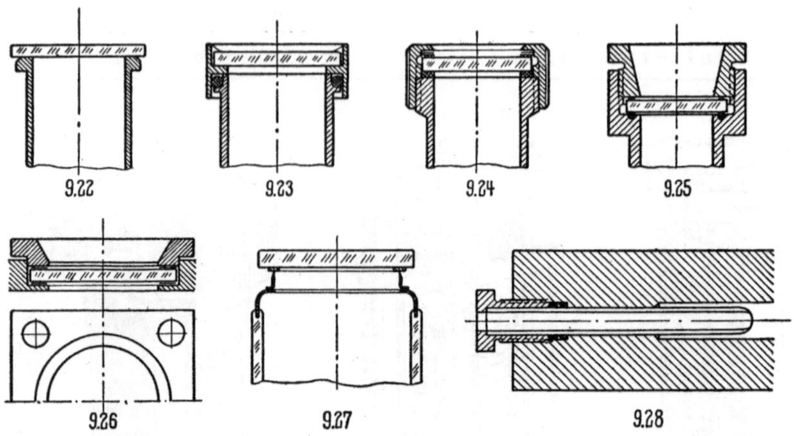

Vakuumdichte Fenster

mechanische Einführungen — Hähne, Ventile, Kühlfallen — Vakuummeßgeräte.

8. **Elektrische Bauelemente** — Der Aufbau elektrischer Geräte — Elektrische Verbindungen und Vakuumeinführungen — Hochspannungsleitungen und Hochspannungskörper — Isolatoren — Widerstände, Kondensatoren und Magnete — Schaltelemente.

9. **Optische Bauelemente** — Lichtquellen — Fassungen für Linsen und Spiegel — Fenster und Küvetten — Blenden und Spalte — Aufbau optischer Systeme — Meßgeräte, photographische Geräte und Registriergeräte.

10. **Strahlentechnische Bauelemente** — Der Aufbau von Strahlengeräten — Strahlenquellen — Strahlenoptische Geräte — Nachweisgeräte — Nebelkammern.

Anhang: Regeln für die Anfertigung von technischen Zeichnungen und Skizzen.

Literaturverzeichnis

Bezugsquellenverzeichnis

Sachverzeichnis

---

10. 55. 550.